목록 12
)f Organisms In Korea 12

필드 가이드
tion Guide to Birds of Korea

014년 9월 1일 초판 1쇄
023년 4월 21일 개정증보판 2쇄
종길
영권
인향
가 김선태

연과생태
7년 11월 2일(제2022-000115호)
도 파주시 광인사길 91, 2층
-955-1607 팩스_0503-8379-2657
conature@naver.com
og.naver.com/econature

-11-6450-044-4 96490 (보급판)

Identificatic

한국 생둘
Checklist

개정증보
야생조
Identific

펴낸날_

지은이_
펴낸이_
만든이_
꾸민이_

펴낸곳_
등록_20
주소_경
전화_03
이메일_
블로그_

ISBN 97

한국 생물 목록 12
Checklist Of Organisms In Korea 12

개정증보판

Identification Guide to Birds of Korea

야생조류 필드 가이드

글·사진 | 박종길

자연과생태

2005년 새 세밀화 도감을 만들어야겠다는 야심찬 계획을 세운 적이 있습니다. 분류군별로 성별, 연령별 특징을 보여 주는 세밀화를 스캔하고, 특징을 기록해 『한국의 조류 길라잡이』 라고 제목을 붙인 가제본 책 일곱 권을 만들었습니다. 그 책을 지인들에게 나눠 주고 정확한 세밀화를 완성해 정식으로 출판해보자고 했으나 결국 목표를 이루지 못했습니다. 하지만 이 자료를 바탕으로 야외 조사나 탐조 후 각 종의 특징, 이동시기, 서식지 정보를 수정, 보완해 나가는 일은 탐조만큼이나 즐거웠습니다. 이런 과정을 거쳤기에 2014년 『야생조류 필드 가이드』를 펴낼 수 있었습니다.

초판 발행 이후 2쇄, 3쇄를 찍으면서 조영권 대표님께 많이 죄송했습니다. 보통 개정판이 아니면 사소한 내용 외에는 수정, 보완하지 않는데 저는 너무 많은 내용 수정과 사진 교체를 요구했기 때문입니다. 이런 요구를 받아들여 주신 덕분에 새로운 사실들이 밝혀지면서 오류가 되었던 기존 정보를 정정할 수 있었습니다.

2014년 초판이 발행된 이후 8년이 흐른 지금 개정판을 발행하게 되었습니다. 많은 분이 『야생조류 필드 가이드』를 아껴 주셨기에 가능한 일입니다. 초판은 책이 너무 무겁고, 갈라지는 일이 많다는 이야기를 들어 개정판은 이런 점을 보완할 수 있는 방식으로 제작했습니다. 내용 면에서는 야외에서 새를 좀 더 명확하게 구별할 수 있도록 형태 특징과 행동 습성을 수정, 보완했으며, 최근 DNA 분석을 통한 계통분류학적 연구에 따라 분류학적 위치가 바뀐 부분을 충분히 반영했습니다. 그리고 가능한 닮은 종을 나란히 비교해 종을 더욱 쉽게 구별할 수 있도록 했습니다.

물론 새를 정확하게 동정하는 데에 이 책 한 권만으로는 한계가 있습니다. 새롭게 새를 보기 시작하시는 분들은 탐조할 때 『한국의 새』 같은 세밀화 도감을 가지고 다니며 새를 구별하는 방법을 배워 나가는 것도 좋습니다. 탐조 후 집에 돌아와 『야생조류 필드 가이드』를 참고해 각 종의 생태와 특징을 익히면 새의 형태 다양성과 생활사를 좀 더 깊이 이해할 수 있으리라 생각합니다.

최근 새를 찾는 사람들이 정말 많이 늘었습니다. 새 관련 책도 많이 출판되었고요. 그래서인지 새를 관찰하거나 촬영하면서 새들에게 피해를 입히는 일도 종종 발생합니다. 새에 대한 관심 못지않게 새를 배려하는 태도가 필요한 시점입니다. 특히나 요즘은 우리나라를 찾는 새가 줄어들고 있는 상황이기에 더욱이 탐조하면서 새들 생활에 영향을 미치지 않도록 노력해야 합니다.

저는 이 책을 보시는 분들이 새에 관한 정보를 얻고 새를 조금 더 이해하는 것에서 나아가, 우리나라를 찾는 500종이 넘는 새가 안정적으로 이 땅에 머물 수 있는 방법도 함께 고민해 주시기를 바랍니다. 오래도록 새를 보려면 무엇보다 함께 서식지를 지켜 나가는 노력이 필요합니다.

이 책에 사진과 정보를 제공해 주신 많은 분께 고마운 마음을 전합니다. 또한 책 구성이 더욱 복잡해졌는데도 개정증보판까지 결정해 주신 조영권 대표님께 감사한 마음 전합니다.

끝으로 평생 새와 함께 살아오셨고, 조류 연구, 표본 제작 그리고 관상 조류 증식 분야에 열정이 남다르셨던 이정우 선생님을 떠올립니다. 선생님과의 인연이 없었다면 저는 조류 연구와는 전혀 다른 길을 걸었을 것입니다. 미지의 세계에 대해 눈을 뜨게 해 주신 선생님께 진심으로 감사한 마음을 전합니다.

2022년 3월 박종길

차례

야생조류 분류와 생태

느시과 Otididae

뜸부기과 Rallidae

두루미과 Gruidae

세가락메추라기과 Turnicidae

검은머리물떼새과 Haematopodidae

장다리물떼새과 Recurvirostridae

물떼새과 Charadriidae

호사도요과 Rostratulidae

물꿩과 Jacanidae

도요과 Scolopacidae

제비물떼새과 Glareolidae

갈매기과 Laridae

도둑갈매기과 Stercorariidae

바다오리과 Alcidae

사막꿩과 Pteroclidae

비둘기과 Columbidae

두견이과 Cuculidae

가면올빼미과 Tytonidae

올빼미과 Strigidae

쏙독새과 Caprimulgidae

서식환경에 따른 종 찾기

농경지

기러기류(p.39) 꺅도요류(p.228) 황새과(p.110) 백로류(p.117)

두루미과(p.203) 장다리물떼새과(p.212) 까마귀과(p.413) 종다리과(p.438)

갈대밭, 습지

덤불해오라기류(p.118) 뜸부기과(p.194) 휘파람새과(p.448) 검은머리쑥새류(p.630)

하천, 저수지, 강, 하구

가마우지류(p.145) 오리류(p.55) 고니류(p.52) 수리류(p.159)

갯벌, 해안

저어새과(p.112) 물떼새류(p.216) 도요류(p.236) 갈매기과(p.280)

바다, 해안

아비과(p.94) 슴새과(p.100) 논병아리과(p.105) 가마우지과(p.145)
갈매기과(p.280) 제비갈매기류(p.305) 바다오리과(p.322) 지느러미발도요(p.276)

산림

꿩과(p.36) 수리류(p.176) 두견이과(p.340) 올빼미과(p.353)
딱다구리과(p.377) 동고비과(p.498) 지빠귀과(p.510) 동박새과(p.494)
울새류(p.528) 솔새류(p.470) 까마귀과(p.409) 박새과(p.422)

계곡, 산간 하천

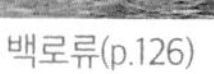
백로류(p.126)

물총새과(p.372)

물떼새류(p.219)

할미새류(p.581)

산림 가장자리, 관목

두견이과(p.340)

때까치과(p.392)

바람까마귀과(p.403)

붉은머리오목눈이과(p.489)

휘파람새과(p.448)

솔딱새류(p.528)

되새과(p.593)

멧새과(p.611)

인가주변, 밭(휴경지), 초지

제비과(p.430)

찌르레기과(p.501)

긴발톱할미새류(p.572)

밭종다리류(p.582)

비둘기과(p.330)

후투티과(p.376)

직박구리과(p.446)

지빠귀과(p.510)

2009년 한국조류학회는 한국에 기록된 74과 518종을 수록한 《한국조류목록》을 발간했다. 2010년 이후 50종 이상이 증가해 2022년 현재 580종이 넘는 조류가 기록되었다. 이 책은 한국에 기록된 모든 종을 대상으로 도래 및 분포 현황 등을 정리해 그 종이 처한 상황을 파악하고자 했고, 새롭게 분류된 종은 상세하게 설명해 분류학적 연구 흐름을 파악할 수 있도록 했다. 또한 유사한 종을 함께 배열하고 기술해 연령 및 성별에 따른 형태적인 특성을 쉽게 파악할 수 있도록 동정(Identification) 방법을 제시했다. 종 설명은 사진자료가 있는 555종을 수록했고 사진자료를 확보하지 못한 23종, 북한에 서식하는 8종을 포함해 총 84과 586종을 다루었다.

● 종명

오늘날 통상적으로 부르는 명칭으로 종명을 부여했다. 종에 따라 부르는 이름이 2개 이상인 경우 《한국조류목록》에 기초해서 표기했으며, 최근에 새롭게 등록된 종명은 최초 관찰자의 의도를 반영했다.

● 학명

학명은 Gill *et al.* (2022)의 <IOC World Bird List v.12.1>을 기초로 했으며, 최근 새롭게 알려진 사실들에 대해서는 분류군별 조류도감 및 연구논문을 참고했다. 한반도에 분포하는 종은 (1) 아종으로 분화하지 않은 종, (2) 여러 아종으로 분화되었지만 한반도에는 1아종만이 분포하는 종, (3) 한반도에 2아종 이상이 분포하는 종으로 나눌 수 있다. 이 책에서는 야외에서 식별이 가능하거나 잡아서 자세히 관찰해야만 종이 구별되는 아종도 언급했으며, 일부 한반도에 기록되지 않은 아종도 기술해 구별에서 오는 혼동을 줄이도록 했다.

● 영명

영명은 Gill and Wright (2006)의 <Birds of the world; recommended english names>와 Gill *et al.* (2022)의 <IOC World Bird List v.12.1>을 기준으로 작성했다. 영명의 경우 한 가지 이상의 명칭이 동시에 쓰이는 경우가 많지만 이 책에서는 가장 보편적으로 쓰이는 것을 선택했으며, 일부 '/'로 표기해 기록한 것은 두 가지 명칭이 두루 쓰이는 경우다.

몸길이

몸길이(전장)는 표본제작 및 사체 습득시 직접 측정한 자료를 기록했으며 표본을 확인하지 못한 종은 국외 연구자료에 의존했다. 그러나 각 지역에 따라 동일 종이라도 크기가 약간씩 다르기 때문에 일부 종에서는 차이가 있을 수 있다. 한반도에 서식하는 조류의 외부 측정자료에 대한 자료가 너무 부족한 실정이어서 차후 각 부위 측정치에 대한 자료수집이 절실하다. 현재까지 국내에서 출판된 각종 서적 및 도감에서 실제 야외조사 또는 표본조사를 통해 수집한 측정자료를 근거로 종별 측정치를 제시한 적은 거의 없다. 저자는 1996년 이후 사체로 인수된 조류의 각 부위를 측정해 얻은 측정자료와 철새 이동경로 파악을 위한 가락지부착조사 과정에서 측정한 측정자료를 수록했다. 또한 일부 휘파람새과 조류의 경우 익식(Wing formula)을 기록했다.

서식

각 종에 대한 분포지역을 전 지구적 차원에서 설명했으며 아종으로 분화된 종은 아종수를 언급했다. 국내 도래 현황, 개체수 변동 현황, 이동시기 등을 기록해 각 종이 처한 현황을 파악할 수 있도록 했다. 개체수 변동은 특별한 언급이 없는 경우 남한을 기준으로 작성했다. 그러나 대부분 현 시점에서 개체수 변화를 설명할 수 있는 자료가 불충분하다. 풍부도와 빈도는 수금류 같은 일부 조류의 경우 '겨울철 조류 동시 센서스'에 집계된 월동 개체수를 기준으로 해 '매우 흔하다.'에서 '희귀하다.'까지 6개 범주로 구분했다.

그러나 참새목 조류를 비롯한 종 대부분은 사실상 개체수 파악이 불가능하며, 조사자료가 극히 빈약하다. 따라서 직접 조사한 자료와 참고문헌을 바탕으로 '적다', '흔하다', '많다' 등으로 표기했다. 즉 참새목 조류 대부분에서 언급한 많고 적음의 표기는 출현 빈도 개념에 가까우며, 개체수에 근거한 자료는 아니다. 이동성은 특별한 언급이 없는 경우 남한을 기준으로 텃새, 철새, 나그네새, 길 잃은 새(미조) 등으로 표현했다.

이동성

한반도를 통과하는 철새 대부분은 남북으로 이동하는 반면에 일부 종은 봄·가을 전혀 다른 이동경로를 선택하기도 하며, 일본열도에서 한반도 서해안을 거쳐 중국 동남부 지역으로 이동하는 경우도 있다. 또한 계절에 따라 고도를 달리해 이동하는 종도 있다.

참새목 조류 대부분은 타고난 본능에 따라 별자리, 태양, 지구의 자기장을 이용해 난다. 그러나 두루미, 기러기 등은 지형지물을 이용해 비행하기 때문에 어린새는 어미와 동행해 길을 익힌다. 이동성 조류는 이동에서 오는 위험과 스트레스를 줄이기 위해 서로 다른 이동 전략을 구상한다. 어떤 종은 짧은 거리를 이동하며 중간 중간에서 먹이를 찾는 반면, 어떤 종은 휴식 없이 장거리를 이동하기도 한다. 이동을 위한 연료는 체내 지방층으로 일부 참새목 조류와 도요류는 몸무게의 대략 50%까지 지방으로 채워지기도 한다.

텃새(Resident) 계절의 변동에 따라 이동하지 않고 1년 내내 한반도에 머무는 종이다. 계절에 따라 서식지의 형태를 바꾸는 경우도 있으며, 여름에는 주로 곤충을 먹고, 겨울에는 씨앗을 먹는 경우가 많다. 박새과, 동고비과 등은 연중 산림 내에서 서식하지만, 숲에서 사는 종이 겨울에 개방된 들판으로 이동하기도 한다. 때까치, 굴뚝새 같은 종은 번식기에 산림 내 혹은 고산지역으로 이동하고 겨울에는 들판으로 이동한다.

철새(Migrant) 계절의 변화에 따라 정기적으로 월동지와 번식지를 오가는 조류다. 이들은 정해진 경로를 따라 먼 거리를 이동하게 된다. 여름철새, 겨울철새, 나그네새, 미조 등으로 구분할 수 있다.

여름철새(Summer Visitor) 봄에 동남아시아의 여러 나라에서 긴 여행을 떠나 한반도에 도착한 후 여름에 둥지를 틀고 번식하는 종이다. 번식 후 가을이 되면 어린새와 함께 다시 남부로 이동한다. 대부분 깃털이 아름다운 소형 조류가 여름철새로 찾아온다.

겨울철새(Winter Visitor) 한반도보다 북쪽에서 번식한 후 겨울에 먹이를 찾아 남하해 오는 종으로 대부분 무리를 이룬다. 봄이 되면 다시 번식을 위해 무리를 이루어 북상한다. 많은 종류의 기러기류, 오리류가 서해안의 습지에서 월동한다. 검은멧새, 섬촉새 등 일부 종은 일본열도에서 한반도 남부 지역으로 이동한다.

나그네새(Passage Migrant) 한반도보다 북쪽 지방에서 번식하고, 동남아시아, 호주 등지에서 월동하는 종이다. 따라서 번식을 위해 봄철 한반도를 잠시 동안 스쳐 지나가기 때문에 여름철에는 볼 수 없고, 북방에서 번식을 마친 후 가을에 동남아시아로 이동할 때 한반도의 숲과 해안가에 잠시 모습을 드러낸다. 도요류 대부분은 봄·가을에 큰 무리를 이루어 한반도 서해안의 갯벌, 염전, 논을 통과하며, 참새목 조류는 주로 남서해안에 위치한 외딴 섬을 통과한다.

길 잃은 새(미조, 迷鳥, Vagrant) 태풍 같은 기상변화 혹은 기타 알 수 없는 이유로 정해진 경로를 벗어나 그 종이 찾아오지 않는 곳에 돌연히 나타나는 종을 미조라 부른다. 알바트로스, 사다새, 수염오목눈이, 큰지느러미발도요, 붉은부리까마귀 등이 속한다.

● 행동

행동 습성, 비행 방법, 걷는 방법, 다른 종과 구별되는 독특한 동작, 먹이 등을 기록했다. 먼 거리에 있거나 너무 빨리 시야에서 사라지는 종의 경우 각 종에 대한 행동 패턴을 분석하는 것도 도움이 된다. 산솔새는 나무 수관층에서 생활하는 반면 되솔새, 솔새사촌 등은 지면을 기듯이 생활하며, 노랑할미새는 자갈이 있는 개울에서 서식하는 반면, 긴발톱할미새는 초지, 밭에서 먹이를 찾는다. 이 책에서 언급한 행동습성 관련 용어는 아래와 같다.

서식지(Habitat) 조류가 살아가는 삶의 장소로, 종마다 독특한 서식공간을 갖는다. 보통 서식공간의 차이에 따라 산새, 물새, 바다새 등 여러 유형으로 나눈다.

번식기(Breeding Season) 번식과 관계되는 시기로, 둥지를 틀고 새끼를 기른다. 한국을 비롯한 북반부에 위치한 국가는 5~8월이 번식기이며, 붉은발슴새, 큰도둑갈매기 등 남반부에서 서식하는 종의 번식기는 10~2월이다. 번식기의 깃을 번식깃 또는 여름깃이라 표현한다.

비번식기(Nonbreeding Season) 번식기와 대응되는 것으로, 번식과 관계가 없는 시기다. 종에 따라 번식기와 비번식기에 전혀 다른 깃털 양상을 보이는 종이 있는 반면 계절이 바뀌어도 외형상 거의 변화가 없는 종도 있다. 비번식기의 깃을 비번식깃 또는 겨울깃이라 표현한다.

탁란(Brood Parasitism) 자기가 직접 둥지를 틀지 않을 뿐만 아니라, 알을 다른 새의 둥지에 위탁해 포란시키는 습성을 말한다. 한국에서는 두견이과 새들이 탁란 습성이 있다. 두견이와 뻐꾸기는 탁란하는 대표적인 조류로 휘파람새, 붉은머리오목눈이 등 작은 새 둥지에 알을 낳는다.

포란기간(Incubation Period) 암컷이 알을 낳은 후 알품기에 들어가서부터 새끼가 태어나기까지 어미가 알을 품는 기간이다. 국내에서 번식하는 종에 한정해 포란기간을 언급했으며 겨울철새 및 나그네새는 언급하지 않았다.

새끼(Chick) 알에서 부화한 후 둥지를 떠나기 전까지의 어린 개체로 비행 능력이 없는 새를 일컫는다. 몸은 부드러운 솜털로 덮여 있고, 전적으로 어미가 물어 나르는 먹이에 의존해 살아간다. 보통 새끼와 어린새를 같은 용어로 잘못 사용하는 경우가 많다.

이소(Nest Leaving) 알에서 깨어난 새끼는 어미가 물어 나르는 먹이를 먹으며 하루가 다르게 성장한다. 새끼는 어느 정도 성장해 어린새 깃을 얻은 후 둥지를 떠나는데 이를 '이소'라 한다.

세력권(Territory) 한 종이 일정한 영역을 정해 놓고 자신의 영역을 방위하는 공간을 세력권이라 한다. 번식기에 조류는 다른 종보다는 동종의 새가 둥지 근처에 들어오는 행동을 무척 경계한다.

번식지(Breeding Area) 둥지를 틀고 새끼를 기르는 장소. 보통 번식기에는 독립적인 영역을 확보하고 둥지를 짓기 위해 다른 개체와 경쟁하는 경우가 많다. 많은 종이 매년 동일 번식장소로 찾아와 둥지를 튼다. 갈매기류와 가마우지 같은 바다새들 대부분은 해마다 일정한 번식지에 집단으로 모여들어 둥지를 튼다.

집단번식지(Colony) 비교적 가까운 거리에 둥지를 틀고 집단으로 무리를 이루어 번식하는 장소를 의미한다. 갈매기류, 가마우지류, 얼가니새, 바다쇠오리 같은 바다새 대부분은 천적이 없는 무인도에서 집단번식지(콜로니)를 만든다. 콜로니는 동일 종이 만드는 경우와 서로 다른 종이 만드는 경우가 있다.

울음소리(Call) 같은 종의 다른 개체를 부르거나 무리 안에서 다른 개체와 접촉을 유지하는 데 내는 소리로 보통 짧다. 또한 드물게 세력권을 주장할 때에 내는 경우도 있다. 울음소리에는 날아오르며 짧게 내는 비상음(Flight call), 둥지 주변에 천적이 나타날 경우 격양된 음조를 내는 경계음(Alarm call), 새끼가 어미새에게 먹이를 조르거나 암컷이 수컷에게 먹이를 달라고 졸라대는 간청음(Begging call) 등이 있다.

지저귐(Song, Display call) 지저귐은 세력권을 주장하거나 암컷을 매혹하고 짝 간에 유대를 강화하는 수단으로 수컷이 내는 소리이며 드물게 암컷이 지저귀는 경우도 있다. song은 참새목 조류가 내는 소리이고, Display call은 참새목 외의 조류가 번식기에 내는 소리다.

● 특징

전체적인 크기, 깃털 색, 부위별 특징 등을 성별 및 연령에 따라 기록했으며 비슷한 종과 구별되는 부분을 상세하게 설명했다. 깃털 색의 표현에 있어서는 색이 상당히 복잡하기 때문에 문자로 표현하기가 어렵다. 관찰할 때 광선, 야외 환경, 관찰자의 주관적 판단에 따라 여러 색으로 표시될 수 있다. 따라서 이 책에서 표시하는 색과 실제로 관찰할 때의 색이 다를 수 있다.

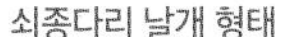
쇠종다리 날개 형태

북방쇠종다리 날개 형태

어른새(성조, Adult) 성적으로 성숙해 번식능력이 있는 개체다. 많은 종의 경우 어린새와 성조 간의 깃털 색 차이가 심하다. 처음 어린새 깃털에서 한 번의 완전 깃털갈이 혹은 몇 번의 깃털갈이를 거친 후 더 이상 깃털의 변화가 없는 단계에 도달한 개체를 성조라고 한다. 따라서 다음에 깃털갈이를 하더라도 깃털 색이 동일하다.

어린새(유조, Juvenile) 알에서 부화한 후 몸에 난 솜털을 벗고, 첫 번째 몸 깃털이 완성되고 그로부터 첫 깃털갈이(post-juvenile moult; 참새목의 경우 태어난 그 해 가을)를 시작하기 전까지의 새, 즉 1회 겨울깃이 되기 전 단계다. 어린새 깃은 생후 단 몇 주 혹은 몇 달간 유지하는 경우도 있으며, 맹금류처럼 몇 년간 어린새 깃을 유지하는 경우도 있다.

1회 겨울깃(1st-Winter) 어린새 깃에서 첫 깃털갈이를 한 후 얻은 깃털, 즉 생후 처음 맞이하는 겨울에 갖는 깃털이다. 대부분 참새목 조류, 도요류, 갈매기류는 늦여름부터 가을까지 부분 깃털갈이를 해 1회 겨울깃이 된다. 1회 겨울깃은 대체로 날개깃과 꼬리깃은 어린새 깃을 그대로 유지하고 몸깃만 새 깃으로 간다. 그러나 닭목, 종다리류 등은 첫해 가을에 완전 깃털갈이를 해 성조 깃과 거의 유사한 깃이 된다.

1회 여름깃(1st-Summer) 1회 겨울깃에서 깃털갈이 후 얻은 깃털. 태어난 후 첫 겨울을 지내고 다음해 봄, 여름에 갖는 깃털로 보통 봄부터 깃털갈이를 시작한다. 1회 여름깃은 몸깃의 일부가 성조와 유사하며 일부는 성조 겨울깃과 유사하다. 1회 여름깃을 가진 지빠귀류, 딱새류, 솔딱새류, 찌르레기류의 경우 자세히 관찰하면 일부 날개덮깃은 어린새 깃을 유지하고 있다.

2회 겨울깃(2nd-Winter) 1회 여름깃에서 깃털갈이 후 얻은 깃털. 즉 태어나서 두 번째로 맞이하는 겨울의 깃털이다. 참새목 조류는 대부분 1회 여름깃에서 깃털갈이 해 성조 깃을 얻지만 맹금류 및 대형 갈매기류 등은 2회 겨울깃에서 성조 깃으로 되기까지 수년이 걸린다.

변환깃(Eclipse) 주로 오리과 조류의 수컷에서 볼 수 있는 특징적 깃털 형태다. 번식기의 눈에 띄는 밝은 깃털을 깃털갈이 해 떨어트리고 암컷과 거의 같은 위장색을 갖게 되는 것을 변환깃이라 한다. 늦가을에 찾아오는 오리류에서 쉽게 볼 수 있으며 점차 깃털갈이 해 전형적인 수컷과 같은 형태로 변한다. 변환깃을 한 수컷은 암컷과 거의 같지만 부리 색과 날개 색은 암컷과 약간 다르다.

● 깃털갈이(Moulting)

일부 종의 깃털갈이 특성에 대해 언급했다. 깃털갈이는 옛 깃털을 벗고 새로운 깃을 갖는 것으로 모든 종은 깃털이 마모되고 깃털의 기능이 상실됨에 따라 주기적으로 깃털갈이를 한다. 깃털갈이의 이해는 정확한 연령 구별 및 성 구별에 필수적이다. 그러나 일반인뿐만 아니라 전문가조차도 깃털갈이를 완벽히 이해하는 데는 많은 시간이 소요되며,

종에 따라 정확하게 어떤 형태 또는 어떤 일반적 특성을 가졌다고 단정 짓기 어려운 종이 많다.

어떤 종은 번식 전의 여름깃(summer plumage)이 아름다우며, 번식 후에는 색이 수수한 겨울깃(winter plumage)으로 바뀐다. 깃털갈이 형태는 종에 따라 매우 다양해 어떤 종은 1년에 깃털갈이를 2회 하는 반면 1년이 지나도 깃털갈이를 하지 않는 종이 있다.

종다리는 태어난 가을에 첫 깃털갈이를 한 후 성조 깃이 되지만 대형 독수리는 5년 정도 걸려 성조 깃에 도달하는 경우도 있다. 종마다 깃털갈이 패턴이 다양하게 나타나는 것은 에너지를 가장 효율적으로 절약하기 위한 방법이다. 맹금류의 경우 먹이를 잡기 위해서는 비행능력이 무엇보다도 우선하며, 이에 따라 날개깃의 깃털갈이가 연속적으로 일어나 1회에 깃 2개 혹은 3개를 갈아 비행능력에 영향을 미치지 않는다. 오리류는 한 번에 모든 깃을 깃털갈이 하는 관계로 일정 기간 동안 비행능력을 상실한다.

완전 깃털갈이(Complete Moult) 한 번의 깃털갈이 시기에 몸깃을 포함한 날개깃과 꼬리깃을 깃털갈이 하는 것. 주로 성조의 깃털갈이 전략으로 여름 번식기에 완전 깃털갈이를 한다. 즉 새끼를 기르면서 성조의 깃털이 하나둘씩 빠지고 새로운 깃이 성장하는데, 보통 참새목 조류의 경우 월동지로 이동하기 전 혹은 겨울이 오기 전에 번식지에서 완전 깃털갈이를 마친다. 그러나 열대지역에서 겨울을 나는 제비, 솔새 등 일부 종은 번식지에서 깃털갈이를 하지 않고 월동지로 이동 후에 깃털갈이를 한다.

부분 깃털갈이(Partial Moult) 날개깃과 꼬리깃은 깃털갈이를 하지 않은 채 몸깃과 날개덮깃을 깃털갈이 하는 것. 셋째날개깃과 안쪽 둘째날개깃 1~2개를 깃털갈이 하는 경우도 부분 깃털갈이에 포함된다. 주로 어린새에서 볼 수 있는 특징이다. 그 해 태어난 어린새는 번식지에서 부분 깃털갈이 해 1회 겨울깃을 얻은 경우가 대부분이다. 적지 않은 종은 월동지(늦은 겨울 혹은 이른 봄)에서 다시 한 번 부분 깃털갈이를 해 1회 여름깃을 얻는 경우도 있다.

첫 깃털갈이(Post-juvenile Moult) 새끼가 성장해 어린새 깃을 갖고 둥지를 떠난 후 처음으로 어린새 깃의 일부 혹은 전부를 깃털갈이 하는 것. 참새목의 경우 태어난 그 해 여름 혹은 가을에 첫 깃털갈이를 한다. 참새목 조류 대부분의 첫 깃털갈이는 몸깃, 머리, 날개덮깃 일부, 셋째날개깃 일부를 깃털갈이 하며 종종 중앙꼬리깃을 포함하는 경우도 있다(partial post-juvenile moult에 해당한다). 그러나 참새, 오목눈이, 종다리, 개개비사촌 같은 종은 첫 깃털갈이를 완전 깃털갈이(complete post-juvenile moult) 해 가을 이동시기에 연령 식별이 매우 힘든 경우도 있다.

예시) 연령에 따른 큰유리새 깃털갈이 전략

새끼(6월)
어린새(6~7월)
1회 겨울깃(8~10월)
솜털로 이루어져 비행능력이 없다
생후 처음 얻은 비행깃
머리, 등, 가슴 등 몸깃을
새로운 깃으로
부분 깃털갈이(첫 깃털갈이)

월동 중(11~4월)
1회 여름깃(4~7월)
성조(8월~)
깃털갈이 해 1회 여름깃을
얻은 후 다시 한국을 찾음
=
성조와 거의 같지만 몸 바깥쪽
큰날개덮깃은 어린새 깃
(생후 1년 만에 번식 가능)
지난해 태어난 개체(1회 여름깃)와
지지난해에 태어난 개체(성조) 모두
월동지로 이동 전에 완전 깃털갈이

연령 구별(Ageing)

연령은 깃 형태, 마모 정도, 깃털갈이 분석 등 여러 지표들을 종합적으로 조사, 분석해 구별한다. 참새목 조류는 Svensson (1992)의 <Identification Guide to European Passerines>을 참고하면 연령 및 성 구별에 큰 도움이 된다.

날개깃 형태 번식기에 성조는 새끼를 기르는 과정에서 마모가 매우 심하고 닳아 해어지며 보통 월동지로 이동하기 전에 완전 깃털갈이를 마쳐 깔끔한 새로운 깃이 된다. 가을 이동시기에 어린새 또는 1회 겨울깃 개체는 날개깃 끝에 마모가 있는 경우가 대부분이며, 성조는 마모가 없고 둥근 형태를 띠는 것이 일반적이다. 날개깃에 서로 다른 세대의 깃이 있을 경우 보통 깃 색에서 차이가 있으며 마모된 정도가 다르고 길이에서도 차이가 있다.

날개덮깃 형태 일부 참새목 조류의 경우 연령에 따른 날개덮깃의 형태, 마모, 광택에서 차이가 있다. 어린새는 보통 날개덮깃의 폭이 좁고 더 뾰족하며 색이 약간 엷다. 보통 어린새 깃은 성조 깃보다 질이 떨어지기 때문에 보다 빨리 마모되고 색이 바랜다. 가을 이동시기에 외형상 성조와 1회 겨울깃 개체 간 거의 같은 특징을 보이는 종의 경우 큰날개덮깃의 무늬 비교는 연령 구별에 매우 중요한 요소가 된다. 보통 1회 겨울깃 개체는 몸 안쪽의 일부 큰날개덮깃을 깃털갈이 해 성조와 같은 형태를 띠며, 몸 바깥쪽 일부 큰날개덮깃은 어린새 깃을 그대로 유지하는 경우가 많다.

어린새 깃은 큰날개덮깃 끝에 엷은 갈색, 황갈색 또는 때 묻은 듯한 흰색인 경우가 많으며 성조 깃보다 길이가 짧고 약간 뾰족하다. 그러나 올빼미류, 딱다구리류, 솔새류 그리고 멧새과 조류는 날개덮깃의 형태로 연령 구별이 거의 불가능하다. 봄철에도 큰날개덮깃의 무늬 차이로 연령구별이 가능한 경우가 많다.

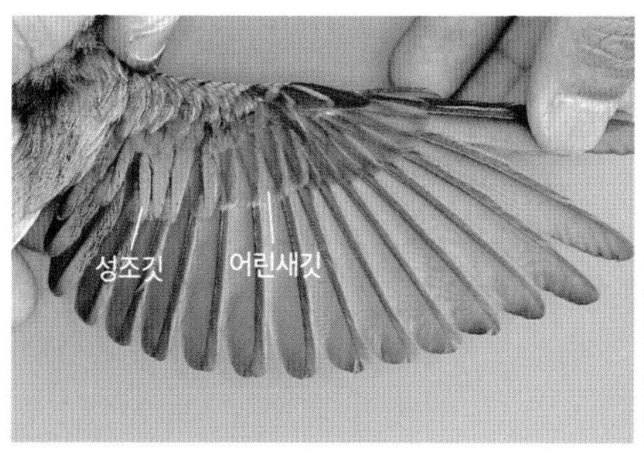

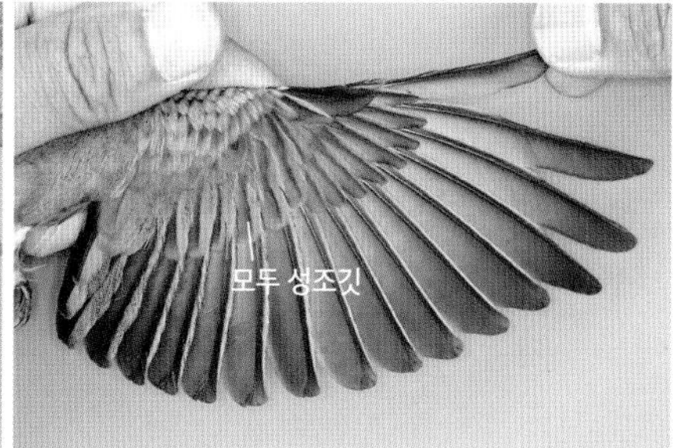

제1회 여름깃(좌)과 성조(우)의 큰날개덮깃 형태 비교(큰유리새)

꼬리깃 형태 꼬리깃의 일부 또는 전부를 어린새 깃으로 유지한 1회 겨울깃 개체는 성조와 그 형태가 다르므로 꼬리깃 형태 비교는 연령 구별에 매우 중요한 요소가 될 수 있다. 보통 어린새의 꼬리깃은 성조보다 폭이 좁고 더 뾰족하다. 성조 깃은 평균적으로 길고 깃가지(Barbs)가 많은 구조이기 때문에 어린새보다 폭 넓고 광택이 있으며 깃 끝이 더 둥글다. 그러나 일부 종의 꼬리 형태는 중간적인 특징을 보이는 경우도 있으며, 연령 간 형태가 거의 같은 경우에는 연령 구별이 매우 어렵다. 또한 매우 짧은 시간이라도 새장 또는 조류 주머니에 머물던 새는 본래와 달리 변형되기 때문에 연령 구별이 어렵거나 불가능하게 될 수 있다.

제1회 겨울깃(위)과 성조(아래)의 꼬리깃 형태 비교(북방검은머리쑥새)

홍채 색(Iris colour) 가을철에는 어린새와 성조 간 홍채 색에 명확한 차이가 있다. 보통 성조의 홍채는 갈색 또는 적갈색이며, 어린새는 회색 또는 회갈색인 경우가 많지만 종에 따라 차이가 있다. 이른 가을에 성조와 어린새 간 홍채 색에 명확한 차이가 있는 경우가 많지만 어린새는 홍채 색이 점차 성조와 같은 색으로 변하며, 홍채 색으로 연령을 판별하기 어려운 경우도 많다.

외부 명칭

정수리
(crown)
귀깃
뒷목
(nape)
이마
(forehead)
어깨
(scapular)
윗등
(mantle)
등
(back)
허리
(rump)
부리
위꼬리덮깃
(uppertail-covert)
턱밑
(chin)
멱
(throat)
꼬리
(tail)
가슴
(breast)
작은날개덮깃
아래꼬리덮깃
(undertail-coverts)
셋째날개깃
가운데날개덮깃
둘째날개깃
옆구리
(flanks)
큰날개덮깃
첫째날개깃
배
(belly)
첫째날개덮깃
부척
(tarsus)

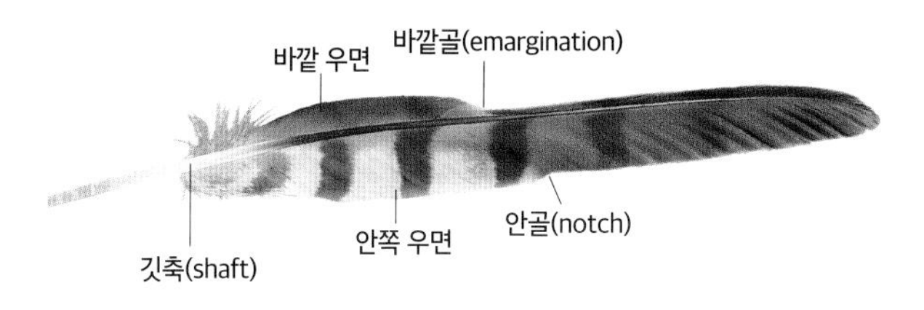
바깥 우면
바깥골(emargination)
안골(notch)
안쪽 우면
깃축(shaft)

머리옆선
(lateral crown-stripe)
머리중앙선
(median crown-stripe)
눈썹선
(supercilium)
눈앞
(lore)
눈선
(eye-stripe)
귀깃
(ear-covert)
뺨선
(moustachial stripe)
뺨밑선
(submoustachial stripe)
턱선
(malar stripe)
옆목
(side of neck)

납막
(cere)
눈테
(eye-ring)
눈썹선
(supercilium)
귀깃
(ear-tuft)
안반
(facial disk)
셋째날개깃
첫째날개깃
첫째날개덮깃
가운데날개덮깃
(median covert)
작은날개덮깃
(Mac)
작은날개깃
(Al)
큰날개덮깃
(GC)
첫째날개덮깃
(PC)
MC
PC
GC
P
S
T9
T8
T7
6
5
4
3
2
1
1
2
3
4
5
6
7
셋째날개깃
(Tertials)
둘째날개깃
(Secondaries)
첫째날개깃
(Primaries)

성 구별(Sexing)

오리류, 큰유리새, 딱새 등은 외형상 명확하게 성 구별이 가능하지만, 갈매기류, 동박새, 솔새류는 외형상 성 구별이 불가능하다. 성 구별은 흔히 깃 색을 분석하는 것으로 가능하다. 그러나 붉은양진이, 긴꼬리딱새, 흰꼬리딱새 등은 암수가 명확하게 구별되지만, 그해 태어난 어린 개체의 경우 가을 이동시기에 성 구별이 거의 불가능하다. 또한 쇠오리, 청둥오리 등 오리류의 경우 성조도 가을철 암컷과 같은 번식 후 깃(Eclipse)으로 변해 암수 구별이 어려운 경우도 있다.

멧새류, 지빠귀류 등 가을철 미성숙한 개체는 암컷처럼 보이며, 검은딱새, 검은머리쑥새류의 성조 수컷 겨울깃은 암컷과 매우 비슷해 성 구별을 어렵게 한다. 이 같은 종의 경우 깃털갈이 특징을 이해한다면 성 구별은 어느 정도 해결될 수 있다.

날개(Wing)

날개는 3부분으로 나뉜다. 날개의 외측 부분은 사람의 손에 해당하는 부위로 첫째날개깃(Primaries)이라 부른다. 보통 참새목 조류는 첫째날개깃이 10장 있는데 일부 도요류, 갈매기류, 참새목 조류는 가장 바깥쪽 깃이 매우 작아 야외에서 관찰이 어렵다. 날개가 긴 대형 바다새는 첫째날개깃이 10장 이상인 경우가 많다. 팔에 해당되는 부분은 둘째날개깃(Secondaries)이며 보통 9장에서 30장까지 종에 따라 차이가 있다. 둘째날개깃의 안쪽부분을 통상 셋째날개깃(Tertials)이라 부르며 3장에서 5장까지 종에 따라 다르다.

날개덮깃(Covert) 첫째날개깃을 덮는 깃을 첫째날개덮깃이라 부르며 둘째날개깃을 덮는 깃을 큰날개덮깃, 가운데날개덮깃, 작은날개덮깃이라 부른다.

작은날개깃(Alula) 첫째날개덮깃의 윗부분을 덮는 깃으로 보통 3장으로 되어 있다.

날개선(Wing-bars) 날개덮깃 끝 혹은 날개깃 기부 색이 흐리거나 어두워 줄무늬를 이루는 것을 말한다. 도요새의 상당수는 큰날개덮깃 가장자리가 흰색으로 흰색 날개선이 보이며, 일부 참새목 조류의 경우 앉아 있을 때 큰날개덮

깃과 가운데날개덮깃 끝이 흰색으로 날개선 2열이 보이는 경우가 있다. 날개선의 유무, 색깔, 형태 등은 연령을 구별하는 데 큰 도움이 되기도 한다.

● 측정(Measurement)

측정자료는 가락지 부착 조사, 표본 조사, 사체 조사를 통해 얻을 수 있지만 대부분 살아있는 새를 측정해 얻는다. 종에 따라 측정 부위가 달라질 수 있지만 보통 몸길이, 날개 길이, 부리 길이, 부척 길이, 꼬리 길이는 기본적으로 측정한다. 측정을 통해 어떤 종의 지리적 아종 식별, 성 구별, 어린새의 성장률, 깃털갈이, 몸 크기에 대한 정보를 알 수 있다. 따라서 각 부위를 측정하면 조류 각 분야에 유용한 자료로 활용 가능하다. 조류 측정은 반드시 경험이 풍부한 연구자로부터 방법을 익힌 후 실시한다. 새를 안전하게 잡지 않거나 경험이 많지 않은 연구자라면 새에게 치명상을 입힐 수 있다.

몸길이(전장, Total length) 몸길이 측정은 반복성과 재현성에서 매우 취약한 측정값을 보인다. 한 손으로 새의 다리를 잡고 등면이 자 위에 닿도록 반듯하게 눕힌다. 다른 손으로 새의 목과 부리를 잡고 부리 끝이 측정자 끝에 놓이도록 한다. 자연스럽게 몸을 당긴 후 다른 손의 새끼손가락으로 꼬리 끝을 자에 밀착시켜 최종적으로 부리 끝에서 꼬리 끝까지 길이를 측정한다.

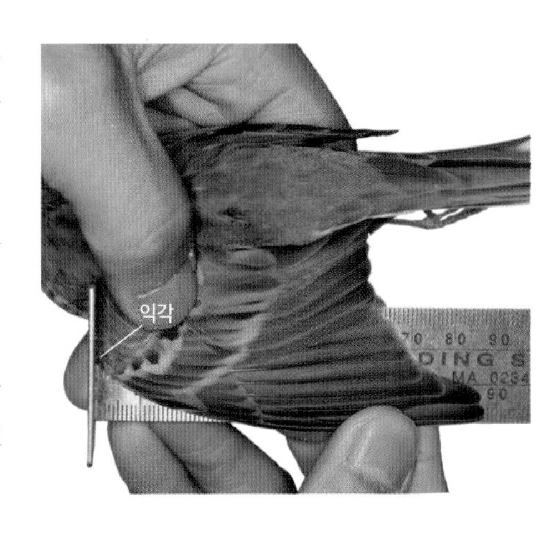

날개 길이(Wing length) 날개를 접은 상태에서 날개의 앞쪽 끝부분인 익각에서 가장 긴 첫째날개깃 끝까지의 길이를 측정한다. 조류의 날개는 첫째날개깃의 옆면을 따라 굴곡지며, 날개 윗면을 따라 휜 구조다. 날개를 평평하게 하는 정도에 따라 3가지 측정 방법이 있다. 가장 많이 사용하는 방법으로 최대 익장(Maximum chord method)을 측정한다.

날개 앞부분이 측정자의 0점에 위치하도록 한 후에 엄지손가락으로 가볍게 큰날개덮깃 또는 가운데날개덮깃을 누른다. 첫째날개깃 끝을 몸 바깥쪽으로 보낸다. 이렇게 해서 첫째날개깃의 측면 굴곡을 감소시킨다. 날개를 자에 밀착시킨 상태에서 엄지손가락을 첫째날개깃의 깃축에 대고 가능한 길게 늘인다.

날개를 펼친 길이(Wing span) 새의 등이 테이블 위에 닿도록 올려놓고 날개를 자연스럽게 펼친 다음 날개 끝에서 끝까지 길이를 측정한다. 날개를 펼친 길이는 주로 맹금류와 바닷새를 대상으로 측정한다.

꼬리 길이(Tail length) 꼬리깃 사이로 얇은 자를 부드럽게 밀어 중앙꼬리깃 기부에 자가 도달하도록 밀어 넣는다. 꼬리를 자와 일직선이 되도록 정렬해 가장 긴 꼬리깃까지 측정한다. 붉은머리오목눈이, 휘파람새, 때까치과 조류는 중앙의 가장 긴 꼬리깃과 외측의 가장 짧은 깃 간의 길이 차이가 크며, 이 경우 가장 긴 깃과 가장 짧은 깃의 길이 측정도 필요하다. 대체로 꼬리깃이 좌우 6장씩 12장이 있으나 예외적으로 더 적거나 많은 종이 있으며, 깃털갈이로 꼬리깃의 일부가 빠져나갈 수 있으므로 꼬리깃 수도 조사한다.

부척 길이(Tarsus length) 실제적으로 부척골(Tarsometatarsal bone)의 길이를 측정하는 것이다. 캘리퍼스를 이용해 경부와 부척골이 만나는 발목 뒷부분의 오목한 부분에서 아래쪽으로 발가락이 갈라지기 이전의 마지막 비늘 부분까지 측정한다. 또 다른 방법으로 발가락을 부척골과 거의 90도가 되도록 구부린 뒤에 경부와 부척골이 만나는 발목 뒷부분의 오목한 부분에서 이 부분까지 측정한다. 보통 두 번째 방법이 많이 쓰인다.

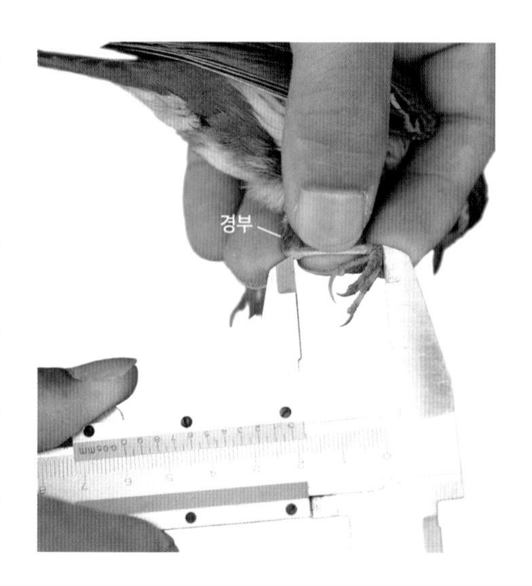

부리 길이(Culmen length = Bill length) 버니어 캘리퍼스를 이용하며, 측정시 새의 이마, 부리 등에 상처를 입히지 않도록 주의가 필요하다. 부리 길이 측정은 부리 끝에서 두개골까지(Skull), 부리 끝에서 깃털이 시작되는 부분까지(Feathering), 부리 끝에서 콧구멍까지(Nostril) 측정하는 3가지 방법이 있으며, 모든 방법에서 직선거리를 측정한다.

위 방법 중 보통 부리 끝에서 두개골까지 측정하는 것이 가장 많이 활용되고 있다. 그러나 도요·물떼새류는 부리 끝에서 깃털이 시작되는 부분까지 측정하며, 맹금류는 납막을 제외하고 측정한다. 두개골이 시작되는 부분은 항상 깃털로 덮여 있다. 측정시 캘리퍼스를 부리 기부 쪽에 가볍게 대고 두개골이 시작되는 부분을 찾아내 측정한다.

일부 때까치류의 경우 몸 바깥쪽에 위치한 2번째 첫째날개깃(P2)의 길이 차이와 바깥골의 수를 비교해 비슷한 종(특히 암컷과 어린새) 구별에 활용할 수 있다.

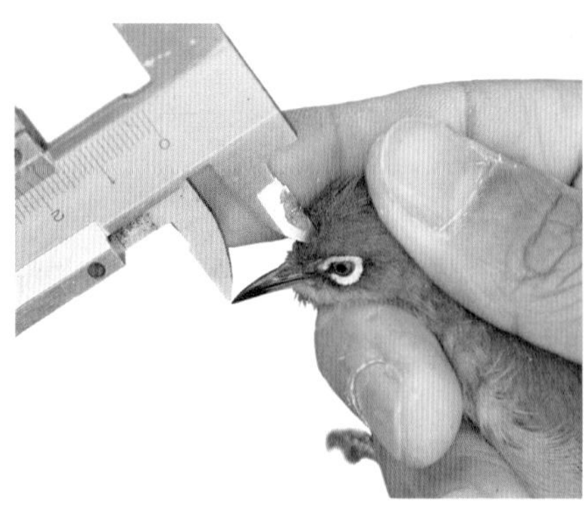

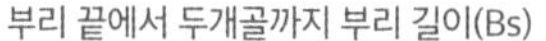
부리 끝에서 두개골까지 부리 길이(Bs)

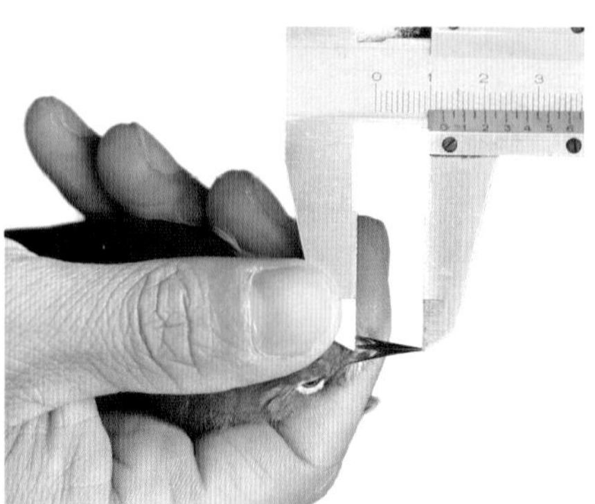

부리 끝에서 깃털이 시작되는 부분까지 부리 길이(Bf)

맹금류 측정자료 비교(단위: ㎜)

종명	성별	몸길이 (Total L)	날개 길이 (Wing L)	꼬리 길이 (Tail L)	부리 길이(B_c) (납막까지)
황조롱이 *Falco tinnunculus*	♂	335~365	245~252	164~185	13.7~16.5
	♀	355~375	251~270	174~188	15.1~18.0
매 *F. peregrinus*	♂	394~442	296~329	142~153	17.8~19.6
	♀	480~494	347~373	180~192	22.9~27.0
붉은배새매 *Accipiter soloensis*	♂	274~286	185~202	116~133	10.7~12.4
	♀	283~314	195~216	124~149	12.5~13.9
조롱이 *A. gularis*	♂	258~275	162~173	111~128	9.6~12.0
	♀	300~324	184~200	133~152	11.1~13.2
새매 *A. nisus*	♂	330~345	210~220	159~172	10.3~12.5
	♀	397~407	250~265	196~205	13.6~15.5
참매 *A. gentilis*	♂	500~523	297~310	220~239	19.6~22.0
	♀	566~580	335~343	253~265	22.8~25.9
말똥가리 *Buteo japonicus*	♂	462~518	362~387	203~227	20.3~24.0
	♀	530~560	390~423	230~246	23.0~26.2
큰말똥가리 *B. hemilasius*	♂	-	429~480	245~250	24.7~26.6
	♀	-	486~515	253~278	27.7~29.8
털발말똥가리 *B. lagopus*	♂	520~570	425~434	210~247	20.0~21.8
	♀	570~605	434~470	241~252	23~24.3
큰소쩍새 *Otus semitorques*	♂	215~235	165~180	80~91.3	14.2~17.1
	♀	235~255	183~196	92~102	14.4~18.0
소쩍새 *O. sunia*	♂	180~190	141~151	62.5~69	10.5~12.6
	♀	195~200	155~159	73~77	11.0~12.8

때까치류 측정자료 비교

구 분	노랑때까치 (Brown Shrike)	Isabelline Shrike	붉은등때까치 (Red-backed S)
날개길이	85~93mm	88~101mm	88~100mm
2번째 첫째날개깃(P2)의 길이	2nd P=5/6	2nd P=5/6 or 6	2nd P=4/5
P1과 가장 긴 첫째날개깃 끝과의 거리	36~42mm	42~52mm	-
바깥골(Emargination)	3, 4, 5	3, 4, 5	3, 4
가장 외측에 위치한 꼬리깃 폭	6.5~8.0cm	9~11cm	-
꼬리 무늬(어린새)	꼬리 끝에 검은 띠가 없다.	꼬리 끝에 검은 띠가 선명하다.	꼬리 끝에 검은 띠가 선명하다.
가장 긴 셋째날개깃 뒤로 돌출되는 첫째날개깃 수(날개를 접었을 때)	5~6장	5~6장	6~7장

노랑때까치(좌측), Isabelline Shrike(중앙), 붉은등때까치(우측)의 날개 형태(그림: Tim Worfolk)

익식(Wing-formula) 날개의 끝부분을 이루는 첫째날개깃들 사이의 상대적인 거리(길고 짧음)를 비교하는 것을 말한다. 대부분 가장 긴 첫째날개깃의 끝과 비교해 측정한다. 맹금류, 휘파람새과, 할미새과 등 참새목 조류를 비롯한 많은 종에서 익식의 비교는 닮은 종을 분류하는 데 있어 매우 중요한 분류 키(Key)가 된다. 또한 첫째날개깃 끝이 가장 긴 셋째날개깃 뒤로 돌출되는 정도를 비교한다.

날개 형태(색깔, 깃털갈이 유무, 마모 정도 등)를 설명할 때 각 깃에 고유한 번호를 부여할 경우 편리한 점이 많다. 보통 날개깃과 날개덮깃에 번호를 부여하는 경우가 많고, 번호를 부여할 때에 2가지 방법이 널리 쓰인다.

첫 번째 방법은 가락지 부착조사(Bird Banding)에서 많이 사용하는 것으로 날개 바깥쪽에서 몸 안쪽으로 번호를 매기는 방법이다(Ascendent numbering). 가장 바깥쪽에 있는 깃이 1번 깃이며(P1), 몸 안쪽으로 2번 깃, 3번 깃 등의 순서로 번호를 부여한다. 보통 참새목 조류는 가장 바깥쪽 날개깃이 흔적만 있거나 매우 짧아 확인하기 어려운 경우가 많다.

또 다른 방법은 주로 깃털갈이 형태를 표현할 때에 사용하는 기법으로 몸 안쪽에서 날개 끝 쪽으로 번호를 부여한다(Descendent numbering). 이같이 번호를 부여하는 것은 첫째날개깃이 대체로 몸 안쪽에서 몸 바깥쪽으로 깃털갈이가 진행되기 때문이다. 그러나 참새목 조류에서 가장 안쪽의 첫째날개깃을 확인하기 힘든 경우가 많다. 이는 가장 바깥쪽 둘째날개깃(S1)과 모양 및 길이에서 매우 유사하거나 혹은 깃털갈이에 의해 1번 첫째날개깃이 떨어져나갈 수 있기 때문이다. 위 두 방법 모두 둘째날개깃은 몸바깥에서 몸 안쪽으로 번호를 부여한다(Ascendent numbering).

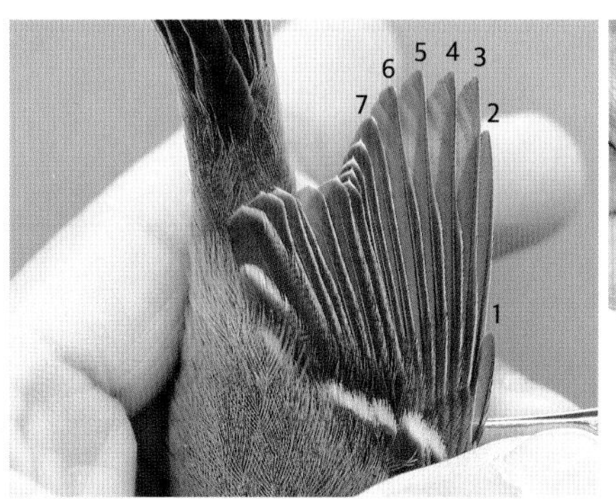

몸 안쪽으로 번호를 매길 경우 익식은
4=5>3>6>7>2>8>9>10>1

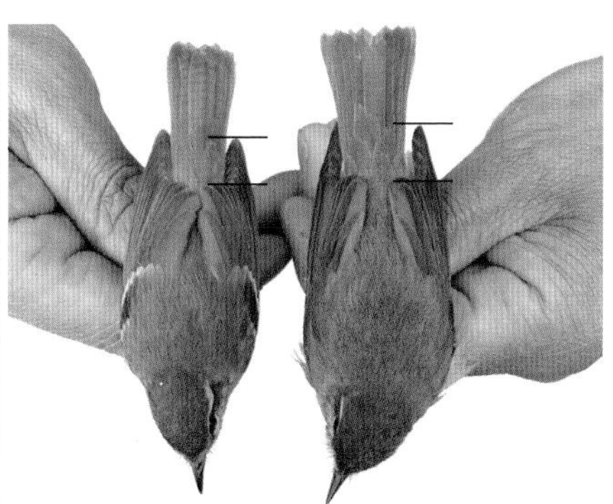

버들솔새(좌)는 첫째날개깃이 셋째날개깃 뒤로 짧게 돌출되는 반면, 쇠솔새(우)는 첫째날개깃이 셋째날개깃 뒤로 길게 돌출되는 특징이 있다.

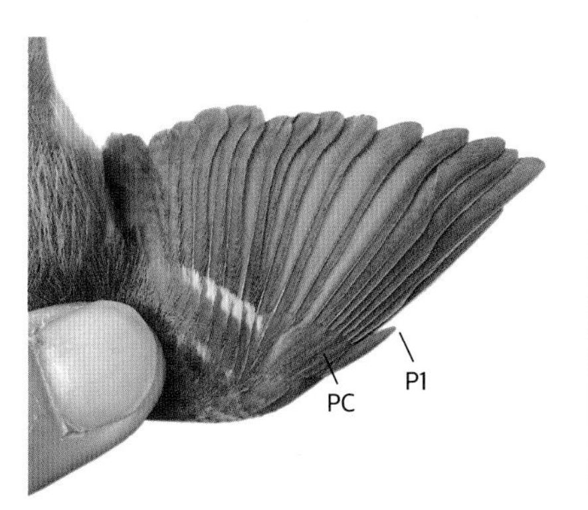

버들솔새 날개. 가장 짧은 첫째날개깃(P1)이
가장 긴 첫째날개덮깃(PC)보다 길다.
바깥골은 P3~P6깃까지 나타남.

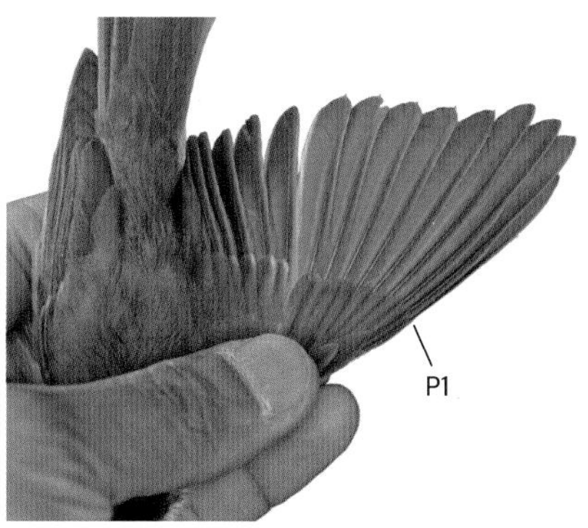

쇠솔새 날개. 가장 짧은 첫째날개깃(P1)이
가장 긴 첫째날개덮깃(PC)과 거의 같은 길이.
바깥골은 P3~P5깃까지 나타남.

휘파람새과, 섬개개비과, 솔새과 측정자료 비교

종명	익식[1] (wing formula)	P1-PC[2]	바깥골 (Ema)	날개 (wing)	꼬리 (tail)	부리(Bs) to skull	부리(Bf) to feather
휘파람새 Korean Bush Warbler *Horornis borealis*	4>5>6>3>7 (80%) 5>4>6>3>7 (20%)	9.0~14.8	3, 4, 5, 6	♂ 72.3~78.5 ♀ 59.0~65.7	♂ 66.3~77.0 ♀ 55.0~64.3	♂ 17.2~20.9 ♀ 15.7~17.0	♂ 11.0~15.3 ♀ 10.5~13.7
섬휘파람새 Japanese Bush W. *Horornis diphone cantans*	5>4>6>3>7 (53%) 5>4>6>7>3 (25%) 5>6>4>7>3 (22%)	9.3~17.1	3, 4, 5, 6	♂ 63.0~72.0 ♀ 54.9~59.0	♂ 60.5~74.0 ♀ 52.0~60.5	♂ 16.1~18.8 ♀ 13.9~16.7	♂ 10.1~12.7 ♀ 9.1~11.2
알락꼬리쥐발귀 Middendorff's W. *Helopsaltes ochotensis*	3>4>2>5 (50.8%) 3>2>4>5 (49.2%)	-3.2~2.8 (0.1±1.6)	3	64.2~75.5	51.0~62.5	15.6~18.7	13.1~14.9
섬개개비 Pleske's W. *H. pleskei*	3>4>5>2 (57.7%) 3>4>2>5 (42.3%)	0.5~4.5 (2.4±1.1)	3	66.6~74.0	57.0~69.0	18.0~20.9	15.2~17.3
쇠솔새[3] Arctic W. *Phylloscopus borealis*	3≥4>5>2>6 3≥4>5>6>2	-1.6~3.0	3, 4, 5	♂ 62.0~69.2 ♀ 59.2~66.1	♂ 43.1~49.0 ♀ 40.1~45.8	♂ 13.7~16.0 ♀ 13.1~15.4	♂ 9.0~11.3 ♀ 8.6~11.1
버들솔새 Two-barred W. *P. plumbeitarsus*	4>5≥3>6>7 4>3≥5>6>7	6.5~8.1	3, 4, 5, 6	54.8~61.2	39.5~47.0	12.7~14.5	8.8~10.0
되솔새 Pale-legged Leaf W. *P. tenellipes*	4>5>3>6>7>2 4>3>5>6>7>2 4>3>5>6>2>7	3.2~8.0	3, 4, 5, 6	56.9~67.2	41.2~50.9	13.3~15.3	8.8~11.4

1) 익식: 날개 바깥쪽에서 안쪽으로 순번을 부여한 방법(ascendent numbering)을 따름.

2) P1-PC: 가장 짧은 1번 첫째날개깃(P1)과 가장 긴 첫째날개덮깃(Primary covert) 간의 길이 차이. 보통 휘파람새과 조류 구별에 유용한 지표가 된다.

3) 쇠솔새는 3 또는 4아종으로 분류되지만 최근 별개의 3종으로 나누는 견해도 있다. 외형으로 아종 식별이 어렵다. 한국에서 번식하거나 통과하는 아종의 실체가 모호하다. 보통 솔새(*xanthodryas*)는 가장 짧은 1번 첫째날개깃(P1) 길이가 가장 긴 첫째날개덮깃(Primary covert) 길이보다 길고, 쇠솔새(*borealis*)는 그 반대로 가장 짧은 1번 첫째날개깃의 길이가 첫째날개덮깃보다 짧은 경향을 보인다.

버들솔새

쇠솔새

야생조류

분류와 생태

꿩과 Phasianida

들꿩 *Tetrastes bonasia* Hazel Grouse L36.5cm

서식 스칸디나비아에서 오호츠크해 연안까지, 사할린, 한국, 일본에 분포한다. 지리적으로 11아종 또는 12아종으로 나눈다. 한국에 분포하는 아종은 중국 동북부, 아무르에서 한반도까지 분포하는 *amurensis*이다. 국내에서는 국지적으로 약간 흔한 텃새다. 도서 지역을 제외한 한반도 전역 산지에 서식한다. 경기, 강원에 서식밀도가 높고 남부 지역으로 갈수록 수가 적다.

행동 숲이 우거지고 하층식생이 밀생한 숲에서 생활하며, 비교적 고도가 높은 산지에 서식한다. 위협을 느낄 때에는 꿩처럼 멀리 달아나지 않고 근처의 나무 위로 올라간다. 둥지는 바위 아래 평탄한 지면 또는 큰 나무 밑에 낙엽과 풀을 깔고 틀며 4~5월에 산란한다. 산란수는 6~12개이며, 약 25일간 포란한다. 보통 숲 속 바닥에서 먹이를 찾으며 씨앗, 열매, 새순, 곤충을 먹는다. 겨울에는 귀룽나무, 버드나무류, 오리나무류 등의 겨울눈도 즐겨 먹는다.

특징 통통한 체형이며 짧은 다리와 짧은 꼬리가 특징으로 다른 종과 뚜렷이 구별된다. 몸윗면은 회갈색을 띠며 뒷머리 깃이 약간 돌출되었다. 수컷은 멱에 있는 검은 반점의 폭이 넓고 뚜렷하지만, 암컷은 흰 바탕에 불분명한 흑갈색 반점이 있다.

수컷. 2011.12.31. 경기 성남 남한산성

암컷. 2011.3.26. 경기 성남 남한산성

수컷. 2013.2.24. 경기 성남 남한산성

암컷. 2013.2.24. 경기 성남 남한산성

메추라기 *Coturnix japonica* Japanese Quail L20cm

서식 몽골 북부, 아무르, 우수리, 중국 북부, 북한에서 번식하고, 한국, 중국 남부, 일본, 인도차이나반도 북부에서 월동한다. 남한에서는 흔한 겨울철새이며, 흔한 나그네새다. 보통 10월에 도래해 4월까지 관찰기록이 많다. 북한에서는 적은 수가 번식하는 여름철새이며, 남한에서도 적은 수가 번식한다.

행동 전국의 들녘, 밭 주변, 초지에서 서식하며, 풀밭에서 먹이를 찾다가 위협을 느끼면 저공으로 빠르게 날아올라 근처 풀밭에 내려앉는다. 몸에 비해 상당히 큰 알을 낳는다. 산란수는 7~12개이며, 암컷 홀로 16~18일간 포란한다.

특징 체형은 작고 통통하다. 목, 다리, 꼬리가 짧다. 몸윗면은 엷은 적갈색이며 흑갈색과 흰색 줄무늬가 복잡하다. 황백색 눈썹선이 뚜렷하다.

수컷 번식깃 뺨과 멱 부분이 적갈색이다.

수컷 겨울깃 암컷과 구별하기 힘들다. 멱은 바탕이 흰색이며 중앙에 흑갈색 세로 줄무늬가 흩어져 있고, 아랫목을 가로지르는 적갈색 가로 띠가 명확하다. 암컷과 달리 가슴에 검은색 세로 줄무늬가 없다.

암컷 수컷과 달리 턱밑과 멱이 때 묻은 듯한 흰색이다. 목과 가슴에 흑갈색 세로 줄무늬가 흩어져 있다. 옆목은 때 묻은 듯한 흰색이며 굽은 흑갈색 띠가 2개 있다.

닮은종 Common Quail (*C. coturnix*) 수컷은 메추라기와 매우 비슷하지만 메추라기보다 크다. 가슴과 옆구리의 적갈색이 보다 연하다. 암컷은 야외에서 구별이 거의 불가능하다.

수컷 겨울깃. 2010.2.9. 경기 안산 © 최순규

수컷 번식깃. 2010.5.2. 강원 강릉 경포습지 © 진경순

암컷 겨울깃. 2010.1.9. 경기 안산 시화호 © 백정석

겨울깃 비교. 수컷(좌측), 암컷(우측). 2009.11.22.

꿩 *Phasianus colchicus* Common Pheasant ♂85~95cm, ♀56~60cm

서식 흑해 연안, 소아시아, 이란, 시베리아 남동부, 우수리, 중국, 대만, 한국에 분포한다. 국내에서는 흔하게 서식하는 텃새다. 육지에서 멀리 떨어진 도서를 제외하고 한반도 전역에 서식한다. 수렵 목적으로 일부 도서(제주도, 울릉도)에 방사되었다.

행동 숲 가장자리의 덤불숲을 선호한다. 빠른 날갯짓으로 날아올랐다가 미끄러지듯이 내려앉는다. 겨울에는 무리를 이루는 경우가 많다. 놀랐을 때 매우 빠르게 달리거나 "꿩 꿩" 소리를 내며 날아오른다. 4~6월에 야산의 덤불숲, 숲 속의 땅 위에 알을 8~12개 낳으며, 암컷이 23일간 품고, 깨어난 새끼들을 돌본다.

특징 다른 종과 혼동이 없다. 암수 모두 꼬리가 길다.

수컷 뒷머리에 녹색 귀깃이 있으며, 뺨에는 붉은 살이 있고, 번식기에 부풀려 암컷에게 과시한다. 목에 흰색 띠가 뚜렷하며 뒷목까지 연결된다. 발목 뒤의 날카로운 며느리발톱은 번식철에 수컷끼리의 경쟁에 이용한다.

암컷 전체적으로 황갈색을 띠며 흑갈색 무늬가 있다. 수컷보다 작으며 꼬리도 짧다.

분류 30아종 또는 31아종으로 나눈다. 유럽, 일본, 오스트레일리아, 뉴질랜드, 하와이, 북미대륙에 이입되었다. 아종에 따라 목에 흰색 띠가 없거나 끊어지는 경우도 있으며, 날개덮깃, 허리 부분의 색깔 차이가 심하다. 국내에서는 2아종이 기록되었다. 만주 남부, 한반도, 제주도, 쓰시마 등지에 서식하는 아종은 *karpowi*이며, 시베리아 동남부, 만주 북부와 동부, 북한 함북, 평남, 평북 일대에는 북꿩 *pallasi*가 서식한다.

수컷. 2011.10.30. 강원 철원 © 백정석

암컷. 2009.4.18. 경기 부천 © 백정석

수컷. 2012.5.27. 경기 여주 © 최순규

암컷. 2008.6.1. 경기 포천 포천천 © 이상일

개리 *Anser cygnoides* Swan Goose L81~94cm

서식 러시아 극동, 중국 동북부, 몽골, 중국 헤이룽장성 자룽습지보호구, 사할린 북부 등 매우 제한된 지역에서 번식하고, 한국, 중국 양쯔강 유역, 대만, 일본에서 월동한다. 국내 제한된 지역에서 흔한 나그네새이며 드문 겨울철새다. 10월 초순에 도래하며 4월 중순까지 관찰된다. 이동시기에 한강-임진강 하구에서 1,000여 개체가 관찰된다. 주요 월동지는 한강-임진강 하구와 금강 하구이며, 그 외 천수만, 주남저수지, 낙동강 하구에서 소수가 월동한다. 한강-임진강 하구에서 월동하는 무리는 혹한기에 대부분 남쪽으로 이동한 후 일부 개체는 금강 하구에서 월동하며, 대부분 집단은 중국 동남부로 이동하는 것으로 판단된다.

행동 질펀한 갯벌에서 머리를 뻘 속 깊이 집어넣고 새섬매자기 같은 식물의 뿌리를 먹는다. 마른 모래톱보다는 물 고인 습지, 갯벌을 좋아한다.

특징 기러기류 가운데 부리와 목, 다리가 가장 길다. 몸윗면은 흑갈색이다. 몸아랫면은 옅은 갈색이며 옆구리는 흑갈색이다. 머리에서 뒷목은 암갈색이며, 앞목은 흰색으로 뒷목과 뚜렷한 경계를 이룬다. 부리 기부를 따라 흰색 깃이 띠를 이룬다.

어린새 부리 기부에 흰색 띠가 없다. 가운데날개덮깃이 성조보다 작고 둥글다.

실태 천연기념물이며 멸종위기 야생생물 II급이다. 지구상 생존 개체수는 60,000~80,000으로 판단되며, 서식지 상실, 농경지 확대 등으로 개체수가 감소하고 있다. 세계자연보전연맹 적색자료목록에 취약종(VU)으로 분류된 국제보호조다.

성조. 2015.3.28. 경기 파주 산남습지

먹이 활동. 2015.3.18. 경기 파주 산남습지

무리. 2010.10.23. 충남 서천 송림갯벌 © 한종현

성조(좌측)와 1회 겨울깃(우측). 2010.10.30. 경기 파주 공릉천

오리과 Anatidae

큰기러기 *Anser serrirostris* Tundra Bean Goose L84.5~90cm

서식 유라시아대륙 북부의 개방된 툰드라 저지대에서 번식하고, 유럽 중·남부, 중앙아시아, 한국, 중국의 황하, 양쯔강 유역, 일본에서 월동한다. 2아종으로 나누며 한국에는 아종 *serrirostris*가 찾아온다. 한국 전역의 드넓은 농경지에서 월동하는 다소 흔한 겨울철새다. 주로 철원평야, 한강-임진강 하구, 천수만, 금강 주변의 농경지에서 월동한다. 9월 하순부터 도래하며 3월 하순까지 머문다. 보통 큰 무리를 이루어 월동한다.

행동 날 때 울음소리를 주고받으며 일정한 대형을 만들면서 이동한다. 날갯짓이 오리류보다 느리고 무게 있게 난다. 농경지 및 습지에서 무리를 이루어 벼이삭, 논의 잡초, 목초 등을 먹는다. 경계심이 강해 위험을 느끼면 목을 길게 세워 주위를 살핀다.

특징 전체가 암갈색이며 몸아랫면은 색이 엷다. 큰부리큰기러기와 구별이 매우 어렵다. 부리는 검은색이며 끝부분에 독특한 노란 무늬가 있다. 이마가 둥그스름하게 보이며 부리가 짧고, 뭉툭하다(큰부리큰기러기는 부리가 길어 이마에서 부리 끝까지 완만한 경사를 이룬다). 뭉툭한 부리는 툰드라의 개방된 환경에서 생활하는 데 적응한 것으로 월동지에서도 주로 넓은 농경지에서 휴식과 채식활동을 한다. 일부 개체는 이마에 가는 흰색 무늬가 있는 경우도 있다.

어린새 전체적으로 성조보다 색이 엷으며, 가운데날개덮깃이 성조보다 작고 둥글다. 옆구리에 불명확한 흑갈색 얼룩 반점이 흩어져 있다(성조는 흑갈색 줄무늬가 명확하다).

분류 과거 큰부리큰기러기를 큰기러기의 아종으로 보았으나 1996년 이후 형태, 생태, 분포, 유전정보 등에 관한 연구를 통해 서로 별개의 종으로 분류한다..

실태 멸종위기 야생생물 II급이다.

성조. 2011.2.4. 경기 파주 갈현리

1회 겨울깃. 2010.12.25. 경기 파주 오도리

어린새. 2008.10.14. 충남 천수만 © 서한수

성조. 2008.1.16. 충남 천수만 © 서한수

큰부리큰기러기(좌측)와 큰기러기(우측) 개체 간 부리 길이 차이. 중앙 개체처럼 2종의 중간 형태를 띠는 개체도 있다.

오리과 Anatidae

큰부리큰기러기 *Anser fabalis* Taiga Bean Goose L90~100cm

서식 스칸디나비아 북부에서 동쪽으로 아나디리까지 번식하고, 유럽 동북부에서부터 동쪽으로, 중국 동부, 한국, 일본에서 월동한다. 툰드라 남쪽에 소나무, 전나무, 자작나무가 자라는 산림지대와 나무가 드문드문 자라는 모래와 자갈이 있는 고지대의 하천과 호수 주변에 둥지를 튼다. 지리적으로 3아종으로 나누며 한국에는 동시베리아와 트란스바이칼에서 번식하는 아종 *middendorffi*가 찾아온다. 국내에서는 낙동강, 금강 하구 등지에서 비교적 흔하게 월동한다(큰기러기보다 개체수가 적다). 9월 하순부터 도래하며 3월까지 머문다.

행동 줄, 갈대, 마름 등 수생식물이 무성한 습지를 좋아하며 뿌리와 줄기, 종자를 긴 머리와 긴 부리를 이용해 먹는다. 습지가 점차 줄어들고 있어 큰기러기처럼 논에서 채식하는 큰부리큰기러기가 증가하는 현상이 일어나며, 두 종 간 함께 섞이는 경우도 있다.

특징 몸이 크고, 부리가 길다. 이마와 부리의 경사가 비교적 완만하게 보인다. 부리 형태가 큰기러기와 큰부리큰기러기의 중간 길이를 띠는 개체도 있어 종 구별이 쉽지 않은 경우가 많다.

실태 멸종위기 야생생물 II급이다.

성조. 2015.3.21. 경기 파주출판단지 습지

성조. 2003.11.8. 경남 창원 주남저수지

오리과 Anatidae

쇠기러기 *Anser albifrons* Greater White-fronted Goose L64~78cm

서식 유라시아, 북아메리카, 그린란드의 북극권에서 번식하고, 유럽 중부, 중국, 한국, 일본, 북아메리카 중부에서 월동한다. 지리적으로 5아종으로 나눈다. 국내에서는 다소 흔한 겨울철새이며, 보통 큰 무리를 이루어 월동한다. 국내 월동 무리는 70,000~180,000개체다. 9월 하순부터 도래하며 4월 초순까지 머문다. 강원 철원평야 일대의 경우 대부분 쇠기러기 단독 집단으로 월동하며 그 외 지역은 큰기러기와 혼성해 월동하는 경우가 많다.

행동 물 고인 습지보다는 수확이 끝난 논에 찾아와 낟알, 벼 그루터기를 먹는 경우가 많다. 주로 철원평야, 천수만, 금강 등 강, 해안 주변의 넓은 농경지에서 먹이를 찾는다. 항상 무리를 이루어 행동하며 경계심이 강하다.

특징 몸 전체가 암갈색이다. 몸아랫면은 옅은 갈색이고 검은 줄무늬가 있다. 이마가 흰색으로 큰기러기와 쉽게 구별된다. 부리는 등색 기운이 있는 분홍색이다. 일부 개체는 이마의 흰 무늬가 정수리 주변까지 다다르거나, 눈테가 폭 좁은 노란색이어서 흰이마기러기로 혼동할 수 있지만 부리가 흰이마기러기보다 현저하게 길다.

어린새 부리 색이 옅으며 끝이 검은색이다. 이마에 흰색이 거의 없다. 몸아랫면에 검은 줄무늬가 없다. 가까운 거리에서 볼 때 앞가슴부터 배까지 작고 검은 반점이 흩어져 있는 개체도 있다. 1회 겨울깃으로 깃털갈이 중인 개체는 이마가 폭 좁은 흰색이며 배에 검은 무늬가 나타난다.

1회 겨울깃 이마의 흰색 폭이 성조보다 뚜렷하게 좁다. 몸아랫면의 검은 줄무늬가 거의 없거나 성조보다 적다.

성조. 2010.11.27. 경기 파주 오덕리

어린새. 2010.11.27. 경기 파주 오덕리

성조와 어린새. 2006.11.21. 경남 창원 주남저수지

비상. 2011.1.9. 경기 파주 금릉

성조. 2004.12.27. 충남 금강 하구 ⓒ 서정화

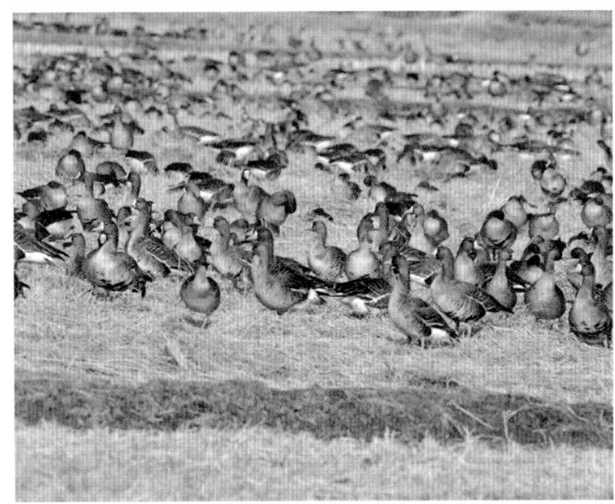
무리. 2010.12.12. 경기 연천 통현리

오리과 Anatidae

회색기러기 *Anser anser* Greylag Goose L84~89cm

서식 유라시아대륙 중·북부에서 번식하고, 유럽, 북아프리카, 인도, 중국에서 월동한다. 국내에서는 제주도, 경남 창원 주남저수지, 충남 천수만 등지에서 관찰기록이 있는 미조다.

행동 다른 기러기류 무리에 섞여 월동하며, 습성도 다른 기러기류와 비슷하다.

특징 전체적으로 회갈색이어서 큰기러기보다 밝게 보인다. 부리와 다리는 분홍색이다. 날 때 보이는 날개덮깃과 날개 앞부분은 흐린 회백색이며, 허리는 회색으로 어두운 몸윗면과 뚜렷하게 구별된다. 날개아랫면의 날개덮깃은 어두운 회색으로 어두운 날개깃 색과 구별된다. 눈테는 엷은 살구색이다. 일부 개체는 부리 기부에 흰색 띠가 있다.

어린새 성조보다 회색이 적다. 날개덮깃은 폭이 좁고 약간 길쭉하다. 부리 기부가 검은색이다. 몸아랫면에 불규칙한 흑갈색 얼룩이 있으며, 옆구리 아랫부분의 검은 줄무늬가 매우 약하다.

아종 국내에 기록된 아종은 *rubrirostris*로 유럽에 분포하는 *anser*보다 회색 기운이 강하다.

성조. 2020.12.14. 인천 강화 월곶리 ⓒ 정용훈

1회 겨울깃. 2021.2.20. 인천 강화 망월리

오리과 Anatidae

흰이마기러기 *Anser erythropus* Lesser White-fronted Goose L55~65cm

서식 유라시아대륙의 북극권에서 번식하고, 유럽 남부, 중동, 중국의 양쯔강 중류에서 월동한다. 국내에서는 매우 드물게 찾아오는 겨울철새로, 100개체 이하의 적은 수가 월동한다. 10월 초순부터 도래하며 3월 하순까지 머문다.

행동 대부분 쇠기러기 무리에 섞여 월동한다.

특징 전체적으로 쇠기러기보다 작으며 몸윗면이 더 어둡다. 부리는 분홍색이며, 쇠기러기보다 현저하게 짧다. 이마에서 머리꼭대기까지 폭 넓은 흰 무늬가 있다. 노란색 눈테가 뚜렷하다. 얼굴 주변은 쇠기러기와 달리 회흑색 기운이 있다. 배에 검은 줄무늬가 쇠기러기보다 적고 가늘다. 앉아 있을 때 쇠기러기와 달리 첫째날개깃 끝이 꼬리 뒤로 약간 길게 돌출된다.

어린새 전체적으로 성조보다 색이 어두우며 가슴에 검은 줄무늬가 없다. 성조와 달리 눈테는 연한 노란색으로 근거리에서 확인된다. 이마에 흰 무늬가 거의 없다.

1회 겨울깃 이마의 흰색 폭이 성조보다 뚜렷하게 좁아 쇠기러기 성조와 거의 같은 크기다. 노란색 눈테가 비교적 뚜렷하다. 배의 검은 줄무늬가 성조보다 약하다.

실태 세계자연보전연맹 적색자료목록에 취약종(VU)으로 분류된 국제보호조다. 전 세계 생존 개체수는 16,000~27,000이다. 멸종위기 야생생물 II급이다.

닮은종 **쇠기러기** 일부 개체는 이마의 흰 무늬가 정수리 주변까지 다다르며, 폭 좁은 노란색 눈테가 있어 흰이마기러기로 혼동할 수 있지만 자세히 보면 부리가 흰이마기러기보다 길다.

성조. 2004.3.8. 경남 창원 주남저수지

성조. 2004.3.8. 경남 창원 주남저수지

어린새. 2004.2.27. 충남 금강 하구

성조. 2009.11.29. 충남 천수만 © 김신환

흰이마기러기. 2009.11.29. 충남 천수만 © 김신환

흰이마기러기를 닮은 **쇠기러기**. 2010.12.12. 강원 연천

오리과 Anatidae

줄기러기 *Anser indicus* Bar-headed Goose L70~76cm

서식 바이칼호 남부에서 몽골 고원지대까지, 중국 북부, 히말라야 북부에서 번식하고, 겨울에는 인도에서 월동하며, 일부는 미얀마에서도 월동한다. 국내에서는 2003년 3월 15일 한강 하구 공릉천 초입에서 1개체, 2013년 12월 10일 강화도에서 1개체, 2015년 5월 26일 경남 하동에서 1개체, 2015년 10월 27일 인천 강화읍 등지에서 1개체가 관찰된 미조다.

행동 작은 무리를 이루어 하구, 호수, 경작지에서 월동한다.

특징 다른 종과 혼동이 없다. 전체적으로 밝은 청회색이다. 몸윗면의 깃 가장자리는 흰색이다. 머리는 흰색이며 뒷머리에 검은 줄무늬가 2개 있다. 앞목과 뒷목은 검은색이며 옆목은 흰 선이 길게 세로로 그어져 있다. 앞목은 윗부분이 특히 어둡고 아랫부분은 가슴과 거의 같은 색으로 밝게 보인다. 부리와 다리는 등색을 띤 노란색이다. 날 때 첫째날개깃과 둘째날개깃이 검은색으로 보인다.

어린새 눈앞에서 부리 기부까지 회색 줄무늬가 있다. 앞이마는 흰색, 정수리에서 뒷목 아래까지 균일한 어두운 회갈색이다. 다리와 부리는 성조보다 색이 엷다.

성조. 2015.11.21. 인천 강화 강화읍

성조. 2015.7.10. 경남 하동 평사리

흰기러기 *Anser caerulescens* Snow Goose L67~80cm

서식 알래스카, 캐나다 동북부, 그린란드의 북극권, 북동 시베리아의 콜리마천 하류, 추코트반도 북부에서 번식하고, 북아메리카에서 월동한다. 2아종으로 나눈다. 번식지에서는 집단으로 번식하며 개체수가 증가하는 매우 흔한 종이지만, 국내에서는 희귀한 겨울철새로 불규칙하게 찾아온다. 철원평야, 강화도, 금강 하구, 주남저수지, 우포늪, 천수만, 제주도 등지에서 월동 기록이 있지만 한국을 찾는 수는 20개체 이하다. 11월 초순부터 도래하며 3월 하순까지 머문다.

행동 큰기러기와 쇠기러기 무리에 섞여 드넓은 농경지, 저수지 등지에서 월동한다.

특징 2가지 형태가 있으며 한국에는 대부분 백색형만 기록되었다. 첫째날개깃의 검은색을 제외하고 전체가 흰색이다. 다리와 부리는 분홍색이다.

어린새 몸윗면은 전체적으로 회갈색이며 월동 중에 서서히 흰색이 증가한다. 부리와 다리도 회흑색 기운이 있다.

성조. 2007.12.2. 강원 철원 © 김준철

1회 겨울깃. 2019.1.9. 경기 김포 석탄리

성조와 1회 겨울깃. 2007.12.12. 인천 강화 흥왕리 © 박건석

어린새. 2010.11.11. 경기 파주 망우리 © 박건석

무리. 2007.11.27. 인천 강화 초지리 © 박건석

흑기러기 *Branta bernicla* Brant Goose L55~65cm

서식 유라시아대륙, 북아메리카, 그린란드의 북극권에서 번식하고, 한국, 일본, 중국 해안, 북미 서부 연안 등지에서 월동한다. 국내에서는 하구 또는 해안가에서 매우 적은 수가 월동하는 겨울철새다. 주로 남해안과 동해안에서 월동한다. 10월 중순부터 도래하며 3월 하순까지 머문다.

행동 다른 기러기와는 달리 바닷가에서 서식하는 해양성 조류다. 주로 파래 같은 해초와 줄 같은 수초를 먹는다.

특징 몸윗면은 전체적으로 검은색이다. 목은 짧고 굵으며, 크고 흰 무늬가 있다. 옆구리에 흰 무늬가 뚜렷하고, 배는 다른 아종보다 검은색이 진하다.

어린새 전체적으로 색이 엷다. 몸윗면의 날개덮깃 가장자리가 흰색으로 줄무늬를 이룬다. 목의 흰 반점이 희미하며, 겨울철에 점차 성조와 같이 진하게 바뀐다.

분류 3 또는 4아종(*bernicla*, *hrota*, *nigricans*, *orientalis*)으로 분류한다(*orientalis*를 인정하지 않고 *nigricans*에 포함시키기도 한다). *nigricans* (Black Brent)는 시베리아 극동, 알래스카, 캐나다 서북부에서 번식하는 아종이며, 멱의 흰 반점이 크고, 몸아랫면이 진하며 옆구리의 흰 무늬가 뚜렷하다. *orientalis* (Pacific Brent)는 시베리아 동북부에서 서식하는 아종으로 *nigricans*와 매우 비슷하지만 보다 색이 엷으며, 목의 흰색도 약간 작다(두 아종의 차이는 미미하다). 국내에서는 *nigricans*가 찾아오며 일부 *orientalis*도 찾아올 것으로 판단된다. 목의 흰 무늬는 아종에 따라 차이가 있을 뿐만 아니라 수컷이 암컷보다 크고, 나이 든 개체가 미성숙한 개체보다 더 크다.

실태 천연기념물이며 멸종위기 야생생물 II급이다.

성조. 2011.12.24. 강원 강릉 사천항 © 변종관

1회 겨울깃. 2011.12.24. 강원 강릉 사천항 © 변종관

어린새와 1회 겨울깃. 2005.12.23. 경북 포항 해맞이공원 © 곽호경

어린새. 2009.12.19. 충남 천수만 © 서한수

캐나다기러기

Branta hutchinsii Cackling Goose / Lesser Canada Goose L56~76cm

서식 알류산열도, 알래스카, 캐나다, 북미대륙에서 번식하고, 북미대륙 남부에서 월동한다. 유럽, 뉴질랜드에 도입되어 도시 주변 호수에서 흔히 서식한다. 국내에서는 3아종(*minima, leucopareia, taverneri*) 이상이 확인되었으며, 철원평야, 천수만, 순천만, 주남저수지 등지에 불규칙하게 찾아오는 매우 드문 겨울철새다. 10월 하순부터 도래하며 3월 하순까지 머문다.

행동 국내에서는 쇠기러기, 큰기러기 무리에 섞여 월동하는 경우가 많으며, 다른 기러기류와 비슷한 행동을 한다.

특징 머리와 목이 검은색이며, 눈 뒤에서 아래쪽으로 폭넓은 흰 반점이 있다. 아랫목과 가슴 사이에 뚜렷한 흰색이 있는 아종도 있으며, 흰 무늬가 없는 아종도 있다.

분류 캐나다기러기는 아종에 따라 무늬가 조금씩 다르며, 크기 차이가 매우 큰 종(56~92㎝)으로 과거 Canada Goose (*Branta canadensis*)를 단일 종으로 보았고 11 또는 12아종으로 나누었다. 그러나 2004년 이후 미국 AOU에서는 캐나다기러기를 새롭게 2종으로 분류하고 있다. 북미대륙의 내륙 지역과 남쪽에서 번식하는 덩치 큰 종을 Canada Goose (*B. canadensis*)로 분류하고 이 종에 7아종을 포함했다. 또한 북미대륙의 툰드라 지역, 알류산열도 등지에서 번식하는 소형 종을 Cackling Goose (*B. hutchinsii*)로 분류하고 이 종에는 4아종(*hutchinsii, leucopareia, minima, taverneri*)이 포함된다. 그러나 캐나다기러기를 2종으로 나누더라도 지리적 분포에 따라 몸크기, 부리 길이 및 깃털 색에 점진적으로 변화가 있어 아종 구별이 상당히 어렵다.

아종 꼬마캐나다기러기

Small Cackling Goose / Ridgway's Goose (*B. h. minima*)

알래스카 서부의 제한된 지역에서 번식하고, 캘리포니아에서 멕시코 북부까지에서 월동한다. 청둥오리보다 약간 큰 정도로 여러 아종 중 가장 작고 가슴은 어두운 갈색이다. 보통 목과 가슴에 흰 줄무늬가 없지만 폭 좁고 흰 줄무늬가 있는 개체도 많다. 목과 가슴의 경계가 불명확하게 보이는 경우가 많다. 날개덮깃 끝부분에 검은 띠가 있다.

아종 캐나다기러기

Aleutian Cackling Goose (*B. h. leucopareia*)

알류산열도의 제한된 지역에서 번식하고, 북미 서부에서 월동한다. *minima*보다 약간 크다(쇠기러기보다 약간 작다). 아랫목과 가슴 사이에 흰색 줄무늬가 뚜렷하다(흰색 줄무늬가 없는 어린 개체는 *minima*와 매우 비슷하지만 크기가 크다). 도입된 북극여우가 약탈하면서 멸종위기에 처했으나 1970년대 이후 복원사업으로 개체수가 증가했다. 2020년 현재 생존 개체수는 대략 200,000이다.

아종 긴목캐나다기러기

Taverner's Cackling Goose (*B. h. taverneri*)

알래스카 서부의 유콘강 지역에서 번식하는 아종으로 *minima*와 인접한 지역에 서식한다. 쇠기러기보다 크고 큰기러기보다 약간 작다. 목에 흰색 띠가 없다. 전체적으로 *minima*보다 밝다. 크기가 *leucopareia*보다 크고 가슴이 밝은 빛을 띠며 목과 가슴의 경계가 뚜렷한 경우가 많다.

닮은종 큰캐나다기러기 Canada Goose (*B. canadensis parvipes*) 알래스카 중부에서 동쪽으로 캐나다 중부지역에서 번식한다. 매우 드물게 도래할 가능성이 있다. *taverneri*와 비슷해 구별이 어렵다. *taverneri*보다 약간 크며, 부리가 길다. 가슴이 *taverneri*보다 약간 밝다.

아종 *minima*. 2010.3.4. 인천 중구 영종도 ⓒ 진선덕

아종 *leucopareia*. 2018.1.28. 인천 강화 두운리 ⓒ 정용훈

아종 *minima*. 2013.2.18. 충남 천수만 ⓒ 한종현

아종 *minima*. 2013.2.18. 충남 천수만 ⓒ 한종현

아종 *leucoparei*. 2007.12.7. 충남 천수만 ⓒ 김신환

아종 *taverneri*. 2018.1.14. 경기 파주 금촌동

아종 *leucopareia* (좌)와 *parvipes* ? (우). 2007.12.7. 충남 천수만 ⓒ 김신환

오리과 Anatidae

흰얼굴기러기 *Branta leucopsis* Barnacle Goose L58~70cm

서식 그린란드 동북부, 스발바르제도, 스칸디나비아반도, 핀란드, 러시아 서북부, 발트해 연안지역에서 번식하고, 유럽 서북부에서 월동한다. 국내에서는 2014년 10월 10일 충남 천수만 간월호 인근 농경지에서 1개체가 관찰된 미조다.

행동 물로 둘러싸인 돌이 많은 작은 섬, 바위가 많은 해안지대 초지에서 무리지어 번식한다. 수생식물, 풀뿌리 등을 먹는다. 월동 중에는 풀이 많은 농경지, 하구, 해안가 습지에서 먹이를 찾는다.

특징 목과 부리가 짧으며 체형은 땅딸막하다. 눈 앞쪽으로 검은 선이 있으며, 이마와 얼굴은 흰색이다. 정수리에서 가슴까지 검은색이다. 몸윗면은 옅은 회색이며 깃 끝은 검은색과 흰색 무늬가 뚜렷하다. 검은 가슴과 흰색 배의 경계가 뚜렷하다. 옆구리에 불명확한 세로 줄무늬가 흩어져 있다. 날 때 날개 윗면은 회색 기운이 강하며 날개덮깃 끝에 검은 줄무늬가 보인다. 꼬리는 검은색이며 위꼬리덮깃은 흰색이다.

2012.7.8. 독일 뮌헨

오리과 Anatidae

붉은가슴기러기 *Branta ruficollis* Red-breasted Goose L54~60cm

서식 타이미르반도 등 북서 시베리아에서 번식하고, 발칸지역 동부, 러시아 남부, 중동지역에서 월동한다. 국내에서는 2012년 10월 21일 충남 천수만 간월호에서 1개체, 2021년 10월 11일 충남 서산시 천수만 농경지에서 1개체가 관찰된 미조다.

행동 주변에 강, 하천이 위치한 키 작은 풀이 무성한 툰드라에서 번식하며, 비번식기에는 농경지, 풀밭에서 무리를 이루어 월동한다. 낮에는 호수 중앙에서 다른 기러기류에 섞여 휴식을 취하기도 하며 해안지대로 이동하기도 한다.

특징 흑기러기보다 약간 작다. 목이 다소 굵고 부리는 매우 짧다. 적갈색, 검은색, 흰색이 섞여 있어 다른 종과 쉽게 구별된다(먼 거리에서는 전체적으로 어둡게 보여 흑기러기와 비슷하게 보이기도 한다). 눈앞에 크고 둥근 흰색 반점이 있다. 빰은 적갈색이며 가장자리가 흰색이다. 날개에 흰색 줄무늬 2개가 뚜렷하다(어린새는 폭이 좁은 날개선이 4~5개 있다).

실태 세계자연보전연맹 적색자료목록에 위기종(EN)으로 분류된 국제보호조다. 지구상 생존 개체수는 60,000 미만으로 판단된다.

2014.5.10.
독일 프랑크푸르트 동물원
ⓒ 최창용

오리과 Anatidae

흰얼굴아기오리

Nettapus coromandelianus Cotton Pygmy Goose L33cm

서식 남아시아, 중국 남부, 인도차이나반도, 말레이반도, 대순다열도, 필리핀, 술라웨시 북부, 뉴기니 북부, 오스트레일리아 동북부에서 서식한다. 북쪽 번식 집단은 비번식기에 남쪽으로 이동한다. 국내에서는 2019년 5월 26일 경남 창원시 동판저수지에서 수컷 1개체 관찰기록만 있는 미조다.

행동 수생식물이 풍부하고, 수심이 얕은 습지, 저수지, 늪지, 수로, 무논에서 생활한다.

특징 소형이다. 부리는 검은색이며 짧다.

수컷 머리는 흑갈색이며, 얼굴은 흰색이다. 뒷목에서 가슴까지 폭이 넓은 검은색 띠가 있다. 날개와 몸윗면은 녹색 광택이 돌며, 몸아랫면은 때 묻은 듯한 흰색이다. 날 때 보이는 첫째날개깃 끝은 검은색이며, 첫째날개깃과 둘째날개깃 끝은 흰색이다.

암컷 몸윗면은 전체적으로 갈색을 띤다. 얼굴은 흰색이며, 검은 눈선이 뚜렷하다. 가슴에 흑갈색 얼룩무늬가 흩어져 있다. 날 때 보이는 둘째날개깃 끝이 흰색을 띤다.

수컷. 2019.6.9. 경남 주남저수지 ⓒ 최종수

수컷. 2019.6.9. 경남 주남저수지 ⓒ 김준철

고니 *Cygnus columbianus* Tundra Swan L120cm

서식 유라시아대륙 북부, 알래스카, 캐나다 북부에서 번식하고, 유럽 서부, 카스피해 주변, 한국, 중국 동부, 일본에서 월동한다. 국내에서는 큰고니와 섞여 월동하지만 수가 많지 않다. 11월에 도래해 2월부터 북상하기 시작하며, 3월 하순까지 관찰된다.

행동 번식지에서 월동지로 찾아올 때 가족 단위로 움직이는데, 그 해 태어난 어린새는 부모로부터 길을 익히며 월동지에 도착한다. 먹이와 행동은 큰고니와 같다.

특징 전체는 흰색, 부리 끝은 검은색, 기부는 노란색이다(노란색 부분이 검은색보다 작으며 둥그스름하다).

1회 겨울깃 큰고니와 매우 비슷하다. 전체적으로 깃이 회갈색이다. 부리 기부는 때 묻은 듯한 타원형 흰색, 중앙 부분은 불명확한 분홍색, 부리 끝은 검은색이다. 성조가 되기까지 3년이 소요된다.

분류 지리적으로 2 또는 3아종으로 나눈다. 국내에 찾아오는 아종은 유라시아 북부에 분포하는 *bewickii*이며, 알래스카와 캐나다 북부에 분포하는 아종 *columbianus*는 아직까지 기록이 없다.

실태 천연기념물이며 멸종위기 야생생물 I급이다. 최근 국내 월동하는 무리는 100개체 미만으로 조사되었다.

성조. 2006.2.4. 부산 낙동강

성조. 2007.1.21. 경북 울진 왕숙천 © 서한수

1회 겨울깃. 2009.11.1. 경기 안산 시화호 © 김준철

고니 부리 형태. 2009.1.21

큰고니 부리 형태. 2006.1.4.

큰고니 *Cygnus cygnus* Whooper Swan L140cm

서식 유라시아대륙 북부, 아이슬란드에서 번식하고, 유럽, 카스피해 주변, 한국, 중국 동부, 일본에서 월동한다. 국내에서는 주로 동해안의 석호, 천수만, 금강 하구, 낙동강 하구, 주남저수지, 하남시 팔당 등지의 습지에서 무리지어 월동한다. 11월 초순에 도래하며 3월 하순까지 관찰된다.

행동 초식성으로 자맥질해 긴 목을 물속에 넣어 넓고 납작한 부리로 호수 밑바닥의 풀뿌리와 줄기를 끊어먹거나, 질펀한 갯벌에 부리를 파묻고 우렁이, 조개, 해초, 작은 어류 따위를 먹는다. 가족단위로 생활한다.

특징 몸 전체가 흰색이다. 부리 끝은 검은색, 기부는 노란색이다. 부리의 노란색 부분이 넓고 끝이 삼각형이다(노란색 부분이 부리 앞쪽으로 길게 돌출).

1회 겨울깃 전체적으로 회갈색이다. 부리 기부는 엷은 황백색, 중앙 부분은 엷은 분홍색, 끝부분은 검은색이다.

실태 천연기념물이며 멸종위기 야생생물 II급이다. 한국에 도래하는 고니류 중에서 월동집단이 가장 큰 종이지만 대부분 도래지에서 개체수가 감소하고 있다. 국내에는 4,000~7,000개체가 월동한다. 최대 월동군은 낙동강 하구에서 1,000개체 이상이 확인되고 있다.

성조. 2011.1.15. 충남 천수만

1회 겨울깃. 2014.2.7. 충남 천수만 © 한종현

1회 겨울깃. 2011.1.23. 강원 양양 남대천

무리. 2011.1.16. 충남 천수만

혹고니 *Cygnus olor* Mute Swan L152cm

서식 유럽 중·서부, 몽골, 바이칼호 동부, 우수리강 유역에서 번식하고, 소아시아, 북아프리카, 중국 동부, 한국에서 월동한다. 국내에서는 적은 수가 월동하는 겨울철새다. 11월 초순에 도래하며 3월 하순까지 관찰된다.

행동 수생식물의 뿌리와 줄기를 먹는다. 다른 고니류처럼 시끄러운 소리를 거의 내지 않는다.

특징 전체가 흰색이다. 등색 부리와 검은색 혹이 있다. 눈앞은 검은색이다.

어린새 전체가 회갈색이다. 부리 색이 엷으며 혹이 거의 보이지 않는다.

실태 천연기념물이며 멸종위기 야생생물 I급이다. 1980년대까지 강원 경포호, 화진포호, 송지호, 청초호 등 석호에 매년 규칙적으로 찾아왔으나 1990년대에 들어서는 청초호에 도래하지 않는다. 마지막 남은 규칙적인 도래지는 화진포이나 호수 주변으로 일주도로가 개통된 이후 도래 개체수가 감소했다. 최근 전국적으로 도래한 집단은 50개체 미만이다. 드물게 시화호, 영종도, 천수만 부남호, 낙동강 하구, 진주 남강 일원, 제주도에서도 소수가 관찰된다. 가장 많은 수가 도래하는 화진포의 경우 호수가 결빙되면 모두 자취를 감추는데 어디로 이동해 월동하는지 구체적으로 알려지지 않고 있다.

성조. 2014.12.8. 강원 고성 송지호 ⓒ 박대용

1회 겨울깃. 2014.12.8. 강원 고성 송지호 ⓒ 박대용

무리. 2014.12.8. 강원 고성 송지호 ⓒ 박대용

혹부리오리 *Tadorna tadorna* Common Shelduck L61cm

서식 유럽에서 동쪽으로 몽골, 중국 동북부까지 번식하고, 유럽 남부, 북아프리카, 인도 북부, 중국 동부, 한국, 일본에서 월동한다. 국내에서는 낙동강, 간월호, 금강 하구, 순천만 등지에서 큰 무리를 이루어 월동하는 흔한 겨울철새다. 국내 월동 개체수는 20,000~45,000이다. 9월 하순에 도래하며, 4월 중순까지 관찰된다.

행동 주로 하구의 갯벌에서 부리를 펄에 대고 훑으며 갑각류, 해조류를 먹는다.

특징 머리와 어깨깃에 녹색 광택이 있는 검은색, 가슴과 등에 등황색 줄무늬가 있다. 붉은 부리는 위로 굽었다.

수컷 부리 기부에 혹이 뚜렷하다.

암컷 부리에 혹이 없으며, 부리 기부 주변으로 흰색 얼룩이 있다. 가슴 띠가 가늘다.

수컷 변환깃 혹이 작으며, 얼굴에 흰색이 약하게 섞여 있다. 가슴의 등황색 띠의 경계가 불명확하다.

어린새 머리, 뒷목, 어깨는 흑갈색이며, 가슴의 띠가 매우 약하다. 날 때 둘째날개깃과 안쪽 첫째날개깃 끝의 흰색이 보인다.

수컷 번식깃. 2008.3.17. 충남 천수만

1회 겨울깃. 2013.1.31. 충남 아산 아산만 ⓒ 최순규

1회 겨울깃. 2006.1.26. 전남 목포 남항

먹이 행동. 2010.2.28. 충남 서천 송림리 ⓒ 김준철

오리과 Anatidae

황오리 *Tadorna ferruginea* Ruddy Shelduck L57~63.5cm

서식 유라시아대륙 중부에서 번식하고, 북아프리카, 남아시아, 중국, 한국, 일본에서 월동한다. 국내에서는 남부지방에서는 드물고 한강 하류, 김포평야, 서산 간월호, 금강 중류와 인근의 농경지 등 제한된 곳에서 적은 수가 월동한다. 드물게 제주도에 도래한다. 월동집단은 2,000~4,000 개체다. 10월 초순에 도래해 4월 하순까지 관찰된다.

행동 수확이 끝난 논, 밭 등 다소 건조한 곳에서 무리를 이루어 풀줄기, 낟알을 먹으며, 습지 주변의 개방된 곳으로 이동해 쉰다.

특징 전체가 등색으로 다른 종과 혼동이 없다. 머리는 색이 엷으며, 부리와 다리는 검은색이다. 날 때 날개덮깃이 흰색으로 보인다.

수컷 번식철에 목에 검은 띠가 선명하며, 겨울철에는 폭이 좁고 흐리다. 머리의 담황색과 얼굴 주변의 흰색과의 경계가 불명확하다(얼굴의 흰색 폭이 암컷보다 좁다).

암컷 목에 검은 띠가 없다(경우에 따라 수컷의 검은 띠가 있는 부분이 약간 진하게 보인다). 얼굴의 담황색과 눈 주변의 흰색과의 경계가 명확하다.

어린새 암컷과 비슷하지만 몸윗면과 몸아랫면의 등색이 성조보다 엷다.

수컷. 2018.2.15. 인천 강화 연리 © 김준철

암컷. 2009.12.1. 충남 천수만 © 김신환

암컷. 2018.2.15. 인천 강화 연리 © 진경순

미성숙 개체. 2010.12.4. 경기 고양 능곡

수컷. 2010.12.4. 경기 고양 능곡

암컷. 2010.12.4. 경기 고양 능곡

무리. 2010.12.4. 경기 고양 능곡

먹이활동. 2011.1.25. 경기 안산 시화호 © 진경순

원앙 *Aix galericulata* Mandarin Duck L42.5~45cm

서식 중국 동북부, 한국, 러시아 극동, 사할린, 일본에서 번식한다. 국내에서는 흔한 텃새이며, 흔한 겨울철새다.

행동 번식기에는 고목이 있는 산간계류에서 서식하며, 겨울철에는 강, 바닷가, 저수지에 무리지어 찾아든다. 비오리와 같이 나무 구멍(보통 자연적으로 생긴 나무 구멍 또는 까막딱다구리의 옛 둥지)에 둥지를 틀고 내부에 부드러운 깃털을 깐다. 둥지는 보통 저수지, 계곡 주변 등 물에서 멀지 않은 곳에 위치한다. 한배 산란수는 7~14개이며, 포란기간은 28~30일이다. 부화한 새끼는 솜털이 마르자마자 둥지를 떠난다. 수서곤충, 연체동물, 작은 어류, 풀씨, 도토리 등을 먹는다.

특징 깃 색이 매우 복잡해 다른 종과 혼동이 없다.

수컷 셋째날개깃 1장이 은행잎 모양으로 특이하다. 부리는 붉은색이며 끝이 흰색이다. 수컷의 변환깃은 암컷과 같지만 부리가 붉은색이다.

암컷 전체적으로 회갈색이다. 부리는 검은색이며 눈 주위와 그 뒤로 흰색 줄이 있다.

어린새 암컷보다 갈색이 강하다. 눈 뒤의 흰 무늬가 가늘고 짧다.

실태 천연기념물이다. 겨울철새였으나 1960년대 이후 설악산과 무주구천동 계곡에서 번식이 확인된 이후 전국 각지의 산간계류에서 번식한다. 국내에서 월동하는 개체수는 1,000~2,300개체다.

수컷. 2008.3.26. 전북 무주 구천동계곡

암컷. 2008.3.26. 전북 무주 구천동계곡

수컷 변환깃. 2017.9.6. 전남 광주 전남대학교

수컷 변환깃. 2007.8.31. 경기 하남 미사리 ⓒ 서정화

비상. 2011.10.3. 강원 속초 © 김준철

까막딱다구리 둥지 이용. 2009.5.30. 강원 춘천 © 백정석

오리과 Anatidae

원앙사촌 *Tadorna cristata* Crested Shelduck L64cm

서식 분포권은 확실하지 않으나 중국 북동부와 북한 일대의 국한된 지역에서 번식하고, 한국, 일본에서 월동했던 것으로 추정된다.

행동 생태에 대해 거의 알려진 것이 없다. 계곡 주변의 산림에 둥지를 틀었을 것으로 추정된다. 겨울에는 강, 하구의 저지대로 이동한 것으로 추정된다.

특징 다른 종과 혼동이 없다.

수컷 정수리는 광택이 있는 검은색이며, 뒷목까지 검은색 짧은 댕기가 있다. 얼굴, 멱, 옆목은 흐린 회색, 턱밑은 검은색, 등은 회갈색, 가슴은 검은색, 옆구리와 배는 회갈색, 꼬리는 검은색이다. 작은날개덮깃과 가운데날개덮깃이 흰색이다.

암컷 전체적으로 수컷보다 색이 옅다. 몸윗면과 몸아랫면에 흑갈색과 때 묻은 듯한 흰색 줄무늬가 흩어져 있다. 앞머리에서 뒷목까지 검은색이며, 턱밑, 멱, 옆목, 눈 주위가 흰색이다. 작은날개덮깃과 가운데날개덮깃이 흰색이다.

실태 절종(Extinct) 된 것으로 보인다. 표본 3점만이 전해진다. 1877년 4월 블라디보스토크 부근에서 잡힌 암컷이 첫 번째 표본이고, 1913년~1914년 11월 말에서 12월 초순 군산 금강 하구에서 잡은 수컷 1개체와 1916년 12월 3일 부산 낙동강 하구에서 잡힌 암컷 1점의 표본이 있다. 첫 표본은 덴마크 코펜하겐 국립박물관에 소장되어 있고, 나머지 두 표본은 일본 야마시나조류연구소에 소장되어 있다. 1964년 러시아 극동 남부에서 3개체(수컷1, 암컷2), 1971년 3월 함북 명천군 칠보산에서 동해로 흐르는 보촌강 하구 바다에서 헤엄치는 6개체를 관찰했다는 기록이 있을 뿐이다.

수컷. 1913년 또는 1914년 11월 말~12월 초. 충남 금강 하구 채집. 일본 야마시나조류연구소

암컷. 1916.12.3. 부산 낙동강 하구 채집. 일본 야마시나조류연구소

오리과 Anatidae

알락오리 *Mareca strepera* Gadwall L51cm

서식 유라시아와 북아메리카의 아한대에서 번식하고, 유럽 남부, 북아프리카, 인도, 중국 동부, 한국, 일본에서 월동한다. 국내에서는 낙동강 하구, 간월호, 제주도 하도리 등지에서 작은 무리를 형성해 월동하는 흔한 겨울철새다. 국내 월동 개체수는 4,000~12,000이다. 10월 초순에 도래하며 4월 중순까지 관찰된다.

행동 낮에는 자맥질해 물속 수초를 먹거나 부리를 수면에 대고 수초, 식물의 종자 등을 먹는다. 해질녘에는 물 고인 논, 습지로 이동해 수초, 식물의 종자 등을 먹는다.

특징 수컷은 다른 종과 혼동이 없다. 암컷은 청둥오리 암컷과 비슷하다.

수컷 전체적으로 회색이 강하며 회흑색 반점이 흩어져 있다. 아랫목과 가슴에 알록달록한 어두운 무늬가 있다. 부리와 아래꼬리덮깃은 검은색이다. 보는 각도에 따라 눈 아랫부분이 윗부분보다 밝게 보인다.

암컷 청둥오리 암컷과 비슷하지만 작고, 몸 안쪽 둘째날개깃의 익경이 흰색이다. 부리 윗면은 검은색이며, 외측은 등색에 작고 검은 반점이 흩어져 있다. 날 때 배가 흰색으로 보인다(청둥오리는 흐린 황갈색).

수컷 변환깃 암컷과 비슷하지만 몸윗면에 회색 깃이 섞여 있고, 셋째날개깃이 회색이다.

어린새 성조 암컷과 구별이 어렵다. 몸아랫면은 갈색이 진하다. 몸 안쪽 둘째날개깃의 흰색 폭이 좁다. 부리 윗면은 검은색이며, 외측은 등색이다(검은 반점이 없다).

수컷. 2008.2.26. 충남 천수만 © 서한수

암컷. 2008.2.26. 충남 천수만 © 서한수

어린새. 2013.1.27. 경기 하남 산곡천

어린새. 2011.1.9. 경기 파주 공릉천

청머리오리 *Mareca falcata* Falcated Duck L47cm

서식 시베리아 동부, 사할린, 캄차카반도, 홋카이도에서 번식하고, 한국, 일본, 중국 남부에서 월동한다. 국내에서는 하구, 내륙의 강, 호수 등지에서 서식하며, 작은 무리를 이루어 겨울을 나는 흔한 겨울철새다. 국내에서 월동하는 개체수는 2,000~5,000이다. 10월 중순부터 도래하며 4월 하순까지 머문다.

행동 낮에는 호수, 습지, 해안에서 작은 무리를 이루어 수서곤충, 수초 등을 먹거나 낮잠을 자며, 해질 무렵부터 농경지로 날아들어 먹이를 찾는다.

특징 무늬가 매우 독특해 다른 종과 혼동이 없다.

수컷 머리에 독특한 녹색과 적갈색 무늬가 있다. 셋째날개깃에 길게 늘어진 낫 모양 깃이 있다.

암컷 전체가 갈색이며 흑갈색 무늬가 있다. 얼굴과 목 윗부분이 회색 기운이 있는 갈색이다. 뒷머리깃이 약간 돌출된다. 부리는 검은색이다. 큰날개덮깃 끝부분에 약간 넓은 회백색 무늬가 있다.

수컷 변환깃 암컷과 비슷하지만 몸윗면의 색이 더 어둡다. 날 때 보이는 날개덮깃과 셋째날개깃이 회백색이다.

어린새 암컷과 구별이 어렵다. 부리 색이 약간 밝다. 몸윗면의 깃 가장자리가 갈색이다.

수컷. 2007.12.21. 강원 고성 아야진

암컷. 2007.12.21. 강원 고성 아야진

암컷. 2008.3.22. 충남 천수만 © 김신환

어린새. 2008.10.17. 전남 신안 흑산도

홍머리오리 *Mareca penelope* Eurasian Wigeon L46~50cm

서식 유라시아대륙 북부에서 번식하고, 유라시아대륙 온대에서 아한대지역, 북아프리카에서 월동한다. 국내에서는 흔한 겨울철새이며 흔한 나그네새다. 9월 하순부터 도래하며 4월 하순까지 머문다. 부산 낙동강 하구에서 가장 많은 수가 월동하며, 국내 월동 개체수는 8,000~11,000이다.

행동 낮에는 호수 중앙에서 휴식하거나 수면에서 식물의 종자, 풀줄기 등을 먹는다. 해안 근처에서 서식하는 개체는 해상으로 이동해 해초류도 즐겨 먹는다.

특징 청회색 부리는 짧으며 끝부분이 검은색이다. 날 때 보이는 배가 흰색이다. 암컷은 아메리카홍머리오리와 구별이 매우 어렵다.

수컷 이마에서 정수리까지 황백색이며 얼굴과 목은 붉은색을 띠는 갈색이다. 앞가슴은 연한 회색을 띠는 분홍색이다. 날 때 날개덮깃에 큰 흰색 무늬가 선명하게 보인다. 눈 뒤로 가는 녹색 눈선이 있는 개체도 있다.

암컷 전체적으로 어두운 갈색이 강하다. 머리와 목에 가는 흑갈색 반점 또는 줄무늬가 흩어져 있다. 눈 주변과 눈 뒤쪽으로 약간 어둡게 보인다. 아메리카홍머리오리와 가장 큰 차이점은 날개를 들어 올렸을 때 옆구리와 몸아랫면의 가운데날개덮깃이 때 묻은 듯한 흰색 혹은 회백색이다(옆구리의 깃축은 흑갈색이며, 깃에 흑갈색 얼룩이 있다).

수컷 변환깃 목과 옆구리는 적갈색이 진하고, 날개덮깃에 큰 흰색 무늬가 있다.

어린새 암컷과 구별하기 매우 어렵다.

잡종 시베리아 동부의 번식지에서는 아메리카홍머리오리와 흔히 교잡한다. 보통 교잡종 수컷과 아메리카홍머리오리의 구별은 어렵다.

수컷. 2009.2.28. 강원 고성 아야진

암컷. 2011.2.2. 충남 천수만

수컷. 2008.3.26. 전남 목포 남항

암컷. 2008.3.24. 전남 목포 남항

아메리카홍머리오리

Mareca americana American Wigeon L45~55cm

서식 북아메리카 북부에서 번식하고, 아메리카 중부, 멕시코, 서인도제도에서 월동한다. 국내에서는 제주도, 시화호, 낙동강 등지의 해안가 호수, 하구에서 드물게 월동하는 희귀한 겨울철새다.

행동 매우 드물게 홍머리오리를 비롯해 다른 오리류 무리에 섞여 월동한다.

특징 머리 부분을 제외하고 홍머리오리와 매우 비슷하다. 수컷은 부리 기부를 따라 폭 좁은 검은 띠가 있다(홍머리오리의 부리 기부는 균일한 청회색).

수컷 이마에서 뒷머리까지 흰색이며, 눈 주위에서 뒷목까지 폭 넓은 녹색 눈선이 있다(일부 홍머리오리 또한 눈 뒤로 녹색 눈선이 있지만 폭이 좁고 짧다). 얼굴, 턱밑, 목에 작은 흑갈색 반점이 흩어져 있다. 근거리에서 부리 기부에 폭 좁은 검은 띠가 보인다. 가슴과 옆구리는 거의 균일한 분홍빛이 도는 갈색이다.

암컷 홍머리오리 암컷과 매우 비슷하다. 홍머리오리보다 전체적으로 색이 엷다. 특히 머리에서 목까지의 갈색 기운은 홍머리오리에 비해 엷으며 회흑색 기운이 강하다. 큰날개덮깃 기부가 흰색이어서 날 때 흰색 줄무늬가 보인다(홍머리오리는 폭 좁은 흰색 줄무늬). 날개를 들어 올렸을 때 옆구리와 몸아랫면의 가운데날개덮깃은 흰색이다. 부리 기부의 폭 좁은 검은 띠는 매우 희미해 야외에서 거의 보이지 않는 경우가 많다.

어린새 성조 암컷과 구별하기 매우 어렵다.

수컷. 2007.2.2. 부산 강서 녹산 ⓒ 최순규

수컷. 2007.1.7. 부산 강서 녹산

암컷. 2006.3. 캐나다 토론토. Mdf ⓒⓒ BY-SA

암컷. 2010.1.9. 미국 뉴저지. Peter Massas ⓒⓒ BY-SA

오리과 Anatidae

청둥오리 *Anas platyrhynchos* Mallard ♂56~60cm, ♀52~55cm

서식 유라시아대륙과 북아메리카대륙의 한대·온대에 광범위하게 분포한다. 3아종으로 나눈다. 국내에서는 가을 수확이 끝나갈 무렵부터 전국 각지에 찾아오는 매우 흔한 겨울철새다. 국내에서 월동하는 개체수는 150,000~200,000이다. 10월 초순에 도래하며 4월 하순까지 관찰된다. 1990년대 한강 하류 행주산성 주변에서 번식이 확인된 이후 최근 밤섬, 동강 일원 등 일부 지역에서 번식이 확인되고 있다.

행동 낮에 채식하기도 하지만 대부분 물 위, 모래톱, 제방 등지에서 무리지어 휴식하고 해가 지면 농경지, 습지 등지로 날아들어 낟알, 식물 줄기 등을 먹는다. 한배에 알을 6~12개 낳으며 포란기간은 28~29일이다.

특징 수컷은 다른 종과 혼동이 없다.

수컷 머리에 광택이 있는 어두운 녹색이다. 목에 폭 좁은 흰 띠가 있다. 부리는 노란색이다. 날 때 둘째날개깃에 푸른색 익경이 보이며, 익경 앞뒤로 흰색 띠가 있다.

암컷 비슷한 다른 종보다 다소 크다. 전체가 갈색이며 흑갈색 줄무늬가 흩어져 있다. 부리는 오렌지색이며 윗부리에 검은 무늬가 있다.

수컷 변환깃 암컷과 비슷하지만 가슴의 적갈색이 진하다. 부리가 녹황색이다.

어린새 암컷과 매우 비슷하지만 옆구리에 흑갈색 줄무늬가 강하다(성조 암컷은 줄무늬보다는 비늘무늬가 강하다).

닮은종 **알락오리 암컷** 청둥오리 암컷과 비슷하다. 크기가 작다. 몸 안쪽 둘째날개깃의 익경이 흰색이다. 날 때 보이는 배가 흰색이다.

수컷. 2007.12.22. 강원 강릉 경포호

암컷. 2007.12.22. 강원 강릉 경포호

수컷 변환깃. 2008.9.30. 전남 신안 흑산도

암컷. 2012.1.14. 강원 강릉 경포호

흰뺨검둥오리 *Anas zonorhyncha* Eastern Spot-billed Duck L52~62cm

서식 시베리아 동남부, 몽골, 중국 동부와 동북부, 한국, 대만, 일본에 서식한다. 국내에서는 1950년대까지 흔한 겨울철새였으나, 1960년대부터 번식하기 시작해 현재는 전국의 야산, 풀밭에서 흔히 번식하는 텃새로 자리 잡았다. 국내에서 월동하는 개체수는 60,000~100,000이다.

행동 번식기에는 낮에도 활발히 움직이며 저수지, 하천, 논, 강에서 수초, 수서곤충 등을 먹는다. 둥지는 논이나 저수지 주변의 초지 또는 야산의 덤불 속에 오목하게 땅을 파고, 풀과 앞가슴 털을 뽑아 내부를 장식한다. 산란수는 7~12개이며 약 26일간 포란한다. 새끼는 태어나자마자 둥지를 떠나 어미의 보살핌을 받으며 먹이를 찾는다. 겨울철에는 무리를 이루어 생활하며 낮에는 호수, 저수지, 강에서 휴식하다가 저녁 무렵부터 식물의 종자, 풀줄기, 낟알 등을 찾아 농경지로 이동한다.

특징 전체가 암갈색이며, 암수 색이 비슷하다. 얼굴은 누런색을 띠는 흰색이며, 긴 검은색 눈선 아래로 흐린 검은 줄무늬가 있다. 부리는 검은색이며 끝이 노란색이다. 익경은 푸른색이다. 셋째날개깃 가장자리를 따라 흰색이다.

수컷 부리 끝의 노란색이 더 넓으며, 위꼬리덮깃과 아래꼬리덮깃의 검은색이 강하다.

암컷 수컷과 구별하기 힘들다. 꼬리덮깃이 수컷보다 색이 옅다.

분류 과거 흰뺨검둥오리(*A. poecilorhyncha*)를 3아종으로 분류했으나 최근 독립된 2종으로 분류하고 있다. 북방계에 속한 종을 Eastern Spot-billed Duck (*A. zonorhyncha*)로 분류하고, 남방계를 Indian Spot-billed Duck (*A. poecilorhyncha*)로 구분한다.

성조. 2007.5.5. 전남 신안 흑산도

성조. 2007.12.22. 강원 강릉 주문진

비상. 2011.1.9. 경기 파주 공릉천

먹이 활동. 2006.3.7. 충남 보령 오포리

오리과 Anatidae

넓적부리 *Spatula clypeata* Northern Shoveler L45~50cm

서식 유라시아대륙 북부와 북아메리카 북부에서 번식하고, 유럽 남부, 북아프리카, 인도, 동남아시아, 중국 남부, 북아메리카 남부에서 월동한다. 국내에서는 전국의 하구, 호수, 늪, 저수지 등 내륙 습지에서 월동하는 흔한 겨울철새다. 국내에서 월동하는 개체수는 4,000~12,000이다. 10월 초순에 도래하며 4월 하순까지 관찰된다.

행동 작은 무리를 이루어 행동한다. 수면에서 뱅글뱅글 원을 그리며 돌면서 파장을 일으킨 후 물 위에 떠오른 수초, 수서곤충, 플랑크톤 등을 넓적한 부리를 좌우로 움직여 잡아먹는 특이한 먹이 행동을 한다.

특징 다른 종과 쉽게 구별된다. 넓적하고 긴 부리가 특징이다.

수컷 머리에는 어두운 녹색 광택이 있으며 배에 적갈색 무늬가 있다.

암컷 부리는 엷은 오렌지색을 띠는 검은색이며 매우 크고 길다. 전체적으로 갈색이어서 청둥오리 암컷과 비슷하다. 날 때 몸아랫면이 어둡게 보이며, 청둥오리와 달리 둘째 날개깃 끝을 따라 흰색 띠가 없다. 홍채는 갈색이며 종종 흐린 노란색이기도 한다.

수컷 변환깃 암컷과 비슷하지만 옆구리와 배에 적갈색 기운이 강하다. 머리는 흑갈색으로 암컷보다 진하다(눈앞으로 흰 무늬가 있는 경우도 있다). 홍채는 노란색이다.

어린새 성조 암컷과 비슷하지만 정수리와 뒷목의 색이 더 어둡다. 부리 가장자리는 오렌지색이다(성조와 달리 검은 반점이 거의 없다). 배는 성조보다 색이 흐리다.

수컷. 2008.3.2. 충남 © 김신환

암컷. 2009.3.14. 전남 신안 흑산도

수컷 변환깃. 2012.11.8. 제주 하도리 © 박대용

어린새. 2008.9.20. 충남 천수만 © 서한수

고방오리 *Anas acuta* Northern Pintail ♂75cm, ♀56cm

서식 유라시아대륙 북부, 북아메리카에서 번식하고, 겨울에는 유라시아대륙과 북아메리카의 온대에서 열대, 북아프리카에서 월동한다. 국내에서는 흔한 겨울철새이며 흔한 나그네새다. 10월 초순에 도래하며 4월 하순까지 관찰된다. 국내 월동 개체수는 8,000~13,000이다.

행동 종종 큰 무리를 이룬다. 자맥질해 수중의 수초 및 식물의 종자를 먹으며, 종종 해안으로 이동해 먹이를 찾는다.

특징 꼬리가 길고, 목이 길고 가늘다.

수컷 머리와 목이 초콜릿색이며, 목 아래와 가슴은 흰색이다. 옆목에는 흰색 세로 줄무늬가 있다. 중앙꼬리깃은 검은색으로 바늘처럼 길고 뾰족하게 위로 치솟았다.

암컷 머리는 엷은 갈색이다. 목이 길며, 꼬리가 약간 길다. 부리는 진한 회흑색이다.

수컷 변환깃 부리는 회색과 검은색이다. 몸윗면의 색은 다소 단조로우며, 회색 기운이 있다.

수컷. 2012.1.14. 강원 강릉 경포호

암컷. 2005.1.29. 서울 중랑천 © 서한수

수컷 변환깃. 2005.10.11. 충남 보령 외연도 © 서한수

무리. 2008.3.8. 강원 강릉 경포호

가창오리 *Sibirionetta formosa* Baikal Teal L40~44cm

서식 예니세이강에서 동쪽으로 캄차카반도까지 번식하고, 겨울에는 한국, 일본 및 중국에서 월동한다. 작은 호수, 강가 버드나무 자생지의 초지, 하구에서 번식한다. 월동 무리의 대부분이 한국을 찾아오며, 9월 하순에 도래해 3월 하순까지 관찰된다.

행동 낮에는 호수, 넓은 강에서 무리지어 쉬며 해가 지면서 농경지로 날아들어 떨어진 벼 낟알을 먹는다. 호수가 결빙되면 금강 하류, 동림지, 영암호, 고천암호 등지의 남쪽으로 이동한다.

특징 다른 종과 혼동이 없는 소형 종이다.

수컷 얼굴은 연황색, 녹색, 검은색으로 태극 모양이다. 몸 윗면은 갈색이며 어깨에 가늘고 긴 흑갈색 깃이 늘어져 있다.

암컷 쇠오리, 발구지 암컷과 비슷하다. 머리에서 뒷목까지 흑갈색이다. 부리 기부 쪽 얼굴에 흰 반점이 있으며, 눈 아래의 흰색 세로 줄이 멱까지 다다른다. 눈 뒤쪽에만 검은색 눈선이 있다.

어린새 암컷과 비슷해 구별이 어렵다. 눈 아래의 흰색 세로 줄무늬가 불명확하다.

실태 1960년대까지 봄·가을 서해안의 논과 습지에서 서식했던 흔한 나그네새였다. 그 후 1984년 약 5,000개체가 경남 창원 주남저수지에서 월동했으며, 1986년~1987년에 19,000~20,000개체로 증가했다. 그러나 서식지 상실 등으로 주남저수지에서 개체수가 감소했고, 새롭게 천수만, 아산호, 삽교호, 금강, 논산저수지, 영암호, 고천암호 등지에서 월동한다. 최근 월동 개체수는 400,000~600,000개체다.

수컷. 2009.3.11. 충남 천수만 © 김신환

암컷. 2009.1.27. 충남 천수만 © 김신환

어린새. 2005.11.27. 충남 천수만 © 곽호경

수컷 변환깃. 2009.10.12. 전남 신안 흑산도

2020.1.4. 경남 창원 주남저수지 © 최종수

무리. 2007.11.30. 충남 금강

오리과 Anatidae

발구지 *Spatula querquedula* Garganey L38cm

서식 유라시아대륙 북부와 중부에서 번식하고, 아프리카, 인도, 동남아시아에서 월동한다. 국내에서는 내륙의 호수, 하천, 해안 습지, 물 고인 논 등지에서 서식하는 드문 나그네새이며, 극히 일부가 월동한다. 봄에는 4월 초순부터 5월 하순까지 통과하며, 가을에는 9월 초순부터 9월 하순까지 통과한다.

행동 낮에는 부리를 수면에 대고 물에 떠 있는 수초, 수서곤충 등을 먹으며, 밤에는 논과 습지로 이동해 벼과식물의 종자를 먹는다.

특징 쇠오리보다 약간 크다. 날 때 첫째날개깃이 흐리게 보인다.

수컷 흰 눈썹선이 뚜렷하다. 옆구리는 회색이며 가늘고 검은 물결무늬가 흩어져 있다. 가을 이동시기에 수컷 변환깃은 쇠오리와 비슷하지만 날개덮깃이 흐린 회색이다.

암컷 쇠오리 암컷과 비슷하지만 부리가 회흑색이며 약간 길다(기부에 등색이 없다). 턱밑과 멱이 누런 흰색이다. 검은색 눈선 아래위로 때 묻은 듯한 흰 선이 있다. 부리 기부에 흰 반점이 있다. 날 때 보이는 배는 뚜렷한 흰색이다. 쇠오리와 달리 아래꼬리덮깃 양쪽으로 흰 무늬가 없다.

어린새 암컷과 비슷하지만 성조보다 어둡고 얼굴의 무늬가 다소 불명확하다. 날 때 배에는 때 묻은 듯한 흰색에 갈색 줄무늬가 보인다(성조는 뚜렷한 흰색).

수컷. 2015.3.16. 제주 서귀포 © 이영선

암수. 2012.3.29. 충남 천수만 © 김신환

암컷. 2010.4.4. 강원 강릉 경포호 © 김준철

어린새. 2007.9.24. 전남 신안 흑산도

쇠오리 *Anas crecca* Eurasian Teal L35.5~37.5cm

서식 유라시아대륙 북부에서 번식하고, 겨울에는 유럽 남부, 북아프리카, 중동, 남아시아에서 동아시아까지 월동한다. 2아종으로 나눈다. 국내에서는 전국 각지의 습지, 하천에서 월동하는 매우 흔한 겨울철새다. 국내 월동 수는 15,000~22,000이다. 9월 초순에 도래하며 4월 하순까지 관찰된다.

행동 주로 낮에는 하천, 호수 등지에서 휴식하거나 먹이를 먹으며, 저녁 무렵에 먹이를 찾아 농경지로 이동한다. 가창오리처럼 무리를 형성해 불규칙하고 빠르게 난다.

특징 소형 오리로 국내를 찾는 오리 중 가장 작다(최대 크기 기준). 수컷은 다른 종과 혼동이 없다. 암컷은 아메리카쇠오리와 구별이 어렵다.

수컷 머리는 밤색이며 얼굴 앞에서 눈 뒤로 녹색 줄무늬가 있다. 등과 배에 흰색과 검은색 가는 줄무늬가 많다. 아래꼬리덮깃 양쪽으로 노란색, 부리는 검은색이다.

수컷 변환깃 암컷과 비슷하지만 몸깃 일부가 수컷 형태다. 부리 기부가 밝으며(옅은 주황색) 반점이 없다.

암컷 전체가 어두운 갈색에 검은 반점이 있다. 부리는 균일한 검은색(비번식기) 또는 검은색 바탕에 기부가 연한 등색이며, 작은 검은색 반점이 흩어져 있다. 날 때 큰날개덮깃 끝에 흰색 줄무늬가 보인다.

어린새 성조 암컷과 매우 비슷하지만 색이 보다 어둡다. 부리 기부가 등색이다. 가을철 암수 구별 및 연령 구별이 매우 어렵다. 날 때 보이는 큰날개덮깃 끝의 흰색 줄무늬는 몸 안쪽과 몸 바깥쪽의 폭이 같다.

수컷. 2006.1.12. 전남 목포 남항

성조 암컷. 2008.9.29. 전남 신안 흑산도

비번식깃 암컷. 2006.1.12. 전남 목포 남항

수컷 변환깃. 2011.10.23. 충남 천수만 © 김준철

성조 수컷 변환깃의 부리. 2008.10.20. 전남 신안 흑산도

어린새. 2005.10.15. 전남 신안 흑산도

오리과 Anatidae

아메리카쇠오리 *Anas carolinensis* Green-winged Teal L35~38cm

서식 북미대륙 북부에서 번식한다. 국내에서는 대전 갑천, 경북 상주, 인천 송도 유수지 등지에서 관찰기록이 있는 미조다.

행동 주로 낮에는 안전한 하천, 호수 등지에서 휴식하거나 먹이를 먹으며 저녁 무렵에 먹이를 찾아 농경지로 이동한다.

특징 쇠오리와 매우 비슷하다.

수컷 쇠오리와 달리 앉아 있을 때 옆구리 위쪽에 흰색 가로 줄무늬가 없다. 가슴옆에 흰색 세로 줄무늬가 있다. 옆구리의 회색이 쇠오리보다 진하다. 청록색 눈선 가장자리의 흰색 선이 쇠오리보다 뚜렷하게 좁거나 거의 보이지 않는다. 앞이마의 밤색이 쇠오리보다 어둡다.

암컷 쇠오리와 구별이 거의 불가능하다.

분류 수컷의 형태적 차이, 구애행동의 차이, 계통분류학적 차이를 근거로 최근 쇠오리(Eurasian Teal, *A. crecca*)와 아메리카쇠오리(Green-winged Teal, *A. carolinensis*)를 독립된 2종으로 분류하고 있다.

수컷. 2022.2.19. 경기 고양 장월평천

수컷. 2018.12.2. 경기 시흥갯골생태공원 © 김준철

흰죽지 *Aythya ferina* Common Pochard L45cm

서식 유럽 동부에서 바이칼호 주변까지 번식한다. 겨울에는 유럽, 북아프리카, 인도, 중국 동부, 한국, 일본에서 월동한다. 국내에서는 전국적으로 흔한 겨울철새다. 서울 한강, 낙동강 하류, 순천만에서 큰 무리를 이루어 월동한다. 국내 월동 개체수는 20,000~40,000이다. 10월 초순에 도래하며 3월 하순까지 관찰된다.

행동 무리를 이루어 행동한다. 잠수해 갑각류, 식물의 줄기, 뿌리, 수초, 벼과식물의 종자 등을 먹는다.

특징 부리가 약간 길며 윗부리 등이 오목하다. 날 때 불명확한 회백색 날개선이 보인다.

수컷 머리와 목은 적갈색이다. 가슴, 위·아래꼬리덮깃은 검은색, 부리는 검은색이며 중심부가 청회색이다. 홍채는 붉은색이다.

암컷 전체적으로 회갈색이며, 홍채는 갈색, 눈테는 흰색, 눈 아래쪽으로 흰색 얼룩이 있고, 뒤쪽으로 흐린 흰색 줄무늬가 있다. 부리는 검은색이며 중심부가 엷은 청회색이지만 일부 개체는 균일한 검은색이다(큰흰죽지와 혼동될 수 있는 형태). 머리에서 목까지 엷은 갈색이며 가슴은 어두운 갈색이다.

수컷 변환깃 머리는 여름깃과 거의 같지만 가슴과 꼬리 부분이 어두운 회갈색이다.

어린새 암컷보다 갈색이 강하다. 홍채는 황갈색이다. 눈 뒤쪽으로 줄무늬가 거의 없다.

수컷. 2006.1.22. 경기 하남 미사리 ⓒ 서정화

암컷. 2006.1.21. 경기 하남 미사리 ⓒ 서정화

수컷. 2014.12.9. 강원 속초 청초호

암컷. 2007.1.18. 부산 강서 녹산 ⓒ 서한수

큰흰죽지 *Aythya valisineria* Canvasback L55cm

서식 알래스카에서 캐나다까지, 북아메리카 중서부에서 번식하고, 북아메리카 남부, 멕시코에서 월동한다. 국내에서는 겨울철에 낙동강, 천수만, 강릉 등지에서 몇 차례의 관찰기록만 있는 미조다. 국내에서는 단독으로 다른 흰죽지류 무리에 섞여 관찰된다.

행동 호수, 저수지, 석호, 하구에서 생활한다. 낮에는 물 위에서 휴식하는 경우가 많고, 잠수해 수초나 해초 등을 먹는다.

특징 흰죽지와 비슷하다. 부리는 균일한 검은색이며, 흰죽지보다 길고 다소 직선이다.

수컷 흰죽지보다 크고, 등과 배가 흰색으로 보인다. 머리는 적갈색이며, 머리 앞쪽으로 검은 기운이 강하다. 날 때 둘째날개깃과 날개덮깃의 대부분이 흰색으로 보인다.

암컷 전체적으로 엷은 회갈색이며, 머리, 목, 가슴은 갈색, 얼굴은 흰죽지와 비슷하다. 부리는 균일한 검은색이며 길다. 이마와 부리의 경사가 심하지 않고, 다소 직선이다. 몸깃은 흰죽지 암컷과 매우 비슷하다.

수컷 변환깃 가슴과 아래꼬리덮깃이 흑갈색이며, 몸윗면과 아랫면은 여름깃보다 어둡다. 홍채는 적갈색이다.

수컷. 2007.2.13. 미국 오클랜드. Calibas ⓒⓒ BY-SA

암컷. 2022.2.5. 제주 서귀포 오조리 © 임방연

수컷. 2014.2.23. 미국 캘리포니아 © William Chan

큰흰죽지 또는 교잡종 암컷 패턴. 2012.2.23. 강원 강릉 © 박건석

오리과 Anatidae

미국흰죽지 *Aythya americana* Redhead L51cm

서식 북아메리카 북부에서 번식하고, 북아메리카 남부와 동부에서 월동한다. 국내에서는 1996년 1월 천수만에서 수컷 1개체가 관찰된 미조다.

행동 번식기에는 연못과 호수에서 생활하며, 겨울에는 바닷가와 인접한 습지에 서식한다.

특징 머리 형태가 흰죽지와 다르다. 앞이마는 경사가 심하고 정수리는 밋밋하다. 날 때 둘째날개깃은 흐린 회색으로 날개덮깃보다 밝게 보인다.

수컷 몸은 흰죽지보다 어두운 회색이다. 홍채가 노란색이다. 부리는 청회색이며, 부리 끝의 검은 반점 위로 가느다란 흰색 띠가 있다.

암컷 흰죽지와 비슷하지만 회색보다는 갈색 깃이 강하다. 머리와 몸아랫면의 색 차이가 크지 않다. 부리는 연한 청회색이며, 끝부분에 가느다란 흰색 띠가 있다. 종종 아래꼬리덮깃이 흰색이다. 흰죽지와 달리 눈 뒤쪽으로 흐린 흰색 줄무늬가 약하다.

수컷. 2009.11.5. 미국 노스캐롤라이나. Dick Daniels ⓒ BY-SA

암컷. 2010.3.20. 미국 노스캐롤라이나. Dick Daniels ⓒ BY-SA

수컷. 2014.11.28. 미국 캘리포니아 © 최창용

암컷. 2014.11.28. 미국 캘리포니아 © 최창용

붉은부리흰죽지 *Netta rufina* Red-crested Pochard L53~57cm

서식 유럽에서 중앙아시아까지 번식하고, 지중해 연안, 북아프리카, 페르시아 연안에서 인도까지 월동한다. 국내에서는 1998년 1월 20일 서울 한강 중랑천에서 수컷 1개체가 처음 관찰된 이후 매년 1~2개체가 확인되고 있다. 강화도, 주남저수지, 형산강, 금강, 한강 상류 등지에서 확인되었다.

행동 호수나 하천에서 생활하며 바닷가로 나가는 경우는 드물다. 보통 월동지에서는 무리 지어 생활한다. 낮에는 휴식과 채식을 번갈아 가며 수초를 먹는다.

특징 다른 종과 쉽게 구별된다. 날 때 날개 위에 폭 넓은 흰 무늬가 보인다.

수컷 머리는 등색을 띠는 적갈색(정수리부분이 가장 밝다), 부리는 붉은색이다. 목에서 가슴까지 검은색이다. 등은 회갈색이며 꼬리덮깃은 검은색이다.

암컷 전체적으로 흐린 갈색이다. 머리는 등보다 진한 갈색이며, 눈 아래 뺨, 턱밑, 멱이 때 묻은 듯한 흰색이다. 부리는 검은색이며 끝부분이 옅은 붉은색이다. 홍채는 수컷보다 어둡다.

수컷 변환깃 암컷과 비슷하지만 홍채와 부리가 붉은색이다.

어린새 성조 암컷과 비슷하지만 부리가 거의 균일한 검은색이다.

수컷. 2007.3.9. 서울 중랑천 © 서한수

암컷. 2021.1.9. 인천 계양구 굴포천 © 변종관

수컷. 2013.12.1. 경기 안산 시화호 © 김준철

수컷. 2013.12.1. 경기 안산 시화호 © 박대용

붉은가슴흰죽지 *Aythya baeri* Baer's Pochard L41~46cm

서식 아무르, 우수리, 중국 동북부에서 번식하고, 태국, 중국 동남부, 아삼, 미얀마에서 월동한다. 국내에서는 매우 드문 나그네새 또는 겨울철새로 매년 관찰되지는 않는다. 10월 초순에 도래하며 3월 하순까지 관찰된다.

행동 흰죽지 또는 댕기흰죽지 무리에 섞여 월동하는 경우가 많다. 수면채식과 잠수채식을 함께하며 수초, 풀뿌리, 식물의 종자 등을 먹고, 종종 어패류도 먹는다.

특징 검은흰죽지와 비슷하지만 배의 폭 넓은 흰색은 옆구리 앞쪽까지 다다른다. 날 때 보이는 날개의 흰색은 첫째 날개깃 끝까지 닿지 않는다.

수컷 머리에서 목까지 녹색 광택이 있는 검은색, 홍채는 흰색, 가슴은 적갈색, 옆구리는 갈색이며, 옆구리 앞쪽으로 흰색이다. 아래꼬리덮깃은 흰색이다.

암컷 머리와 윗목은 어두운 흑갈색 기운이 있는 녹색이며 (가슴보다 더 어둡게 보인다), 눈 앞쪽으로 불명확한 적갈색 반점이 있다. 홍채는 갈색이다. 옆구리 앞쪽의 흰 무늬는 수컷보다 작다(수면에서 잘 보이지 않는 경우가 있다).

어린새 성조 암컷과 비슷하지만 머리는 갈색 기운이 강하고, 정수리와 뒷목이 어둡다. 눈앞의 적갈색 반점이 거의 없다.

실태 세계자연보전연맹 적색자료목록에 위급(CR)으로 분류된 국제보호조이며, 멸종위기 야생생물 II급이다. 생존 개체수는 1,000 이하로 추정되며, 서식지 상실과 사냥 등으로 인해 개체수가 심각하게 감소하고 있다.

수컷. 2023.2.28. 경기 남양주 진중리 © 박대용

수컷. 2016.3.20. 경기 구리 왕숙천 © 박대용

수컷. 2022.3.9. 경기 수원 광교저수지 © 고정임

암컷. 2012.12.6. 홍콩 마이포 © Michelle & Peter Wong

적갈색흰죽지 / 검은흰죽지

Aythya nyroca Ferruginous Duck L38~42cm

서식 동유럽에서 중동까지, 티베트 일대에서 번식하고, 북아프리카, 나일강 유역, 이란, 인도 북부, 미얀마 등지에서 월동한다. 국내에서는 2002년 2월 2일 주남저수지에서 수컷 1개체가 처음 확인된 이후, 주남저수지, 금강 하구, 팔당댐, 강릉 남대천, 제주도 등지에서 관찰되었다.

행동 하구, 저수지, 호수 등지에 서식한다. 잠수해 수초, 조개류 등을 먹는다. 국내에서는 다른 오리류 무리에 섞여 월동한다.

특징 날 때 보이는 날개의 흰 무늬가 외측 첫째날개깃까지 닿는다. 몸아랫면은 배 중앙부와 아래꼬리덮깃이 흰색이다.

수컷 머리, 가슴, 배는 어두운 적갈색이며 몸윗면은 흑갈색이다. 홍채는 흰색이다.

암컷 붉은가슴흰죽지 암컷과 비슷하다. 홍채는 검은색, 머리와 몸아랫면은 거의 균일한 갈색이다. 아래꼬리덮깃은 흰색이다(댕기흰죽지와 달리 흰 반점과 갈색 배의 경계가 명확하다).

어린새 암컷과 비슷하지만 뺨과 멱의 일부분이 밝게 보인다. 아래꼬리덮깃은 때 묻은 듯한 흰색이다.

실태 생존 개체수는 163,000~257,000으로 추정된다. 세계자연보전연맹 적색자료목록에 준위협종(NT)으로 분류된 국제보호조다.

수컷. 2008.3.8. 전북 군산 우곡제 © 채승훈

암컷. 2016.12.9. 충남 보령 홍성호수 © 서한수

수컷. 2013.12.30. 서울 중랑천 © 이우만

수컷. 2014.1.1. 서울 중랑천 © 김준철

댕기흰죽지 *Aythya fuligula* Tufted Duck L40cm

서식 유라시아대륙 북부에서 번식하고, 유럽, 북아프리카, 인도, 중국 동부와 남부, 한국, 일본, 대만에서 월동한다. 국내에서는 흔한 겨울철새이며, 다소 흔한 나그네새다. 국내 월동 무리는 6,000~13,000마리다. 10월 초순에 도래하며, 4월 중순까지 관찰된다.

행동 호수, 하구, 항구 등지에서 작은 무리를 이루어 행동한다. 잠수해 새우, 게 등 갑각류, 수서곤충, 수초를 먹는다.

특징 암수 모두 뒷머리에 댕기가 있다(수컷이 길다). 홍채는 노란색이다. 부리는 청회색이며, 부리 끝을 따라 다소 넓은 검은색이다. 날 때 검은색 날개에 폭 넓은 흰색 줄무늬가 보인다.

수컷 가슴과 등은 검은색이며, 머리는 자주색 광택이 있는 검은색이다. 옆구리와 배는 흰색이다.

암컷 전체적으로 균일한 어두운 갈색이며 옆구리와 배는 옅은 갈색이다. 뒷머리에 짧은 댕기가 있다. 아래꼬리덮깃이 흰색인 개체도 있다. 일부 개체는 얼굴 앞에 흰 반점이 있어 검은머리흰죽지와 혼동되지만 뒷머리에 짧은 댕기가 있으며 몸윗면 색이 균일하다.

수컷 변환깃 댕기가 짧으며 옆구리에 갈색 기운이 강하다.

어린새 암컷과 비슷하지만 머리와 몸윗면은 옅은 갈색, 눈 앞쪽으로 불확실한 흰색 얼룩이 있으며, 뒷머리가 약간 돌출되었다.

닮은종 **검은머리흰죽지 암컷** 몸이 약간 더 크다. 특히 머리와 부리가 크다. 등에는 가는 회색 줄무늬가 있는 듯하다. 머리에 댕기가 없으며 녹색 광택이 있다. 부리 기부의 흰 반점이 크다. 부리 끝의 검은 반점은 매우 작다.

수컷. 2009.2.1. 강원 고성 거진항

수컷. 2011.2.8. 충남 천수만 © 김신환

암컷. 2009.2.1. 강원 고성 거진항

암컷. 2008.1.15. 충남 천수만 © 김신환

검은머리흰죽지 *Aythya marila* Greater Scaup L45cm

서식 유라시아대륙 북부, 북아메리카 북부에서 번식하고, 유럽, 카스피해, 페르시아만, 우수리, 중국 동부, 한국, 일본, 북아메리카 서부와 동부 해안에서 월동한다. 2아종으로 나눈다. 국내에서는 다소 흔한 겨울철새다. 국내 월동 개체수는 7,000~21,000이다. 10월 초순에 도래하며, 3월 하순까지 관찰된다.

행동 해안 근처의 호수, 하구 등에서 무리를 이루어 생활하며, 잠수해 먹이를 찾는다. 조개류와 갑각류를 선호하며 해초류도 먹는다.

특징 댕기흰죽지와 비슷하지만 뒷머리에 돌출된 깃이 없다. 부리는 청회색이며 끝은 검은색이다. 홍채는 노란색이다.

수컷 머리와 목, 가슴은 녹색 광택이 있는 검은색이다(광선에 따라 자주색으로도 보인다). 몸윗면은 흰색에 가늘고 검은 물결 모양 줄무늬가 있다.

암컷 머리와 가슴은 흑갈색, 얼굴 앞에 흰 반점이 부리 기부를 휘감는다(일부 댕기흰죽지 암컷도 흰 반점이 있지만 흰색 폭이 좁다). 옆구리와 등은 회갈색이며(등이 더 진하다), 가는 흰색 줄무늬가 있다. 수컷보다 부리 색이 어둡다.

어린새 얼굴 앞의 흰 반점이 성조보다 좁고, 뺨에 흐린 반달 모양 반점이 있다. 옆구리와 몸윗면에 비늘무늬가 없다.

닮은종 **쇠검은머리흰죽지** 정수리 뒤쪽이 돌출되었다. 부리 끝의 검은 반점이 매우 작다. 날 때 첫째날개깃이 검은색으로 보인다. 수컷의 머리는 자주색 광택이 있으며, 등의 줄무늬가 넓고 어둡다.

수컷. 2022.3.9. 강원 강릉 경포

암컷 어린새(?). 2022.3.9. 강원 강릉 경포호

암컷. 2012.1.8. 강원 고성 거진항 ⓒ 이상일

1회 겨울깃 수컷. 2008.1.27. 강원 고성 아야진항

오리과 Anatidae

쇠검은머리흰죽지 *Aythya affinis* Lesser Scaup L42~48cm

서식 캐나다 서부와 중부, 미국 서부에서 번식하고, 미국 남부에서 파나마, 서인도제도에서 월동한다. 국내에서는 2014년 2월 14일 강원 강릉 경포호에서 수컷 1개체가 관찰된 미조다.

행동 대체로 무리를 이루며 호수, 연못, 넓은 강에서 서식한다. 잠수해 조개, 수생식물, 어류 등을 먹는다. 검은머리흰죽지보다 민물을 선호한다.

특징 검은머리흰죽지와 매우 비슷하지만 약간 작다. 머리는 정수리 뒤쪽이 매우 짧게 돌출되었다. 근거리에서 확인시 부리 끝의 검은 반점이 매우 작게 보인다. 날 때 날개윗면의 흰색이 둘째날개깃에만 한정되어 보인다(검은머리흰죽지는 흰색이 첫째날개깃까지 연결된다).

수컷 머리는 자주색 광택이 있다(머리의 일부분이 검은머리흰죽지와 유사한 색으로 보이기도 한다). 몸윗면의 줄무늬가 검은머리흰죽지보다 넓고 성기다. 근거리에서 확인시 옆구리에 희미한 줄무늬가 흩어져 있는 것처럼 보인다.

암컷 검은머리흰죽지와 구별이 어렵다. 전체적으로 갈색이며, 부리 기부의 흰색이 검은머리흰죽지보다 좁다. 보통 검은머리흰죽지와 달리 귀깃에 흰 반점이 없다.

수컷. 2014.2.16. 강원 강릉 경포호 © 박대용

수컷. 2014.2.16. 강원 강릉 경포호 © 김준철

암컷. 2010.3.20. 미국 노스캐롤리나. Dick Daniels 🅭 BY-SA-3.0

수컷. 2014.2.16. 강원 강릉 경포호 © 김준철

북미댕기흰죽지 / 줄부리오리

Aythya collaris Ring-necked Duck L43cm

서식 알래스카 동부, 캐나다, 미국 북부에서 번식하고, 미국 남부, 중앙아메리카, 서인도제도에서 월동한다. 국내에서는 2014년 1월 14일 충북 충주호에서 암컷 1개체가 관찰된 이후 2014년 3월 14일 서울 한강, 2020년 12월 24일 대전 유성구 금강에서 관찰된 미조다.

행동 호수, 연못에서 서식한다. 보통 작은 무리를 이루며, 잠수해 수서곤충과 수생식물 등을 먹는다.

특징 댕기흰죽지와 비슷하지만 뒷머리가 돌출되었으며 꼬리가 약간 길다. 부리에 폭 넓은 흰색 띠가 있다. 날 때 보이는 날개윗면의 둘째날개깃이 회색이다(댕기흰죽지는 흰색이며 첫째날개깃까지 흰색이 길게 이어진다).

수컷 다른 종과 쉽게 구별된다. 머리는 광택이 있는 검은색, 부리 기부와 끝부분에 흰색 띠가 있다. 옆구리는 회백색이며 가슴 옆은 흰색이다.

암컷 전체적으로 갈색이며 정수리 색은 등보다 어둡다. 얼굴은 회갈색 기운이 있으며 부리 기부 쪽 얼굴은 흰색이다. 흰색 눈테가 있으며, 눈 뒤로 흰 선이 이어진다. 부리 끝부분에 흰색 띠가 명확하다.

수컷. 2020.12.24. 대전 유성 금강 © 안광연

암컷. 2014.3.15. 서울 중랑천 © 김준철

암컷과 댕기흰죽지 무리 2014.1.19. 충북 충주 © 진경순

오리과 Anatidae

흰줄박이오리 *Histrionicus histrionicus* Harlequin Duck L43cm

서식 시베리아 동부, 캄차카, 알래스카에서 북아메리카 서북부 해안까지, 쿠릴열도 북부, 그린란드 남부, 아이슬란드, 아메리카 동북 연안에서 번식하고, 겨울에는 번식지 약간 아래 지역에서 월동한다. 국내에서는 주로 동해안에서 월동하는 드문 겨울철새다. 10월 초순에 도래하며, 4월 초순까지 관찰된다.

행동 주로 해초, 진주담치 등이 붙은 바닷가 암벽이 있는 곳에서 작은 무리를 이루어 생활한다. 잠수해 갑각류와 조개류를 잡아먹으며, 해안 암벽에 올라가 쉰다.

특징 깃이 매우 독특해 다른 종과 혼동이 없다.

수컷 머리에서 배까지 광택이 있는 푸른색이며 흰 무늬가 다양한 형태를 이룬다. 옆구리는 적갈색이다.

암컷 전체적으로 회흑갈색이다. 귀깃과 눈앞에 큰 흰색 반점이 있다.

1회 겨울깃 수컷 얼굴의 무늬는 수컷 번식깃과 비슷하며, 나머지 부분은 암컷과 비슷하다. 가슴옆에 흰색 세로 줄무늬가 있으며 옆구리에 적갈색 깃이 약하다. 배는 암컷과 비슷해 흰색 바탕에 갈색 줄무늬가 조밀하다.

수컷. 2010.12.12. 강원 고성 아야진 © 김준철

암컷. 2008.4.4. 경북 울릉 저동

1회 겨울깃 수컷. 2006.1.3. 전남 신안 홍도

암컷. 2008.4.4. 경북 울릉 통구미

미성숙 수컷(좌)과 성조 수컷(우). 2010.12.12. 강원 고성 아야진항
ⓒ 김준철

수컷. 2008.4.4. 경북 울릉 통구미

오리과 Anatidae

호사북방오리 *Somateria spectabilis* King Eider L55~63cm

서식 시베리아 연안의 북극해, 알래스카 연안, 캐나다 연안, 그린란드 연안에서 번식하고, 겨울철에는 알류샨열도, 캄차카 남부 연안, 뉴펀들랜드 연안에서 월동한다. 국내에서는 2009년 1월 11일 강원 고성 아야진항에서 암컷 1개체가 관찰된 이후 동일 개체가 거진항에서 확인되었다. 또한 2009년 1월 17일 경북 울진 죽변면 온양리에서 수컷 1개체가 관찰되었다.

행동 바다에서 생활하며 잠수해 갑각류, 조개류를 잡아먹는다.

특징 머리가 크고 목이 짧다. 수컷은 다른 종과 혼동이 없다.

수컷 이마는 폭 넓은 등색이며 가장자리에 검은 띠가 있다. 머리는 자주색을 띤 푸른색이며, 눈 아래는 엷은 녹색이다. 어깨에 삼각형의 짧은 돛 같은 깃이 돌출된다. 앞목과 가슴은 살굿빛이다.

암컷 전체적으로 황갈색 기운이 있다. 부리는 다소 길고 높이가 높다. 몸윗면에는 V자 형태의 검은 반점이 흩어져 있다. 몸아랫면의 가슴옆과 옆구리에 U자 형태의 반점이 흩어져 있다.

수컷. 2009.1.18. 경북 울진 온양리 ⓒ 곽호경

암컷. 2009.1.17. 강원 고성 거진항

오리과 Anatidae

검둥오리사촌

Melanitta stejnegeri Siberian Scoter / Stejneger's Scoter L56cm

서식 러시아 예니세이강에서 동쪽으로 태평양 연안까지, 남쪽으로 몽골 북부까지 번식하고, 캄차카 연안, 한국, 일본, 중국 연안에서 월동한다. 국내에서는 주로 동·남해안에서 적은 수가 월동한다. 10월 초순에 도래하며, 4월 중순까지 관찰된다.

행동 무리를 이루어 행동한다. 잠수해 조개류와 갑각류를 먹는다. 종종 검둥오리와 섞여 먹이를 찾기도 한다.

특징 암수 모두 둘째날개깃이 흰색이어서 날아갈 때 흰색 날개깃이 명확히 보인다(물에 떠 있을 때 보이지 않는 경우도 있다).

수컷 전체적으로 검은색이며 눈 아래에 초승달 모양 흰 반점이 있다(먼 거리에서 확인하기 어렵다). 부리는 붉은색이며 가장자리가 노란색이다. 윗부리 기부는 검은색으로 혹처럼 돌출되었다. 옆구리를 비롯해 몸아랫면은 균일한 검은색이다.

암컷 전체가 흑갈색이며 얼굴 앞에 큰 흰색 반점이 퍼져 있으며, 귀깃에 작은 흰색 반점이 있다(얼굴의 흰 반점이 매우 흐려 거의 보이지 않는 개체도 있다).

어린새 성조 암컷과 비슷하지만 배가 때 묻은 듯한 흰색이다. 얼굴의 흰 반점이 암컷 번식깃보다 명확하다.

분류 과거 3아종으로 분류했었지만, 별개의 3종 Velvet *Scoter* (*M. fusca*), Siberian *Scoter* (*M. stejnegeri*), White-winged *Scoter* (*M. deglandi*)로 분류한다. 종에 따라 수컷의 부리 형태와 색이 다르다. **검둥오리사촌(*stejnegeri*)**은 부리가 진한 등색이며, 가장자리가 노란색이다. 부리 기부의 혹이 크다. ***fusca***는 스칸디나비아반도에서 동쪽으로 예니세이강과 시베리아 중부까지 분포하며, 콧구멍 아래 부리 옆면은 노란색을 띤다.

수컷. 2009.2.28. 강원 고성 © 박형욱

암컷. 2007.1.20. 경북 영덕 장사 © 서한수

1회 겨울깃 수컷. 2007.1.20. 경북 영덕 장사 © 서한수

무리. 2005.1.18. 경북 포항 도구 © 박형욱

검둥오리 *Melanitta americana* Black Scoter L48cm

서식 시베리아 동북부에서 동쪽으로 알래스카까지, 캐나다 동부에서 번식하고, 러시아 극동, 일본, 중국 동부, 한국, 북미 서부와 동부 해안에서 월동한다. 국내에서는 주로 동해안에서 적은 수가 관찰되는 겨울철새다. 10월 초순에 도래하며, 4월 중순까지 관찰된다.

행동 무리를 이루어 월동한다. 한 마리가 잠수하면 나머지 개체가 차례로 따라 들어가 조개류와 갑각류 등을 먹는다. 이동 시 무리를 이루어 수면 위로 낮게 난다.

특징 날개를 포함해 전체적으로 검은색이다. 첫째날개깃 색이 연해 날 때 다소 밝게 보인다.

수컷 전체가 검은색이다. 부리는 검은색이며, 윗부리 기부는 폭 넓은 노란색이고, 혹처럼 부풀어 올랐다.

암컷 전체가 흑갈색이다. 뺨, 옆목, 멱이 때 묻은 듯한 흰색이다. 간혹 눈 아래와 부리 앞쪽으로 갈색 줄무늬가 있는 개체도 있다.

어린새 성조 암컷과 비슷하지만 배가 때 묻은 듯한 흰색이다. 성조보다 갈색이 강하다.

1회 겨울깃 수컷 암컷과 매우 비슷하지만 부리 기부는 흑갈색이 섞인 흐릿한 노란색이며, 약하게 돌출되었다.

분류 과거 2아종으로 나누었지만, 최근에 부리 형태 및 수컷의 구애 울음소리가 서로 달라 독립된 2개의 종으로 분류하고 있다. 동 시베리아에서, 알래스카, 북미대륙까지 분포하는 Black Scoter (*M. americana*)는 유럽에서 시베리아까지 분포하는 Common Scoter (*M. nigra*)보다 부리의 노란색 혹이 매우 크다. 암컷은 구별이 매우 어렵다.

수컷. 2009.1.31. 강원 고성 ⓒ 이상일

암컷. 2009.3.1. 강원 고성 ⓒ 박형욱

무리. 2008.3.15. 강원 고성 ⓒ 양현숙

무리. 2009.11.25. 강원 고성 거진 ⓒ 황재홍

오리과 Anatidae

바다꿩 *Clangula hyemalis* Long-tailed Duck ♂60cm, ♀38cm

서식 유라시아대륙 북부, 북아메리카 북부, 그린란드에서 번식하고, 영국과 북해 연안, 캄차카반도에서 알류샨열도, 동해, 일본 북부, 북미 서부 해안, 북미 동부 해안 북부에서 월동한다. 국내에서는 매우 드문 겨울철새다. 11월 초순에 도래하며, 3월 하순까지 관찰된다.

행동 주로 동해의 먼 바다에서 월동하며 드물게 앞바다까지 오지만 월동 개체수는 드물다. 잠수해 조개류와 갑각류를 먹는다.

특징 수컷은 가운데꼬리깃이 길며, 깃이 독특해 다른 종과 혼동이 없다. 깃털갈이를 해 계절에 따라 깃 형태가 다양하다.

수컷 여름깃 눈 앞쪽으로 때 묻은 듯한 흰색이며, 눈 뒤쪽으로 흰색이다. 정수리, 목, 가슴은 진한 검은색이다. 몸윗면은 전체적으로 검은 줄무늬가 있는 황갈색이다.

수컷 겨울깃 머리, 앞목, 어깨깃, 배가 흰색이며 옆목, 등, 날개덮깃이 흑갈색으로 전체적으로 흰색과 흑갈색이 뚜렷하다. 가운데꼬리깃이 길게 돌출되었다. 부리는 검은색이며 중앙부가 분홍색이다.

암컷 여름깃 겨울깃과 비슷하지만 얼굴, 멱, 뒷목이 흐린 갈색이어서 흰 부분이 매우 좁다.

암컷 겨울깃 머리 위와 뺨이 흑갈색이며 얼굴은 흰색이다. 가슴과 등은 흑갈색, 배는 흰색, 부리는 검은색과 청회색이다.

어린새 암컷 겨울깃과 비슷하지만 얼굴, 목 부분의 흰 부분에 흑갈색이 스며 있으며, 목과 가슴의 경계가 불명확하게 보인다. 귀깃 아래의 흑갈색 반점과 얼굴과의 경계가 불명확하다.

1회 겨울깃 수컷 성조 겨울깃과 비슷하지만 몸윗면(어깨)의 흰색은 매우 흐리며, 흑갈색과의 경계가 불명확하게 보인다. 중앙꼬리깃이 짧다. 부리 중앙부는 성조와 같은 분홍색이다.

수컷 겨울깃. 2019.12.24. 강원 속초 청초호 © 박대용

암컷. 2012.1.3. 강원 강릉 경포호 © 진경순

암컷. 2012.1.3. 강원 강릉 경포호 © 진경순

암컷. 2012.1.3. 강원 강릉 경포호 © 진경순

꼬마오리 *Bucephala albeola* Bufflehead L32~40cm

서식 캐나다, 미국 서북부와 중북부에서 번식하고, 알류샨열도와 미국 남부, 멕시코 북부에서 월동한다. 국내에서는 2013년 1월 26일 강원 속초 영랑호에서 수컷 1개체가 관찰된 이후 2014년 1월 12일 강원 속초 영랑호에서 수컷 1개체가 관찰된 미조다.

행동 번식지에서는 연못, 호수 주변의 나무 구멍에 둥지를 튼다. 비번식기에는 항구 주변, 하구, 해안, 내륙 호수, 석호 등지에서 단독 또는 쌍을 형성해 생활한다. 다른 바다오리류보다 은폐된 환경을 선호한다. 잠수해 갑각류, 연체동물, 수생식물, 어류의 알 등을 잡아먹는다.

특징 몸에 비해 머리가 크고, 부리가 작다. 국내에 기록된 오리류 중 가장 작다(최소 크기 기준).

수컷 머리는 자주색과 녹색 광택을 띠는 검은색이며, 눈 뒤부터 뒷머리까지 폭 넓은 흰색이다. 몸윗면은 검은색이며, 가슴과 배는 흰색이다.

암컷 몸윗면은 전체적으로 흑갈색이다. 눈 아래에 길쭉한 타원형 흰 반점이 명확하다. 가슴옆과 옆구리는 때 묻은 듯한 흰색 또는 회백색이다.

수컷. 2013.1.27. 강원 속초 영랑호 ⓒ 박대용

수컷. 2013.1.27. 강원 속초 영랑호 ⓒ 박대용

수컷. 2013.1.26. 강원 속초 영랑호 ⓒ 박대용

암컷. 2006.3.4. 캐나다 토론토 🅭 BY-SA-3.0

흰뺨오리 *Bucephala clangula* Common Goldeneye L45cm

서식 유라시아대륙과 북미대륙 북부에서 번식하고, 유럽, 페르시아만, 캄차카에서 중국 동부, 한국, 일본, 알래스카에서 미국 중부까지 월동한다. 지리적으로 2아종으로 나눈다. 국내에서는 흔한 겨울철새다. 10월 중순에 도래하며, 3월 하순까지 관찰된다.

행동 주로 하구, 호수, 하천 등지에서 월동한다. 작은 무리 또는 몇 마리가 거리를 두고 행동하며, 잠수해 갑각류, 연체동물, 어류, 수초 등을 먹는다.

특징 몸에 비해 머리가 크다. 북방흰뺨오리와 달리 이마의 경사가 심하지 않다.

수컷 머리는 녹색 광택이 있는 검은색이며 등은 검은색이다. 홍채는 노란색이다. 눈앞에 둥근 흰색 반점이 있다. 날 때 첫째날개깃은 검은색, 둘째날개깃과 날개덮깃의 대부분이 흰색으로 보인다.

암컷 머리는 암갈색이며 아랫목은 흰색이다. 부리는 검은색이며 끝부분은 노란색이다. 날 때 보이는 날개는 수컷과 비슷하지만 날개덮깃 끝에 가늘고 검은 줄무늬가 2열 있다.

수컷 변환깃 머리는 암컷과 비슷하지만 암컷보다 어둡다. 눈앞에 흰 반점이 여름깃보다 작다. 날 때 보이는 날개는 수컷 번식깃과 형태가 같다.

어린새 암컷과 비슷하지만 갈색이 많고, 흰색이 약하다. 부리가 완전히 검은색이다. 홍채가 갈색이다. 수컷은 겨울철에 눈앞에 둥글고 흰 반점이 나타나기 시작한다.

수컷. 2016.11.27. 강원 강릉 경포호

암수. 2006.2.10. 강원 속초 청초호

암컷. 2012.1.14 강원 강릉 경포호

수컷 변환깃. 2006.2.10. 강원 속초 청초호

어린새. 2016.11.27. 강원 강릉 경포호 © 김준철

암컷. 2012.1.14. 강원 강릉 경포호

오리과 Anatidae

북방흰뺨오리 *Bucephala islandica* Barrow's Goldeneye L53cm

서식 알래스카 남부에서 북미 서부까지, 그린란드 남부, 아이슬란드의 북극권 주변 호수에서 번식한다. 겨울에는 번식지 주변 해안에서 월동한다. 국내에서는 1983년 2월 19일 낙동강 하구에서 1개체가 관찰된 미조다.

행동 흰뺨오리와 거의 같다.

특징 흰뺨오리보다 약간 크다. 이마가 가파르다(머리 앞쪽이 가장 높다). 부리가 짧지만 폭이 넓다.

수컷 머리는 광택이 있는 자주색이다. 부리 뒤의 흰 반점은 물방울 모양으로 눈 위까지 길게 이어진다. 어깨에 흰 반점 6~7개가 명확하다. 옆구리 위쪽으로 검은색 깃이 가슴옆까지 이어진다(흰뺨오리의 어깨는 흰색과 검은색 깃이 줄무늬를 이룬다).

암컷 흰뺨오리 암컷과 혼동되기 쉽다. 부리 전체가 노란색이다. 머리는 어두운 초콜릿색이다.

수컷 변환깃 암컷과 비슷하지만 부리가 검은색이며, 눈 앞에 때 묻은 듯한 흰 반점이 있다. 날개덮깃은 수컷 번식깃과 거의 형태가 같다.

어린새 머리 형태를 제외하고 흰뺨오리와 구별하기 어렵다.

수컷. 2011.1.16. 미국 노스캐롤라이나. Dick Daniels ⓒⓒ BY-SA-3.0

암수. 2014.2.24. 알래스카 쥬노 © 최창용

흰비오리 *Mergellus albellus* Smew L42cm

서식 유라시아대륙의 아한대에서 번식하고, 유럽, 카스피해, 인도 북부, 중국 동부, 한국, 일본에서 월동한다. 국내에서는 비교적 흔한 겨울철새다. 10월 중순에 도래하며, 3월 하순까지 관찰된다.

행동 전국의 호수, 하천, 하구 등지에서 서식하며 잠수해 어류, 조개류, 갑각류 등을 먹는다. 보통 작은 무리가 거리를 유지하며 먹이를 찾는다.

특징 소형 잠수성 오리류이며, 다른 종과 혼동이 없다.

수컷 전체적으로 흰색이며 눈 주변과 뒷머리, 등이 검은색이다.

암컷 전체적으로 회갈색이며, 머리에서 뒷목까지 적갈색이다. 턱밑에서 목옆까지 흰색으로 뒷목의 적갈색과 경계가 명확하다.

수컷 변환깃 성조와 달리 머리는 전체적으로 암컷과 비슷한 적갈색이며 이마를 포함해 머리 부분에 흰색 깃이 섞여 있다. 몸깃은 성조보다 흰 부분이 더 적고 갈색이 섞여 있다.

어린새 성조 암컷과 매우 비슷해 구별하기 힘들다. 배 중앙부는 흰색 바탕에 회색이 섞여 있다. 늦겨울부터 성조와 같은 형태로 바뀐다.

수컷. 2006.1.1. 강원 강릉 남대천 © 서한수

암컷. 2013.12.27. 경기 파주 공릉천

무리. 2013.12.27. 경기 파주 공릉천

비오리 *Mergus merganser* Goosander / Common Merganser L65cm

서식 유라시아대륙, 북아메리카대륙의 아한대와 온대에서 번식하고, 유럽, 인도 동부, 미얀마, 중국 동부, 한국, 일본, 북미 남부에서 월동한다. 지리적으로 3아종으로 나눈다. 국내에서는 흔한 겨울철새이며 1990년대 중반 이후 동강을 비롯한 강원 일부 산간계곡에서 번식이 확인되고 있다. 철새인 경우 10월 중순에 도래하며, 4월 중순까지 관찰된다.

행동 강, 넓은 하천, 호수, 댐 등지에서 무리를 이루어 생활한다. 일부 개체는 바다와 만나는 강, 하천에서도 서식한다. 날카로운 긴 부리를 이용해 물고기를 잡는다. 일정한 대형을 이루어 무리의 앞에서부터 차례로 잠수해 먹이를 사냥한다. 월동 중에 시끄럽지 않고 별다른 소리를 내지 않는다.

특징 붉은색 부리는 폭이 좁고 길며, 윗부리 끝이 아래로 굽었다.

수컷 머리는 녹색을 띠는 검은색이다. 바다비오리와 달리 뒷머리에 댕기가 없으며 아랫목과 가슴, 옆구리가 흰색이다.

암컷 머리 부분은 갈색이며 다른 부위는 회갈색이다. 턱밑이 흰색이다. 목의 갈색 부분과 윗가슴의 흰 부분의 경계가 비교적 명확하다. 눈앞은 어두운 흑갈색이다(바다비오리는 색이 흐리다).

어린새 성조 암컷과 비슷하지만 부리가 엷은 붉은색이며, 뒷머리의 댕기가 짧다. 멱은 성조보다 흐린 흰색이다. 눈앞에 흐린 선이 있으며, 홍채는 색이 엷다

수컷. 2011.1.9. 경기 안산 시화호 © 백정석

암컷. 2010.12.3. 강원 강릉 © 최순규

암컷. 2011.1.30. 경기 파주 © 변종관

1회 겨울깃. 2013.12.27. 경기 파주 공릉천

오리과 Anatidae

바다비오리 *Mergus serrator* Red-breasted Merganser L52~60cm

서식 유라시아대륙 북부와 영국 북부, 그린란드, 북미 북부에서 번식하고, 유럽, 중국 동부, 북미 서부와 동부 해안에서 월동한다. 국내에서는 다소 흔한 겨울철새다. 10월 중순에 도래하며, 4월 중순까지 관찰된다.

행동 해안 근처의 해상, 하구, 하천 등지에서 생활한다. 큰 무리를 이루지 않고 작은 무리가 일정한 거리를 두고 행동한다. 잠수해 물고기를 잡아먹는다.

특징 비오리와 달리 윗부리 끝이 아래로 굽지 않았다. 부리 기부가 비오리보다 가늘다.

수컷 머리는 녹색을 띠는 검은색이며 뒷머리에 길고 검은색 댕기가 여러 가닥 있다. 아랫목은 흰색이며 가슴에 흑갈색 반점이 흩어져 있다. 날 때 보이는 날개윗면의 날개덮깃과 둘째·셋째날개깃이 흰색이다(날개덮깃 가장자리를 따라 폭 좁은 검은 선이 있다).

암컷 머리 부분은 갈색이며 다른 부위는 회갈색이다. 뒷머리의 댕기는 비오리보다 짧다. 갈색인 아랫목과 때 묻은 듯한 흰색 가슴과의 경계가 불명확하다. 눈앞이 흐리며 가늘고 어두운 선이 있다.

수컷 변환깃 암컷과 비슷하지만 날개에 폭 넓은 흰색 무늬가 있다.

어린새 성조 암컷과 비슷하지만 부리가 엷은 붉은색이며, 뒷머리의 댕기가 짧다.

닮은종 **비오리** 윗부리 끝이 아래로 굽었다. 수컷은 뒷머리에 댕기가 없다. 아랫목과 가슴, 옆구리가 흰색이다. 암컷은 턱밑이 흰색이며, 목과 가슴의 경계가 비교적 명확하다.

수컷. 2008.3.9 강원 고성 거진항 © 김신환

암컷. 2010.1.10 강원 고성 대진항

1회 겨울깃. 2007.1.18 부산 수영 광안리 © 서한수

1회 겨울깃 수컷(?). 2010.1.10 강원 고성 대진항

호사비오리 *Mergus squamatus* Scaly-sided Merganser L57cm

서식 중국 동북부의 아무르강, 러시아의 우수리강 유역, 백두산 등지 등 매우 제한된 지역에서 번식하고, 중국 남부와 중부, 한국, 일본 등지에서 월동한다. 국내에서는 매우 희귀한 겨울철새다. 10월 중순에 도래하며, 3월 하순까지 관찰된다.

행동 물 흐름이 빠른 하천, 강, 호수 등지에서 생활한다. 행동은 비오리와 비슷하며 잠수해 물고기를 잡는다. 경계심이 강하다.

특징 바다비오리처럼 뒷머리에 긴 검은색 댕기가 여러 가닥 있다. 옆구리에서 위꼬리덮깃까지 비늘 형태 검은 줄무늬가 흩어져 있다. 부리는 붉은색으로 가늘고 길며 끝은 노란색이다.

수컷 몸윗면은 검은색이며 날개덮깃과 둘째날개깃이 흰색이다. 가슴은 줄무늬가 없는 흰색이다.

암컷 바다비오리 암컷과 비슷하지만 가슴옆, 옆구리에 비늘무늬가 흩어져 있다.

실태 세계자연보전연맹 적색자료목록에 위기종(EN)으로 분류된 국제보호조다. 천연기념물이며 멸종위기 야생생물 I급이다. 지구상에 2,400~4,500개체만이 생존하는 것으로 판단되며 개체수가 지속적으로 감소하고 있다. 주로 사람의 간섭이 적고 조약돌이 깔린 여울성 하천에 서식한다. 주요 월동지는 춘천 인근 북한강 강촌 일대, 경남 진주 남강 일원, 전남 화순 지석천 등지다. 국내 월동 개체수는 대략 100 이하다.

수컷. 2011.1.30. 경기 가평 강촌 © 이상일

암컷. 2008.2.1. 경기 가평 강촌 © 서정화

수컷. 2005.2.26. 경남 산청 © 곽호경

비상. 2006.1.8. 경기 가평 강촌 © 곽호경

아비 *Gavia stellata* Red-throated Loon / Red-throated Diver L61~68cm

서식 유라시아와 북아메리카 북부에서 번식하고, 온대 북부 지역에서 월동한다. 국내에서는 흔한 겨울철새다. 11월 초순에 도래하며 3월 하순까지 머문다.

행동 1마리 또는 여러 마리가 거리를 두고 생활하며 잠수해 어류를 잡아먹는다. 먼 바다에서 생활하지만 간혹 바다와 만나는 하천 하류에서도 볼 수 있다. 월동 중 파도가 높은 날에는 강 하구, 연안 쪽으로 이동하는 개체도 있다.

특징 아비류 중 가장 작다. 부리가 가늘며 아랫부리가 위쪽으로 굽었다. 목이 가늘고 길다.

번식깃 얼굴에서 옆목까지 회색이다. 목 앞에 적갈색 무늬가 뚜렷하다.

겨울깃 등과 날개깃에 작고 흰 반점이 흩어져 있어 다른 아비류와 쉽게 구별된다. 다른 아비에 비해 머리 색이 더 밝다. 옆목의 검은색과 흰색의 경계가 명확하게 끊어지지 않는다. 홍채는 갈색이다.

1회 겨울깃 성조와 구별이 어렵다. 옆목에 연한 회갈색 무늬가 있다. 등과 날개덮깃의 흰 반점 일부는 어린새 깃의 특징(V자 형 흰 반점)을 보이고 일부는 성조 깃(둥그스름한 흰 반점)의 특징을 보인다.

겨울깃. 2007.2.3. 전남 신안 흑산도

겨울깃. 2007.1.25. 강원 고성 거진 © 김신환

겨울깃. 2007.2.3. 전남 신안 흑산도

부리 형태. 2012.1.29. 경북 포항

흰부리아비 *Gavia adamsii* Yellow-billed Loon / White-billed Diver L83cm

서식 극지방에 인접한 유라시아대륙과 북아메리카 북부에서 번식하고, 겨울에는 남쪽으로 이동한다. 국내에서는 매우 드문 겨울철새다. 11월 초순에 도래하며 3월 하순까지 머문다.

행동 먼 바다에서 생활하며 파도가 거칠 때에 몸이 약한 개체는 연안 쪽으로 이동한다. 주로 동해 먼 바다와 서해 북부 먼 바다에서 월동하며 드물게 제주도에서도 확인된다.

특징 아비류 중 가장 크다. 앞머리가 혹처럼 돌출되었다. 황백색 부리는 굵고 크며 아랫부리가 위쪽으로 굽었다.

번식깃 머리와 뒷목이 녹색 광택이 있는 검은색이다. 멱과 옆목에 흰색과 검은색 세로 줄무늬가 있다.

겨울깃 눈 주위가 흰색이다. 귀깃에 흑갈색 반점이 있다. 정수리와 뒷목은 갈색으로 옆목의 흰색과 경계가 명확하지 않다.

어린새 정수리가 겨울깃보다 더 색이 연하다. 어깨와 등의 깃 끝이 연한 흰색이다.

실태 세계자연보전연맹 적색자료목록에 준위협종(NT)으로 분류된 국제보호조다. 지구상 생존 개체수는 16,000~32,000이다. 다른 아비류와 마찬가지로 어선에서 버리는 폐기름에 오염되어 목숨을 잃거나, 어망에 걸려 질식사 하는 등 개체수가 감소하고 있다.

닮은종 **큰회색머리아비·회색머리아비** 몸이 더 작다. 부리는 가늘고 곧다.

겨울깃. 2013.2.3. 강원 고성 거진 © 진경순

겨울깃. 2013.2.16. 경북 포항 © 이상일

겨울깃. 2011.2.4. 강원 고성 거진 © 심규식

부리 형태. 2013.2.3.

큰회색머리아비

Gavia arctica Black-throated Loon / Arctic Loon L72~78cm

서식 유라시아대륙 북부, 알래스카 서북부에서 번식하고, 겨울에는 남쪽으로 이동한다. 지리적으로 2아종으로 나눈다. 국내에서는 흔한 겨울철새다. 11월 초순에 도래하며 3월 하순까지 머문다. 일부 개체는 5월 중순까지 관찰된다.

행동 1마리 또는 작은 무리를 이루며, 잠수해 물고기를 잡는다. 먼 바다 또는 연안 해안에 찾아들며 드물게 강 하류에서도 볼 수 있다.

특징 부리가 곧고 뾰족하다. 회색머리아비와 혼동되기 쉽지만 옆구리 뒤쪽으로 흰 부분이 몸 위쪽으로 폭넓게 확장되었다.

번식깃 멱과 앞목은 녹색 광택이 있는 검은색이며, 멱과 옆목의 검은색과 흰색 세로 줄무늬는 회색머리아비보다 넓다.

겨울깃 회색머리아비와 형태가 거의 동일하지만 멱에 가늘고 검은 가로 줄무늬가 없다. 옆구리 뒤쪽으로 폭 넓은 흰색 깃이 몸 위쪽으로 확장되었다.

1회 겨울깃 성조와 달리 어깨와 날개덮깃에 흰 반점이 없다. 몸윗면의 깃 가장자리 색이 연하다.

실태 회색머리아비보다 월동 개체수가 뚜렷하게 많다. 다른 아비류와 마찬가지로 어선에서 버리는 폐기름에 오염되어 목숨을 잃거나, 어망에 걸려 질식사 하는 등 개체수가 감소하고 있다.

번식깃으로 깃털갈이. 2010.1.9. 강원 고성 거진항

겨울깃. 2010.1.10. 강원 고성 대진항

겨울깃. 2009.2.14. 강원 고성 송지호

부리 형태. 2010.1.10.

회색머리아비 *Gavia pacifica* Pacific Loon / Pacific Diver L62~70cm

서식 북아메리카 북부와 시베리아 동북부에서 번식하고, 북아메리카, 알류샨열도, 쿠릴열도, 한국, 중국, 일본 등지에서 월동한다. 국내에서는 드문 겨울철새다. 11월 초순에 도래하며 3월 하순까지 머문다.

행동 먼 바다 또는 연안 바다에서 생활한다. 1마리 또는 여러 마리가 거리를 두고 잠수해 먹이를 찾는다.

특징 암수 색깔이 같다. 큰회색머리아비보다 약간 작지만 야외에서 크기로 종 구별은 어렵다. 곧은 부리는 큰회색머리아비에 비해 짧고 더 가늘지만 야외에서 구별하기 힘들다. 옆구리 뒤쪽은 흑갈색이며, 몸 위쪽으로 폭넓게 확장되는 흰 반점이 없다(흰색 부분이 가슴옆과 같은 높이다).

번식깃 앞목은 자주색 광택이 있는 검은색이다(야외에서 색깔 확인이 어렵다).

겨울깃 멱에 가늘고 검은 가로 줄무늬가 있지만, 어린새는 연하거나 없는 경우도 있다.

1회 겨울깃 성조와 달리 어깨와 날개덮깃에 흰 반점이 없다. 멱의 검은색 가로 줄무늬가 매우 가늘어 먼 거리에서 확인하기 어려운 경우가 많다.

겨울깃. 2008.1.30. 전남 신안 흑산도

겨울깃. 2008.3.24. 경북 울진 © 최순규

겨울깃. 2012.3.10. 경북 포항 © 변종관

부리 형태. 2008.1.30.

알바트로스과 Diomedeidae

알바트로스 *Phoebastria albatrus* Short-tailed Albatross L84~94cm

서식 태평양 연안에 위치한 이즈제도의 鳥島(조도)와 센카쿠열도의 동중국해에서 번식한다. 번식기인 10~5월에는 일본열도 주변에서 서식하며, 비번식기인 6~9월에는 베링해, 알류샨열도, 알래스카만에 이른다. 국내에서는 1885년 6월 2일 부산해협에서 1개체 채집기록이 있으며, 1891년 인천에서 1개체 채집기록과 전남 거문도에서 일자 불명의 채집기록이 있다.

행동 번식기 이외에는 먼 바다에서 생활하는 해양성 조류다. 긴 날개를 이용해 바다 위에서 몇 십분 동안 날며 오징어, 새우, 어류 등을 잡아먹는다.

특징 몸 전체가 흰색, 날개는 폭이 좁으며 매우 길다. 날개깃은 검은색이며 몸 안쪽의 날개깃과 날개덮깃은 흰색이다. 머리에서 뒷목까지 노란색, 부리는 연령에 관계없이 분홍색(부리 끝은 푸른색)으로 다른 알바트로스와 다르다. 날 때 보이는 날개아랫면은 흰색이며 첫째날개깃 끝과 날개깃 가장자리를 따라 폭 좁은 검은색이다. 꼬리는 검은색이다.

어린새 전체적으로 흑갈색이며 몸아랫면은 색이 약간 엷다.

실태 세계자연보전연맹 적색자료목록에 취약종(VU)으로 분류된 국제보호조다. 생존 개체수는 2,200~2,500에 불과하다. 최대 번식지인 일본 조도가 화산 폭발로 번식지가 사라질 우려가 있어 2005년 이후 인근 무코지마 섬 등지로 번식지를 옮기려는 복원사업이 진행 중이다.

성조. 2007.3.14. 하와이 미드웨이섬. Jlfutari © BY-SA-3.0

어린새. 2007.6.13. 하와이 미드웨이섬. John Klavitter © BY-SA-2.0

슴새과 Procellariidae

슴새 *Calonectris leucomelas* Streaked Shearwater L47~51cm

서식 일본, 한국, 중국, 러시아 동남부의 무인도서에서 번식하고, 비번식기에는 동남아시아와 오스트레일리아 북부 해안에서 월동한다. 국내에서는 독도, 추자군도의 사수도, 거문도의 백도, 칠발도, 피음도, 소청도 그리고 가거도에 딸린 구굴도 등지에서 번식하는 드문 여름철새다. 2월 하순에 도래하며 11월 초까지 머문다.

행동 보통 무리를 이루며, 수면 위로 낮게 날며 먹이를 찾는다. 갈매기보다 더 빠르게 날면서 물고기를 잡아먹는다. 필리핀, 뉴기니, 보르네오 등지에서 월동하다가 2월 경에 북상한다. 둥지는 무인도의 밀사초가 무성한 곳, 교목이 자라는 하층식생이 없는 곳에 1~2m 깊이로 땅굴을 파고 5월에 알을 1개 낳는다. 포란기간은 50~54일이다. 번식지에서 경사진 나무, 부드러운 밀사초, 경사진 바위 위로 기어 올라간 후 미끄러지면서 낙하해 탄력을 받은 후 난다.

특징 갈매기류로 착각하기 쉽다. 몸윗면은 전체적으로 흑갈색이며 머리는 흰색 바탕에 가늘고 검은 줄무늬가 흩어져 있다(먼 거리에서 이마와 머리가 흰색으로 보인다). 몸 아랫면은 흰색이다. 아랫날개덮깃은 흰색이며, 첫째날개덮깃과 날개깃 가장자리를 따라 폭 넓은 검은색이다. 엷은 분홍빛 부리는 길며 뾰족하고 끝은 아래로 굽은 갈고리 모양이다. 다리는 분홍색이다.

성조. 2009.8.17. 충남 태안 난도 해상

성조. 2011.10.9. 강원 고성 거진 해상 © 진경순

성조. 2009.8.17. 충남 태안 난도 해상

성조. 2008.10.2. 전남 신안 칠발도

번식지. 2008.9.23. 전남 신안 구굴도

무리. 2006.9.19. 전남 신안 흑산도 인근 해상

슴새과 Procellariidae

쇠부리슴새 *Ardenna tenuirostris* Short-tailed Shearwater L41~43cm

서식 오스트레일리아 남동부의 도서 지역에서 번식하고, 비번식기에는 태평양과 인도양 남부에서 생활한다. 국내에서는 주로 5월 중순에서 6월 중·하순 사이에 많은 수가 동해 먼 바다로 통과하는 나그네새다(해안에서는 거의 관찰되지 않는다). 드물게 10월에 서해 중북부 해상에서 관찰기록이 있다.

행동 번식기 이외에는 바다에서 생활한다. 4월경에 번식지를 떠나기 시작해 5월에 북태평양 서부 해역을 따라 북상해 베링해 연안, 북태평양에서 생활한 후, 8월부터 태평양 동부를 따라 남하해 다시 번식지로 되돌아온다.

특징 전체적으로 암갈색이며 붉은발슴새보다 크기가 작다. Sooty Shearwater와 매우 비슷하지만 보다 작고, 부리가 짧다. 부리는 전체적으로 검은색이며 특히 끝이 검은색이다. 멱이 몸아랫면보다 색이 약간 엷다. 날개아랫면은 회백색이 드러나지만 개체에 따라 차이가 심하다. 다리는 흑갈색이며 꼬리 뒤로 발가락이 돌출된다. 이마와 부리 기부의 경사가 심하다.

담색형 사대양슴새와 비슷하다. 날개아랫면의 첫째날개덮깃이 어둡다(회백색 폭이 좁고 약하다). 가운데날개덮깃의 일부분은 회백색이지만 사대양슴새보다 폭이 좁다.

닮은종 **사대양슴새 (Sooty Shearwater, *Ardenna grisea*)** 쇠부리슴새보다 크다. 날개아랫면은 회백색이 더 넓으며, 광택이 있다(첫째날개덮깃과 가운데날개덮깃 일부가 회백색으로, 회백색은 첫째날개덮깃에서 폭 넓다). 검은색 부리는 쇠부리슴새보다 길며 이마와 부리 기부의 경사가 완만하다. 턱밑, 가슴, 배가 거의 균일한 색으로 보인다. 날 때 발가락이 꼬리 뒤로 돌출되지 않거나 약간 돌출된다.

성조. 2011.5.22. 강원 고성 거진 해상

성조. 2011.5.22. 강원 고성 거진 해상

2014.1.19. 강원 고성 거진 해상 © 박대용

비교. **사대양슴새**. 2012.5.27. 태즈메니아. JJ Harrison

성조. 2011.5.22. 강원 고성 거진 해상

숨새과 Procellariidae

붉은발슴새 *Ardenna carneipes* Flesh-footed Shearwater L48cm

서식 뉴질랜드 북부 도서, 오스트레일리아 서남부 연안에서 번식한다. 비번식기에는 북상해 5~6월에 일본 근해를 통과해 알류산열도, 캐나다 서남부에 이르며 인도양에서는 아라비아해까지 북상한다. 8월에는 다시 번식지로 되돌아가기 위해 태평양 중부로 남하한다. 국내에서는 먼바다를 통과하는 매우 드문 나그네새다. 봄철에는 5월 초순부터 6월 하순까지, 가을에는 8월 하순부터 10월 하순까지 관찰된다.

행동 다른 슴새류 무리에 섞이는 경우가 많으며 어류와 연체동물을 먹는다.

특징 전체적으로 암갈색이다. 슴새와 거의 같은 크기다. 부리는 분홍색이며 끝은 검은색이다. 다리는 분홍색이다. 쇠부리슴새와 비슷하지만 날개아랫면에 흰색이 거의 없으며 몸아랫면의 날개깃 기부가 약간 밝게 보일 뿐이다. 꼬리 뒤로 발가락이 돌출되지 않는다. 몸윗면의 큰날개덮깃 가장자리는 약간 색이 연하다. 슴새에 비해 날개 길이가 짧으며 폭이 넓다.

깃털갈이 중. 2013.6.6. 강원 고성 거진 해상 © 진경순

성조. 2012.6.10. 강원 고성 대진 해상 © 심규식

흰배슴새 *Pterodroma hypoleuca* Bonin Petrel L30cm

서식 하와이제도 북서부, 일본 남동쪽에 위치한 Bonin 열도, 유황열도 등지에서 번식한다(1~2월에 산란한다). 번식을 마친 후 7월부터 북태평양 서부와 중북부의 아열대 해역에 폭넓게 분포한다. 하와이제도에서 번식한 개체는 번식 후 일본 근해까지 다다르고, 일본에서 번식한 무리는 혼슈 동북부까지 다다른다. 국내에서는 1999년 8월 6일 한강 하류에서 낚싯줄에 걸린 1개체가 채집되었으며, 2004년 8월 15일 제주도 종달리에서 사체가 습득된 미조다.

행동 먼 바다에서 단독으로 생활한다. 불규칙하고 빠르게 날며 먹이를 찾는다. 야간에 활발하게 먹이활동을 한다. 주로 어류와 오징어를 잡아먹는다.

특징 눈 주변과 눈 뒤를 포함해 머리는 흑갈색이며 이마는 흰색이다. 몸윗면은 전체적으로 청회색이며 허리는 등보다 뚜렷하게 어둡다. 날 때 둘째날개깃과 큰날개덮깃은 등과 유사하게 밝게 보인다. 첫째날개깃과 작은날개덮깃이 검은색이다(날 때 M자 형태다). 날 때 보이는 날개아랫면은 흰색이며 익각에서 옆구리 방향으로 비스듬하게 진한 흑갈색 줄무늬가 있다(옆구리는 흰색). 또한 익각 부분에 크고 검은 삼각형 반점이 있다. 부리는 짧고 검은색, 다리는 분홍색이다.

2004.8.15. 제주 종달리.
제주민속자연사박물관 소장 표본

성조. 2008.6.12. 하와이 미드웨이섬.

검은슴새 *Bulweria bulwerii* Bulwer's Petrel L26~28cm

서식 대서양, 인도양, 태평양에 이르는 광범위한 지역의 열대 및 온대 해역에서 번식한다(5~6월에 산란한다). 국내에서는 2010년 7월 28일 제주도 조천 함덕리에서 1개체가 채집되었으며, 2014년 8월 10일 경북 포항 구룡포 해안에서 1개체가 관찰된 미조다.

행동 번식기를 제외하고 육지에서 멀리 떨어진 해양에서 단독으로 생활하며, 바다제비류처럼 빠르고 불규칙하게 난다. 주로 야간에 수면 위로 떠오른 먹이를 사냥한다. 어류, 오징어, 갑각류를 잡아먹는다.

특징 날개와 꼬리가 길다. 전체적으로 검은색이다(대형 바다제비처럼 보인다). 날 때 날개에 폭 넓은 연한 띠가 명확하게 보인다(큰날개덮깃과 일부 가운데날개덮깃의 색이 엷다). 턱밑이 약간 밝다. 몸아랫면은 균일한 검은색이다. 광선이 좋은 때에는 날개아랫면의 일부가 은회색으로 보인다. 먼 거리에서는 사대양슴새(Sooty Shearwater)처럼 보이지만 크기가 뚜렷하게 작다. 바다제비와 달리 중앙꼬리깃이 외측보다 길다.

성조. 2008.6.13. 하와이 미드웨이섬. Forest & Kim Starr

성조. 2018.4.26. 하와이 Lehua island © Alan Schmierer

바다제비 *Oceanodroma monorhis* Swinhoe's Storm Petrel L19~20cm

서식 대만, 한국, 일본의 일부 무인도에서 번식한다. 비번식기에는 중국 남부, 인도양에 서식한다. 국내에서는 구굴도, 칠발도, 독도 그리고 난도 등 매우 제한된 지역에서만 집단번식하는 여름철새다. 5월 초순에 도래해 번식하고, 10월 중순까지 머문다.

행동 먼 바다에서 활동하는 대표적인 해양조류다. 지그재그로 날며 먹이인 플랑크톤을 찾지만 다른 바다제비류보다 직선으로 난다. 둥지는 밀사초 같은 식물 뿌리 주변 부드러운 흙을 파서 만든 굴이나 암벽 틈에 튼다. 6월 하순에서 7월 하순 사이에 알을 1개 낳으며 포란기간은 41일이다.

특징 이름과는 달리 제비와는 근연관계가 먼 종이다. 전체적으로 흑갈색이다. 첫째날개깃 기부의 우축이 흰색이지만 야외에서 확인하기 어렵다. 큰날개덮깃과 가운데날개덮깃이 회백색이다. 날 때 보이는 몸아랫면 색은 균일하게 어둡다. 중앙꼬리깃이 약간 오목하다.

실태 칠발도, 구굴도 등 번식지에서 쇠무릎으로 인해 많은 수의 성조 및 이소 직전 어린새가 희생되고 있으며, 번식 개체수가 감소하고 있다. 2014년 이후 쇠무릎 제거, 밀사초 식재 등 복원사업으로 칠발도에서 쇠무릎으로 인해 희생되는 바다제비는 크게 감소했다. 전남 신안군 칠발도 번식 집단은 2014~2015년 조사에서 9,800~12,000쌍이었으며, 구굴도 번식 집단은 2006년 조사에서 57,000~67,000쌍으로 파악되었다.

성조. 2008.7.25. 전남 신안 구굴도

성조. 2008.7.9. 전남 신안 칠발도

포란 중인 성조. 2008.7.25. 전남 신안 개린도

쇠무릎에 희생되는 바다제비. 2009.10.1. 전남 신안 칠발도

논병아리 *Tachybaptus ruficollis* Little Grebe L25~27cm

서식 유럽과 아시아의 온대지역, 동남아시아, 인도, 아프리카에 분포한다. 8 또는 9아종으로 나눈다. 국내에서는 흔한 겨울철새이며 전국의 습지, 저수지에서 번식하는 텃새다.

행동 식생이 풍부한 저수지, 하천 등 습지에서 생활한다. 놀라면 잠수하거나 수면 위를 스치듯 달려서 달아난다. 둥지는 갈대, 부들 같은 풀줄기 사이에 위치하며 풀줄기 및 뿌리를 이용해 수면 위에 뜨게 튼다. 포란 중에도 둥지 재료를 보충해 알이 물에 잠기지 않도록 한다. 알은 흰색이지만 시간이 지남에 따라 때가 묻어 초콜릿색이 된다. 포란기간은 20~25일이며 새끼는 부화 후 곧바로 둥지를 떠나 어미로부터 먹이를 받아먹으며 자란다. 먹이는 곤충의 성충 및 유충이며 소형 어류도 즐겨 먹는다.

특징 국내를 찾는 논병아리류 중 가장 작은 종이다. 체형은 둥그스름하다. 부리는 검은색이며 기부와 부리 끝이 황백색이다. 홍채는 황백색이다.

번식깃 뺨과 앞목은 적갈색으로 머리의 흑갈색과 구별된다.

겨울깃 뺨에서 앞목까지 황갈색으로 변하며 몸아랫면도 황갈색이 강하게 나타난다.

어린새 성조에 비해 전체적으로 색이 엷다. 부리는 엷은 노란색이다. 겨울에 무리를 이루어 생활한다.

실태 과거 겨울철새로 기록되었으나 1990년대 후반부터 전국의 습지, 저수지에서 번식이 확인되었다. 또한 겨울철에는 북쪽의 번식 집단이 남하해 개체수가 증가한다.

성조 번식깃. 2008.4.21. 충남 보령 오포리

겨울깃. 2009.2.15. 강원 속초 청초호

겨울깃. 2011.1.16. 충남 홍성 해미천

성조 번식깃. 2008.4.21. 충남 보령 오포리

논병아리과 Podicipedidae

큰논병아리 *Podiceps grisegena* Red-necked Grebe L45~50cm

서식 유럽, 서시베리아, 시베리아 동부, 북아메리카 북부에서 번식하고, 유럽, 동아시아, 북아메리카의 연안에서 월동한다. 지리적으로 2아종으로 나눈다. 국내에서는 적은 수가 월동하는 드문 겨울철새다. 11월 초순에 도래하며 3월 하순까지 머문다.

행동 강 하류, 해안가에서 생활한다. 여러 마리가 일정한 간격을 유지하며 잠수해 어류를 잡아먹는다. 경계심이 강하다.

특징 암수 같은 색이며, 부리 기부는 노란색, 날 때 보이는 날개 앞쪽과 둘째날개깃이 흰색이다.

번식깃 머리는 검은색이며 뺨, 귀깃, 멱 부분은 회백색이다. 목은 적갈색이다.

겨울깃 전체적으로 회흑색이다. 부리 기부는 연한 노란색이며 나머지는 검은색이다. 귀깃은 때 묻은 듯한 흰색이며, 그 아래로 흰색이다. 멱은 흰색이며, 옆목은 엷은 흑갈색이다. 가슴은 때 묻은 듯한 흰색이며, 가슴옆과 옆구리는 회흑색이다.

어린새 겨울깃과 비슷하지만 눈밑으로 검은 줄무늬가 흩어져 있다. 부리는 연한 노란색이며 검은색이 섞여 있다. 홍채 가장자리가 폭 좁은 노란색이다.

번식깃. 2011.9.3. 강원 속초 청초호

겨울깃. 2008.3.19. 경북 울진 후포항 ⓒ 이상일

겨울깃. 2008.3.24. 경북 울진 ⓒ 최순규

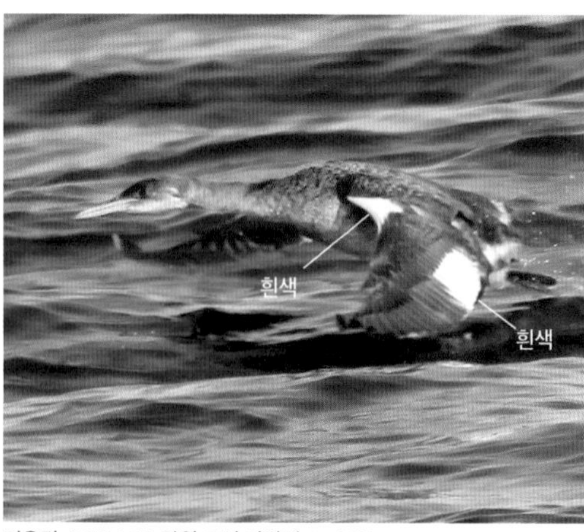

겨울깃. 2013.1.26. 강원 고성 아야진 ⓒ 양현숙

뿔논병아리 *Podiceps cristatus* Great Crested Grebe L56cm

서식 유라시아대륙 중부, 아프리카, 오스트레일리아, 뉴질랜드에 분포하고, 유라시아 번식 집단은 겨울에 남쪽으로 이동한다. 지리적으로 3아종으로 나눈다. 국내에서는 흔한 겨울철새로 전국 각지에 찾아온다. 1996년 충남 대호방조제 주변에서 번식이 확인된 이후, 경기 양평 양수리(2001년), 서울 경안천(2005년) 등 전국 각지에서 번식이 확인되고 있다.

행동 겨울철에 해안 앞바다와 내륙의 호수에서 여러 마리가 일정한 간격을 두고 잠수해 어류를 잡는다. 둥지는 갈대, 줄 등이 무성한 곳에 위치하며, 물에 뜨는 구조로 물풀 줄기 사이에 튼다.

특징 국내를 찾는 논병아리류 중 가장 크다. 목이 길며 구부러짐이 약하고 직립형이다. 부리는 분홍색, 눈앞은 검은색, 눈 주위로 폭 넓은 흰색이다. 머리에 검은색 깃이 돌출된다.

번식깃 머리에 길고 검은색 깃이 돌출되며, 뺨은 적갈색이고 그 아래쪽은 검은색이다.

겨울깃 머리의 검은색 깃은 번식깃보다 뚜렷하게 짧으며, 뺨에 돌출된 깃이 없어져 전체가 흰색으로 변한다. 앞목과 옆목이 흰색이다. 귀깃 주변으로 흑갈색 깃이 약하게 남아 있다.

어린새 겨울깃과 비슷하지만 얼굴과 목에 검은 줄무늬가 흩어져 있다.

번식깃. 2012.6.7. 경기 남양주 © 임백호

겨울깃. 2006.1.23. 전남 신안 흑산도

어린새. 2009.11.15. 강원 강릉 경포호 © 김준철

무리. 2007.12.22. 강원 고성 청간정

귀뿔논병아리 *Podiceps auritus* Horned Grebe L33cm

서식 유럽에서 캄차카까지 유라시아대륙의 아한대지역, 북아메리카 북부에서 번식하고, 유라시아와 북아메리카의 온대지역에서 월동한다. 지리적으로 2아종으로 나뉜다. 국내에서는 적은 수가 앞바다에서 월동하는 겨울철새다. 주로 동해안에 도래하며 남해안에는 적다. 11월 초순에 도래하며 3월 하순까지 머문다.

행동 단독 또는 거리를 두고 몇 마리가 수면에 떠서 먹이를 찾으며, 대부분 바닷가에서 관찰된다.

특징 검은목논병아리와 혼동된다. 부리는 직선이며 부리 끝이 흰색이다. 홍채는 붉은색이다.

겨울깃 검은색 머리와 흰색 뺨의 경계가 명확하다. 정수리가 평평하다(검은목논병아리는 볼록하다). 연령에 관계없이 부리 기부에 붉은색 나출부가 있다.

여름깃 눈 뒤에서 뒷머리까지 길고 노란색 깃이 돌출된다. 목에 폭 넓고 검은색 깃이 돌출된다. 가슴은 적갈색이다.

겨울깃. 2010.1.9. 강원 고성 거진항

겨울깃. 2007.1.21. 경북 울진 © 서한수

번식깃. 2012.6.12. 몽골 엘슨타스라하이 © 고경남

부리 형태. 2011.3. 강원 강릉

검은목논병아리 *Podiceps nigricollis* Black-necked Grebe L31~33cm

서식 유럽에서 카자흐스탄까지, 중국 동북부에서 우수리까지, 북아메리카 중부, 아프리카 동부 등지에서 번식하고, 유럽, 중동, 동아시아, 중남미, 아프리카 남부에서 월동한다. 지리적으로 3아종으로 나눈다. 국내에서는 강 하류, 해안, 호수에서 무리를 이루어 월동하는 비교적 흔한 겨울철새다. 11월 초순에 도래하며 3월 하순까지 머문다.

행동 무리를 이루어 행동한다. 한 마리가 잠수하면 뒤따르던 개체들이 차례로 잠수해 물고기를 사냥한다.

특징 검은색 부리는 약간 위쪽으로 굽었다. 홍채는 붉은색이다. 정수리가 볼록하다(귀뿔논병아리의 정수리는 약간 평평하다).

겨울깃 머리부터 등까지 흑갈색, 귀깃은 갈색으로 머리의 검은색과 경계가 뚜렷하지 않다(귀뿔논병아리는 귀깃이 흰색으로 머리의 검은색과 명확히 구별된다). 턱밑, 멱, 몸 아랫면은 흰색이다. 옆목은 흑갈색이다.

번식깃 눈 주위와 귀깃에 노란색 깃이 돌출된다. 목과 가슴은 검은색이다.

어린새 부리 기부가 연한 노란색이며 홍채는 색이 엷다.

닮은종 **귀뿔논병아리** 부리가 직선이다. 흑갈색 머리와 흰색 뺨의 경계가 명확하다. 주로 바닷가에서 서식하며 큰 무리를 이루지 않는다.

겨울깃. 2010.1.9. 강원 고성 거진항

번식깃으로 깃털갈이 중. 2011.3.6. 강원 고성 거진항

번식깃으로 깃털갈이 중. 2006.4.1. 충남 천수만 ⓒ 김신환

부리 형태. 2010.1. 강원 고성 거진항

먹황새 *Ciconia nigra* Black Stork L99cm

서식 유라시아대륙의 온대지역과 아프리카 남부에서 번식하고, 아프리카, 인도, 중국 남부에서 월동한다. 국내에서는 적은 수가 주로 서해안을 통과하는 나그네새이며, 매우 적은 수가 월동하는 겨울철새다. 10월 중순에 도래하며 3월 하순까지 관찰된다.

행동 바위 절벽 등 앞이 트여 주변을 경계하기 좋은 산림에서 번식한다. 비번식기에는 수심이 얕고 폭이 넓은 하천 또는 강, 저수지, 농경지 등 습지 주변에서 단독 또는 적은 무리를 이루어 먹이를 찾는다. 경계심이 매우 강해 사람이 접근하면 금방 날아오른다.

특징 몸윗면에서 아랫목까지 자주색과 녹색 광택이 있는 검은색이다. 몸아랫면은 균일한 흰색이다. 부리와 다리는 길며 붉은빛이다. 뒷머리에 약간 돌출된 깃은 근거리에서 확인이 가능하다. 눈 주위에 붉은색 피부가 노출된다. 날 때 몸 안쪽의 아랫날개덮깃 일부가 흰색으로 보인다.

암컷 수컷에 비해 광택이 약간 적다. 눈 주위의 노출된 붉은색 피부가 적다.

어린새 성조의 검은 부분은 어두운 갈색이며 깃 가장자리는 색이 연하다. 성조와 달리 금속광택이 없다. 부리, 눈 주위, 다리는 녹회색이다. 목깃에 때 묻은 듯한 흰 반점이 흩어져 있다.

실태 천연기념물이며 멸종위기 야생생물 I급이다. 한국텃새는 경북 안동 도산면 가송리의 바위 절벽에서 1968년까지 한 쌍이 번식했으며, 이후 국내 번식 개체는 사라졌다. 불규칙하게 전남 신안 홍도, 가거도, 흑산도, 제주도, 천수만 등지를 통과하는 나그네새이며, 2003년 1월 이후부터 전남 함평 대동댐에서 9개체가 월동했다. 이후 전남 화순 동복호 일대, 경북 영주, 예천 일대 내성천 등지에서 적은 수가 월동한다.

성조. 2003.12.29. 전남 함평

성조. 2003.12.29. 전남 함평

어린새. 2012.9.20. 전남 신안 가거도 구조 개체

성조. 2010.12.11. 전남 화순 © 백정석

황새 *Ciconia boyciana* Oriental Stork L110~115cm

서식 시베리아 남동부, 중국 동북부에서 번식하고, 중국 남동부, 한국에서 월동한다. 국내에서는 적은 수가 월동하는 겨울철새다. 11월 초순에 도래하며 3월 하순까지 관찰된다.

행동 부부 관계는 평생 유지되며 매년 같은 둥지를 보수해 번식한다. 번식기에는 무리를 짓지 않고 조용한 곳에서 독립된 쌍을 형성해 생활하며 어린새는 둥지를 떠난 뒤에도 일정 기간 어미새와 함께 생활한다. 논, 하천, 호수에서 작은 물고기, 개구리, 들쥐, 미꾸라지 등을 잡아먹으며, 종종 상승기류를 타고 하늘 높이 날아오른다. 겨울에는 작은 무리를 이루며 경계심이 매우 강해 접근이 힘들다.

특징 암수 색깔이 같다. 날개의 검은색을 제외하고 전체적으로 흰색이다. 부리는 매우 크며 검은색이다. 홍채는 엷은 노란색이며 눈 주위가 붉은색이다. 다리는 붉은색이다.

실태 세계자연보전연맹 적색자료목록에 위기종(EN)으로 분류된 국제보호조로 지구상 생존 개체수는 2,500 이하다. 천연기념물이며 멸종위기 야생생물 I급이다. 국내에서는 마을의 큰 나무에서 번식하는 텃새였으나, 1970년 충북 음성에서 번식하던 개체가 희생당한 이후 야생의 텃새는 완전히 사라졌다. 텃새 황새가 사라진 이후 1996년 7월 17일 러시아에서 새끼 1쌍을 기증받아 한국교원대학교 황새복원센터에서 인공증식을 시작했다. 이후 2014년 6월 충남 예산황새공원으로 60개체를 옮겨와 자연적응 훈련 후 방사하고 있다. 겨울철에 천수만 간월호, 금강 하구, 새만금, 고창 해리천 일대, 해남, 제주도 등지에 불규칙하게 찾아오며, 월동 개체는 2019년까지 5~60에 불과했지만 점차 늘어 2021년 1월에는 110개체 이상으로 증가했다.

성조. 2007.3.4. 충남 천수만 © 김신환

1회 겨울깃. 2008.2.16. 경기 수원 황구지천 © 이상일

성조. 2011.12.3. 충남 천수만 © 백정석

무리. 2009.3.7. 충남 천수만 © 김신환

저어새 *Platalea minor* Black-faced Spoonbill L73.5cm

서식 한반도 서해안의 무인도와 중국 요동반도의 일부 무인도에서 번식하며, 한국, 대만, 베트남, 홍콩, 일본 등지에서 월동한다. 3월 중순에 도래하며 11월 초순까지 머문다. 국내에서는 제주도 성산포가 최대 월동지역이며, 40개체 미만이 월동한다.

행동 물 고인 갯벌, 하구, 논 등 습지에서 주걱 같은 부리를 휘저으며 먹이를 찾는다. 3월부터 무인도의 지면에 둥지를 만들며 4월에 알을 2~3개 낳는다. 포란기간은 26일이며 새끼는 부화 후 약 40일 후에 둥지를 떠난다.

특징 부리가 특이한 모양이다. 눈앞에 검은색 피부가 넓게 노출되어 부리와 눈이 붙어 있는 것처럼 보인다.

번식깃 눈앞에 작은 노란색 반달 모양 반점이 있다. 뒷머리에 엷은 노란색 댕기가 있다.

겨울깃 뒷머리의 댕기가 없어지며 가슴에 노란색이 없다.

어린새 날개 끝이 검은색이다. 부리가 분홍빛을 띠며 윗부리에 주름이 없다.

실태 세계자연보전연맹 적색자료목록에 위기종(EN)으로 분류된 국제보호조다. 천연기념물이며 멸종위기 야생생물 I급이다. 지구상 생존 개체는 2014년 동시센서스에서 2,726마리가 확인되었으며, 2020년에는 4,864마리까지 증가했다. 과거 드문 겨울철새로 알려졌으나 1991년 6월 전남 영광 칠산도에서 번식이 확인되었다. 1994년 6월 이후 연평도와 강화도 사이의 비무장지대 내의 비도, 석도, 유도, 연평도 인근의 구지도 등지에서 번식이 확인되었다. 또한 2009년 이후 인천 남동유수지 내 인공 섬에서도 번식한다. 북한의 평북 정주 대감도와 소감도, 평남 온천 덕도, 황남 각회도, 함박섬, 두만강 하류 인근의 러시아 후루젤름, 중국 라오닝성의 신렌투오에서 번식한다.

번식깃. 2007.3.27. 전남 신안 흑산도

번식깃. 2011.6.4. 경기 파주 교하

어린새. 2012.1.11. 전남 신안 증도 © 고경남

부리 형태. 2011.8.24. 경기 파주 공릉천

노랑부리저어새 *Platalea leucorodia* Eurasian Spoonbill L86cm

서식 유라시아대륙 중부, 인도, 아프리카 북부에서 번식하고, 중국 동남부, 한국, 일본, 아프리카 북부 등지에서 월동한다. 지리적으로 3아종으로 나눈다. 국내에서는 천수만, 제주도 하도리와 성산포, 낙동강, 주남저수지, 해남에서 월동한다. 한국을 찾는 수는 300개체 미만이다. 10월 중순에 도래하며 3월 하순까지 관찰된다.

행동 얕은 물속에서 부리를 좌우로 휘저으며 작은 어류, 새우, 게, 수서곤충 등을 잡는다. 부리를 등에 파묻고 잠잔다. 저어새가 섞여 월동하기도 한다.

특징 백로보다 목이 짧고, 굵다. 날아갈 때 황새, 두루미처럼 목을 쭉 뻗는다. 부리가 주걱 형태다. 부리와 다리를 제외하고 전체적으로 흰색이다. 눈앞이 폭 좁은 검은색을 띠고 있어 눈 주위가 완전히 검은색인 저어새와 구별된다. 근거리에서는 턱밑의 노란색 피부가 드러나 보인다.

번식깃 뒷머리에 흰색 댕기가 늘어져 있다. 앞가슴에 노란색 띠가 있다.

겨울깃 뒷머리의 댕기가 여름깃보다 짧다. 앞가슴에 노란색이 없다.

어린새 눈앞은 탈색된 노란색이다. 날개 끝부분이 검은색이다. 부리 전체가 분홍색을 띠는 검은색이며 부리 끝에 노란색이 없다. 뒷머리에 댕기가 없다.

실태 천연기념물이며 멸종위기 야생생물 II급이다.

겨울깃. 2008.2.19. 충남 천수만 © 김신환

겨울깃. 2011.1.16. 충남 홍성 해미천

어린새. 2012.1.11. 전남 신안 증도 © 고경남

부리 형태. 2006.1.13. 충남 천수만

따오기 *Nipponia nippon* Crested Ibis L76.5cm

서식 중국의 싼시성(陜西省) 한중시(漢中市, Hanzhong City)에서만 서식한다. 국내에서는 겨울철새로 찾아왔지만 1978년 12월 경기 파주에서 관찰된 이후 서식기록이 없다.

행동 아래로 굽은 부리를 진흙에 묻고 머리를 좌우로 휘저으며 먹이를 찾는다. 백로와 같이 물가에서 개구리, 미꾸라지, 게, 우렁이, 땅강아지, 조개류를 먹는다. 봄·가을에는 게, 여름에는 곤충, 겨울에는 소형 어류를 주로 먹는다.

특징 아래로 굽은 긴 부리가 특징이다. 비번식기에는 대부분 흰색이다. 얼굴에는 붉은색 피부가 노출되었다. 뒷머리에 긴 댕기가 있다. 번식기가 되면 머리, 등, 날개덮깃이 회색으로 변한다. 깃 변화는 깃털갈이에 의한 것이 아니라 얼굴의 나출부 주변에서 분비되는 색소를 목욕 후 젖은 깃털에 문질러 깃 색이 변하게 된다.

실태 세계자연보전연맹 적색자료목록에 위기종(EN)으로 분류된 국제보호조다. 천연기념물이며 멸종위기 야생생물 II급이다. 멸종위기에 처한 원인에 대해 자세히 밝혀진 것이 없지만 19세기 후반에서 20세기 중반 사이 분포지역 대부분에서 남획과 서식지 파괴로 인해 개체수가 급격히 감소한 것으로 판단된다. 1980년대 초까지 지구상에 살아 있는 수는 15~20개체로 추정했다. 1980년대부터 실시한 복원사업으로 2006년 중국 양현(洋縣) 서식 야생 개체는 500여 마리를 넘었으며, 이후 서식지가 주변 지역으로 확대되어 2019년에 한중시 서식 개체는 511쌍으로 늘었다. 국내에서는 과거 흔한 겨울철새였지만, 1974년 판문점 주변에서 4개체, 1977년 2개체, 1978년 12월 1개체가 확인된 것이 마지막 기록이다. 이후 2008년 10월 17일 중국으로부터 따오기를 기증받아 경남 우포늪 인근 따오기복원센터에서 따오기 복원사업을 추진하고 있다.

번식깃. 2005.4.13. 중국 양현 © 김수일

번식깃. 2019.6.15. 경남 창녕 우포늪

적갈색따오기 *Plegadis falcinellus* Glossy Ibis L55-65cm

서식 아프리카, 마다가스카르, 유럽 남부, 서남아시아, 남아시아, 인도차이나반도, 자바섬, 월리시아, 뉴기니 중남부, 오스트레일리아, 미국 동부와 남부 연안, 대앤틸리스 제도, 멕시코 남부, 코스타리카 서북부, 베네수엘라 중북부 지역에 분포한다. 국내에서는 2018년 4월 20일 제주시 한경면 용수저수지 인근 습지에서 3개체가 관찰된 이후 2019년 5월 경기 고양 장항습지, 2021년 4월 전남 목포, 2021년 5월 울산 등지에서 관찰된 미조다.

행동 풀과 갈대 등이 자라는 습지, 습한 초원, 물 고인 논, 저수지의 수심이 얕은 물에서 생활하며, 게, 달팽이, 수서곤충, 양서류, 물고기 등을 잡아먹는다. 보통 높은 나무에서 쉰다. 번식 후에 이동성이 강하다.

특징 전체적으로 적갈색이며, 날개에 녹색 광택이 돈다. 아래로 굽은 긴 부리와 긴 다리가 특징이다. 눈앞 색이 어두우며 가장자리가 흰색(옅은 파란색)이다. 날 때 꼬리 뒤로 다리가 길게 튀어나온다.

실태 원 서식지에서 벗어나 불현듯 멀리 떨어진 장소에 나타나는 등 종잡을 수 없이 떠돌아다니는 습성이 있어서 이동생태를 파악하기 어렵다. 향후 관찰 횟수가 증가할 가능성이 높다.

2018.4.21. 제주 용수저수지 © 이임수

2018.5.3. 제주 용수저수지 © 김준철

2018.4.20. 제주 용수저수지 © 이영선

큰홍학 *Phoenicopterus roseus* Greater Flamingo L125-145cm

서식 남유럽, 아프리카, 중동, 카자흐스탄, 인도에 분포한다. 국내에서는 1975년 1월 26일 낙동강 하구에서 성조 1개체가 처음 관찰되었다. 이후 오랫동안 기록이 없다가 2016년 5월 21일 경기 화성 화성호에서 1개체, 2017년 6월 22일 만경강 하구에서 1개체, 2017년 10월 17일 낙동강 하구에서 1개체가 관찰된 미조다.

행동 큰 무리를 이룬다. 염분이 많고, 수심이 얕은 호수에서 새우 같은 갑각류, 연체동물, 수서곤충, 작은 어류, 남조류, 규조류 등을 먹는다. 플랑크톤이 풍부한 호수 바닥에 부리를 거꾸로 대고 이동하며 물속의 먹이를 걸러 먹는다. 아시아 집단은 비번식기에 내륙 호수를 떠나 해안가 습지로 이동하기도 한다.

특징 목과 다리가 매우 길다. 짧고 굵은 부리는 아래로 굽었다. 전체적으로 엷은 분홍색 또는 흰색이다. 날개덮깃이 분홍빛이다. 날 때 보이는 날개 아래와 윗면의 날개덮깃이 분홍빛을 띤다. 부리는 분홍색이며 끝부분은 검은색을 띤다. 홍채는 엷은 노란색이다.

어린새 전체적으로 엷은 회갈색을 띤다. 어깨와 날개덮깃에 흑갈색 줄무늬가 있다. 부리는 회색이며, 끝부분은 검은색이다.

성조. 2014.7.31. 경기 화성 화옹호 © 김준철

성조. 2017.10.17. 부산 낙동강 하구 © 김시환

알락해오라기 *Botaurus stellaris* Eurasian Bittern L70~76cm

서식 유라시아대륙 중부 지역, 북아프리카, 남아프리카, 사할린, 일본 홋카이도에서 번식하고, 겨울에는 아프리카, 남아시아, 한국, 일본, 중국 동남부, 인도차이나반도 등지에서 월동한다. 지리적으로 2아종으로 나눈다. 국내에서는 적은 수가 월동하는 겨울철새이며, 드문 나그네새다. 10월 중순에 도래하며 3월 하순까지 관찰된다.

행동 단독으로 생활한다. 호수와 하천 주변의 넓은 습지에서 서식하며, 덤불해오라기처럼 개방된 곳을 피한다. 낮에는 갈대밭 등 습지에 머물다가 아침저녁으로 활발히 움직이며 먹이를 찾는다. 경계할 때는 목을 길게 하늘로 뻗고 움직임 없이 주변을 응시하는 행동을 한다(갈대와 색이 매우 비슷해 관찰하기 힘들다).

특징 다른 백로류보다 목이 굵으며, 날개폭이 넓은 대형종이다. 전체가 황갈색이며 흑갈색 반점이 흩어져 있다. 멱에서 가슴까지 갈색 세로 반점이 있다.

어린새 성조와 구별이 어렵다. 정수리의 색이 더 엷으며 몸 전체가 약간 더 흐리다.

2008.12.28. 충남 천수만 © 김신환

2011.1.25. 경기 안산 시화호 © 김준철

2012.12.7. 충남 천수만 © 김신환

2012.1.15. 경기 안산 시화호 © 백정석

백로과 Ardeidae

덤불해오라기 *Ixobrychus sinensis* Yellow Bittern L34.5~38.5cm

서식 인도, 동아시아, 동남아시아, 미크로네시아 서부, 한국, 일본에서 번식한다. 물 고인 논, 하천변 갈대밭에서 서식하는 흔한 여름철새다. 국내에서는 5월 하순에 도래하며 9월 하순까지 관찰된다.

행동 주야에 관계없이 활동한다. 주로 갈대, 부들 같은 풀줄기에 앉아 있다가 어류, 새우, 개구리, 곤충류를 잡아먹는다. 크기가 작고 위장술이 뛰어나 관찰하기 어렵다. 둥지는 수면에서 1~2m 높이의 풀줄기 사이에 여러 가닥의 줄기를 꺾어 서로 엮어 만든다. 한배에 알을 약 5개 낳고, 18~22일간 품는다.

특징 매우 작은 해오라기류다. 홍채는 옅은 노란색이며 동공 뒤에 큰덤불해오라기처럼 검은색 점이 없다. 부척 위의 경부에 깃털이 덮여 있다(큰덤불해오라기는 깃털이 없어 피부가 드러난다).

수컷 몸윗면은 암컷보다 약간 진한 적갈색이며, 이마에서 뒷목까지 푸른색이 도는 검은색이다. 몸아랫면은 옅은 황백색이며, 멱에 불명확한 옅은 갈색 세로 줄무늬가 5열 있다.

암컷 수컷과 비슷하다. 머리는 수컷과 거의 같거나 색이 약간 옅다. 몸윗면에 연한 황갈색 줄무늬가 흩어져 있다(깃 가장자리 색은 옅다). 옆목 아래로 뚜렷한 갈색 줄무늬가 5열 있다.

어린새 몸윗면에 흑갈색 줄무늬가 뚜렷하고, 몸아랫면의 세로 줄무늬는 성조보다 선명하다.

닮은종 **큰덤불해오라기** 전체적으로 진한 갈색이다. 동공 뒤에 검은 반점이 있다. 덤불해오라기와 달리 날 때 등과 날개깃의 색 차이가 크지 않다. 수컷은 머리와 등의 색이 거의 같은 색으로 보인다.

수컷. 2004.6.19. 전남 목포

암컷. 2004.6.18. 전남 영암 산호리

암컷. 2022.6.19. 경기 고양 장월평천

어린새. 2014.8.4. 경기도 의왕 © 곽호경

수컷. 2011.7.1. 충남 천수만 모월저수지

위장. 2007.6.19. 전남 신안 흑산도

서식지. 2011.7.9. 충남 천수만

덤불해오라기 눈. 2008.6.12.

큰덤불해오라기 눈. 2009.9.17.

열대붉은해오라기 눈. 2012.5.6.

백로과 Ardeidae

큰덤불해오라기

Ixobrychus eurhythmus Von Schrenck's Bittern L35~38.5cm

서식 시베리아 동부, 중국 동부, 사할린, 한국에서 번식하고, 동남아시아, 필리핀에서 월동한다. 호수, 하천, 습지의 갈대밭, 논에서 서식하는 드문 여름철새다. 국내에서는 5월 하순에 도래하며 9월 하순까지 관찰된다.

행동 낮에는 갈대가 무성한 곳에서 휴식하거나 습지에서 자세를 낮추고 먹이를 기다리는 행동을 하다가 저녁부터 이른 아침까지 활발히 활동한다. 덤불해오라기보다 더 건조한 곳을 선호하는 경향이 있다. 둥지는 풀밭의 땅 위에 죽은 초본을 이용해 밥그릇 모양으로 만들지만 드물게 물 위 1m 정도의 갈대 줄기에 틀기도 한다. 한배에 알을 4~6개 낳고, 16~18일간 품는다. 위험을 인식하면 다른 덤불해오라기류처럼 머리를 세워 위로 향하는 자세로 정지하는 의태행동을 한다. 주로 어류, 개구리, 곤충류를 잡는다.

특징 덤불해오라기와 비슷하지만 전체적으로 진한 갈색이다. 홍채는 옅은 노란색이며 뒤쪽으로 작은 검은색 점이 있어 동공과 연결된 것처럼 보인다. 부척 위의 경부는 깃털이 덮여 있지 않고 노출되었다(덤불해오라기는 경부에 깃털이 덮여 있다).

수컷 이마에서 정수리까지 검은 기운이 있다. 몸윗면은 균일한 적갈색이며 날개덮깃은 회갈색이다. 앞목에 눈에 띄는 갈색 세로 줄이 1열 있다.

암컷 몸윗면은 갈색으로 흰 반점이 조밀하다(날 때 등과 날개덮깃에 흰 무늬가 보인다). 목에 갈색 세로 줄이 5열 있다.

어린새 암컷과 비슷하지만 전체적으로 색이 옅고 줄무늬가 더 많다.

실태 멸종위기 야생생물 II급이다. 지구상 생존 개체수는 25,000 이하이며, 서식지 상실로 인해 개체수가 점차 감소하고 있다.

닮은종 **덤불해오라기** 전체적으로 큰덤불해오라기보다 옅은 갈색을 띤다. 동공 뒤에 검은 반점이 없다. 부척 위 경부가 깃털로 덮여 있다.

성조 수컷. 2009.9.17. 전남 신안 흑산도

성조 암컷. 2009.9.15. 전남 신안 흑산도

1회 겨울깃 수컷. 2008.10.7. 전남 신안 흑산도

1회 겨울깃 수컷. 2008.10.5. 전남 신안 흑산도

성조 수컷. 2004.6.5. 경기 하남 미사리 © 서정화

성조 수컷. 2007.6.10. 충남 천순만 © 채승훈

성조 암컷. 2011.7. 충남 천수만 © 김신환

서식지. 2010.6.8. 경기 화성 동방저수지 © 김준철

백로과 Ardeidae

열대붉은해오라기

Ixobrychus cinnamomeus Cinnamon Bittern L37~40cm

서식 중국 남부에서 대만까지, 필리핀, 동남아시아, 인도에 분포한다. 국내에서는 미조로 기록되어 있지만 봄철에 극소수가 불규칙적으로 찾아오는 나그네새다. 대부분 5월 중순에서 6월 초순 사이에 관찰되었다.

행동 물 고인 논, 습지, 초지, 갈대밭 등지에 서식한다. 이른 저녁에 활발히 활동한다. 먹이는 어류, 양서류, 파충류, 곤충류다. 덤불해오라기처럼 위험을 감지하면 부리를 위로 향한 채 움직이지 않는 의태행동을 한다.

특징 전체적으로 적갈색이며 날 때 보이는 날개 전체가 적갈색이어서 다른 덤불해오라기류와 구별된다. 동공 뒤에 검은색 작은 반점이 있다.

수컷 머리에서 꼬리까지 균일하게 적갈색이다. 멱에서 가슴까지 갈색 세로 줄이 1열 있다.

암컷 날개덮깃과 등에 작고 흰 반점이 흩어져 있다. 멱에서 가슴까지 갈색 세로 줄이 몇 줄 있다.

어린새 암컷과 비슷하지만 몸윗면의 깃 가장자리에 황갈색 무늬가 흩어져 있다. 얼굴은 옅은 황갈색 바탕에 흑갈색 줄무늬가 흩어져 있다.

성조 수컷. 2007.5.28. 전남 신안 흑산도

암컷. 2009.5.27 전남 신안 흑산도

성조 수컷. 2012.5.6. 충남 보령 외연도 ⓒ 변종관

수컷. 2007.5.27. 전남 신안 흑산도

검은해오라기 *Ixobrychus flavicollis* Black Bittern L58~62cm

서식 중국 남부, 동남아시아, 인도, 뉴기니, 오스트레일리아의 열대지역에 서식한다. 대부분 텃새이지만 일부는 번식 후 남하한다. 지리적으로 3아종으로 나눈다. 국내에서는 1990년 6월 강원에서 수컷 1개체가 채집된 이후 제주도, 전남 신안 흑산도, 인천 옹진 소청도 등지에 불규칙하게 찾아오는 미조다. 대부분 5월 중순에서 6월 초순 사이에 관찰되었다.

행동 습지, 물 고인 논, 갈대밭에서 생활한다. 몸을 움츠리고 걸어가면서 곤충, 개구리, 어류 등을 잡아먹는다.

특징 날 때 몸윗면 전체가 검은색으로 보인다. 암수 모두 옆목은 황갈색이다.

수컷 몸윗면은 균일한 검은색, 멱과 가슴은 흰색이며 폭넓은 흑갈색과 적갈색 세로 줄무늬가 흩어져 있다. 아랫배는 회흑색이다.

암컷 몸윗면은 흑갈색이며 몸아랫면은 수컷과 비슷하다.

어린새 암컷과 비슷하지만 몸윗면은 어두운 갈색으로 깃 가장자리가 황갈색이다.

수컷. 2008.5.30. 전남 신안 흑산도

수컷. 2008.6.1. 전남 신안 흑산도

수컷. 2011.5.15. 전남 신안 흑산도 ⓒ 박형욱

수컷. 2011.5.14. 전남 신안 흑산도 ⓒ 박형욱

백로과 Ardeidae

붉은해오라기 *Gorsachius goisagi* Japanese Night Heron L49cm

서식 일본 관동지방 이남의 혼슈, 규슈 등지에서 번식하며 필리핀, 셀레베스, 대만에서 월동한다. 국내에서는 부산, 제주도, 인천 옹진 소청도, 경기 안산 시화호, 충남 보령 외연도, 경남 통영 홍도, 전남 신안 홍도 등지에서 관찰된 희귀한 나그네새다. 2009년, 부산 구봉산과 제주도 영평동에서 번식이 확인되었다.

행동 나무가 무성한 구릉이나 낮은 산에서 단독으로 생활한다. 산지의 숲에서 번식하며, 나무가 무성한 계류와 습지에서 먹이를 찾는다. 한배에 알을 3~4개 낳고, 20~27일간 품는다.

특징 암수 같은 색이며, 부리는 검은색으로 짧고 굵다. 눈앞은 엷은 하늘색, 정수리는 흐릿한 검은 기운이 스며 있는 적갈색, 정수리 뒤쪽에서 뒷목까지 적갈색, 몸윗면은 적갈색이며 작은 흑갈색 반점이 조밀하게 흩어져 있다. 멱에서 배까지 흑갈색 세로 줄무늬가 몇 열 있다. 날 때 날개에 눈에 띄는 검은 줄무늬가 보인다. 다리 앞부분은 푸른색을 띠는 검은색이며, 뒷부분은 엷은 노란색이다.

어린새 전체적으로 성조보다 색이 더 어두우며 머리와 날개에 벌레 먹은 듯한 검은색과 흰 무늬가 흩어져 있다.

실태 세계자연보전연맹 적색자료목록에 취약종(VU)으로 분류된 국제보호조다. 멸종위기 야생생물 II급이다. 지구상 생존 개체수는 10,000 이하다.

닮은종 **푸른눈테해오라기** 정수리가 검은색이며, 뒷머리에 길게 돌출된 검은색 댕기깃이 있다. 눈 주변과 눈앞의 푸른색은 붉은해오라기보다 더욱 선명하고 폭이 넓다. 날 때 첫째날개깃 끝과 첫째날개덮깃 끝이 흰색으로 보인다.

성조. 2015.5.30. 전북 군산 어청도 © 이용상

성조. 2012.5.20. 충남 보령 외연도 © 백정석

성조. 2021.4.24. 충남 보령 외연도

성조. 2012.5.20. 충남 보령 외연도 © 백정석

푸른눈테해오라기

Gorsachius melanolophus Malayan Night Heron L47~53cm

서식 인도 서남부와 북동부, 인도차이나반도, 중국 남부, 대만, 일본 류큐제도 남부, 인도네시아, 필리핀에 분포한다. 국내에서는 2006년 6월 4일 전북 군산에서 1개체가 구조된 기록이 있는 미조다.

행동 상록활엽수림의 늪지, 개울 등지에서 생활하며, 습지, 논 등지에서도 먹이를 찾는다. 매우 조용히 움직이며, 주로 밤에 사냥한다.

특징 붉은해오라기와 비슷하게 몸윗면이 전체적으로 적갈색이지만 정수리가 검은색이며, 뒷머리에 길게 돌출된 검은색 깃이 있다. 눈 주변과 눈앞의 푸른색은 붉은해오라기보다 더욱 선명하고 폭이 넓다. 몸아랫면은 엷은 갈색이며, 앞목에서 가슴까지 흑갈색 세로 줄무늬가 있다. 가슴에서 배까지 흰색과 검은색 얼룩 반점이 흩어져 있다. 날 때 첫째날개깃 끝과 첫째날개덮깃 끝이 흰색으로 보인다.

어린새 정수리에서 뒷목까지 검은색 바탕에 흰 반점이 불규칙하게 흩어져 있다. 몸윗면은 엷은 회색 바탕에 검은색 얼룩 반점이 흩어져 있다. 몸아랫면은 때 묻은 듯한 흰색 바탕에 끊어진 줄무늬가 흩어져 있다.

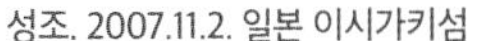
성조. 2007.11.2. 일본 이시가키섬

성조. 2006.6.4. 전북 군산

성조. 2017.1.23. 대만 © 김석민

어린새. 2018.5.7. 대만 © 김석민

백로과 Ardeidae

해오라기 *Nycticorax nycticorax* Black-crowned Night Heron L52~57cm

서식 유라시아대륙, 사하라 남부의 아프리카, 동남아시아, 캐나다 남부에 분포한다. 지리적으로 4아종으로 나눈다. 국내에서는 비교적 흔한 여름철새이며 일부는 남부지방에서 월동한다. 매우 드문 여름철새였으나, 1990년대 초부터 개체수가 증가해 전국의 하구, 호수, 습지, 하천에서 흔히 서식한다.

행동 야행성으로 아침저녁으로 활동하지만 낮에도 먹이를 찾아 움직인다. 어류, 양서류, 파충류 등을 먹는다. 보통 중대백로, 쇠백로 등 다른 백로류와 섞여 야산에서 집단으로 번식한다. 한배에 알을 3~5개 낳고, 20~22일간 포란한다.

특징 목이 짧고 굵다. 머리에서 등까지 검은 빛을 띠는 녹색이다. 날개는 회색이며 폭이 넓다. 뒷목에 흰색 깃 2~3개가 길게 돌출되었다. 홍채는 붉은색이다. 몸아랫면은 흰색이다.

어린새 전체가 갈색이며 흰 반점이 흩어져 있다. 홍채는 노란색이다.

닮은종 **검은댕기해오라기** 약간 작으며 몸이 가늘다. 날개 폭이 좁다. 등과 날개는 푸른색을 띠는 검은색, 뒷머리에 검은색 깃이 돌출되었다. 해오라기는 논, 강 등 개방된 습지에서 생활하는 반면, 검은댕기해오라기는 주로 자갈이 있는 산간계류, 작은 하천 등지에 서식한다.

성조. 2008.6.11. 충남 천수만 © 김신환

1회 여름깃. 2008.5.16. 전남 신안 흑산도

1회 여름깃. 2008.6.1. 충남 천수만 © 김신환

어린새. 2010.7.31. 경기 시흥 © 백정석

검은댕기해오라기 *Butorides striata* Striated Heron L46~51cm

서식 아프리카, 아시아의 온대·열대지역, 북아메리카 남부에서 남아메리카, 뉴기니, 오스트레일리아에 분포한다. 지리적으로 20아종으로 나눈다. 국내에서는 하천, 산간계류에서 서식하는 흔한 여름철새다. 4월 중순에 도래하며 9월 하순까지 관찰된다.

행동 산림 주변의 물이 흐르는 개울, 하천의 보에서 움직임 없이 장시간 서 있다가 소형 어류, 미꾸라지 등을 뾰족한 부리로 잡아낸다. 둥지는 10m 내외 높이의 나무 위에 마른 나뭇가지로 허술하게 접시 모양으로 짓는다. 한배에 청록색 알을 4~5개 낳으며 21~25일간 품는다. 다른 백로처럼 무리를 이루지 않고 단독으로 번식하고, 단독으로 먹이를 찾는다.

특징 암수 같은 색이며, 미리는 푸른 기운이 있는 검은색, 뒷머리에 길고 검은색 댕기가 있다. 등과 날개는 푸른 기운이 있는 회흑색, 날개덮깃 가장자리는 폭 좁은 흰색이다. 몸아랫면은 옅은 청회색이며 가슴 중앙에 흰색 세로 줄무늬가 있다.

어린새 전체적으로 흑갈색이다. 멱에서 아랫배까지 흰색과 흑갈색 세로 줄무늬가 있다. 날개깃과 날개덮깃은 흑갈색이며, 날개덮깃 가장자리에는 흰 반점이 흩어져 있다.

성조. 2007.8.22. 경기 광주 퇴촌 © 서정화

1회 여름깃. 2007.8.20. 경기 광주 퇴촌 © 서정화

어린새. 2014.9.20. 대전 유성 수통골

둥지. 2006.7. 강원 철원 © 서정화

백로과 Ardeidae

흰날개해오라기 *Ardeola bacchus* Chinese Pond Heron L45~55cm

서식 중국에서 베트남까지, 미얀마 동남부에서 번식하고, 대만, 말레이반도, 보르네오에서 월동한다. 국내에서는 봄·가을 이동시기에 규칙적으로 통과하는 드문 나그네새이며 매우 드문 여름철새다. 4월 중순에 도래해 10월 하순까지 관찰된다.

행동 습지, 논, 하천에서 서식하며 어류, 곤충류를 먹는다. 다른 백로류에 섞여 번식한다(번식 개체수는 극히 드물다). 한배에 알을 4~6개 낳고, 18~22일간 품는다.

특징 다른 종과 혼동이 없다. 부리는 노란색이며 끝부분은 검은색이다. 다리는 황록색, 날 때 몸 색과 날개 색의 차이가 명확하게 보인다.

번식깃 머리에서 뒷목까지 적갈색이며 뒷목에 적갈색 댕기가 있다. 등은 청회색, 날개와 배는 흰색, 멱은 흰색, 가슴은 적갈색이다.

겨울깃 머리, 목, 가슴은 옅은 담황색 바탕에 흑갈색 줄무늬가 흩어져 있다. 몸윗면은 옅은 갈색이며 어깨에 흰색 줄무늬가 흩어져 있다. 날개깃은 흰색이며 날 때 보이는 첫째날개깃 끝부분이 흐린 흑갈색이다.

실태 1980년대에 처음으로 기록된 이후 개체수가 증가하고 있다. 최근 적은 수가 여름철에 경기 김포, 인천 강화, 강원 철원 일대에서 확인되고 있으며, 극히 적은 수가 번식한다. 경남 창원 주남저수지, 거제도, 전남 해남 등 남부지방에서 월동한 기록이 있다.

성조. 2013.5.16. 인천 옹진 소청도 © 최순규

번식깃으로 깃털갈이 중. 2006.5.14. 전남 신안 흑산도

겨울깃. 2004.9.19. 전남 신안 흑산도

2007.5.19. 전남 신안 흑산도

황로 *Bubulcus coromandus* Eastern Cattle Egret L50~55cm

서식 파키스탄에서 동쪽으로 오스트레일리아까지 폭 넓은 지역에 분포한다. 국내에서는 흔한 여름철새다. 4월 중순에 도래해 9월 하순까지 관찰된다.

행동 물가, 논, 초지를 배회하며 물고기, 수서곤충, 개구리 등을 먹는다. 집단으로 번식한다. 보통 원형에 가까운 알을 4개 낳아 22~26일간 품는다.

특징 쇠백로보다 약간 작다. 부리는 약간 굵고 짧다. 다리는 짧다(비번식기에는 검은색이며 번식기에 접어들면 경부에서부터 점차 살구색으로 바뀐다. 일부 개체는 번식기에 경부가 엷은 노란색이며 부척은 검은색).

번식깃 머리에서 뒷목, 앞가슴에 등황색 깃이 돌출되어 있어 다른 종과 쉽게 구별된다. 등에 등황색 치렛깃이 있다. 부리 끝은 노란색이며 기부 쪽은 붉은색이다.

겨울깃 번식기가 끝나는 8월 하순부터 노란색 깃이 흰색으로 변해 다른 종(쇠백로와 중백로)과 혼동된다. 일부 개체는 머리에 노란색 깃이 약간 남아 있다. 부리는 노란색이다.

실태 국내에서는 1960년대 들어 전남 해남 방죽리에서 처음 번식한 드문 종이었으나 현재는 전국적으로 흔히 번식하는 여름철새다. 전국의 백로류 집단번식지에서 번식한다(쇠백로보다 적지만 중백로보다 많은 수가 번식한다).

분류 과거 Western Cattle Egret (*B. ibis*)의 아종으로 보았으나 머리의 등황색 농도 차이 등을 근거로 별개의 종으로 분류한다.

번식깃. 2011.5.14. 충남 천수만 간월호 © 곽호경

겨울깃. 2014.10.12. 경기 파주 교하

번식깃. 2011.5.10. 경기 파주 교하

농기계를 따라 다니며 먹이를 잡는 행동. 2011.5.10. 경기 파주 교하

왜가리 *Ardea cinerea* Grey Heron L94~97cm

서식 유라시아대륙 중부 이남, 인도, 아프리카, 마다가스카르에 분포한다. 지리적으로 4아종으로 나눈다. 국내에서는 전국의 습지에서 흔히 볼 수 있는 여름철새이며, 흔한 겨울철새다.

행동 백로류 중 가장 빨리 찾아온다. 논, 하천, 저수지, 하구, 해안 습지에 서식한다. 쇠백로, 중대백로 등 다른 백로류와 혼성해 매년 동일한 장소에서 집단번식한다. 둥지는 소나무, 참나무류의 가지에 죽은 나뭇가지를 이용해 매우 크게 짓는다. 알을 3~4개 낳고, 25~28일간 품는다. 천적이 번식지 내로 들어오면 일제히 날아올라 주변을 맴돌며, 가까이 접근하면 반쯤 소화된 먹이를 목구멍에서 토해내 악취를 풍기는 퇴치법을 이용한다. 주로 어류, 양서·파충류를 잡아먹는다.

특징 전체적으로 회색이다. 뒷머리에 긴 검은색 댕기가 있다. 앞목에 검은색 세로 줄무늬가 있다. 다리와 목이 길다. 중대백로보다 약간 크고 대백로보다 작다.

어린새 전체적으로 옅은 재색이다. 윗부리가 검은색이고 아랫부리는 연한 주황색이다. 머리는 옅은 재색이며 성조와 달리 뒷머리에 긴 댕기깃이 없으며 어깨의 검은 무늬가 뚜렷하지 않다.

성조. 2011.5.14. 경기 파주 교하

어린새. 2005.8.17. 경기 광주 퇴촌 © 서정화

새끼 육추. 2011.5.14. 충남 천수만 간월호 © 곽호경

성조. 2007.2.20. 충남 천수만 간월호

붉은왜가리 *Ardea purpurea* Purple Heron L78~92cm

서식 인도, 인도차이나반도, 동아시아에서 동남아시아까지, 유럽, 중동, 아프리카에 분포한다. 지리적으로 3아종으로 나눈다. 국내에서는 매우 드물게 찾아오는 나그네새다. 가을철에는 9월 하순부터 관찰되며, 봄철에는 4월 중순까지 관찰된다.

행동 습지와 농경지 주변에서 홀로 먹이를 찾으며, 경계심이 강해 가까이 접근하기 힘들다. 물이 많지 않은 얕은 습지에서 천천히 거닐며 물고기, 뱀, 개구리, 곤충 등을 잡아먹는다. 둥지는 갈대밭이나 풀밭에 풀을 이용해 접시 모양으로 튼다.

특징 전체적으로 푸른 기운이 있는 회흑색이다. 부리와 목이 상대적으로 길다. 목 부분과 경부(tibia)에 갈색 깃이 섞여 있다. 머리, 뒷목, 옆목에 검은 줄무늬가 뚜렷하다. 뒷머리에 긴 검은색 댕기가 있으며 앞가슴과 등에 실같이 갈라지는 깃이 흩어져 있다.

어린새 전체적으로 황갈색 기운이 있다. 턱밑과 멱은 흰색이며, 옆목에 가늘고 검은 세로 줄무늬가 있다.

성조. 2007.11.2. 일본 이시가키섬

어린새. 2005.10.10. 전남 신안 홍도

성조. 2008.5.7. 전남 신안 흑산도

어린새. 2006.10.29. 전남 신안 흑산도

백로과 Ardeidae

중대백로 *Ardea alba modesta* Great Egret L83~89cm

서식 남아시아, 동아시아, 오스트레일리아에 분포한다. 국내에서는 전국에 걸쳐 번식하는 여름철새다.

행동 하천, 호수, 논에서 천천히 거닐며 개구리, 물고기, 미꾸라지 등을 잡아먹는다. 둥지는 소나무, 참나무류의 가지에 죽은 나뭇가지를 이용해 튼다. 알을 3~4개 낳고 25~28일간 품는다.

특징 부리와 다리가 길다. 중백로와 달리 구각이 눈 뒤 아래까지 확장된다. 부리는 검은색이지만 6월 말이 되면 노란색으로 바뀌고, 등의 치렛깃도 거의 빠진다.

번식깃 눈앞의 나출부는 청록색이다. 등에 긴 치렛깃이 있으며 과시하거나 위협할 때 부챗살처럼 펼친다. 다리 윗부분은 옅은 분홍색 또는 분홍색이다.

겨울깃 부리가 노란색(등황색)이다. 눈앞의 나출부는 노란색이며 푸른 기운이 있다. 다리는 대부분 검은색이다.

번식깃. 2011.5.14. 충남 천수만 © 곽호경

겨울깃. 2005.8.17. 경기 광주 퇴촌 © 서정화

번식깃. 2011.6.4. 경기 파주

번식깃. 2004.4.5. 경기 여주

겨울깃. 2007.11.1. 일본 오키나와

대백로 *Ardea alba alba* Great Egret L94~104cm

서식 유럽에서 동쪽으로 아시아 북부까지, 중국 동북부 지역의 유라시아대륙에서 번식한다. 국내에서는 흔한 겨울철새다. 적지 않은 수가 천수만 간월호, 해남 영암호, 강원 속초 청초호 등 드넓은 간척지, 하천, 호수 등지에서 월동한다.

행동 중대백로와 비슷하다. 하천, 호수, 농경지에서 먹이를 찾는다.

특징 중대백로보다 크다. 왜가리보다 크게 보인다. 부리 색은 중대백로와 같다.

번식깃 눈앞이 녹황색이며, 부리 기부가 폭 좁은 노란색이다. 다리 윗부분은 겨울깃과 같은 연한 노란색 또는 분홍색이다.

겨울깃 중대백로와 거의 같지만 다리 윗부분의 대부분이 연한 노란빛 또는 연한 등색이다.

분류 지리적으로 4아종으로 나눈다. 별개의 2종 Western Great Egret (*A. alba*)와 Eastern Great Egret (*A. modesta*)로 분류하기도 한다. 한국에는 2아종 대백로(*alba*)와 중대백로(*modesta*)가 도래한다. 아종 간 몸의 크기와 경부(tibia) 색이 다르다. 대백로는 왜가리와 비슷하거나 더 크며, 중대백로는 보통 왜가리보다 작다. 비번식기에 대백로 경부는 연한 노란색이지만 중대백로 경부는 검은색이다. 그러나 여름깃은 경부 색이 엷은 분홍빛 또는 분홍빛으로 변하기 때문에 번식기에 경부 색으로 아종을 구별하기 어렵다.

번식깃으로 깃털갈이 중. 2009.5.31. 전남 신안 흑산도

겨울깃. 2021.1.3. 인천 청라 심곡천

겨울깃. 2011.1.16. 충남 천수만 간월호

중대백로. 겨울깃 다리 색. 2005.8.17.

대백로. 겨울깃 다리 색. 2011.1.16.

중백로 *Ardea intermedia* Intermediate Egret L65~70cm

서식 한국, 중국 중·남부, 일본, 동남아시아, 인도, 오스트레일리아, 아프리카에 분포한다. 지리적으로 3아종으로 나눈다. 국내에서는 비교적 드문 여름철새다. 4월 초순에 도래해 9월 하순까지 관찰된다.

행동 초지 또는 얕은 물에서 천천히 거닐며 물고기, 개구리, 미꾸라지 등을 잡아먹는다. 백로류와 함께 무리지어 집단번식하지만 개체수가 적다. 둥지는 쇠백로보다 약간 크게 틀며 알을 3~4개 낳고 24~27일간 품는다.

특징 중대백로와 쇠백로의 중간 크기다. 중대백로와 달리 구각이 눈동자 중앙 아래까지만 다다른다(중대백로는 눈동자 뒤까지 확장). 경부의 색은 계절에 관계없이 검은색이다. 부리는 쇠백로보다 짧아 보인다. 등과 가슴에 실 같은 깃이 있다. 부리 앞의 나출부는 노란색이다.

겨울깃 가슴과 등의 실 같은 깃이 없어진다. 부척과 경부 모두 완전히 검은색이다. 부리가 탁한 노란색이며 부리 끝이 검은색이다.

번식깃. 1995.6. 충남 연기 감성리 © 김수만

번식깃(좌)과 겨울깃(우). 2007.4.16. 전남 신안 흑산도

겨울깃. 2014.9.6. 경기 화성 운평리 © 진경순

번식깃. 2011.5.1. 경기 파주

겨울깃. 2009.8.30. 전남 신안 흑산도

쇠백로 *Egretta garzetta* Little Egret L58~61cm

서식 중국, 동남아시아, 인도, 유럽, 아프리카, 뉴기니, 오스트레일리아에 분포한다. 지리적으로 2아종으로 나눈다. 국내에서는 1960년대까지 매우 드물었으나 현재는 중대백로만큼이나 흔히 볼 수 있는 여름철새이며 일부 개체가 월동한다.

행동 얕은 호수, 논, 개울 등지에서 먹이를 찾으며 먹이 잡는 방법이 다양하다. 얕은 물에서 물고기를 쫓아 빠르게 달리기도 하며, 발로 수면 바닥을 구르며 여기저기 거닐다 놀라 튀어나오는 먹이를 재빠르게 잡아먹는다. 또한 하천의 자갈밭, 수중보 등지에서 가만히 서 있다가 오르내리는 물고기를 잡기도 한다. 둥지 크기는 왜가리 둥지의 1/5 정도로 작다. 한배 산란수는 3~6개이며 22~24일간 포란한다.

특징 중대백로의 절반 크기이다. 번식깃은 머리에 긴 장식깃이 두 가닥 있다. 눈앞의 나출부는 노란색이다. 부리는 검은색이다. 발가락의 노란색이 발목 위까지 확장되는 경우가 많다.

겨울깃 뒷머리에 돌출된 댕기가 없어진다. 가슴과 등의 실 같은 깃이 짧다. 아랫부리의 2/3는 색이 엷다.

어린새 윗부리는 검은색이며 아랫부리의 2/3 정도는 색이 엷다. 성조 겨울깃과 매우 비슷하지만 가슴과 등에 실 같은 깃이 없다.

닮은종 **노랑부리백로** 주로 바닷가에서 생활한다. 부리는 보다 굵고 부리 기부에서 끝으로 갈수록 완만하게 가늘어진다. 경부의 길이가 쇠백로보다 짧다. 겨울깃의 경우 다리는 검은 기운이 있는 녹황색이다.

성조 번식깃. 4월. 경기 양평 양수리 © 서정화

성조 겨울깃. 2014.8.22. 전남 완도 신지도

어린새. 2014.8.22. 전남 완도 신지도

노랑부리백로(왼쪽)와 비교. 2008.7.19. 충남 홍성

백로과 Ardeidae

노랑부리백로 *Egretta eulophotes* Chinese Egret L65cm

서식 한국 서해안, 중국 산동반도, 보하이만, 두만강과 인접한 러시아의 일부 도서에서 번식하고, 필리핀, 베트남, 태국, 말레이반도, 싱가폴, 인도네시아, 보르네오에서 월동한다. 국내에서는 무인도에서 번식하는 여름철새다. 4월 초에 도래해 10월 초순까지 관찰된다.

행동 넓게 드러나는 갯벌에서 먹이를 찾는다. 번식지에서는 괭이갈매기와 함께 서식하는 경우가 많다. 산란기는 6월 하순. 둥지는 마른 나뭇가지를 이용해 관목 또는 지면에 접시 모양으로 엉성하게 틀고, 청록색 알을 3~4개 낳는다. 포란기간은 24~26일이다. 주로 물이 고인 모래와 진흙이 섞인 사질형 갯벌에서 먹이를 찾는다. 먹이는 작은 물고기, 새우류 등이다. 고개를 옆으로 비틀어 뛰어가 사냥하는 습성이 있으며, 날개를 약간 펼쳐 그늘을 만들고 약간 빠르게 전진하며 먹이를 찾는 경우도 있다.

특징 목과 다리가 쇠백로보다 짧다. 부리 기부에서 끝으로 갈수록 완만하게 가늘어진다.

번식깃 부리는 오렌지 빛을 띠며, 눈앞 나출부는 푸른색, 뒷머리에 댕기가 있다. 다리는 검은색, 발가락은 밝은 노란색으로 쇠백로처럼 발목 위까지 확장되지 않는다.

겨울깃 뒷머리에 돌출된 댕기가 성기고 짧다. 가슴과 등의 실 같은 깃이 여름깃보다 짧다. 눈앞 나출부는 녹회색, 윗부리는 검은색, 아랫부리는 부리 기부에서 2/3지점까지 흐린 노란색이며 부리 끝은 검은색이다. 다리는 노란색을 띠는 녹황색이다.

어린새 성조 겨울깃과 매우 비슷하다. 뒷머리에 매우 짧은 깃이 여러 가닥 돌출되었다. 아랫부리의 2/3 정도가 밝은 노란색이다.

실태 세계자연보전연맹 적색자료목록에 취약종(VU)으로 분류된 국제보호조다. 성조의 생존 개체수는 2,500~10,000에 불과하다. 천연기념물이며 멸종위기 야생생물 I급이다. 주요 번식지는 인천 옹진 신도, 서만도, 섬업벌, 전남 칠산도, 충남 보령 목도 등지이며, 북한은 평북 정주 대감도, 소감도, 선천 납도, 묵이도 등지다. 생존 개체의 대부분이 한반도 서해 도서에서 번식한다. 국내 번식 개체수는 1,000~1,600이다.

겨울깃으로 깃털갈이 중 2008.7.19. 충남 홍성

번식깃. 2007.4.24. 충남 홍성 © 김신환

어린새. 2020.8.23. 인천 강화 선두리

흑로 *Egretta sacra* Pacific Reef Egret L62.5cm

서식 동아시아, 동남아시아, 오스트레일리아, 미크로네시아, 일본, 한국에 서식한다. 2아종으로 나눈다. 국내에서는 섬이나 해안의 갯벌, 바위 주변에 드물게 서식하는 텃새다.

행동 한두 마리가 거리를 두고 생활한다. 주로 물고기, 게, 새우 등을 잡아먹는다. 둥지는 사람의 접근이 어려운 무인도의 암초, 해안가 바위 절벽 위에 튼다. 3월 초순부터 산란하며, 알을 2~4개 낳아 25~28일간 품는다.

특징 전체적으로 회청색을 띠는 검은색이며, 앞목과 뒷머리에 짧은 댕기가 있다(뒷머리의 댕기는 수컷이 더 크지만 암수 구별이 어렵다). 부리는 기부에서 끝으로 갈수록 서서히 가늘어지며, 어두운 살구색 또는 흑갈색이다. 다리는 연한 노란색, 녹황색, 황갈색 등 개체에 따라 변이가 심하다. 날 때 다른 백로류와 달리 꼬리 뒤로 다리가 적게 돌출된다. 백색형과 흑색형이 있다(위도상으로 볼 때 국내에서 백색형은 서식하지 않는다).

흑색형 남위 46.5°~북위 41°의 온대지역에 서식하며 주로 검은색 암석지대에 서식한다.

백색형 남위 34°~북위 30°의 열대·아열대지역의 산호초 해안에 서식한다. 두 형태의 분포지역 차이는 채식효율과 밀접한 관계가 있다.

1회 겨울깃 성조와 큰 차이가 없지만 부분적으로 흑갈색이 섞여 있다.

성조. 2012.8.12. 제주 ⓒ 곽호경

성조. 2010.3.27. 제주 ⓒ 김준철

성조. 2007.4.18. 전남 신안 흑산도

성조. 2007.4.18. 전남 신안 대둔도

군함조 *Fregata ariel* Lesser Frigatebird L71~81cm

서식 태평양, 인도양, 대서양의 열대·아열대해역에서 번식한다. 지리적으로 3아종으로 분류한다. 국내에서는 낙동강 하구, 한강 하구, 청평호, 경포호, 어청도, 외연도, 제주도 등지에서 관찰기록이 있는 미조다. 주로 6월 하순부터 9월 하순 사이에 관찰된다.

행동 먹이는 직접 수면에서 잡기도 하지만 종종 갈매기 등 다른 해조류가 잡은 먹이를 쫓아가 빼앗아 먹는 습성이 있다. 깃털은 방수성이 없으며 다리는 매우 짧고 발가락에는 물갈퀴가 약간 달려 있을 뿐 헤엄칠 수 없으며 물에서 날아오를 수 없다.

특징 날개 폭이 좁고 길다. 전체적으로 검은색이다. 꼬리는 긴 제비꼬리 형태다.

수컷 멱에 붉은색 피부가 노출되었다. 옆구리에서 날개아랫면 기부까지 흰 반점이 있다.

암컷 큰군함조와 달리 멱은 검은색이다. 가슴에서 배까지 폭 넓은 흰색이다. 날개아랫면 기부가 흰색이다.

어린새 큰군함조와 매우 비슷하지만 보다 작다. 날개를 들어 올렸을 때 날개아랫면 기부가 흰색이다. 몸윗면은 어두운 흑갈색이며, 가운데날개덮깃과 몸 바깥쪽의 작은 날개덮깃이 황백색이다. 머리는 엷은 갈색 또는 연황색을 띠는 갈색이다. 배는 흰색이며, 가슴에 흑갈색 띠가 있다.

미성숙 개체 어린새와 비슷하지만 가슴의 검은 띠가 점차 없어지며, 배는 성조와 같이 점차 검은색이 많아진다.

성조 수컷. 2008.12.13. 호주 Broome

어린새. 2009.8.29. 충남 보령 외연도 © 이광구

어린새. 2011.6.28. 강원 강릉 경포호 © 진경순

어린새. 2008.12.13. 호주 Broome

큰군함조 *Fregata minor* Great Frigatebird L85~105cm

서식 태평양, 인도양, 대서양의 열대·아열대해역에서 번식한다. 지리적으로 2아종으로 분류한다. 2004년 8월 19일 제주도에서 1개체가 처음 관찰된 이후 제주도에서 몇 차례 관찰된 미조다. 국내에서는 주로 태풍이 통과한 후에 관찰되며 모두 8월에 관찰되었다.

행동 먹이는 직접 수면에서 잡기도 하지만 종종 갈매기 등 다른 해조류가 잡은 먹이를 쫓아가 빼앗아 먹는 습성이 있다. 깃털은 방수성이 없으며 다리는 매우 짧고 발가락에는 물갈퀴가 약간 달려 있을 뿐 헤엄칠 수 없으며 물에서 날아오를 수 없다.

특징 군함조보다 크지만 구별이 어렵다. 날 때 날개아랫면 기부의 흰 무늬 패턴으로 군함조와 구별한다.

수컷 군함조와 같이 멱에 붉은색 피부가 노출된다. 그 외 몸아랫면은 균일한 검은색이다(옆구리와 날개깃 기부에 흰 반점이 없다).

암컷 턱밑과 멱이 회백색이다. 날 때 보이는 날개아랫면의 기부는 흰색이 없거나 매우 약하게 있다.

어린새 군함조와 매우 비슷하지만, 날개아랫면 기부에 흰 반점이 없다. 가슴에 폭이 좁은 검은 띠가 있다.

수컷. 2007.4.17. 갈라파고스제도 © Jason Corriveau

암컷. 2012.2.16. 하와이. Dick Daniels ⓒ BY-SA-3.0

사다새 *Pelecanus crispus* Dalmatian Pelican L160~180cm

서식 흑해에서 중앙아시아까지, 남아시아, 중국 동북부 일대의 내륙 호수에서 국지적으로 번식하며, 유럽 동남부, 인도 북부, 중국 남부 등지에서 월동한다. 국내에서는 1914년 11월 3일 인천에서 1개체가 채집된 기록만 있는 미조다.

행동 드넓은 강, 내륙 호수, 하구, 해안가에 서식한다. 무리를 이루어 일정한 대형을 유지하고 이동하며, 머리와 목을 물속에 넣어 어류, 새우 등을 잡은 후 크게 늘어나는 목주머니에 넣은 후 삼킨다.

특징 전체적으로 회백색인 대형 조류다. 부리가 무척 크고 길다. 뒷머리에 덥수룩한 짧은 깃이 돌출되었다. 눈 앞쪽으로 폭 좁은 회백색 피부가 노출되었다(큰사다새는 앞이마까지 피부가 노출된다). 가슴에 노란 무늬가 있다(비번식기에는 엷게 바뀐다). 다리는 어두운 회색, 홍채는 엷은 노란색이다.

성조 윗부리는 회흑색 기운이 있으며 아랫부리에는 주황색인 큰 목주머니가 있다. 날 때 보이는 첫째날개깃은 검은색, 둘째날개깃의 윗면은 몸 바깥쪽으로 일부 검은색이며, 안쪽은 회갈색이다. 날개아랫면은 때 묻은 듯한 흰색이며, 깃 끝은 검은색이다(흰색과 검은색의 경계가 모호한 특징을 보인다).

겨울깃 몸윗면의 흰색 깃이 번식기보다 적으며, 부리 색이 엷다.

어린새 몸윗면은 연한 회갈색이며 몸아랫면은 색이 연하다. 부리는 성조 겨울깃과 거의 같은 색이다. 날 때 보이는 아랫날개덮깃은 흰색이다.

실태 세계자연보전연맹 적색자료목록에 취약종(VU)으로 분류된 국제보호조다. 생존 개체수는 10,000~13,900으로 추정된다.

성조. 2011.3.27. 네덜란드. Tim Sträter ⓒ BY-2.0

미성숙 개체. 2008.3.30. 중국 베이징 동물원. Shizhao ⓒ BY-SA-3.0

큰사다새 *Pelecanus onocrotalus* Great White Pelican L140~180cm

서식 유럽 남부, 아프리카, 중앙아시아에서 번식한다. 1978년 제주도 가파도에서 1개체가 채집된 미조다.

행동 드넓은 강, 내륙 호수의 비교적 얕은 민물 또는 강 하구의 기수지역에 서식한다. 무리를 이루어 일정한 대형을 유지하고 이동하며, 머리와 목을 물속에 넣어 어류를 잡고는 크게 늘어나는 목주머니에 넣은 후 삼킨다.

특징 전체적으로 흰색인 대형 조류다. 부리가 무척 크고 길다. 눈 주위의 나출된 부분이 사다새보다 넓다(노출된 피부가 앞이마까지 다다른다). 사다새와 달리 뒷머리에 덥수룩한 깃털이 없으며 약간 돌출된 깃이 있다. 가슴에 노란 무늬가 있다(비번식기에는 옅게 바뀐다). 다리는 분홍색 또는 등색, 홍채는 검은색이다.

성조 윗부리 측면에 회흑색 기운이 있으며 윗면은 주황색이다. 아랫부리에는 큰 노란색 목주머니가 있다. 첫째날개깃과 둘째날개깃의 아랫면과 윗면이 모두 검은색이다(아랫날개덮깃의 흰색과 검은색 날개깃의 경계가 명확하다). 작은날개깃이 검은색이다(사다새는 흰색이다).

어린새 몸윗면은 다소 진한 회갈색이며 몸아랫면은 연한 갈색이 배어 있는 흰색이다. 옆목과 뒷목에 회갈색 기운이 강하다. 날 때 보이는 아랫날개덮깃은 흰색 바탕에 검은 줄무늬가 있다.

실태 2013년 10월 6일 전북 부안 줄포에서 관찰된 1개체는 큰사다새로 동정되었지만, 사진 자료를 분석한 결과 아프리카에 서식하는 Pink-backed Pelican (*Pelecanus rufescens*)으로 밝혀졌다. 중국 동부지역에서 사육하던 개체가 탈출한 것으로 보인다.

성조. 2008.12.25. 케이프 타운. Andrew massyn ⓒ BY-SA-3.0

성조. 2006.7.15. 나미비아. Rui Ornelas ⓒ BY-2.0

푸른얼굴얼가니새

Sula dactylatra Masked Booby L81~92cm

서식 태평양, 인도양, 대서양의 열대·아열대해역에서 번식하고, 주변 해역에서 생활한다. 지리적으로 6아종으로 나눈다. 국내에서는 1970년 9월 15일 부산 인근 해상에서 1개체가 채집된 이후 오랫동안 기록이 없다가 2004년 9월 23일 부산 감만동에서 탈진한 미성숙한 개체가 포획되었으며, 2021년 7월 10일 경남 양산 남부동에서 성조 1개체가 구조된 미조다.

행동 육지와 멀리 떨어진 무인도에서 번식한다. 먼 바다에서 어류와 오징어 등을 먹는다. 높은 곳에서 날개를 접고 물속으로 다이빙해 먹이를 잡는다.

특징 다른 얼가니새보다 크며 날개가 길고 꼬리가 상대적으로 짧다. 첫째날개깃과 둘째날개깃의 검은색을 제외하고 전체적으로 흰색이다. 얼굴은 검은색이다. 둘째날개깃의 검은 무늬 폭은 몸 안쪽과 몸 바깥쪽이 거의 같다. 꼬리는 검은색이며 중앙부가 길게 돌출되었다. 부리는 연한 노란색이며 육중하다.

성조. 2021.7.10. 경남 양산 남부동

어린새 갈색얼가니새와 비슷하지만 뒷목, 가슴, 배가 흰색이다. 날 때 보이는 허리가 흰색이다(갈색얼가니새는 등과 같은 갈색). 날개덮깃과 등에 작고 흰 반점이 흩어져 있다. 부리는 어두운 회색 기운이 있는 노란색이다.

2회 여름깃(?). 2004.9.23. 부산 남구 감만동 © 강승구

2회 여름깃(?). 2004.9.23. 부산 남구 감만동 © 강승구

붉은발얼가니새 *Sula sula* Red-footed Booby L66~77cm

서식 인도양과 태평양의 열대해역, 멕시코 서부에서 갈라파고스제도, 캐리브해 섬, 트리니다드 섬 일대 해역에서 번식한다. 지리적으로 3아종으로 분류한다. 국내에서는 1981년 9월 부산 근해에서 채집된 이후 오랫동안 기록이 없다가 2009년 7월 25일 전남 신안 흑산도 해상에서 미성숙한 1개체가 관찰되었고, 2011년 1월 7일 울산 온산항에 입항한 화물선에서 어린 1개체가 포획된 기록이 있다.

행동 육지에서 멀리 떨어진 무인도에서 번식한다. 먼 바다에서 어류와 오징어 등을 잡아먹는다. 높은 곳에서 날개를 접고 물속으로 다이빙해 먹이를 잡는다.

특징 다리가 붉은색이다. 암색형, 담색형, 중간형이 있다. 암색형을 제외하고 꼬리가 흰색이다(푸른얼굴얼가니새의 꼬리는 검은색). 암색형은 전체적으로 초콜릿 빛 갈색이다. 담색형은 날개깃을 제외한 몸이 전체적으로 흰색이다. 머리는 엷은 황갈색 기운이 있다. 날 때 보이는 둘째날개깃의 검은색 폭은 몸 안쪽으로 갈수록 뚜렷하게 좁아진다. 부리 기부의 나출부가 분홍색이다.

어린새 성조 암색형과 비슷하지만 몸아랫면의 가슴과 배가 때 묻은 듯한 흰색이다(갈색얼가니새의 가슴은 멱과 같은 초콜릿색). 날 때 보이는 아랫날개덮깃이 전체적으로 어두운 갈색이다(갈색얼가니새는 때 묻은 듯한 흰색).

성조. 2012.2.16. 하와이. Dick Daniels ⓒ BY-SA-3.0

어린새. 2011.1.7. 울산 온산읍 온산항 © 진경순

어린새. 2011.1.7. 울산 온산읍 온산항 © 진경순

갈색얼가니새 *Sula leucogaster* Brown Booby L64~74cm

서식 태평양, 인도양, 대서양의 열대, 아열대 해역에 폭 넓게 분포한다. 지리적으로 4아종으로 나눈다. 국내에서는 1986년 6월 1일 경남 통영 홍도에서 1개체가 처음 관찰된 이후 전남 신안 가거도(2001.10), 제주도(2006.4, 2013.6, 2014.6), 부산 해운대(2012.8) 등지에서 관찰기록이 있는 미조다.

행동 먼 바다에서 무리를 이루어 어류와 오징어 등을 잡아먹으며 간혹 암벽, 등대 위에 앉아 쉰다. 비교적 높은 곳에서 날개를 접고 물속으로 다이빙해 먹이를 잡는다.

특징 성조는 다른 종과 혼동이 없다. 머리, 가슴, 몸윗면은 전체적으로 초콜릿 빛 갈색이다. 배는 균일한 흰색이다. 날 때 보이는 날개아랫면의 중앙 부분이 흰색이다. 부리 기부 나출부는 수컷은 푸른색, 암컷은 노란색이다. 발은 밝은 노란색이다.

어린새 성조와 비슷하지만 배에 지저분한 흑갈색 줄무늬가 있어 가슴의 초콜릿색과 경계가 불명확하게 보인다. 날 때 보이는 아랫날개덮깃이 성조보다 더 어두워 때 묻은 듯한 흰색으로 보인다.

성조. 2011.4.21. 호주 시드니. John Tann ⓒ BY-2.0

성조. 2013.6.16. 제주 서귀포 © 김준철

쇠가마우지 *Phalacrocorax pelagicus* Pelagic Cormorant L72~80cm

서식 한국, 일본, 쿠릴열도, 캄차카, 사할린, 북아메리카의 태평양 연안까지 넓게 분포한다. 지리적으로 2아종으로 나눈다. 국내에서는 서해의 소청도, 백령도를 비롯해 극히 일부 지역에서 집단번식하는 텃새이며, 북한의 무인도서에서 적은 수가 번식한다. 겨울철에는 주로 동해와 서·남해의 해안가 암벽에서 흔하게 볼 수 있다.

행동 바닷가 암벽에서 콜로니를 형성해 둥지를 튼다. 한배 산란수는 3~4개이며, 포란기간은 약 31일이다. 육지에서 멀리 떨어지지 않은 해상에서 무리지어 먹이를 찾는다. 다른 가마우지류 무리에 섞여 월동하기도 한다.

특징 몸 전체가 녹색 광택이 있는 검은색으로 보인다. 부리는 매우 가늘다(수컷이 암컷보다 굵다). 번식기에는 얼굴에 붉은색 나출부가 있으며 정수리와 뒷머리에 돌출된 깃털이 있다. 겨울에는 얼굴의 붉은색 나출부가 매우 작아 얼굴 전체가 검은색으로 보이며 머리의 돌출된 깃도 매우 작아진다.

어린새 전체적으로 균일한 흑갈색이다. 성조와 달리 녹색 광택이 없다.

닮은종 **붉은뺨가마우지** 몸이 쇠가마우지보다 더 크다. 부리가 약간 굵고, 검은 기운이 있는 엷은 노란색이다. 얼굴의 붉은색 나출부가 더 크며, 이마에서 눈 뒤까지 이어진다.

번식깃. 2009.4.27. 인천 옹진 소청도

1회 겨울깃. 2005.12.13. 전남 신안 홍도

겨울깃. 2010.1.10. 강원 고성 대진

머리 형태. 2009.4.27. 인천 옹진 소청도

가마우지과 Phalacrocoracidae

민물가마우지 *Phalacrocorax carbo* Great Cormorant L80~94cm

서식 유라시아, 아프리카, 오스트레일리아, 북아메리카 동쪽 연안 등 넓은 지역에 분포한다. 지리적으로 6아종으로 나눈다. 국내에서는 낙동강 하구, 한강, 간월호, 동해안 석호, 하천 등지에서 집단으로 월동하는 흔한 겨울철새였지만 2003년 번식이 확인된 후 번식지 확대와 더불어 개체수가 크게 증가하고 있는 텃새다.

행동 주로 호수, 강 하류, 바닷가에서 잠수해 먹이를 찾는다. 먹이를 찾아 이동할 때 기러기처럼 일정한 대형으로 무리지어 난다. 2월 하순에서 3월 중순 사이에 알을 낳는다. 한배 산란수는 3~4개이며, 포란기간은 25~28일이다. 부화한 새끼는 약 50일간 둥지에 머문다.

특징 전체가 광택이 있는 검은색이다. 등과 날개윗면은 어두운 갈색이다(가마우지는 녹색). 부리는 가늘고 길며 윗부리 끝이 아래로 굽었다. 부리 기부에서 눈 아래까지 노란색 피부가 노출되었다. 부리 기부의 노란색과 흰색 뺨이 만나는 부분이 둥그스름하다. 아랫부리 기부 쪽 색이 밝다.

번식깃 머리에 가느다란 흰색 깃이 있으며 옆구리에 흰색 깃털이 있다.

어린새 몸윗면은 전체적으로 흑갈색이다. 몸아랫면의 색은 개체에 따라 차이가 있다. 목과 가슴옆, 옆구리의 흑갈색을 제외하고 전체적으로 흰색이 강한 개체(1년생) 또는 몸아랫면과 윗면의 색 차이가 적어 전체적으로 흑갈색인 개체가 있다(2년생 이상).

실태 2003년 6월 한강 하구 비무장지대 내 유도에서 100여 쌍이 집단번식하는 것이 처음 확인되었으며, 이후 강원 춘천 의암호, 경기 광주 팔당호 족자도 등지에서 번식이 확인되었다. 개체수가 지속적으로 증가하고 있다.

성조 번식깃. 2011.3.27. 제주 귀덕리 ⓒ 김준철

비번식깃. 2011.6.12. 경기 파주

겨울깃. 2008.1.27. 강원 고성 아야진

번식깃. 2009.1.17. 강원 고성

머리 형태. 2011.3. 강원 강릉 © 변종관

어린새. 개체변이. 2012.7.21. 경기 여주 © 박헌우

번식지. 2012.6.2. 강원 춘천 소양호 © 박헌우

가마우지처럼 바닷가 암벽에서도 서식하며,
광선에 따라 등이 어둡게 보여 가마우지로 착각하는 경우가 많다

무리. 2008.3.8. 강원 강릉 향호

가마우지과 Phalacrocoracidae

가마우지 *Phalacrocorax capillatus* Temminck's Cormorant L80~92cm

서식 러시아 극동, 사할린에서 일본 규슈 북부, 한국, 중국 황해 지역에 국지적으로 번식한다. 국내에서는 거제도에 딸린 작은 무인도, 거문도, 상태도, 백령도, 소청도, 제주도 등 서·남해안의 작은 무인도 바위 절벽에서 번식하는 드문 텃새다. 북한의 함북 웅기 앞바다의 알섬, 평북 선천 앞바다의 납도 등지에서 번식한다.

행동 민물가마우지와 달리 내륙 호수 또는 강에서 서식하지 않고 바닷가 암벽에 서식한다. 잠수한 후 바위에 올라가 날개를 펼쳐 햇볕에 말리는 행동을 한다. 무인도의 바위 절벽에서 무리를 이루어 번식한다. 둥지는 천적의 접근이 불가능한 암벽 위에 죽은 나뭇가지와 풀줄기를 이용해 틀고 알을 3~4개 낳는다. 포란기간은 약 28일이다. 부화한 새끼는 50~60일간 둥지에 머문다.

특징 몸 전체가 녹색 광택이 있는 검은색으로 보인다. 회갈색 부리는 가늘고 길며 윗부리 끝이 아래로 굽었다. 부리 기부에서 눈 아래까지 노란색 피부가 노출되었다. 부리 기부의 노란색과 때 묻은 듯한 흰색 뺨이 만나는 부분은 각이 졌다.

번식깃 머리에 가느다란 흰색 깃이 나오며 옆구리에 흰색 깃털이 있다. 뺨의 흰색 깃에는 흑갈색 작은 반점이 흩어져 있어 지저분해 보인다.

어린새 민물가마우지와 구별이 어렵지만 성조와 같이 부리 기부의 노란색과 얼굴의 흰색 경계가 각이 졌다. 몸윗면은 흑갈색, 몸아랫면은 개체 간에 차이가 있다. 전체적으로 흰색이 강한 개체(1년생) 또는 전체적으로 흑갈색인 개체가 있다(2년생 이상).

닮은종 **민물가마우지** 얼굴의 노란색 나출부가 약간 크며, 부리 기부의 노란색과 흰색 뺨이 만나는 부분이 둥그스름하다. 등과 날개윗면은 가마우지와 달리 흑갈색이다. 꼬리가 약간 길다.

성조 번식깃. 2011.6.5. 인천 옹진 소청도

성조. 2008.5.25. 인천 옹진 소청도

어린새. 2008.10.14. 인천 옹진 소청도

성조. 2014.11.1. 제주 우도

머리 형태. 2011.6.5. 인천 옹진 소청도

어린새. 2005.12.11. 전남 신안 홍도

미성숙 개체. 2005.12.8. 전남 신안 흑산도

휴식처. 2008.3.21. 전남 신안 홍도

어린새. 2010.12.4. 강원 고성 대진 © 김준철

황조롱이 *Falco tinnunculus* Common Kestrel ♂33.5~36.5cm, ♀35.5~37.5cm

서식 극지방을 제외하고 유라시아에서 아프리카, 아시아까지 분포한다. 국내에서는 전국적으로 흔하게 서식하는 텃새다.

행동 해안, 강가 또는 산지의 바위 절벽에서 번식하는 습성이 있지만 아파트 베란다, 교각 밑에도 둥지를 튼다. 4월 초순에 알을 4~6개 낳아 27~29일간 품으며, 새끼는 부화 27~30일 후에 둥지를 떠난다. 비번식기에는 평지로 이동해 단독으로 행동한다. 주로 쥐와 곤충을 먹는다. 정지비행하다가 급강하로 먹이를 잡는다.

특징 날개 폭이 좁고 길다. 앉아 있을 때 날개는 꼬리 끝보다 짧다.

수컷 머리는 청회색이다. 눈 아래로 수염 모양 검은색 뺨선이 뚜렷하다. 꼬리는 청회색이며 끝부분에 폭 넓은 검은색 띠가 있다. 등과 날개는 적갈색이며 흑갈색 반점이 흩어져 있다. 몸아랫면은 엷은 황갈색 바탕에 가는 흑갈색 세로 줄무늬가 흩어져 있다.

암컷 몸윗면은 적갈색이며, 흑갈색 반점이 조밀하다. 꼬리는 적갈색 또는 회갈색이며, 흑갈색 줄무늬가 여러 개 있고, 끝부분에 검은 띠가 있다. 몸아랫면의 줄무늬는 수컷보다 많다.

어린새 성조 암컷과 비슷하지만 색이 보다 어둡고, 몸윗면의 반점과 아랫면의 줄무늬가 크고 넓다. 꼬리는 등과 같은 적갈색이며 흑갈색 줄무늬가 흩어져 있다.

1회 겨울깃 수컷 머리가 회색으로 바뀐다. 꼬리는 회갈색이며, 가는 줄무늬가 있다.

분류 11아종으로 나눈다. 국내에서 번식하는 아종은 히말라야부터 일본, 인도차이나반도에 서식하는 *interstinctus*로 보는 견해도 있지만, 시베리아 동북부, 중국 동북부, 한국에 분포하며, 몸 색깔이 밝은 *perpallidus*로 보는 견해도 있다. 학자간 분류학적 견해가 다르다.

아종 한국황조롱이(*F. t. tinnunculus* 또는 *F. t. perpallidus*)는 유라시아대륙에 서식하는 아종으로 동쪽으로 중국 국경지대까지, 남쪽으로는 서남아시아에서 네팔과 부탄, 그리고 이집트를 제외한 북아프리카에 서식한다. 드문 겨울철새이며 드문 나그네새다. 수컷은 아종 *interstinctus*와 구별되지만, 암컷은 구별이 어렵다. 수컷은 몸 색깔이 황조롱이보다 엷다. 몸윗면의 검은 무늬는 황조롱이보다 수가 적고, 크기가 작으며 삼각형이다. 경부깃은 검은 반점이 적다.

실태 천연기념물이다.

수컷. 2012.6.10. 경기 포천 ⓒ 이상일

암컷. 2006.11.26. 전남 신안 흑산도

1회 겨울깃 수컷. 2011.1.16. 충남 홍성 해미천

어린새. 2011.7.1. 충남 홍성 해미천

수컷. 2007.12.14. 전남 해남 금호호

수컷. 2008.10.31. 충남 천수만 © 김신환

암컷. 2004.9.19. 전남 신안 흑산도

수컷. 2011.4.24. 경기 파주 공릉천

1회 겨울깃 수컷. 2010.12.26. 경기 파주 © 백정석

아종 **한국황조롱이** 수컷. 2006.3.15. 전남 신안 흑산도

매과 Falconidae

비둘기조롱이 *Falco amurensis* Amur Falcon ♂25cm, ♀30cm

서식 우수리, 중국 동북부, 한반도 북부에서 번식하고, 아프리카 남부에서 월동한다. 남한에서는 주로 서해안을 통과하는 드문 나그네새다. 봄철보다 가을철에 더 많은 수가 관찰된다. 보통 봄에는 4월 중순부터 5월 중순까지, 가을에는 9월 하순부터 10월 중순까지 통과한다. 북한의 고산지대에서 적은 수가 번식하는 여름철새다. 보통 넓은 농경지, 하천변에서 관찰되며, 적은 무리를 이루어 통과한다.

행동 드넓은 농경지(주로 논) 위를 낮고, 빠르게 비행하며 잠자리 같은 곤충류를 잡아먹는다. 잡은 먹이는 날면서 먹거나 주로 전깃줄에 앉아 먹는다. 종종 정지비행으로 지면의 곤충을 탐색한 후 땅에 내려와 먹이를 잡기도 한다.

특징 황조롱이, 새호리기와 비슷하다.

수컷 몸윗면은 균일한 회흑색, 몸아랫면은 어두운 청회색이며, 아랫배와 아래꼬리덮깃은 진한 적갈색, 납막과 발은 적갈색, 날 때 아랫날개덮깃은 흰색으로 보인다.

암컷 몸윗면은 어두운 청회색이며 흑갈색 줄무늬가 있다. 몸아랫면은 엷은 황갈색이 있는 흰색이며, 흑갈색 줄무늬가 흩어져 있다. 납막과 발은 적갈색, 날개아랫면은 흰색에 검은 줄무늬가 있다.

1회 여름깃 수컷 성조와 비슷하지만 날 때 일부 날개아랫면(몸 안쪽 첫째날개깃 일부와 몸 바깥쪽 둘째날개깃 일부 또는 가장 외측의 첫째날개깃)에 흰 반점이 보인다.

어린새 암컷과 비슷하지만 몸윗면의 깃 가장자리는 폭넓은 황갈색으로 비늘무늬를 이룬다. 다소 폭 좁고 흰 눈썹선이 있으며, 이마가 흰색이다. 눈테와 납막은 엷은 노란색, 몸아랫면에는 흑갈색 세로 줄무늬가 있다. 날 때 암컷과 마찬가지로 날개 끝을 따라 검은 줄무늬가 선명하게 보인다. 꼬리의 검은 띠가 성조보다 좁다.

닮은종 **새호리기** 눈밑의 수염 모양 검은 반점이 더 크고 길다. 날개아랫면이 더 어둡고 흑갈색 줄무늬가 조밀하게 많다. 몸윗면이 비둘기조롱이보다 더 어둡다. 흰 눈썹선의 길이가 짧다. 뒷목이 다소 어두워 밝은 부분이 비둘기조롱이보다 좁다.

수컷. 2010.10.7.
경기 파주 공릉천 하류 인근 농경지 © 백정석

성조 암컷. 2011.10.3.
경기 파주 공릉천 하류 인근 농경지

1회 여름깃 수컷. 2011.10.16.
경기 파주 갈현리 © 백정석

1회 여름깃 암컷. 2011.10.1.
경기 파주

어린새. 2010.10.3.
경기 파주 갈현리

어린새. 2011.10.16.
경기 파주 송촌동

성조 수컷. 2010.10.3.
경기 파주

성조 암컷. 2011.10.16.
경기 파주 교하

어린새. 2011.10.16.
경기 파주 © 백정석

넓은 농경지 위를 낮게 날며 잠자리 같은 곤충을 잡아 먹는다

먹이 활동. 2015.9.26. 경기 파주 갈현리

매과 Falconidae

쇠황조롱이 *Falco columbarius* Merlin ♂28cm, ♀31cm

서식 유라시아, 북아메리카 북부에서 번식하고, 유럽, 아프리카 북부에서 남아시아, 중국 동부, 한국, 일본, 미국 중부에서 남아메리카 서북부까지에서 월동한다. 지리적으로 9아종으로 나눈다. 국내에서는 해안가의 넓은 들판, 하구, 농경지 등지에서 단독으로 서식하는 드문 겨울철새다. 10월 초순에 도래해 4월 초순까지 관찰된다.

행동 이른 아침부터 먹이인 소형 조류, 쥐 등을 찾아 저공비행으로 빠르게 날며 간혹 활공한다. 낮에 논둑, 짚더미, 전신주에 앉아 쉰다.

특징 소형이다. 날개 폭이 넓고 끝이 뾰족하다.

수컷 몸윗면은 청회색이며 깃축에 가늘고 검은 축반이 있다. 몸아랫면은 엷은 주황색이며 흑갈색 세로 줄무늬가 흩어져 있다. 가늘고 흰 눈썹선이 있으며 흑갈색 뺨선은 매우 가늘다. 턱밑은 흰색이다. 귀깃 뒤와 밑으로 주황색이며 가늘고 검은 줄무늬가 흩어져 있다. 꼬리는 청회색이며 폭 넓은 검은색 띠가 있고 끝은 흰색이다.

암컷 몸윗면은 어두운 회갈색이며, 흑갈색 축반이 있다. 깃 가장자리는 색이 엷다. 몸아랫면에는 폭 넓은 갈색 세로 줄무늬가 있다. 꼬리에 흑갈색 띠가 5열 이상 있다.

어린새 몸윗면에 갈색 기운이 강하지만 성조 암컷과 매우 비슷해 야외에서 구별하기 어렵다.

성조 수컷. 2009.12.10. 경기 파주 © 변종관

성조 수컷. 2011.1.2. 경기 파주 © 백정석

암컷. 2010.10.27. 경기 파주 © 백정석

암컷. 2007.11.25. 충남 조치원 © 최순규

새호리기 *Falco subbuteo* Eurasian Hobby L28~31cm

서식 유라시아의 한대에서 온대지역까지 번식하고, 아프리카(사하라 사막 남부), 인도, 인도차이나 반도, 중국 남부에서 월동한다. 지리적으로 2아종으로 나눈다. 국내에서는 드물게 번식하는 여름철새다. 5월 초순에 도래해 번식하고, 10월 하순까지 관찰된다.

행동 농경지, 인가 주변의 산림에 서식한다. 둥지는 직접 틀지 않고 묵은 까치둥지를 비롯해 다른 조류의 옛 둥지를 이용한다. 포란기간은 약 28일이며, 새끼는 부화 28~32일 후에 둥지를 떠난다. 먹이는 곤충과 작은 조류이며, 주로 다른 조류의 새끼를 잡아먹는다.

특징 날개가 길며, 폭이 좁다(날개를 약간 접고 날 때 날개 끝이 뾰족하게 보인다).

성조 암수 매우 비슷하다. 몸윗면은 푸른색을 띠는 흑갈색, 앉아 있을 때 날개는 꼬리 뒤로 돌출된다. 눈밑으로 수염 모양 검은색 뺨선이 뚜렷하다. 흰 눈썹선은 폭이 좁고 짧다(암컷이 수컷보다 더 뚜렷하다). 가슴과 배에는 흑갈색 세로 줄무늬가 있다. 아랫배, 아래꼬리덮깃, 경부는 적갈색, 수컷의 가슴은 흰색이며 암컷은 옅은 적갈색 기운이 있다.

어린새 몸윗면은 회흑갈색이다. 깃 가장자리는 폭 좁고 색이 옅으며 전체적으로 비늘 모양을 이룬다. 눈테와 납막은 연한 푸른색이다. 몸아랫면은 연황색이며, 큰 흑갈색 세로 줄무늬가 있다. 아랫배, 아래꼬리덮깃, 경부는 옅은 황갈색이다.

실태 멸종위기 야생생물 II급이다.

닮은종 **매** 몸이 약간 크며, 더 무겁게 보이고, 날개 폭이 더 넓다. 몸아랫면은 흰색이며, 배에 작은 검은색 줄무늬가 조밀하다.

성조. 2012.5.28. 경기 포천 주원리 ⓒ 이상일

먹이 사냥. 2010.10.3. 경기 파주 교하

어린새. 2005.9.16. 인천 강화 홍왕리 ⓒ 박건석

까치집을 이용한 둥지. 2007.5.24. 충남 보령 오포리

매 *Falco peregrinus* Peregrine Falcon ♂40cm, ♀49cm

서식 남극을 제외하고 전 세계에 분포한다. 국내에서는 해안이나 섬의 절벽에서 번식하는 드문 텃새이며, 겨울철에는 하구, 호수, 농경지에 나타난다.

행동 장애물이 없는 곳에서 사냥하며 급강하 비행이 능숙해 빠르게 이동하는 조류를 공중에서 낚아챈다. 번식철에는 수컷이 사냥하며 암컷은 새끼 기르기와 둥지를 보호한다. 3월 하순에 알을 3~4개 낳으며 포란기간은 28~29일이다.

특징 몸윗면은 어두운 청회색이며, 몸아랫면은 흰색 바탕에 검은 줄무늬가 있다. 암컷이 수컷보다 크다. 눈밑으로 수염 모양 검은색 축반이 선명하다. 납막, 눈테, 다리가 노란색, 꼬리의 검은 줄무늬는 수컷은 끝부분만이 폭 넓고 나머지는 가늘지만, 암컷은 전체적으로 폭이 넓다.

수컷 암컷보다 작다. 가슴과 배 중앙 부분에 작고 둥근 반점이 있다.

암컷 가슴은 세로 줄무늬가 명확하며, 배 중앙에 가로 줄무늬 또는 크고 둥근 반점이 있다.

어린새 다리는 노란색, 날개아랫면과 아랫날개덮깃의 색 대비가 헨다손매처럼 크지 않다. 몸윗면은 엷은 흑갈색이며, 깃 가장자리는 색이 엷다. 몸아랫면에는 큰 갈색 세로 줄무늬가 흩어져 있다. 꼬리깃은 엷은 흑갈색이며 때묻은 듯한 흰색 또는 갈색 반점이 흩어져 있다.

아종 16아종 이상으로 나눈다. 바다매(*F. p. pealei*)는 북미대륙 서북부 해안에서 알래스카, 알류산열도, 쿠릴열도 북부에서 번식한다. 매우 드물게 겨울철새로 찾아온다. *japonensis*보다 더 크며, 몸 전체의 색이 더 어둡다. 구레나룻선이 폭 넓다. 몸아랫면의 검은색 가로 무늬가 조밀하다. 어린새는 몸아랫면이 어두운 줄무늬가 매우 많아 밝은 부분이 적고, 다리덮깃이 어둡고 진하며, 꼬리에 갈색 반점이 미약하다.

실태 천연기념물이며 멸종위기 야생생물 II급이다.

성조. 2005.12.6. 전남 신안 홍도

성조 암컷. 2008.5.24. 인천 옹진 소청도

어린새. 2008.6.3. 전남 신안 홍도

암컷(좌)과 수컷(우). 2011.6.5. 인천 옹진 소청도

1회 겨울깃으로 깃털갈이중. 2009.3.11 전남 신안 흑산도

매과 Falconidae

흰매 *Falco rusticolus* Gyrfalcon L50~63cm

서식 유라시아와 북아메리카의 아한대 툰드라 지역, 바위 해안에서 번식한다. 일부는 텃새로 정착하고, 북극권에 인접한 집단은 번식 후에 남쪽으로 이동한다. 동아시아의 경우 오호츠크해 연안, 사할린까지 남하하며 드물게 홋카이도에서 월동한다. 국내에서는 2010년 3월 20일 경북 상주 오상리 낙동강에서 1개체가 관찰된 미조다.

행동 겨울철에는 해안 절벽에 서식한다. 힘차고 매우 빠른 비행으로 공중에서 먹이를 낚아채거나 지상 또는 수면의 먹이를 잡는다.

특징 가장 큰 매에 속한다(말똥가리 크기). 개체변이가 매우 심하다. 날 때 아랫날개덮깃은 날개깃보다 어둡다. 납막과 구각은 노란색, 매와 달리 구레나룻선이 약하다.

백색형 몸윗면은 흰색 바탕에 검은 반점이 흩어져 있으며 몸아랫면은 거의 흰색이다.

암색형 몸윗면은 검은색과 흰 무늬가 교차하며 몸아랫면은 줄무늬가 강하다.

어린새 성조보다 어둡고 줄무늬가 더 많으며 몸윗면에 갈색 빛이 있다. 납막은 청회색이다.

2009.6.28. 아이슬란드. Ólafur Larsen ⓒ BY-SA

2010.3.20. 경북 상주 오상리 © 진선덕

헨다손매 / 세이카매 *Falco cherrug* Saker Falcon L46cm

서식 유럽에서 동쪽으로 중국 동북부 지역에 이르는 개활지, 황무지에 서식한다. 국내에서는 희귀한 겨울철새 또는 나그네새다. 주로 겨울철에 관찰되고, 일부 4~5월 관찰기록이 있다.

행동 넓은 초지, 농경지 등 다양한 곳에서 생활한다. 주로 설치류를 먹으며 겨울에는 조류도 잡아먹는다. 일반적으로 시야가 트인 높은 곳에서 먹이를 기다리다 낮게 날아서 잡거나, 약간 느리게 날다가 지상 혹은 공중의 먹이를 쫓아 잡는다.

특징 매와 비슷하지만 보다 크고, 몸윗면은 적갈색이 강하다. 머리는 흰색 바탕에 적갈색 줄무늬가 있어 등보다 흐리다. 구레나룻선은 가늘고, 약간 굽었으며, 눈 아래에서 끊어진다. 흰 눈썹선이 있다. 앉아 있을 때 날개 끝은 꼬리 끝에 미치지 못한다. 홍채는 연령에 관계없이 어두운 갈색, 아랫날개덮깃은 날개깃보다 색이 더 어두우며, 어린새가 성조보다 진하다.

성조 큰날개덮깃, 첫째날개덮깃, 날개깃에 적갈색 반점이 흩어져 있다. 멱과 가슴에는 흰색, 배에는 갈색 세로 줄무늬가 흩어져 있으며, 옆구리의 줄무늬가 특히 진하다. 꼬리에는 적갈색 줄무늬가 있다. 다리, 눈테, 납막은 밝은 노란색이다.

어린새 머리가 성조보다 다소 어둡게 보이며, 몸아랫면에 갈색 줄무늬가 더 넓고 많다. 다리, 눈테, 납막은 연한 푸른색이다.

분류 4아종으로 나눈다. 지리적 분포에 따라 깃 색의 차이가 심하다. 서쪽에서 동쪽으로 갈수록 전체적으로 색이 약해지고 몸윗면에는 점차로 줄무늬가 증가한다. 국내 도래 아종은 *milvipes* 또는 *coatsi* 이다.

아성조. 2009.6.20. 몽골 바양노르

성조. 2009.6.16. 몽골 하샤트

어린새. 2009.6.16. 몽골 우기누르

물수리 *Pandion haliaetus* Western Osprey ♂54cm, ♀64cm

서식 극지방, 오스트레일리아, 술라웨시를 제외한 전 세계에 분포한다. 지리적으로 3아종으로 나눈다. 국내에서는 봄·가을 해안가, 하구, 하천, 습지를 통과하는 드문 나그네새이며, 제주도와 남해안 일대에서 월동하는 겨울철새다. 9월 중순에 도래해 통과 또는 월동하며 이듬해 5월 중순까지 관찰된다.

행동 주로 해안이나 호수, 하구에서 물고기를 잡아먹는다. 수면 위를 유유히 날다가 물고기를 발견하면 정지비행 후 양다리를 밑으로 늘어뜨리고, 날개는 절반쯤 접은 상태에서 빠르게 물속으로 돌입해 먹이를 낚아챈다. 물이 있는 곳에 서식한다.

특징 다른 맹금류와 뚜렷이 구별된다. 암수 색깔이 같다. 폭이 좁은 긴 날개와 짧은 꼬리가 특징이다. 암컷이 수컷보다 크다. 머리가 흰색이며 눈선과 옆목, 등이 전체적으로 흑갈색이다. 몸아랫면은 흰색이다. 가슴 위쪽으로 갈색 띠가 있다.

성조 몸윗면의 깃 끝에 흰 무늬가 없는 균일한 색이다. 몸아랫면의 큰날개덮깃에 검은 줄무늬가 있다. 둘째날개깃의 줄무늬가 불명확하게 보인다. 가슴의 갈색 반점은 수컷이 좁고, 암컷이 넓은 편이다(이 같은 특징으로 비번식기에 암수 구별이 힘들다).

어린새 몸윗면의 깃 끝은 흰색으로 비늘무늬를 이룬다. 정수리의 검은 줄무늬가 많다. 몸아랫면은 성조와 매우 비슷해 구별하기 어렵지만 둘째날개깃 끝이 성조보다 밝다. 꼬리 끝의 줄무늬는 성조보다 폭이 좁다.

실태 멸종위기 야생생물 II급이다.

어린새. 2009.10.31. 충남 천수만 © 백정석

어린새. 2008.8.22. 제주 성산포 © 최창용

미성숙 암컷. 2006.10.29. 전남 신안 흑산도

미성숙 수컷. 2012.4.22. 제주 © 진경순

수리과 Accipitridae

벌매 *Pernis ptilorhynchus* Oriental Honey Buzzard ♂57cm, ♀60.5cm

서식 바이칼호에서 아무르강 하류까지, 우수리, 사할린, 몽골 동남부, 중국 허베이성, 일본, 인도, 스리랑카, 인도차이나반도, 말레이반도, 수마트라, 보르네오, 자바, 필리핀 등지에서 번식하고, 동남아시아와 중국 남부에서 월동한다. 지리적으로 6아종으로 나눈다. 국내에서는 주로 봄(4월 하순~6월 초순)에 거제도, 부산 등 동남부 지역에서, 가을(9월 중순~10월 중순)에는 소청도, 어청도, 홍도 등 서부 지역에서 관찰된다. 왕새매와 함께 이동하기도 한다. 극소수가 강원 산악지대에서 번식한다.

행동 이동시기에 큰 무리를 형성한다. 숲 가장자리, 울창한 산림에 서식한다. 먹이는 곤충류, 개구리, 뱀 등 양서·파충류, 벌의 유충, 알, 번데기 등이다. 주로 땅 위의 벌집을 파내어 애벌레, 다 자란 벌을 먹는다.

특징 깃털 색 변이가 다양하다. 몸윗면은 갈색과 흑갈색, 몸아랫면 색은 개체 간 차이가 심하다. 목이 길고 날개는 몸에 비해 길며 폭이 넓다. 꼬리는 약간 길며 둥글다.

수컷 얼굴이 회청색이며 홍채는 검다. 날개깃 끝을 따라 넓은 검은색 띠를 이룬다. 꼬리에 넓은 흑갈색 가로 줄무늬가 2열 있다.

암컷 얼굴의 회청색이 매우 약하며, 홍채는 노란색이다. 날개와 꼬리의 가로 줄무늬가 수컷에 비해 더 가늘고 더 많다.

어린새 납막은 노란색(성조는 검은색)이며, 첫째날개깃 끝의 검은 부분이 성조보다 폭 넓다. 날 때 날개아랫면과 꼬리의 줄무늬가 가늘며 많게 보인다.

깃털 색 유형 암색형 몸아랫면과 아랫날개덮깃이 전체적으로 매우 진한 갈색이다. **담색형** 몸아랫면과 아랫날개덮깃이 전체적으로 흰색 또는 엷은 황갈색이며 멱에 검은색 세로 줄무늬가 뚜렷하다. **중간형** 몸아랫면과 아랫날개덮깃이 전체적으로 갈색 줄무늬가 강하다.

실태 멸종위기 야생생물 II급이다.

성조 수컷. 2003.10.1. 전남 신안 홍도

성조 수컷. 2006.10.9. 전남 신안 홍도

성조 암컷. 2006.10.13. 전남 신안 홍도

어린새 수컷. 2006.9.24. 전남 신안 홍도

어린새 수컷. 2006.10.9. 전남 신안 홍도

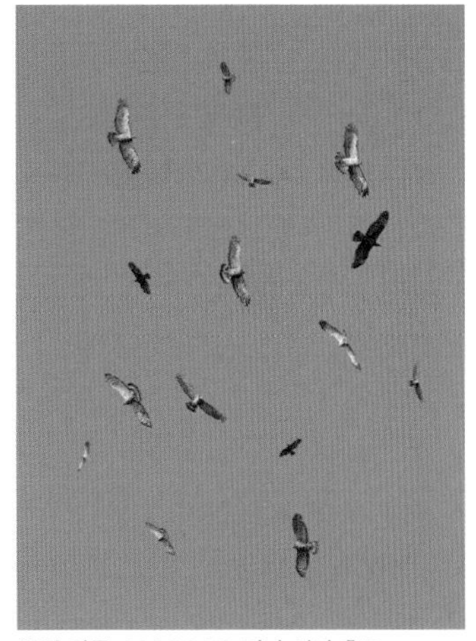

무리 이동. 2006.9.23. 전남 신안 홍도

성조 수컷. 2009.5.23. 인천 옹진 소청도
ⓒ 이상일

성조 수컷. 2013.10.4. 인천 옹진 소청도
ⓒ 박대용

성조 암컷. 2008.9.23. 전남 신안 구굴도

어린새. 2003.10.1. 전남 신안 홍도

어린새 암컷. 2006.10.9. 전남 신안 홍도

어린새 암컷. 2013.10.4. 인천 옹진 소청도
ⓒ 박대용

수리과 Accipitridae

검은어깨매 / 검은죽지솔개

Elanus caeruleus Black-winged Kite L31~37cm

서식 이베리아반도 서남부, 아프리카, 아라비아 서남부, 파키스탄, 인도, 중국 남부, 동남아시아, 뉴기니에서 번식한다. 국내에서는 2013년 1월 23일 서울 강서습지생태공원에서 1개체가 처음 관찰되었다. 이후 10~3월 사이에 강원, 인천, 경기, 충남, 전북, 전남 등지에서 관찰되었고, 관찰 횟수가 늘고 있다.

행동 열대·아열대지역의 산림 가장자리, 초지, 농경지 등지에 서식한다. 황조롱이와 유사하게 공중에서 정지비행해 지상의 먹이를 노리며 점차 고도를 낮추어 지면으로 뛰어들어 먹이를 잡는다. 주로 설치류, 파충류, 곤충 등을 잡아먹는다.

특징 몸윗면은 푸른색, 어깻죽지는 검은색, 홍채는 붉은색이며, 눈 앞뒤로 짧은 검은색 눈선이 있다. 날 때 첫째날개깃은 검은색으로 보이며, 둘째날개깃 아랫면은 상당히 어둡게 보인다. 머리와 몸아랫면은 흰색이다. 꼬리는 짧고 중앙깃이 약간 짧다.

분류 과거 유라시아대륙, 북미, 오스트레일리아에 분포하는 종을 Black-shouldered Kite로 분류했으나, 최근 유라시아대륙 집단을 Black-winged Kite (*E. caeruleus*), 북미 집단을 White-tailed Kite (*E. leucurus*), 오스트레일리아 집단을 (Australian) Black-shouldered Kite (*E. axillaris*)로 각각 별개의 종으로 분류한다. 이중 Black-winged Kite는 3아종으로 분류한다. 국내에 기록된 아종은 중국 남부에서 동남아시아에 폭넓게 분포하는 *vociferus* 이다.

성조. 2012.2.26. 서울 강서습지생태공원 © 김신환

성조. 2013.2.17. 서울 강서습지생태공원 © 진경순

성조. 2013.2.7. 서울 강서습지생태공원 © 진경순

어린새. 2014.11.23. 경기 여주 양촌리 © 박대용

솔개 *Milvus migrans* Black Kite ♂58.5cm, ♀68.5cm

서식 유라시아, 아프리카, 오스트레일리아 등지에 광범위하게 분포한다. 7아종으로 나눈다. 국내에서는 봄·가을 흔하지 않게 통과하는 나그네새이며, 드물게 일부 개체가 월동한다. 또한 매우 적은 수가 한반도 남부 외딴 섬의 산림에서 번식한다.

행동 해안가 습지 또는 하구에서 작은 무리를 이루어 날면서 먹이를 찾거나 말뚝에 앉아 쉰다. 먹이는 쥐, 조류, 양서류, 파충류, 곤충, 버려진 고기, 생선 등이다.

특징 전체가 적갈색 기운이 있는 흑갈색, 눈 뒤로 검은색 눈선이 뚜렷하다. 날 때 날개아랫면 첫째날개깃 기부에 흰 무늬가 선명하게 보인다. 꼬리 중앙이 오목하다.

성조 날개덮깃(특히 가운데날개덮깃과 몸 바깥쪽의 작은 날개덮깃)이 탈색된 듯한 흰색이지만 어린새처럼 뚜렷한 흰색으로 보이지는 않는다. 몸아랫면은 진한 적갈색이며 약간 밝은 세로 줄무늬가 있다. 날 때 아랫날개덮깃 끝을 따라 흰색 줄무늬가 없거나 매우 약하게 보인다.

어린새 전체적으로 적갈색 기운이 약하게 나타난다. 등과 날개덮깃 끝에 폭 넓은 흰색 반점이 흩어져 있다. 턱밑과 멱을 제외한 몸아랫면에는 폭 넓은 흰색 줄무늬가 길게 나타난다. 날 때 아랫날개덮깃 가장자리에 가는 흰색 줄무늬가 뚜렷하게 보인다.

실태 멸종위기 야생생물 II급이다. 전국 어디에서나 흔히 볼 수 있었으나 개체수가 크게 감소했다. 1900년대까지 서울 남산 상공에 수천 마리에 이르는 큰 집단이 해질녘에 모여들었다는 기록이 있다. 1999년 거제도 인근 지심도와 2000년 부산 남구 용호동에서 번식이 확인되었다.

성조. 2002.9.20. 부산 낙동강

성조. 2007.1.14. 충남 천수만 © 김신환

성조. 2015.8.27. 일본 홋카이도

어린새. 2004.1.28. 부산 낙동강 하구

수리과 Accipitridae

흰꼬리수리 *Haliaeetus albicilla* White-tailed Eagle ♂84.5cm, ♀90cm

서식 유라시아대륙의 북반부에 폭넓게 분포한다. 2아종으로 나눈다. 국내에서는 해안, 하구, 하천 등지에서 서식하는 드문 겨울철새다. 10월 초순에 도래하고 3월 하순까지 머문다.

행동 하구, 넓은 농경지에서 단독 또는 2~3개체가 행동한다. 주로 물고기를 먹으며 동물 사체도 먹는다.

특징 수리류 중 대형이다. 미성숙 개체는 참수리와 혼동된다. 부리 높이가 참수리보다 낮다. 부척은 노란색이며, 깃털이 덮여 있지 않다.

성조 전체가 갈색이며 머리와 목 부분은 엷은 황갈색이다. 꼬리는 쐐기 모양이며 흰색이다. 부리는 노란색이며 육중하다.

어린새 전체적으로 갈색이지만 개체 간 변이가 심하다. 머리는 어두운 암갈색, 날개덮깃과 등깃은 때 묻은 듯한 흰색이며, 깃 끝은 검은색, 몸아랫면에는 흑갈색 줄무늬가 흩어져 있다. 부리는 검은색이며 눈앞은 황백색이다.

2회 겨울깃 머리는 암갈색이며 부리 색은 어둡다. 납막은 노란색이며 홍채는 갈색, 등과 날개덮깃에 흰색 깃이 많이 섞여 있다.

3회 겨울깃 제2회 겨울깃보다 몸윗면의 흰색이 적다. 납막과 부리는 노란색이며, 부리 끝의 절반은 검은 기운이 있다. 홍채는 흐린 갈색이다.

실태 천연기념물이며 멸종위기 야생생물 I급이다. 2000년에 전남 신안 흑산도에서 번식 개체가 확인되었다.

성조. 2010.1.23. 강원 강릉 © 황재홍

4회 겨울깃. 2011.12.17. 강원 철원 © 백정석

어린새. 2011.1.3. 강원 원주 © 김준철

어린새. 2011.12.17. 강원 철원 © 백정석

참수리 *Haliaeetus pelagicus* Steller's Sea Eagle ♂76~90cm, ♀86~98cm

서식 캄차카반도, 오호츠크해를 따라 남쪽으로 사할린에 걸쳐 번식하고, 우수리, 한국, 일본의 해안 습지, 하구에서 월동한다. 국내에서는 극히 적은 수가 월동하는 겨울철새다. 11월 초순에 도래해 월동하고 3월 하순까지 머문다.

행동 해안가 하천, 하구 등지에서 서식하며 주로 어류를 먹고, 동물의 사체도 먹는다.

특징 수리류 중 대형이다. 부리가 흰꼬리수리보다 더 높아 육중하다. 꼬리는 쐐기 모양이다.

성조 전체가 흑갈색이며 이마와 어깻죽지, 발목, 꼬리, 아래꼬리덮깃이 흰색이다. 부리와 홍채는 노란색이다.

어린새 전체가 검은색이며, 가운데날개덮깃과 안쪽 둘째날개깃은 때 묻은 듯한 흰색이다. 가슴에 흰색 깃이 약간 있다. 꼬리는 때 묻은 듯한 흰색이며 끝부분은 검은색이다. 홍채는 암갈색이다. 부리는 연한 노란색이며 검은색이 약하게 있다. 날 때 몸아랫면의 날개깃 기부를 따라 흰색 줄무늬가 이어진다.

아종 **한국참수리(*H. p. niger*)**는 한국 특산 아종으로 분류하기도 하지만 *pelagicus*의 미성숙 개체 또는 흑색형으로 보는 견해도 있다. 참수리보다 약간 작으며 이마와 어깻죽지에 흰 무늬가 없고, 꼬리깃이 순백색인 것을 제외하고 모두 검은색이다. 18회의 채집기록이 있으며, 일부 지역에서 관찰 기록이 있다. 한국과 인접 지역인 우수리와 다우리아 지방에 국한해 분포했었다.

실태 세계자연보전연맹 적색자료목록에 취약종(VU)으로 분류된 국제보호조다. 천연기념물이며 멸종위기 야생생물 I급이다.

성조. 2013.2.27. 강원 강릉 주문진 향호 © 황재홍

어린새. 2006.1.14. 강원 강릉 남대천

미성숙 개체. 2011.1.9. 강원 강릉 경포호 © 김준철

미성숙 개체. 2011.1.23. 강원 양양 남대천

수염수리 *Gypaetus barbatus* Bearded Vulture / Lammergeier L105~117cm

서식 중앙아시아, 남시베리아, 서유럽에 분포한다. 지리적으로 3아종으로 나눈다. 함남 삼방(1912년 12월), 강원(1916년 12월, 1918년 1월) 등지에서 채집된 기록이 있으며, 이후 오랫동안 기록이 없다가 2013년 1월 27일 강원 고성 통일전망대에서 어린새 1개체가 관찰되었다. 주로 높은 산악지역에 서식한다. 개체수가 매우 적다.

행동 죽은 동물의 뼈와 고기를 먹는다. 작은 뼈는 통째로 삼키고, 큰 뼈는 발로 움켜쥐고 공중 높이 올라간 후에 뼈를 바위에 떨어뜨려 깨뜨린 후 골수를 먹는다.

특징 형태가 매우 독특한 대형 수리다.

성조 몸윗면은 청회색이며 깃축은 흰색이다. 머리, 목 그리고 몸아랫면은 황갈색이다. 눈앞은 검은색이며, 수염이 있다. 가슴옆으로 가늘고 검은 띠가 있다. 날개폭이 좁고 길다. 꼬리가 매우 길다.

어린새 전체적으로 색이 어둡다. 머리와 목이 검은색으로 보이며, 윗등, 큰날개덮깃, 가운데날개덮깃 가장자리가 색이 연하다. 몸아랫면은 옅은 회갈색이다. 성조보다 날개가 둥글고, 폭이 넓으며, 꼬리가 짧다. 완전한 성조 깃을 얻는 데 5년이 걸린다.

성조. 2009.6.14. 몽골 에르덴산트

어린새. 2013.2.11. 강원 고성 © 백정석

어린새. 2013.2.11. 강원 고성 © 진경순

고산대머리수리 *Gyps himalayensis* Himalayan Vulture L120cm

서식 파키스탄 북부, 인도 북부, 티베트 남부, 네팔, 부탄에 이르는 히말라야산맥 일대와 중국 서부(천산산맥과 알타이산맥)에 서식한다. 국내에서는 2007년 2월 11일 경남 진주 수곡 부근에서 어린새 1개체가 관찰되었으며, 2007년 3월 18일 경기 포천에서 어린새 1개체가 관찰된 미조다.

행동 대부분 고산 지대에서 서식하며, 겨울철에는 약간 낮은 지대로 이동한다. 일부 어린새는 평지까지 이동하는 경우도 있다. 대부분 동물의 사체를 먹는다.

특징 독수리보다 약간 크다. Griffon Vulture와 비슷하다.

성조 검은색 날개와 꼬리깃을 제외하고 전제적으로 노르스름한 색(미색), 황갈색, 모래 빛 흰색이다. 부리 색은 밝으며 짧고 육중하다. 머리는 색이 매우 엷다. 다리는 살구색이다. 날 때 보이는 아랫날개덮깃은 미색이며, 나머지 날개는 검은색이다.

어린새 몸윗면은 어두운 갈색이며, 큰날개덮깃을 포함해 모든 날개덮깃에 엷은 황갈색 또는 흰색 줄무늬가 흩어져 있다. 몸아랫면은 흑갈색 바탕에 흰색 줄무늬가 흩어져 있다. 목덜미에 흰 기운이 강하다. 넓적다리 안쪽은 흰색이다.

닮은종 Griffon Vulture (*G. fulvus*) 성조의 몸윗면은 전제적으로 엷은 모래 빛 갈색이다. 몸윗면의 날개덮깃이 고산대머리수리보다 밝다. 어린새는 성조보다 색이 더 어두우며, 몸윗면은 적갈색이 강하다. 몸윗면의 큰날개덮깃은 날개깃처럼 색이 어두우며, 밝은 줄무늬가 없고, 깃 끝이 약간 밝다. 가운데날개덮깃과 작은날개덮깃에 불명확하고 색이 밝은 줄무늬가 있다. 몸아랫면은 몸윗면보다 적갈색이 약하며, 깃축에 흰색 줄무늬가 명확하다. 목덜미는 담황색, 다리는 회색이다.

어린새. 2007.2.11. 경남 진주 산청 © 양현숙

어린새. 2007.2.11. 경남 진주 산청 © 양현숙

어린새. 2010.6.9. 몽골 홍고르엘슨 © 고경남

미성숙 개체. 2009.6.14. 몽골 에르덴산트

독수리 *Aegypius monachus* Cinereous Vulture L110cm

서식 유럽 남부, 중앙아시아, 티베트, 몽골, 중국 북동부에 서식한다. 국내에는 흔한 겨울철새로 찾아온다. 11월 중순에 도래해 월동하고, 3월 중순까지 머문다.

행동 월동지에서는 주로 돼지 사육장, 양계장 주변에서 무리를 이루어 행동하는 경우가 많다. 동물의 사체를 먹는다. 날갯짓을 하지 않고 상승기류를 타고 비행하면서 먹이를 찾는다.

특징 국내에 찾아오는 수리 중 가장 크다. 전체가 검은색으로 보인다. 날개의 폭이 넓으며 길다. 꼬리는 상대적으로 짧다. 나이를 먹으면서 머리 위의 검은색 깃털은 점차 감소되어 결국 성조는 아주 짧은 솜털 같은 흐린 깃털로 대치된다. 성조가 되는 데는 6~7년이 걸린다. 뒷머리에서 목에 갈기와 같은 긴 깃털이 있다.

성조 전체적으로 어두운 갈색이다. 머리 위에 솜털 같은 흐린 깃털이 있다. 납막은 엷은 하늘색이다. 목 주변은 피부가 노출되었다.

어린새 전체적으로 검은색이 많다. 머리가 검은색에 가깝다. 납막은 엷은 살구색이다.

실태 세계자연보전연맹 적색자료목록에 준위협종(NT)으로 분류된 국제보호조다. 천연기념물이며 멸종위기 야생생물 II급이다. 주요 월동지는 강원 철원평야, 임진강 유역(장단반도), 경기 연천, 문산, 파주, 포천, 강원 양구 일대이다. 그 외 충남 천수만, 전남 해남, 제주도, 낙동강 하구 등지에 소수가 찾아온다. 주로 양계장 등 축산농가 인근에서 서식하며 버려진 동물의 사체를 즐겨 먹는다. 국내 월동 개체수는 700~1,700개체다.

성조. 2010.12.12. 강원 철원 백마고지

어린새. 2006.1.15. 경남 진주 단성

미성숙 개체. 2010.12.12. 강원 철원 백마고지

미성숙 개체. 2010.12.12. 강원 철원 백마고지

관수리 *Spilornis cheela* Crested Serpent Eagle L55cm

서식 인도, 스리랑카, 중국 남동부, 대만, 말레이시아, 인도네시아, 필리핀 동부에 분포하며 이동성이 없는 텃새다. 지리적으로 20아종으로 나눈다. 국내에서는 1988년 12월 29일 경남 김해군에서 1개체가 처음 채집된 이후 부산, 경남 통영, 인천 옹진 소청도, 강원 춘천, 전남 신안 도초도 등지에서 관찰기록이 있는 미조다.

행동 아열대 산간지역 논과 습지 주변 숲에서 서식하며 나무에 앉아 있다가 개방된 공간 아래로 뛰어내려 먹이를 잡는다. 개구리, 도마뱀, 뱀을 즐겨 먹으며 간혹 죽은 뱀, 작은 포유류도 먹는다. 번식기에는 종종 소리를 내며 날아오르는 행동으로 자기 위치를 노출시키며, 그 외에는 이 종을 관찰하기는 매우 어렵다.

특징 날개는 폭이 넓고 둥글다. 몸은 전체적으로 암갈색이며 날개덮깃과 몸아랫면에 흰 무늬가 흩어져 있다. 머리에서 뒷목까지 흰색과 검은색이 교차하며 뒷머리가 약간 돌출된다. 홍채와 발은 노란색이다. 날 때 날개와 꼬리 중앙에 뚜렷한 흰색 줄무늬가 보인다.

어린새 몸윗면의 깃 가장자리는 폭 넓은 흰색이다. 가운데날개덮깃의 상당 부분은 흰색이며 깃 가장자리에 갈색 반점이 있다. 몸아랫면은 전체적으로 흰색이며 흐린 갈색 세로 줄무늬가 있다.

성조 암컷. 1998.2.24. 부산 남구 대연동 © 경성대 박물관

미성숙 개체. 2007.11.3. 일본 이리오모테섬

미성숙 개체. 2007.11.3. 일본 이리오모테섬

어린새. 2013.3.29. 일본 © 양현숙

수리과 Accipitridae

잿빛개구리매 *Circus cyaneus* Hen Harrier ♂43~47cm, ♀48.5~54cm

서식 유럽, 아시아 북부, 북아메리카 북부에서 번식하고, 겨울에 번식지 남쪽으로 이동한다. 지리적으로 2아종으로 나눈다. 국내에서는 비교적 흔하게 월동하는 겨울철새다. 9월 하순부터 도래해 월동하며, 봄철에는 3월 하순까지 관찰된다.

행동 하구, 습지의 갈대밭, 넓은 농경지 등지를 낮게 날아다니며 소형 조류, 쥐 등을 잡는다. 날개를 위로 올려 V자형을 이루어 땅 위를 낮게 날며 먹이를 찾는다.

특징 암수 모두 허리가 흰색, 홍채는 노란색, 꼬리와 다리가 길다.

수컷 머리, 등, 꼬리, 가슴은 회색이며, 배는 흰색이다. 날 때 외측 첫째날개깃 6매가 뚜렷한 검은색으로 보인다.

암컷 전체적으로 갈색이다. 몸아랫면은 때 묻은 듯한 흰색에 갈색 세로 줄무늬가 있다. 날 때 보이는 날개아랫면은 회백색에 흑갈색 줄무늬가 흩어져 있다. 꼬리깃에 갈색 가로 줄무늬가 있다.

어린새 암컷과 구별하기 힘들다. 홍채가 갈색이다. 날 때 날개 안쪽이 암컷보다 색이 더 어두워 보인다. 몸아랫면은 암컷보다 황갈색과 적갈색이 더 진하며 배 부분은 줄무늬가 약하다.

실태 천연기념물이며 멸종위기 야생생물 II급이다.

닮은종 **개구리매** 잿빛개구리매보다 상당히 크며, 허리의 흰색 폭이 좁다. 암컷은 날 때 보이는 날개아랫면의 흑갈색 줄무늬가 약하다. 어린새는 머리, 목, 가슴, 어깨, 허리가 연황색이며, 꼬리와 날개아랫면에 흑갈색 줄무늬가 없다.

미성숙 수컷. 2006.12.17. 충남 천수만 © 김신환

미성숙 수컷. 2011.3.12. 경기 안산 시화호

어린새. 2008.12.14. 전남 해남 © 빙기창

암컷. 2009.2.25. 전남 해남 금호호

알락개구리매 *Circus melanoleucos* Pied Harrier ♂41~44cm, ♀44~46cm

서식 중국 북동부, 우수리에서 번식하고, 중국 남부, 동남아시아에서 월동한다. 국내에서는 드물게 통과하는 나그네새다. 가을철에는 9월 초순부터 10월 하순까지, 봄철에는 4월 하순에서 5월 초순에 통과한다.

행동 농경지, 갈대밭 등 습지 위를 낮게 날아다니며 주로 개구리, 곤충을 잡아먹는다.

특징 꼬리와 다리가 길다. 암컷은 개구리매와 혼동된다.

수컷 날 때 보이는 외측 첫째날개깃 6매가 검은색, 머리, 등, 가슴이 검은색이다. 허리는 흰색이며 등, 어깨, 날개덮깃의 일부가 검은색으로 닻 모양으로 보인다. 홍채는 노란색이다.

암컷 다른 개구리매류와 달리 몸윗면은 전체적으로 갈색이 강하다. 몸아랫면은 흰색에 흑갈색 세로 줄무늬가 있다. 날개덮깃과 꼬리는 청회색에 흑갈색 줄무늬가 있다. 허리가 흰색, 홍채는 노란색, 날 때 날개아랫면은 다른 종보다 밝게 보이며 줄무늬가 잿빛개구리매보다 성기다. 날개아랫면의 둘째날개깃은 잿빛개구리매처럼 어둡지 않다.

어린새 전체적으로 암갈색이다. 몸아랫면과 아랫날개덮깃이 진한 적갈색이다. 눈 주위로 때 묻은 듯한 흰색 또는 엷은 황갈색 깃이 원형을 이룬다. 뒷머리는 폭넓게 밝다. 작은날개덮깃과 가운데날개덮깃이 적갈색이다. 외측 첫째날개깃 5장은 검은색으로 보이며, 그 안쪽은 때 묻은 듯한 흰색이고, 가는 흑갈색 줄무늬가 3~4열 그어져 있다. 꼬리 끝은 폭 좁은 흰색이며 그 안쪽으로 폭 넓은 검은 띠가 1열, 폭 좁은 띠가 3~4열 있다.

실태 천연기념물이며 멸종위기 야생생물 II급이다.

성조 수컷. 2015.7.9. 경기 파주 공릉천 © 변종관

암컷. 2020.2. 태국 © 이용상

어린새. 2006.10.18. 충남 천수만 © 김신환

어린새. 2011.9.18. 강원 강릉

수리과 Accipitridae

개구리매 *Circus spilonotus* Eastern Marsh Harrier ♂48cm, ♀58cm

서식 러시아 극동 남부, 몽골, 중국 동남부, 사할린에서 번식하고, 동남아시아에서 월동한다. 국내에서는 드물게 통과하는 나그네새이며, 드문 겨울철새다. 9월 하순부터 도래하며, 봄철에는 3월 하순까지 관찰된다.

행동 농경지 등 습지 위를 낮게 날아다니며 소형 조류, 곤충 등을 잡아먹는다. 날 때 날개를 위로 들어올려 V자 형을 이룬다.

특징 개구리매류 중에서 가장 크다. 개체변이가 심하다. 암컷은 알락개구리매와 혼동된다. 성조의 홍채는 암수 모두 노란색이다.

수컷 얼굴이 검은색이며 뒷머리, 목, 윗가슴에 검은 줄무늬가 있다. 몸윗면은 전체적으로 흑갈색이며 등깃 일부와 날개덮깃 끝에 회백색 반점이 흩어져 있다. 둘째날개깃은 균일한 회백색, 몸아랫면은 흰색에 흑갈색 줄무늬가 있다.

암컷 수컷보다 크다. 머리와 목에 흑갈색 줄무늬가 있다. 몸윗면은 흑갈색에 붉은 기운이 있으며 첫째날개깃은 엷은 회색, 둘째날개깃은 검은 줄무늬가 있는 엷은 회색, 몸아랫면은 때 묻은 듯한 흰색에 황갈색 또는 적갈색 줄무늬가 아랫배까지 흩어져 있다. 허리는 흰색 바탕에 작은 갈색 반점이 있다. 첫째날개깃 아랫면은 줄무늬가 매우 약하며, 때 묻은 듯한 갈색이다. 중앙꼬리깃에 회색 기운이 있으며, 나머지 꼬리깃은 어두운 갈색이다.

어린새 머리, 뺨, 뒷목, 멱이 흰색 또는 연황색이며 갈색 줄무늬가 흩어져 있다. 몸 안쪽의 날개덮깃과 어깨깃 일부가 흰색 또는 연황색, 몸아랫면의 날개덮깃은 흰색과 적갈색이 흩어져 있다. 몸아랫면은 가슴까지 연황색에 적갈색이 약하게 흩어져 있으며 아랫배는 적갈색이다.

실태 천연기념물이다.

미성숙 수컷. 2009.6.19. 몽골 바양누르

어린새. 2006.10.10. 인천 강화 © 박건석

성조 암컷. 2008.6.18. 몽골 바양누르 © 고경남

개구리매류 비교

잿빛개구리매 어린새. 2008.2.16. 충남 천수만 © 김신환

잿빛개구리매 어린새. 2009.11.21. 경기 안산 시화호 © 백정석

알락개구리매 어린새. 2011.9.15. 충남 천수만 © 김신환

알락개구리매 어린새. 2012.9.1. 강원 강릉 연곡 © 황재홍

알락개구리매 어린새. 2013.10.5. 인천 옹진 소청도 © 백정석

개구리매 어린새. 2010.10.3. 경기 화성 운평리 © 김준철

개구리매 어린새. 2006.10.10. 인천 강화 © 박건석

개구리매 미성숙 수컷. 2021.9.12. 충남 천수만 © 박건석

검은댕기수리 *Aviceda leuphotes* Black Baza L30-35cm

서식 인도 서남부, 스리랑카, 네팔, 부탄, 방글라데시, 중국 남부, 인도차이나반도 서부와 북부에서 번식하고, 인도차이나반도, 말레이반도, 수마트라, 자바에서 월동한다. 대부분 지역에서 텃새로 서식하지만 중국 남부에는 여름철새로 도래한다. 국내에서는 2019년 10월 7일 인천 옹진 소청도에서 1개체 관찰기록만 있는 미조다.

행동 개방된 산림, 강 주변, 농경지 주변에서 생활한다. 대부분 곤충을 잡아먹으며, 양서류, 파충류, 설치류, 소형 포유류, 소형 조류도 즐겨 먹는다. 종종 작은 무리를 이루기도 한다.

특징 다른 종과 쉽게 구별된다. 뒷머리에 긴 뿔깃이 있다. 머리와 목이 검은색이다. 몸윗면은 검은색이며, 어깨와 몸 안쪽의 큰날개덮깃에 흰색 반점이 흩어져 있다. 가슴에 폭이 넓은 흰색 띠가 있으며, 가슴옆에 검은색 띠가 있다. 배와 옆구리 바탕은 흰색이며 적갈색 띠가 있다. 아랫배와 아래꼬리덮깃은 검은색이다. 날 때 보이는 아랫날개덮깃은 검은색이며, 첫째날개깃은 회색, 둘째날개깃은 회흑색을 띤다. 개체 간 변이가 있다.

수컷 둘째날개깃의 흰색 무늬 폭이 넓으며, 몸아랫면의 적갈색 띠가 암컷보다 적다.

암컷 둘째날개깃의 흰색 무늬 폭이 좁다. 몸아랫면에 적갈색 띠가 많다.

2012.2.5. 태국 치앙마이 © 곽호경

2018.12.5. 태국 치앙마이 © 이용상

작은새매 *Accipiter virgatus* Besra L26-36cm

서식 인도 남서부, 스리랑카, 히말라야산맥(파키스탄 북부에서 네팔, 부탄)에서 동쪽으로 중국 중부와 남부, 대만, 인도차이나반도 산악지대, 안다만제도, 수마트라 산악지대, 보르네오 산악지대, 소순다열도, 필리핀에서 서식한다. 국내에서는 2018년 10월 3일 인천 옹진 소청도에서 성조 암컷 1개체, 2020년 5월 10일 소청에서도 1개체, 2021년 4월 29일 소청도에서 1개체가 관찰된 미조다.

행동 주로 상록수림, 혼효림, 정글, 낙엽수로 이루어진 고산지대, 야산, 과수원, 농경지, 강가 등에서 서식한다.

특징 조롱이와 매우 비슷하다. 몸아랫면은 조롱이보다 적갈색이 더 진하다. 목 중앙에 뚜렷한 세로 줄무늬가 1개 있다. 꼬리에 폭 넓은 검은색 띠가 3개 있다(검은색 띠가 회색 띠보다 약간 좁다). 첫째날개깃이 짧게 튀어나온다.

수컷 조롱이와 달리 몸아랫면은 적갈색이 강하며, 흰색 줄무늬가 흩어져 있다. 목 중앙에 조롱이보다 더 뚜렷한 검은 세로 줄무늬가 있다.

암컷 목 중앙의 검은 세로 줄무늬가 가슴까지 다다른다.

어린새 몸아랫면의 세로 줄무늬 폭이 넓다. 옆구리와 부척 위의 갈색 무늬 폭이 넓다. 날 때 보이는 아래날개덮깃의 반점이 성긴 모양이다. 꼬리를 펼쳤을 때 보이는 검은색 띠가 조롱이보다 폭이 넓다.

성조. 2018.3.2. 인도 나갈랜드 © Suman Paul

미성숙 개체. 2015.4.5. 인도 아루나찰 푸라데시 © Saurabh Sawant

작은새매 어린새. 2005.10.24_홍콩 © Yu Yat-tung

작은새매 어린새. 2020.5.10. 인천 옹진 소청도 © 김동원

조롱이 어린새. 2013.10.4. 인천 옹진 소청도

수리과 Accipitridae

붉은배새매

Accipiter soloensis Chinese Sparrowhawk ♂27.5~28.5cm, ♀28.5~31cm

서식 중국 동남부, 우수리 남부, 한국에서 번식하고, 중국 남부, 동남아시아에서 월동한다. 국내에서는 약간 흔한 여름철새였지만 번식 집단이 크게 감소했다. 5월 초에 도래하며, 9월 하순까지 관찰된다.

행동 숲 가장자리 또는 낮은 산에 서식한다. 주로 밤나무, 소나무에 둥지를 튼다. 산란기는 5월이며 보통 알을 3~4개 낳는다. 포란기간은 약 24일이며, 육추기간은 20~22일이다. 주식은 개구리, 곤충 등으로 둥지 근처의 개울과 논에서 잡는다. 봄·가을 이동시기에 큰 무리를 이루어 하늘 높이 범상과 활공을 번갈아 하며 미끄러지듯이 빠르게 이동한다.

특징 가슴은 엷은 등황색이며 아랫배 밑으로 흰색이다. 납막은 주황색이며 매우 크다. 날 때 보이는 날개는 가늘고 길며 외측 첫째날개깃 6장이 검은색이다. 성별과 연령에 관계없이 아랫날개덮깃에 줄무늬가 없는 엷은 등갈색이다.

수컷 홍채는 암갈색, 가슴의 등황색이 암컷에 비해 엷다.

암컷 홍채는 노란색, 가슴은 수컷보다 진한 등황색이다.

어린새 조롱이와 매우 비슷하다. 노란색 눈테가 없다. 정수리와 얼굴에 청회색 기운이 있다. 몸윗면은 흑갈색에 깃 가장자리는 황갈색으로 비늘 모양을 이룬다. 멱에 약간 폭 넓은 갈색 줄무늬가 1~2열 있다. 아랫날개덮깃은 줄무늬가 없는 엷은 등갈색이다. 몸아랫면은 흰색에 갈색 세로 줄무늬가 있으며 옆구리에는 가로 줄무늬가 있다.

실태 천연기념물이며 멸종위기 야생생물 II급이다.

닮은종 **조롱이** 노란색 눈테가 뚜렷하다. 날 때 날개아랫면 전체에 조밀한 갈색 줄무늬가 보인다.

성조 수컷. 2006.5.9. 전남 신안 홍도

1회 여름깃 수컷. 2008.5.28. 전남 신안 흑산도 © 최창용

성조 암컷. 2014.7.16. 경기 성남 남한산성 © 임백호

어린새. 2016.8.9. 경기 고양 일산호수공원

새매류 어린새 비교

붉은배새매 어린새. 2016.8.14. 경기 고양

조롱이 어린새. 2009.10.21. 전남 신안 흑산도

새매 어린새. 2010.10.17. 충남 보령 외연도

참매 어린새. 2007.11.20. 전남 신안 흑산도

붉은배새매 어린새. 2011.10.2. 부산 봉래산 © 강승구

조롱이 어린새. 2013.10.4. 인천 옹진 소청도 © 진경순

새매 어린새. 2008.10.14. 전남 신안 홍도

참매 어린새. 2008.10.14. 인천 옹진 소청도

수리과 Accipitridae

조롱이 *Accipiter gularis* Japanese Sparrowhawk ♂26~27.5cm, ♀30~32cm

서식 몽골 북부에서 아무르까지, 우수리, 중국 동부, 한국, 사할린에서 번식하고, 중국 남부, 동남아시아에서 월동한다. 지리적으로 3아종으로 나눈다. 국내에서는 드문 여름 철새다. 4월 초순에 도래하며, 11월 하순까지 관찰된다.

행동 평지와 산지의 산림에서 서식한다. 작은 조류 및 곤충을 잡아먹는다. 6월 초에 산란한다. 한배 산란수는 3~5개이며, 포란기간은 25~28일이다.

특징 새매와 혼동되기 쉽다. 몸윗면은 어두운 청회색, 멱에 가는 흑갈색 세로 줄무늬가 1열 있다(새매는 멱의 세로 줄무늬 수가 많다). 성별과 연령에 관계없이 노란색 눈테가 뚜렷하다. 날 때 몸바깥쪽의 첫째날개깃 5장이 갈라진다(칼깃 5장).

수컷 몸윗면은 청흑색, 몸아랫면은 흰색이며 가슴과 옆구리는 옅은 주황색이다. 홍채는 어두운 붉은색이며 납막은 노란색이다. 다리는 옅은 등색이다.

암컷 몸윗면은 수컷보다 약간 옅은 청흑색, 몸아랫면은 흰색에 폭 넓은 흑갈색 가로 줄무늬가 흩어져 있다. 홍채는 노란색이다.

어린새 몸윗면의 깃 가장자리가 황갈색으로 비늘 모양이다. 가슴에 하트 모양 세로 줄무늬가 있으며 옆구리에는 가로 줄무늬가 있다. 몸아랫면의 줄무늬 수는 새매보다 적으며 줄무늬 폭이 보다 넓다.

실태 멸종위기 야생생물 II급이다.

닮은종 **새매** 날 때 몸바깥쪽의 첫째날개깃 6장이 갈라진다. 노란색 눈테가 약하다. 멱에 흑갈색 세로 줄무늬가 여러 줄 있다.

성조 수컷. 2004.10.23. 전남 신안 홍도

성조 암컷. 2006.5.19. 전남 신안 홍도

성조 암컷. 2008.9.17. 전남 신안 홍도 ⓒ 최창용

어린새. 2004.10.24. 전남 신안 흑산도

새매 *Accipiter nisus* Eurasian Sparrowhawk ♂33~34.5cm, ♀40~41cm

서식 유럽, 아프리카, 중동, 시베리아, 캄차카, 중국 동부, 한국, 히말라야, 일본에서 번식한다. 지리적으로 7아종으로 나눈다. 국내에서는 흔한 나그네새이며 흔한 겨울철새다. 10월 초순에 도래해 월동하며, 5월 하순까지 관찰된다. 2015년 5월 경기 포천에서 번식이 확인되었다.

행동 평지에서 아고산대의 산림에 서식한다. 비번식기에도 단독으로 생활한다. 작은 곤충, 조류, 쥐 등을 포식한다. 한배 산란수는 4~5개이며, 포란기간은 32~34일이다. 새끼는 24~30일간 둥지에 머문다.

특징 조롱이와 혼동하기 쉽다. 날 때 몸바깥쪽의 첫째날개깃 6장이 갈라진다(칼깃 6장). 노란색 눈테가 조롱이보다 폭 좁다. 멱에 흑갈색 세로 줄무늬가 여러 줄 있다.

수컷 몸윗면은 청흑색, 귀깃 아랫부분과 가슴옆 부분에 주황색이 있다. 몸아랫면은 흰색이며 주황색 가로 줄무늬가 있다. 홍채는 등색을 띠는 노란색이다.

암컷 수컷보다 뚜렷이 크다. 몸윗면은 회갈색인 경우가 많다. 흰 눈썹선은 수컷보다 더 뚜렷하다. 몸아랫면은 흰색에 가는 흑갈색 가로 줄무늬가 흩어져 있다. 홍채는 노란색이다.

어린새 몸윗면의 깃 가장자리는 황갈색으로 비늘무늬가 있다. 수컷은 눈썹선이 약하며 암컷은 흰색이 뚜렷하다. 귀깃은 흑갈색이며 귀깃 뒤에서 뒷목까지 적갈색 바탕에 검은 줄무늬가 있다. 멱에서 앞가슴까지 V자 형 적갈색 줄무늬가 있으며 배와 옆구리에 ㅡ자 형 가로 줄무늬가 있다. 몸아랫면의 줄무늬는 조롱이보다 가늘고 조밀하다.

실태 천연기념물이며 멸종위기 야생생물 II급이다.

닮은종 **조롱이** 날 때 몸바깥쪽의 첫째날개깃 5장이 갈라진다. 멱에 가는 흑갈색 세로 줄무늬가 1열 있다.

성조 수컷. 2011.12.17. 경남 고성
ⓒ최종수

성조 암컷. 2013.3.2. 서울 송파
ⓒ 김준철

어린새 수컷. 2010.11.30. 경기 포천
ⓒ 이상일

참매 *Accipiter gentilis* Northern Goshawk ♂50~52cm, ♀57~58cm

서식 유라시아대륙과 북아메리카에 걸쳐 폭넓게 분포한다. 흔한 겨울철새이며, 흔한 나그네새다. 국내에서는 10월 초순에 도래해, 3월 하순까지 관찰된다. 드물게 번식하는 텃새이기도 하다.

행동 들녘 주변의 야산 또는 깊은 산 가장자리에서 서식하며 작은 조류와 포유류를 잡는다. 둥지는 높은 나뭇가지에 튼다. 한배 산란수는 2~4개다. 포란은 주로 암컷이 하며, 새끼는 포란 후 36~38일이면 부화한다.

특징 새매와 비슷하지만 보다 크다. 몸윗면은 어두운 청회색, 명확한 흰 눈썹선이 있다. 몸아랫면은 흰색에 흑갈색 가는 줄무늬가 있다. 날개가 짧으며 폭이 넓다.

수컷 홍채는 등색 또는 노란색, 머리와 눈선은 검은색이며, 암컷에 비해 더 진하다.

암컷 몸윗면은 수컷에 비해 갈색 기운이 강하고, 수컷보다 크다. 홍채는 노란색이다.

어린새 갈색이 강하다. 몸윗면의 깃 가장자리가 연한 황갈색으로 비늘무늬를 이룬다. 눈썹선은 때 묻은 듯한 흰색 또는 담황색이다. 몸아랫면은 흰색 바탕에 황갈색이 섞여 있으며, 폭 넓은 흑갈색 세로 줄무늬는 아랫배 부분으로 갈수록 가늘어진다. 홍채는 노란색, 날 때 날개아랫면과 아랫날개덮깃의 줄무늬가 넓고 명확하게 보인다.

분류 10아종으로 나눈다. 겨울철새인 *schvedowi*는 러시아 동남쪽, 아무르 동쪽, 그리고 중국 서부에 분포한다. 흰참매(*A. g. albidus*)는 시베리아 북동쪽에서 캄차카에 분포하며 국내에는 희귀하게 찾아온다. 어린새는 전체적으로 때 묻은 듯한 흰색에 갈색 반점이 있다.

실태 천연기념물이며 멸종위기 야생생물 II급이다. 2006년 3월 이후 충북 충주에서 번식이 확인되었으며 이후 충북 제천, 충남 보령, 공주 등 전국 여러 곳에서 번식이 확인되었다.

성조. 2012.12.19. 경기 안산 시화호 © 백정석

어린새. 2013.11.2. 전남 신안 가거도 © 고경남

어린새. 2008.10.2. 전남 신안 칠발도

아종 흰참매 어린새 표본. 2011.1.12. 전남 신안 흑산도

왕새매 *Butastur indicus* Grey-faced Buzzard L49cm

서식 중국 동북부, 한국, 일본에서 번식하고, 중국 남부, 동남아시아에서 월동한다. 국내에서는 봄·가을 드물지 않게 통과하는 나그네새이며, 극히 적은 수가 번식하는 여름철새다. 봄철에는 4월 초순부터 5월 중순까지, 가을철에는 10월 초순부터 10월 중순까지 통과한다.

행동 단독 또는 암수가 함께 생활하지만 이동시기에는 큰 무리를 형성한다. 농경지, 낮은 산과 구릉에 서식한다. 쥐, 개구리, 뱀, 곤충 등을 잡아먹는다. 한배 산란수는 2~4개이며, 포란기간은 30~32일이다. 새끼는 34~36일간 둥지에 머문다.

특징 몸윗면은 적갈색이며 뺨에 회색 기운이 있다. 멱은 흰색이며 중앙에 흑갈색 세로 줄무늬가 1열 있다. 가슴은 적갈색이며 배에 가로 줄무늬가 있다. 성조의 홍채는 노란색이며, 위꼬리덮깃 끝에 작은 흰색 반점이 있다. 암수가 매우 비슷하다. 수컷은 눈썹선이 불명확하다. 암컷은 폭 좁은 흰색 눈썹선이 있으며, 눈 주변의 회색 기운이 수컷보다 약하다.

어린새 몸윗면은 어두운 갈색이며 깃 끝은 옅은 갈색, 머리와 뒷목은 흑갈색과 흰색 줄무늬가 그어져 있어 등보다 옅게 보인다. 눈썹선이 뚜렷하며 홍채는 암갈색, 눈선은 폭 넓은 어두운 흑갈색, 위꼬리덮깃 가장자리를 따라 색이 옅은 부분이 폭넓게 있다. 멱에 검은색 세로 줄무늬가 있다. 가슴에 적갈색 기운이 있고, 가슴과 가슴옆에 굵은 흑갈색 세로 줄무늬가 있다.

성조. 2007.4.18. 전남 신안 흑산도

1회 겨울깃. 2007.5.18. 전남 신안 흑산도

성조. 2008.4.15. 전남 신안 홍도

성조. 2008.4.15. 전남 신안 홍도

말똥가리 *Buteo japonicus* Eastern Buzzard ♂46~52cm, ♀53~56cm

서식 시베리아 중부에서 오호츠크해 연안까지, 몽골, 아무르, 우수리, 사할린, 쿠릴열도 남부, 일본 등지에서 번식하고, 한국, 중국 남부, 일본, 동남아시아에서 월동한다. 국내에서는 흔한 겨울철새이며, 흔한 나그네새다. 9월 하순부터 도래해 통과하거나 월동하며, 봄철에는 4월 초순까지 머문다.

행동 농경지 주변의 전신주, 나무 위에 앉아 먹이인 작은 들쥐를 기다리거나, 범상하면서 먹이를 탐색한다. 가을 이동시기에 무리지어 통과한다.

특징 체형이 땅딸막한 중형 맹금류다. 개체에 따라 색채 변이가 심하다. 날개폭이 넓으며 꼬리는 짧고 둥글다. 턱 밑과 멱의 흑갈색 줄무늬는 개체 간 차이가 심하다. 부척은 깃털을 덮지 않는다. 성조의 홍채는 암갈색, 어린새는 노란색, 날 때 성조는 날개깃 끝을 따라 폭 넓은 검은색 띠가 보이는 반면, 어린새는 띠가 불명확하다.

어린새 홍채가 성조와 달리 노란색이다.

분류 과거 유라시아에 폭넓게 분포하는 종을 Common Buzzard (*Buteo buteo*)로 분류하고 11아종으로 나누었으나 최근 Common Buzzard (*B. buteo*), Eastern Buzzard (*B. japonicus*) 등 독립된 5종으로 분류한다. 붉은꼬리말똥가리 (*B. buteo vulpinus*)는 대륙말똥가리 (Common Buzzard)의 아종이며, 북부 및 동부 유럽, 중앙아시아에 분포한다. 국내에서는 여러 차례 월동한 기록이 있다. 말똥가리보다 작다. 깃색에 개체변이가 심하다. 전체적으로 엷은 갈색에서 짙은 적갈색을 띤다. 꼬리는 엷은 적갈색이며 끝에 검은 띠가 있다.

닮은종 **큰말똥가리** 머리는 말똥가리보다 흰 기운이 강하다. 날 때 보이는 날개 윗면과 아랫면의 첫째날개깃 기부가 폭 넓은 흰색이다.

어린새. 2008.2.7. 충남 천수만

어린새. 2007.2.4. 전남 신안 흑산도

성조. 2011.1.9. 경기 파주 갈현리

붉은꼬리말똥가리 *vulpinus*. 성조. 2018.1.28. 인천 강화 교동도 © 진경순

큰말똥가리 *Buteo hemilasius* Upland Buzzard ♂61cm, ♀72cm

서식 남시베리아, 몽골, 만주 서부, 중국 중부, 티베트에서 번식하고, 인도 북부, 히말라야, 중국 동부, 한국에서 월동한다. 국내에서는 적은 수가 월동하는 겨울철새이며, 적은 수가 통과하는 나그네새다. 10월 중순부터 도래해 통과하거나 월동하며, 봄철에는 3월 하순까지 머문다.

행동 유연한 날개깃으로 천천히 난다. 넓은 농경지 등 개방된 환경에서 날면서 땅 위의 먹이를 찾는다. 주로 쥐, 곤충, 작은 새를 잡아먹는다.

특징 말똥가리보다 크고 날개가 길다. 앉아 있을 때 날개가 거의 꼬리 끝까지 다다른다. 머리는 흰색 바탕에 흐린 갈색 줄무늬가 있다. 부척 앞부분에 짧은 갈색 깃털이 덮여 있으며 부척 뒷부분은 털이 없다(털발말똥가리처럼 전체적으로 털이 있거나 말똥가리처럼 털이 없는 개체도 있다). 날 때 날개 위·아랫면의 첫째날개깃 기부가 폭 넓은 흰색으로 보인다. 몸아랫면은 흰색 바탕에 가슴과 아랫배에 굵은 갈색 무늬가 있다. 옆구리와 경부는 진한 갈색이다.

성조 홍채는 암갈색, 꼬리는 갈색이 섞인 흰색이며 가는 흑갈색 가로 줄무늬가 3~5열 있다. 날 때 날개깃 끝을 따라 폭 넓은 검은색 띠가 보인다.

어린새 홍채는 연한 노란색, 꼬리의 줄무늬가 성조보다 뚜렷하게 많다(7~10열).

흑색형 전체적으로 검은색이며, 첫째날개깃 기부에 폭 넓은 흰색 무늬가 있다. 날개아랫면의 첫째날개깃 기부는 흰색이며 둘째날개깃은 때 묻은 듯한 흰색, 날 때 날개 끝을 따라 폭 넓은 검은색 띠가 보인다. 꼬리는 흰색 바탕에 가는 흑갈색 줄무늬가 있으며, 꼬리 끝에 폭 넓은 검은색 띠가 있다.

실태 멸종위기 야생생물 II급이다.

닮은종 **말똥가리** 머리에 흰 기운이 적다. 첫째날개깃 기부의 흰 무늬가 선명하지 못하다. 부척은 깃털을 덮지 않는다.

성조. 2011.2.12. 인천 강화 교동도

어린새. 2005.12.8. 충남 천수만
ⓒ 김신환

성조. 2023.1.1. 인천 강화 교동도

흑색형. 2018.1.28. 인천 강화 교동도
ⓒ 김준철

수리과 Accipitridae

털발말똥가리 *Buteo lagopus* Rough-legged Buzzard ♂52~57cm, ♀57~60.5cm

서식 유라시아와 북아메리카 북부에서 번식하고, 겨울철에는 유라시아와 북아메리카의 온대지역으로 이동한다. 국내에서는 적은 수가 월동한다. 11월 하순부터 도래하며, 3월 초순까지 머문다.

행동 정지비행으로 땅 위의 먹이를 탐색한다. 먹이는 쥐와 작은 조류다.

특징 부척 전체에 가는 깃털이 덮여 있다. 가슴은 흰색 바탕에 갈색 세로 줄무늬가 있으며 멱과 배는 성별에 따라 차이가 있다. 성조는 날 때 보이는 몸윗면의 첫째날개깃 기부가 불명확한 때 묻은 듯한 흰색이며, 어린새는 흰색이 선명하다. 몸아랫면의 첫째날개깃 기부는 흰색이다.

수컷 턱밑과 멱의 검은색이 배보다 더 진하다. 날개아랫면 익각의 검은 무늬가 암컷보다 덜 명확하다. 날개아랫면에 무늬가 더 많다. 꼬리 끝에 짙은 검은색 띠가 1열 있으며 그 안쪽으로 폭 좁고 검은 띠가 1~3열 있다.

암컷 배가 턱밑과 멱보다 색이 더 진하다. 익각에 명확한 검은 무늬가 있다. 날개아랫면의 무늬가 수컷보다 적다. 꼬리 끝에 검은 띠가 1열 있다.

어린새 날 때 보이는 몸윗면의 첫째날개깃 기부가 흰색이며, 날개 끝을 따라 흐린 띠가 있다(성조만큼 뚜렷하지 못하다). 꼬리 끝에 폭 넓은 흑갈색 띠가 퍼져 있다.

분류 4아종으로 나눈다. 주로 예니세이강 동쪽에 분포하는 *menzbieri*가 찾아오며, 드물게 캄차카, 오호츠크해, 쿠릴열도 북부에서 번식하는 캄차카털발말똥가리(*kamtschatkensis*)도 확인된다. *kamtschatkensis*는 *menzbieri*보다 색이 더 진하며, 몸 위·아랫면의 각 깃털에 명확한 흑갈색 축반이 있어 흑백의 대비가 뚜렷하다. 아랫날개덮깃은 어두운 무늬가 더 많고 진하다.

수컷. 2011.1.1. 충남 천수만 © 김준철

어린새. 2008.1.25. 경기 하남 미사리 © 서정화

어린새. 2011.2.2. 충남 천수만

성조. 2010.12.19. 충남 천수만 © 김신환

닮은 종 비교

말똥가리 성조. 2011.12.4. 강원 강릉 주문진 © 황재홍

말똥가리 어린새. 2006.2.11. 경북 울진

큰말똥가리 성조. 2011.2.12. 인천 강화 교동도

큰말똥가리 어린새. 2011.1.19. 충남 천수만 © 백정석

털발말똥가리 어린새. 2011.2.2.
충남 천수만

항라머리검독수리 어린새. 2008.3.16.
제주 용수 © 최창용

초원수리 미성숙 개체. 2007.6.15. 몽골
© 곽호경

수리과 Accipitridae

항라머리검독수리

Clanga clanga Greater Spotted Eagle ♂67cm, ♀70cm

서식 동부 유럽에서 중국 동북부까지, 우수리 지방, 이란 북부에서 번식한다. 국내에서는 매우 적은 수가 통과하는 나그네새이며, 매우 적은 수가 월동하는 겨울철새다. 10월 초순부터 도래해 통과하거나 월동하며, 3월 중순까지 머문다.

행동 습지, 갈대밭, 하천, 농경지 근처의 산림에 서식한다. 말똥가리와 비상하는 모습이 비슷하며, 주로 습지에서 원을 그리면서 범상하며 먹이를 찾는다. 개구리, 뱀 등 양서류와 파충류, 쥐, 수금류의 어린새를 잡아먹으며, 동물 사체도 먹는다.

특징 날개 폭이 넓으며 꼬리는 짧다. 날갯짓을 하지 않고 미끄러지듯이 날 때 바깥쪽 첫째날개깃이 아래로 처진다(검독수리는 날개 끝이 위로 향한다). 크기는 큰말똥가리보다 약간 큰 정도다. 깃털이 발목까지 덮는다.

성조 전체적으로 흑갈색이며, 위꼬리덮깃은 폭 좁은 U자형 흰색이다. 날 때 보이는 몸윗면 첫째날개깃 기부의 깃축이 흰색이다. 몸아랫면의 날개덮깃은 날개깃보다 색이 더 진하며, 첫째날개깃 기부가 폭 좁은 흰색이다.

어린새 성조보다 진한 흑갈색이며, 몸윗면의 날개덮깃과 어깨깃에 흰 반점이 흩어져 있고, 첫째날개깃 기부, 둘째날개깃 끝, 꼬리 끝은 흰색이다. 아랫날개덮깃은 날개깃보다 진하다.

실태 세계자연보전연맹 적색자료목록에 취약종(VU)으로 분류된 국제보호조다. 멸종위기 야생생물 II급이다.

닮은종 **초원수리** 성조는 날 때 보이는 날개깃에 어두운 줄무늬가 많다.

성조. 2012.11.8. 제주 하도리 ⓒ 김준철

어린새. 2009.2.2. 전남 해남 금호호

어린새. 2009.11.5. 충남 천수만 ⓒ 진경순

어린새. 2008.3.16. 제주 용수 ⓒ 최창용

초원수리 *Aquila nipalensis* Steppe Eagle L63~74cm

서식 알타이산맥 서부에서 몽골 대초원까지 번식하고, 중동, 아라비아, 아프리카 동부와 남부, 인도, 남아시아에서 월동한다. 지리적으로 2아종으로 나눈다. 국내에서는 매우 희귀한 겨울철새 또는 미조로 도래한다.

행동 산림지대와 덤불지역을 피하며, 반사막, 초지, 사바나, 농경지 등을 선호한다. 이동시기에 히말라야산맥과 같이 고지대에서도 관찰된다. 먹이는 다양해 썩은 사체에서부터 땅 위의 작은 조류나 포유류도 먹는다.

특징 항라머리검독수리와 비슷하다. 날 때 날개가 거의 수평에 가까우며, 간혹 날개 끝이 아래로 처지기도 한다. 날개가 약간 길다. 대부분 뒷목에 탈색된 듯한 담황색 반점이 있으며, 턱밑과 멱은 색이 옅다. 몸윗면은 어두운 갈색으로 날개깃과 날개덮깃 간에 색 차이가 심하지 않다. 위꼬리덮깃은 폭 좁은 연한 흰색으로 꼬리 기부에 U자형을 이룬다. 날 때 날개깃에 가느다란 어두운 띠가 많이 보이며, 깃 끝을 따라 검은 띠를 이룬다. 콧구멍이 타원형이다(항라머리검독수리는 원형).

어린새 앉아 있을 때 몸윗면은 갈색이며 날개깃은 검은색, 둘째날개깃 끝, 큰날개덮깃 끝, 셋째날개깃 끝과 꼬리 끝은 흰색, 날 때 몸아랫면의 큰날개덮깃에 폭 넓은 흰색 줄무늬가 보이며, 날개깃과 꼬리깃 끝을 따라 흰색이다.

닮은종 **항라머리검독수리** 성조는 몸아랫면의 날개깃이 줄무늬가 없는 검은색이며, 날개덮깃이 날개깃보다 진하다. 날개아랫면의 첫째날개깃 기부가 폭 좁은 흰색이다.

아성조. 2012.6.15. 몽골 바양누르 © 고경남

미성숙 개체. 2022.1.13. 인천 강화 교동도 © 박대용

미성숙 개체. 2009.6.15. 몽골 바양고비

미성숙 개체. 2015.12.27. 경기 화성 호곡리 © 박대용

수리과 Accipitridae

흰죽지수리 *Aquila heliaca* Eastern Imperial Eagle ♂77cm, ♀83cm

서식 유럽 남부, 러시아 남부, 시베리아 중앙부, 몽골, 인도 북서부에서 번식하며, 비번식기에는 남쪽으로 이동한다. 국내에서는 습지, 하구, 넓은 농경지에서 볼 수 있는 매우 드문 겨울철새 또는 나그네새다. 10월 초순부터 도래해 통과하거나 월동하며, 3월 중순까지 머문다.

행동 농경지 또는 숲 가장자리의 나무에 앉아 쉬며, 공중을 선회하며 땅 위의 먹이를 찾는다. 먹이는 작은 포유류, 도마뱀, 뱀, 작은 수금류다.

특징 검독수리와 비슷하지만 꼬리가 짧다. 날개폭이 균일하게 넓으며 날개 끝이 사각형이다.

성조 전체적으로 흑갈색이다. 머리와 뒷목의 황갈색은 검독수리보다 색이 엷다. 어깨에 특징적인 흰 반점이 몇 개 있다(간혹 거의 보이지 않는 경우도 있다). 꼬리 기부는 색이 엷으며 가느다란 줄무늬가 조밀하다(검독수리는 성기다). 깃털이 발목까지 덮는다. 아랫날개덮깃은 검은색으로 보인다.

어린새 전체적으로 황갈색이 강하다. 가슴, 어깨, 등, 날개덮깃에 황갈색 줄무늬가 흩어져 있다. 날 때 보이는 몸 안쪽의 첫째날개깃 3장은 색이 연하며, 날개깃, 몸윗면의 큰날개덮깃, 첫째날개덮깃, 꼬리깃 끝을 따라 폭 넓은 흰색이다. 부척 깃털은 색이 매우 연하다.

실태 세계자연보전연맹 적색자료목록에 취약종(VU)으로 분류된 국제보호조다. 멸종위기 야생생물 II급이다.

닮은종 **검독수리** 몸 안쪽 날개(셋째날개깃 부분)의 폭이 좁고, 날개 끝이 둥글다. 꼬리가 길다. 검은색 꼬리깃 기부에 가느다란 줄무늬가 성글다.

성조. 2004.1.15. 충남 천수만 ⓒ 이해순

성조. 2009.1.12. 전남 해남 금호호

어린새. 2011.12.1. 경기 안산 시화 ⓒ 백정석

어린새. 2009.2.8. 전남 해남 금호호 ⓒ 이상일

검독수리 *Aquila chrysaetos* Golden Eagle ♂78~86cm, ♀85~95cm

서식 유라시아대륙, 아프리카 북부, 북아메리카 등에 폭넓게 서식한다. 암석이 많은 개방된 산악지대에 서식한다. 지리적으로 6아종으로 나눈다. 국내에서는 드문 겨울철새다.

행동 주로 산악지대에서 번식하지만 겨울에는 하천, 평야, 해안가나 평지에 서식한다. 주로 산토끼, 꿩, 오리류 등을 사냥한다.

특징 수리류 중 대형이다. 날개 끝이 둥글다. 부척은 깃털로 덮여 있다(흰꼬리수리는 깃털이 전혀 없다). 활공할 때 날개를 위로 약간 들어 올려 밋밋한 V자 형태를 이룬다.

성조 전체적으로 흑갈색이며 정수리에서 뒷목까지 적갈색을 띠는 금색으로 검은색 얼굴색과 대조를 이룬다. 가운데날개덮깃과 몸 안쪽 큰날개덮깃은 깃 색이 바래지고, 마모되어 색이 연하다. 부리는 검은색이며 납막은 연한 노란색이다.

어린새 날 때 날개윗면의 첫째날개깃 기부에 흰 반점이 보이며, 날개아랫면의 첫째날개깃과 둘째날개깃 기부에 큰 흰색 반점이 있다. 꼬리는 흰색이며 끝에 폭 넓은 검은색 띠가 있다. 앉아 있을 때 날개덮깃은 균일한 흑갈색이다.

아성조 꼬리의 흰 부분에 흑갈색이 섞여 있다. 날개의 흰 반점은 어린새보다 작으며 특히 날개윗면의 흰 반점은 매우 작다. 날개덮깃은 성조와 형태가 비슷하다.

실태 천연기념물이며 멸종위기 야생생물 I급이다. 과거 경기 예봉산, 천마산, 전남 내장산 도집봉 등지에서 소수가 번식한 텃새였으나, 오늘날 번식 기록은 없으며, 적은 수가 겨울철새로 찾아온다.

성조. 2011.1.23. 충남 천수만 © 김신환

아성조. 2008.1.26. 충남 천수만 © 곽호경

어린새. 2009.1.17. 전남 해남 금호호 © 빙기창

어린새. 2009.1.17. 전남 해남 금호호 © 빙기창

수리과 Accipitridae

흰배줄무늬수리 *Aquila fasciata* Bonelli's Eagle L65~74.5cm

서식 아프리카 북부, 이베리아 반도에서 중동, 중앙아시아까지 산발적으로 분포하며, 인도, 중국 동남부, 소순다열도에 분포한다. 지리적으로 2아종으로 나눈다. 국내에서는 2007년 3월 21일 전남 신안 도초면 우이도에서 사체가 수집되었을 뿐이다.

행동 바위가 많은 산악지대, 가파른 계곡, 골짜기에서 서식하며, 겨울에는 평지, 약간 습한 저지대 등지로 이동한다. 연중 한 곳에 머무는 텃새이지만 간혹 먼 거리를 방랑하는 경우도 있다. 소형 또는 중형 조류, 포유류, 파충류를 먹으며 종종 곤충을 잡아먹는다. 또한 드물게 동물의 사체도 먹는다.

특징 중대형 맹금류다. 벌매와 비슷하다. 머리가 작고 꼬리는 약간 길다.

성조 몸윗면은 흑갈색 바탕에 등깃에 흰 반점이 있다. 몸아랫면은 흰색 바탕에 가는 흑갈색 줄무늬가 흩어져 있다. 날 때 몸 바깥쪽 첫째날개깃이 약간 밝게 보인다. 날개아랫면의 익각 부분이 폭 넓은 검은색이며, 큰날개덮깃에 폭 넓은 검은색 띠가 그어져 있다. 꼬리는 회색 바탕에 폭 좁은 줄무늬가 있으며, 꼬리 끝에 폭 넓은 검은색 띠가 있다.

3년생 몸윗면은 전체적으로 흑갈색이다. 몸아랫면은 옅은 적갈색 바탕에 명확한 검은 줄무늬가 밀생한다. 날개아랫면은 적갈색 바탕에 큰날개덮깃을 따라 폭 넓은 검은색 줄무늬가 있다. 꼬리 끝부분에 다소 폭 넓은 검은 줄무늬가 있다.

어린새 몸아랫면과 아랫날개덮깃은 담황색을 띤 적갈색이다. 날 때 첫째날개깃 끝부분이 어둡게 보인다. 날개깃과 꼬리깃은 옅은 회색이며 가는 줄무늬가 규칙적으로 흩어져 있다.

3년생. 2007.3.21.
전남 신안 우이도 채집 표본

3년생. 2007.3.21.
전남 신안 우이도 채집 표본

성조. 2012.12.3. 인도. Seshadri.K.S.

흰점어깨수리 *Hieraaetus pennatus* Booted Eagle L50~57cm

서식 유럽 남부와 아프리카 북부에서 인도 북서부까지, 중앙아시아, 아프리카 남부에서 번식하고, 아프리카 동부와 남부, 인도를 비롯한 남아시아에서 월동한다. 국내에서는 2006년 10월 29일 전남 신안 흑산도에서 1개체가 관찰된 이후 2007년 3월 30일 군산에서 1개체가 관찰된 미조다.

행동 개방된 산림, 산악 지대, 관목 숲, 큰 나무가 드물게 있는 풀밭에 서식한다. 먹이를 찾아 비행하다, 날개를 접고 빠른 속도로 돌진해 포유류, 조류, 파충류를 잡아먹는다.

특징 말똥가리보다 약간 작다. 담색형과 암색형이 있다. 몸윗면은 전체적으로 어두운 흑갈색 바탕에 어깻죽지 앞에 작은 순백색 반점이 명확하다. 날 때 몸 안쪽의 첫째날개깃 3~4장이 밝게 보인다. 위꼬리덮깃에 U자 형 폭 좁은 흰 무늬가 명확하다. 날 때 큰날개덮깃, 가운데날개덮깃, 어깨깃의 색이 엷게 보인다. 꼬리는 비교적 짧으며, 중앙꼬리깃이 약간 긴 정도다(간혹 솔개와 형태가 비슷해 보인다).

암색형 몸아랫면은 균일한 어두운 적갈색이다. 날개아랫면의 큰날개덮깃을 따라 폭 넓은 검은색 줄무늬가 있다.

담색형 몸아랫면은 흰색이며, 가슴에 흑갈색 무늬가 있다. 날개아랫면은 흰색이며 작고 어두운 반점이 흩어져 있다. 날개깃은 암색형보다 더 어둡게 보인다.

어린새 성조와 비슷해 구별하기 어렵다.

2006.10.30. 전남 신안 흑산도

2011.6.3. 몽골 아르캉가이 ⓒ 허위행

2006.10.30. 전남 신안 흑산도

2006.10.30. 전남 신안 흑산도

수리과 Accipitridae

뿔매 *Nisaetus nipalensis* Mountain Hawk Eagle ♂72cm, ♀80cm

서식 인도 서부, 스리랑카, 히말라야에서 인도차이나까지, 중국 남부, 대만, 일본에 분포하는 텃새다. 지리적으로 2 또는 3아종으로 나눈다. 국내에서는 1940년대 이전에 몇 회에 걸쳐 채집된 기록이 있다.

행동 능선이나 계곡 주변에서 범상하거나 나뭇가지에 앉아 먹이를 찾는 경우가 많다. 주로 포유류, 조류, 양서류, 파충류를 잡아먹고 사는 산지성 수리다.

특징 몸윗면은 어두운 갈색이다. 머리에서부터 얼굴 주변까지 흑갈색이며, 뒷머리에 짧게 돌출된 깃이 있다. 멱은 흰색이며 중앙에 흑갈색 줄무늬가 1열 있다. 가슴은 흰색으로 흑갈색 세로 줄무늬가 있으며, 배 아래로는 적갈색 가로 줄무늬가 있다. 날 때 날개윗면은 갈색으로 보이며, 날개폭이 넓고 날개 끝이 둥근 느낌이다. 꼬리에 암갈색 줄무늬가 4열 있다.

어린새 성조에 비해 전체적으로 흰색이 많다. 머리는 옅은 황갈색 바탕에 흑갈색 줄무늬가 흩어져 있어 옅게 보인다. 몸윗면은 회갈색에 깃 가장자리가 황갈색이다. 가슴에 가는 갈색 줄무늬가 있다. 멱을 포함한 몸아랫면은 흰색이며, 옆구리와 아래꼬리덮깃에 담갈색 줄무늬가 있다. 성조보다 날개아랫면과 꼬리의 가로 줄무늬 폭이 좁고 수가 많다. 벌매와 달리 발목 아래까지 깃털로 덮여 있다.

성조. 2003.11.27. 일본 © 와다나베

성조. 2004.12.14. 일본 © 와다나베

성조. 2008.9.12.일본 © 와다나베

어린새. 2003.11.27. 일본 © 와다나베

느시 *Otis tarda* Great Bustard ♂100cm, ♀75cm

서식 이베리아반도, 동유럽, 중동 부근에서 러시아 중부까지, 몽골, 중국 북부, 아무르지방에 분포한다. 지리적으로 2아종으로 나눈다. 국내에서는 매우 희귀한 겨울철새이며, 최근 도래 기록이 거의 없다.

행동 광활한 평야, 초지, 논, 강변 등지에 서식한다. 곡류, 씨앗, 식물의 줄기, 뿌리 등을 즐겨 먹으며 그 밖에 곤충, 연체동물, 파충류 등을 먹는다. 비상할 때에는 기러기처럼 곧바로 떠오르거나 빠르게 몇 걸음을 걷다가 떠올라 약간 느린 속도로 난다.

특징 매우 크며, 암컷보다 수컷이 월등히 크다. 부리가 짧고 크다. 발가락이 3개다.

수컷 머리에서 목까지 엷은 청회색이다. 성조는 멱에 긴 흰색 실 같은 깃이 있다(겨울에는 짧다). 뒷목에서 가슴까지 적갈색이다(겨울철에는 적갈색의 폭이 좁다). 앉아 있을 때에도 날개의 상당 부분이 흰색으로 보인다. 목이 암컷보다 굵다.

암컷 멱의 실 같은 깃이 없다. 수컷보다 훨씬 작다. 목은 수컷과 달리 청회색이 적고, 황갈색이 스며 있다. 가슴의 적갈색이 매우 엷다. 날개의 흰 부분이 수컷보다 좁다.

어린새 머리에서 목까지 갈색 기운이 있다. 날개의 흰 부분과 황갈색 부분의 경계가 성조와는 달리 분명하지 않다.

실태 세계자연보전연맹 적색자료목록에 취약종(VU)으로 분류된 국제보호조다. 천연기념물이며 멸종위기 야생생물 I급이다. 과거 들칠면조, 너화로 불렸으며, 논이나 밭에 앉은 10~50개체의 무리도 볼 수 있었다고 한다. 19세기 말까지 많은 수가 찾아오는 겨울철새였으나, 6.25 이후 급격히 감소했다. 농업의 기계화, 살충제 사용 및 수렵에 의한 것으로 보인다.

수컷. 2011.6.16. 몽골 빈더르 ⓒ 곽호경

수컷. 2016.12.30. 경기 여주 정단리 ⓒ 진경순

수컷. 2016.12.31. 경기 여주 매화리 ⓒ 한종현

암컷 추정. 2023.1.16. 강원 철원 ⓒ이용상

알락뜸부기 *Coturnicops exquisitus* Swinhoe's Rail L15cm

서식 바이칼 동남부와 중국 동북부의 제한된 지역에서만 번식하고, 한국(?), 일본, 중국 남부에서 월동한다. 매우 희귀한 나그네새다. 국내에서는 주로 9월 하순에서 11월 초순 사이에 관찰된다.

행동 경계심이 매우 강하다(생태에 대해 알려진 것이 거의 없다). 풀이 무성한 습지, 갈대밭에 서식한다. 둥지는 풀이 무성한 초지의 지면에 마른 풀줄기를 이용해 튼다. 주로 수서곤충, 무척추동물, 식물의 종자를 먹는다.

특징 매우 작은 뜸부기류다. 암수 같은 색이며 날 때 보이는 둘째날개깃 끝이 흰색이다. 몸윗면은 갈색이며, 황갈색과 흑갈색 줄무늬가 있고, 가느다란 흰 반점이 흩어져 있다. 얼굴은 회갈색이며 불명확하고 어두운 눈선이 있다. 몸아랫면은 흰색이며, 앞목, 가슴, 옆구리, 아래꼬리덮깃에 황갈색 줄무늬가 있다. 홍채는 갈색, 윗부리는 흑갈색이며 아랫부리는 녹황색이다. 다리와 발가락은 살구색(갈색)이다.

겨울깃 뒷목과 옆목에 작은 흰색 반점이 있다. 멱은 때 묻은 듯한 흰색이며, 가슴에 어두운 반점이 약간 있다.

실태 세계자연보전연맹 적색자료목록에 취약종(VU)으로 분류된 국제보호조다. 국내에서는 1913~1930년 사이에 경기에서 봄·가을에 7회 채집기록이 있으며, 이후 오랫동안 기록이 없다가 2005년 10월 28일 전남 신안 홍도에서 1개체, 2012년 10월 20일 전남 신안 흑산도에서 1개체가 포획되었다. 이후 홍도, 흑산도, 외연도, 인천시, 서산시, 태안군 등지에서도 확인되었다. 2015년 이후 충남 천수만 간척지 논에서 벼 수확 중 여러 개체가 확인되었다. 가을철 적은 수가 규칙적으로 통과하는 것으로 판단된다.

어린새. 2005.10.28. 전남 신안 홍도 © 김성현

어린새. 2012.10.20. 전남 신안 흑산도 © OGURA Takeshi

어린새. 2005.10.28. 전남 신안 홍도

어린새 표본. 2008.11.2. 전남 신안 홍도

흰눈썹뜸부기 *Rallus indicus* Brown-cheeked Rail L29cm

서식 몽골 북부, 바이칼지역에서 시베리아 동남부까지, 일본에서 번식하고, 벵골 동부, 인도차이나반도, 중국 남부, 한국, 일본 남부에서 월동한다. 봄·가을 드물게 통과하며 일부가 중·남부 지역에서 월동한다. 국내에서는 9월 중순부터 도래해 통과하거나 월동하며, 5월 중순까지 관찰된다.

행동 줄과 갈대가 무성한 호수, 습지, 하구에 서식한다. 갈밭과 풀숲 사이를 조용히 걸어 다니며 꼬리를 상하로 움직인다. 놀랐을 때에는 머리와 꼬리를 낮추고 빠르게 달아난다. 날아오르는 모습은 보기 힘들다. 번식철에는 "찍, 찍" 하는 날카로운 소리를 낸다. 둥지는 풀줄기로 접시 모양으로 튼다. 어류, 새우, 곤충류 등과 식물의 종자를 먹는다.

특징 암수 색깔이 같다. 몸윗면은 녹슨 듯한 갈색이며, 검은색 세로 줄무늬가 흩어져 있다. 눈선은 갈색이다. 눈썹선은 회백색이며, 눈 앞쪽으로 갈색이 스며 있다. 홍채는 붉은색이다. 얼굴에서 가슴까지 청회색이며 가슴과 가슴 옆에 엷은 갈색 기운이 스며 있다. 배에서 아래꼬리덮깃까지 흰색과 검은색 가로 줄무늬가 교차한다. 부리는 길며 윗부리는 검은색, 아랫부리는 붉은색, 다리는 엷은 붉은색을 띠는 살구색이며, 날 때 첫째날개깃이 어둡게 보인다.

어린새 부리는 붉은색이 감소해 엷게 보인다. 홍채는 갈색, 멱은 흰색이며, 가슴 중앙 부분은 때 묻은 듯한 흰색이다. 가슴에 흐린 흑갈색 줄무늬가 흩어져 있다.

분류 과거 유라시아대륙의 온대에서 번식하는 종을 Water Rail (*Rallus aquaticus*)로 보고, 지리적으로 4아종으로 분류했지만 최근 몽골에서 일본에 이르는 지역에 분포하는 종을 별개의 Brown-cheeked Rail (*R. indicus*)로 분류하고 있다. **회색가슴뜸부기(Water Rail)**는 2006년 12월 31일 충남 서산 해미천에서 관찰된 이후 경기 안산 갈대습지공원, 강원 강릉 남대천 등지에서 관찰되었다.

2009.4.18. 전남 신안 흑산도

2010.1.13. 충남 천수만 © 이광구

2018.1.30. 전남 신안 흑산도

회색가슴뜸부기(Water Rail). 2021.1.9. 인천 서구 심곡천

흰배뜸부기

Amaurornis phoenicurus White-breasted Waterhen L31.5~34.5cm

서식 중국 중부와 남부에서 동남아시아까지, 인도에 분포한다. 지리적으로 3아종으로 나눈다. 국내에서는 적은 수가 통과하는 나그네새이며. 적은 수가 번식하는 여름철새다. 봄철에는 4월 하순에 도래해 5월 중순까지 관찰되며, 가을철에는 8월 초순에 도래해 9월 하순까지 관찰된다.

행동 습지, 초지, 논에서 서식하며, 경계심이 강해 좀처럼 모습을 드러내지 않는다. 꼬리를 상하로 규칙적으로 움직이며 풀 속에 숨어 먹이를 찾는다.

특징 암수 같은 색, 다른 종과 혼동이 없다. 머리, 등, 날개덮깃은 균일한 청회색이다. 이마에서 아랫배까지 흰색, 아래꼬리덮깃은 밤색, 부리는 황록색이며 윗부리 기부는 붉은색, 다리는 황록색이다.

어린새 몸윗면에 갈색 기운이 강하다. 얼굴에 불명확한 회갈색 무늬가 흩어져 있다. 가슴과 옆구리에 가늘고 짧은 회갈색 줄무늬가 있다. 부리는 어두운 회갈색이다. 먼 거리에서 쇠물닭 어린새로 혼동할 수 있다(쇠물닭 어린새는 아래꼬리덮깃 양쪽에 흰 반점이 있으며, 옆구리에 흰색 깃이 있다).

실태 국내 관찰기록이 증가하고 있다. 2001년 6월 전북 남원에서 번식이 확인된 이후 경기 수원, 파주, 제주도 등지에서 번식했다. 드물게 남부지방에서 월동한 기록도 있다.

여름깃. 2006.6.30. 제주 © 곽호경

여름깃. 2011.5.16. 전남 신안 흑산도 © 박형욱

번식 개체. 2011.6.18. 경기 파주 © 진경순

월동 개체. 2005.12.26. 전남 신안 흑산도

쇠뜸부기 *Zapornia pusilla* Baillon's Crake L18~19cm

서식 아프리카, 유라시아 대륙의 온대지역, 인도, 동남아시아, 오스트레일리아, 뉴질랜드에 분포한다. 국내에서는 드물게 통과하는 나그네새다. 봄철에는 4월 중순부터 도래해 5월 중순까지 관찰되며, 가을철에는 9월 중순부터 도래해 10월 중순까지 관찰된다.

행동 논, 습지, 갈대밭에서 조용히 움직이기 때문에 관찰이 어렵다. 곤충류, 식물의 종자, 연체동물을 먹는다. 단독으로 소리 없이 생활하지만 이동시기에 간혹 독특한 외마디 울음소리를 낸다.

특징 암수 비슷하다. 매우 작은 뜸부기류다. 정수리에서 뒷목, 몸윗면은 갈색, 등과 날개깃에 검은색과 흰 반점이 흩어져 있다. 옆구리에서 아래꼬리덮깃까지 흰색과 검은색 줄무늬가 교차한다. 성조는 홍채가 적갈색이며, 얼굴에서 가슴까지 청회색이다.

수컷 갈색 눈선 위로 폭 넓고 긴 청회색 눈썹선이 있고, 눈 아래로 폭 넓은 청회색이다.

암컷 눈 위와 뒤쪽으로 짧은 청회색 눈썹선이 있고, 눈 아래로 청회색이 거의 없는 갈색이다.

어린새 얼굴은 옅은 갈색으로 성조에서 보이는 청회색이 없다. 눈썹선은 흰색이 스며 있는 옅은 갈색, 홍채는 등색을 띠는 갈색, 앞목은 흰색, 가슴옆은 갈색이다.

아종 지리적으로 6아종으로 분류한다. 아종 *pusilla*는 중앙아시아에서 동쪽으로 중국 동북부, 러시아 극동, 북한, 일본, 남쪽으로 이란, 인도 서북부에서 번식하고, 인도, 스리랑카, 인도차이나반도, 중국 남부, 인도네시아, 필리핀에서 월동한다.

성조 수컷. 2017.5.6. 전남 신안 흑산도 © 곽호경

어린새. 2008.10.4. 전남 신안 흑산도

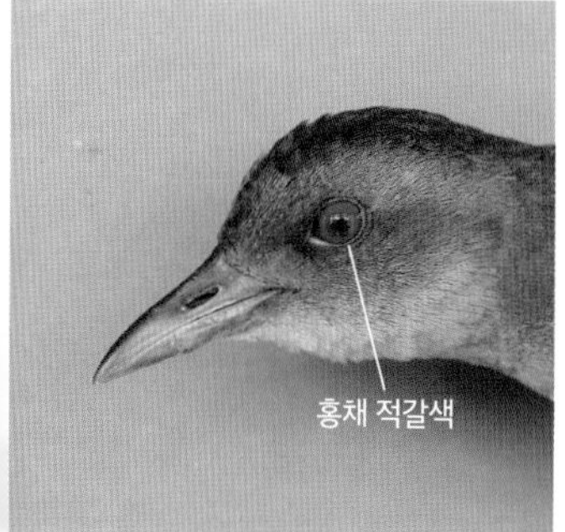

성조 수컷. 2009.9.12.

성조 암컷. 2009.9.13.

어린새. 2009.9.13.

쇠뜸부기사촌 *Zapornia fusca* Ruddy-breasted Crake L20~21cm

서식 인도에서 동남아시아까지, 중국, 한국, 일본에 분포한다. 북방 개체는 겨울철에 남쪽으로 이동한다. 지리적으로 4아종으로 나눈다. 국내에서는 흔히 번식하는 여름철새다. 4월 초순부터 도래해 10월 하순까지 관찰된다.

행동 초지, 물 고인 논, 갈대밭, 저수지 등지에서 조용히 움직이기 때문에 보기 힘들다. 위로 치켜세운 꼬리를 끊임없이 상하로 흔들며 풀숲 사이에서 곤충을 잡아먹는다. 둥지는 풀줄기를 이용해 지면에 튼다. 알을 6~9개 낳아 20일간 품는다.

특징 몸윗면은 균일한 암갈색, 얼굴에서 배까지 적갈색, 턱은 흰색, 홍채는 붉은색이다. 아랫배에서 아래꼬리덮깃까지 어두운 흑갈색 바탕에 가느다란 흰색 가로 줄무늬가 있다. 부리는 검은색이며, 부리 기부와 아랫부리의 상당 부분이 녹색 기운이 있는 청회색이다. 다리는 붉은색이며 약간 길고, 발가락이 길다. 꼬리가 매우 짧다.

어린새 몸윗면은 흑갈색, 성조와 달리 몸아랫면에 적갈색이 없다. 멱에서 배까지 흰색 또는 때 묻은 듯한 흰색 바탕에 흑갈색 얼룩 줄무늬가 흩어져 있다. 홍채는 갈색, 다리색은 거무스름하다.

닮은종 **한국뜸부기** 날개덮깃에 흰색 줄무늬가 흩어져 있다. 아랫배에서 아래꼬리덮깃까지 폭 넓은 검은색과 폭 넓은 흰색 가로 줄무늬가 교차한다. 다리는 주황색이다.

성조. 2011.7.2. 경기 파주 장릉 인근

성조. 2009.6.30. 강원 원주 © 백정석

성조. 2011.6.12. 경기 파주 오금리

성조. 2009.6.13. 경기 포천 © 진경순

성조. 2011.7.2. 경기 파주 장릉 인근

어린새. 2006.10.12. 경기 시흥 © 심규식

뜸부기과 Rallidae

한국뜸부기 *Zapornia paykullii* Band-bellied Crake L24.5cm

서식 시베리아 동부, 중국 동북부, 한반도 북부에서 번식하고, 중국 남부, 말레이반도, 보르네오에서 월동한다. 국내에서는 매우 희귀하게 통과하는 나그네새이며 극히 적은 수가 번식하는 여름철새다.

행동 풀과 관목이 무성한 습지 가장자리, 물을 뺀 논, 건조하거나 습한 땅에서 서식한다.

특징 쇠뜸부기사촌과 매우 비슷하지만 더 크다. 큰날개덮깃과 가운데날개덮깃에 흰색 줄무늬가 흩어져 있다. 아랫배에서 아래꼬리덮깃까지 폭 넓은 흰색과 검은색 가로 줄무늬가 교차한다. 얼굴에서 가슴까지 적갈색, 턱밑은 흰색, 부리 위쪽과 끝은 검은색이며 나머지는 녹색과 청회색 기운이 강하다.

1회 겨울깃 전체적으로 성조와 비슷하다. 얼굴부터 가슴까지 적갈색이지만 성조보다 색이 연하다. 다리는 성조보다 어둡다. 윗부리는 성조보다 어둡고, 성조와 달리 부리 기부의 녹색 기운은 약하다.

실태 세계자연보전연맹 적색자료목록에 준위협종(NT)으로 분류된 국제보호조다. 최근 번식기에 내는 울음소리 및 성조의 관찰기록이 있는 것으로 보아 경기, 강원, 충남, 전북을 포함해 남한에서도 극히 적은 수가 번식하는 것으로 판단된다.

닮은종 **쇠뜸부기사촌** 날개덮깃은 균일한 흑갈색으로 흰 반점이 전혀 없다. 아랫배에서 아래꼬리덮깃까지 흩어져 있는 흰색 가로 줄무늬는 폭이 좁고 불명확하다. 다리는 붉은색이 강하다.

성조. 2008.5.23. 서울 양천 신정동 © 곽호경

성조. 2008.5.23. 서울 양천 신정동

뜸부기 *Gallicrex cinerea* Watercock ♂40cm, ♀33cm

서식 파키스탄, 인도, 인도차이나반도, 인도네시아 서부, 필리핀에서는 텃새이며, 중국, 한국, 일본에서는 여름철새다. 국내에서는 드문 여름철새로 5월 중순에 도래하며 10월 하순까지 관찰된다.

행동 주로 논에 서식한다. 둥지는 벼 포기를 모아 틀거나, 습지 주변의 풀밭에 풀줄기를 이용해 접시 모양으로 만든다. 경계심이 강하다. 번식기에 수컷은 넓은 논 또는 풀밭에서 "뜸, 뜸, 뜸" 하는 특유의 울음소리를 낸다.

특징 다른 종과 혼동이 없다.

수컷 전체가 흑회색이며 등깃과 날개깃 가장자리는 엷은 회백색(성조) 또는 황갈색(미성숙 개체) 비늘무늬를 이룬다. 이마에서 정수리까지 붉은색 피부가 돌출된다. 부리는 노란색이다. 다리와 발가락은 길며 황록색 또는 붉은색이다.

암컷 수컷보다 작다. 몸윗면은 흑갈색이며, 깃 가장자리는 폭 넓은 황갈색이다. 몸아랫면은 황갈색이며(배 중앙부는 흰 기운이 있다), 가는 흑갈색 줄무늬가 있다(겨울철에는 줄무늬가 더 많아진다). 부리는 황갈색, 다리는 녹황색이다.

수컷 겨울깃 암컷과 매우 비슷하지만, 부리가 암컷보다 더 굵다. 몸아랫면의 줄무늬가 암컷보다 더 폭 넓고 뚜렷하다.

실태 천연기념물이며 멸종위기 야생생물 II급이다. 과거 전국적으로 번식했지만 현재는 천수만, 철원평야, 파주 공릉천 하류 등 넓은 논과 간척지에서 매우 적은 수가 번식한다.

성조 수컷. 2011.6.20. 충남 천수만 © 김신환

성조 암컷. 2011.6.12. 경기 파주 송촌리

1회 여름깃 수컷. 2011.6.2. 경기 파주 © 변종관

1회 여름깃 수컷. 2010.6.5. 경기 파주 공릉천 © 김준철

쇠물닭 *Gallinula chloropus* Moorhen / Common Moorhen L30.5~33cm

서식 유라시아, 아프리카의 온대에서 열대 지역에 광범위하게 분포한다. 지리적으로 5아종으로 나눈다. 국내에서는 전국의 습지, 저수지 등지에서 번식하는 흔한 여름 철새다. 중·남부 지역에서 적은 수가 월동한다. 보통 4월 중순부터 도래하며 10월 하순까지 관찰된다.

행동 줄이나 부들, 갈대숲 사이를 조용히 걸어 다니며 곤충, 씨앗 등을 먹는다. 꼬리를 상하로 흔들며 풀숲 사이를 이동하지만 저수지, 연못 등 개방된 장소로 나오는 경우도 많다. 둥지는 갈대, 부들 줄기 사이에 풀줄기를 엮어 틀며, 알을 6~9개 낳아 19~22일간 품는다.

특징 성조는 다른 종과 혼동이 없다. 이마의 붉은색 액판이 특징이고, 아래꼬리덮깃의 양쪽 끝에 큰 흰색 반점이 있다. 물닭에 비해 발가락에 판족이 없고 발가락이 비교적 길다. 겨울깃은 이마의 액판이 작고 아랫배에 흰색 깃이 섞여 있다.

어린새 전체적으로 갈색이다. 얼굴과 멱은 흰색이며, 몸아랫면은 흰색과 갈색이 섞여 있다. 부리는 엷은 황갈색이다. 옆구리에 흰색 깃이 몇 가닥 있으며, 아래꼬리덮깃은 성조와 같은 흰색이다.

분류 과거 12아종으로 나누었지만, 액판의 형태적 차이, 유전적 차이, 울음소리가 서로 달라 최근 2개의 독립된 종 Common Moorhen (*G. chloropus*)과 Common Gallinule (*G. galeata*)로 분류하고 있다.

성조. 2011.7.24. 전남 나주 © 김준철

성조. 2010.7.31. 경기 시흥 © 백정석

성조. 2022.6.18. 경기 고양 장월평천

어린새. 2009.9.15. 전남 신안 흑산도

물닭 *Fulica atra* Eurasian Coot L39cm

서식 유라시아대륙, 인도, 오스트레일리아에 폭넓게 분포한다. 지리적으로 4아종으로 나눈다. 국내에서는 전국 각지의 습지에서 번식한다.

행동 강, 저수지에서 곤충, 작은 어류, 식물의 줄기 등을 먹는다. 번식기에도 여러 마리가 서로 거리를 두고 먹이를 찾으며, 겨울에는 강, 호수에서 큰 무리를 이루어 월동하며 수초를 먹는다. 놀랐을 때를 제외하고는 잘 날지 않는다. 수면에서 날아오를 때 발로 물을 튀기며 달린다. 둥지는 수면 위에 부들, 줄 등의 풀줄기로 엮어 만들고 알을 5~9개 낳아 암수가 교대로 21~24일간 품는다.

특징 암수 색깔이 같다. 전체적으로 검은색이며, 체형은 통통하다. 이마는 흰색이며 부리는 엷은 살구색이다. 홍채는 적갈색, 날 때 둘째날개깃 끝이 흰색으로 보인다.

어린새 몸윗면은 성조와 비슷하지만 흑갈색 기운이 있다. 얼굴, 눈앞, 멱, 앞목은 흰색, 부리는 흑갈색이며 성장하면서 점차 살구색으로 바뀐다. 쇠물닭 어린새와 달리 옆구리와 아래꼬리덮깃에 흰 반점이 없다.

실태 과거 흔히 통과하는 나그네새 또는 겨울철새였으나 전국에서 번식한다. 주로 낙동강 하구, 한강 양수리, 경안천 등 물풀이 무성한 넓은 저수지, 강에서 번식한다. 겨울철에는 북방의 개체가 남하해 개체수가 크게 증가한다.

성조. 2008.3.8. 강원 강릉 경포호

성조. 2011.7.24. 전남 나주 © 김준철

1회 겨울깃으로 깃털갈이. 2011.7.24. 전남 나주 © 김준철

어린새. 2006.7.26. 부산 낙동강

쇠재두루미 *Grus virgo* Demoiselle Crane L68~90cm

서식 우크라이나에서 중국 북동부까지, 몽골 내륙, 아프리카 나일강 유역, 중동, 인도, 중국에서 월동한다. 국내에서는 1940~1945년 사이에 강화도에서 1개체가 확인된 이후 2001년 10월 하순 낙동강 하구에서 1개체, 2014년 11월 8일 강원 철원에서 1개체, 2016년 5월 25일 인천 옹진 연평도 인근 구지도에서 2개체, 2020년 10월 9일 전남 신안 흑산도에서 어린새 1개체, 2021년 3월 3일 충남 서산 천수만 농경지에서 성조 1개체가 확인된 미조다.

행동 준사막지대와 황무지 초원에서 번식한다. 건조한 기후지대에서 서식하며 비교적 단단한 땅, 키 작은 풀밭지역을 좋아한다. 땅에 떨어진 씨앗이나 식물의 뿌리를 먹는다.

특징 소형 두루미류다. 부리가 짧다. 먼 거리에서 검은목두루미로 착각하기 쉽다. 날 때 가슴이 검은색으로 보이며, 첫째날개덮깃과 첫째날개깃의 색 차이가 거의 없다. 셋째날개깃은 무척 길며 끝부분이 검은색이다. 얼굴에서 가슴까지 검은색이다. 눈 뒤로 실 같은 가느다란 흰색 깃이 길게 돌출되며, 목 아래는 검은색 깃이 늘어져 있다.

어린새 몸윗면에 갈색 기운이 있다. 머리는 색이 매우 엷어 먼 거리에서 흰색에 가깝게 보인다. 성조와 달리 목과 가슴은 회흑색이다.

성조. 2009.6.14. 몽골 에르덴산트

어린새. 2020.10.10. 전남 신안 흑산도 © 국립공원 조류연구센터

성조. 2009.6.20. 몽골 바양누르

성조. 2006.8.27. 몽골 에르덴산트 © 서한수

시베리아흰두루미

Leucogeranus leucogeranus Siberian Crane L135cm

서식 러시아의 오브강과 시베리아 북동부의 콜리마천 유역에서 번식하고, 중국의 포양호, 양쯔강 유역에서 월동한다. 국내에서는 불규칙하게 도래하는 희귀한 겨울철새다. 철원평야, 파주, 화성, 천수만, 만경강, 순천만, 고흥, 흑산도, 제주도 등지에서 관찰기록이 있다.

행동 습지, 논 등지에 서식한다. 국내에서는 다른 두루미류 무리에 섞여 먹이를 찾거나 단독으로 월동한다. 긴 부리를 이용해 땅 위에 떨어진 식물의 종자, 곤충류, 어류, 조개류를 먹는다.

특징 이마에서 눈 뒤까지 붉은색 피부가 노출되었다. 첫째날개깃과 첫째날개덮깃의 검은 부분을 제외하고 전체적으로 흰색이다.

어린새 전체적으로 황갈색과 흰색 깃이 섞여 있다. 머리, 목, 등은 황갈색이 강하며, 날개덮깃은 흰색과 황갈색 깃이 섞여 있다.

실태 세계자연보전연맹 적색자료목록에 위급(CR)으로 분류된 국제보호조이며, 멸종위기 야생생물 II급이다. 댐 건설 등 서식지 상실로 개체수가 감소하고 있다. 전 세계에 3,500~4,000개체만이 생존한다. 주요 월동지가 구체적으로 확인되지 않았지만, 최근 중국 장시성(江西省) 북부에 위치한 포양호 주변의 작은 호수들이 주요 월동지라는 사실이 밝혀졌다. 호수지대의 수심이 얕은 물이나 진흙밭에서 사초과 식물의 괴경 등을 먹는다.

성조. 2004.11.20. 전남 신안 흑산도

성조. 2011.11.27. 경기 화성 호곡리 © 한종현

성조. 2011.11.27. 경기 화성 호곡리 © 김준철

어린새. 2008.12.21. 전남 순천 © 김신환

캐나다두루미 *Antigone canadensis* Sandhill Crane L95cm

서식 북아메리카 북부와 시베리아 북동부에서 번식하고, 북아메리카 중부와 남부에서 월동한다. 국내에서는 매우 희귀한 겨울철새로 단지 몇 개체만이 월동한다. 경기 파주, 강원 철원평야, 충남 천수만, 전남 순천만 등지에서 관찰되었다.

행동 습지, 논에서 생활한다. 본래의 월동지에서는 큰 무리를 이루지만 국내에서는 다른 종에 섞여 월동하거나 이동 중 잠시 기착한다. 넓은 논, 습지에서 낟알, 씨앗, 곤충, 달팽이류 등을 먹는다.

특징 소형 두루미류에 속한다. 전체적으로 회색이며, 날개덮깃과 등깃에 녹슨 듯한 갈색 깃이 불규칙하게 섞여 있다. 이마에서 정수리까지 붉은색 피부가 노출되었다. 머리에서 목까지 회색이다. 부리는 검은색이다.

어린새 정수리에 붉은색 피부가 없다. 머리와 목, 날개덮깃 끝은 갈색 기운이 강하다. 부리는 살구색이다.

아종 지리적으로 5 또는 6아종으로 분류한다. 아종 간 크기 차이가 크며, 한국에 도래하는 아종은 시베리아 동북부, 알래스카, 캐나다 북부에서 번식하는 *canadensis*이다.

성조. 2011.10.30. 강원 철원 양지리 © 한종현

성조와 어린 개체. 2011.12.31. 강원 철원 © 최순규

성조. 2011.10.30. 강원 철원 양지리 © 한종현

두루미과 Gruidae

검은목두루미 *Grus grus* Common Crane L114cm

서식 스칸디나비아반도에서부터 시베리아의 콜리마천 유역까지 번식하고, 남유럽, 아프리카 북동부, 인도 북부, 중국, 한국, 일본에서 월동한다. 국내에는 매우 드문 겨울 철새로 찾아온다. 지리적으로 2아종으로 분류한다. 10월 하순에 도래하며, 3월 중순까지 관찰된다.

행동 하구, 논 등 습지에 서식한다. 흑두루미, 재두루미 무리에 섞여 월동하는 경우가 많다.

특징 전체적으로 회백색이다. 정수리에 폭 좁은 붉은색 피부가 노출되었다. 눈앞, 턱밑, 앞목, 뒷머리가 검은색, 눈 뒤에서 옆목을 따라 길게 흰색이다. 큰날개덮깃과 가운데 날개덮깃에 길쭉한 검은 무늬가 흩어져 있다.

어린새 머리에 엷은 황갈색 기운이 있다. 월동 중에 이마, 눈앞, 목에 흐릿한 검은색이 나타난다. 날개덮깃에 길쭉한 검은 무늬가 있지만 성조보다 폭이 좁고 흐리다.

흑두루미-검은목두루미 잡종 검은목두루미 크기이며, 몸깃이 검은목두루미와 비슷하다. 이마, 눈앞, 턱밑이 검은색이다. 앞목은 색이 엷다. 큰날개덮깃과 날개깃이 거의 같은 색이다. 큰날개덮깃과 가운데날개덮깃이 약간 색이 어두우며 검은목두루미에서 나타나는 길쭉한 검은 무늬가 불명확하게 보인다.

실태 천연기념물이며 멸종위기 야생생물 II급이다. 강원 철원평야, 경기 파주 대성동, 충남 천수만, 전남 순천만 등지에서 관찰되며, 국내 월동 개체는 4~20개체에 불과하다.

성조. 2013.1.8. 강원 철원 양지리 ⓒ 박대용

성조. 2019.1.4. 충남 천수만

1회 겨울깃으로 깃털갈이. 2008.12.30. 충남 천수만 ⓒ 김신환

검은목두루미 × 흑두루미 교잡종. 2018.3.27. 인천 강화 숭뢰리

흑두루미 *Grus monacha* Hooded Crane L96.5cm

서식 러시아의 아무르 유역과 중국 북동부에서 번식한다. 재두루미의 번식지와 약간 중복되고 보다 북쪽으로 치우쳐 있다(러시아 남동부지역이 주 번식지다). 월동지는 중국의 양쯔강 유역과 한국의 순천만, 그리고 일본 규슈지방의 이즈미와 인접한 해안이다. 국내에서는 10월 중순에 도래하며, 4월 초순까지 관찰된다.

행동 초지, 습지, 논에서 가족단위로 생활하며 이동시기와 월동지에서는 가족군이 모여 큰 무리를 이룬다. 넓은 농경지 또는 갯벌을 거닐며 낟알, 씨앗과 뿌리, 어류 등을 먹는다.

특징 소형 두루미류다. 이마가 검은색이며 정수리 앞부분에 붉은색 피부가 노출되었다. 머리와 목 윗부분은 흰색이다. 몸은 전체적으로 회흑색이다.

어린새 머리와 목이 엷은 황갈색, 성조와 달리 이마에 검은색이 없으며, 몸깃은 전체적으로 성조보다 진한 흑갈색이다.

실태 천연기념물이며 멸종위기 야생생물 II급이다. 세계자연보전연맹 적색자료목록에 취약종(VU)으로 분류된 국제보호조다. 지구상 생존 개체수는 대략 15,000이다. 1984년부터 대구 화원유원지, 고령 다산면, 옥포면 일원에 200~300개체의 무리가 찾아왔으나 서식지 상실로 현재 월동하지 않는다. 1997년에 전남 순천만 습지에서 70여 개체가 월동하는 것이 알려졌으며, 이후 매년 월동 개체수가 증가해 2013년 500~600여 개체, 최근(2018~2019년)에는 2,000개체 이상 월동한다. 충남 천수만 간월호 및 인근 농경지에서도 200~250여 개체가 월동하지만 간월호가 완전 결빙되면 순천만으로 잠시 이동(1월 초부터 2월 초까지) 후 기상 상황이 호전되면 다시 천수만으로 북상한다. 생존집단의 대부분이 일본 이즈미에서 월동하며, 번식지와 월동지를 오가기 위해 봄철(3월 중·하순)과 가을철(10월 중·하순)에 순천만, 천수만 간월호 인근, 낙동강 등지에 많은 수가 잠시 기착한다(개발사업으로 인해 구미 해평습지를 찾는 개체는 점차 감소하고 있다).

성조. 2011.10.30. 강원 철원
© 백정석

1회 겨울깃으로 깃털갈이 중 2011.11.26.
충남 천수만 © 김신환

성조와 어린새. 2006.11.21. 전남 순천만

비상. 2012.3.24. 충남 천수만 © 진경순

재두루미 *Antigone vipio* White-naped Crane L115~125cm

서식 극동 아시아에서만 분포하는 종으로 몽골 동부, 러시아와 중국 국경지역에서 번식하고, 중국 양쯔강 유역, 한국, 일본 이즈미에서 월동한다. 국내에서는 대부분 철원평야, 임진강 하구, 한강 하구, 파주, 연천 등지에서 월동하며 일부가 낙동강 하구, 주남저수지, 순천만에서 월동한다. 10월 초순부터 도래하며, 4월 초순까지 관찰된다.

행동 월동 중에 어미새는 어린새와 함께 가족군을 형성하며, 이동시기에는 여러 가족군이 모여 큰 무리를 이룬다. 논에 떨어진 낟알을 먹으며, 갯벌에서는 갯지렁이, 식물의 뿌리 등을 먹는다.

특징 눈 주위로 붉은색 피부가 노출되었다. 정수리에서 뒷목까지 흰색이며 등은 회색이다. 앞목 일부와 몸아랫면은 진한 회색이다. 날 때 날개깃이 검은색으로 보인다.

어린새 성조와 달리 얼굴에 붉은색이 거의 없다. 머리, 목 윗부분, 일부 날개덮깃이 황갈색이다. 턱밑은 회색이다.

실태 세계자연보전연맹 적색자료목록에 취약종(VU)으로 분류된 국제보호조다. 천연기념물이며 멸종위기 야생생물 II급이다. 전 세계 생존집단은 5,500~6,500개체다. 국내 월동 개체수는 1,500~2,000이다. 대부분 일본 이즈미와 주변 해안습지에서 월동하며 한국과 일본을 이동하기 위해 한강-임진강 하구, 철원평야, 천수만, 순천만, 구미 해평습지 일대에 중간 기착한다.

성조. 2011.10.30. 강원 철원 양지리 © 김준철

1회 겨울깃(?). 2011.10.30 강원 철원 양지리 © 진경순

성조와 어린새. 2011.10.30. 강원 철원 양지리

성조. 2011.10.30. 강원 철원 양지리 © 한종현

두루미 *Grus japonensis* Red-crowned Crane L140~150cm

서식 몽골 동부, 우수리, 중국 동북부, 일본 홋카이도 동북연안에서 번식하고, 한국, 중국 동남부에서 월동한다. 국내에서는 흔하지 않은 겨울철새다. 10월 하순에 도래하며, 3월 하순까지 관찰된다.

행동 사람의 간섭이 없는 드넓은 농경지, 습지, 하구에 서식한다. 월동 중에 어미새는 어린새와 함께 가족군을 형성해 생활한다. 논에 떨어진 낟알을 먹으며, 강과 하천에서 우렁이, 미꾸라지 등을 먹고, 갯벌에서는 게, 갯지렁이, 염생식물의 뿌리 등을 먹는다.

특징 눈앞과 이마, 턱밑과 목, 셋째날개깃이 검은색이다. 정수리에 붉은색 피부가 노출되었다. 나머지 부분은 흰색이다.

어린새 머리와 목은 거의 균일한 황갈색이다. 등과 날개깃은 흰색 바탕에 황갈색 깃이 섞여 있다. 성조와 달리 날 때 첫째날개깃 끝에 폭 좁은 검은색이 보인다.

실태 세계자연보전연맹 적색자료목록에 위기종(EN)으로 분류된 국제보호조다. 천연기념물이며 멸종위기 야생생물 I급이다. 세계적으로 북미흰두루미 다음으로 희귀하다. 생존 개체수는 2,800~3,300으로 판단된다. 일본 북해도에 약 1,240개체가 텃새로 정착했다. 국내에서는 강원 철원, 경기 연천, 파주 대성동, 인천 강화도 남단에 규칙적으로 도래하는 겨울철새이며, 그 외 지역에서는 거의 확인되지 않는다. 한국에서 월동하는 개체수는 850~1,000이다. 시설채소 재배를 위한 비닐하우스 설치 등에 따른 채식지역 감소, 볏단 수거, 액체비료 살포 등으로 인한 먹이원 감소로 월동 개체수가 점차 감소 추세에 있다.

성조. 2009.11.22. 강원 철원 양지리
© 김준철

어린새. 2010.1.3. 강원 철원 양지리
© 이상일

2회 겨울깃. 2013.1.8. 강원 철원 양지리 © 김준철

성조와 어린새. 2013.1.8. 강원 철원 양지리
© 진경순

세가락메추라기과 Turnicidae

세가락메추라기 *Turnix tanki* Yellow-legged Buttonquail L16.5~18cm

서식 파키스탄 북부와 동남부, 인도, 네팔, 중국 남부에서 동북부까지, 우수리, 북한에서 번식하고, 겨울에는 번식지의 남쪽, 중국 남부 등지에서 월동한다. 지리적으로 2아종으로 나눈다. 국내에서는 적은 수가 통과하는 나그네새다. 봄철에는 5월 초순부터 5월 하순까지 통과하며, 가을철에는 9월 하순부터 10월 하순까지 통과한다.

행동 농경지와 풀밭에서 서식하며 조용히 움직이는 습성이어서 관찰이 매우 어렵다. 놀라면 빠른 날갯짓으로 날아 오른 후 가까운 거리에 내려앉아 풀밭 속으로 숨는다. 먹이는 풀씨, 어린 순, 곤충류다. 암컷이 수컷보다 크며 더 적극적이어서 수컷을 불러들여 교미한다. 번식기에 암컷끼리의 싸움이 벌어진다.

특징 암컷 깃이 더 화려하다. 날개덮깃에 둥근 반점이 흩어져 있다. 날 때 보이는 날개덮깃은 황갈색으로 날개깃과 색 차이가 명확하다. 홍채는 황백색이다. 가슴은 주황색이며 가슴옆과 옆구리에 둥근 검은색 반점이 흩어져 있다. 다리와 부리는 노란색이며, 부리는 메추라기보다 더 길다.

수컷 암컷과 달리 뒷목의 주황색 폭이 매우 좁다.

암컷 수컷과 매우 비슷하지만 뒷목의 주황색 폭이 넓다.

어린새 가슴의 주황색이 성조보다 엷다. 목과 가슴에 흐린 흑갈색 줄무늬가 있다. 날개덮깃의 둥근 반점이 성조보다 흐리다.

암컷. 10월. 충남 서천 © 김수만

수컷. 2008. 인천 국립생물자원관

검은머리물떼새과 Haematopodidae

검은머리물떼새

Haematopus ostralegus Eurasian Oystercatcher L45cm

서식 유럽, 캄차카반도, 동아시아 북부에서 번식하고, 아프리카, 중동, 남아시아, 한국, 중국 남부에서 월동한다. 4아종으로 나눈다. 국내에서는 국지적으로 번식하는 드문 텃새다.

행동 해안가 바위 또는 간조 시 물 빠진 갯벌에서 작은 게, 굴, 조개, 수서곤충 등을 먹는다. 둥지는 바위 위 오목한 곳에 나뭇가지로 엉성하게 틀며, 갈색 바탕에 무늬가 있는 알을 3개 내외로 낳으며, 암수가 교대로 28~33일간 품는다.

특징 암수 색깔이 같다. 머리, 가슴, 몸윗면은 검은색이다. 부리는 길며 붉은색이다. 날 때 날개윗면에 큰 흰색 줄무늬가 보인다. 다리는 분홍색이며, 발가락이 3개다.

어린새 등과 날개깃 가장자리가 갈색이다. 부리 끝이 검은색이다.

실태 천연기념물이며 멸종위기 야생생물 II급이다. 서남해안에 드물게 나타나는 희귀한 새로 알려져 왔으나, 1971년 6월 인천 강화 대송도에서 번식이 확인된 이후 서해의 여러 작은 무인도에서 번식이 확인되었다. 1990년대 후반에 충남 서천 장항읍 유부도 갯벌에서 2,000~5,000개체가 월동하는 것이 알려졌다. 번식기(4월 중순~5월)에는 주로 서해안의 작은 섬들에서 관찰된다.

성조. 2009.5.13. 전남 신안 압해도

성조. 2009.4.30. 충남 서천 유부도 © 오동필

미성숙 개체(우)와 성조. 2013.4.13. 경남 남해 도마마을

성조. 2011.6.19. 충남 천수만

월동 무리. 2013.1.10. 충남 서천 유부도 © 박대용

장다리물떼새

Himantopus himantopus Black-winged Stilt L35cm

서식 유라시아대륙의 중·남부, 아프리카, 인도, 오스트레일리아, 북미 중부, 남아메리카에 분포한다. 적은 수가 통과하는 나그네새이며, 국내에서는 국지적으로 적은 수가 번식하는 여름철새다. 4월 중순부터 도래하며 9월 하순까지 관찰된다.

행동 물 고인 논, 하천, 수심이 낮은 습지에서 생활한다. 얕은 물속을 거닐며 물고기, 곤충의 유충, 갑각류 등을 먹는다. 작은 무리를 이루는 경우가 많다. 둥지는 어린 벼줄기 사이에 벼 그루터기를 이용해 둔덕 모양으로 쌓아 올려 틀고, 짙은 무늬가 있는 알을 4개 낳는다. 22~24일간 암수가 교대로 포란한다.

특징 부리는 검은색으로 가늘고 길며, 다리는 붉은색으로 매우 길다. 수컷 몸윗면은 진한 녹색이며, 암컷은 어두운 갈색이다. 눈 뒤와 뒷머리에 갈색 무늬가 있지만 개체에 따라 다르며, 일부 개체는 완전히 흰색인 경우도 있다.

어린새 머리와 뒷목이 갈색이다. 몸윗면의 깃 가장자리는 황갈색으로 비늘무늬를 이룬다. 다리는 엷은 분홍색이다. 부리는 검은색이며 아랫부리 기부가 분홍색이다. 날 때 보이는 둘째날개깃 끝과 안쪽 첫째날개깃 끝이 폭 좁은 흰색이다.

미성숙 개체 날 때 보이는 둘째날개깃 끝과 안쪽 첫째날개깃 끝이 폭 좁은 흰색이다. 수컷은 몸윗면에 녹색과 갈색이 섞여 있으며, 암컷의 몸윗면은 균일한 갈색이다.

실태 1990년대 이후 개체수가 증가했다. 1997년 충남 천수만 간척지에서 번식이 확인되었으며, 2003년에는 전남 해남 영암호 인근 농경지에서 10여 쌍이 번식했다. 비행기로 볍씨를 뿌리는 직파재배 간척지, 풀이 자라는 묵은 논 등지에서 번식한다.

성조 수컷. 2010.4.24. 강원 강릉 © 백정석

성조 암컷. 2006.5.11. 전남 무안 © 최순규

1회 여름깃 수컷. 2009.4.21. 전남 신안 흑산도

포란 중인 수컷. 2004.6.5. 전남 영암 영암호 인근

미성숙 개체. 2009.8.4. 전남 신안 흑산도

어린새. 2009.10.6. 충남 천수만 © 김신환

장다리물떼새과 Recurvirostridae

뒷부리장다리물떼새

Recurvirostra avosetta Pied Avocet L43cm

서식 유럽, 지중해 연안에서 중앙아시아까지, 아프리카 등지에서 국부적으로 번식하고, 유럽 남부, 아프리카, 인도 서부, 중국 남부에서 월동한다. 국내에는 매우 드문 겨울철새로 찾아온다. 10월 중순에 도래하며 2월 하순까지 관찰된다.

행동 하구, 연안 하천, 호수 등에 서식한다. 얕은 물속에서 부리를 수중에 담갔다 뺐다 하며 먹이를 걸러 먹거나, 물과 갯벌의 경계면에서 부리를 좌우로 훑어 작은 수서곤충을 잡아먹는다. 경계심이 강해 놀랐을 때 곧 날아오른다. 번식지에서는 집단번식하지만 국내에서는 단독 또는 드물게 몇 개체가 함께 월동한다.

특징 다른 종과 혼동이 없다. 전체적으로 흰색과 검은색이 섞여 있어 우아한 분위기를 자아낸다. 부리는 가늘고 길며 끝부분이 심하게 위로 향한다.

1회 겨울깃 성조의 검은 부분이 흑갈색으로 보인다. 특히 날개덮깃과 첫째날개깃이 흑갈색이다. 눈 아래위에 있는 흐린 흰색 눈테는 근거리에서 확인이 가능하다.

성조. 2008.4.19. 충남 천수만 © 한종현

성조. 2009.6.11. 몽골 고르왕볼간 © 이상일

댕기물떼새 *Vanellus vanellus* Northern Lapwing L30cm

서식 유라시아대륙의 중위도 지역에서 번식하고, 유럽 남부, 지중해 연안, 이란, 아프리카 북부, 파키스탄, 인도 북부, 중국 남부, 한국, 일본에서 월동한다. 국내에서는 흔하지 않은 겨울철새다. 11월 초순에 도래해 월동하며 3월 하순까지 관찰된다.

행동 작은 무리를 이루어 논, 하천에서 월동한다. 주로 곤충류와 갑각류를 먹으며, 발로 지면을 두드려 먹이가 밖으로 나오게 한 후 잡는다.

특징 머리는 흑갈색이며, 뒷머리에 검은색 깃이 길게 위로 치솟았다. 몸윗면에는 녹색 광택이 있다. 날 때 첫째날개깃 끝에 흰 무늬가 보이며 허리가 흰색이다. 번식깃은 수컷 턱밑이 검은색이며, 암컷은 흰색이다.

겨울깃 얼굴의 흰 부분에 갈색 기운이 있으며, 턱밑과 멱이 흰색으로 바뀐다. 등깃과 날개덮깃 끝에 폭 좁은 황갈색 무늬가 있다. 암수 구별이 어렵지만 뒷머리의 돌출된 검은색 깃이 암컷보다 수컷이 길다.

어린새 뒷머리에 돌출된 깃이 성조보다 짧다. 검은색 가슴깃 가장자리에 흰 무늬가 섞여 있다. 날개덮깃과 등깃 끝에 황갈색 무늬가 있다.

수컷. 여름깃으로 깃털갈이 중. 2006.3.30. 충남 천수만 © 김신환

수컷 겨울깃. 2009.11.15. 강원 강릉 남대천 © 김준철

암컷 겨울깃. 2006.11.10. 충남 천수만 © 김신환

암컷 겨울깃. 2011.11.19. 충남 천수만 © 백정석

민댕기물떼새 *Vanellus cinereus* Grey-headed Lapwing L35.5cm

서식 중국 동북부, 러시아 극동, 일본에서 번식하고, 네팔에서 동쪽으로 인도차이나반도 북부까지, 중국 남부, 대만, 일본 남부에서 월동한다. 국내에서는 적은 수가 통과하는 나그네새다. 봄철에는 3월 중순에 도래해 5월 하순까지 관찰되며, 가을철에는 9월 하순에 도래해 10월 하순까지 관찰된다.

행동 논, 하천, 습지의 풀밭에서 서식하며 곤충류, 지렁이를 즐겨 먹는다.

특징 머리에서 목까지 청회색이며 가슴에 검은 무늬가 있다. 몸윗면은 회갈색이며 배는 흰색이다. 홍채는 붉은색이며 눈테는 노란색이다. 부리는 노란색이며 끝이 검은색이다. 날 때 보이는 첫째날개깃은 검은색, 둘째날개깃과 셋째날개깃이 흰색이다. 꼬리는 흰색이며 끝에 폭 넓은 검은 띠가 있다.

겨울깃 머리에서 목까지 색이 엷게 변한다. 가슴의 검은 반점이 여름깃보다 작다.

어린새 몸윗면의 깃 가장자리가 흐린 갈색으로 비늘무늬를 이룬다. 홍채 색이 어둡다. 가슴의 흑갈색 반점이 매우 흐리고 불명확하다.

여름깃. 2010.6.12. 경기 안산 시화호 © 백정석

여름깃. 2018.5.20. 전남 신안군 흑산도

어린새. 2009.9.26. 강원 강릉 © 고경남

어린새. 2012.10.20. 충남 천수만 © 백정석

검은가슴물떼새 *Pluvialis fulva* Pacific Golden Plover L24cm

서식 러시아 중북부에서 동쪽으로 알래스카 서부까지 번식하고, 아프리카 동부, 인도, 동남아시아, 오스트레일리아, 뉴질랜드에서 월동한다. 국내에서는 흔히 통과하는 나그네새다. 4월 초순부터 5월 초순까지, 8월 중순부터 10월 하순까지 관찰된다.

행동 논, 갯벌에서 작은 무리를 이루며 갯지렁이나 곤충의 유충을 잡아먹는다.

특징 개꿩, Eurasian Golden Plover와 비슷하다. 날 때 보이는 겨드랑이와 날개아랫면은 회갈색이다. 첫째날개깃이 셋째날개깃 뒤로 2~3장이 돌출된다.

여름깃 몸윗면은 황갈색에 검은 무늬가 섞여 있다. 몸아랫면은 검은색이다. 이마에서 눈썹선, 옆목을 따라 옆구리까지 흰색이 이어진다. 아래꼬리덮깃에 검은색 얼룩이 있다.

겨울깃 얼굴은 흐린 황갈색이며, 몸윗면은 흑갈색에 황갈색과 흰 무늬가 있다. 가슴은 회흑색 기운이 스며 있다.

어린새 전체적으로 황갈색 무늬가 많다. 목, 가슴, 옆구리에 흑갈색 줄무늬가 흩어져 있다.

닮은종 **개꿩** 몸윗면에 노란색 반점이 없으며 흰 반점이 많다. 가슴옆은 폭 넓은 흰색이며, 옆구리는 검은색이다.

American Golden Plover 날개깃이 길다(첫째날개깃 4~5장이 돌출된다). 다리가 짧다.

Eurasian Golden Plover 날개아랫면과 겨드랑이가 흰색이다.

성조 여름깃. 2006.5.4. 강원 강릉 © 최순규

여름깃. 2008.4.26. 전남 신안 흑산도

겨울깃. 2004.4.10. 전남 신안 흑산도

어린새. 2010.9.12. 충남 천수만 © 김신환

개꿩 *Pluvialis squatarola* Grey Plover L29.5cm

서식 유라시아 북부, 북미 북부에서 번식하고, 아프리카, 인도, 동남아시아, 오스트레일리아, 남미 해안에서 월동한다. 지리적으로 3아종으로 나눈다. 국내에서는 약간 흔한 나그네새다. 8월 초순에 도래하며 5월 하순까지 관찰된다. 적은 수가 낙동강, 순천만 등 남해안 하구, 갯벌에서 월동한다.

행동 주로 갯벌에서 작은 무리를 이루어 생활하거나 도요 무리에 섞여 먹이를 찾으며, 움직임이 약간 느긋하다.

특징 검은가슴물떼새와 비슷하지만 몸윗면에 흰색과 검은 반점이 흩어져 있다. 부리가 크다. 가슴옆 부분의 흰 반점이 비교적 넓다. 날 때 겨드랑이 위의 검은 반점이 명확하게 보인다.

겨울깃 몸윗면은 전체적으로 엷은 흑갈색에 흰 반점이 흩어져 있다(여름깃보다 흰 반점이 작다). 가슴에 갈색 반점이 흩어져 있다.

어린새 성조 겨울깃과 비슷하지만 몸윗면의 검은색과 흰 반점이 더 크고 명확하며 톱니 모양처럼 보인다. 가슴, 가슴옆, 옆구리에 가는 세로 줄무늬가 뚜렷하다.

닮은종 **검은가슴물떼새** 여름깃의 경우 몸윗면은 황갈색과 검은 무늬가 섞여 있다. 날 때 보이는 겨드랑이와 날개 아랫면은 회갈색이다.

성조 여름깃. 2006.5.3. 인천 강화 여차리 © 박건석

겨울깃. 2006.4.16. 전남 신안 압해도

어린새. 2010.9.22. 충남 홍성 궁리

비상. 2007.4.17. 전남 신안 흑산도

흰죽지꼬마물떼새

Charadrius hiaticula Common Ringed Plover L19cm

서식 캐나다 북동부, 그린란드, 유라시아대륙 북부의 툰드라에서 번식하고, 유럽, 아프리카, 서아시아에서 월동한다. 지리적으로 3아종으로 분류한다. 국내에서는 매우 드문 나그네새다. 봄철에는 4월 초순부터 4월 중순까지, 가을철에는 8월 중순부터 10월 초순까지 관찰된다.

행동 갯벌 또는 매립지 등 바닷가 인근에 서식한다. 흰물떼새 등 소형 물떼새 무리에 섞여 물 빠진 모래갯벌에서 먹이를 찾는다.

특징 부리가 뭉툭하고 매우 짧다. 부리 기부는 등색이며 끝은 검은색이다. 눈앞에서 뺨, 귀깃은 검은색, 가슴에 폭 넓은 검은색 줄무늬가 있다. 날 때 날개에 흰색 줄무늬가 뚜렷하게 보인다. 눈테가 없거나 희미하게 보인다. 다리는 등색이다.

겨울깃 앞머리의 검은색 폭이 매우 좁다. 눈앞, 귀깃은 흑갈색이다. 가슴의 검은 띠는 여름깃보다 폭이 좁으며 흰색 깃이 섞여 있다. 부리는 검은색이며 아랫부리 기부에 폭 좁은 옅은 등색이 남아 있다(먼 거리에서는 완전히 검은색으로 보인다).

어린새 흰 눈썹선이 뚜렷하다. 노란색 눈테가 거의 없다. 몸윗면에 비늘무늬가 있다. 가슴의 검은 띠가 겨울깃보다 약하고 중앙이 끊어진 듯 보인다.

닮은종 **꼬마물떼새** 노란색 눈테가 뚜렷하다. 부리가 가늘다. 주로 자갈이 있는 하천에 서식한다.

성조 여름깃. 2007.4.7. 충남 금강하구 © 곽호경

겨울깃. 2013.9.9. 충남 홍성 남당리

여름깃. 2007.4.14. 충남 서천 월포리

어린새. 2013.9.14. 강원 강릉 남대천 © 진경순

흰목물떼새 *Charadrius placidus* Long-billed Plover L20.5cm

서식 우수리지방, 중국 동북부, 한국, 일본에서 번식하고, 중국 남부, 라오스, 베트남, 인도 북부에서 월동한다. 국내에서는 국지적으로 번식하는 드문 텃새다. 강가의 모래밭, 자갈밭에서 번식한다.

행동 꼬마물떼새와 비슷한 환경에서 서식하지만 모래, 자갈이 더 많은 하천, 강가에 서식한다. 단독 또는 작은 무리를 이루는 경우가 있다. 모래땅을 오목하게 파고 알을 4개 낳으며, 포란기간은 28~29일이다.

특징 꼬마물떼새와 비슷하지만 크기가 크며, 부리는 가늘고 길다. 아랫부리 기부는 색이 엷다. 눈테는 노란색으로 매우 약하다. 눈앞의 검은색은 흰물떼새보다 흐리다. 머리위, 귀깃에 검은 줄무늬가 있으며, 가슴의 검은 줄무늬는 중앙부에서 약하다.

겨울깃 여름깃과 비슷하다. 귀깃과 가슴의 검은 무늬가 매우 연한 색으로 변한다.

어린새 성조 겨울깃과 비슷하지만 몸윗면에 비늘무늬가 있다. 꼬마물떼새보다 부리가 길고 가늘다.

실태 멸종위기 야생생물 II급이다. 과거 나그네새 또는 겨울철새로 판단되었으나, 1994년 5월 경기 가평 현리에서 번식이 처음 확인되었다. 전체 생존 개체수는 1,000~25,000으로 추정된다. 강과 하천의 모래밭이 물에 잠기게 만드는 강바닥 준설은 이 종의 서식지를 잃게 해 개체수 감소로 이어진다.

닮은종 **꼬마물떼새** 노란색 눈테가 뚜렷하다. 부리가 짧다.

성조 수컷. 2013.1.15. 경기 하남 산곡천 © 김준철

성조 암컷. 2012.4.5. 경기 하남 산곡천 © 진경순

1회 겨울깃. 2005.12.28. 전남 신안 흑산도

성조 암컷. 2012.3.22. 경기 하남 산곡천

물떼새과 Charadriidae

꼬마물떼새 *Charadrius dubius* Little Ringed Plover L16cm

서식 유라시아대륙의 온대지역, 인도, 필리핀, 뉴기니 등 일부 열대지역에서 번식하고, 아프리카 중부, 인도, 중국 남부, 동남아시아에서 월동한다. 지리적으로 3아종으로 나눈다. 국내에는 흔한 여름철새로 찾아온다. 3월 중순에 도래해 번식하며 9월 하순까지 관찰된다.

행동 하천, 자갈밭, 매립지의 키 작은 풀과 모래, 자갈이 많은 곳에서 서식하며 주로 곤충을 먹는다. 종종걸음으로 빠르게 달려가다가 갑작스럽게 멈추고 먹이를 잡아먹는다. 둥지는 자갈밭에 틀고 알을 4개 낳으며, 포란기간은 24~28일이다. 둥지 근처에 침입자가 나타나면 날개를 늘어뜨리고 소리를 지르며 다친 것처럼 행동한다.

특징 노란색 눈테가 뚜렷해 다른 종과 구별된다. 부리는 흰목물떼새보다 짧으며 아랫부리 기부가 폭 좁은 등색이다. 머리 위, 눈앞, 귀깃, 가슴에 검은 무늬가 있다. 수컷은 눈앞과 귀깃이 검은색이며, 암컷은 흑갈색이다.

겨울깃 노란색 눈테가 뚜렷하다. 눈앞, 귀깃, 가슴의 검은 무늬가 엷게 변한다.

어린새 성조 겨울깃과 비슷하지만 몸윗면에 비늘무늬가 있다. 눈테는 성조보다 엷은 노란색이다. 머리는 등과 거의 같은 색이며 깃 끝은 색이 엷다. 이마는 흰색 바탕에 엷은 황갈색이 섞여 있으며 눈썹선은 거의 없는 듯하다. 아랫부리 기부가 폭 좁은 주황색인 개체도 있다.

성조 수컷. 2012.5.15. 인천 중구 영종도 © 진경순

성조 암컷. 2007.4.14. 경기 하남 미사리 © 서정화

겨울깃. 2007.11.1. 일본 오키나와

어린새. 2008.7.5. 전남 신안 흑산도

흰물떼새 *Charadrius alexandrinus* Kentish Plover L17.5cm

서식 북반부의 온대지역에서 번식하고, 겨울에는 남쪽으로 이동한다. 국내에서는 흔한 나그네새다. 일부 지역에서 번식하며, 적은 수가 월동한다. 보통 3월 하순에 도래하며 10월 중순까지 관찰된다.

행동 염전, 간조 시 갯벌, 바닷가 모래밭 등지에 서식한다. 빨리 걸어가다가 갑자기 멈추어 무척추동물을 잡아먹고, 다시 재빨리 달려가 먹이를 잡는 행동을 반복한다. 모래밭, 자갈이 있는 휴경지, 하구와 해안가 호수의 모래섬에서 번식한다. 모래땅을 오목하게 파고 알을 3개 낳아 암수가 교대로 24~26일간 품는다.

특징 가슴옆의 검은 무늬가 앞가슴까지 연결되지 않는다. 왕눈물떼새와 달리 뒷목이 흰색이다. 다리는 분홍빛이 감도는 흑갈색이다.

수컷 이마 위에 검은 무늬가 있으며 머리는 적갈색이다(적갈색의 밝기는 개체 또는 계절에 따라 차이가 심하다).

암컷 앞이마에 검은 무늬가 없거나 엷으며 눈선은 갈색이다. 머리 위에 적갈색 기운이 없고 단지 갈색이다. 가슴옆의 줄무늬도 갈색이다.

겨울깃 정수리에 적갈색이 없으며 몸윗면은 회갈색이다. 몸윗면의 깃 가장자리 색이 엷다.

어린새 몸윗면은 깃 가장자리 색이 엷어 비늘무늬를 이룬다. 가슴옆의 갈색 줄무늬가 짧다.

아종 3아종으로 분류한다. 아종 간 구별이 어렵다. 국내 서식 아종에 대한 실체가 모호하다. *nihonensis*와 *alexandrinus* 2아종이 서식하는 것으로 알려져 있다. 중국 동남부에서 번식하는 흰얼굴흰물떼새(*C. dealbatus*)는 매우 희귀하게 도래하는 것으로 판단된다.

성조 수컷. 2008.4.10. 전남 신안 흑산도

성조 암컷. 2011.7.1. 충남 천수만 간월호

어린새. 2018.8.29. 전남 신안 흑산도 ⓒ 박창욱

겨울깃. 2012.9.2. 충남 서천 유부도 ⓒ 진경순

왕눈물떼새 *Charadrius mongolus* Lesser Sand Plover L19.5cm

서식 파미르, 티베트, 시베리아 동부, 우수리, 캄차카, 추코트반도에서 번식하고, 아프리카 동부, 인도, 동남아시아, 뉴질랜드, 오스트레일리아에서 월동한다. 국내에서는 흔한 나그네새다. 봄철에는 4월 초순에 도래해 5월 하순까지 관찰되며, 가을철에는 7월 하순에 도래해 10월 중순까지 관찰된다.

행동 해안 사구, 갯벌, 염전 등지에서 서식하며 주로 갯지렁이를 먹는다. 흰물떼새 무리에 섞이는 경우도 많으며, 작은 무리를 이룬다.

특징 큰왕눈물떼새와 비슷하다. 부리는 검은색이며 짧다. 다리는 어두운 녹색이다.

수컷 여름깃 이마 위, 눈선, 귀깃이 검은색, 이마, 턱밑, 멱이 흰색이다. 가슴의 등색 무늬는 가슴옆까지 이어지며, 흰색 목과 만나는 지점에 가늘고 검은 띠가 있다.

암컷 여름깃 귀깃은 흑갈색이며, 가슴의 등색이 엷고 폭이 좁다. 앞이마의 검은색 폭이 좁다.

겨울깃 얼굴은 흑갈색으로 변한다. 흰물떼새 암컷과 비슷하지만 뒷목에 흰색이 없다.

어린새 성조 겨울깃과 비슷하지만 몸윗면에 비늘무늬가 있으며 가슴과 얼굴에 황갈색 기운이 있다.

분류 5아종으로 분류한다. 한국을 찾는 아종은 *stegmanni*와 *mongolus*이며, 매우 드물게 검은이마왕눈물떼새(*atrifrons*)가 도래한다.

닮은종 **큰왕눈물떼새** 부리가 길다. 다리 색이 엷다.

수컷 여름깃. 2008.5.4. 충남 천수만 © 김신환

겨울깃. 2016.10.17. 충남 서천 유부도 © 한종현

어린새. 2007.9.10. 전남 신안 흑산도

검은이마왕눈물떼새 *atrifrons*. 2010.5.2. 전북 군산 © 채승훈

큰왕눈물떼새 *Charadrius leschenaultii* Greater Sand Plover L21.5cm

서식 투르크메니스탄에서 동쪽으로 몽골까지 중앙아시아에서 번식하고, 아프리카 동부 해안, 인도, 동남아시아, 뉴기니, 오스트레일리아에서 월동한다. 지리적으로 3아종으로 분류한다. 국내에는 매우 희귀하게 찾아온다. 봄철에는 4월 초순에 도래해 5월 하순까지 관찰되며, 가을철에는 8월 초순에 도래해 9월 하순까지 관찰된다.

행동 해안 사주, 하구, 삼각주 등지에서 서식하며 작은 게와 곤충류를 먹는다.

특징 왕눈물떼새와 비슷하지만, 부리와 다리가 길다. 다리는 녹황색 또는 엷은 노란색으로 왕눈물떼새보다 색이 엷다. 이마 위, 눈앞, 귀깃이 검은색이다(암컷은 수컷보다 검은색이 엷다). 뒷목에서 앞가슴까지 등색이다(등색은 가슴옆까지 다다르지 않는다).

겨울깃 왕눈물떼새와 혼동된다. 머리와 가슴의 등색이 갈색으로 변한다. 날개덮깃 끝의 흰색이 왕눈물떼새보다 더 뚜렷하다. 부리가 길다.

어린새 성조 겨울깃과 비슷하다. 몸윗면의 깃 가장자리 색이 엷으며 비늘무늬가 있고 왕눈물떼새보다 더 뚜렷하게 보인다. 부리가 길다.

닮은종 **왕눈물떼새** 가슴의 등색이 가슴옆까지 다다른다. 부리가 짧다. 다리가 검은색으로 보인다.

수컷 여름깃. 2010.5.2. 전북 군산 어청도 © 채승훈

겨울깃으로 깃털갈이 중. 2007.8.12. 전남 신안 흑산도

어린새. 2010.8.15. 강원 강릉 남대천 © 김준철

큰왕눈물떼새 부리. 2010.8.20.

왕눈물떼새 부리. 2007.9.10.

큰물떼새 *Charadrius veredus* Oriental Plover L25cm

서식 시베리아 남부, 몽골, 중국 북부의 한정된 지역에서 번식하고, 비번식기에는 오스트레일리아 북부로 이동한다. 국내에서는 매우 드물게 통과한다. 주로 3월 하순에 도래하며 5월 초순까지 관찰되고, 드물게 8월 중순에서 9월 초순에 관찰된다.

행동 건조한 환경을 선호해 매립지, 초지 등에 서식한다. 한곳을 응시하다가 급히 달려가 곤충류, 갑각류를 잡아먹는다.

특징 다른 종과 혼동이 없다. 다리와 목이 길다. 성별 및 연령에 관계없이 날 때 보이는 날개아랫면 전체가 회갈색이다.

수컷 정수리에서 뒷목까지 갈색이며 이마, 얼굴, 멱, 옆목은 흰색이다. 가슴의 등색 밑에 폭 넓은 검은색 띠가 있다. 다리는 살구색 또는 주황색이다.

암컷 얼굴과 가슴이 전체적으로 흰 기운이 섞여 있는 등색이다.

겨울깃 얼굴 주변과 귀깃이 갈색이다. 가슴의 등색이 없어지고 엷은 황갈색으로 바뀐다.

어린새 성조 겨울깃과 비슷하지만 몸윗면의 깃 가장자리가 황갈색으로 비늘무늬가 있다. 가슴의 황갈색 기운이 성조 겨울깃보다 약하다.

성조 수컷 여름깃. 2012.3.14. 충남 천수만 © 진경순

1회 여름깃 수컷. 2012.3.14. 충남 천수만 © 진경순

1회 여름깃 수컷. 2018.3.28. 전남 신안 흑산도

성조 암컷. 2008.4.10. 전남 신안 흑산도

성조 암컷. 2008.4.10. 전남 신안 흑산도

1회 여름깃 암컷. 2008.4.12. 전남 신안 흑산도

물떼새과 Charadriidae

흰눈썹물떼새 *Charadrius morinellus* Eurasian Dotterel L20~22cm

서식 영국 북부에서 스칸디나비아반도까지, 북시베리아에서 추코트반도의 북극권까지, 카자흐스탄 동북부에서 바이칼호 일대의 광범위한 지역까지 번식하고, 지중해 연안, 아프리카 북부에서 월동한다. 국내에서는 2005년 9월 30일 충남 서산 간월호 인근에서 1개체가 관찰되었다.

행동 이동시기에 해안 근처의 초지, 농경지에서 관찰된다. 자갈이 있고 키 작은 식물이 자라는 산악지대의 평탄한 지역 또는 툰드라에서 번식한다. 수컷이 알을 품고 새끼를 기른다

특징 다른 종과 쉽게 구별된다. 흰 눈썹선이 뚜렷하며 길다(뒷목에 V자 형 무늬).

수컷 검은색 정수리에 줄무늬가 약간 있다. 멱은 흰색, 아랫배의 검은 반점이 암컷보다 약하다. 가슴에 가는 검은색 줄무늬와 폭 넓은 흰색 줄무늬가 있다.

암컷 수컷보다 작으며 더 화려하다. 정수리는 균일한 검은색, 가슴은 회색, 배는 등색, 아랫배에 검은 반점이 수컷보다 뚜렷하다.

겨울깃 정수리는 검은색이 매우 약하며 담황색 줄무늬가 흩어져 있다. 눈썹선은 담황색, 가슴은 갈색이며, 흰색 줄무늬가 여름깃보다 약하다. 아랫배는 흰색이다.

어린새 성조 겨울깃과 비슷하지만 몸윗면과 날개덮깃은 흑갈색이며, 등과 어깨깃 가장자리는 폭 넓은 흰색이다. 가슴과 옆구리 윗부분에 검은색 얼룩무늬가 명확하다.

수컷. 2010.5.2. Peter Sackl

어린새. 2005.10.8. 충남 천수만 ⓒ 서정화

호사도요 *Rostratula benghalensis* Greater Painted-snipe L23.5~26cm

서식 인도에서 동남아시아까지, 중국, 아프리카, 한국, 일본에 분포한다. 국내에서는 드문 나그네새이며, 일부 지역에서 적은 수가 번식하고 월동한다.

행동 습지, 휴경지, 하천 등지에 서식한다. 비번식기에는 작은 무리를 이루는 경우가 많다. 보통 일처다부제로 알려져 있다. 암컷이 수컷에게 접근해 구애행동을 한다. 둥지는 식물로 둘러싸여 위장이 잘 되는 지면에 만든다. 산란수는 3~4개이며, 19일 동안 포란한다. 수컷만이 포란하는 것으로 알려졌지만 국내에서 암수 공동으로 포란하는 것이 확인되었다. 갑각류, 조개류, 곤충의 유충, 지렁이를 잡아먹는다.

특징 다른 종과 혼동이 없다. 체형은 통통하며, 부리가 길고 다리가 짧다. 암컷이 수컷보다 더 화려하다. 엷은 살구색 긴 부리는 끝이 아래로 약간 굽었다.

수컷 머리중앙선과 눈테, 눈 뒤쪽으로 엷은 노란색 줄무늬가 있다. 얼굴에서 가슴까지 회갈색 바탕에 흰색이 스며 있다. 몸윗면은 흑갈색과 흰 무늬가 흩어져 있다. 날개깃과 날개덮깃에 둥근 흰색 또는 엷은 황갈색 무늬가 흩어져 있다.

암컷 몸윗면은 어두운 녹갈색이다. 눈테를 따라 폭 넓은 흰색이며 눈 뒤로 길게 이어진다. 얼굴에서 윗가슴까지 적갈색이며, 가슴은 폭 넓은 검은색이다.

암컷 겨울깃 수컷과 형태가 비슷하게 바뀐다. 얼굴과 윗가슴은 갈색과 흰색 깃이 섞여 있어 수컷처럼 보이지만 색이 더 진하다. 날개덮깃과 셋째날개깃 끝에 폭 좁은 황갈색 무늬가 있지만 수컷보다 약하다.

실태 천연기념물이며 2000년 6월 충남 천수만에서 번식이 확인된 이후, 영암, 낙동강 하류, 고창, 무안, 제주도, 시화호, 화성 호곡리 등지에서 번식이 확인되었다.

수컷 여름깃. 2004.5.27. 전남 영암

암컷 여름깃. 2010.4.7. 전북 고창 © 김신환

수컷 겨울깃. 2009.12.25. 전북 고창 © 오동필

암컷 겨울깃. 2010.1.10. 전북 고창 © 김신환

물꿩 *Hydrophasianus chirurgus* Pheasant-tailed Jacana L39~58cm

서식 파키스탄에서 동쪽으로 중국 동남부와 동부까지, 남쪽으로 스리랑카까지, 대만, 필리핀, 대순다열도에서 번식하고, 남아시아에서 월동한다. 국내에서는 매우 드문 나그네새이며, 일부 지역에서 번식이 확인되었다.

행동 호수, 늪, 저수지, 논에 서식한다. 비교적 경계심이 없다. 수생식물의 줄기 위를 걸어 다니며 수초 줄기와 잎에 붙어 있는 곤충류와 갑각류를 먹는다. 둥지는 수초가 무성해 위장이 잘 되는 수면 위에 수초를 모아 틀고, 알을 4개 낳으며, 수컷이 25~27일간 품는다.

특징 암수 같은 색이며, 암컷이 수컷보다 크다. 여름깃은 꼬리깃이 유난히 길지만 겨울에는 짧다. 발가락이 유난히 길다. 날개깃은 흰색이며, 외측 첫째날개깃 끝은 검은색이다. 머리, 멱, 옆목은 흰색이며 뒷목은 노란색이다.

겨울깃 정수리, 뒷목 중앙부는 몸윗면과 같은 갈색이다. 눈선은 검은색이다. 옆목은 폭 넓은 황갈색이다. 옆목을 따라 가슴까지 폭 넓고 검은 띠가 있다. 가운데날개덮깃과 작은날개덮깃은 회갈색이며, 검은 줄무늬가 약간 있다. 꼬리는 갈색이며 짧다.

어린새 성조 겨울깃과 매우 비슷하다. 정수리는 흐린 적갈색이며 흑갈색 줄무늬가 있다. 눈썹선이 불명확하다. 몸윗면의 깃 가장자리는 색이 옅다. 검은색 가슴선이 겨울깃보다 흐리다

실태 1993년 7월 주남저수지에서 처음 관찰되었다. 2003년 이후 거의 매년 관찰되고 있으며, 2004년 7월 제주도에서 번식이 확인된 이후 2007년 경남 창원 주남저수지, 2013년 충남 천수만에서도 번식했다. 개체수가 점차 증가하고 있으며 도래지역도 북쪽으로 확산되고 있다.

성조 여름깃. 2010.6.2. 제주 서귀포 신도리 © 진경순

여름깃. 2012.8.11. 전북 고창 © 백정석

여름깃으로 깃털갈이 중. 2007.5.19. 전남 신안 흑산도

멧도요 *Scolopax rusticola* Eurasian Woodcock L32~36cm

서식 유라시아대륙 북부와 중부에서 번식하고, 겨울에는 남쪽으로 이동한다. 국내에서는 적은 수가 월동하는 겨울 철새이며, 드문 나그네새다. 보통 9월 중순에 도래하며, 4월 중순까지 관찰된다.

행동 다른 도요류와 달리 습한 산림, 산림 근처 하천에서 단독으로 생활한다. 비교적 어두운 숲에서 조용히 움직이기 때문에 관찰이 쉽지 않다. 위협을 느끼면 움직임을 멈추고 얼어붙은 듯이 가만히 있거나 비교적 느리게 직선으로 비행한 후 인근에 내려앉는다. 부리를 땅속 깊이 파묻고 윗부리 끝을 자유로이 앞뒤로 움직여 먹이를 찾는다. 주로 지렁이를 먹는다. 겨울에는 양지 바른 곳에서 낙엽을 뒤지며 땅속의 먹이를 찾는다. 숲을 떠나 하천이나 논으로 이동해 먹이를 찾는 경우도 있다.

특징 다른 꺅도요류와 비슷하지만 쉽게 구별된다. 체형은 통통하다. 머리가 크고 목이 짧다. 눈이 비교적 크며 흰색 눈테가 있다. 부리가 길고 다리는 짧다. 정수리 뒤쪽으로 폭 넓은 검은색 줄무늬가 4열 있다. 몸아랫면에는 가는 흑갈색 줄무늬가 조밀하게 흩어져 있다.

2012.10.21. 경기 연천 아미리 © 백정석

2012.2.9. 충남 천수만 © 최순규

2012.10.21. 경기 연천 아미리 © 백정석

2010.11.14. 경기 구리 아차산 © 진경순

꼬마도요 *Lymnocryptes minimus* Jack Snipe L20cm

서식 유라시아대륙 북부에서 번식하고, 유럽, 아프리카 중부, 중동, 인도, 버마, 베트남, 중국 남부에서 월동한다. 국내에서는 매우 희귀하게 통과하는 나그네새인 듯하다.

행동 물 빠진 양어장, 농경지 수로, 범람원, 비온 후 생기는 일시적인 질펀한 늪 등 물이 조금 남아 있는(보통 물 높이가 2㎝ 이하) 부드러운 진흙 환경에 서식한다. 낮에는 주로 식물의 줄기, 잎으로 위장되는 곳에서 조용히 쉬며, 밤에 활발히 먹이활동을 한다. 먹이를 찾을 때 몸을 위아래로 들썩이며, 부리로 재봉틀처럼 매우 빠르게 지면을 찍으며 이동한다. 사람, 야생동물 등 천적이 접근하면 숨을 죽인 채 몸을 움츠리며, 매우 가깝게 접근(2~3m)해야 날아오른다. 놀랐을 때 높이 날아오르지 않으며, 울음소리를 내지 않지만, 간혹 작은 소리를 내는 경우도 있다.

특징 꺅도요류 중 크기가 가장 작다. 부리가 짧으며 2/3 지점까지 분홍빛 또는 녹황색이다. 눈 위는 폭 넓은 황갈색이며 때 묻은 듯한 흰색 머리옆선과 흑갈색 선이 있다. 검은색 눈선 아래로 반달 모양 줄무늬가 있다. 어깨깃은 금속광택이 있는 청흑색이다. 날 때 둘째날개깃 끝이 흰색으로 보인다.

실태 1916년 10월 15일 경기에서 채집된 이후 오랫동안 기록이 없다가 2012년 10월 19일 전남 신안 흑산도에서 1개체가 포획되었으며, 2014년 4월 30일 전남 신안 흑산도에서 1개체가 관찰되었을 뿐이다.

2014.5.2. 전남 신안 흑산도 © 국립공원 조류연구센터

2011.2.11. 터키. Dûrzan cîrano 🅭 BY-SA

2012.10.19. 전남 신안 흑산도 © OGURA Takeshi

꼬리깃. 2012.10.19. 전남 신안 흑산도 © OGURA Takeshi

청도요 *Gallinago solitaria* Solitary Snipe L30cm

서식 시베리아 남부 및 동남부, 중앙아시아, 몽골 북부, 중국 동북부, 캄차카반도 산악지역에서 번식하고, 히말라야, 인도 북부, 미얀마, 아무르, 사할린, 한국, 일본, 중국 남부에서 월동한다. 지리적으로 2아종으로 분류한다. 국내에서는 매우 드문 나그네새이며, 매우 드문 겨울철새다. 10월 초순에 도래해 4월 중순까지 관찰된다.

행동 크고 작은 돌과 나뭇잎이 깔린 수심이 얕은 산간계류에서 몸을 위아래로 들썩이며 조용히 이동하면서 수서곤충을 찾는다. 깃털 색이 낙엽과 비슷해 찾기 매우 힘들다. 놀랐을 때는 짧은 거리로 이동하며, 무겁고 느린 듯한 느낌으로 난다.

특징 꺅도요와 같이 부리가 길고 다리가 짧다. 멧도요보다 작지만 다른 꺅도요류보다 크다. 다른 꺅도요류와 다르게 전체적으로 어두운 갈색이다. 어깻죽지의 바깥쪽 깃 가장자리가 흰색이다. 셋째날개깃의 검은 선과 갈색 선은 폭이 거의 같다. 꼬리는 접은 날개 뒤로 돌출된다. 연령 구별에 대해 밝혀진 자료가 거의 없다.

실태 낙엽과 비슷한 위장색이어서 좀처럼 발견되지 않는 특성을 감안하면 현재까지 알려진 몇 안 되는 서식지와 달리 다양한 지역에서 많은 수가 월동할 가능성이 높다. 월동 개체수 및 월동지에 대한 조사자료가 빈약하다. 경기 광릉, 양평, 수원 용주사, 성남 남한산성, 구리 왕숙천, 양수리, 화성, 과천 동물원 하천, 강원 원주, 영월 옥동천, 전북 고창, 전남 화순 동복천 등지에서 월동기록이 있다.

산간계곡에서 먹이를 찾는다

2011.1.6. 경기 남양주 광릉 © 진경순

2012.4.26. 경기 남양주 광릉 © 김신환

2011.1.6. 경기 남양주 광릉 © 진경순

2010.1.13. 전북 고창 © 오동필

꺅도요류 닮은 종 비교

큰꺅도요(상)와 **꺅도요사촌**(하). 2009.4.23. 전남 신안 흑산도

꺅도요사촌. 2006.9.7. 경기 의왕 © 심규식

꺅도요사촌. 2007.5.19. 전남 신안 흑산도

바늘꼬리도요. 2012.4.22. 제주 한경면 © 진경순

꺅도요. 2007.3.15. 전남 신안 흑산도

꺅도요. 2009.4.28. 인천 옹진 소청도

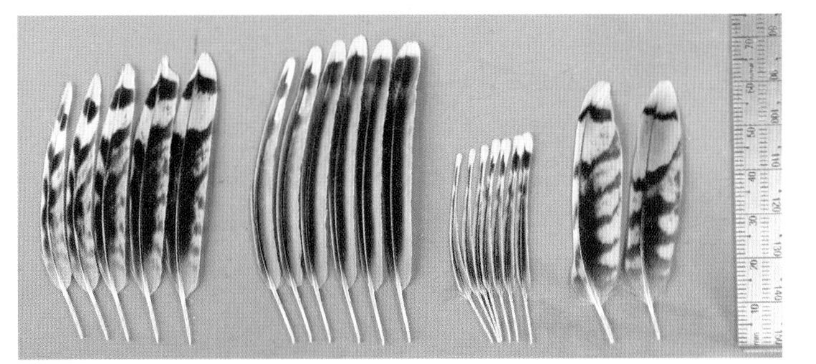

꺅도요류의 몸 바깥쪽 꼬리깃 비교. 좌측부터 큰꺅도요, 꺅도요사촌, 바늘꼬리도요, 꺅도요

꺅도요류는 번식기에 공중으로 날아 올라 꼬리깃을 펼쳐 큰 진동음을 만들어 내는 과시 비행을 한다. 진동음은 종에 따라 다른데 이는 꼬리깃 수와 형태 그리고 길이에 따른 차이이다. 보통 수컷은 진동음을 잘 내기 위해 암컷보다 더 길고 더 많은 꼬리깃을 갖고 있다.

도요과 Scolopacidae

큰꺅도요

Gallinago hardwickii Latham's Snipe / Japanese Snipe L30~33cm

서식 일본 혼슈 중부에서 홋카이도까지, 사할린 남부, 러시아 동남부 등 동북아시아 일부 지역에서 번식하고, 오스트레일리아 동부에서 월동한다. 국내에서는 봄·가을 이동시기에 일부 지역을 통과하는 희귀한 나그네새로 판단된다.

행동 주로 건조한 초지, 물이 적은 습지에서 소리 없이 먹이를 찾는 습성이 있어 관찰하기 어렵다. 날아오를 때 무겁게 느껴지고, 날 때 지그재그 동작이 적다.

특징 꺅도요사촌과 매우 비슷하다. 다른 꺅도요류보다 크고 무겁게 보이며, 날개와 꼬리가 길다. 얼굴과 몸윗면의 색이 다른 꺅도요류보다 엷다. 몸윗면 깃 끝은 흰색이 넓다. 부리 기부 쪽의 흐린 눈썹선은 어두운 눈선보다 뚜렷하게 넓다. 셋째날개깃이 첫째날개깃 뒤로 돌출된다. 꼬리는 접은 날개 뒤로 길게 돌출된다. 날 때 발가락이 꼬리 뒤로 약간 돌출된다.

아래 어깻죽지깃 바깥축 깃 가장자리의 때 묻은 듯한 흰색 폭이 꺅도요사촌보다 넓으며 안쪽축까지 이어진다.

셋째날개깃 가로 줄무늬는 갈색 선이 검은 선보다 넓다.

꼬리깃 성적이형을 보인다. 보통 암컷은 16장이며 수컷은 18장이다(드물게 19장도 있다). 몸 바깥쪽 꼬리깃의 흰색과 검은색 경계가 명확하게 보인다.

실태 손에 잡았을 때에도 꺅도요사촌과 구별이 매우 어렵다. 외형적인 특징과 꼬리깃 수만으로 꺅도요사촌과 큰꺅도요의 구별은 거의 불가능하고, 꼬리깃 형태를 유심히 확인해야 종 구별이 가능하다.

2009.4.23. 전남 신안 흑산도

2009.4.23. 전남 신안 흑산도

큰꺅도요(좌)와 **꺅도요사촌**(우). 2009.4.23.

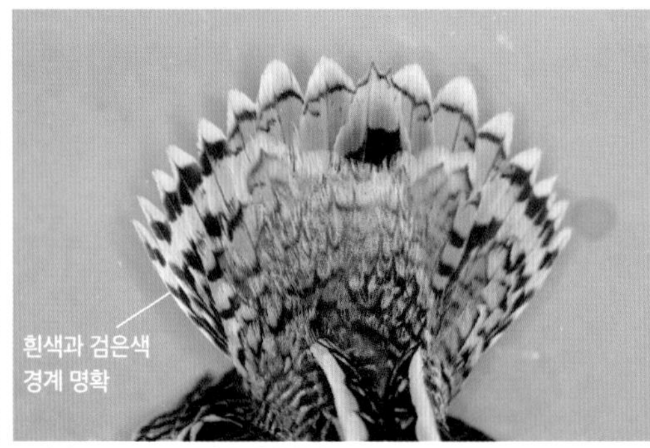

꼬리깃. 2009.4.23. 전남 신안 흑산도

꺅도요사촌 *Gallinago megala* Swinhoe's Snipe L27~30cm

서식 시베리아 중부에서 번식하고, 인도, 동남아시아, 오스트레일리아 북부에서 월동한다. 국내에서는 적은 무리가 통과하는 나그네새다. 봄철에는 4월 초순에 도래해 5월 하순까지 관찰되며, 가을철에는 8월 중순에 도래해 9월 중순까지 관찰된다.

행동 습지, 논에서 서식하며 바늘꼬리도요보다 더 건조한 환경을 선호한다. 다른 꺅도요류 무리에 섞이는 경우가 있으나 꺅도요보다 동작이 느리고 날아오른 다음 지그재그 비행이 약하며, 다소 무겁게 난다.

특징 큰꺅도요, 바늘꼬리도요와 비슷해 구별하기 힘들다. 바늘꼬리도요와 비슷하지만 보다 크고, 부리가 길다. 눈이 다소 머리 뒤쪽에 위치한다. 머리의 가장 튀어나온 부분이 눈 뒤쪽에 위치한다. 꼬리는 접은 날개 뒤로 길게 돌출된다. 날 때 발가락이 꼬리 뒤로 약간 돌출된다.

아래 어깻죽지깃 바깥축 깃 가장자리의 때 묻은 듯한 흰색 무늬는 안쪽 축까지 이어진다.

셋째날개깃 가로 줄무늬는 갈색 선과 검은 선의 폭이 같거나, 검은색이 더 넓다.

꼬리깃 성적이형을 보인다. 보통 수컷은 20, 22장이며, 암컷은 18장이다. 몸 바깥쪽 꼬리깃의 흑갈색 무늬에 때 묻은 듯한 흰색이 스며 있으며, 꼬리깃 폭은 큰꺅도요보다 약간 좁지만 바늘꼬리도요보다 뚜렷하게 넓다.

어린새 성조와 매우 비슷하지만 황갈색 기운이 적다. 어깨와 등깃 가장자리의 연한 무늬 폭이 성조보다 좁다.

실태 많은 문헌에서 꼬리깃 수가 18~26장으로 변이가 크다고 잘못 인식했으며, 박물관 표본조차도 꼬리깃이 18장인 암컷을 큰꺅도요로 오동정한 사례가 많다. 봄가을 이동시기에 포획 후 유전자를 분석한 결과 일부 개체는 꺅도요사촌과 바늘꼬리도요 간 교잡종이었다. 교잡종 개체의 외부 형태와 꼬리깃은 꺅도요사촌과 매우 유사하다.

2009.4.22. 전남 신안 흑산도

2007.4.26. 전남 신안 흑산도

어린새. 2017.9.13. 전남 신안 흑산도

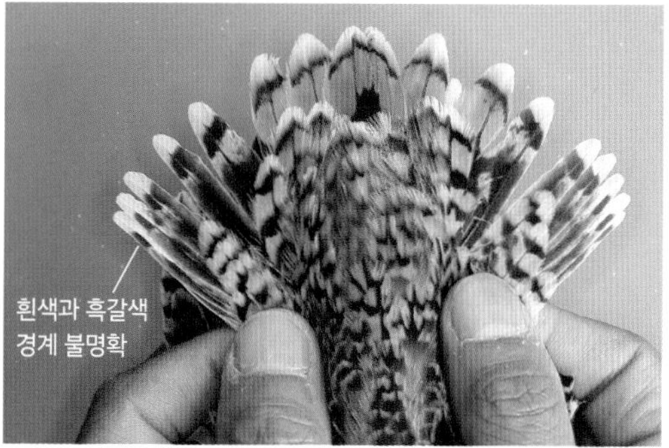

꼬리깃. 2007.5.5. 전남 신안 흑산도

바늘꼬리도요 *Gallinago stenura* Pin-tailed Snipe L24.5~26.5cm

서식 시베리아 동북부에서 번식하고, 인도, 동남아시아에서 월동한다. 국내에서는 흔한 나그네새다. 봄철에는 4월 중순에 도래해 5월 하순까지 관찰되며, 가을철에는 8월 초순에 도래해 9월 하순까지 관찰된다.

행동 보통 논, 물 고인 풀밭에서 생활한다. 비행은 꺅도요보다 덜 변덕스럽다. 꺅도요사촌보다 더 습한 곳을 선호한다. 다른 꺅도요류 무리와 함께 먹이를 찾는다.

특징 꺅도요사촌과 매우 비슷해 야외 구별이 어렵다. 꺅도요사촌보다 크기가 작으며, 부리 길이도 짧다. 눈앞의 눈썹선은 어두운 눈선보다 뚜렷하게 넓다. 셋째날개깃이 거의 첫째날개깃을 덮는다. 꼬리는 접은 날개 뒤로 약간 돌출된다. 날 때 발가락이 꼬리 뒤로 명확하게 돌출된다.

아래 어깻죽지깃 바깥축 깃 가장자리의 때 묻은 듯한 흰 무늬는 안쪽 축까지 이어진다.

셋째날개깃 가로 줄무늬는 갈색 선이 검은 선보다 넓다.

꼬리깃 성적이형을 보인다. 22~28장으로 변이의 폭이 넓다. 보통 수컷은 26장, 암컷은 24, 22장이지만 암수 간 중복되는 경우가 있다. 몸 바깥쪽 꼬리깃은 꺅도요사촌보다 뚜렷하게 폭이 좁은 바늘 형태다.

어린새 성조와 매우 비슷하다. 몸윗면과 날개덮깃 가장자리의 흐린 무늬 폭이 성조보다 좁다. 가운데날개덮깃의 흑갈색 줄무늬가 둥그스름하다.

2007.4.26. 전남 신안 흑산도

2006.9.23. 경기 수원 © 심규식

어린새. 2016.9.1. 경기 파주 공릉천 © 변종관

꼬리깃. 2007.4.26. 전남 신안 흑산도

꺅도요 *Gallinago gallinago* Common Snipe L25~27.5cm

서식 유라시아대륙 북부에서 번식하고, 유럽, 아프리카, 중동, 인도, 동남아시아에서 월동한다. 지리적으로 2아종으로 나눈다. 국내에서는 흔한 나그네새로 꺅도요류 중 가장 많은 수가 통과한다. 또한 드문 겨울철새다. 보통 봄철에는 3월 중순부터 5월 하순까지 통과하며, 가을철에는 8월 하순부터 10월 하순까지 통과한다.

행동 습지, 논, 개울가에서 먹이를 찾는다. 긴 부리를 이용해 땅속의 먹이를 잡아낸다. 습지에서 먹이를 찾다가 사람이 접근하면 근거리에서 '꺅' 하며 날아올라 지그재그 형태를 그리며 난다. 이동철에는 작은 집단을 이루며, 습지에서 지렁이를 먹는다. 해 뜨기 전 새벽은 물론 어두운 저녁에도 활발하게 먹이활동을 한다.

특징 바늘꼬리도요와 혼동되기 쉽지만 체형이 왜소하다. 날 때 둘째날개깃 끝에 흰색이 드러난다. 부리 기부 쪽의 흑갈색 눈선이 넓게 보인다. 첫째날개깃이 셋째날개깃보다 길다. 꼬리는 첫째날개깃보다 길게 돌출된다. 날 때 발가락이 꼬리 뒤로 약간 돌출된다. 어깻죽지의 때 묻은 듯한 흰색 바깥축 깃 가장자리는 안쪽 축의 갈색과 대조를 이룬다. 셋째날개깃의 가로 줄무늬는 검은 선이 갈색보다 넓다. 날개아랫면에는 다른 종보다 흰색이 많다.

꼬리깃 14장으로, 다른 종과 뚜렷하게 구별된다.

2007.4.23. 전남 신안 흑산도

어린새. 2010.9.6. 충남 천수만 © 김신환

2008.11.10. 충남 천수만 © 김신환

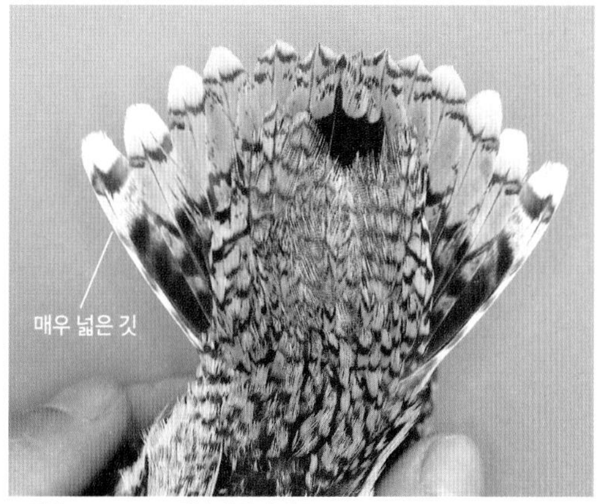

꼬리깃. 2007.4.24. 전남 신안 흑산도

도요과 Scolopacidae

긴부리도요 *Limnodromus scolopaceus* Long-billed Dowitcher L27~30cm

서식 동부 시베리아, 알래스카 서부 해안에서 번식하고, 미국, 멕시코 해안에서 월동한다. 국내에서는 1999년 12월 16일 간월호에서 처음 관찰된 이후 불규칙하게 봄·가을 이동시기에 하구, 갯벌, 무논, 수심이 얕은 호수에서 관찰된 희귀한 나그네새이며, 간혹 겨울철에도 관찰되었다.

행동 바닷가 갯벌보다 민물 또는 소금기가 적은 물을 선호한다. 먹이 잡는 행동은 꺅도요류와 비슷하다.

특징 Short-billed D.와 매우 비슷하다. 부리가 길고 곧다. 다리가 길며 황록색이다. 날 때 둘째날개깃 끝에 흰색 줄무늬가 보인다. 허리에서 꼬리까지 검은색과 흰색 줄무늬가 있다(흰색 폭이 좁다).

여름깃 몸아랫면은 전체적으로 붉은색이다. 앞목에는 얼룩점이 강하며, 앞가슴에 줄무늬가 있다.

겨울깃 몸윗면은 균일한 짙은 회갈색, 목에서 가슴까지 균일한 어두운 회갈색이며, 가슴에 얼룩 또는 줄무늬가 거의 없다. 비슷한 Short-billed D.의 목과 가슴은 옅은 회갈색이며 작고 불명확한 갈색 반점이 있다.

어린새 겨울깃과 비슷하다. 등과 어깨깃 가장자리가 적갈색, 가슴과 옆구리에 황갈색 기운이 있다. Short-billed D.와 달리 셋째날개깃에 톱니 모양이 없으며 전체적으로 어두운 갈색이다.

여름깃. 2013.5.11. 전북 고창 © 이대종

여름깃으로 깃털갈이 중. 2013.4.11. 경기 안산 시화호 © 박대용

어린새. 2009.9.26. 강원 강릉 남대천 © 고경남

겨울깃. 2008.10.25. 충남 천수만 © 이광구

큰부리도요 *Limnodromus semipalmatus* Asian Dowitcher L33cm

서식 오브강 유역, 바이칼호 주변, 몽골, 중국 북동부에서 번식하고, 인도차이나반도, 인도네시아, 필리핀, 오스트레일리아에서 월동한다. 국내에서는 1993년 9월 3일 경기 시흥 소래염전에서 어린새 1개체가 처음 관찰된 이후 봄·가을에 불규칙하게 관찰되는 희귀한 나그네새다. 봄철에는 4월 하순에서 5월 하순까지, 가을철에는 8월 초순에서 9월 초순까지 관찰기록이 많다.

행동 갯벌, 하구, 물 고인 논, 염전에서 생활한다. 흑꼬리도요, 큰뒷부리도요 등 다른 도요류 무리에 섞여 이동하거나 작은 무리를 이루어 통과한다. 행동 패턴은 흑꼬리도요와 비슷하다.

특징 큰뒷부리도요와 색이 비슷하다. 긴부리도요와 비슷하지만 부리가 굵고 길며, 다리가 흑갈색이다. 뒷머리가 위로 돌출된 듯 보인다.

여름깃 전체적으로 적갈색이다. 머리, 뒷목, 등에 검은 반점이 있다. 날개덮깃 가장자리가 흰색, 아래꼬리덮깃은 흰색이다. 암컷은 적갈색 부분에 흰색 깃이 섞여 있다.

겨울깃 적갈색 기운이 없어지며 몸윗면은 회갈색이며 깃 가장자리가 흰색이다. 목과 가슴에 가는 회갈색 줄무늬가 있다.

어린새 성조 겨울깃과 비슷하지만 몸윗면은 흑갈색이며, 깃 끝이 폭 넓은 황갈색이다. 날개덮깃은 어깨보다 밝다. 가슴은 흐린 황갈색이며, 가는 줄무늬가 있다.

실태 세계자연보전연맹 적색자료목록에 준위협종(NT)으로 분류된 국제보호조다. 생태에 관해서 알려진 것이 적다. 서식지 상실, 사냥 등으로 개체수가 감소하고 있다. 전 세계 생존집단은 약 23,000개체 미만으로 추정하고 있다.

여름깃. 2010.4.28. 제주 하도리 © 이대종

여름깃. 2018.5.2. 강원 강릉 남대천 © 김준철

어린새. 2022.8.28. 전북 고창 고전리

여름깃. 2010.4.28. 제주 하도리 © 이대종

흑꼬리도요 *Limosa limosa* Black-tailed Godwit L36.5~38.5cm

서식 유라시아대륙 중부에서 번식하고, 아프리카, 유럽 남부, 인도, 동남아시아, 오스트레일리아에서 월동한다. 지리적으로 4아종으로 나눈다. 국내에서는 흔한 나그네새다. 봄철에는 4월 중순에 도래해 5월 하순까지 관찰되며, 가을철에는 8월 중순에 도래해 10월 중순까지 관찰된다.

행동 물 고인 논, 습지, 하구, 갯벌에 서식한다. 무리를 이루어 먹이를 찾는다. 논에서 지렁이, 곤충의 유충, 볍씨 등을 먹으며, 갯벌에서 갯지렁이, 갑각류를 먹는다.

특징 다리와 부리가 길다. 부리는 길고 직선이며 끝부분을 제외하고 분홍색이다. 날 때 꼬리 끝은 검은색, 기부는 흰색으로 보여 다른 종과 쉽게 구별된다.

수컷 여름깃 몸윗면에는 검은색과 적갈색 반점이 있다. 머리에서 앞가슴까지 적갈색이다. 가슴, 배, 옆구리는 흰색 바탕에 폭 넓은 검은색 줄무늬가 있다(일부 적갈색 깃이 섞여 있다).

암컷 수컷보다 엷은 적갈색이다. 부리가 수컷보다 길다.

겨울깃 적갈색 깃이 없으며 몸윗면은 전체적으로 균일한 회갈색이다. 배는 흰색이며 줄무늬가 없다.

어린새 몸윗면은 흑갈색 기운이 강하며 깃 가장자리가 흰색 또는 황갈색이다(개체에 따라 차이가 있다). 목과 가슴은 회갈색 또는 황갈색이며, 배는 흰색이다.

닮은종 **큰부리도요 겨울깃** 부리는 검은색이다. 뒷머리가 돌출된 듯한 느낌이며, 목과 다리가 짧다. 몸윗면의 깃 가장자리는 폭 넓은 흰색이다. 날 때 보이는 꼬리가 검은색이 아니다.

여름깃. 2011.5.15. 전북 부안 © 백정석

암컷 여름깃. 2009.4.25. 충남 아산만

겨울깃. 2008.10.5. 경기 안산 시화호 © 김준철

어린새. 2013.9.15. 경기 화성 운평리 © 진경순

큰뒷부리도요 *Limosa lapponica* Bar-tailed Godwit L38.5~41cm

서식 유라시아대륙 북부, 알래스카 서부에서 번식하고, 유럽, 아프리카, 중동, 동남아시아, 오스트레일리아에서 월동한다. 국내에서는 흔한 나그네새다. 봄철에는 4월 초순부터 5월 중순까지, 가을에는 8월 초순부터 10월 초순까지 통과한다.

행동 갯벌, 하구에서 먹이를 찾는다. 큰 무리를 이루며 갯지렁이, 게 등 다양한 무척추동물을 잡아먹는다.

특징 도요류 중 대형이다. 부리와 다리가 길다. 부리는 위로 굽었으며, 기부 쪽으로 분홍색이다. 날 때 허리와 아랫날개덮깃에 흑갈색 줄무늬가 보인다.

수컷 얼굴에서 배까지 적갈색, 몸윗면은 흑갈색이며 적갈색 반점이 흩어져 있다.

암컷 수컷보다 적갈색이 적다. 몸아랫면은 흰색 바탕에 목, 가슴, 가슴옆이 엷은 적갈색이다.

겨울깃 몸윗면은 엷은 회갈색이며, 깃 중앙에 흑갈색 줄무늬가 있다. 몸아랫면은 회백색이며 목과 가슴에 흑갈색 줄무늬가 흩어져 있다.

어린새 겨울깃과 비슷하지만 몸윗면이 보다 어둡다. 어깨깃 가장자리가 황갈색이다. 셋째날개깃은 검은색과 황갈색 무늬가 교차한다.

아종 지리적으로 4아종으로 나눈다. 아종간 이동경로가 다르다. 국내에서는 봄가을에는 *baueri*와 *menzbieri*가 통과하고, 가을철에는 *menzbieri*가 통과한다. 아종 *baueri*(알래스카 서부와 북부)는 허리, 위꼬리덮깃에 흑갈색 무늬가 흩어져 있다. 아종 *menzbieri*(시베리아 동북부)는 허리와 위꼬리덮깃에 있는 흑갈색 무늬가 *baueri*보다 적고, 흰색 폭이 더 넓다.

실태 멸종위기 야생생물 II급이다.

수컷 여름깃. 2008.5.1. 전남 목포 남항

암컷 여름깃. 2009.5.13. 전남 신안 압해도

아종 *baueri*. 2015.5.14. 충남 홍성 궁리항

아종 *menzbieri*. 2021.8.24. 인천 송도갯벌

쇠부리도요 *Numenius minutus* Little Curlew L31cm

서식 시베리아 동부에서 번식하고, 뉴기니, 오스트레일리아에서 월동한다. 국내에서는 매우 드물게 통과하는 나그네새다. 대부분 봄철에 통과한다. 4월 하순에 도래하며, 5월 초순까지 다소 짧은 기간 동안에만 관찰되고, 가을철에는 9월 하순에 도래해 10월 초순까지 관찰된다.

행동 농경지, 풀밭에 서식한다. 무리지어 행동하는 습성이 있다. 벌, 등에 같은 곤충류를 먹는다. 먹이를 발견하면 천천히 접근해 잡아먹는다.

특징 머리 형태는 중부리도요와 매우 비슷하다. 부리는 머리길이의 1.5배 정도이며 아래로 약간 굽었다. 머리중앙선은 옅은 갈색이며 폭 넓은 흑갈색 머리옆선이 있다. 눈썹선은 옅은 갈색이며 폭이 넓다. 몸윗면은 흑갈색이며 깃 가장자리가 황갈색이다. 몸아랫면은 중부리도요보다 흰 기운이 강하다. 날 때 허리는 등과 거의 같은 색으로 보인다.

어린새 성조와 매우 비슷해 구별이 어렵다. 셋째날개깃 가장자리에 황갈색 반점이 명확하다. 어깨깃과 날개덮깃은 황갈색이 강하다.

닮은종 **중부리도요** 몸이 더 크다. 부리는 머리길이의 2배 정도로 길며, 아래로 굽은 정도가 더 크다. 눈썹선의 폭이 좁다. 날 때 허리는 흰색으로 보인다. 눈앞이 쇠부리도요보다 어둡다.

2011.5.1. 충남 태안 © 변종관

2009.4.25. 인천 옹진 문갑도 © 곽호경

2019.5.4. 전남 신안 흑산도 © 진경순

2010.9.23. 충남 천수만 © 김신환

중부리도요 *Numenius phaeopus* Whimbrel L42cm

서식 유라시아대륙 북부와 북미 북부에서 번식하고, 아프리카, 중동, 인도, 동남아시아, 오스트레일리아, 북미 남부, 남미에서 월동한다. 국내에서는 비교적 흔하게 통과하는 나그네새다. 봄철에는 4월 초순에 도래해 5월 하순까지 관찰되며, 가을철에는 8월 초순에 도래해 9월 하순까지 관찰된다. 극히 적은 수가 월동한다.

행동 갯벌, 하구, 풀밭, 농경지에서 먹이를 찾는다. 무리지어 생활하는 경우가 많으며 곤충류, 게, 조개 등을 잡아먹는다.

특징 부리는 길고 아래로 굽었으며, 머리길이의 2배 정도다. 머리중앙선은 흰색이며 머리옆선은 흑갈색이다. 몸아랫면은 옅은 갈색이며 흑갈색 줄무늬가 있다. 허리는 흰색 바탕에 흐린 갈색 줄무늬가 있다.

어린새 성조와 매우 비슷해 구별이 어렵다. 성조보다 부리가 짧고 아래로 덜 굽었다. 어깨깃과 셋째날개깃 가장자리에 황갈색 반점이 명확하다. 가슴은 성조보다 황갈색이 약간 강하다.

아종 지리적으로 6 또는 7아종으로 나눈다. 국내에 도래하는 아종 *variegatus*(러시아 동쪽지역)는 등이 갈색이며, 허리는 흰색 바탕에 흐린 갈색 줄무늬가 있다. 날개아랫면에는 흑갈색 줄무늬가 흩어져 있다. 아종 *phaeopus*(러시아 서쪽지역)는 등 아래에서 허리까지 흰색이며, 날개아랫면은 대부분 흰색으로 보인다.

닮은종 **쇠부리도요** 부리가 짧아 머리길이의 1.5배 정도다. 허리가 어둡게 보인다.

성조. 2008.5.4. 충남 천수만 © 김신환

어린새. 2011.9.1. 충남 서천 송림리 © 한종현

2011.5.7. 전남 남해 석평리

2008.5.1. 전남 목포 남항

도요과 Scolopacidae

마도요 *Numenius arquata* Eurasian Curlew L50~60cm

서식 유라시아대륙 북부와 중부에서 번식하고, 유럽 남부, 아프리카, 중동, 인도, 중국, 한국, 일본, 동남아시아에서 월동한다. 지리적으로 3아종으로 나눈다. 국내에서는 비교적 흔하게 통과하는 나그네새이며 일부가 하구와 갯벌에서 월동한다. 8월 초순에 도래해 4월 하순까지 관찰된다.

행동 여러 마리가 무리를 이루는 경우가 많다. 게를 주로 먹고 비교적 느리게 움직이며 먹이를 찾는다. 긴 부리를 게 구멍에 넣어 잡은 후 다리를 절단하고 물에 씻어 먹는다.

특징 몸윗면은 흑갈색이며 깃 가장자리는 황갈색과 흰색이다. 부리가 길어 머리길이의 3배 정도이며 아래로 굽었다. 배, 아래꼬리덮깃, 허리가 흰색이다. 꼬리는 흰색 바탕에 검은 줄무늬가 있다. 날 때 날개아랫면이 흰색으로 보인다. 암컷이 수컷보다 크며 부리도 길다.

어린새 성조와 구별이 어렵다. 성조에 비해 부리가 짧고 아래로 덜 굽었다. 몸윗면과 아랫면에 황갈색 기운이 강하다. 가슴과 옆구리의 세로 줄무늬가 약하고 흐리다.

닮은종 **알락꼬리마도요** 배와 아래꼬리덮깃은 옅은 갈색이다. 허리와 꼬리가 갈색이다. 날 때 날개아랫면이 흑갈색으로 보인다. 일부 개체는 마도요처럼 몸아랫면이 전체적으로 흰 기운이 강한 개체가 있다.

2005.10.19. 충남 서천 유부도 ⓒ 서정화

마도요와 **알락꼬리마도요**. 2010.9.20. 충남 홍성 궁리

2018.3.22. 전남 신안 흑산도

2008.4.19. 부산 낙동강 하구

알락꼬리마도요

Numenius madagascariensis Far Eastern Curlew L58.5~61.5cm

서식 시베리아 동북부, 중국 동북부에서 번식하고, 필리핀, 뉴기니, 오스트레일리아에서 월동한다. 국제적으로 희귀한 종이지만 국내에서는 비교적 흔하게 통과하는 나그네새다. 봄철에는 3월 초순에 도래해 5월 중순까지 관찰되며, 가을철에는 8월 초순에 도래해 10월 하순까지 관찰된다. 드물게 월동한다.

행동 해안 백사장, 갯벌, 하구, 물 고인 논, 풀밭에서 생활한다. 주로 게를 먹으며 갑각류와 갯지렁이도 즐겨먹는다.

특징 마도요와 비슷하다. 부리가 매우 길어 머리길이의 3배 정도이며 아래로 굽었다(암컷이 수컷보다 길다). 배는 옅은 갈색 바탕에 줄무늬가 흩어져 있다. 아래꼬리덮깃에도 줄무늬가 약하게 있다. 일부 개체는 몸아랫면에 흰 기운이 강하게 나타나 마도요와 혼동된다. 날 때 등과 허리는 적갈색을 띠는 회갈색이며, 날개아랫면은 흑갈색 줄무늬가 조밀하게 흩어져 있어 어둡게 보인다.

어린새 성조보다 부리가 짧고 아래로 덜 굽었다. 어깨깃과 날개덮깃 가장자리에 황갈색이 강하다. 셋째날개깃의 검은 줄무늬 폭이 성조보다 넓다. 몸아랫면의 세로 줄무늬가 약하고 흐리다.

실태 세계자연보전연맹 적색자료목록에 위기종(EN)으로 분류된 국제보호조다. 멸종위기 야생생물 II급이다.

닮은종 **마도요** 배는 흰색 바탕에 흑갈색 줄무늬가 약간 있으며, 아래꼬리덮깃과 허리는 흰색이다. 날 때 날개아랫면이 흰색으로 보인다.

어린새. 2009.8.23. 전남 신안 흑산도

성조. 2018.3.22. 전남 신안 흑산도

2006.9.14. 충남 천수만 © 이광구

2011.9.1. 충남 서천 송림리 © 진경순

학도요 *Tringa erythropus* Spotted Redshank L32.5cm

서식 유라시아대륙 북부에서 번식하고, 유럽 남부, 아프리카, 인도, 동남아시아에서 월동한다. 국내에서는 봄·가을 이동시기에 흔하게 통과하며 특히 봄에 작은 무리를 이루어 습지, 논에서 생활한다. 봄철에는 3월 중순에 도래해 5월 중순까지 관찰되며, 가을철에는 8월 중순에 도래해 10월 하순까지 관찰된다.

행동 물 고인 논, 습지, 하구, 갯벌에서 무리지어 생활한다. 약간 깊은 물속에서도 먹이를 찾으며, 간혹 수영하며 물속의 먹이를 찾는다.

특징 부리와 다리가 길며 몸깃은 검은색이다. 아랫부리의 절반이 붉은색이다. 몸윗면은 검은색이며 흰 반점이 흩어져 있다. 가슴옆과 옆구리에 작은 흰색 반점이 있다.

겨울깃 전체적으로 회갈색으로 바뀐다. 흰 눈썹선이 있다. 몸윗면에 흰 반점이 있으며 몸아랫면은 흰색으로 바뀌고, 가슴옆과 옆구리에 엷은 회갈색 기운이 있다.

어린새 성조 겨울깃과 비슷하지만 전체적으로 더 어둡고 몸아랫면에 갈색 줄무늬가 뚜렷하다.

닮은종 **붉은발도요** 부리가 짧으며 부리 기부가 붉은색(성조) 또는 엷은 주황색이다(어린새). 날 때 보이는 둘째날개깃과 몸 안쪽의 첫째날개깃 끝이 흰색이다.

여름깃. 2011.5.15. 전북 부안 © 백정석

겨울깃으로 깃털갈이 중 2006.11.3. 충남 천수만 © 김신환

여름깃으로 깃털갈이 중. 2013.4.11. 경기 안산 시화호 © 진경순

어린새. 2006.9.15. 전남 신안 흑산도

붉은발도요 *Tringa totanus* Common Redshank L27.5cm

서식 유럽에서 중앙아시아, 중국 북동부까지 번식하고, 아프리카, 중동, 인도, 동남아시아에서 월동한다. 국내에서는 봄·가을 이동시기에 흔하게 통과하는 나그네새이며, 매우 적은 수가 번식하는 여름철새다. 3월 중순에 도래하며 10월 하순까지 관찰된다.

행동 물 고인 논, 바위 해안, 염전, 갯벌에서 작은 무리 또는 다른 도요류 무리에 섞여 생활한다. 빠르게 걸어가면서 땅을 규칙적으로 찍으며 먹이를 찾는다.

특징 부리는 학도요보다 짧으며 기부는 붉은색, 끝은 검은색이다. 날 때 보이는 안쪽 첫째날개깃과 둘째날개깃 끝부분이 폭 넓은 흰색이다.

여름깃 몸윗면은 회갈색이며 검은 반점이 흩어져 있다. 얼굴에서 아랫배까지 흰색 바탕에 뚜렷한 검은 줄무늬 또는 반점이 흩어져 있다.

겨울깃 몸윗면은 옅은 갈색으로 바뀌며 등깃의 깃축은 폭 좁은 검은색이다. 얼굴에서 배까지 가늘고 검은 반점이 있다. 부리 색이 옅어진다.

어린새 성조 겨울깃과 비슷하지만 몸윗면의 깃 가장자리는 황갈색이다. 부리 기부는 옅은 주황색이다

실태 지리적으로 6아종으로 분류한다. 국내 도래 아종은 시베리아 남부, 몽골, 러시아 극동 일대에서 번식하는 *ussuriensis*이다. 만주 남부와 중국 동부에 분포하는 아종 *terrignotae*는 국내 서식 보고가 없지만 분포상 국내 서식 가능성이 높다. 2002년 6월 10일 인천공항 배후 습지에서 번식이 확인되었다.

성조 여름깃. 2008.5.7. 전남 신안 흑산도

여름깃으로 깃털갈이 중. 2013.4.11. 경기 안산 시화호 ⓒ 진경순

어린새. 2009.10.5. 전남 신안 흑산도

성조 여름깃. 2007.3.15. 전남 신안 흑산도

흑꼬리도요 무리. 2011.5.15. 전북 부안 © 백정석. 주로 물 고인 논에서 지렁이, 수서곤충 등 다양한 먹이를 먹는다.

큰뒷부리도요 무리. 2013.4.28. 경기 화성 매향리. 주로 갯벌에서 먹이를 찾으며 만조 시 해안가로 모여든다.

쇠부리도요 무리. 2012.4.22. 제주 모슬포 © 진경순. 비교적 물기가 적은 농경지, 초지에서 먹이를 찾는다.

알락꼬리마도요와 **중부리도요**(중앙). 2011.9.1. 충남 서천 송림리 © 김준철. 주로 갯벌에서 게, 갯지렁이 등을 잡아먹는다.

쇠청다리도요 *Tringa stagnatilis* Marsh Sandpiper L25cm

서식 유럽 남부, 중앙아시아, 중국 북동부에서 번식하고, 아프리카, 인도, 동남아시아, 오스트레일리아에서 월동한다. 국내에서는 봄·가을 이동시기에 적은 수가 통과한다. 봄철에는 4월 하순에 도래해 5월 중순까지 관찰되며, 가을철에는 8월 중순에 도래해 10월 초순까지 관찰된다.

행동 단독 또는 소수가 무리를 이룬다. 물 고인 논, 습지, 갯벌에서 약간 부산하게 움직이며 먹이를 찾는다.

특징 부리가 길며 가늘고 직선이다. 몸윗면은 검은 무늬가 있는 회갈색이며 깃 가장자리는 흰색이다. 다리가 길며 체형은 전체적으로 마른 듯하다. 머리, 목, 가슴은 흰색이며 검은 줄무늬가 흩어져 있다. 날개를 접었을 때 첫째날개 끝이 꼬리 끝에 닿는다.

겨울깃 몸윗면은 균일한 회갈색이며 깃 가장자리가 흰색이다. 앞목과 가슴은 줄무늬가 없는 흰색이다.

어린새 몸윗면은 갈색 기운이 강하며 깃 가장자리가 흰색이다. 깃털갈이가 진행된 개체는 어깨깃과 등깃 일부가 회색 깃을 띠며, 깃 가장자리가 폭 좁은 흰색이다. 몸아랫면은 흰색이며, 옆목에 가는 갈색 줄무늬가 흩어져 있다.

여름깃. 2006.5.7. 전남 신안 흑산도

성조 겨울깃. 2008.10.9. 전남 신안 흑산도

여름깃. 2013.4.11. 경기 안산 시화호 © 박대용

1회 겨울깃으로 깃털갈이 중. 2006.9.26. 충남 천수만 © 김신환

도요과 Scolopacidae

청다리도요 *Tringa nebularia* Common Greenshank L35cm

서식 유라시아대륙 북부에서 번식하고, 아프리카, 인도, 동남아시아, 오스트레일리아에서 월동한다. 국내에서는 봄·가을 비교적 흔하게 통과하며, 적은 수가 월동한다. 봄철에는 4월 중순에 도래해 5월 하순까지 관찰되며, 가을철에는 8월 초순에 도래해 10월 하순까지 관찰된다.

행동 물 고인 논, 하천, 연못, 하구, 갯벌에서 생활한다. 작은 무리를 이루어 생활하는 경우가 많으며 물 고인 습지에서 곤충류, 갑각류 등을 먹는다. 종종 얕은 물에서 부리를 약간 벌리고 물속에 넣은 채 빠르게 달려가며 작은 어류를 잡는다.

특징 부리는 쇠청다리도요보다 길고 굵으며 약간 위로 향한다. 다리는 녹황색이며 경부가 길다. 몸윗면은 옅은 회갈색이며 깃 가장자리가 흰색이다. 어깨깃 일부는 검은색이며 깃 가장자리가 흰색이다. 머리, 목, 가슴은 흰색이며 검은 반점이 흩어져 있다.

겨울깃 몸윗면은 균일한 회갈색이고 깃 가장자리가 흰색이며, 그 안쪽에 작은 검은색 반점이 있다. 셋째날개깃 가장자리에 어두운 반점이 흩어져 있다. 가슴 줄무늬는 매우 약해진다.

어린새 몸윗면은 갈색 기운이 강하고 깃 가장자리가 엷은 황갈색이 섞인 흰색이며, 그 안쪽으로 검은 반점 또는 줄무늬가 있다. 몸아랫면은 겨울깃과 비슷하지만 옆목과 가슴옆의 줄무늬가 약간 진하며, 옆구리에 흐린 줄무늬가 있다.

닮은종 **청다리도요사촌** 부리 기부가 굵다. 다리(경부)가 짧다.

여름깃. 2007.5.15. 전남 목포 남항

1회 겨울깃으로 깃털갈이 중. 2006.9.20. 전남 목포

어린새. 2012.9.12. 충남 천수만 © 김신환

청다리도요(앞)와 **청다리도요사촌**(뒤).
2012.10.3. 전북 군산 만경강 하구 © 오동필

청다리도요사촌

Tringa guttifer Nordmann's Greenshank L31cm

서식 사할린 북동부와 오호츠크해가 접하는 극동러시아의 일부 지역에서 번식하고, 말레이반도, 태국, 방글라데시에서 월동한다. 국내에서는 매우 드문 나그네새다. 봄철에는 4월 중순에 도래해 5월 중순까지 관찰되며, 가을철에는 8월 중순에 도래해 10월 중순까지 관찰된다.

행동 모래톱 또는 갯벌의 물이 남아 있는 조수 웅덩이에서 빠르게 움직이며 게, 작은 어류, 연체동물, 애벌레 등을 먹는다. 잡은 먹이를 물고 안전한 곳으로 빠르게 이동해 먹는다.

특징 부리는 굵고 약간 위로 향하며, 기부에 노란색 기운이 있다. 다리는 황록색이다. 부척 위 깃털이 없는 경부는 청다리도요보다 뚜렷이 짧다. 날 때 등, 허리가 흰색이다. 꼬리는 흰색에 회갈색 가는 가로 줄무늬가 있다. 날개아랫면은 흰색이다. 머리가 크고 눈이 작게 보인다.

여름깃 가슴에 큰 검은색 반점이 흩어져 있다. 몸윗면은 검은 기운이 강하고 흰 반점이 흩어져 있다.

겨울깃 몸윗면은 회색이며 깃 가장자리가 흰색이다. 작은날개덮깃은 어깨보다 진한 갈색이다. 가슴은 흰색에 가깝다.

실태 세계자연보전연맹 적색자료목록에 위기종(EN)으로 분류된 국제보호조다. 멸종위기 야생생물 I급이다. 해안 습지의 간척, 번식지에서의 순록 방목 등으로 인한 서식지 상실로 개체수가 감소하고 있다. 최대 생존 개체수는 1,300 미만으로 추정된다.

닮은종 **청다리도요** 부리가 가늘다. 경부가 길다.

여름깃으로 깃털갈이. 2013.4.30. 경기 화성 © 최순규

1회 겨울깃으로 깃털갈이 중. 2021.9.7. 전남 신안 압해도 © 박창욱

어린새. 2010.9.12. 충남 천수만 © 김신환

겨울깃으로 깃털갈이 중. 2012.9.28. 경기 화성 매향리 © 최순규

삑삑도요 *Tringa ochropus* Green Sandpiper L24cm

서식 유라시아대륙 북부에서 번식하고, 아프리카, 중동, 인도, 중국, 동남아시아에서 월동한다. 국내에서는 흔하게 통과하는 나그네새이며, 흔하지 않은 겨울철새다. 8월 중순에 도래하며 5월 중순까지 관찰된다.

행동 물 고인 논이나 하천, 습지에서 생활한다. 단독으로 행동하는 경우가 많으며, 먹이를 찾아 천천히 이동하면서 끊임없이 꼬리를 까딱까딱 흔든다.

특징 몸윗면은 짙은 회갈색이며 작은 흰색 반점이 흩어져 있다. 다리는 어두운 녹색이다. 머리에서 목까지 진한 회갈색 줄무늬가 흩어져 있다. 흰 눈썹선은 눈앞에서 끝난다. 날 때 날개아랫면이 검은색으로 보인다.

겨울깃 머리와 뒷목의 줄무늬가 없어지며, 몸윗면은 흰 반점이 매우 작아진다. 목과 가슴의 줄무늬가 여름깃보다 가늘지만 전체적으로 가슴이 어둡게 보인다.

어린새 겨울깃과 비슷하지만 몸윗면에 흰 반점이 보다 크다. 가슴 줄무늬가 겨울깃보다 적다.

닮은종 **알락도요** 몸윗면의 흰 반점이 크다. 흰 눈썹선은 눈 뒤까지 길게 이어진다. 다리는 노란색 기운이 강하다. 날 때 날개아랫면이 흰색으로 보인다. 부리가 약간 짧다.

겨울깃. 2009.1.2. 충남 천수만 © 김신환

여름깃. 2007.4.2. 전남 신안 흑산도

알락도요(좌)와 **삑삑도요**(우). 2007.3.31. 전남 신안 흑산도

알락도요 *Tringa glareola* Wood Sandpiper L21~23cm

서식 유라시아대륙 북부에서 번식하고, 아프리카, 인도, 동남아시아, 오스트레일리아에서 월동한다. 국내에서는 흔하게 통과하는 나그네새다. 봄철에는 3월 하순에 도래해 5월 중순까지 관찰되며, 가을철에는 8월 초순에 도래해 9월 하순까지 관찰된다.

행동 물 고인 논에서 큰 무리를 이루어 먹이를 찾는다(바닷가로 이동하는 경우는 매우 드물며, 가을보다 봄에 더 많은 수가 관찰된다). 몸을 위 아래로 까닥까닥 흔들며 흙 속에 숨은 곤충류, 연체동물, 갑각류를 잡는다. 경계심이 비교적 적다.

특징 삑삑도요와 혼동되지만 서식지가 다르다. 몸윗면은 회갈색이며 큰 흰색 반점과 검은 반점이 흩어져 있다. 다리는 약간 길며 노란색이다. 흰 눈썹선은 눈 앞에서 눈 뒤까지 길게 이어진다. 날 때 날개아랫면은 흰색에 가깝게 보인다.

어린새 어깨와 등에 갈색 기운이 강하며, 흰색 또는 황갈색 반점이 명확하다. 가슴 줄무늬는 가늘고 불명확한 갈색이다(성조보다 뚜렷하게 흐리다).

여름깃. 2011.5.1. 충남 보령 오포리

마모된 여름깃. 2007.7.30. 전남 신안 흑산도

여름깃. 2007.5.2. 전남 신안 흑산도

어린새. 2004.9.3. 전남 신안 흑산도

큰노랑발도요 *Tringa melanoleuca* Greater Yellowlegs L29~33cm

서식 북아메리카 북부에서 번식하고, 중앙아메리카, 남아메리카에서 월동한다. 국내에서는 1993년 9월 4일 경기 시흥 소래염전에서 겨울깃 1개체가 관찰된 미조다.

행동 갯벌, 하구, 해안가의 습지, 논에서 생활한다. 갯지렁이를 좋아한다.

특징 청다리도요보다 약간 작다. 다리는 노란색이며 길다. 부리는 길고 약간 위로 굽었으며 기부는 연한 황록색이다. 날 때 보이는 허리는 흰색이다(청다리도요처럼 흰색이 등 위쪽까지 다다르지 않는다).

여름깃 몸윗면은 흑갈색이며 깃 가장자리에 흰 반점이 흩어져 있다. 머리와 목에 어두운 갈색 줄무늬가 뚜렷하다. 가슴과 옆구리에는 뚜렷한 검은 반점이 있다.

겨울깃 몸윗면은 회색 기운이 많아지고 전체적으로 작은 흰색 반점이 많다. 얼굴과 가슴의 줄무늬는 가늘어진다.

어린새 겨울깃과 비슷하지만 몸윗면은 갈색 기운이 강하다. 가슴에 갈색 줄무늬가 뚜렷하다.

닮은종 **Lesser Yellowlegs** 몸이 약간 작다. 부리가 가늘고 위로 향하지 않고 곧다. 체형은 약간 호리호리하다.

청다리도요 다리가 황녹색이며, 날 때 보이는 허리의 흰색이 등까지 다다른다.

겨울깃. 2007.11.19. 미국 캘리포니아. Mike Baird ⓒⓒ BY-2.0

1회 겨울깃. 2014.9.19. 캐나다 캘거리 ⓒ 김영환

여름깃. 2008.5.24. 미국 택사스. Alan D. Wilson ⓒⓒ BY-SA-3.0

1회 겨울깃. 2014.9.19. 캐나다 캘거리 ⓒ 김영환

노랑발도요 *Tringa brevipes* Grey-tailed Tattler L25cm

서식 시베리아 동북부에서 번식하고, 동남아시아, 뉴기니, 오스트레일리아에서 월동한다. 국내에서는 흔히 통과하는 나그네새다. 봄철에는 4월 초순에 도래해 5월 하순까지 관찰되며, 가을철에는 8월 초순에 도래해 9월 하순까지 관찰된다.

행동 갯벌, 하구, 백사장, 바위 해변에서 서식하며, 주로 작은 무리를 이루어 곤충류와 갑각류를 잡아먹는다.

특징 몸윗면은 진한 회갈색이며 흰 눈썹선이 있다. 다리는 노란색이며 비교적 짧다. 날 때 보이는 날개아랫면과 겨드랑이는 회흑색이어서 흰색인 배와 뚜렷하게 구별된다.

여름깃 멱, 가슴, 옆구리에 흑갈색 물결무늬가 있다. 배 중앙부는 폭 넓은 흰색이다. 아래꼬리덮깃은 흰색이며 매우 가는 반점이 몇 개 있다. 아랫부리 기부는 노란색이다.

겨울깃 몸아랫면에 줄무늬가 없어지며 가슴과 옆구리는 회색 기운이 있다.

어린새 성조 겨울깃과 비슷하지만 날개덮깃 가장자리에 작은 흰색 반점이 흩어져 있다. 꼬리깃 가장자리를 따라 작은 흰색 반점이 흩어져 있다.

여름깃. 2011.5.7. 경남 남해 석평리

여름깃. 2008.4.16. 전남 신안 흑산도

마모된 여름깃. 2010.8.20. 충남 천수만 ⓒ 김신환

어린새. 2011.9.3. 강원 고성 아야진

도요과 Scolopacidae

뒷부리도요 *Xenus cinereus* Terek Sandpiper L22.5~25.5cm

서식 유라시아대륙 북부에서 번식하고, 아프리카, 인도, 중동, 동남아시아, 오스트레일리아에서 월동한다. 국내에서는 흔한 나그네새다. 봄철에는 4월 하순에 도래해 5월 하순까지 관찰되며, 가을철에는 8월 초순에 도래해 10월 초순까지 관찰된다. 극히 적은 수가 월동한다.

행동 해안 갯벌, 하구, 하천에서 서식하며 작은 무리를 이룬다. 주로 빠르게 걸어가며, 움직이는 먹이를 쫓아가서 잡아먹는다. 간혹 땅에 부리를 파묻고 먹이를 찾는 경우도 있다. 종종 잡은 먹이를 물고 얕은 곳으로 빠르게 이동한 후 먹이를 씻어 먹는다.

특징 부리는 길고 위로 굽었으며 기부가 옅은 주황색이다. 다리는 노란색이며 비교적 짧다.

여름깃 몸윗면은 회갈색이며 어깨깃 일부에 검은 줄무늬가 있다. 날 때 둘째날개깃 끝이 흰색으로 보인다. 작은날개덮깃의 상당 부분이 흑갈색이어서 앉아 있을 때 익각이 어둡게 보인다.

겨울깃 어깨깃에 검은 줄무늬가 거의 사라진다.

어린새 몸윗면에 갈색 기운이 강하며 깃 가장자리가 황갈색으로 비늘무늬가 있다.

여름깃. 2010.5.8. 강원 강릉 © 변종관

여름깃. 2006.4.16. 전남 신안 압해도

2014.8.22. 전남 완도 조약도

2007.5.17. 전남 신안 흑산도

깝작도요 *Actitis hypoleucos* Common Sandpiper L20cm

서식 유라시아대륙 북부와 중부에서 번식하고, 아프리카, 중동, 인도, 동남아시아에서 월동한다. 국내에서는 흔하게 통과하는 나그네새이며, 일부가 번식하고 월동한다.

행동 해안가 습지, 하구, 개울에 서식한다. 하천의 자갈밭 또는 강가의 풀숲 사이에 둥지를 품는다. 밤색 점무늬가 있는 알을 4개 낳으며 20~23일간 포란한다. 단독으로 생활하며, 머리와 꼬리를 끊임없이 상하로 까딱이며 먹이를 찾는다. 이동시 날개를 몸 아래로 약간 늘어뜨린 상태에서 빠른 날갯짓으로 수면 위를 소리 없이 낮게 난다.

특징 가슴옆의 흰 무늬가 위쪽으로 어깨 부분까지 이어진다. 날 때 날개에 큰 흰색 줄무늬가 보인다. 꼬리는 첫째날개깃 뒤로 길게 돌출된다.

여름깃 몸윗면은 녹갈색이며 깃 가장자리에 흑갈색 무늬가 있다. 몸아랫면은 흰색이다. 가슴옆으로 폭 넓은 갈색 무늬가 있으며, 가슴에 폭 좁은 흑갈색 줄무늬가 흩어져 있다.

겨울깃 몸윗면은 균일한 색으로 바뀌며, 가슴옆은 갈색이고 여름깃에서 보이는 흑갈색 줄무늬가 거의 없다.

어린새 몸윗면에 황갈색과 검은 무늬가 섞여 있다(날개덮깃 무늬가 선명하다). 셋째날개깃 가장자리를 따라 옅은 황갈색(또는 흰색)과 검은 반점이 규칙적으로 흩어져 있다.

여름깃. 2007.5.11. 충남 천수만 © 김신환

마모된 여름깃. 2011.8.15. 경기 파주 송촌리

겨울깃. 2007.4.2. 전남 신안 흑산도

어린새. 2010.9.21. 충남 천수만 © 김신환

도요과 Scolopacidae

꼬까도요 *Arenaria interpres* Ruddy Turnstone L22cm

서식 유라시아대륙 북부, 북미 북부의 툰드라지대에서 번식하고, 아프리카, 남아시아, 동남아시아, 오스트레일리아, 중남미에서 월동한다. 지리적으로 2아종으로 나눈다. 국내에서는 봄·가을에 흔히 통과하는 나그네새다. 봄철에는 4월 초순에 도래해 5월 하순까지 관찰되며, 가을철에는 8월 초순에 도래해 10월 중순까지 관찰된다. 극히 드물게 월동한다.

행동 바위가 있는 해안, 갯벌, 하구, 염전에서 서식하며 갯지렁이, 곤충류, 게 등을 찾아낸다. 작은 무리를 이루어 생활하는 경우가 많지만 먹이를 찾을 때는 여기 저기 흩어져 행동한다. 물가에서 해초를 먹거나 작은 돌을 부리로 들추어 속에 숨어 있는 곤충을 잡는다.

특징 다리가 짧고 체형이 땅딸막하다.

수컷 머리는 흰색에 검은 줄무늬가 있다(머리 색은 개체간에 변이가 있다). 몸윗면은 밤색과 검은색이 섞여 있으며 날 때 날개에 뚜렷한 흰색 줄무늬가 보인다. 등, 허리, 꼬리 기부가 흰색으로 다른 종과 혼동이 없다.

암컷 암수 구별이 어려운 경우가 많다. 보통 머리에 갈색 기운이 강하고 몸윗면의 밤색 기운이 약해 수컷보다 색이 흐리다.

겨울깃 얼굴에서 몸윗면까지 전체적으로 어두운 갈색 기운이 있다.

어린새 몸윗면은 적갈색 기운이 있으며, 깃 가장자리는 색이 엷어 비늘무늬를 이룬다.

수컷. 2005.8.15. 충남 천수만 © 김신환

수컷. 2006.4.16. 전남 신안 압해도

암컷. 2006.4.16. 전남 신안 압해도

어린새. 2010.9.11. 충남 천수만 © 김신환

노랑발도요 여름깃. 2011.5.7. 경남 남해 석평리

뒷부리도요 먹이 활동. 2007.8.23. 전남 신안 흑산도

붉은어깨도요 무리. 2011.10.28. 충남 서천 유부도 © 오동필

붉은어깨도요와 **붉은가슴도요**. 2013.4.30. 경기 화성 매향리 © 진경순

붉은어깨도요 *Calidris tenuirostris* Great Knot L28cm

서식 시베리아 북동부에서 번식하고, 인도, 동남아시아, 오스트레일리아에서 월동한다. 국내에서는 큰 무리를 이루어 통과하는 흔한 나그네새다. 봄철에는 4월 중순에 도래해 5월 하순까지 관찰되며, 가을철에는 8월 초순에 도래해 10월 중순(드물게 11월 초)까지 관찰된다.

행동 갯벌, 해안의 모래펄, 하구에 서식한다. 항상 무리를 이루어 행동하며 단독으로 생활하는 경우는 거의 없다. 갯지렁이, 조개류, 갑각류 등을 먹는다.

특징 부리가 머리길이보다 길다. 몸윗면은 흑갈색이며 어깨에 적갈색 무늬가 있지만 먼 거리에서 잘 보이지 않는다. 가슴에 검은 반점이 흩어져 있어 어둡게 보인다. 날 때 흰색 허리가 보인다.

겨울깃 몸윗면은 회색이며 가슴과 옆구리에 검은 무늬가 뚜렷하다.

어린새 몸윗면은 전체적으로 어두운 흑갈색으로 보이며 깃 가장자리는 폭 넓은 흰색이다. 가슴의 검은 반점이 성조보다 약하다.

실태 세계자연보전연맹 적색자료목록에 위기종(EN)으로 분류된 국제보호조다. 멸종위기 야생생물 II급이다. 전 세계 집단은 290,000개체 미만으로 추정된다. 황해 지역에서의 갯벌 매립 등 서식지 파괴로 인해 개체수가 크게 감소하고 있다.

여름깃. 2008.4.15. 전남 신안 흑산도

여름깃. 2013.4.30. 경기 화성 매향리 © 박대용

어린새. 2010.8.15. 강원 강릉 남대천 © 백정석

여름깃. 2010.5.14. 인천 중구 영종도 © 최창용

붉은가슴도요 *Calidris canutus* Red Knot L23.5cm

서식 시베리아 북부, 북미 북부, 그린란드에서 번식하고, 서유럽, 아프리카, 남아시아, 뉴질랜드, 오스트레일리아, 남미에서 월동한다. 국내에서는 적은 수가 통과한다. 봄철에는 4월 중순에 도래해 5월 중순까지 관찰되며, 가을철에는 8월 중순에 도래해 10월 중순까지 관찰된다.

행동 갯벌, 하구, 해안가 모래밭에 서식한다. 붉은어깨도요 무리에 섞여 이동하는 경우가 많다.

특징 체형은 약간 통통하다. 부리는 곧고 약간 두꺼우며, 머리길이 정도다.

여름깃 몸윗면은 흑갈색이며 어깨깃은 적갈색이다. 얼굴에서 배까지 선명한 적갈색이다. 배 아랫쪽에서 아래꼬리덮깃까지 흰색이며, 흑갈색 반점이 있다.

겨울깃 몸윗면은 엷은 회갈색이며 깃축이 검은색이고 깃 가장자리는 흰색이다. 몸아랫면은 흰색이며 가슴옆과 옆구리에 반점이 있다.

어린새 몸윗면의 깃 가장자리가 검은색과 흰색이어서 비늘무늬를 이룬다.

아종 6아종으로 분류하지만 아종 간 구별이 어렵다. 한국을 찾는 아종은 추코트카반도에서 번식하는 *rogersi*이다. 아종 *piersmai*는 동부 시베리아 북쪽의 New Siberian Islands에서 번식하는 아종으로 국내에도 도래하는 것으로 판단된다. 최근 봄철 발해만 조사 결과 오스트레일리아 남동부와 뉴질랜드에서 월동하는 아종 *rogersi*가 먼저 발해만에 도착하고, 이후 오스트레일리아 북서부에서 월동하는 아종 *piersmai*가 도착하며, *rogersi*가 먼저 번식지로 떠나는 것으로 나타났다. *rogersi*는 가슴 색이 *piersmai*보다 더 연하며 옆목 뒤쪽으로 붉은 기운이 약하다. *piersmai*는 가슴의 붉은색이 진하며 옆목 뒤쪽과 등면도 붉은 기운이 강하다. 아종 식별은 봄철 이동시기에 마모되지 않은 완전한 번식깃을 가진 개체에서만 가능하다.

아종 ***rogersi*** 여름깃. 2007.4.12. 충남 천수만 © 김신환

아종 ***piersmai*** 여름깃. 2007.5.19. 전남 신안 흑산도

어린새. 2012.9.15. 강원 고성 아야진 © 김준철

1회 겨울깃. 2018.10.16. 충남 홍성 궁리 © 한종현

도요과 Scolopacidae

세가락도요 *Calidris alba* Sanderling L18~20cm

서식 시베리아 중부, 북미 북부, 그린란드의 북극해 연안에서 번식하고, 중동, 아프리카, 동남아시아, 오스트레일리아, 남미에서 월동한다. 지리적으로 2아종으로 분류한다. 국내에서는 봄·가을 이동시기에 무리를 이루어 흔히 통과하며 일부는 해안, 하구 등지에서 월동한다. 8월 초순에 도래하며 5월 하순까지 관찰된다.

행동 해안의 모래밭, 갯벌, 하구에 서식한다. 이동시기에 수십에서 수백 마리가 무리지어 날아다니는 모습은 민물도요와 흡사하다. 여러 마리가 무리를 이루어 바닷물과 만나는 갯벌, 모래밭 등지를 빠르게 거닐며 조개류, 갑각류를 잡는다.

특징 좀도요 또는 민물도요와 혼동되지만 크기 및 부리 길이에서 차이가 있다.

여름깃 머리, 가슴, 몸윗면은 적갈색이다. 다리는 검은색이며 짧고 뒷발가락이 없다.

겨울깃 몸윗면은 회백색으로 민물도요의 회갈색과 쉽게 구별된다. 익각 부분에 검은 무늬가 뚜렷하다.

어린새 몸윗면에는 복잡한 흰색 및 검은색 무늬가 흩어져 있다. 몸아랫면은 완전히 흰색이며 가슴옆에 갈색 기운이 있다.

닮은종 **민물도요** 부리가 길다. 겨울깃은 어깨에 검은 무늬가 없다.

좀도요 몸이 더 작다. 뒷발가락이 있다. 익각 부분에 검은 무늬가 없다. 겨울깃은 몸윗면이 회갈색이다.

여름깃. 2013.5.11. 경북 포항 ⓒ 박대용

성조 겨울깃으로 깃털갈이 중. 2014.8.17. 강원 고성 아야진

겨울깃. 2013.1.6. 강원 고성 아야진

어린새. 2009.9.15. 전남 신안 흑산도

닮은 종 비교

세가락도요 겨울깃. 2009.2.28. 강원 고성 아야진

세가락도요 겨울깃으로 깃털갈이. 2012.9.2. 충남 서천 유부도 ⓒ 진경순

민물도요 겨울깃. 2009.10.21. 전남 신안 흑산도

좀도요(좌)와 **작은도요**(우) 성조 비교. 2005.5.19. 전남 신안 흑산도

좀도요 어린새. 2011.10.9. 강원 고성 아야진 ⓒ 진경순

작은도요 어린새. 2010.9.10. 강원 강릉 ⓒ 최순규

좀도요 *Calidris ruficollis* Red-necked Stint L15cm

서식 시베리아 북부의 타이미르반도, 레나천 하구, 베링해 연안, 알래스카 북서부에서 번식하고, 동남아시아, 오스트레일리아, 뉴질랜드에서 월동한다. 국내에서는 흔하게 통과하는 나그네새다. 봄철에는 4월 중순에 도래해 5월 하순까지 관찰되며, 가을철에는 8월 초순에 도래해 10월 하순까지 관찰된다.

행동 갯벌, 해안 모래톱, 하구에서 무리를 이루어 행동한다. 만조 시에 갯벌이 잠기면 활기찬 날갯짓으로 불규칙하게 날면서 염전과 논 등 습지로 이동하며, 보통 민물도요와 혼성한다.

특징 체형은 작고 통통하다. 목, 가슴, 등은 적갈색, 부리와 다리는 짧으며 검은색이다. 첫째날개깃이 꼬리 뒤로 돌출된다.

여름깃 어깨깃이 적갈색인 반면에 날개덮깃과 셋째날개깃은 흐린 흑갈색이며(작은도요처럼 적갈색이 아니다), 깃 가장자리는 폭 좁은 흰색이다. 셋째날개깃의 검은색 축반이 엷으며 깃 가장자리와의 경계가 불명확하다.

겨울깃 작은도요와 구별이 힘들다. 몸윗면은 회갈색이며 깃축은 폭 좁은 검은색이다.

어린새 얼굴과 가슴에 적갈색이 거의 없다. 어깻죽지 아래쪽은 검은색 닻 모양이며 깃 끝은 흰색이다. 어깨깃은 적갈색이며, 날개덮깃과 셋째날개깃은 회갈색이다.

닮은종 **작은도요** 셋째날개깃 가장자리가 적갈색이다. 부리가 약간 가늘고 길다. 다리가 약간 길다. 셋째날개깃의 검은색 축반이 진하며, 깃 가장자리와의 경계가 명확하다.

성조 여름깃. 2005.5.4. 충남 천수만 © 김신환

성조 겨울깃으로 깃털갈이 중. 2006.8.27. 전남 신안 흑산도

성조 겨울깃. 2013.9.20. 전남 신안 압해도

어린새. 2008.5.4. 충남 홍성 남당리

작은도요 *Calidris minuta* Little Stint L12~14cm

서식 스칸디나비아반도 북부, 시베리아 연안에서 번식하고, 아프리카, 남유럽, 아라비아반도, 인도에서 월동한다. 국내에서는 1996년 10월 12일 경기 화성 운평리 염전에서 1개체가 관찰된 이후 전남 신안 흑산도, 경북 울릉도, 인천 송도, 경기 파주, 화성, 강원 강릉, 고성 등지에서 관찰된 희귀한 나그네새다.

행동 좀도요 무리에 섞여 갑각류, 패류 등을 먹는 것으로 보인다.

특징 좀도요와 매우 비슷하다. 부리가 약간 짧고 아래로 약간 굽었다. 좀도요에 비해 부리 끝이 더 뾰족하다. 다리는 검은색이다. 몸이 약간 짧고 마른 느낌이다.

여름깃 날개덮깃의 상당 부분에 적갈색이 명확하다. 멱이 흰색이다(좀도요는 적갈색). 셋째날개깃 가장자리가 적갈색이다.

겨울깃 좀도요와 매우 비슷하다. 몸윗면의 회갈색이 좀도요보다 진하다. 어깨깃과 날개덮깃의 검은색 축반이 더 넓다(좀도요처럼 좁은 경우도 있다). 가슴옆의 회갈색 무늬가 좀도요보다 크다.

어린새 날개덮깃과 셋째날개깃은 검은색에 깃 가장자리는 적갈색이다.

닮은종 **좀도요** 셋째날개깃의 검은색 축반이 엷고 깃 가장자리와의 경계가 불명확하다. 부리가 약간 크고 짧다. 다리가 짧다.

성조 여름깃. 2005.5.19. 전남 신안 흑산도

성조 여름깃. 2011.5.10. 경기 파주 교하 © 변종관

성조 여름깃. 2005.5.19. 전남 신안 흑산도

어린새. 2011.8.28. 강원 고성 아야진 © 이용상

도요과 Scolopacidae

흰꼬리좀도요 *Calidris temminckii* Temminck's Stint L14.5cm

서식 유라시아대륙 북부 연안에서 번식하고, 아프리카 중부, 인도, 동남아시아에서 월동한다. 국내에서는 봄·가을 비교적 드물게 통과한다. 봄철에는 4월 초순에 도래해 5월 중순까지 관찰되며, 가을철에는 8월 중순에 도래해 10월 하순까지 관찰된다.

행동 물 고인 논, 하천, 습지, 호수 등에서 서식하며 갯벌로 이동하는 경우는 거의 없다. 단독 또는 작은 무리를 이룬다. 습지에서 부리를 지면에 대고 쿡쿡 찌르며 곤충의 유충, 조개류, 갑각류를 잡는다.

특징 몸윗면은 회갈색 기운이 강하며 어깨깃에는 엷은 적갈색과 검은 무늬가 있다. 다리는 엷은 황록색이다. 가슴에 회갈색과 황갈색 기운이 있다. 외측 꼬리깃은 흰색이다. 날개는 꼬리 뒤로 돌출되지 않는다.

겨울깃 몸윗면은 균일한 회갈색이며 가슴옆은 회갈색 기운이 강하다.

어린새 어깨깃과 날개덮깃 끝에 검은 줄무늬가 있으며 깃 가장자리를 따라 흰색이어서 비늘무늬를 이룬다. 가슴은 회갈색 기운이 강하다.

닮은종 **좀도요** 몸윗면은 적갈색 기운이 강하다. 다리가 검은색이다. 날개는 꼬리 뒤로 돌출된다. 외측 꼬리깃은 회색이다.

성조 여름깃. 2007.4.16. 전남 신안 흑산도

어린새. 2021.9.3. 경기 화성 호곡리 ⓒ 변종관

1회 겨울깃으로 깃털갈이 중 2012.10.17. 전북 군산 ⓒ 오동필

겨울깃. 2014.12.4. 경기 의왕 왕송호수 ⓒ 곽호경

종달도요 *Calidris subminuta* Long-toed Stint L14.5~16cm

서식 시베리아 중부에서 캄차카반도까지 번식하고, 동남아시아, 오스트레일리아에서 월동한다. 국내에서는 흔한 나그네새다. 봄철에는 4월 하순에 도래해 5월 중순까지 관찰되며, 가을철에는 8월 초순에 도래해 9월 초순까지 관찰된다.

행동 물 고인 습지와 논에서 작은 무리를 이룬다. 곤충의 유충, 조개류, 갑각류를 먹는다. 놀랐을 때 다른 도요보다 더 몸을 치켜세운다.

특징 메추라기도요 축소판 같다. 부리는 가늘고 짧다(좀도요보다 길다). 아랫부리 기부는 색이 연하다. 다리는 황록색이다. 가운데 발가락은 부리보다 길고 부척보다 약간 짧다. 흰 눈썹선이 명확하다. 앞이마의 검은 선은 부리 기부까지 다다른다. 눈앞은 색이 어둡다.

여름깃 머리는 적갈색이며, 흑갈색 줄무늬가 있다. 몸윗면의 깃 가장자리는 적갈색이며 특히 셋째날개깃은 적갈색은 폭이 넓다.

겨울깃 몸윗면은 적갈색 기운이 사라지고 어두운 회색으로 변하며, 어깨깃에는 깃축을 중심으로 폭 넓은 검은색이 있다(작은도요처럼 넓다).

어린새 여름깃과 비슷하다. 가슴의 줄무늬가 가늘다. 등깃 가장자리가 흰색으로 V자 형을 이룬다. 흰 눈썹선은 넓고 선명하다.

닮은종 **메추라기도요** 뚜렷하게 크다. 첫째날개깃이 셋째날개깃 뒤로 돌출된다.

Least Sandpiper (*C. minutilla*) 흰 눈썹선이 부리 기부까지 다다른다. 아랫부리 기부는 색이 어둡다

여름깃. 2011.5.11. 경기 파주 공릉천 © 백정석

1회 여름깃(?). 2009.4.21. 전남 신안 흑산도

겨울깃. 2007.11.1. 일본 오키나와

어린새. 2020.8.29. 강원 강릉 사천

메추라기도요 *Calidris acuminata* Sharp-tailed Sandpiper L21.5cm

서식 시베리아 북동부에서 번식하고, 뉴기니, 오스트레일리아, 뉴질랜드에서 월동한다. 국내에서는 봄·가을에 흔하게 통과하며 봄에 더 많은 수가 관찰된다. 봄철에는 4월 중순에 도래해 5월 중순까지 해안 근처 논에서 흔하게 관찰되며, 가을철에는 8월 하순에 도래해 9월 하순까지 매우 드물게 관찰된다.

행동 물 고인 논, 습지에 내려 앉아 곤충류, 거미류를 주로 먹는다. 단독으로 움직이기보다는 무리를 이루어 이동한다. 갯벌로 이동하는 경우는 거의 없다.

특징 몸윗면은 적갈색 기운이 강하며 특히 머리에 붉은색이 강하게 보인다. 부리는 약간 아래로 향하며 기부가 녹황색이다. 가슴 줄무늬는 배까지 이어지며 옆구리에 V자 형 무늬가 있다. 아래꼬리덮깃에 약간의 흑갈색 줄무늬가 있다. 흰 눈썹선은 불명확하다.

겨울깃 몸윗면에 적갈색 기운이 거의 사라진다. 몸아랫면의 V자 형 줄무늬도 약해진다.

어린새 가슴은 다소 진한 황갈색이며 가슴옆쪽으로 세로 줄무늬가 있다. 가슴과 옆구리에 V자 형 무늬가 없다.

닮은종 **아메리카메추라기도요** 머리와 몸윗면의 적갈색 기운이 적다. 가슴의 흑갈색 줄무늬와 배의 흰색과 경계가 뚜렷하다. 부리가 길며 아래로 더욱 굽었다.

여름깃. 2011.5.15. 전북 부안 계화리 © 백정석

여름깃(앞). 2009.4.21. 전남 신안 흑산도

겨울깃. 2009.4.21. 전남 신안 흑산도

어린새. 2010.11.2. 경기 안산 시화호 © 서정화

무리. 2013.4.28. 경기 화성 호곡리

도요과 Scolopacidae

아메리카메추라기도요

Calidris melanotos Pectoral Sandpiper L22cm

서식 시베리아 북부와 북미 북부에서 번식하고, 남미 남부, 오스트레일리아에서 월동한다. 국내에서는 봄·가을에 매우 희귀하게 통과하는 미조다. 봄철에는 4월 중순에서 4월 하순까지, 가을철에는 9월 초순에서 10월 중순까지 관찰기록이 있다. 경기 화성, 충남 천수만, 연기, 전북 옥구, 김제, 고창, 제주도 등지에서 관찰되었다.

행동 물 고인 논, 습지에서 서식하며, 갯벌로 이동하는 경우는 드물다.

특징 몸윗면은 메추라기도요와 비슷하다. 가슴의 흑갈색 줄무늬(V자 형이 아닌 뾰족한 창 같다)는 배의 흰색과 경계가 명확하다. 부리가 길며 아래로 굽었다. 부리 기부는 살구색을 띠는 노란색이다. 머리 위의 갈색은 메추라기도요보다 약하며 검은 줄무늬가 진하다.

겨울깃 몸윗면의 적갈색 기운이 현저히 줄어든다. 가슴옆에 가는 줄무늬가 희미하게 남아 있지만 메추라기도요처럼 V자 형을 이루지 않는다.

어린새 성조 여름깃과 비슷하다. 등과 날개덮깃에 적갈색 기운이 강하다.

어린새. 2008.10.4. 충북 청주 © 최순규

어린새. 2010.9.26. 전북 김제 심포 거전 © 채승훈

붉은갯도요 *Calidris ferruginea* Curlew Sandpiper L21.5cm

서식 시베리아 북부에서 번식하고, 아프리카, 인도, 동남아시아, 오스트레일리아에서 월동한다. 국내에서는 봄·가을에 매우 드물게 통과한다. 봄철에는 4월 하순에 도래해 5월 중순까지 관찰되며, 가을철에는 8월 하순에 도래해 10월 중순까지 관찰된다.

행동 갯벌, 하구, 물 고인 논, 습지에 서식한다. 주로 갯벌의 물 고인 곳이나 습한 모래땅에서 바쁘게 돌아다니며 부리로 조개류와 갑각류를 잡는다. 갯지렁이를 먹을 때는 가만히 서서 구멍에 부리를 넣어 꺼내먹는다.

특징 민물도요와 형태가 비슷하지만 부리가 길며 아래로 굽었다.

여름깃 머리에서 배까지 선명한 적갈색이다. 몸윗면은 흑갈색과 적갈색이며 깃 끝에 흰색 점이 흩어져 있다.

겨울깃 몸윗면은 회갈색으로 민물도요 겨울깃과 비슷하지만 부리가 길며 아래로 굽었다. 다리가 길다.

어린새 성조 겨울깃과 비슷하지만 등과 날개깃 가장자리가 황갈색이다. 가슴은 엷은 황갈색이며 민물도요와 달리 세로 줄무늬가 거의 없다. 날 때 허리가 흰색으로 뚜렷이 보이고 꼬리 끝이 검은색이다.

여름깃. 2013.4.27. 충남 홍성 남당리 © 한종현

여름깃으로 깃털갈이 중. 2007.5.6. 전남 신안 흑산도

1회 겨울깃. 2010.10.23. 충남 서천 유부도 © 진경순

어린새. 2014.8.31. 경기 화성 운평리 © 김준철

닮은 종 비교

붉은갯도요. 2010.5.5. 강원 강릉 © 황재홍

붉은가슴도요. 2007.4.12. 충남 천수만 © 김신환

종달도요. 2014.9.90. 경기 화성 운평리

Least Sandpiper. 미국. Mike's Birds 🅭 BY-SA-2.0

붉은갯도요 어린새. 2009.9.14. 전남 신안 흑산도

민물도요 겨울깃으로 깃털갈이 중. 2007.9.7. 전남 신안 흑산도

세가락도요 겨울깃으로 깃털갈이 중. 2012.9.2. 충남 서천 유부도 © 진경순

좀도요 어린새. 2012.9.9. 강원 고성 아야진 © 김준철

민물도요 *Calidris alpina* Dunlin L17~21cm

서식 유라시아와 북미의 북극해 연안에서 번식하고, 중국 남부, 한국, 일본, 중동, 지중해 연안, 북미 동부, 서부 해안에서 월동한다. 국내에서는 흔하게 통과하는 나그네새이며 일부는 해안 사구, 하구에서 월동한다. 7월 초순에 도래하며 5월 하순까지 관찰된다.

행동 해안의 갯벌, 염전에서 서식하며, 흔히 큰 무리를 이루어 먹이를 찾는다. 비교적 빠르게 움직이며 조개류, 갑각류, 갯지렁이를 잡아먹는다.

특징 아종에 따라 부리 길이와 몸 색이 다르다. 겨울깃은 붉은갯도요와 혼동된다.

여름깃 배에 큰 검은색 반점이 있다. 몸윗면은 적갈색과 흑갈색 반점이 흩어져 있다. 부리는 길며 약간 아래로 굽었다. 날 때 날개에 흰색 줄무늬가 뚜렷하게 보인다.

겨울깃 몸윗면은 전체적으로 회갈색이며 몸아랫면은 흰색으로 바뀐다.

어린새 몸윗면은 전체적으로 흑갈색이며 등깃과 어깨깃 가장자리가 황갈색이다. 가슴에 엷은 갈색 기운이 있으며 가슴에서 배까지 줄무늬가 있다.

아종 10아종으로 나눈다. 아종 간 형태적인 특징이 중복되므로, 통과하거나 월동하는 개체의 아종 식별이 어렵다. 한국을 찾는 아종은 러시아 콜리마강에서 추코츠키반도에서 번식하는 *sakhalina*이며, 알래스카 서북부와 북부, 캐나다 서북부에서 번식하는 *arcticola*, 알래스카 서부와 남부에서 번식하는 *pacifica*, 오호츠크해 북부에서 캄차카반도, 쿠릴열도 북부에서 번식하는 *kistchinskii*도 도래하는 것으로 판단된다.

닮은종 **붉은갯도요** 부리가 길며 약간 더 아래로 굽었다. 날 때 허리가 흰색으로 보인다. 어린새는 가슴에 황갈색 기운이 강하고 등과 날개깃에 비늘무늬가 뚜렷하다.

여름깃. 2006.4.16. 전남 신안 압해도

여름깃으로 깃털갈이 중. 2006.4.16. 전남 신안 압해도

겨울깃으로 깃털갈이 중. 2011.9.3. 강원 강릉 주문진

성조 겨울깃. 2011.10.9. 강원 고성 아야진 ⓒ 진경순

여름깃. 2008.4.16. 전남 신안 흑산도

겨울깃으로 깃털갈이 중. 2010.10.23. 충남 서천 유부도 © 진경순

1회 겨울깃. 2010.10.23. 충남 서천 유부도 © 진경순

어린새. 2005.9.2. 인천 강화 © 박건석

북방민물도요(*C. a. arcticola*). 2010.10.23. 충남 서천 유부도 © 진경순

민물도요(*C. a. sakhalina*). 2012.10.14. 경기 화성 매향리 © 진경순

무리. 2008.4.19. 부산 낙동강 하구

넓적부리도요 *Calidris pygmaea* Spoon-billed Sandpiper L15cm

서식 베링해 연안의 제한된 지역에서만 번식하고, 방글라데시, 말레이반도(미얀마, 태국, 베트남), 중국 남서부 해안에서 월동한다. 국내에서는 봄·가을에 극히 적은 수가 통과한다. 특히 가을 이동시기에 관찰 기록이 더 많다. 봄철에는 4월 초순에 도래해 5월 하순까지 관찰되며, 가을철에는 8월 중순부터 도래해 10월 하순까지 관찰된다.

행동 강 하구 삼각주 또는 모래섬 가장자리 등 수심이 얕고 모래 성분이 섞인 갯벌에서 먹이활동을 한다. 부리를 지면에 대고 좌우로 움직이며 수서곤충을 빨아들여 먹는 독특한 행동을 한다. 가을 이동시기에 민물도요, 좀도요 무리에 섞이는 경우가 많다.

특징 부리 끝이 주걱 모양이어서 다른 종과 혼동이 없다.
여름깃 머리에서 목까지 적갈색이다. 몸윗면은 흑갈색이며 깃 가장자리가 적갈색이다.
겨울깃 몸윗면은 전체적으로 회백색이며, 몸아랫면은 흰색이다.
어린새 몸윗면은 흑갈색이며 깃 가장자리가 흰색이다. 흰 눈썹선이 선명하다. 몸아랫면은 흰색이며 가슴옆에 갈색 기운이 있다. 부리가 안 보일 경우 좀도요와 혼동된다.

실태 세계자연보전연맹 적색자료목록에 위급(CR)으로 분류된 국제보호조다. 멸종위기 야생생물 I급이다. 번식지 상실, 중간 기착지 및 월동지역 상실, 월동지에서 식용을 위한 사냥 등으로 개체수가 심각하게 감소하고 있다. 생존 개체수는 1970년대에 2,000~2,800쌍, 2000년에는 1,000쌍 이하, 2010년에는 360~600개체였으며, 2005~2013년 월동 개체수 조사 결과 242~378개체가 생존하는 것으로 추정된다.

성조 여름깃. 2004.5.14. 부산 낙동강 하구 © 최종수

겨울깃. 2016.9.18. 충남 서천 유부도 © 한종현

어린새. 2003.9.16. 강원 강릉 © 최순규

어린새. 2016.9.18. 충남 서천 유부도 © 한종현

송곳부리도요 *Calidris falcinellus* Broad-billed Sandpiper L17cm

서식 스칸디나비아반도 북부와 러시아 서북부, 시베리아 동북부에서 번식하고, 중동, 인도, 동남아시아, 오스트레일리아에서 월동한다. 지리적으로 2아종으로 나눈다. 국내에서는 봄·가을에 드물게 통과하는 나그네새다. 봄철에는 4월 초순에 도래해 5월 초순까지 관찰되며, 가을철에는 8월 중순에 도래해 10월 하순까지 관찰된다.

행동 갯벌, 하구, 모래갯벌, 물 고인 논에 서식한다. 단독 또는 작은 무리를 이룬다. 갑각류, 조개류, 곤충의 유충, 지렁이를 잡는다.

특징 연령에 관계없이 흰 눈썹선과 머리옆선이 있다. 부리는 길고 폭이 넓으며 끝부분이 아래로 굽었다.

여름깃 몸윗면은 흑갈색이며 깃 가장자리가 적갈색이다. 등에 V자 형 흰 무늬가 있다. 가슴과 옆구리에 흑갈색 줄무늬가 뚜렷하다.

겨울깃 몸윗면은 회색이며 어깨깃에 검은색 축반이 있다. 날개덮깃 가장자리는 흰색이다. 가슴옆에 가느다란 흑갈색 줄무늬가 흩어져 있다.

어린새 성조 여름깃과 비슷하지만 등에 갈색 기운이 많고 가슴옆에 흐린 황갈색 줄무늬가 있다.

겨울깃. 2006.9.9. 충남 서천 유부도 © 심규식

1회 겨울깃으로 깃털갈이 중. 2010.9.26. 전북 김제 동진강 하구 © 채승훈

어린새. 2012.9.2. 충남 서천 유부도 © 한종현

어린새. 2005.9.10. 전남 신안 압해도

목도리도요 *Calidris pugnax* Ruff ♂32cm, ♀25cm

서식 유라시아대륙 북부에서 번식하고, 아프리카, 중동, 인도, 오스트레일리아 남부에서 월동한다. 국내에서는 매우 드문 나그네새다. 봄철에는 4월 초순에 도래해 5월 초순까지 관찰되며, 가을철에는 9월 초순에 도래해 10월 중순까지 관찰된다.

행동 물 고인 논, 습지, 하구, 갯벌에서 생활한다. 단독 또는 2~3개체의 작은 무리를 이룬다. 지렁이, 갑각류 등을 먹는다.

특징 성별에 따라 크기 차이가 심하다. 머리가 작고 목과 다리가 길다. 짧은 부리는 약간 아래로 굽었다. 다리는 주황색, 등색, 녹황색 등 개체변이가 있다.

수컷 뒷머리와 목의 긴 장식깃은 개체에 따라 깃 색(검은색, 적갈색, 흰색 등)과 형태가 다르다. 몸윗면은 흑갈색이며 깃 가장자리가 흰색이다(개체에 따라 무늬가 다르다). 배에 큰 흑갈색 반점이 흩어져 있다.

암컷 몸윗면은 흑갈색이며 깃 가장자리가 흐린 갈색이다. 머리, 목, 가슴, 가슴옆에 흑갈색 반점이 흩어져 있다.

겨울깃 암컷 여름깃과 비슷하지만 전체적으로 색이 엷다. 앞목과 가슴의 갈색 반점이 매우 흐리다.

어린새 암컷과 비슷하지만 전체적으로 황갈색이다. 앞목과 가슴에 갈색 반점이 거의 없는 황갈색이다. 몸윗면의 깃 가장자리가 황갈색으로 비늘무늬를 이룬다. 수컷이 암컷보다 월등하게 크다.

수컷 성조. 2010.5.22. 강원 강릉 © 황재홍

수컷 성조. 2005.5.18. 충남 천수만 © 김신환

수컷. 여름깃으로 깃털갈이 중. 2013.4.10. 경기 안산 시화호 © 박대용

성조 암컷. 2012.3.17. 경기 여주 © 최순규

1회 여름깃 암컷. 2013.4.10. 경기 안산 시화호 © 박대용

어린새. 2006.9.14. 충남 천수만 © 김신환

도요과 Scolopacidae

누른도요 *Calidris subruficollis* Buff-breasted Sandpiper L16~21cm

서식 시베리아 동북부, 알래스카에서 캐나다에 이르는 북극권의 툰드라 풀밭에서 번식하며 볼리비아 동남부에서 우루과이까지, 아르헨티나 동북부에서 월동한다. 국내에서는 2007년 9월 2일 부산 낙동강 신자도에서 어린새 1개체가 처음 관찰된 이후 2010년 9월 23일 전북 군산비행장 인근과 2013년 9월 20일 제주도, 2014년 9월 13일 충남 서천 유부도에서 어린새 1개체, 2020년 9월 11일 제주도 종달리 등지에서 관찰되었다.

행동 초지, 갯벌, 하구에 서식한다. 이동시기에 골프장, 비행장 등 주로 풀밭에서 관찰되며 경계심이 적다. 빠르게 움직이며 갑각류, 지렁이, 곤충의 유충을 먹는다.

특징 목도리도요와 혼동된다. 부리는 짧고 약간 아래로 굽었다. 머리에 검은 반점이 흩어져 있다. 몸윗면은 흑갈색이며 깃 가장자리가 황갈색이다. 얼굴과 몸아랫면은 균일한 황갈색이며(아랫배 부분이 옅다), 가슴옆에 가는 검은색 반점이 있다.

어린새 성조와 비슷하지만 전체적으로 황갈색이 약하다. 등과 날개덮깃 가장자리 색이 밝아 비늘무늬를 이룬다.

실태 세계자연보전연맹 적색자료목록에 준위협종(NT)으로 분류된 국제보호조다. 생존 개체수는 16,000~84,000이다.

어린새. 2010.9.23. 전북 군산 선연리 © 주용기

어린새. 2013.9.21. 제주 애월 © 곽호경

도요과 Scolopacidae

지느러미발도요

Phalaropus lobatus Red-necked Phalarope L17~19cm

서식 유라시아대륙과 북아메리카의 북극해 연안에서 번식하고, 인도양, 남태평양, 페루의 먼 바다에서 월동한다. 국내에서는 먼 해상을 통과하는 흔한 나그네새이지만 관찰이 어렵다. 봄철에는 4월 초순에 도래해 5월 하순까지 관찰되며, 가을철에는 8월 중순에 도래해 9월 하순까지 관찰된다.

행동 암컷 깃이 수컷 깃보다 더 아름다우며, 암컷이 수컷에게 구애와 과시행동을 한다. 툰드라 습지에서 서식하고, 월동지에서는 먼 해상에서 무리지어 생활한다. 보통 무리를 이루며, 해수면에 떠서 플랑크톤을 잡아먹는다.

특징 부리는 가늘고 뾰족하다. 암컷이 수컷보다 색이 진하다. 날 때 날개에 흰색 줄무늬가 있으며 허리가 검은색으로 보인다. 눈 위에 작은 흰색 반점이 있다.

수컷 이마에서 뒷목까지 회흑색이다(이마에 흰색깃이 섞여있다). 몸윗면은 비교적 어두운 흑갈색이며 어깨깃에 주황색 줄무늬가 있다. 멱은 흰색이며, 멱 아래로 가슴에서 옆목을 따라 눈 뒤까지 엷은 등색이고, 앞목에 흑갈색 얼룩이 스며 있다.

암컷 머리가 수컷보다 더 검은색이다. 멱은 흰색이며 가슴에서 눈 뒤까지 이어지는 등색 띠가 수컷보다 진하다.

겨울깃 몸윗면은 약간 어두운 회색이며, 등에 V자 형 흰색 줄무늬가 있다. 검은색 눈선은 눈 뒤로 길게 이어진다. 몸아랫면은 가슴옆의 흐린 재색을 제외하고 전체적으로 흰색이다.

어린새 몸윗면에 검은색 깃이 많고 일부 회색 깃이 섞여 있다. 어깨깃과 등깃 가장자리가 엷은 황갈색이다.

수컷. 2014.6.8. 강원 고성 거진해상

암컷. 2014.6.8. 강원 고성 거진해상 © 김준철

겨울깃으로 깃털갈이. 2014.8.17. 강원 고성 거진 해상

1회 겨울깃. 2013.9.1. 강원 고성 거진 해상 © 백정석

어린새. 2013.9.1. 강원 고성 거진 해상 © 김준철

수컷 또는 암컷 미성숙 개체. 2014.6.8. 강원 고성 거진 해상

도요과 Scolopacidae

큰지느러미발도요

Phalaropus tricolor Wilson's Phalarope L23cm

서식 북아메리카 중부에서 번식하고, 남아메리카에서 월동한다. 국내에서는 1996년 10월 22일 낙동강 하구에서 1개체가 관찰되었을 뿐이다.

행동 번식기에 암컷이 수컷에게 구애한다. 암컷은 알을 낳고 둥지를 떠나며, 수컷이 포란하고 새끼를 기른다. 바닷가보다 내륙 습지를 선호한다. 남미대륙의 내륙습지에서 월동하며 해상으로 나가는 경우는 드물다.

특징 검은색 부리는 가늘고 길다. 몸이 홀쭉하며 목이 길다. 날 때 날개에 흰 줄무늬가 없으며 허리가 흰색으로 보인다.

수컷 눈썹선은 흰색이며 길다. 눈앞의 눈선은 갈색이며 끊어졌다. 몸윗면은 흑갈색이며 깃 가장자리 색이 연하다.

암컷 머리는 회색이다. 눈썹선은 흰색이며 수컷보다 뚜렷하게 짧다. 눈선은 검은색이다. 등과 어깨에는 회색과 적갈색 무늬가 있다. 멱은 흰색이며 가슴옆은 적갈색이다.

겨울깃 몸윗면은 회색이며 머리는 등과 같은 색이다. 눈선은 폭 좁은 흑갈색이다. 다리는 노란색이다.

어린새 몸윗면은 흑갈색이며 깃 가장자리는 황갈색이 명확하다. 다리가 노란색이다.

수컷. 2011.7.15. 미국 캘리포니아. Bill Bouton © BY-SA-2.0

암컷. 2007.7.6. 미국. Dominic Sherony © BY-SA

붉은배지느러미발도요

Phalaropus fulicarius Red Phalarope L20~22cm

서식 시베리아와 북미의 북극권 연안에서 번식하고, 아프리카 서부 해상과 아메리카 서부 해상에서 월동한다. 국내에서는 1994년 5월 14일 낙동강에서 1개체가 채집되었으며, 강원 고성, 전남 신안 가거도, 전북 어청도 일대 해상에서 관찰기록이 있는 미조다.

행동 번식기에 암컷이 수컷에게 구애한다. 수컷이 포란하고 새끼를 기른다. 보통 무리를 이룬다. 지느러미발도요보다 먼 바다에서 생활하며, 연안 해역과 항구로 들어오는 경우는 드물다.

특징 부리는 지느러미발도요보다 더 굵고 넓다. 부리 끝은 검은색이고 기부는 노란색이며 겨울에는 전체가 검게 변한다. 날 때 날개의 흰색 줄무늬가 보인다.

수컷 귀깃 주변의 흰색은 주변 색과 경계가 불명확하다. 몸아랫면은 엷은 적갈색이며 흰 무늬가 섞여 있다.

암컷 몸윗면은 진한 흑갈색이며 깃 가장자리가 황갈색이다. 귀깃 주변으로 명확한 흰색이다. 몸아랫면은 진한 적갈색이다.

겨울깃 몸윗면은 회색으로 지느러미발도요와 비슷하지만 보다 색이 엷다. 날 때 등과 허리가 밝은 회색으로 보인다.

어린새 몸윗면은 회색 깃과 검은색 깃이 섞여 있으며 일부 깃 가장자리가 엷은 황갈색이다. 지느러미발도요와 달리 부리 기부가 연한 노란색이다.

수컷. 2007.5.18. 미국 캘리포니아. Mike Baird ⓒⓒ BY-2.0

암컷. 1994.5.14. 부산 낙동강

겨울깃. 2014.1.16. 강원 고성 ⓒ 황재홍

제비물떼새 *Glareola maldivarum* Oriental Pratincole L26.5cm

서식 시베리아 동북부, 몽골 북동부, 중국 동북부, 인도차이나반도, 인도, 필리핀, 대만에서 번식하고, 동남아시아에서 오스트레일리아까지 월동한다. 국내에서는 매우 드물게 통과하는 나그네새다. 해안가 풀밭, 하천, 농경지에 서식한다. 봄에는 4월 하순에 도래해 5월 중순까지 관찰되며, 가을에는 9월 초순에 도래해 9월 하순까지 관찰된다.

행동 단독 또는 작은 무리를 이루어 행동한다. 날면서 파리목, 벌목의 곤충을 잡아먹으며, 간혹 풀줄기 및 땅 위에 앉아 있는 먹이도 잡는다. 경쾌하고 빠르게 날아가는 모습이 제비와 유사하다. 아침저녁으로 활발히 움직인다.

특징 날개는 폭이 좁고 길며 꼬리 뒤로 돌출된다. 몸윗면은 어두운 회갈색이다. 부리 기부가 붉은색이다. 가슴과 배는 연황색이며 아랫배는 흰색이다. 멱은 황백색이며 가장자리에 검은 선이 있다. 날 때 보이는 아랫날개덮깃이 등색이다.

겨울깃 몸윗면은 어두운 흑갈색이며 깃 가장자리는 폭 좁은 때 묻은 듯한 흰색 또는 갈색으로 비늘무늬를 이룬다. 부리 기부의 붉은색이 흐리다. 멱은 황백색이며 주변에 검은 반점이 흩어져 있다. 가슴과 배의 연황색이 매우 연하다.

어린새 몸윗면의 깃 가장자리는 흰색이며 그 안쪽에 검은 무늬가 있다. 멱은 때 묻은 듯한 흰색이다. 옆목과 가슴에 불명확한 흑갈색 무늬가 흩어져 있다.

닮은종 **Collared Pratincole (*G. pratincola*)** 남아시아에 서식한다. 꼬리 길이가 길어 날개 길이와 거의 같다. 날 때 둘째날개깃 가장자리를 따라 흰색으로 보인다.

여름깃. 2007.5.2. 전남 신안 흑산도

겨울깃. 2011.8.26. 충남 천수만 © 김신환

성조. 2010.4.24. 강원 강릉 © 백정석

어린새. 2011.8.26. 충남 천수만 © 김신환

괭이갈매기 *Larus crassirostris* Black-tailed Gull L47~52.5cm

서식 사할린, 쿠릴열도, 우수리 연안, 중국 남부, 한국, 일본 등지에서 번식하고, 겨울에는 번식지 주변 해역에서 월동한다. 국내에서는 육지에서 멀리 떨어진 독도, 경남 통영 홍도, 전남 영광 칠산도, 충남 태안 난도, 인천 신도, 석도 등 무인도에서 집단번식하는 흔한 텃새다.

행동 해안, 항구, 하구 등지에서 서식하며, 대부분 큰 무리를 이룬다. 어선 뒤를 따라다니며 생선 찌꺼기를 먹거나 수면 위로 떠오르는 어류를 잡는다. 4월에 번식지인 무인도로 이동한다. 알을 2~4개 낳으며 24~25일간 품는다.

특징 재갈매기와 갈매기의 중간 크기다. 몸윗면은 진한 청회색이며 날개는 검은색, 꼬리 끝에 폭 넓은 검은색 띠가 있다. 부리는 노란색으로 끝에 붉은색과 검은색 반점이 있다. 다리는 노란색이다. 겨울깃은 뒷머리와 뒷목에 갈색 줄무늬가 있다.

어린새 전체적으로 어두운 흑갈색이다. 날개덮깃을 포함해 몸윗면의 깃 끝은 색이 연해 비늘무늬를 이룬다. 날 때 꼬리는 검은색으로 보이며 꼬리 기부와 허리가 흰색이다. 홍채는 검은색이다. 부리의 2/3는 살구색이며 끝부분은 검은색이다.

1회 겨울깃 어린새와 비슷하지만 보다 색이 엷다. 어깨깃은 회갈색이며 깃축은 흑갈색이다.

2회 겨울깃 몸윗면은 청회색이며 드물게 흐린 갈색이 있다. 날개덮깃의 일부는 청회색이며 일부는 갈색, 몸아랫면은 흰색 바탕에 흐린 갈색이 섞여 있다.

3회 겨울깃 부리는 녹회색이며 큰 검은색 반점 주변으로 붉은 반점이 없다. 날개덮깃에 갈색 기운이 있으며 첫째 날개깃에 흰 반점이 매우 작거나 보이지 않는다.

성조 여름깃. 2008.2.11. 전남 신안 흑산도

어린새. 2007.8.23. 전남 신안 흑산도

1회 겨울깃. 2005.11.22. 전남 신안 홍도

2회 겨울깃. 2008.4.2. 경북 울릉 태하

갈매기 *Larus canus* Commom Gull / Mew Gull L40~45cm

서식 유라시아 북부, 캐나다 서부, 알래스카, 유럽에서 번식한다. 지리적으로 3아종으로 나눈다. 국내 동해안에서는 흔한 겨울철새이지만, 서해안에는 드물다.

행동 먼 바다, 항구, 하구, 하천에 서식한다. 큰 무리를 이루는 경우가 많다. 수면 위로 낮게 날다가 떠오르는 어류를 잡아먹는다.

특징 괭이갈매기보다 작다. 몸윗면은 청회색으로 괭이갈매기보다 엷다. 다리와 부리 색깔이 연황색이다. 부리가 가늘다(부리 끝부분에 불명확한 작은 검은색 반점이 있다). 첫째날개깃 끝은 검은색이며 흰 삼각형 반점이 있다. 겨울깃은 머리와 목에 작은 회갈색 반점이 많다. 여름깃은 머리 전체가 흰색이다.

어린새 전체적으로 어두운 갈색이다. 등깃은 갈색이며 깃 끝은 폭 넓은 흰색이다. 부리는 기부를 제외하고 검은색이다.

1회 겨울깃 전체적으로 엷은 갈색이며 등에 청회색 깃이 섞여 있다. 날개덮깃은 흐린 갈색이다. 첫째날개깃은 흑갈색, 셋째날개깃은 흑갈색이며 깃 끝은 폭 넓은 흰색이다. 부리는 분홍색이며 끝이 검은색이다. 다리는 분홍색이다. 꼬리 기부는 흰색이며 끝부분에 폭 넓은 검은색 띠가 있다. 몸아랫면은 어린새보다 색이 밝으며, 갈색 무늬가 흩어져 있다.

2회 겨울깃 몸윗면은 성조와 비슷한 색이지만 날개덮깃에 엷은 갈색 깃이 섞여 있다. 부리 끝부분에 검은 반점이 있다. 셋째날개깃은 검은색이며 깃 끝은 폭 넓은 흰색이다. 꼬리 끝에 가늘고 검은 띠가 있다.

성조 겨울깃. 2007.12.22. 강원 강릉 주문진항

어린새. 2006.12.24. 전남 신안 홍도

1회 겨울깃. 2007.1.4. 전남 신안 홍도

2회 겨울깃. 2008.2.10. 전남 신안 흑산도

수리갈매기 *Larus glaucescens* Glaucous-winged Gull L60~66cm

서식 코만도르스키예 제도, 알래스카 서부, 북미 서북부에서 번식하고, 겨울에는 베링해에서 일본, 한국, 캘리포니아까지 이동한다. 국내에서는 매우 드문 겨울철새다. 11월 초순부터 도래해 3월 중순까지 머문다.

행동 항구, 바닷가 모래사장에서 다른 대형 갈매기 무리에 섞여 월동한다.

특징 몸윗면은 엷은 청회색이며 날개 끝도 등과 같은 농도의 청회색이다. 아랫부리 끝부분이 볼록하게 두꺼워 부리 끝이 육중해 보인다.

1회 겨울깃 전체적으로 회색 기운이 강한 갈색이다. 첫째날개깃은 몸윗면 색과 같다. 날개덮깃에 가는 갈색 반점이 있다. 큰재갈매기 어린새와 혼동하기 쉽지만 깃 색이 더욱 균일하다. 어깨에 닻 같은 무늬가 거의 없다. 부리는 검은색이다. 다리와 물갈퀴는 색이 다소 어둡다. 날 때 외측 첫째날개깃, 둘째날개깃, 꼬리깃이 같은 색으로 보이며, 위꼬리덮깃에 갈색 무늬가 많아 약간 어둡게 보인다.

2회 겨울깃 전체적으로 균일한 회갈색이다. 부리는 검은색이며 기부가 엷다. 등과 어깨깃에 청회색 깃이 약간 있다. 날개덮깃은 1회 겨울깃처럼 복잡한 무늬가 거의 없다.

3회 겨울깃 머리와 목의 갈색 깃이 2회 겨울깃보다 많다. 등깃은 모두 엷은 청회색이며, 날개덮깃은 엷은 청회색과 갈색 깃이 섞여 있다.

성조 겨울깃. 2012.12.2. 강원 고성 아야진 © 김준철

1회 겨울깃. 2014.11.21. 강원 동해 어달항

2회 겨울깃. 2014.3.6. 강원 고성 아야진항

3회 겨울깃. 2015.1.31. 강원 동해 어달해변

흰갈매기 *Larus hyperboreus* Glaucous Gull L62~70cm

서식 유라시아대륙과 북미의 북극권 해안, 그린란드, 아이슬란드에서 번식한다. 국내 동해안에서 흔한 겨울철새다. 11월 초순부터 도래하며, 3월 하순까지 머문다.

행동 다른 갈매기류와 섞여 생활한다. 어류를 먹으며 해안, 항구 주변에서 관찰된다.

특징 대형 갈매기다. 몸윗면은 엷은 회색이며 날개 끝은 흰색이다. 부리는 길고 육중하다. 머리는 다소 평탄하다(작은흰갈매기처럼 둥글지 않다). 홍채는 노란색이다. 앉아 있을 때 날개가 꼬리 뒤로 짧게 돌출된다(돌출 정도가 부리 길이보다 짧다).

1회 겨울깃 전체적으로 때 묻은 듯한 갈색이며 조밀한 갈색 줄무늬 또는 반점이 있다. 월동 중에 점차 갈색 깃이 없어지고 흰색이 증가한다. 부리 기부에서 2/3까지는 밝고 뚜렷한 분홍빛으로 부리 끝의 검은색과 경계가 명확하다. 홍채는 흑갈색이다.

2회 겨울깃 전체적으로 깃이 흰색이며 어깨깃과 날개덮깃 일부에 갈색 깃이 있다. 홍채는 황백색이다. 부리는 분홍색이며 끝이 검은색이다.

아종 4아종으로 나눈다. 한국에 도래하는 아종은 대부분 *pallidissimus*이다. 알래스카 북동부에서 번식하는 아종 *barrovianus*는 크기가 작고 첫째날개깃이 약간 길게 돌출된다.

닮은종 **작은흰갈매기** 그린란드에서 번식하는 종으로 흰갈매기와 비슷하다. 재갈매기보다 작다. 부리는 엷은 올리브색 기운이 도는 노란색이다. 흰갈매기에 비해 부리가 짧아 머리길이의 절반 길이이며, 머리가 둥글다. 날개깃이 꼬리 뒤로 길게 돌출된다.

성조 겨울깃. 2007.12.22. 강원 고성 청간정

아종 ***barrovianus***. 2013.3.2. 강원 고성 아야진 ⓒ 곽호경

1회 겨울깃. 2007.1.4. 전남 신안 홍도

3회 겨울깃. 2006.2.11. 경북 포항

작은흰갈매기 *Larus glaucoides* Iceland Gull L52~60cm

서식 그린란드, 캐나다 북동부, 배핀 섬에서 번식하고, 북미 북동부, 아이슬란드, 영국, 스칸디나비아반도에서 월동한다. 국내에서는 겨울에 매우 드물게 찾아오는 미조다.

행동 해안, 항구에서 서식하며 물고기를 먹는다.

특징 크기가 작은 흰갈매기 아종 *barrovianus*와 혼동된다. 전체적으로 흰색이다. 재갈매기보다 약간 작다. 머리는 둥글다. 부리는 가늘고 짧아 대략 머리 길이의 절반 길이다. 몸윗면은 엷은 청회색이다. 날개 끝이 균일한 흰색(*glaucoides*) 또는 회색 반점이 있다(*kumlieni*). 앉아 있을 때 날개가 꼬리 뒤로 길게 돌출된다(돌출되는 정도가 부리 길이와 거의 같거나 가장 긴 셋째날개깃에서 꼬리 끝까지의 길이와 거의 같거나 약간 긴 정도). 다리는 분홍색이며 길이가 짧다. 눈이 크다. 눈테는 붉은 기운이 있다(흰갈매기는 노란색 또는 등색이다).

1회 겨울깃 날개덮깃과 어깨깃에 엷은 갈색 반점이 있다. 부리 기부의 분홍색과 끝의 검은색과의 경계가 불명확하다(흰갈매기는 경계가 명확하다).

아종 *kumlieni*(캐나다 동북부), *glaucoides*(그린란드 남부와 서부) 2아종으로 분류한다.

닮은종 **흰갈매기** 몸이 크다. 부리가 크고 길다. 머리가 크며 정수리는 둥근 정도가 약해 약간 평탄하다. 앉아 있을 때 날개 끝이 꼬리 뒤로 짧게 돌출된다.

성조. 2013.1.27. 경북 포항 구룡포 © 심규식

어린새. 2009.1.19. 경북 울진 고포항 © 박주현

1회 겨울깃. 2006.3.4. 영국 노섬벌랜드. MPF

1회 겨울깃. 2006.2.19. 캐나다 토론토.

작은재갈매기 / 캐나다갈매기

Larus thayeri Thayer's Gull L56~63cm

서식 캐나다 북부, 그린란드 북서부에서 번식하고, 캐나다와 북미 태평양 연안에서 월동한다. 국내에서는 매우 적은 수가 월동하는 희귀한 겨울철새다.

특징 재갈매기보다 작다. 몸윗면은 재갈매기보다는 옅은 청회색이다(옅은재갈매기보다 미세하게 진하다). 부리는 녹색 기운이 있는 노란색이고 대형 갈매기보다 가늘며 짧다(괭이갈매기보다 약간 큰 크기). 머리가 둥그스름해서 재갈매기와 구별된다. 다리는 약간 짧으며 붉은색이 강한 분홍색이다. 날 때 몸 바깥쪽 첫째날개깃의 검은색이 재갈매기보다 좁게 보인다. 날개아랫면은 외측 첫째날개깃 끝부분에 검은 반점이 있으며, 그 안쪽으로 바깥우면은 약간 어둡게 보인다(재갈매기는 검은색). 꼬리 뒤로 첫째날개깃이 3~4장 돌출된다.

1회 겨울깃 개체 변이가 심하다. 재갈매기보다 크기가 작으며, 머리가 작고 부리가 가늘다. 첫째날개깃은 재갈매기보다 옅은 흑갈색이며 깃 가장자리를 따라 색이 옅다. 날 때 첫째날개깃 바깥 우면은 갈색이며, 첫째날개깃 아랫면은 은회색이다. 꼬리는 균일한 흑갈색이다. 다리는 진한 분홍색이다.

실태 분류학적 위치에 대한 논쟁이 계속되고 있다. 작은흰갈매기의 아종으로 보기도 한다. 극히 적은 수가 월동하는 것으로 판단되지만 재갈매기와 구별이 어려워 월동 실태 파악이 어렵다.

닮은종 **재갈매기** 몸이 약간 크다. 머리가 크며 둥그스름한 느낌이 약하다. 부리가 크고 길다. 다리가 길고 분홍색이 옅다. 날 때 날개아랫면의 첫째날개깃 끝에 검은 무늬가 보인다.

성조. 2015.1.5. 강원 강릉

2회 겨울깃(좌). 2013.3.9. 강원 고성 아야진 © 김신환

성조. 2015.1.5. 강원도 강릉

성조. 2015.1.5. 강원 강릉

재갈매기 *Larus vegae* Vega Gull L55~67cm

서식 러시아 동쪽의 추코트반도에서 서쪽의 타이미르반도까지 번식한다. 국내에서는 매우 흔한 겨울철새다. 9월 초순부터 도래해 월동하며, 4월 하순까지 머문다.

행동 항구, 갯바위, 바닷가 모래밭, 하구에서 집단을 이루어 생활한다. 야간에 수면 위로 떠오르는 오징어를 잡아먹으며, 낮에는 항구에서 버린 생선을 먹거나 고깃배 뒤를 따라다니며 생선을 먹는다.

특징 등은 엷은 청회색이다. 첫째날개깃 끝이 검은색으로 등과 색 차이가 명확하다. 다리는 분홍색이다. 한국재갈매기와 혼동되어 여름깃은 두 종 간 구별이 어렵다.

성조 머리에서 가슴까지 작은 갈색 반점이 많지만 개체 간 차이가 크다(여름깃은 머리가 완전히 흰색이다). 홍채는 노란색에서 암갈색으로 개체 간 변이가 있다.

어린새 머리를 포함해 전체적으로 한국재갈매기보다 흰 기운이 적고 어두운 회갈색이다. 큰날개덮깃 중간 중간에 갈색 무늬가 많다(큰재갈매기는 깃 끝에만 무늬가 있다). 몸윗면의 갈색 무늬가 한국재갈매기보다 크고 모양이 다르다.

1회 겨울깃 어린새보다 회갈색이 엷어진다. 날개덮깃과 셋째날개깃은 어린새와 같지만 등깃의 갈색 무늬는 닻 모양과 같다(몸윗면은 한국재갈매기보다 더 어둡다). 머리와 몸아랫면은 한국재갈매기와 달리 연한 갈색이 섞여 있다. 날 때 꼬리 끝의 검은 띠가 한국재갈매기보다 넓어 보이며, 몸 안쪽의 첫째날개깃과 몸 바깥쪽 첫째날개깃의 색 차이가 뚜렷하다. 첫째날개깃은 검은색이어서 큰재갈매기보다 뚜렷하게 진하다.

2회 겨울깃 어깨와 등깃의 상당 부분은 성조와 같은 회색 깃을 띠며 드물게 갈색 깃이 섞여 있다. 날개덮깃의 갈색 무늬는 매우 가늘고 작다. 셋째날개깃은 대부분 갈색이며 깃 끝부분이 흰색이다.

3회 겨울깃 어깨와 등깃은 성조와 같은 회색이며 날개덮깃의 상당 부분도 회색이다. 셋째날개깃의 상당 부분이 회색이며 일부 갈색 무늬가 남아 있다. 부리는 분홍색이며 끝부분에 큰 검은색 반점이 있다.

4회 겨울깃 부리 끝의 검은 반점을 제외하고 전체적으로 성조와 같다.

분류 종 또는 아종을 나누는 다양한 견해가 있는 매우 복잡한 분류군이다. 깃 색과 체형이 복잡해 유사종과 구별이 매우 힘들다. 과거 유라시아와 북아메리카 북부에 걸쳐 폭 넓은 지역에 분포하는 Herring Gull (*L. argentatus*)을 재갈매기로 분류하고, 여러 아종(*smithsonianus, argenteus, argentatus, vegae*)으로 나누었다. 이후 American Herring Gull (*L. smithsonianus*)을 별개의 종으로 분류한다. 또한 러시아 동쪽 추코트반도에서 서쪽 타이미르반도 일대까지 번식하는 무리를 별개 종 Vega Gull (*L. vegae*)로 분류한다. 한국재갈매기(*mongolicus*)는 재갈매기의 아종으로 분류하며, 과거에 Yellow-legged Gull (*L. cachinnans*)의 아종으로 분류하는 견해도 있었다. 줄무늬노랑발갈매기는 Lesser Black-backed Gull의 아종(*graellsii, fuscus, intermedius, heuglini, barabensis*)으로 분류하지만 독립된 종 Heuglin's Gull (*L. heuglini*)로 보는 견해도 있다.

성조 겨울깃. 2005.12.19. 전남 신안 흑산도

성조. 2009.1.31. 강원 고성 아야진

성조. 2005.12.19. 전남 신안 흑산도

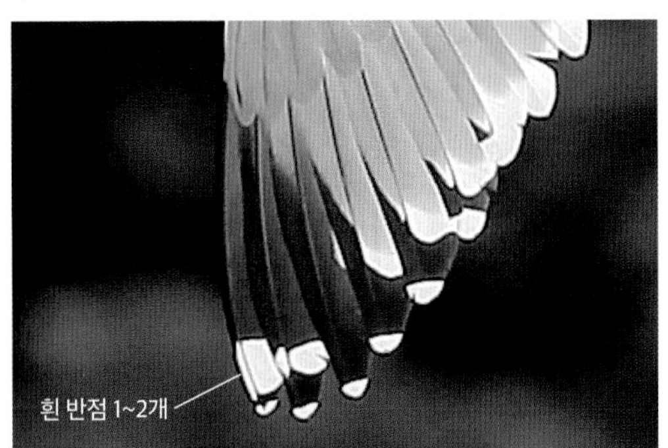

날개 패턴. 2006.3.10. 전남 신안 홍도

어린새. 2005.12.8. 전남 신안 흑산도

1회 겨울깃. 2006.12.30. 전남 신안 홍도

2회 겨울깃. 2007.1.4. 전남 신안 홍도

3회 겨울깃. 2005.11.26. 전남 신안 흑산도

재갈매기 연령에 따른 깃 형태

어린새. 2006.10.31. 전남 신안 흑산도

1회 겨울깃. 2006.3.10. 전남 신안 홍도

2회 겨울깃. 2007.3.14. 전남 신안 흑산도

4회 겨울깃. 2011.1.22. 강원 고성 아야진

몸윗면은 재갈매기와 농도가 같은 잿빛을 띠며, 뒷목에 줄무늬가 많고,
다리 색이 노란 재갈매기를 줄무늬노랑발갈매기로
오동정하기도 한다

재갈매기 성조 무리. 2005.12.19. 전남 신안 흑산도

옅은재갈매기

Larus smithsonianus American Herring Gull L53~65cm

서식 알래스카 중부에서 동쪽으로 뉴펀틀랜드섬까지, 남쪽으로 5대호 일대 등 북미대륙까지 번식하고 미국 동서 해안과 내륙에서 월동한다. 국내에서는 매우 드물게 찾아오는 겨울철새로 판단된다.

행동 다른 갈매기류와 섞여 생활한다. 어류를 먹으며 해안, 항구 주변에서 관찰된다.

특징 재갈매기와 구별이 매우 어렵다.

성조 몸윗면은 재갈매기보다 엷은 청회색이다. 눈테는 노란색 또는 등색이다. 홍채는 황백색, 보통 목덜미의 갈색 줄무늬가 재갈매기보다 더 진하다.

1회 겨울깃 개체 간 변이가 심해 재갈매기와 구별이 매우 어렵다. 몸윗면은 깃 가장자리 색이 엷은 부분의 폭이 좁아 재갈매기보다 더 어둡게 보인다. 몸아랫면은 어두운 갈색이어서 재갈매기보다 어둡게 보인다. 꼬리깃은 균일하게 어두운 흑갈색이며(재갈매기는 꼬리깃 기부가 흰색이며 어두운 반점이 있다), 외측 꼬리깃 일부에 폭 좁은 흰색이 있을 뿐이다. 허리와 위·아래꼬리덮깃에 줄무늬가 조밀하다.

실태 국내에서는 2000년 1월 23일 경북 울진에서 처음 관찰되었으며 비교적 최근에 관찰기록이 증가하고 있다. 야외에서 재갈매기와 구별이 매우 어려워 도래 실태에 대해 알려진 것이 거의 없다.

성조. 2013.2.2. 강원 동해 어달항 © 변종관

성조. 2013.2.2. 강원 동해 어달항 © 변종관

성조 눈테. 2013.3.9. 강원 강릉 © 최순규

어린새. 2014.10.19. 강원 삼척 장호항

한국재갈매기 *Larus vegae mongolicus* Mongolian Gull L55~67cm

서식 알타이 동남부에서 몽골 북부, 중국 동북부, 러시아까지 주로 내륙 호수에서 번식하고, 주로 황해에서 월동한다. 국내에서는 흔한 겨울철새이며 적은 수가 서해 북부의 석도, 소청도 등 일부 도서에서 번식한다. 9월 초순부터 도래해 월동하며, 4월 하순까지 머문다.

행동 주로 한강 하구, 천수만 등 담수지역에서 많은 수가 관찰되며, 그 외에 해변, 하구에서 재갈매기 사이에 섞여 활동한다. 물고기를 먹으며, 오리류를 공격해 먹이를 빼앗아 먹기도 한다. 보통 무인도 바위절벽에 둥지를 틀고, 알을 2~3개 낳으며 포란기간은 27~31일이다.

특징 재갈매기와 구별하기 어렵다. 몸윗면은 재갈매기보다 약간 더 밝다. 크기는 재갈매기보다 크거나 같다. 겨울깃은 뒷목에 가는 줄무늬가 약간 있다. 보통 부리가 길고, 앞이마가 길며, 날개가 약간 길어 보인다. 부리 끝부분에 작은 검은색 반점이 있는 개체가 많다. 겨울철 다리는 분홍빛이 대부분이며, 번식기에는 분홍빛을 띠는 노란색 또는 엷은 노란색 등으로 개체 차이가 있다.

어린새 재갈매기 어린새보다 흰 기운이 강하다. 날개덮깃과 등의 갈색 반점이 재갈매기보다 작고 무늬 모양이 다르다. 셋째날개깃의 갈색 무늬가 재갈매기보다 더 적고 흰색이 많다. 매우 이른 시기인 7~8월 사이에 1회 겨울깃으로 깃털갈이 한다.

1회 겨울깃 재갈매기보다 흰 기운이 강하다. 특히 머리는 갈색 줄무늬가 거의 없는 흰색이다. 앉아 있을 때 첫째날개깃 가장자리에 폭 좁은 흰색이 드러난다(흰색이 없는 개체도 있다). 등에 닻과 같은 갈색 무늬가 있다. 날개덮깃에 작고 조밀한 갈색 반점이 있다. 몸아랫면도 흰 기운이 강하다. 날 때 보이는 꼬리 끝의 검은색 폭이 좁으며 흰색과 경계가 뚜렷하다.

2회 겨울깃 어깨와 등깃 일부에 회색 깃이 있으며 닻 모양 갈색 깃이 남아 있다. 날개덮깃의 갈색 무늬는 재갈매기보다 조밀하지 않으며 뚜렷하다. 셋째날개깃은 흰색에 갈색 줄무늬가 있거나 재갈매기와 비슷하다. 부리는 1회 겨울깃보다 분홍빛이 더 넓다.

3회 겨울깃 같은 연령의 재갈매기와 비슷하지만 갈색 깃이 보다 적다. 부리 끝의 1/3 정도가 검은색, 어깨와 등깃은 성조와 같은 회색이다. 뒷목에 가는 갈색 줄무늬가 있다. 셋째날개깃의 안쪽은 검은색이며 끝부분은 폭 넓은 흰색이다.

분류 한국재갈매기는 재갈매기 서식지보다 남쪽에 분포하는 여러 집단 중 한 종으로 Yellow-legged Gull (*L. cachinnans*) 그룹으로 분류하는 경향이 있었으나 최근에 재갈매기의 아종으로 분류한다.

1회 겨울깃 개체의 날개 패턴 비교

재갈매기. 2005.11.19

한국재갈매기. 2005.12.19

줄무늬노랑발갈매기. 2005.12.19

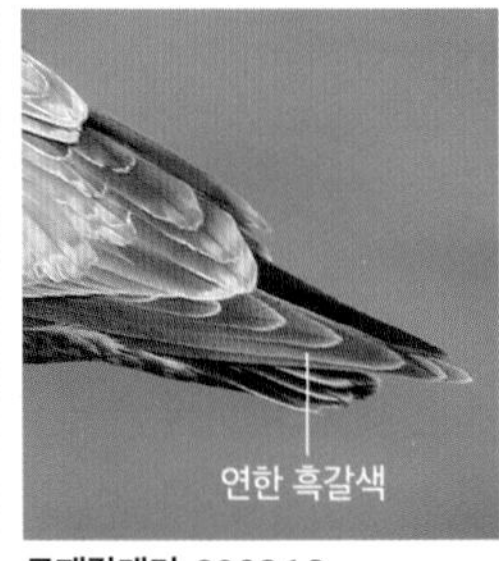

큰재갈매기. 2008.1.3

성조 여름깃. 2006.3.9. 전남 신안 홍도

성조 겨울깃. 2006.12.24. 전남 신안 흑산도

성조 겨울깃. 2005.12.13. 전남 신안 홍도

성조 겨울깃. 2006.1.6. 전남 신안 흑산도

1회 겨울깃. 2008.2.10. 전남 신안 흑산도

1회 겨울깃. 2005.12.25. 전남 신안 흑산도

2회 겨울깃. 2011.8.24. 인천 강화 초지진

3회 겨울깃. 2008.1.3. 전남 신안 흑산도

한국재갈매기 연령에 따른 깃 형태

1회 겨울깃. 2008.2.10. 전남 신안 흑산도

1회 겨울깃. 2007.1.4. 전남 신안 흑산도

4회 겨울깃. 2007.12.15. 전남 신안 흑산도

성조 여름깃. 2011.2.20. 인천 강화 창후리

4회 겨울깃. 2006.12.30. 전남 신안 홍도

성조 겨울깃. 2006.12.30. 전남 신안 홍도

성조 여름깃. 2006.3.9. 전남 신안 홍도

닮은 종 비교

괭이갈매기 성조 겨울깃. 2008.2.10. 전남 신안 흑산도

괭이갈매기 1회 겨울깃. 2007.11.9. 전남 신안 흑산도

갈매기 성조 겨울깃. 2005.12.23. 전남 신안 홍도

갈매기 1회 겨울깃. 2005.12.23. 전남 신안 홍도

수리갈매기 성조 겨울깃. 2011.1.22. 강원 고성 아야진항

수리갈매기 어린새. 2014.11.21.강원 동해 어달항

수리갈매기 3회 겨울깃. 2008.1.26. 강원 삼척 장호항

흰갈매기 1회 겨울깃. 2011.3.19. 강원 고성 대진항 © 진경순

줄무늬노랑발갈매기

Larus fuscus Lesser Black-backed Gull L53~60cm

서식 서시베리아의 콜라반도에서 타이미르반도까지 번식하고, 유럽, 아프리카, 서남아시아, 남아시아, 동아시아에서 월동한다. 국내에서는 비교적 드물게 찾아오는 겨울 철새다. 10월 초순부터 도래해 월동하며, 4월 초순까지 머문다.

행동 항구, 해안, 하구 모래밭 등지에서 재갈매기 무리에 섞여 생활한다.

특징 머리와 뒷목에 갈색 줄무늬가 뚜렷하다. 보통 재갈매기보다 약간 작거나 같은 크기다. 다리는 노란색이다. 몸윗면은 재갈매기보다 진하고 큰재갈매기보다는 색이 엷은 게 보통이지만 개체에 따라 차이가 있다. 아랫부리의 붉은 반점이 크다. 날 때 날개 끝에 흰 반점이 1개로 보인다.

1회 겨울깃 머리와 몸아랫면이 밝게 보인다. 등의 갈색 반점이 재갈매기보다 적다. 큰날개덮깃에는 균일한 반점이 1열 또는 2열 있다(재갈매기는 반점 2~4열이 나란히 줄지어 있다). 셋째날개깃 가장자리는 폭이 좁고 색이 연하다. 날 때 보이는 안쪽 첫째날개깃과 바깥쪽 첫째날개깃 간의 색 차이가 크지 않다. 다리는 분홍빛이다.

분류 줄무늬노랑발갈매기는 Lesser Black-backed Gull (*L. fuscus*)의 아종으로 분류하거나 독립된 종 Heuglin's Gull (*L. heuglini*)로 보는 견해도 있다. 국내에는 대부분 아종 *taimyrensis*가 찾아온다(몸길이 60~70cm). 아종 *taimyrensis*를 재갈매기와 Heuglin's Gull의 잡종으로 보는 견해가 우세하다. 아종 *heuglini*는 보통 재갈매기보다 약간 작다(몸길이 53~60cm). 몸윗면의 재색이 *taimyrensis*보다 진하고 큰재갈매기보다 색이 약간 엷다.

성조. 아종 *taimyrensis*. 2005.12.9. 전남 신안 흑산도

성조. 2007.1.22. 전남 신안 흑산도

재갈매기(좌)와 비교 2006.1.6. 전남 신안 흑산도

줄무늬노랑발갈매기를 닮은 **재갈매기**. 2008.2.11. 전남 신안 흑산도

어린새. 2005.11.26. 전남 신안 흑산도

1회 겨울깃. 2005.12.19. 전남 신안 흑산도

1회 겨울깃. 2006.1.22. 전남 신안 흑산도

1회 겨울깃. 2007.1.4. 전남 신안 흑산도

2회 겨울깃. 2006.12.24. 전남 신안 홍도

2회 겨울깃. 2007.4.2. 전남 신안 흑산도

줄무늬노랑발갈매기(좌)와 **재갈매기**(우) 성조. 2005.11.17. 전남 신안 흑산도

큰재갈매기 *Larus schistisagus* Slaty-backed Gull L58~61cm

서식 캄차카에서 우수리 일대 연안까지, 코르만스키예 제도, 쿠릴열도, 사할린, 홋카이도에서 번식하고, 겨울에 번식지 주변과 중국 남부, 한국, 일본에서 월동한다. 국내에서는 흔한 겨울철새다. 동해안에서 특히 흔하다. 9월 초순부터 도래하며, 4월 하순까지 머문다.

행동 항구, 해안가에서 무리지어 서식한다. 주로 항구 주변에 모여들어 버려진 생선 찌꺼기를 먹거나 해상에서 어류를 잡아먹는다.

특징 재갈매기와 같은 크기다. 몸윗면은 진한 회흑색이다. 첫째날개깃 끝이 검은색으로 등과의 색 차이가 재갈매기처럼 심하지 않다. 부리가 재갈매기보다 약간 크다.

어린새 재갈매기보다 엷은 회갈색이다. 첫째날개깃이 재갈매기보다 엷다. 날개덮깃을 포함해 깃 무늬가 재갈매기처럼 복잡하지 않다. 어깨와 날개덮깃의 흑갈색 반점이 재갈매기보다 엷다. 큰날개덮깃의 갈색 반점은 깃 끝 또는 몸 안쪽 깃에 한정된다(재갈매기는 깃 중간에 무늬가 흩어져 있어 줄이 2~4열 있는 듯하다). 꼬리깃은 전체적으로 흑갈색이다.

1회 겨울깃 전체적으로 때 묻은 듯한 흰색과 연한 회갈색이고 탈색된 듯한 인상을 준다. 어깨와 등깃의 우축이 흑갈색이거나, 재갈매기와 비슷한 닻 모양 갈색 무늬가 있다. 첫째날개깃과 셋째날개깃은 연한 흑갈색이다(재갈매기는 진한 흑갈색). 재갈매기와 달리 큰날개덮깃에 갈색 무늬가 매우 적거나, 거의 없는 균일한 색이다. 날 때 보이는 날개 윗면의 날개깃과 날개덮깃 간의 색 차이가 크지 않다.

2회 겨울깃 재갈매기 2회 겨울깃과 비슷하지만 날개덮깃에 갈색 무늬가 거의 없거나 색이 연하다. 어깨와 등깃에 성조와 같은 청회색 깃이 섞여 있다.

성조 겨울깃. 2007.12.22. 강원 강릉 주문진항

성조 겨울깃(좌)과 재갈매기(우). 2008.11.14. 경북 울릉

성조 여름깃. 2007.4.3. 전남 신안 흑산도

성조 겨울깃. 2007.12.22. 강원 강릉 주문진항

1회 겨울깃. 2008.1.3. 전남 신안 흑산도

1회 겨울깃. 2007.12.22. 강원 강릉 주문진항

2회 겨울깃. 2007.12.22. 강원 강릉 주문진항

3회 겨울깃. 2007.12.22. 강원 강릉 주문진항

1회 겨울깃. 2014.11.14. 경북 포항 대보항

2회 겨울깃. 2011.1.22. 강원 고성 아야진항

붉은부리갈매기 *Chroicocephalus ridibundus* Black-headed Gull L35~39cm

서식 유라시아대륙 북부, 영국, 아이슬란드에서 번식하고, 겨울에는 유라시아대륙과 아프리카의 적도 부근에서 월동한다. 지리적으로 2아종으로 나눈다. 국내에서는 하구, 항구에서 무리를 이루어 월동하는 흔한 겨울철새다. 9월 초순부터 도래해 4월 중순까지 관찰된다.

행동 날개를 신속히 움직이면서 수면 가까이 떠오르는 물고기를 물속으로 폭격하듯 잠입해 잡거나, 수면 위에서 가볍게 낚아챈다(검은머리갈매기는 물 빠진 갯벌에서 게와 갯지렁이를 잡는다).

특징 소형 종이며 체형이 가늘다. 날 때 보이는 외측 첫째 날개깃이 흰색이며 첫째날개깃 끝부분이 검은색이다.

여름깃 머리는 갈색 기운이 있는 검은색이며 눈 위아래에 흰색 눈테가 있다. 몸윗면은 옅은 청회색, 부리는 가늘며 어두운 붉은색이다. 날개 끝은 검은색이며 흰 반점이 없거나 작게 보인다.

겨울깃 머리가 흰색으로 변하며 눈 위와 귀깃에 흐린 검은색 줄무늬가 있다. 부리는 붉은색이며 끝부분은 검은색이다(긴목갈매기보다 검은 부분이 넓다).

1회 겨울깃 날개덮깃과 셋째날개깃에 갈색 반점이 있다. 꼬리 끝부분에 폭 넓은 검은색 띠가 있다. 부리는 옅은 등색이며 끝이 검은색이다. 다리는 등색이다.

닮은종 **검은머리갈매기** 부리 길이가 짧고 검은색이다. 첫째날개깃에 흰 반점이 규칙적으로 배열되어 있다.

성조 여름깃. 2008.4.18. 부산 해운대

성조 겨울깃. 2009.1.19. 경북 영덕 강구항

성조 겨울깃. 2009.1.19. 경북 영덕군 강구항

1회 겨울깃. 2009.1.19. 경북 영덕군 강구항

1회 겨울깃. 2009.1.19. 경북 영덕 강구항

겨울깃 무리. 2014.11.15. 경북 울진 직산항

갈매기과 Laridae

긴목갈매기 *Chroicocephalus genei* Slender-billed Gull L40~44cm

서식 지중해에서 중앙아시아, 페르시아만 연안, 카스피해에서 번식하고, 지중해, 홍해, 페르시아만 연안에서 월동한다. 국내에서는 2002년 1월 9일 경남 하동 갈사만에서 1개체가 확인된 미조다.

행동 해안, 하구, 해안 근처의 습지에 서식한다.

특징 전체적으로 붉은부리갈매기와 비슷하지만 약간 크고, 이마가 앞으로 길게 돌출된 듯 보인다. 몸윗면은 옅은 청회색, 앉아 있을 때 날개 끝에 흰색 점이 없는 검은색이다. 바깥쪽 첫째날개깃 몇 장이 흰색이며, 날 때 흰색이 폭 넓게 보인다. 가슴과 배는 옅은 분홍빛을 띠는 흰색이다. 부리는 검은색을 띠는 붉은색, 다리는 붉은색이며, 붉은부리갈매기보다 뚜렷하게 길다. 홍채는 황백색 또는 흰색, 귀깃에 매우 작은 갈색 반점이 있다.

1회 겨울깃 붉은부리갈매기와 달리 귀깃에 매우 작은 갈색 반점이 있다. 부리는 흐린 등색이며, 부리 끝부분의 검은색 폭이 매우 좁다. 다리가 길다.

닮은종 **붉은부리갈매기** 머리가 둥그스름하다. 눈 위와 귀깃에 검은 무늬가 있다. 부리가 짧다. 홍채는 어두운 갈색이다. 가슴 부분에 옅은 분홍빛이 거의 없다.

성조. 2008.1.5. 이집트. Lip Kee ⓒ BY-SA-2.0

1회 겨울깃. 2011.3.7. 중동. logan kahle ⓒ BY-2.0

검은머리갈매기 *Chroicocephalus saundersi* Saunders's Gull L32~34cm

서식 중국의 랴오닝성, 장쑤성, 산둥성, 허베이성에서 번식한다. 겨울에는 중국 남부, 대만, 베트남 북부, 한국의 남양만, 아산만, 금강 하구, 만경강 하구, 낙동강 하구, 순천만 갯벌에서 월동한다. 국내에서는 드문 겨울철새이며, 적은 수가 인천 송도매립지에서 번식한다.

행동 하구 갯벌에 서식한다. 물 빠진 갯벌 위를 날다가 폭격하듯 내려와 먹이를 잡는다. 주로 게, 새우, 갯지렁이를 먹는다. 칠면초, 해송나물 등 염생식물로 덮인 곳에서 번식한다. 둥지는 메마른 땅 위에 틀며 마른 풀을 이용한다. 한배 산란수는 3개이며, 포란기간은 27~29일이다.

특징 붉은부리갈매기보다 작다. 부리는 짧고 검은색이다. 앉아 있을 때 날개에 흰 반점이 뚜렷하게 보인다. 날 때 날개윗면의 바깥쪽 첫째날개깃 끝에 검은 반점이 보이며 날개아랫면에 큰 검은색 무늬가 있다. 여름깃은 머리가 검은색이며 눈 위아래에 흰 반점이 있다. 겨울깃은 머리가 흰색이며 귀깃과 정수리 부분에 검은 반점이 있다.

1회 겨울깃 성조와 비슷하지만 날개덮깃과 셋째날개깃에 갈색 기운이 있다. 머리와 귀깃에 흑갈색 무늬가 남아 있다. 앉아 있을 때 첫째날개깃이 흑갈색으로 보이며 날개 끝에 매우 작은 흰색 반점이 있다. 꼬리 끝에 폭 좁은 검은색 띠가 있다. 날 때 보이는 첫째날개깃과 둘째날개깃 끝의 검은 줄무늬 또는 반점이 매우 작다.

실태 세계자연보전연맹의 적색자료목록에 취약종(VU)으로 분류된 국제보호조다. 멸종위기 야생생물 II급이다. 생존 집단은 21,000~22,000개체로 추정된다. 국내에서는 1998년 5월 시화호에서 번식이 확인된 이후 인천 영종도, 송도매립지에서도 번식했다. 국내 월동 개체수는 1,500~3,000이다.

성조 여름깃. 2010.3.7. 경기 화성 매향리 © 백정석

성조 겨울깃. 2013.1.10. 충남 서천 유부도 © 진경순

1회 겨울깃. 2006.1.26. 충남 천수만 © 김신환

1회 겨울깃. 2011.9.1. 충남 서천 송림리 © 한종현

고대갈매기 *Ichthyaetus relictus* Relict Gull L42~46cm

서식 카자흐스탄 동부의 아라콜호, 내몽골의 오르도스 고원, 러시아의 바룬-토레이호, 중국의 내륙 염호 등 제한된 지역에서만 번식하고, 중국, 베트남, 한국에서 월동한다. 국내에서는 낙동강 하구, 순천만, 천수만 등 일부 지역에 단지 몇 개체만이 월동하는 희귀한 겨울철새다. 11월 초순에 도래해 4월 중순까지 관찰된다.

행동 모래갯벌, 모래와 갯벌의 혼합갯벌을 선호한다. 주로 하구 바깥쪽에서 확인되며 간혹 모래해변에서도 확인된다. 내륙 강줄기로 이동하는 경우는 거의 없다. 주로 모래언덕 주변에서 곤충의 유충, 소형 어류, 게 등을 먹는다.

특징 괭이갈매기와 거의 같은 크기다. 갯벌에서 목을 세우고 직립형으로 걷는다. 앉아 있을 때 날개깃 끝에 크고 흰 반점이 3~4개 보인다.

여름깃 머리는 검은색이며 눈 아래위로 흰 반점이 있다. 부리는 붉은색을 띠는 검은색, 다리는 붉은색이다.

겨울깃 머리가 흰색이며 귀깃과 머리 뒤쪽으로 불명확한 검은 반점이 흩어져 있다. 부리는 크고 짧으며 어두운 붉은색이다.

1회 겨울깃 뒷목 주변에 흑갈색 반점이 흩어져 있다. 날개덮깃, 둘째날개깃, 셋째날개깃 끝이 암갈색, 부리는 검은색이며 기부는 색이 엷고, 꼬리 끝에 검은 띠가 있다.

2회 겨울깃 셋째날개깃에 흑갈색 무늬가 있다. 부리 끝은 검은색이며, 안쪽은 등색 기운이 있다.

실태 세계자연보전연맹의 적색자료목록에 취약종(VU)으로 분류되어 있다. 멸종위기 야생생물 II급이다. 최대 생존 개체수가 15,000~30,000으로 추정된다. 대부분 중국 북부 해안에서 월동한다. 국내 최대 월동수는 134개체로서 2001년 2월에 인천 송도갯벌에서 확인되었다.

성조 여름깃. 2002.4.14. 강원 강릉 © 최순규

성조 겨울깃. 2012.1.28. 부산 낙동강 하구 © 김시환

1회 겨울깃. 2021.1.30. 경북 포항 임곡리

1회 겨울깃. 2013.3.9. 강원 강릉 남대천 © 최순규

닮은 종 비교

긴목갈매기 1회 겨울깃. 2011.3.7. 중동. logan kahle

붉은부리갈매기 1회 겨울깃. 2009.1.19. 경북 영덕 강구항

검은머리갈매기 1회 겨울깃. 2010.2.13. 충남 홍성

고대갈매기 1회 겨울깃. 2010.2.27. 충남 홍성 궁리

긴목갈매기 성조. 2008.1.5.

붉은부리갈매기 성조 겨울깃. 2009.1.19.

검은머리갈매기 1회 겨울깃. 2006.1.26.

고대갈매기 성조 겨울깃. 2012.1.28.

큰검은머리갈매기 *Ichthyaetus ichthyaetus* Pallas's Gull L57~61cm

서식 흑해, 카스피해, 몽골 등지에서 국지적으로 번식하고, 홍해, 페르시아만 연안, 인도 연안에서 월동한다. 국내에서는 한강 중랑천, 낙동강 하구, 어청도 주변 해상, 흑산도, 천수만 등지에서 관찰된 희귀한 겨울철새 또는 미조다.

행동 갯벌, 하구, 강에서 다른 갈매기류와 섞여 생활한다.

특징 큰재갈매기보다 더 크다. 이마의 경사가 완만하고 부리가 길다. 눈 아래위로 흰색 눈테가 있다. 부리는 노란색이며 끝부분은 붉은색에 검은 반점이 있다. 다리는 노란색이다.

성조 여름깃 머리는 검은색이며, 몸윗면은 옅은 청회색이다(재갈매기와 거의 같은 색).

성조 겨울깃 귀깃에서 정수리 뒤까지 검은색이며 나머지 부분은 흰색이다.

1회 겨울깃 부리는 옅은 살구색이며 끝이 폭 넓은 검은색, 눈테가 흰색이며 얼굴과 뒷목 주변에 갈색 무늬가 있다. 날개덮깃과 셋째날개깃 일부가 흑갈색이다. 꼬리 끝에 폭 넓은 흑갈색 줄무늬가 있다. 날 때 날개아랫면은 흰색이다.

2회 겨울깃 부리와 머리는 3회 겨울깃과 비슷하다. 작은 날개덮깃에 갈색 무늬가 있다. 첫째날개깃은 흰 반점이 없는 흑갈색, 꼬리 끝에 폭 좁은 갈색 띠가 있다.

3회 겨울깃 성조 겨울깃과 비슷하지만 머리 주변의 검은 무늬가 약하며, 날개의 흰 반점이 더 작다. 부리는 노란색이며 끝부분은 검은색이다.

성조 여름깃. 2007.2.28. 서울 중랑천 © 양현숙

성조 겨울깃. 2006.12.22. 전남 신안 흑산도

성조 여름깃. 2007.3.3. 서울 중랑천 © 심규식

성조 겨울깃. 2005.2.5. 전남 신안 흑산도

세가락갈매기 *Rissa tridactyla* Black-legged Kittiwake L38~40cm

서식 유라시아, 북아메리카, 그린란드의 해안 절벽에서 번식하고, 북태평양, 북대서양, 북극해 주변의 먼 바다에서 월동한다. 지리적으로 2아종으로 나눈다. 국내에서는 비교적 드문 겨울철새다. 항구, 해안에서 월동하기보다는 주로 동해 먼 바다에서 월동한다. 10월 하순에 도래해 4월 중순까지 관찰된다. 또한 10월 하순에서 11월 초순 사이에 많은 수가 서해 북부 먼 바다를 통과한다.

행동 주로 먼 바다에서 무리지어 먹이를 찾지만 적은 수가 항구, 바위 절벽, 모래사장에 모여들어 휴식을 취하기도 한다.

특징 갈매기 크기이며 체형이 통통하다. 몸윗면은 청회색이며 뒷머리에 검은 무늬가 있다. 날 때 날개 끝이 검은색으로 삼각형을 이루며 꼬리는 가운데가 약간 오목하게 들어갔다. 부리가 노란색이며 다리는 검은색으로 짧다.

어린새 눈 뒤와 뒷목에 폭 넓은 검은색 줄무늬가 있다. 부리는 검은색이다. 몸 바깥쪽 첫째날개깃과 날개덮깃 일부가 검은색이어서 날 때 M자 형태의 무늬가 보인다. 꼬리 끝에 검은 띠가 있다. 월동 중에 눈 뒤와 뒷목의 검은 무늬가 점차 엷게 변하며, 날개덮깃의 흑갈색 무늬도 감소한다. 날 때 목테갈매기와 혼동하기 쉽다.

성조. 2008.3.7. 강원 고성 아야진항

성조. 2007.2.23. 전남 신안 흑산도

성조. 2011.1.22. 강원 고성 아야진

어린새. 2006.1.8. 전남 신안 흑산도

큰부리제비갈매기

Gelochelidon nilotica Gull-billed Tern L34.5~37.5cm

서식 유럽 남부에서 중앙아시아, 중국 동부, 몽골 동부, 아메리카대륙에서 번식하고, 비번식기에는 유라시아 남부, 아프리카, 오스트레일리아, 아메리카대륙에 폭넓게 분포한다. 지리적으로 5아종으로 나눈다. 국내에서는 봄·가을을 매우 희귀하게 통과하는 나그네새다. 봄철에는 4월 초순부터 5월 중순까지, 가을철에는 9월 초순에 도래해 9월 하순까지 통과한다.

행동 다른 제비갈매기류보다 약간 느린 날갯짓으로 난다. 먹이는 다이빙해 잡지 않으며 지상 또는 수면 위에서 잡는다. 주로 소형 어류, 게, 곤충, 개구리, 파충류 등 작은 동물을 잡아먹는다. 해안, 갯벌, 하구, 하천, 습지에서 단독으로 행동하는 경우가 많다.

특징 부리는 검은색이며 두툼하다(아랫부리가 각진 형태). 머리는 검은색이며 몸윗면은 옅은 회색이다. 다리는 검은색이다. 꼬리는 가운데가 약간 들어간 제비꼬리 모양이다.

겨울깃 전체적으로 다른 제비갈매기류보다 흰색 기운이 강하다. 머리는 전체적으로 흰색이며, 검은색 눈선은 눈 앞에서 눈 뒤까지 길게 이어진다. 날 때 보이는 첫째날개깃 아랫면의 끝이 검은색이다(제비갈매기보다 넓게 보인다).

어린새 다른 제비갈매기류보다 부리가 굵다. 특히 아랫부리가 각이 졌다. 등, 어깨, 날개덮깃은 흐린 갈색이며 작은 검은색 반점이 흩어져 있다. 눈 앞뒤에 다소 명확한 검은색 눈선이 있다. 정수리에서 뒷머리까지 흐린 흑갈색 줄무늬가 있다. 날개 앞부분에 검은 무늬가 없다.

닮은종 **제비갈매기** 체형이 보다 작다. 부리가 가늘고 약간 길다. 다리가 짧다. 날개 폭이 좁다.

겨울깃. 2018.10.13.부산 낙동강 하구 © 박중록

성조 여름깃. 2009.6.16. 몽골 오기누르

겨울깃. 2007.8.15. 부산 낙동강 © 박중록

겨울깃으로 깃털갈이 중. 2016.8.29. 강원 강릉 사천항

붉은부리큰제비갈매기

Hydroprogne caspia Caspian Tern L47~53cm

서식 북아메리카, 아프리카, 유럽에서 중앙아시아, 서남아시아, 남아시아, 중국 남부, 오스트레일리아, 뉴질랜드에서 번식하고, 비번식기에는 아프리카, 인도, 동남아시아, 오스트레일리아, 멕시코 등 폭넓은 지역에 분포한다. 국내에서는 2001년 3월 18일 낙동강 하구에서 처음 관찰된 이후 형산강, 천수만, 남양만, 제주도, 경포호, 흑산도 등지에서 기록되었다. 불규칙하게 도래한다. 주로 봄철에는 3월 중순부터 5월 초순까지, 가을철에는 8월 중순부터 10월 초순 사이에 관찰기록이 있다.

행동 갯벌, 하구, 해안 습지, 해안가 호수에 서식한다. 단독으로 행동하며 갈매기처럼 무게 있게 비행한다. 부리를 아래로 향하고 날다가 물고기를 발견하면 다이빙해 잡는다.

특징 괭이갈매기와 재갈매기의 중간 크기다. 다른 종과 혼동이 없다. 육중한 부리는 붉은색이며 끝부분이 검은색이다. 몸윗면은 엷은 회색이며 몸아랫면은 흰색이다. 가운데가 약간 들어간 제비꼬리 모양이다. 날 때 날개아랫면의 첫째날개깃 끝부분이 검은색으로 보인다.

겨울깃 여름깃과 비슷하지만 머리에 흰색 점이 흩어져 있다.

1회 겨울깃 성조 겨울깃과 비슷하다. 둘째날개깃과 첫째날개덮깃, 꼬리깃 색이 성조보다 더 어둡다

겨울깃. 2009.4.12. 경기 화성 매향리 © 이상일

겨울깃. 2018.5.3. 제주 종달리 © 이용상

1회 겨울깃. 2015.2.13. 대만 © 한종현

겨울깃으로 깃털갈이 중. 2015.8.9. 미국 캘리포니아 새크라멘토 © 최창용

큰제비갈매기 *Thalasseus bergii* Greater Crested Tern L45~49cm

서식 아프리카 남동부, 중동, 동남아시아, 오스트레일리아 해안에서 번식하고, 비번식기에는 번식지 주변에서 월동한다. 지리적으로 5아종으로 나눈다.

행동 수면 위를 빠른 속도로 날다가 어류를 발견하면 다이빙해 잡으며 간혹 정지비행도 한다.

특징 제비갈매기류 중 체형이 큰 편에 속한다. 부리는 노란색이며 길고 육중하다. 머리는 검은색이며 뒷머리깃이 길게 돌출된다. 몸윗면은 짙은 회색이며 날개깃은 흑갈색이다. 이마, 얼굴, 몸아랫면은 흰색이다. 꼬리는 제비꼬리 형태다.

겨울깃 여름깃과 비슷하지만 이마의 흰 부분이 증가하며 검은색 머리와의 경계가 불명확하다.

어린새 머리 부분은 성조 겨울깃과 비슷하다. 몸윗면은 흑갈색이며 깃 가장자리가 흰색이다. 부리가 엷은 노란색이다.

실태 국내에서는 1917년 7월 5일 인천 북쪽에 위치한 섬에서 채집된 이후 오랫동안 기록이 없다가 2011년 6월 26일 제주도 한림읍 귀덕리 해안에서 30여 개체가 관찰되었다. 이후 2012년 8월 1일 부산 이기대 인근 해상에서 비번식깃 1개체, 2014년 7월 25일 부산 이기대 인근 해상에서 2개체, 2020년 2월 17일 강원 속초 청초호에서 1개체가 관찰되었다.

닮은종 **뿔제비갈매기** Chinese Crested Tern (*Thalasseus bernsteini*) 중국 저장성 연안 저우산군도(Jiushan Islands), 우즈산군도(Wuzhishan Islands) 그리고 푸젠성 해안에서 멀리 떨어진 마추군도(Matsu Islands)에서만 번식하고, 비번식기에는 중국 남부, 태국, 인도네시아, 말레이시아, 필리핀으로 이동한다. 국내에서는 2016년 4월 28일 전남 영광군에 속한 무인도에서 번식쌍이 처음으로 확인되었다. 큰제비갈매기보다 크기가 작다. 노란색 부리 끝에 검은 반점이 있다. 몸윗면은 엷은 회색이다. 날 때 보이는 몸 바깥쪽 첫째날개깃 일부만 검은색이며, 첫째날개깃 아랫면은 흰색이다. 세계자연보전연맹 적색자료목록에 위급(CR)으로 분류된 국제보호조이며, 멸종위기 야생생물 I급이다. 알 채취, 개발에 따른 번식지 상실 등으로 멸종위기에 처해 있다. 2016년 현재 지구상 생존 수는 100개체 이하로 판단된다.

큰제비갈매기. 1회 겨울깃. 2020.2.23. 강원 속초 청초호 © 김준철

뿔제비갈매기. 2016.5.14. 전남 영광

쇠제비갈매기 *Sternula albifrons* Little Tern L22~28cm

서식 유럽, 아프리카, 아시아의 온대 및 열대 지역, 오스트레일리아에서 번식하고, 번식 후에는 번식지 남쪽 또는 인근 아열대 및 열대 지역으로 이동한다. 지리적으로 3 또는 4아종으로 분류한다. 국내에서는 국지적으로 흔하게 번식하는 여름철새다. 4월 초순에 도래해 번식하고, 9월 초순까지 관찰된다.

행동 수면 위를 유유히 날아다니다가 허공에서 정지비행 후 수면으로 다이빙해 어류를 잡는다. 모래와 자갈이 있는 강줄기와 큰 하천에서 집단으로 번식한다. 둥지는 모래땅이나 자갈밭에 오목하게 틀며 알을 3개 낳고 19~22일간 품는다. 새끼는 깨어나 2~3일 후에 둥지를 떠나 어미의 보살핌을 받지만 황조롱이와 새호리기에 의해 희생되는 경우가 많다.

특징 한국을 찾는 제비갈매기류 중 가장 작다. 날개는 제비와 같이 폭이 좁고 길다. 몸윗면은 흐린 회색이며 몸아랫면은 흰색이다. 허리는 등과 같은 흐린 회색, 부리는 노란색이며 끝이 검은색이다. 이마는 흰색이며 머리는 검은색, 다리는 엷은 주황색이다.

겨울깃 부리가 전체적으로 검은색이다. 이마의 흰 무늬가 정수리까지 넓어지며 뒷머리의 검은색과 경계가 불명확하다. 검은색 눈선은 부리까지 다다르지 않는다. 날 때 바깥쪽 첫째날개깃이 검은색이다. 다리는 검붉은색이다.

어린새 어깨와 등깃에 V자 형 흑갈색 무늬가 있고, 깃 가장자리가 흰색으로 비늘무늬를 이룬다. 머리는 성조 겨울깃과 비슷하다. 부리는 검은색이며 기부가 때 묻은 듯한 황갈색이다. 날 때 날개 앞부분이 검은색으로 보인다.

실태 멸종위기 야생생물 II급이다.

성조 여름깃. 2011.6.19. 충남 천수만

겨울깃. 2012.9.2. 충남 서천 유부도 © 김준철

1회 겨울깃으로 깃털갈이 중. 2012.9.2. 충남 서천 유부도 © 김준철

성조 여름깃. 2011.6.19. 충남 천수만

성조 여름깃. 2011.6.19. 충남 천수만

갈매기과 Laridae

긴꼬리제비갈매기 *Sterna dougallii* Roseate Tern L33~39cm

서식 영국, 덴마크, 아프리카 동부와 남부, 마다가스카르, 아라비아반도 동남부, 인도 남부, 스리랑카, 말레이반도, 중국 남부와 동남부, 대만, 일본 난세이제도, 자바, 보르네오 북부, 필리핀, 뉴기니, 오스트레일리아 서부와 동부, 미국 동부, 카리브해 연안 등 매우 폭 넓은 지역에서 번식하고, 비번식기에 북쪽의 번식 집단은 남쪽으로 이동한다. 지리적으로 5아종으로 나눈다. 국내에서는 2008년 6월 29일 낙동강 하구에서 2개체가 관찰되었을 뿐이다.

행동 제비갈매기와 비슷하지만 날갯짓이 매우 빠르다. 해양, 해변, 모래갯벌, 바위 해변에 서식한다.

특징 제비갈매기와 매우 비슷하지만 몸윗면이 보다 밝다. 부리는 가늘고 약간 길다. 꼬리가 매우 길어 앉아 있을 때 날개 뒤로 길게 돌출된다. 몸아랫면에 매우 엷은 분홍빛을 띠는 경우도 있다. 앉아 있을 때 첫째날개깃 안쪽 우면의 깃 가장자리를 따라 흰색이 보인다.

겨울깃 꼬리가 매우 길다. 제비갈매기와 비슷하지만 둘째날개깃 색이 밝으며, 작은날개덮깃에 어두운 부분이 거의 없다.

어린새 제비갈매기 어린새와 매우 비슷하지만 부리와 다리가 완전히 검은색이며, 앞이마 색이 보다 어둡다. 앉아 있을 때 첫째날개깃 안쪽 우면의 깃 가장자리를 따라 폭 넓은 흰색이 보인다.

성조 여름깃. 2008.6.29. 부산 낙동강 © 김화연

알류샨제비갈매기 *Onychoprion aleuticus* Aleutian Tern L35.5cm

서식 사할린, 캄차카 등 오호츠크해 연안, 알래스카, 알류산열도에서 번식한다. 이동경로 및 월동지는 잘 알려지지 않았지만 8~9월에 중국 동부 해안, 대만, 홍콩에서 많은 관찰기록이 있으며, 인도네시아(자바, 발리, 셀레베스)와 말레이시아에서 월동한다. 국내에서는 동해 먼 바다와 제주도 인근 해상을 매우 적은 수가 통과하는 것으로 판단된다. 2004년 8월 23일 인천 옹진 소청도 인근 해상에서 1개체 관찰기록이 있으며, 2014년 8월 10일 경북 포항 구룡포 해상에서 성조 여름깃 6개체 이상이 확인되었다. 주로 8월 하순부터 9월 초순 사이에 관찰되고 있다.

행동 수면 위를 날다 다이빙해 소형 어류를 잡거나, 날며 수면 위로 떠오르는 먹이를 집어 올리고, 수면에 앉아 사냥하는 등 다양한 방법으로 먹이를 잡는다. 작은 어류, 새우, 곤충 등을 먹는다. 먼 바다에서 생활하며 종종 물에 떠 있는 부표와 같은 물체에 앉아 쉰다.

특징 여름깃은 다른 종과 구별되지만 겨울깃은 제비갈매기와 비슷하다. 부리가 검은색, 여름깃과 겨울깃 모두 날 때 보이는 날개아랫면의 둘째날개깃 끝을 따라 폭 좁고 검은 줄무늬가 있다.

여름깃 이마는 흰색, 머리는 검은색이며 검은색 눈선이 부리 기부까지 다다른다. 몸윗면은 제비갈매기보다 어두운 청회색, 몸아랫면은 회백색이다.

겨울깃 제비갈매기와 비슷하지만 날개 앞부분의 검은 무늬가 매우 약하다. 머리의 흰색 폭이 제비갈매기보다 넓다.

1회 겨울깃 깃 패턴에 대해 알려진 것이 거의 없다. 머리는 겨울깃과 유사하다. 부리는 검은색, 몸윗면은 엷은 흑갈색이며 깃 끝에 폭 좁은 엷은 갈색이 남아 있다.

여름깃. 2006.5.18. 홍콩 © Yu Yat-tung

여름깃. 2012.9.23. 싱가포르 해협 © Francis Yap

겨울깃. 2012.9.23. 싱가포르 해협 © Francis Yap

겨울깃으로 깃털갈이 중. 2014.10.5. 싱가포르 해협 © Francis Yap

닮은 종(어린새-1회 겨울깃) 구별 포인트

종명 \ 구분	둘째날개깃	부리	다리
알류샨제비갈매기	약간 색이 어두움	검은색 제비갈매기와 비슷한 길이	검은색 또는 흑갈색
극제비갈매기	흰색	검은색 다소 짧음	붉은색 매우 짧음
제비갈매기	색이 어두움	윗부리와 아랫부리가 만나는 기부가 붉은색 다소 긴 편	검붉은색 또는 붉은색

갈매기과 Laridae

극제비갈매기 *Sterna paradisaea* Arctic Tern L33-39cm

서식 유라시아 대륙 북부와 북미 대륙 북부의 아한대지역과 북극 주변 해안지대에서 번식하고, 인도양, 대서양, 태평양 남부 해상과 남극 주변에서 월동한다. 국내에서는 2014년 8월 10일 경북 포항 구룡포 해상에서 처음 관찰되었다. 봄과 가을에 동해 먼 바다를 주기적으로 통과할 가능성이 있다.

행동 북극 주변 번식지와 남극 주변을 오가는 종이며, 철새 중 가장 먼 거리를 이동하는 새에 속한다. 제비갈매기보다 더 먼 해상을 통과한다. 비교적 빠르고 우아하게 날다가 다이빙해 작은 어류와 무척추동물을 잡아먹는다.

특징 제비갈매기와 매우 비슷하지만 머리가 더 둥그스름하고, 부리는 붉은색이며, 가늘고 짧다. 다리가 제비갈매기보다 짧다. 성조는 꼬리가 날개 뒤로 길게 튀어나온다. 날 때 날개아랫면 몸 바깥쪽 첫째날개깃 끝부분이 폭이 좁은 검은색을 띤다(제비갈매기는 다소 폭이 넓은 검은색). 목은 흰색이며 가슴과 배는 옅은 회색 기운을 띤다.

어린새 제비갈매기 어린새와 비슷하다. 부리가 전체적으로 검다. 둘째날개깃이 흰색을 띤다(제비갈매기는 흐릿한 검은색 기운이 있다). 작은날개덮깃의 검은 무늬는 제비갈매기보다 폭이 좁고 색이 옅다. 성조와 달리 꼬리가 날개보다 짧아 제비갈매기와 혼동된다.

성조. 2014.8.3. 러시아. Ekaterina Chernetsova ⓒ BY-2.0

성조. 2015.6.17. 독일 보큼. Hoffmann Torsten ⓒ BY-4.0

제비갈매기 *Sterna hirundo* Common Tern L33~37cm

서식 유라시아대륙 중부 이북, 북아메리카 동부에서 번식하고, 아프리카 서부, 인도, 동남아시아, 오스트레일리아, 남아메리카에서 월동한다. 국내에서는 해안과 해상을 통과하는 비교적 흔한 나그네새다. 봄철에는 4월 초순부터 5월 하순까지, 가을철에는 8월 중순부터 9월 중순까지 통과한다.

행동 부리를 밑으로 향하고 날면서 수면 위로 떠오르는 먹이를 잡아먹는다. 이동시기에 무리를 이루어 먹이를 사냥하고, 휴식할 때에도 하구, 하천 하류, 항구 주변에 집단으로 모여든다.

특징 날씬하다. 머리가 검은색이다. 멱과 뺨이 흰색, 몸 윗면은 회색, 몸아랫면은 엷은 회색이다. 다리는 흑갈색 또는 검은색이다. Arctic Tern에 비해 부리와 다리가 길다. 부리는 검은색, 머리가 Arctic Tern처럼 둥그스름하지 않다.

겨울깃 정수리에서 뒷목까지 검은색이며, 이마, 턱밑, 멱이 흰색, 어린새와 마찬가지로 날개 앞부분에 검은 무늬가 있다.

어린새 Arctic Tern과 매우 비슷하지만 날 때 둘째날개깃이 날개덮깃보다 어둡거나 거의 같은 색이다. 날개 앞부분에 검은 무늬가 선명하다. 부리는 검은색이며 윗부리와 아랫부리가 만나는 기부 부분이 붉은색이다. 다리는 붉은색 또는 검붉은색이다(다리와 부리에 붉은 기운이 강한 아종 *minussensis*와 혼동된다). 등깃과 셋째날개깃 일부가 흑갈색이며 깃 가장자리는 흰색이다.

아종 지리적으로 4아종으로 나눈다. 국내에서는 대부분 *longipennis*가 도래한다. 제비갈매기(*S. h. longipennis*)는 시베리아 동북부에서 중국 동북부 지역까지 번식하고, 인도 동부, 스리랑카, 동남아시아, 뉴기니, 뉴질랜드에서 월동한다. 국내에서는 흔한 나그네새다. 붉은발제비갈매기(*S. h. minussensis*)는 예니세이강 상류에서 동쪽으로 바이칼호, 몽골에서 번식한 후 인도양 북부에서 월동한다. 국내에는 매우 드물게 찾아온다. 부리가 붉은색이며 부리 끝이 검은색이다. 다리가 붉은색이다. 제비갈매기보다 몸 윗면의 색이 더 밝으며 몸아랫면은 흰색이다.

닮은종 **Arctic Tern** 국내에서도 동해 먼 바다를 주기적으로 통과할 가능성이 있다. 머리가 둥그스름하다. 부리는 붉은색이며, 가늘고 짧다. 다리가 짧다. 성조는 꼬리가 날개 뒤로 길게 돌출된다. 어린새는 둘째날개깃이 흰색이며, 부리가 전체적으로 검은색이다. 작은날개덮깃의 검은색 폭이 제비갈매기보다 좁고 엷다. 성조와 달리 꼬리가 날개보다 짧다.

여름깃. 2011.6.19. 충남 천수만 © 진경순

겨울깃. 2008.12.11. 호주 80마일 해변

1회 겨울깃. 2012.10.3. 강원 고성 거진항 © 김준철

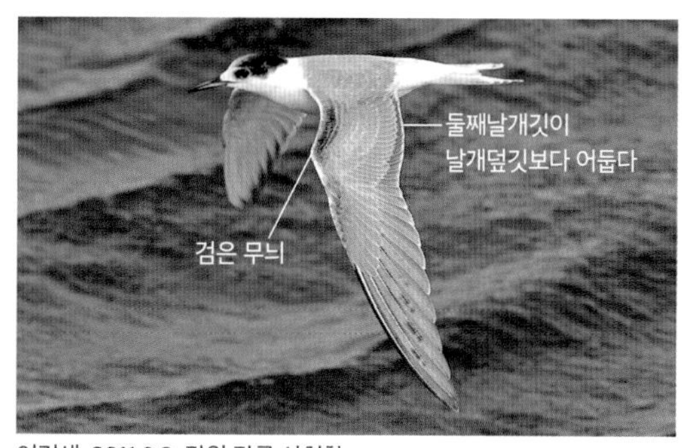

어린새. 2011.9.3. 강원 강릉 사천항

여름깃. 2006.5.13. 부산 낙동강 하구 © 박중록

아종 *longipennis* 어린새. 2011.9.3. 강원 강릉 사천항

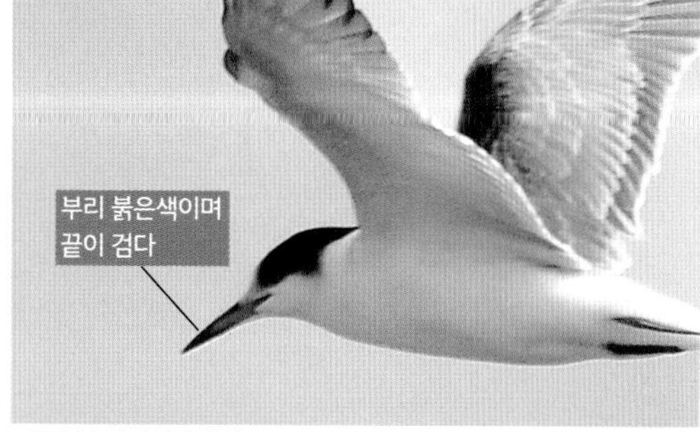

아종 **붉은발제비갈매기** *minussensis* 어린새. 2010.9.5. 강원 고성 거진

아종 **붉은발제비갈매기** 여름깃. 2009.6.19. 몽골 바양누르

붉은발제비갈매기. 2005.5.14. 부산 낙동강 하구 © Nial Moores

에위니아제비갈매기

Onychoprion anaethetus Bridled Tern L35~38cm

서식 홍해, 인도양, 동남아시아, 순다열도에서 오스트레일리아, 멕시코 서부 연안, 카리브해의 열대해역에 서식한다. 지리적으로 4아종으로 나눈다. 국내에서는 2006년 7월 10일 제주도에서 성조 1개체, 2014년 7월 19일 제주도에서 성조 2개체가 관찰된 기록이 있다.

행동 해양의 작은 섬, 해안, 작은 암초에서 생활한다. 힘찬 날갯짓으로 날다가 수면 위로 떠오르는 어류를 잡아먹는다.

특징 검은등제비갈매기와 비슷하지만 보다 작다. 머리에서 뒷목까지 검은색이며 몸윗면은 어두운 회갈색이다. 이마의 흰색은 폭이 좁으며 눈 뒤까지 짧게 이어진다. 외측 꼬리깃이 흰색이다. 앉아 있을 때 꼬리가 날개 뒤로 약간 돌출된다.

겨울깃 몸윗면이 여름깃보다 색이 연하다. 머리에 흰 무늬가 흩어져 있다.

어린새 머리는 엷은 흑갈색 바탕에 흰 무늬가 흩어져 있다(흰 이마와 머리의 경계가 불명확하다). 눈 뒤로 폭 넓은 검은색 눈선이 명확하다. 몸윗면의 깃 가장자리 색이 엷으며 비늘무늬를 이룬다. 몸아랫면은 균일한 흰색이며 가슴옆에 연한 회갈색인 경우도 있다.

닮은종 **검은등제비갈매기** 몸윗면은 균일한 검은색이다. 이마의 흰색 폭이 넓으며, 눈 뒤쪽으로 흰 눈썹선이 없다.

성조. 2006.11.25. 호주. Aviceda

성조. 2008.1.20. 호주. Aviceda

어린새. 2005.5.26. 호주. Sputnikcccp

검은등제비갈매기 *Onychoprion fuscatus* Sooty Tern L42~45cm

서식 태평양, 대서양, 인도양의 열대 및 아열대 지역, 오스트레일리아 북부 해안에서 번식하고, 비번식기에는 주변 해역에서 생활한다. 지리적으로 7아종으로 나눈다. 국내에서는 1992년 8월 26일 부산에서 1개체가 처음 확인된 이후 충북 단양, 충남 부여, 전북 옥구, 전남 목포, 경남 거제도, 제주도 등지에서 관찰 및 채집기록이 몇 회 있다. 6월에서 9월 사이에 관찰기록이 있다.

행동 먼 해양의 작은 섬, 바위 해안, 작은 암초에서 무리를 이루어 행동한다. 수면 위를 힘차게 빠른 속도로 날면서 먹이를 찾는다. 간혹 에위니아제비갈매기와 같은 해역에 나타나지만 더 먼 바다에서 생활한다.

특징 머리는 등보다 색이 진하며, 등은 균일한 검은색이다. 이마는 폭 넓은 흰색이며 눈 뒤쪽으로 흰 눈썹선이 없다. 뺨과 몸아랫면은 흰색, 꼬리는 가운데깃이 깊게 파인 제비꼬리 모양이다. 부리는 검은색이며 길고 뾰족하다. 앉아 있을 때 날개와 꼬리가 거의 같은 길이다. 외측 꼬리깃이 흰색이다. 날 때 날개아랫면의 흰색과 날개깃 가장자리 검은색의 경계가 명확하다.

어린새 전체적으로 진한 흑갈색이며 몸윗면의 등과 날개덮깃에 흰 반점이 흩어져 있다. 몸아랫면은 턱밑에서 가슴까지 흑갈색이며, 배부터 점차 흰색으로 바뀐다.

닮은종 **에위니아제비갈매기** 머리와 날개깃은 검은색이며 몸윗면은 진한 회갈색이다(전체적으로 검은등제비갈매기보다 색이 연하다). 이마의 흰색 폭이 좁고, 흰 눈썹선이 눈 뒤까지 이어진다. 꼬리가 날개 뒤로 짧게 돌출된다.

성조. 2015.7.15. 전남 신안 홍도 © 국립공원 조류연구센터

성조. 2008.6.5. Midway Atoll. Forest and Kim Starr BY-3.0-US

어린새. 1992.8.26. 부산 © 이화여대자연사박물관 표본

어린새. 2012.8.13. 충남 부여 신암리 © 김영준

흰죽지제비갈매기

Chlidonias leucopterus White-winged Tern L20~24cm

서식 유럽 남부에서 중앙아시아, 중국 동북부에서 번식하고, 아프리카, 동남아시아, 인도, 오스트레일리아에서 월동한다. 국내에서는 봄·가을에 규칙적으로 통과하는 드문 나그네새다. 주로 해안에서 멀지 않은 내륙 습지에서 관찰된다. 봄철에는 5월 초순부터 5월 하순까지, 가을철에는 8월 중순에 도래해 9월 하순까지 통과한다.

행동 바다와 근접한 하천, 저수지, 호수에 서식한다. 수면 위를 빠르게 날면서 먹이를 찾으며 좀처럼 땅에 내려오지 않는다. 수면 위로 떠오르는 어류를 다이빙해 잡아먹는다.

특징 검은제비갈매기와 비슷하지만, 부리가 약간 짧고 다리가 길다. 구레나룻제비갈매기보다 작다. 허리와 위꼬리덮깃은 흰색이다.

여름깃 머리, 등, 가슴, 배가 검은색이다. 부리는 진한 붉은색으로 검게 보인다. 날개 앞부분은 흰색으로 등 색과 뚜렷하게 구별된다. 다리는 붉은색이다. 날 때 날개아랫면의 날개덮깃은 검은색이다.

겨울깃 머리는 흰색 바탕에 약한 검은 줄무늬가 흩어져 있고, 귀깃에 검은 반점이 있다. 몸아랫면은 흰색으로 바뀐다. 겨울깃으로 깃털갈이 중인 개체는 머리와 몸아랫면에 흰색 깃이 섞여 있어 검은제비갈매기와 비슷하지만 날개아랫면은 검은색이 대부분이다.

어린새 몸윗면은 회갈색이며 깃 끝이 진한 갈색이어서 날 때 등이 어둡게 보인다(구레나룻제비갈매기는 등, 몸안쪽의 날개덮깃, 셋째날개깃에 검은 반점과 엷은 황갈색 무늬가 있다). 허리는 흰색이다. 얼굴 뒤 검은 반점이 눈 아래까지 다다른다. 날개 앞부분에 검은 무늬가 비교적 뚜렷하다.

닮은종 **구레나룻제비갈매기** 체형이 약간 크다. 부리가 크고 길다. 허리가 엷은 회색이다. 얼굴 뒤의 검은 무늬가 눈 아래까지 처지지 않는다.

여름깃. 2010.6.6 충남 천수만 © 김준철

미성숙 개체. 2010.6.6. 충남 천수만 © 김준철

어린새. 2006.8.28. 충남 천수만 © 김신환

미성숙 개체. 2011.6.19. 충남 천수만

어린새. 2007.9.20. 전북 군산 옥구저수지

어린새. 2012.9.16. 충남 서산 천수만 © 박흥식

갈매기과 Laridae

검은제비갈매기 *Chlidonias niger* Black Tern L22~26cm

서식 유럽에서 서시베리아, 북미 중부에서 번식하고, 아프리카, 중앙아메리카, 남미 북부에서 월동한다. 지리적으로 2아종으로 나눈다. 국내에서는 2001년 5월 18일 충남 서산 간월호에서 1개체, 2005년 8월 16일 동진강 하구에서 1개체가 관찰된 미조다.

행동 해안 근처 호수, 하천, 습지에 서식한다. 흰죽지제비갈매기와 습성이 비슷하다.

특징 흰죽지제비갈매기와 매우 비슷하다. 허리와 위꼬리덮깃이 회색이다.

여름깃 머리, 가슴, 배가 검은색이다. 몸윗면은 머리보다 밝은 회흑색이어서 날개덮깃과 색 차이가 거의 없다. 날 때 보이는 날개아랫면은 흰색이다. 다리와 부리는 검은색이다. 부리는 가늘고 약간 길다.

겨울깃 몸아랫면이 전체적으로 흰색으로 바뀐다. 정수리에서 뒷목까지 폭 넓은 검은색이다. 눈 뒤에 큰 검은색 반점이 있다. 가슴옆에 흑갈색 줄무늬가 있다. 허리는 등과 같은 회색이다. 다리는 약간 흐린 붉은색이다.

어린새 흰죽지제비갈매기와 달리 등과 날개깃의 색 차이가 크지 않다. 셋째날개깃 가장자리와 몸윗면의 깃 가장자리는 폭 넓게 흐려 비늘무늬를 이룬다. 가슴옆에 흑갈색 줄무늬가 뚜렷하다. 날 때 흰죽지제비갈매기와 비슷하지만 몸윗면이 균일하게 보이며 허리가 회색이다.

성조. 2009.6.18. 몽골 © 곽호경

성조. 2009.6.18. 몽골 © 곽호경

성조. 2010.7.4. 캐나다 퀘벡. Cephas ⓒ BY-SA-3.0

구레나룻제비갈매기 *Chlidonias hybrida* Whiskered Tern L24~28cm

서식 유럽 남부에서 중앙아시아까지, 아프리카, 남아시아, 중국 동부, 오스트레일리아에서 번식하고, 겨울에는 번식지 남쪽으로 이동한다. 지리적으로 3아종으로 나눈다. 국내에서는 해안 습지, 강, 저수지를 드물게 통과하는 나그네새다. 봄철에는 5월 초순부터 6월 하순까지, 가을철에는 8월 초순에 도래해 9월 하순까지 통과한다.

행동 수면 위를 빠르게 날면서 수면 위로 떠오른 먹이를 찾는다. 먹이는 작은 어류와 곤충이다.

특징 다른 2종보다 크고, 부리와 다리가 길다. 꼬리는 짧고 가운데가 약간 오목하다. 날 때 보이는 허리는 회색이다.

여름깃 부리와 다리는 진한 붉은색으로 약간 검게 보인다. 머리는 검은색이며, 뺨은 흰색이다. 몸아랫면은 어두운 회흑색이다. 날 때 겨드랑이는 흰색으로 보인다.

겨울깃 머리는 흰색이며 정수리 뒤쪽으로 검은 줄무늬가 뚜렷하다(흰죽지갈매기보다 뚜렷하고 뒷머리까지 이어진다). 눈 뒤쪽으로 큰 검은색 반점이 있다. 날 때 날개와 등은 거의 같은 색으로 보인다. 겨울깃으로 깃털갈이 중인 개체는 몸아랫면에 검은색이 약간 남아 있다.

어린새 흰죽지제비갈매기와 비슷하지만 부리가 길다. 등, 일부 날개덮깃 그리고 셋째날개깃에 검은 반점이 있으며 깃 끝에 엷은 황갈색 무늬가 있다. 흰죽지제비갈매기와 달리 날개 앞부분에 검은 무늬가 매우 약하거나 거의 없다. 날 때 꼬리 끝에 가늘고 어두운 띠가 보이는 경우가 많다.

닮은종 **흰죽지제비갈매기** 몸이 약간 작다. 부리가 가늘고 짧다. 어린새는 얼굴 뒤 검은 반점이 눈 아래까지 다다른다. 허리는 흰색이다.

여름깃으로 깃털갈이 중. 2010.6.6. 충남 천수만 © 한종현

성조 겨울깃. 2007.11.2. 일본 이시가키섬

여름깃으로 깃털갈이 중. 2011.6.19. 충남 천수만 © 진경순

어린새. 2009.9.26. 강릉 남대천 © 진경순

여름깃으로 깃털갈이 중. 2011.6.19. 충남 천수만 © 진경순

어린새. 2020.9.22. 전남 신안 비금도 © 진경순

도둑갈매기과 Stercorariidae

큰도둑갈매기 *Stercorarius maccormicki* South Polar Skua L50~58cm

서식 남극에서 번식하고, 비번식기에는 북반부로 북상해 북태평양, 북대서양 서부를 통과한다. 국내에서는 먼 해상을 희귀하게 통과하는 나그네새다. 관찰기록은 10월에 집중되며, 7, 8월에도 관찰 기록이 있다.

행동 바다에서 생활하지만 연안까지 날아들기도 한다. 단독으로 생활하는 경우가 많고 주로 어류를 잡아먹는다. 종종 갈매기류 및 슴새의 먹이를 도둑질한다.

특징 도둑갈매기류 중 체형이 가장 크며 꼬리가 짧고 날개가 넓다. 첫째날개깃 위·아랫면에 있는 큰 흰색 반점이 다른 종과 구별되는 특징이다. 비교적 높이 나는 경향이 있다. 중앙꼬리깃이 돌출되지 않는다. 암색형, 담색형, 중간형이 있다.

담색형 몸윗면은 전체적으로 흑갈색이며, 머리를 포함해 몸아랫면은 색이 엷다.

암색형 머리와 가슴, 배가 균일하게 암갈색이다. 뒷목과 옆목에 황갈색 줄무늬가 흩어져 있다.

어린새 몸윗면은 균일한 흑갈색이며, 깃 가장자리는 색이 연하고 폭이 좁다. 몸아랫면은 균일한 회갈색이다. 첫째날개깃의 흰 반점이 성조보다 작아 보인다. 성조보다 색이 더 어둡다.

닮은종 **Pomarine Skua** 머리를 비롯해 전체적으로 작다. 중앙꼬리깃이 길게 돌출되었으며 끝부분의 폭이 넓다. 전체적으로 색이 어둡다.

2009.7.27. 전남 신안 칠발도 인근 해상

성조. 2014.1.15. 남극 세종기지 © 최창용

도둑갈매기과 Stercorariidae

넓적꼬리도둑갈매기

Stercorarius pomarinus Pomarine Jaeger / Pomarine Skua L42~53cm

서식 유라시아대륙과 북미의 북극권에서 번식하고, 비번식기에는 남으로 이동한다. 국내에서는 적은 수가 서해안과 동해안으로 통과하는 나그네새이지만 한국에 기록된 도둑갈매기류 중 관찰 빈도가 가장 높다(소청도 주변 해역과 구룡포 일대에서 관찰기록이 많다). 주로 10월 중순에서 하순 사이에 통과하지만 먼 바다로 이동해 관찰이 어렵다. 봄에는 5월 초부터 하순까지 통과하지만 10월보다 뚜렷하게 수가 적다.

행동 먼 바다에서 생활하며 다른 해조류에 비해 높이 난다. 다른 조류로부터 먹이를 빼앗아 먹는 습성이 있다.

특징 담색형과 암색형이 있다. 북극도둑갈매기보다 더 크고 통통하게 보인다. 이마에서 정수리까지 검은색이며 뒷목, 뺨, 멱 부분은 연한 노란색이다. 몸아랫면은 흰색이다. 암컷과 아성조의 경우 가슴의 흑갈색 띠와 옆구리의 무늬가 끊어져 보인다. 수컷은 가슴옆에만 흑갈색 무늬가 돌출되어 보인다. 여름깃은 중앙꼬리깃이 길게 돌출되어 숟가락과 같은 모양이다. 겨울깃은 머리와 가슴에 흑갈색 무늬가 섞여 있으며 꼬리가 짧다. 날 때 보이는 날개 위·아랫면의 첫째날개깃 기부가 흰색이다. 부리 기부는 흐린 살구색이며 끝은 검은색이다.

어린새 북극도둑갈매기와 매우 비슷하지만 황갈색이 적으며 흑갈색이 강하다. 날 때 첫째날개깃 아랫면에 초승달 모양 흰 반점이 2개로 보인다. 허리와 아래꼬리덮깃 주변으로 줄무늬가 뚜렷하다. 부리 기부는 살구색 또는 청회색이며 비교적 먼 거리에서도 뚜렷하게 보인다.

닮은종 **북극도둑갈매기** 체형이 약간 가냘프다. 부리는 가늘고 짧으며 전체적으로 검은색으로 보인다. 머리가 작다. 어린새는 날개아랫면에 초승달 모양 흰 반점이 1개가 보인다.

성조. 2007.5.24. 베링해. jomilo75 ⓒⓒ BY-2.0

성조. 2016.9.24. 인천 옹진 소청도 해상 © 진경순

2007.6.23. 미국 노스캐롤라이나. Patrick Coin ⓒⓒ BY-SA-2.5

어린새. 2015.10.16. 인천 옹진 소청도 해상

북극도둑갈매기

Stercorarius parasiticus Parasitic Jaeger / Arctic Skua L37~48cm

서식 유라시아대륙과 북미 북부에서 번식하고, 비번식기에는 남으로 이동한다. 국내에서는 적은 수가 먼 바다를 통과하는 나그네새다. 9월 초순에서 10월 하순 사이에 관찰 기록이 집중된다. 육지에서 멀리 떨어진 해상으로 이동해 관찰이 쉽지 않다.

행동 먼 바다에서 생활하며 다른 도둑갈매기와 달리 먹이를 도둑질하기보다는 스스로 잡아먹는 경우가 많다.

특징 담색형과 암색형이 있다. 넓적꼬리도둑갈매기와 비슷하지만 크기가 작고 머리의 검은 부분이 더 적다. 부리는 가늘고 짧다.

담색형 몸윗면은 흑갈색이다. 이마에서 정수리까지 검은색이며 뒷목, 뺨, 멱 부분은 흰색 또는 연한 노란색이다. 몸아랫면은 흰색이며 가슴에 연한 흑갈색 띠가 있는 경우가 많다. 중앙꼬리깃이 뾰족하고 길게 돌출된다. 부리는 검은색이다. 부리 기부 주변으로 밝은 색을 띤다. 몸 바깥쪽 첫째날개깃 3~6장의 깃축이 흰색이다(긴꼬리도둑갈매기보다 흰색이 훨씬 뚜렷하다). 날 때 날개아랫면 첫째날개깃 기부에 작은 흰색 무늬가 뚜렷하게 보인다.

어린새 중간형과 암색형이 있다. 날 때 첫째날개깃 기부에 흰 반점이 1개 드러난다. 중앙꼬리깃은 약간 뾰족하게 돌출된다. 중간형의 몸윗면은 흑갈색이며 날개덮깃을 비롯한 깃 끝은 황갈색이다. 머리는 황갈색이며 흐린 흑갈색 줄무늬가 있다. 뒷목은 녹슨 듯한 황갈색이다. 몸아랫면은 흑갈색과 황갈색 줄무늬가 흩어져 있다. 허리와 위꼬리덮깃은 녹슨 듯한 황갈색이다. 암색형은 넓적꼬리도둑갈매기와 비슷하지만 부리가 가늘고 짧으며 아래꼬리덮깃에 줄무늬가 거의 없다.

성조. 2016.9.25. 인천 옹진 소청도 해상

2009.9.26. 인천 옹진 소청도 인근 © 심규식

어린새. 2020.10.9. 인천 옹진 소청도 해상

어린새. 2016.9.25. 인천 옹진 소청도 해상

큰부리바다오리

Uria lomvia Thick-billed Murre / Brunnich's Guillemot L40~44cm

서식 북미대륙, 그린란드, 유럽 북부, 러시아 북부의 북극권 일대 해안 절벽 및 도서에서 번식하고 북태평양, 북대서양에서 월동한다. 지리적으로 4아종으로 나눈다. 국내에서는 대부분 동해 먼 바다에서 월동하는 드문 겨울철새다. 11월 초순에 도래하며, 3월 하순까지 관찰된다.

행동 바다오리와 매우 비슷하며, 대부분 먼 바다에서 생활한다.

특징 몸윗면의 색은 바다오리보다 진하다. 부리가 바다오리보다 굵고 길이가 짧다. 윗부리 기부가 옅은 녹황색이다(먼 거리에서 흰 선으로 보인다). 윗부리가 바다오리보다 뚜렷하게 아래로 구부러졌다. 정면에서 보았을 때 가슴의 흰 부분이 목 쪽으로 뾰족하게 확장되었다. 둘째날개깃 끝을 따라 흰색이다(앉아 있을 때 날개에 흰 선이 드러난다).

겨울깃 멱은 흰색이며, 옆목의 흰색은 뒷목과 눈 뒤까지 다다르지 않는다.

1회 겨울깃 성조 겨울깃과 매우 비슷하지만 부리가 짧고 작다.

실태 2006년 1월 21일 강원 고성 대진항에서 그물에 걸린 사체 2점을 수거한 것이 첫 기록이다. 이후 선박 조사를 통해 정기적으로 도래하는 겨울철새라는 것이 확인되었다. 월동 중 잠수해 먹이를 찾는 과정에서 어망에 걸려 죽는 개체가 많다.

여름깃으로 깃털갈이. 2009.1.17. 강원 고성 거진

여름깃으로 깃털갈이. 2010.1.10. 강원 고성 거진

겨울깃. 2010.1.10. 강원 고성 거진 해상

겨울깃. 2014.1.18. 강원 고성 거진 © 김준철

바다오리 *Uria aalge* Common Murre / Common Guillemot L38~43cm

서식 북태평양과 북대서양 연안에서 번식하고, 겨울철에는 약간 남쪽으로 이동해 월동한다. 지리적으로 5아종으로 나눈다. 북한의 일부 무인도 바위 절벽에서 번식하며 남한에서는 드물게 동해 먼 바다에서 월동하는 겨울철새다. 11월 초순에 도래하며, 3월 하순까지 관찰된다.

행동 먼 바다에서 먹이를 찾으며 단독 또는 몇 마리가 무리를 이루어 먹이활동을 한다. 빠른 날갯짓으로 수면을 스치듯 낮게 비행한다.

특징 큰부리바다오리와 매우 비슷하지만 부리 형태가 다르다. 머리, 목, 몸윗면이 흑갈색으로 보이며 몸아랫면은 흰색이다(먼 거리에서 몸윗면은 검은색으로 보인다). 둘째날개깃 끝이 흰색이다(앉아 있을 때 등 쪽에 흰 줄이 보인다).

겨울깃 얼굴 아랫부분과 몸아랫면이 흰색이며 몸윗면은 흑갈색이다. 얼굴 뒤 아래쪽으로 검은 선이 그어져 있다. 날 때 날개아랫면이 흰색이며, 겨드랑이 부분에 검은색 얼룩이 있다. 비교적 빠른 시기(12월부터 2월 사이)에 여름깃으로 깃털갈이 한다.

1회 겨울깃 성조 겨울깃과 매우 비슷해 구별이 어렵다. 옆목의 흰색이 눈 뒤까지 다다른다. 뒷목의 검은색이 성조보다 폭 좁다.

닮은종 **큰부리바다오리** 부리가 짧고 두툼하다. 몸윗면이 검은색으로 보인다. 겨울깃은 멱이 흰색이며, 눈 뒤와 옆목 뒤쪽으로 검은색이다(바다오리와 달리 얼굴 뒤 아래쪽으로 검은 선이 없다). 윗부리 기부가 폭 좁은 흰색이다. 1회 겨울깃의 부리 길이는 성조보다 뚜렷하게 짧다.

여름깃. 2013.2.3. 강원 고성 거진 © 진경순

1회 겨울깃. 2013.2.3. 강원 고성 거진 © 진경순

1회 겨울깃. 2008.1.27. 강원 고성 거진

무리. 2013.2.3. 강원 고성 거진 © 김준철

흰눈썹바다오리 *Cepphus carbo* Spectacled Guillemot L37~40cm

서식 오호츠크해 연안, 사할린, 쿠릴열도, 북한 등지에서 번식하고, 겨울에는 약간 남쪽으로 이동한다. 북한의 함북 난도와 강원 통천 국섬에서 번식한다. 동해 먼 바다에서 적지 않은 수가 월동하는 겨울철새다. 11월 초순에 도래하며, 3월 하순까지 관찰된다.

행동 먼 바다에서 단독 또는 여러 마리가 일정한 간격을 두고 먹이를 찾는다. 잠수해 어류, 연체동물을 잡으며 무리를 이루어 수면에서 쉰다. 무인도의 바위 절벽에서 번식하며 한배에 알을 2~3개 낳는다.

특징 부리는 검은색이며 약간 가늘고 길다. 다리가 붉은색이다.

여름깃 전체적으로 검은색이다. 눈 주위에 원형으로 흰 무늬가 있으며 눈 뒤로 점차 가늘어진다. 다리는 붉은색이다. 부리 기부 쪽으로 흰색 깃이 있다.

겨울깃 눈 주위의 흰 무늬는 여름깃보다 폭이 좁다. 부리 기부 쪽으로 흰색 깃이 거의 없다. 멱, 옆목, 몸아랫면은 흰색으로 바뀐다. 날 때 꼬리 뒤로 붉은색 발이 돌출된다. 한 겨울에 여름깃으로 깃털갈이 한다.

여름깃. 2011.3.1. 강원 고성 거진 © 진경순

겨울깃. 2010.1.10. 강원 고성 거진 먼바다

여름깃. 2011.3.6. 강원 고성 거진 © 김준철

여름깃으로 깃털갈이 중. 2011.3.1. 강원 고성 거진 © 진경순

흰수염바다오리 *Cerorhinca monocerata* Rhinoceros Auklet L32~38cm

서식 사할린, 쿠릴열도, 알류산열도, 알래스카, 북미 서부 해안에서 번식하고, 중국 동부 연안, 한국, 일본, 미국 서부 해상에서 월동한다. 국내에서는 동해 먼 바다에서 드물지 않게 월동하지만 해안가에서는 좀처럼 보기 힘들다. 북한은 함북 선봉 알섬, 평북 납도, 평남 덕도 등지에서 번식한다. 11월 초순에 도래하며, 3월 하순까지 관찰된다.

행동 먼 바다에서 먹이를 찾지만 간혹 다른 바다오리류와 섞여 해안 근처까지 들어오는 경우도 있다. 먹이를 찾아 이동할 때 보통 큰 무리를 이루어 해상 위를 빠르게 난다. 보통 작은 무리 또는 여러 마리가 상당한 거리를 두고 잠수해 먹이를 찾는다. 바다오리, 흰눈썹바다오리와 달리 무인도의 경사진 초지의 풀뿌리 밑에 둥지를 틀고 알을 1개 낳는다.

특징 배를 제외하고 전체적으로 검은색이다. 육중한 부리는 등색이며 윗부리에 혹처럼 돌출된 부분이 있다. 눈 아래위로 흰 수염 같은 가는 깃이 길게 돌출되었다.

겨울깃 부리 위 돌출 부분이 작아지며 얼굴의 흰 수염도 거의 없어진다. 날 때 배와 아랫꼬리 부분의 흰색을 제외하고 전체적으로 검은색으로 보이며 부리가 육중해 보인다. 한 겨울에 여름깃으로 깃털갈이 한다.

성조. 2009.2.14. 경북 포항 © 양현숙

성조. 2009.3.1. 강원 고성 거진 해상

무리 이동. 2009.12.13. 강원 고성 거진 해상 © 김준철

뿔쇠오리 *Synthliboramphus wumizusume* Crested Murrelet L24~26cm

서식 일본 혼슈, 규슈, 이즈제도, 러시아 극동, 한국 서해와 남해 그리고 동해 먼 바다에 위치한 무인도에서 적은 수가 번식하고, 주변 해상에서 월동한다.

행동 육지에서 멀리 떨어진 무인도서에서 집단으로 번식한다. 암석과 암석 사이 틈 또는 밀사초 군락의 경우 땅에 구멍을 파거나 바다제비의 낡은 구멍을 둥지로 이용한다. 번식 시기는 번식지에 따라 차이가 있으며 보통 3월 하순부터 6월 초순 사이에 번식한다. 한배에 알을 2개 낳으며 암수가 함께 31~32일간 품는다. 겨울에는 먼 바다에서 생활하는 경우가 많아 바닷가에서 보기 힘들다. 국내 해상에서 겨울철 관찰 기록은 거의 없다.

특징 얼굴, 옆목, 정수리가 검은색이며 뒷머리가 흰색이다. 머리에 검은색 뿔깃이 있다. 몸윗면은 회흑색이며 몸아랫면은 흰색이다. 부리는 청회색이다.

겨울깃 뒷머리의 뿔깃이 작아진다. 눈앞, 턱밑, 멱이 흰색으로 바뀐다.

실태 천연기념물이며 멸종위기 야생생물 II급이다. 세계자연보전연맹 적색자료목록에 취약종(VU)으로 분류된 국제보호조다. 일본의 일부 무인도서와 전남 신안 구굴도와 백도, 제주도에 딸린 섬, 경북 독도 등지에서 번식한다. 지구상 생존 개체수는 5,200~9,400으로 추정된다. 번식지에서 쥐에 의한 알 포식, 낚시 행위에 의한 간섭, 유자망 그물에 의한 성조 치사, 바다에 버려진 폐유에 의한 기름 오염사 등 복합적인 요인으로 인해 개체수가 감소하고 있다.

여름깃. 2012.5.10. 전남 신안 구굴도 © 박창욱

여름깃. 2012.4.28. 전남 신안 구굴도 © 박창욱

여름깃. 2016.5.18. 전남 여수 백도 인근 © 박창욱

새끼. 2012.5.6. 전남 신안 구굴도 © 박창욱

바다쇠오리 *Synthliboramphus antiquus* Ancient Murrelet L24~27.5cm

서식 쿠릴열도, 사할린, 연해주, 알류산열도, 알래스카 남부, 한국, 일본에서 번식하고, 주변 해상 또는 동해안, 서해안, 남해안에서 월동한다. 지리적으로 2아종으로 나눈다. 국지적으로 다소 흔하게 번식하는 여름철새이며, 흔한 겨울철새다.

행동 해상에서 보통 큰 무리를 이루어 먹이를 찾는다. 잠수해 작은 어류를 잡아먹는다. 구굴도, 칠발도 등지에서 많은 수가 집단번식하며 그 밖에 거제도, 백령도 주변의 무인도에서 번식하는 것으로 알려졌다. 풀뿌리 밑과 돌틈 사이에 알을 낳는다. 번식기는 2월 하순에서 5월 초순까지이며, 한배에 알을 2개 낳고 암수가 함께 31~32일간 품는다.

특징 부리는 가늘고 살구색이며 기부가 검은색이다. 몸윗면은 회갈색이며 몸아랫면은 흰색이다. 머리는 검은색이며 눈 위 뒤쪽으로 가는 흰색 깃털이 있다. 뒷목과 멱은 검은색이며 옆목이 흰색이다.

겨울깃 여름깃과 비슷하지만 눈 뒤에 흰 선이 매우 가늘어져 거의 없어지며, 멱은 옅은 검은색이다.

어린새 성조 겨울깃과 매우 비슷하지만 눈 뒤에 흰 선이 없다. 멱은 거의 흰색으로 보인다.

실태 번식지에서 쥐에 의한 알 포식, 월동 중에 잠수해 먹이를 찾는 과정에서 해상에 설치된 어망에 걸려 치사하거나 해상에 버려진 폐유에 의한 기름 오염사 등 복합적인 요인으로 인해 개체수가 빠르게 감소하고 있다.

닮은종 **뿔쇠오리** 바다쇠오리와 매우 비슷하지만 뒷머리가 흰색이며 검은색 뿔깃이 있다. 부리가 약간 가늘고 길며 청회색이다.

여름깃. 2010.4.25. 전남 신안 구굴도 © 고경남

겨울깃. 2009.2.15. 경북 포항 영일만 © 김준철

무리. 2011.3.6. 강원 고성 거진 해상 © 진경순

새끼. 2012.4.13. 전남 신안 구굴도 © 박창욱

바다오리과 Alcidae

알락쇠오리 *Brachyramphus perdix* Long-billed Murrelet L28~29.5cm

서식 캄차카, 쿠릴열도, 북아메리카 연안에서 번식하고, 북태평양에서 월동한다. 국내에서는 매우 드물게 월동한다. 11월 초순에 도래하며, 3월 하순까지 관찰된다.

행동 먼 바다에서 생활하며 단독 또는 바다쇠오리 무리에 섞이는 경우가 많다. 주로 어류를 잡아먹는다. 대체로 바다오리류는 해안 절벽에 집단으로 둥지를 틀지만, 이 종은 이끼나 지의류로 덮인 침엽수의 나뭇가지에 둥지를 튼다(드물게 내륙의 땅 위에도 튼다).

특징 부리는 바다쇠오리보다 뚜렷이 가늘고 길다. Marbled Murrelet와 비슷하지만 부리가 약간 뭉툭하고 길다.

여름깃 몸윗면은 전체적으로 흑갈색이며 몸아랫면은 흰색과 갈색 무늬가 섞여 있다.

겨울깃 몸윗면은 전체적으로 흑갈색이며, 몸아랫면은 흰색이다. 눈 뒤쪽으로 옆목에 폭 넓은 흰색 무늬가 없는 균일한 흑갈색이다(뒷목은 흑갈색). 어깨에 길쭉한 흰 무늬가 있다. 날개를 약간 늘어뜨리면 옆구리 위의 등면(허리 양쪽 가장자리)에 뚜렷한 흰 무늬가 보인다. 흰색 눈테는 가까운 거리에서만 보인다.

실태 세계자연보전연맹 적색자료목록에 준위협종(NT)으로 분류된 국제보호조다. 러시아 번식 집단은 100,000쌍 이하로 추정된다. 과거 북아메리카에 분포하는 Marbled Murrelet (*B. marmoratus*)의 아종으로 취급했으나 현재 별개의 종으로 분류한다.

닮은종 **Marbled Murrelet (*B. marmoratus*)** 부리가 짧다. 옆목의 흰색은 뒷목까지 확장될 정도로 폭이 넓다(뒷목 중앙부만 흑갈색이다). 눈밑으로 폭 넓은 검은색이다.

겨울깃. 2009.1.17. 강원 고성 거진 해상

겨울깃. 2009.1.17. 강원 고성 거진 해상

겨울깃. 2005.1.10. 강원 강릉 사천항 ⓒ 곽호경

겨울깃. 2009.1.17. 강원 고성 거진 해상

작은바다오리 *Aethia pusilla* Least Auklet L15cm

서식 알래스카 연안, 알류샨열도, 캄차카, 쿠릴열도에서 번식하고, 북태평양에서 월동한다. 국내에서는 동해 먼 바다에서 월동하는 매우 희귀한 겨울철새이며, 앞 바다에서 확인하기 어렵다. 11월 초순에 도래하며, 3월 하순까지 관찰된다.

행동 먼 바다에서 무리를 이루어 생활하는 경우가 많다. 국내 월동 개체는 대부분 단독 또는 몇 개체가 함께 먹이를 찾는 경우가 많다. 잠수해 연체동물, 갑각류, 작은 어류를 잡는다.

특징 바다오리류 중 가장 작다. 부리가 짧고 뭉툭하며 부리 끝은 엷은 붉은색이고 나머지는 검은색이다.

여름깃 눈앞에 가늘고 흰 깃이 여러 가닥 있으며 눈 뒤로 흰색 줄무늬가 1열 있다. 멱이 흰색이다. 몸아랫면은 흰색이며 가슴과 옆구리에는 검은 무늬가 불규칙하게 있다.

겨울깃 홍채는 엷은 노란색이며 눈 앞뒤로 매우 작은 흰색 무늬가 보인다. 등면은 검은색이며 어깨깃에 폭 넓은 흰색 띠가 뚜렷하다. 날개는 짧으며 폭이 좁다. 꼬리는 매우 짧아 거의 없는 듯하다. 몸아랫면은 흰색이며 다리는 검은 빛이 도는 분홍색이다.

닮은종 **알락쇠오리** 크기가 더 크며 부리가 길다. 홍채는 검은색이다.

겨울깃. 2011.3.1. 강원 고성 거진 © 김준철

겨울깃. 2011.3.1. 강원 고성 거진 © 진경순

겨울깃. 2011.3.1. 강원 고성 거진 © 진경순

겨울깃 표본. 2003.1. 경북 포항

사막꿩과 Pteroclidae

사막꿩 *Syrrhaptes paradoxus* Pallas's Sandgrouse L28~40cm

서식 카스피해에서 고비사막 동쪽까지 중앙아시아의 사막과 반사막 지역에 분포한다. 국내에서는 1908년 3월 또는 4월에 한강하류에서 2개체가 채집되었으며, 1947년 11월 14일 서울 마포 당인리에서 채집된 오래된 기록만 있는 미조다. 북한에서는 1991년 10월 5일 서해갑문 기슭에서 12개체가 관찰된 기록이 있다.

행동 사막, 키 작은 풀이 자라는 초지, 개활지에서 서식하며 주로 풀씨를 먹는다. 날 때 날갯짓이 빠르고 직선으로 난다.

특징 몸에 비해 다리가 짧다. 가운데 꼬리깃은 길고 뾰족하다. 다리는 흰색 깃으로 덮여 있다. 날개가 길고 끝이 뾰족하다.

수컷 얼굴과 멱은 등갈색, 뒷목, 가슴은 회색, 몸윗면은 황갈색에 검은 반점이 흩어져 있다.

암컷 옆목과 뒷목에 가는 검은색 반점이 흩어져 있다. 날개덮깃에 검은 반점이 많다.

수컷. 2011.6.3. 몽골 바양작 © 곽호경

암컷. 2011.6.12. 몽골 바양작 © 곽호경

비둘기과 Columbidae

낭비둘기 / 굴비둘기 *Columba rupestris* Hill Pigeon L33cm

서식 시베리아 중부와 동남부, 티벳 동부, 쓰촨성 서부, 몽골, 중국 북부, 한국에서 서식한다. 2아종으로 나눈다. 국내에서는 적은 수가 남해 도서지방에서 서식하며, 극소수가 내륙 사찰(구례 천은사)에서 서식하는 매우 드문 텃새다.

행동 사찰 현판 뒤 또는 처마 밑 빈 공간, 오목한 바위 절벽 틈, 다리 교각에 둥지를 튼다. 무리를 이루어 농경지에 앉아 낟알을 먹고 풀씨도 즐겨 먹는다. 멧비둘기보다 뚜렷하게 빠른 걸음으로 움직이며 먹이를 찾는다. 번식기는 5~6월이며 번식생태는 잘 알려지지 않았다. 흰색 알을 2개 낳으며 17~18일 동안 품고, 육추기간은 17~19일이다.

특징 집비둘기와 비슷하지만 허리가 흰색이다. 꼬리는 회색이며 중간 지점에 폭 넓은 흰색 띠가 있고, 꼬리 끝은 검은색이다. 큰날개덮깃 기부가 폭 넓은 검은색이며, 둘째날개깃 끝과 셋째날개깃 기부가 검은색으로 날개깃에 뚜렷한 검은 줄무늬 2개가 있다.

어린새 등과 날개덮깃 끝은 색이 연하며 비늘무늬를 이룬다. 윗부리 기부는 살구색이다.

실태 멸종위기 야생생물 II급이다. 개체수가 빠르게 감소해 멸종 위기에 놓여 있다. 국내 서식 개체수는 대략 100 미만으로 파악되고 있다. 내륙에서는 전남 구례 화엄사와 천은사 및 그 인근 지역, 경기 연천 일대에서 번식하는 집단 외에는 확인되지 않고 있다. 속리산 법주사, 임진각 등 내륙의 번식 무리는 자취를 감춘 지 오래되었다. 사찰 번식 개체는 배설물로 인해 성가신 존재로 인식되며 집비둘기로 오해받기도 하고, 집비둘기와 교잡이 일어나는 등 생존 자체가 위태로운 처지에 놓여 있다. 적어도 1995년까지 30여 개체가 서식했던 청산도를 비롯해 도서 지역의 집단도 거의 사라졌다. 전남 고흥 거금도 등 극히 일부 도서지역에서 적은 수가 번식한다. 집비둘기와 전혀 다른 종이지만 양비둘기로 불리어 외래종으로 잘못 인식되기도 한다. 도심 공원에서 사는 집비둘기(*Columba livia var. domestica*)는 Rock Dove (*Columba livia*)가 선조이다.

성조. 2011.5.6. 전남 구례 천은사

성조. 2011.5.6. 전남 구례 천은사

어린새. 2011.5.6. 전남 구례 천은사

성조. 2011.5.6. 전남 구례 천은사

먹이 활동. 2014.8.25. 전남 고흥 거금도

비교. **집비둘기 Feral Pigeon**. 2008.5.4. 전남 광주

분홍가슴비둘기 *Columba oenas* Stock Dove L33cm

서식 아프리카 서북부, 유럽, 러시아 남서부, 카자흐스탄, 중국 신장 지역에 서식한다. 국내에서는 1998년 2월 12일 경기 파주 문산읍 마정리에서 2개체, 1999년 11월 19일 전남 해남에서 6개체가 관찰되었을 뿐이다.

행동 농경지, 초지, 저지대의 산림 가장자리에 서식한다.

특징 집비둘기와 비슷하다. 옆목에 녹색 광택이 있다. 멱 아래에서 가슴까지 광택이 없는 분홍색이다. 날개깃에 짧고 검은 줄무늬가 2열 있다. 날 때 첫째날개덮깃과 큰날개덮깃이 회색으로 보이며, 날개깃 가장자리는 검은색이다. 허리는 회색이며 꼬리 끝에는 넓은 검은색 띠가 있다. 눈은 어두운 갈색, 부리는 작고 분홍색이며 끝으로 갈수록 흐린 노란색이다.

아종 2아종으로 나눈다. 국내에 도래한 아종은 장거리를 이동하는 *oenas*로 판단되며 이 아종은 아프리카 서북부, 유럽에서 이란 북부, 카자흐스탄 북부, 서남 시베리아에 폭넓게 분포한다. 아종 *yarkandensis*는 투르크메니스탄 서남부에서 중국 신장 서남부 지역의 제한된 지역에 분포한다. 아종 *oenas*보다 머리, 허리, 몸아랫면의 색이 연하고, 몸이 더 크다.

닮은종 **집비둘기** 보통 부리는 검은색이며, 눈은 밝은 갈색 또는 적갈색이다. 부리의 흰색 납막이 더 크다. 날개덮깃의 검은 줄무늬가 폭 넓고 길다.

성조. 2009.6.16. 몽골 하르호린

성조. 2009.6.16. 몽골 하르호린

성조. 2009.6.16. 몽골 하르호린 © 이상일

성조. 2009.6.16. 몽골 하르호린

흑비둘기 *Columba janthina* Japanese Wood Pigeon L42~44cm

서식 한국과 일본의 도서지방, 중국 산둥반도의 제한된 지역에 국지적으로 번식한다. 지리적으로 3아종으로 나눈다. 국내에서는 주로 서·남해, 울릉도 등 도서 지역에서 번식하는 텃새 또는 여름철새다.

행동 거목이 자생하는 울창한 상록활엽수림을 선호한다. 후박나무, 누리장나무, 마가목의 열매를 즐겨 먹으며 잣나무 열매도 먹는다. 대부분 수관층에서 먹이를 찾으며 지상으로 내려오는 경우는 드물다. 비둘기류는 흰색 알을 2개 낳는데 이 종은 흰색 알을 1개 낳는다. 산란기는 3월 초순부터 4월 하순이다. 포란기간은 18일이며, 수컷이 암컷에 비해 길게 포란하고, 야간에는 수컷만이 포란하는 것으로 보인다. 육추기간은 평균 30일이다.

특징 국내에 서식하는 비둘기 중 체구가 가장 크다. 전체적으로 검은색으로 보이며 녹색과 보라색 광택이 있다. 부리는 검은색으로 보이며 다리는 붉은색이다.

실태 세계자연보전연맹 적색자료목록에 준위협종(NT)으로 분류된 국제보호조다. 천연기념물이며 멸종위기 야생생물 II급이다. 경북 울릉도 남면 사동의 흑비둘기 서식지는 천연기념물로 지정되어 있다. 국내에서는 울릉도, 제주도, 흑산도, 가거도, 관매도 등 후박나무, 마가목 같은 나무 열매가 풍부한 일부 지역에서 번식한다. 연중 머무는 텃새도 있지만 계절에 따라 이동하는 집단도 있다. 강원 강릉에서 관찰되는(6월 초) 등 간혹 예외적으로 내륙에서도 확인된다.

성조. 2008.5.3. 경북 울릉 저동

성조. 2009.8.5. 경북 울릉 도동 © 김준철

성조. 2008.5.3. 경북 울릉 저동

어린새. 2010.8.29. 경북 울릉 © 이상일

멧비둘기 *Streptopelia orientalis* Oriental Turtle Dove L31~34cm

서식 우랄산맥 남쪽에서 동쪽으로 사할린까지, 중국, 대만, 한국, 일본, 인도, 인도차이나반도에서 서식한다. 지리적으로 5아종으로 나눈다. 국내에서는 매우 흔한 텃새이며, 적지 않은 수가 봄·가을 이동하는 나그네새다.

행동 산림에서 휴식을 취하다가 작은 무리를 이루어 인가 주변, 농경지, 초지로 내려와 나무 열매, 씨앗 등을 먹는다. 둥지는 주로 소나무 가지에 나뭇가지 몇 가닥으로 엉성하게 튼다. 흰색 알을 2개 낳고, 16일간 품는다. 번식기 구애행동으로 날개를 들어 올리고 활공하는 모습이 맹금류의 나는 모습과 비슷하다. 번식은 이른 봄부터 시작하며 보통 연 2회 이상 산란한다. 겨울철에는 무리를 이루어 수확이 끝난 들녘에서 먹이를 찾는다.

특징 옆목에 청회색 및 검은 줄무늬가 있다. 몸 안쪽의 날개덮깃과 셋째날개깃 가장자리는 폭 넓은 적갈색이다. 몸 바깥쪽 큰날개덮깃은 회갈색이며, 작은날개덮깃 가장자리는 엷은 적갈색이다. 꼬리는 회흑색이며 끝은 회백색이다. 몸아랫면은 회갈색에 황갈색 기운이 있다.

어린새 옆목에 어두운 줄무늬가 거의 없다. 몸윗면의 깃 가장자리는 색이 엷어 성조보다 적갈색이 적고 전체적으로 어두운 흑갈색이 많아 보인다.

성조. 2014.1.4. 경남 창녕 우포

어린새. 2014.5.2. 경기 파주 교하

성조. 2011.1.9. 경기 파주

성조. 2011.1.2. 경기 파주 금릉

염주비둘기 *Streptopelia decaocto* Eurasian Collared Dove L32.5cm

서식 유럽에서 러시아 서부까지, 중동, 인도, 네팔, 중국 서남부와 동부에 서식한다. 지리적으로 2아종으로 나눈다. 국내에서는 한때 전국에 분포했다는 기록이 있으나 오늘날 매우 희귀하고 불규칙하게 도래해 관찰하기 어렵다.

행동 보통 단독으로 생활하는 경우가 많다. 촌락 근처의 잡목림, 솔밭, 농경지에 서식한다. 둥지는 인가 주변의 소나무, 대나무에 마른 나뭇가지를 쌓아올려 좁은 접시 모양으로 튼다. 산란기는 3월에서 7월까지이고, 한배 산란수는 2개다. 포란기간은 14~16일이며, 새끼는 부화 후 15~17일이 지나 둥지를 떠난다.

특징 홍비둘기 암컷과 비슷하지만 보다 크고 꼬리가 길다. 전체적으로 엷은 회갈색이며 옆목에서 뒷목까지 검은 줄무늬가 뚜렷하다. 눈테는 흰색 또는 엷은 노란색이다. 홍채는 붉은색이며 부리는 검은색이다. 다리는 분홍색, 날 때 첫째날개깃이 검은색으로 보이며 둘째날개깃은 색이 엷다. 아래꼬리덮깃은 회색으로 배의 흰색과 확연히 구분된다.

실태 사육종인 Ringed Turtle Dove (*Streptopelia risoria*)는 염주비둘기에 비해 몸집이 다소 작고, 꼬리가 짧으며, 첫째날개깃 색이 엷다. 아래꼬리덮깃은 흰색이다. 본 품종은 아프리카가 원산인 African Collared-Dove (*S. roseogrisea*)를 가축화해 개량된 품종으로 가장 흔히 사육되며 빈번하게 탈출해 야외에서 염주비둘기로 오인받기도 한다.

닮은종 **홍비둘기 암컷** 몸이 작다. 홍채와 다리가 검은색, 꼬리가 짧다.

성조. 2009.11.29. 강원 철원 © 곽호경

성조. 2009.11.29. 강원 철원 © 이상일

성조. 2014.11.16. 강원 삼척 부남리

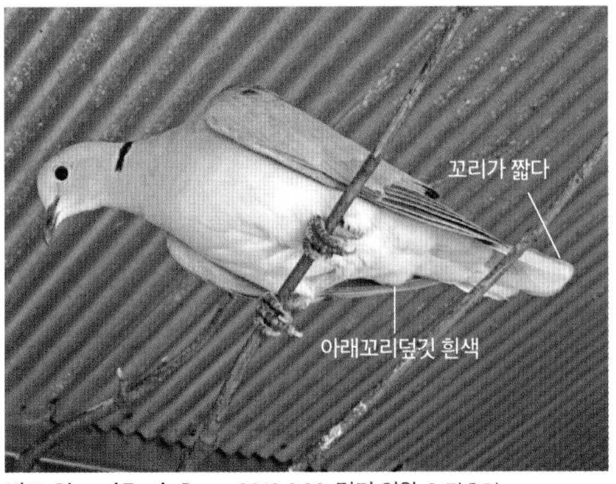

비교. **Ringed Turtle Dove**. 2013.6.26. 경기 의왕 © 곽호경

홍비둘기 *Streptopelia tranquebarica* Red Collared Dove L22.5cm

서식 티베트, 인도, 중국 인도차이나반도, 대만, 필리핀 등지에 분포한다. 지리적으로 2아종으로 나눈다. 국내에서는 봄·가을 이동시기에 불규칙하게 도래하는 매우 드문 나그네새다. 제주도, 가거도, 홍도, 흑산도, 어청도, 소청도 등 서해, 남해 도서지방에서 관찰되며 내륙에서는 거의 관찰되지 않는다. 봄철에는 주로 4월 중순에서 5월 초순까지, 가을철에는 10월 초순에서 하순 사이에 관찰된다.

행동 산림 가장자리, 특히 촌락의 농경지에서 생활한다. 일정한 채식 장소에 같은 시간대에 나타나 낟알, 식물의 종자를 먹으며 나무 위나 전깃줄에서 쉰다. 경계심이 비교적 강하다.

특징 소형 비둘기다. 홍채, 부리, 다리가 검은색이다. 날개깃은 흑갈색이다. 옆목에서 뒷목을 휘도는 검은 줄무늬가 뚜렷하다.

수컷 전체적으로 붉은 빛이 있는 적갈색이며, 머리, 등, 허리는 청회색이다.

암컷 전체적으로 수컷보다 적갈색 기운이 약해 갈색이다. 머리는 수컷보다 엷은 회색이며, 목의 검은 줄무늬 주변이 회갈색이다. 염주비둘기와 비슷하지만 보다 작고 꼬리가 짧다.

수컷. 2011.5.25. 전남 신안 칠발도 © 고경남

암컷. 2016.5.5. 충남 태안 마도 © 김준철

미성숙 수컷. 2021.5.15. 전북 군산 어청도 © 곽호경

암컷. 2018.5.19. 전남 신안 흑산도

목점박이비둘기 *Spilopelia chinensis* Spotted Dove L30~31cm

서식 파키스탄, 네팔, 부탄, 인도, 스리랑카, 방글라데시, 중국 동부와 중부, 대만, 인도차이나반도, 수마트라, 자바, 보르네오, 필리핀에 서식하며, 셀레베스, 오스트레일리아, 뉴질랜드, 하와이, 미국 서부 지역에 이입되었다. 지리적으로 5아종으로 나눈다. 국내에서는 2006년 5월 23일 전남 신안 홍도에서 1개체가 관찰된 이후 소청도, 흑산도에서 관찰되었다. 국내에 기록된 아종은 미얀마, 중국, 대만에 분포하는 아종 *chinensis*이다.

행동 개방된 숲, 인가 주변의 농경지에 서식한다. 땅 위에서 먹이를 찾으며, 놀랐을 때에는 약간 느린 날갯짓으로 날아올라 나뭇가지에 앉는다.

특징 옆목에서 뒷목까지 폭 넓은 검은색 바탕에 흰색 반점이 흩어져 있다. 검은색 꼬리는 약간 길며, 몸 바깥쪽 꼬리는 폭 넓은 흰색이다. 이마에서 정수리, 눈 주변은 엷은 청회색이며, 몸윗면은 회갈색, 몸 바깥쪽 큰날개덮깃과 익각 부분이 엷은 청회색, 홍채는 등색, 몸아랫면은 포도주 빛을 띠는 분홍색, 아래꼬리덮깃은 엷은 청회색, 부리는 검은색이며 다리는 붉은색이다.

어린새 갈색 기운이 강하다. 목에 흰색 얼룩이 없다. 몸윗면과 가슴깃 가장자리가 엷은 황갈색이다. 몸아랫면의 분홍빛이 약하다.

2006.5.23. 전남 신안 홍도

2006.5.23. 전남 신안 홍도

2020.4.20. 전남 신안 흑산도 © 고정임

2009.5.23. 인천 옹진 소청도 © 이상일

녹색비둘기 *Treron sieboldii* White-bellied Green Pigeon L33cm

서식 중국 남동부, 대만, 베트남 북부, 일본에 분포한다. 지리적으로 4아종으로 나눈다. 국내에서는 도서 지역 또는 해안과 인접한 내륙에 도래하는 희귀한 나그네새이며, 제주도 등 남부지방에서 일부 월동기록이 있다. 칠발도, 태안, 소청도, 독도, 제주도, 거제도, 강진 등지에서 관찰되었다.

행동 보통 무리지어 생활하는 경우가 많은 것으로 알려져 있지만 국내에서는 단독으로 관찰되는 경우가 대부분이다. 해안 근처의 산림에서 서식하며 개방된 환경에 노출되는 경우가 드물다. 초여름부터 가을까지 염분을 섭취하기 위해 바닷가로 이동해 바닷물을 먹기도 한다. 주로 나무 위에서 열매와 새순을 먹지만 간혹 땅 위에서도 채식한다.

특징 머리와 등은 녹색이며 이마, 멱, 가슴은 녹황색 기운이 강하다. 배는 흰색이다. 아래꼬리덮깃은 흰색이며 깃축을 따라 폭 넓은 어두운 녹색 줄무늬가 있다.

수컷 작은날개덮깃이 적갈색이다.

암컷 날개덮깃은 등과 같은 녹색이다.

수컷. 2010.3.13. 전남 강진 © 이대종

암컷. 2015.2.23. 제주 한라수목원 © 박대용

암컷. 2020.3.23. 제주 한라수목원 © 박대용

수컷. 2009.9.30. 전남 신안 칠발도

두견이과의 탁란

두견이과(Cuculidae)는 직접 둥지를 틀지 않고 알을 다른 새 둥지에 위탁하는 특이한 습성이 있으며, 이 같은 행동을 '탁란'이라 한다. 두견이과 조류는 붉은머리오목눈이, 섬휘파람새, 휘파람새, 산솔새, 쇠유리새 등의 둥지에 탁란하며 종에 따라 숙주(두견이과 조류의 알을 돌보는 조류)가 다르다. 뻐꾸기 경우 탁란 시기는 보통 숙주가 2차 번식에 들어가는 5월 하순부터 이루어진다. 숙주의 포란기간은 12~14일이며, 두견이과는 11~12일이다. 두견이과 새끼는 숙주의 알보다 일찍 부화하거나 동시에 부화한다. 갓 부화한 두견이과 새끼는 완전히 벌거벗고 눈도 감긴 상태이지만 부화 후 10~16시간 이내에 둥지에 있는 숙주의 알 또는 새끼를 둥지 밖으로 밀어낸다. 둥지에 홀로 남은 두견이과 새끼는 부화 20~23일 후에 둥지를 떠나며, 약 10일간 숙주로부터 먹이를 받으며 성장한다.

붉은머리오목눈이 둥지 안의 뻐꾸기 알. 2015.6.12. 경북 영주

알을 밀어내는 뻐꾸기 새끼 © 서정화

뻐꾸기 새끼를 기르는 붉은머리오목눈이. 2011.7.23.경기 포천 © 이상일

뻐꾸기 새끼를 기르는 딱새. 2010.7.11. 강원 강릉 © 변종관

휘파람새 둥지속 뻐꾸기 새끼. 2008.8.4. 강원 원주

산솔새 둥지속 벙어리뻐꾸기 새끼. 경기 하남 © 서정화

두견이과 Cuculidae

밤색날개뻐꾸기 *Clamator coromandus* Chestnut-winged Cuckoo L46cm

서식 인도, 네팔, 중국 남부, 동남아시아에서 번식하고, 북방의 개체는 겨울에 필리핀, 대순다열도에서 월동한다. 국내에서는 1994년 4월 제주도 서귀포에서 처음 관찰된 이후 경기 양평 양수리, 제주도, 마라도, 충남 태안 신진도, 전남 신안 흑산도 등지에서 관찰된 미조다.

행동 잡목림, 덤불숲 내부, 숲 가장자리에 서식한다. 나뭇가지 또는 지면 가까이에서 조용히 움직이며, 큰 성충, 유충, 거미 등을 잡아먹는다. 원 서식지에서는 Lesser Necklaced Laughingthrush (*Garrulax monileger*) 둥지에 탁란한다.

특징 머리는 검은색이고 깃은 광택이 돌며 길다. 옆목에서 뒷목까지 폭 좁은 흰 줄무늬가 있다. 날개는 밤색이다. 몸윗면은 푸른색 광택이 있는 검은색이다. 멱에서 가슴까지 등갈색이다. 가슴과 배는 흰색이며 아랫배는 회색이다. 꼬리는 길고 검으며, 아래꼬리덮깃은 검은색이다. 홍채는 어두운 붉은색이다.

어린새 머리에 돌출된 깃이 짧다. 몸윗면의 깃 끝은 엷은 황갈색 또는 갈색이다. 아랫배를 제외하고 몸아랫면은 균일한 흰색이다.

성조. 2011.5.19. 충남 태안 신진도 © 김신환

성조. 2011.5.22. 충남 태안 신진도 © 백정석

두견이과 Cuculidae

매사촌 *Hierococcyx hyperythrus* Rufous Hawk Cuckoo L32cm

서식 중국 동북부, 러시아 극동, 한국, 일본에서 번식하고, 중국 남부, 필리핀, 보르네오, 셀레베스 섬에서 월동한다. 국내에서는 국지적으로 번식하는 드문 여름철새다. 5월 초순에 도래하며, 9월 하순까지 남하를 마치는 것으로 판단된다.

행동 쇠유리새와 큰유리새 둥지에 탁란하는 듯하다. 울창한 숲에서 서식하며, 주로 나방의 유충을 먹는다. 날갯짓과 미끄러짐 비행을 번갈아 하며 때때로 울면서 난다(날 때 조롱이와 비슷하게 보인다). 5월부터 밤낮을 가리지 않고 운다. 울음소리는 “츄이 찌- 츄이 찌-” 하는 크고 독특한 소리이며, 끝부분에서 “삐 삐 삐 삐 삐” 하는 빠른 소리를 낸다. 나뭇가지에 앉으며 땅 위로 내려오는 경우는 드물다. 알은 청록색이며 얼룩무늬가 없다.

특징 머리에서 등은 어두운 회색이며, 뒷목에 흰 반점이 있다. 셋째날개깃 중 1개의 깃 끝은 흰색이다. 꼬리는 회색이며, 가느다란 검은색과 주황색 가로 줄무늬가 3~4열 있다. 가슴은 엷은 적갈색이다. 노란색 눈테가 있다. 부리는 흑갈색이며 기부와 끝이 노란색이다. 홍채는 어두운 갈색이다. *nisicolar*와 울음소리가 다르다.

1회 여름깃 몸윗면은 흑갈색이며, 등, 허리, 날개덮깃의 일부 깃 끝은 폭 좁은 적갈색, 몸 안쪽의 셋째날개깃에는 흰 반점이 있다. 몸아랫면에는 엷은 적갈색에 흑갈색 세로 줄무늬가 있다. 날개아랫면에는 검은 줄무늬가 흩어져 있다.

분류 과거 매사촌 Hodgson's Hawk Cuckoo (*Cuculus fugax*)를 3아종(*nisicolar, fugax, hyperythrus*)으로 분류했지만 현재 이들을 별개의 종으로 분류한다. *nisicolar*는 네팔, 히말라야 동부에서 미얀마, 태국, 하이난 등지에서 번식하고, 남쪽으로 수마트라, 자바, 보르네오까지 월동한다. 국내에서는 2020년 9월 28일 제주 마라도에서 처음 관찰되었다. *fugax*는 태국 남부, 말레이시아, 수마트라, 자바, 보르네오에서 서식하는 텃새다. *hyperythrus*는 중국 동북부, 러시아 극동, 한국, 일본에서 번식하고, 중국 남부, 필리핀, 보르네오, 셀레베스 섬에서 월동한다.

성조. 2011.6.18. 경기 광주 남한산성 © 진경순

성조. 2008.5.12. 전남 신안 홍도 © 채승훈

어린새. 2014.7.19. 강원 속초 설악산

1회 여름깃. 2011.6.18. 경기 성남 남한산성 © 백정석

회 여름깃. 2011.6.18. 경기 성남 남한산성 © 백정석

Hodgson's Hawk Cuckoo (*H. nisicolor*). 2022.9.28. 마라도 © 박영진

큰매사촌 *Hierococcyx sparverioides* Large Hawk Cuckoo L40cm

서식 히말라야에서 중국 중부와 동부까지, 동남아시아에서 번식하고, 인도 동부, 대순다열도, 필리핀에서 월동한다. 2아종으로 분류한다. 국내에서는 2007년 5월 19일 인천 옹진 소청도에서 울음소리가 확인된 이후, 소청도, 가거도, 어청도, 외연도 등지에서 확인된 미조다. 주로 4월 하순에서 5월 하순 사이에 확인되었다.

행동 울음소리가 매사촌과 뚜렷하게 구별된다. 개방된 산림 내부 특히 활엽수림에서 서식하며 조용히 움직이는 습성이 있다.

특징 새매와 혼동하기 쉽다. 암수 같은 색, 머리와 얼굴은 회색이며, 몸윗면은 어두운 회갈색이다. 눈테가 노란색이다. 턱밑이 폭 넓은 검은색, 가슴은 폭 넓은 적갈색이다. 목과 가슴에 어두운 세로 줄무늬가 있다. 가슴, 배, 옆구리는 흰색 바탕에 가로 줄무늬가 있다.

어린새 머리는 성조보다 회색이 약하며 불명확한 검은 줄무늬가 스며 있다. 몸윗면은 어두운 적갈색 기운이 강하고 등깃 가장자리 색은 엷으며 적갈색 줄무늬가 흩어져 있다. 뒷목과 옆목이 엷은 적갈색이며 갈색 줄무늬가 흩어져 있다. 매사촌과 달리 뒷목에 흰 반점이 없다. 날개깃은 적갈색과 검은 줄무늬가 반복적으로 이어진다. 몸아랫면은 흰색 바탕에 폭 넓은 반점 또는 줄무늬가 흩어져 있다.

미성숙 개체. 2017.01.09. 베트남 다낭 © 이용상

미성숙 개체. 2017.01.09. 베트남 다낭 © 이용상

우는뻐꾸기 *Cacomantis merulinus* Plaintive Cuckoo L18-23.5cm

서식 인도 북부, 방글라데시, 중국 남부, 동남아시아, 대순다열도, 필리핀, 술라웨시에서 서식한다. 국내에서는 2016년 5월 1일 경남 통영 소매물도에서 암컷 1개체 관찰기록만 있는 미조다.

행동 숲 가장자리, 개방된 산림, 관목, 초원, 농경지, 공원 등 다양한 환경에서 서식한다. 주로 곤충을 잡아먹으며, 홀로 조용히 움직이기 때문에 관찰하기 어렵다.

특징 두견이 적색형과 비슷하지만 크기가 뚜렷하게 작으며, 첫째날개깃이 매우 짧게 튀어나온다.

수컷 머리, 윗등, 멱, 목, 가슴은 옅은 회색. 나머지 몸윗면과 날개깃은 어두운 회갈색. 꼬리깃은 어두운 회갈색(꼬리 아랫면은 검은색이며, 폭이 넓은 흰색 줄무늬가 있다). 가슴 아래부터 아래꼬리덮깃까지는 옅은 적갈색이다. 부리는 검은색, 눈은 붉은색이다. 다리는 오렌지색을 띠는 갈색이다.

암컷 적색형 몸윗면은 옅은 적갈색이며, 검은 줄무늬가 흩어져 있다. 머리는 몸윗면보다 색이 옅다. 불명확한 눈썹선이 있다. 셋째날개깃에 닻 모양 검은 무늬가 있다. 몸아랫면은 윗면보다 색이 옅으며, 두견이와 달리 불명확한 흑색 줄무늬가 흩어져 있다. 부리는 검은색이며 기부는 색이 옅다.

수컷. 2020.1.6. 미얀마 © 이용상

암컷. 2020.1.6. 미얀마 © 이용상

두견이과 Cuculidae

검은등뻐꾸기 *Cuculus micropterus* Indian Cuckoo L32.5cm

서식 러시아 동남부에서 인도까지, 네팔, 중국, 한국에서 번식하고, 동남아시아에서 월동한다. 2아종으로 나눈다. 국내에서는 흔한 여름철새다. 4월 하순에 도래해 번식하고, 9월 중순까지 관찰된다.

행동 울창한 숲에서 울음소리를 내지만 관찰하기 매우 힘들다. 외국에서는 홍때까치, 검은바람까마귀, 대륙검은지빠귀, 긴꼬리딱새, 검은딱새, 물까치 등 매우 다양한 둥지에 탁란하는 것으로 알려졌으며, 국내에서는 물까치 둥지에 탁란한 사례가 있다. 뻐꾸기와 달리 개방된 곳에 거의 나오지 않고 숲속에서 생활한다. 4음절의 우렁찬 소리("허 허 허 허")를 주야간 가리지 않고 낸다.

특징 머리와 목은 뻐꾸기와 비슷한 청회색이지만 몸윗면과 날개는 갈색 기운이 강하다. 꼬리 끝에 폭 넓은 검은 띠가 있다. 가슴은 흰색이며 폭 넓은 검은색 가로 줄무늬가 있다.

암컷 수컷과 거의 같지만 가슴에 적갈색이 흩어져 있다.

어린새 다른 뻐꾸기와 달리 머리와 머리옆에 폭 넓은 황갈색과 흰색 줄무늬 또는 얼룩무늬가 있다. 몸윗면과 날개덮깃은 적갈색이며 깃 가장자리가 폭 넓은 때 묻은 듯한 흰색 또는 담황색이다. 몸아랫면은 흐린 담황색 바탕에 폭이 넓은 검은색 줄무늬가 있다. 가슴에 적갈색이 흩어져 있는 경우가 있다.

1회 여름깃 성조와 비슷하지만 몸윗면의 날개덮깃 끝에 흰 반점이 뚜렷하다. 몸아랫면의 검은 줄무늬는 성조보다 약간 좁으며, 흰색 바탕에 황갈색 또는 적갈색 얼룩깃이 불규칙하게 흩어져 있다.

닮은종 **벙어리뻐꾸기** 몸윗면과 날개는 회갈색, 꼬리는 흑갈색, 꼬리 끝에 폭 넓고 검은 띠가 없다. **뻐꾸기** 야산 주변의 개방된 곳에 서식한다. 몸윗면과 날개는 청회색이며, 배의 가로 줄무늬가 가늘다. 울음소리가 다르다.

성조. 2009.5.28. 경기 하남 남한산성 © 진경순

어린새. 2005.7.19. 전남 순천 © 김영준

물까치 둥지 속 어린새. 2015.6.23. 충북 충주 율능리

뻐꾸기 *Cuculus canorus* Common Cuckoo L31~32.5cm

서식 유라시아의 아한대, 온대에서 번식하고, 아프리카 동남부, 방글라데시, 미얀마 등지에서 월동한다. 4아종으로 분류한다. 국내에서는 산지와 인접한 개방된 곳에서 서식하는 흔한 여름철새다. 5월 초순에 도래해 번식하고, 9월 중순까지 관찰된다.

행동 주로 붉은머리오목눈이 둥지에 알을 낳으며, 드물게 딱새, 검은딱새, 개개비 둥지에 탁란하는 경우도 확인된다. 나뭇가지 위 또는 지상에서 곤충을 잡아먹는다. 나뭇가지, 전봇대에 앉아 꼬리를 위로 치켜세우고 "뻐꾹 뻐꾹" 하는 울음소리를 낸다. 울음소리로 다른 뻐꾸기류와 쉽게 구별된다.

특징 날개는 폭이 좁고 길며, 꼬리가 길다. 머리, 몸윗면, 가슴은 청회색이다. 배는 흰색이며 가늘고 검은 가로 줄무늬가 있다. 꼬리는 회흑색이며 깃축에 흰 반점이 있다. 홍채는 노란색이며 노란색 눈테가 있다.

암컷 수컷과 구별이 어렵다. 드물게 윗가슴이 녹슨 듯한 색인 경우가 있다. 홍채는 수컷보다 노란색이 적으며 약간 어두운 듯하다. 국내에 성조 적색형은 서식하지 않는다.

어린새 일반형과 적색형이 있다. 벙어리뻐꾸기 어린새와 구별이 힘들다. **일반형** 머리와 목이 흑갈색이며 깃 중간에 흰색 깃이 섞여 있어 줄무늬를 이룬다. 뒷머리에 흰 반점이 뚜렷하게 보이는 경우가 많다. 몸윗면은 흑갈색 기운이 강하며 어깨, 등, 허리, 날개덮깃, 날개깃 끝에 흰 반점이 있다. 날개깃에 작은 적갈색 반점이 규칙적으로 이어져 있다. 몸아랫면은 멱에서 아래꼬리덮깃까지 가는 흑갈색 줄무늬가 있다. 홍채는 어두운 갈색이다. **적색형** 몸윗면은 검은색과 적갈색 줄무늬가 교차하며 깃 끝이 흰색이다. 날개깃과 꼬리깃에 검은색과 적갈색 줄무늬가 교차한다. 가슴옆에 적갈색 기운이 약하게 있다.

성조. 2008.5.29. 충남 천수만 © 김신환

성조. 2006.5.28. 전남 신안 흑산도

일반형 어린새. 2004.10.2. 전남 신안 홍도

벙어리뻐꾸기 *Cuculus optatus* Oriental Cuckoo L30~34cm

서식 유럽 동북부에서 동쪽으로 캄차카, 사할린, 쿠릴열도, 남쪽으로 카자흐스탄, 몽골, 중국 북부, 한국, 일본, 대만에서 번식하고, 동남아시아에서 오스트레일리아 북부와 동부까지 월동한다. 국내에서는 흔한 여름철새다. 4월 하순에 도래하고, 9월 중순까지 관찰된다.

행동 이동시기에는 평지에서도 관찰되지만 번식기에는 울창한 높은 산지에서 서식하기 때문에 관찰이 어렵다. "뽀우 뽀우 뽀 뽀" 하는 울음소리를 낸다. 주로 산솔새, 되솔새, 섬휘파람새, 쇠유리새 둥지에 탁란한다.

특징 몸윗면은 뻐꾸기보다 진한 회색이다. 배에 폭 넓은 검은색 가로 줄무늬가 있다. 홍채는 등색을 띠는 노란색, 아래꼬리덮깃의 검은 반점은 뻐꾸기류 중 가장 선명하다.

암컷 수컷과 구별하기 힘들지만 멱에서 윗가슴까지 녹슨 듯한 색을 띤다. 드물게 성조 적색형이 있다.

암컷 적색형 머리, 몸윗면, 가슴은 적갈색이며, 허리와 위꼬리덮깃을 포함해 검은색 가로 줄무늬가 흩어져 있다(뻐꾸기 성조 적색형은 허리와 위꼬리덮깃에 줄무늬가 없다).

어린새 일반형과 적색형이 있으며 뻐꾸기 어린새와 구별이 힘들다. 몸아랫면의 검은 줄무늬 폭이 뻐꾸기보다 넓다. 일반형의 몸윗면은 어두운 흑갈색이며, 머리와 멱은 뻐꾸기보다 검은색이 더 강하다.

분류 과거 벙어리뻐꾸기를 3아종(*saturatus*, *optatus*, *lepidus*)으로 나누었지만 최근 음성학적 연구 등을 근거로 별개의 3종으로 분류한다. Himalayan Cuckoo (*C. saturatus*)는 히말라야, 인도 동북부, 중국 남부에서 번식하고, 인도차이나반도, 말레이반도, 수마트라, 보르네오, 자바, 필리핀, 순다열도에서 월동한다. Sunda Cuckoo (*C. lepidus*)는 말레이시아반도, 대순다열도에서 동쪽으로 동티모르, 스람섬에서 서식하는 텃새다.

닮은종 **뻐꾸기** 가슴의 가로 줄무늬가 가늘다. 가슴 줄무늬 폭이 벙어리뻐꾸기처럼 넓지만 성글다.

성조. 2006.5.20. 전남 신안 흑산도

성조 적색형. 2007.5.31. 전남 신안 흑산도

닮은 종 비교

뻐꾸기 일반형 어린새. 2007.9.11. 전남 신안 흑산도

뻐꾸기 적색형 어린새. 2007.8.14. 전남 신안 흑산도

뻐꾸기 적색형 어린새. 2007.8.14. 전남 신안 흑산도

벙어리뻐꾸기 1회 겨울깃. 2007.8.29. 전남 신안 흑산도

벙어리뻐꾸기 일반형 어린새. 2007.9.2. 전남 신안 흑산도

되솔새 둥지속 **벙어리뻐꾸기**. 2007.6.16. 강원 평창 © 박철우

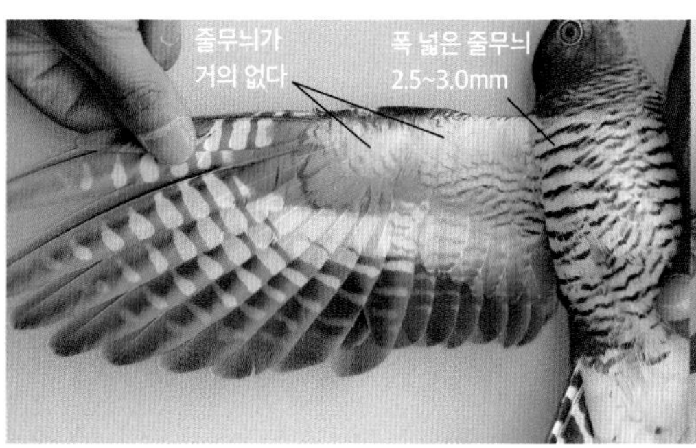

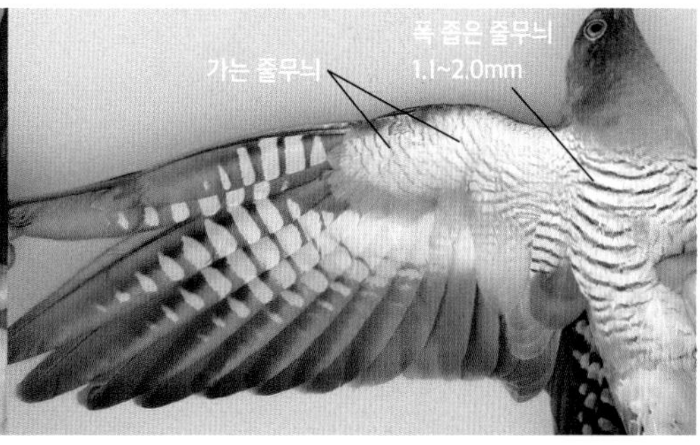

벙어리뻐꾸기(좌)와 **뻐꾸기**(우) 비교

두견이 *Cuculus poliocephalus* Lesser Cuckoo L25.5~27.5cm

서식 아프가니스탄, 히말라야에서 미얀마까지, 중국, 우수리, 한국, 일본에서 번식하고, 인도 남부, 스리랑카, 아프리카 동부에서 월동한다. 국내에서는 흔한 여름철새다. 5월 중순에 도래해 번식하고, 9월 중순까지 관찰된다.

행동 높은 산 또는 농경지 주변의 숲속에서 생활하며 좀처럼 모습을 드러내지 않는다. 주로 섬휘파람새 둥지에 탁란한다. "쪽박 바꿔 쥬우, 쪽박 바꿔 쥬우" 하는 듯한 울음소리를 내며 날개를 아래로 늘어뜨린다. 나뭇가지 사이에 앉는 습성이 있어 눈에 잘 띄지 않는다.

특징 벙어리뻐꾸기와 비슷하지만 크기가 작다. 배의 검은색 가로 줄무늬는 폭 넓고 간격이 넓다. 홍채 색은 어둡다. **암컷 적색형** 머리는 오렌지색을 띠는 갈색이며 흐릿한 검은 무늬가 있다. 목은 엷은 갈색과 흰색이 섞여 있다. 몸윗면은 균일한 청회색 또는 청회색에 적갈색 무늬가 있는 개체도 있다(개체 변이가 심하다).

어린새 일반형과 적색형이 있다. **일반형** 몸윗면은 흑갈색이며, 등과 날개덮깃 끝은 흰색으로 가는 줄무늬를 이룬다. 날개깃에 흰색 또는 흐린 갈색 반점이 규칙적으로 흩어져 있다. 턱밑과 멱은 흐린 흑갈색이며 흑갈색과 흰색 줄무늬가 교차한다. 아래꼬리덮깃에 검은 반점이 뚜렷하다. **적색형** 몸윗면은 흑갈색과 적갈색 무늬가 교차한다. 등, 어깨, 허리, 위꼬리덮깃의 끝은 흰색으로 가는 줄무늬를 이룬다. 뒷목과 옆목에 적갈색 무늬가 있다. 날개깃과 날개덮깃에는 적갈색 반점이 흩어져 있다.

실태 천연기념물이다. 도서 지역에서는 흔하지만 내륙에서는 보기 드문 여름철새로 바뀌었다. 개체수 감소는 휘파람새 감소와 관련이 있는 듯하다.

성조. 2007.5.18. 전남 신안 흑산도

성조. 2011.5.29. 강원 고성 오봉리

성조 암컷 적색형. 2011.5.22. 충남 태안 © 최순규

일반형 어린새. 2007.9.2. 전남 신안 흑산도

성조. 2011.5.29. 강원 고성 오봉리 © 진경순

두견이과 Cuculidae

검은두견이 *Surniculus lugubris* Square-tailed Drongo-Cuckoo L24.5cm

서식 히말라야 서북부에서 동쪽으로 중국 동남부까지, 남쪽으로 인도차이나반도까지, 말레이시아, 대순다열도, 팔라완에 분포한다. 국내에서는 2006년 5월 4일 전남 신안 홍도, 2021년 5월 7일 전북 군산 어청도에서 관찰된 미조다.

행동 저지대 숲, 숲 가장자리의 높은 나무 또는 낮은 나뭇가지에 앉는다. 외형상 검은바람까마귀와 비슷하지만 습성에서 차이가 있다. 보통 은폐된 나뭇가지에 앉으며, 조용히 움직인다. 이동 시 직선으로 난다. 공중에서 곤충을 잡아먹는다. 소형 조류의 둥지에 탁란한다.

특징 광택이 있는 짙은 남색이다. 부리가 가늘며 아래로 급하게 굽었다. 꼬리는 가운데가 약간 오목하다. 아래꼬리덮깃과 몸 바깥쪽의 꼬리 아랫부분에 작은 흰색 줄무늬가 흩어져 있다. 뒷머리와 넓적다리에 흰 반점이 있지만 야외에서 잘 보이지 않는다.

어린새 광택이 적고 갈색 기운이 있다. 머리, 어깨, 날개덮깃, 몸아랫면, 꼬리에 흰 반점이 흩어져 있다.

분류 지리적으로 3아종으로 나누지만 분류학적 위치에 대한 논란의 여지가 있다. 국내에 도래한 아종은 인도 동북부에서 동쪽으로 중국 동남부, 남쪽으로 인도차이나반도 북부, 하이난에서 번식하고, 겨울철에는 수마트라까지 이동하는 *barussarum*이다. 아종 *barussarum*을 Fork-tailed Drongo-Cuckoo (*S. dicruroides*)의 아종으로 분류하다가 최근 Square-tailed Drongo-Cuckoo (*Surniculus lugubris*)의 아종으로 분류하고 있다.

성조. 2006.5.4. 전남 신안 홍도 © 진선덕

성조. 2006.5.4. 전남 신안 홍도 © 진선덕

검은뻐꾸기 *Eudynamys scolopaceus* Asian Koel L42cm

서식 네팔, 파키스탄, 인도, 중국 중부와 남부, 인도차이나반도, 동남아시아, 필리핀 등지에 서식한다. 국내에서는 2001년 5월 28일 전남 신안 가거도에서 암컷 1개체가 처음 관찰된 이후 5월에 하순에 인천 옹진 소청도, 백령도, 강원 강릉 그리고 부산 등지에서 관찰된 미조이다.

행동 까마귀류의 둥지에 탁란한다. 번식기에 숲 내부 또는 2차림에서 격렬하게 울지만, 경계심이 많아 관찰이 힘들다.

특징 뻐꾸기보다 크며 밤색날개뻐꾸기보다 약간 작다. 꼬리가 길다. 암수 모두 부리는 둔탁한 녹색 또는 녹회색이다. 홍채는 붉은색이다. 다리는 청회색이다.

수컷 전체적으로 광택이 있는 청흑색이다(먼 거리에서 검은색으로 보인다).

암컷 전체적으로 흑갈색이며 몸윗면과 날개에 흰 반점과 줄무늬가 흩어져 있다. 몸아랫면은 때 묻은 듯한 흰색이며 흑갈색 반점 또는 줄무늬가 흩어져 있다. 꼬리는 흑갈색 바탕에 흰색 줄무늬가 교차한다.

어린새 몸윗면은 흐린 광택이 있는 흑갈색이며 깃 끝은 흰색 또는 때 묻은 듯한 흰색이다. 꼬리에 희미한 적갈색 줄무늬가 있다. 가슴에서 아래꼬리덮깃까지 폭 넓은 흰색 또는 담황색 줄무늬가 흩어져 있다. 부리는 회색을 띠는 담황색이다.

아종 지리적으로 5아종으로 나눈다. 국내에 기록된 아종은 중국 중부와 남부, 인도차이나반도에 서식하는 *chinensis*로 판단되며, 인도 동북부, 방글라데시, 수마트라, 보르네오, 소순다열도에 서식하는 아종 *malayana*보다 흰 무늬가 강하다.

수컷. 2019.5.25. 경기 의왕 자연학습공원 © 김준철

암컷. 2014.6.8. 부산 해운대 © 진경순

암컷. 2014.6.8. 부산 해운대 © 김준철

작은뻐꾸기사촌 *Centropus bengalensis* Lesser Coucal L38cm

서식 인도 북부와 동북부, 네팔, 인도차이나반도, 중국 동부와 남부, 대만, 필리핀, 말레이시아, 수마트라, 보르네오, 자바, 셀레베스, 소순다열도에 서식한다. 6아종으로 나눈다. 국내에서는 2005년 6월 9일 격렬비열도에서 죽은 개체가 확인된 이후 외연도, 제주도, 백령도 가거도 등지에서 관찰된 미조다.

행동 초지, 습지대, 관목에서 생활한다. 주로 풀이 무성한 땅 위에서 은밀하게 움직이지만, 종종 식물 줄기나, 관목 줄기 위로 올라오는 경우도 있다. 큰 곤충, 개구리, 뱀 등을 먹는다. 다른 두견이과 조류와 달리 스스로 둥지를 틀고 새끼를 기른다.

특징 암수 색이 같다. 다리가 약간 길고, 꼬리가 길다. Greater Coucal보다 작다. 날 때 보이는 아랫날개덮깃이 적갈색이다. 머리에서 윗 등, 몸아랫면과 꼬리는 균일한 검은색, 날개는 적갈색이며 날개 끝부분의 색이 약간 어둡다. 몸윗면은 검은색이 스며 있는 적갈색, 뒷목과 등의 깃축이 폭 좁은 흰색이다.

겨울깃 머리, 등, 어깨는 어두운 갈색이며, 깃축이 폭 넓은 황백색이다. 허리에서 위꼬리덮깃까지 적갈색이며, 검은 줄무늬가 있다. 몸아랫면은 어두운 담황색이며, 옆목, 가슴옆, 옆구리에 흑갈색 줄무늬가 있다. 위꼬리덮깃이 매우 길다.

어린새 몸윗면은 적갈색이 강하다. 머리에 폭 넓은 흑갈색 줄무늬가 있으며, 나머지 몸윗면과 날개깃에 흑갈색 가로 줄무늬가 흩어져 있다. 꼬리는 적갈색 바탕에 흑갈색 줄무늬가 흩어져 있다. 옆목, 가슴옆, 옆구리에는 폭 넓은 흑갈색 줄무늬가 있다.

닮은종 **큰뻐꾸기사촌**(Greater Coucal, *C. sinensis*) 파키스탄, 인도에서 중국 남부까지, 인도차이나반도, 말레이반도, 인도네시아, 필리핀 등지에 분포한다. 숲 가장자리, 관목 숲, 갈대가 많은 강에서 생활하며, 작은뻐꾸기사촌보다 풀이 무성한 초지를 선호한다. 간혹 땅 위에도 내려오며 작은 나뭇가지에서 뛰어다니는 경우도 있다. 날개깃과 날개덮깃은 균일한 적갈색이다. 날 때 아랫날개덮깃은 검은색으로 보인다.

성조. 2016.7.19.
전남 신안 가거도 © 박대용

미성숙. 2021.5.10.
인천 옹진 소청도 © 김영환

비번식깃. 2013.4.10.
네팔 © 곽호경

가면올빼미 *Tyto longimembris* Eastern Grass Owl L32~38cm

서식 인도에서 베트남까지, 중국 남동부, 대만, 필리핀, 셀레베스, 소순다열도, 뉴기니 남부, 오스트레일리아, 피지섬 등지에 분포한다. 국내에서는 2003년 12월 25일 전남 신안 흑산도에서 수컷 사체가 습득된 미조다. 원 서식지에서는 텃새이지만 먹이를 찾아 방랑하는 특성이 있다.

행동 다른 올빼미류와 달리 키 큰 풀이 자라는 개방된 풀밭에 서식한다. 야행성이지만 간혹 낮에도 활동한다. 낮게 날다가 갑자기 초지 위로 뛰어들어 설치류, 작은 동물, 곤충을 잡아먹는다. 둥지는 땅 위에 튼다.

특징 중형 올빼미류다. 부척은 길며 꼬리는 짧다. 몸윗면은 전체적으로 진한 흑갈색이며 작은 흰색 반점이 흩어져 있다. 안반은 연한 황갈색이며 눈 앞쪽으로 검은색 깃이 있다. 머리는 진한 흑갈색으로 등과 같은 색, 옆목에서 가슴까지 연한 황갈색이며 작고 둥근 흑갈색 반점이 흩어져 있다. 배는 흰색이며 작은 흑갈색 반점이 있다. 부리는 연한 살구색이다. 부척 중앙부까지 흰색 깃이 덮여 있다.

분류 과거 아프리카와 동남아시아에 분포하는 종을 Grass Owl (*T. capensis*)로 취급했으나 현재 별개의 2종으로 분류한다. 아프리카 동부 에티오피아 고지대에서 남아프리카공화국까지 국지적으로 분포하는 종을 African Grass Owl (*T. capensis*)로 분류하고, 동남아시아에 분포하는 종을 Eastern Grass Owl (*T. longimembris*)로 본다. Eastern Grass Owl은 지리적으로 4아종으로 나눈다. 국내 기록 아종은 중국에 분포하는 *chinensis*인 것으로 보인다.

성조. 2003.12.25. 전남 신안 흑산도 채집 표본

성조. 2003.12.25. 전남 신안 흑산도 채집 표본

큰소쩍새 *Otus semitorques* Japanese Scops Owl ♂21.5~23.5cm, ♀23.5~25.5cm

서식 러시아 극동, 중국 동북부, 한국, 사할린, 쿠릴열도, 일본에서 서식한다. 국내에서는 흔하지 않은 텃새이며, 흔하지 않은 겨울철새다.

행동 낮에는 수목이 무성한 숲속 나무 구멍 또는 나뭇가지에서 휴식을 취하다가 어두워지면서 활동한다. 딱다구리 옛 둥지 같은 나무 구멍에 둥지를 틀며 쥐를 주로 먹는다. 번식기에 암컷이 둥지를 지키며 수컷이 사냥해 암컷에게 전해준다. 알을 3~4개 낳으며 포란기간은 28일 이상으로 판단된다.

특징 암컷이 수컷보다 약간 크다. 전체적으로 회갈색이며 복잡한 검은색과 회색 무늬가 있다. 몸아랫면에는 진한 검은색 세로 줄무늬가 있으며, 벌레 먹은 모양의 폭 넓은 가로 줄무늬가 흩어져 있다. 홍채는 오렌지색이다(드물게 노란색 기운이 강한 개체도 있다). 성조는 발가락까지 깃털로 덮여 있다. 귀깃이 크다.

분류 Collared Scops Owl을 지리적으로 15아종 또는 별개의 4종으로 분류하기도 한다. 외형적으로 아종 구별이 거의 불가능하고 울음소리에서 차이가 있다. 큰소쩍새를 *O. bakkamoena*, *O. lempiji* 또는 *O. lettia*로 기록하는 등 분류학적으로 다양한 견해가 있었다. 중국 동북부, 러시아 극동, 한국, 사할린, 쿠릴열도, 일본에 분포하는 집단을 별개의 종 *O. semitorques*로 분류한다. 한반도 내륙에 분포하는 아종은 *ussuriensis*, 제주도에 분포하는 아종을 *semitorques*로 보지만 아종의 분류학적 위치 등에 대한 검증이 요구된다.

실태 천연기념물이다.

닮은종 **소쩍새** 크기가 작다. 홍채는 노란색, 귀깃이 짧다. 발가락에 깃털이 덮여 있지 않다.

성조. 2012.5.23. 강원 화천. © 박대용

얼굴 가장자리
검은색 테

성조. 2012.5.20. 강원 화천 © 박대용

새끼. 2013.6.8. 전남 구례

소쩍새 *Otus sunia* Oriental Scops Owl ♂18~19cm, ♀19.5~21cm

서식 파키스탄, 인도, 인도차이나, 말레이반도, 중국 남부와 동부, 한국, 러시아 연해지방, 일본, 사할린에서 번식하고, 말레이반도, 수마트라에서 월동한다. 국내에서는 전국적으로 서식하는 흔한 여름철새다. 4월 중순에 도래해 번식하고, 10월 중순까지 관찰된다.

행동 낮에는 숲속의 나뭇가지 위 또는 나무 구멍에서 쉬며 어두워지면 활동을 시작한다. 야행성으로 주로 나방을 먹는다. 둥지는 자연적으로 생긴 나무 구멍, 딱다구리류의 옛 둥지 등을 이용한다. 봄부터 여름까지 밤에 도심, 시골 가릴 것 없이 울음소리를 들을 수 있다. 수컷은 "소쩍 소쩍" 하는 울음소리를 낸다. 산란기는 5~6월이며, 알을 4~5개 낳아 24~25일간 품고, 새끼는 부화 약 23일 후에 둥지를 떠난다.

특징 암컷이 수컷보다 약간 크다. 큰소쩍새에 비해 몸이 작다. 회색형과 적색형이 있다. 전체적으로 엷은 회갈색이며 검은색, 갈색, 엷은 적갈색, 흰 무늬가 복잡하다. 홍채는 노란색이며 귀깃이 짧다. 깃털이 부척까지 덮지만 발가락은 깃털로 덮이지 않고 피부가 노출되었다.

회색형 몸윗면은 회갈색에 흑갈색 세로 줄무늬가 있으며, 몸아랫면은 때 묻은 듯한 흰색에 흑갈색 세로 줄무늬가 있고, 매우 가는 벌레 먹은 모양의 가로 줄무늬가 있다.

적색형 몸윗면은 적갈색에 흑갈색 세로 줄무늬가 있으며, 몸아랫면은 적갈색이며 흑갈색 세로 줄무늬와 때 묻은 듯한 흰색 가로 줄무늬가 있다.

아종 9아종으로 나눈다. 국내에서는 2아종(*stictonotus*, *japonicus*)이 기록되어 있다. 아종 *japonicus*는 일본 북해도, 혼슈 북부와 중부에서 번식하고 일본 남부에서 월동하는 아종으로 국내를 봄·가을에 주기적으로 통과할 가능성이 있다.

실태 천연기념물이다.

닮은종 **Eurasian Scops Owl (*O. scops*)** 유럽, 이베리아반도에서 흑해 연안을 경유해 바이칼호에서 번식하고, 아프리카 중부에서 월동한다. 소쩍새보다 약간 크고, 울음소리가 다르다.

큰소쩍새 몸이 크며 귀깃이 길다. 발가락까지 깃털로 덮여 있다. 홍채는 오렌지색이다.

회색형. 2010.5.14. 경기 부천 © 백정석

적색형. 2010.5.11. 경기 부천 © 백정석

회색형. 2010.5.21. 경기 안산 시화호 © 백정석

적색형. 2011.5.7. 경기 부천 © 백정석

적색형. 2011.5.18. 경기 부천 © 김준철

2010.7.5. 경기 포천 © 이상일

적색형 성조와 새끼. 2010.7.14. 경기 포천 가채리 © 변종관

새끼. 2013.7.21. 전남 구례

흰올빼미 *Bubo scandiacus* Snowy Owl L53~70cm

서식 유라시아와 북아메리카 북극권 주변의 광범위한 지역에 분포한다. 겨울철에도 번식지 주변에 머무르는 경우가 많지만 유럽 남부, 인도 북부, 북아메리카 남부로 이동하는 경우도 있다. 남한에서는 1912년 12월 충남 예산에서 1개체가 채집된 기록이 있으며, 이후 1984년 2월 14일 경기 김포에서 1개체가 포획되었다. 북한에서는 함남 원산(1888년 2월), 양강 삼지연(1967년 9월), 나선(1968년 10월)에서 관찰기록이 있는 미조다.

행동 밤낮을 가리지 않고 눈 덮인 툰드라 풀밭에서 활동한다. 겨울에는 먹이를 찾아 타이가 지대까지 이동하기도 한다. 여유롭게 날며 주로 쥐를 잡는다.

특징 다른 종과 쉽게 구별된다. 전체적으로 흰색이다. 홍채는 연령과 성별에 관계없이 노란색이다.

수컷 등과 날개덮깃에 검은 반점이 약간 있는 것을 제외하고 전체가 흰색이다.

암컷 전체가 흰색이며 머리 위, 등, 날개윗면, 허리, 꼬리, 몸아랫면에 흑갈색 반점이 있다(흑갈색 반점은 개체에 따라 차이가 있다).

1회 겨울깃 수컷 성조 암컷과 매우 비슷하지만 크기가 작다. 흑갈색 반점이 성조 암컷보다 적다.

1회 겨울깃 암컷 몸에 흑갈색 반점이 성조 암컷보다 더 어둡고, 조밀하게 흩어져 있다. 얼굴과 목은 흰색으로 다른 부분보다 뚜렷하게 흰색으로 보인다.

수컷. 2012.4.15. 용인 에버랜드 © 김준철

암컷. 2012.4.15. 용인 에버랜드 © 김준철

2012.2.4. 캐나다 브리티시 콜롬비아. David Syzdek © BY-SA-2.0

2012.2.4. 캐나다 브리티시 콜롬비아. David Syzdek © BY-SA-2.0

수리부엉이 *Bubo bubo* Eurasian Eagle Owl L60~75cm

서식 시베리아 북부 지역과 캄차카반도를 제외하고 유라시아대륙 전역과 아프리카 북부, 사할린에 분포한다. 울릉도, 흑산도 등 일부 육지에서 멀리 떨어진 도서 지역을 제외한 한반도 전역에서 서식하는 흔하지 않은 텃새다. 섬보다는 내륙에서 서식밀도가 높다.

행동 암벽이 많은 산림에 서식한다. 야행성으로 밤에 활동하며 번식기에는 밤낮을 가리지 않고 활동한다. 꿩, 토끼, 다람쥐, 쥐, 곤충, 양서류, 파충류 등을 잡는다. 둥지는 바위산의 암벽 아래에 트는 경우가 많지만, 앞이 트이고 경사가 조금 있는 인가 주변 낮은 산림의 지면을 오목하게 파 만드는 경우도 있다. 2월에 흰색 알을 2~3개 낳으며 포란기간은 36~37일이다. 수컷은 둥지 지키는 일과 먹이를 공급한다. 보통 둥지 인근에 펠릿이 많이 흩어져 있다.

특징 국내에 서식하는 올빼미과 조류 중 가장 크다. 긴 갈색 귀깃이 있으며 홍채는 노란색이다. 전체적으로 갈색에 검은색 세로 줄무늬와 가로 줄무늬가 복잡하다. 얼굴은 갈색이며 가늘고 검은 털이 동심원 또는 방사형으로 나 있다. 날개는 폭이 넓다. 꼬리는 갈색이며 약간 짧다.

아종 지리적으로 16 또는 17아종으로 나눈다. 아종 *kiautschensis*는 한국, 중국 간쑤성 남부에서 산둥성까지, 남쪽으로 쓰촨성, 윈난성, 광둥성 일대에 분포한다.

실태 천연기념물이며 멸종위기 야생생물 II급이다.

성조. 2011.12.13. 경기 안산 © 박대용

성조. 2013.5.25. 경기 파주 갈현리

바위 절벽 또는 경사진 산림의 지면에 둥지를 튼다
새끼. 2011.4.27. 경기 안산 © 박대용

올빼미 *Strix nivicolum* Himalayan Owl L39~43cm

서식 히말라야에서 인도 동북부까지, 중국 중부와 남부, 미얀마 서부와 동부, 대만, 중국 동북부, 한국에 분포한다. 국내에서는 흔한 텃새이지만 야간에 움직이는 습성이 있어 관찰하기 힘들다.

행동 평지나 산지의 숲속에 서식한다. 낮에는 나뭇가지에서 휴식하고 어두워지면서 활동한다. 둥지는 나무 구멍에 튼다. 번식기인 3월부터 야간에 "우 우" 또는 "우후후" 하는 소리를 낸다. 알을 3~5개 낳으며, 포란기간은 28~29일, 새끼는 부화 29~35일 후에 둥지를 떠난다. 먹이는 들쥐와 작은 조류 및 곤충이다.

특징 긴점박이올빼미보다 약간 작다. 암컷이 수컷보다 약간 크다. 전체적으로 어두운 갈색이다. 귀깃이 없다. 가슴과 배에 폭 넓은 흑갈색 세로 줄무늬가 많으며, 각 세로 줄무늬에는 가느다란 가로 줄무늬가 많이 있다.

분류 과거 Tawny Owl을 영국, 유럽에서 서시베리아에 이르는 유라시아대륙까지, 아프리카 북부, 소아시아, 히말라야에서 중국까지, 미얀마, 한국, 대만에 분포하는 10 또는 11아종으로 나누었다. 이후 외형적 특징 및 울음소리를 근거로 Tawny Owl (*S. aluco*)과 Himalayan Owl (*S. nivicolum*) 등으로 나눈다. 국내 서식 아종은 중국 동북부와 한국에 분포하는 *ma*이다.

실태 천연기념물이며 멸종위기 야생생물 II급이다. 자연적으로 생긴 나무 구멍을 인위적으로 메우는 수목외과수술로 번식할 공간이 부족해지는 실정이다.

성조. 2011.5.8. 충북 충주 엄정면 © 진경순

성조. 2012.4.8. 전북 정읍 내장산 © 김준철

새끼. 2011.5.8. 충북 충주 엄정면 © 변종관

긴점박이올빼미 *Strix uralensis* Ural Owl L46~51cm

서식 유럽 북부와 동부에서 오호츠크해 연안까지, 알타이 지방, 몽골 북부, 중국 북부와 동부, 사할린, 한국, 일본에서 번식한다. 한반도 중북부 이북에서 적은 수가 번식하는 텃새다.

행동 평지나 비교적 높은 고지대 산림에 서식한다. 야행성으로 알려졌지만 낮에도 먹이활동을 한다. 주로 쥐, 조류, 양서·파충류, 곤충을 먹는다. 올빼미와 비슷한 울음소리를 낸다. 2~3월에 산란하고 27~29일간 포란하며 육추기간은 30~34일이다.

특징 올빼미와 닮았으나 색이 더 밝고, 크기가 더 크다. 암컷이 수컷보다 더 크다. 전체적으로 회갈색이다. 가슴은 흰색 바탕에 긴 세로 줄무늬가 있다. 귀깃이 없다. 날개는 짧고 폭이 넓다. 꼬리는 길며 갈색 가로 줄무늬가 있다. 홍채는 어두운 갈색이다.

아종 지리적으로 11아종으로 나눈다. 지리적 분포에 따라 깃털 색의 차이가 심하다. 국내에 서식하는 아종 *nikolskii*는 아무르 동부, 사할린에서 남쪽으로 중국 동북부까지, 한국에 분포한다.

실태 멸종위기 야생생물 II급이다. 한반도 중북부(강원, 드물게 경기, 충북, 경북 일부 지역) 이북의 울창한 산림에서 적은 수가 번식하는 텃새다. 과거 미조 또는 드문 겨울철새로 알려졌으나 2007년 5월에 강원 원주에서 둥지가 확인되어 남한에서도 번식하는 텃새로 밝혀졌다.

닮은종 **올빼미** 가슴에 갈색 세로 줄무늬와 가느다란 가로 줄무늬가 있다.

2002.1.18. 강원 양양 오색리

2014.2.19. 강원 인제 용대리

2011.8.7. 강원 평창 오대산 상원사 © 진경순

금눈쇠올빼미 *Athene noctua* Little Owl L21~23cm

서식 유럽에서 동쪽으로 아무르강 유역, 한국 등 유라시아대륙 중·남부 지역까지 폭넓게 분포하며, 남쪽으로 아프리카 북부, 아라비아반도 일부 지역에 서식한다. 국내에서는 한반도 중부 이북에서 적은 수가 번식하는 텃새로 판단된다. 적은 수가 통과하는 나그네새로 주로 한반도 중서부에서 관찰된다. 이동시기의 관찰기록은 가을철(9~10월)에 집중되며 봄철 기록은 없다. 또한 적은 수가 월동하는 겨울철새다.

행동 옛 성, 벼랑, 고목, 돌담 등 개방된 환경에 서식한다. 주로 해질녘에 활동적이며 낮과 밤에도 활동한다. 휴식할 때는 잎이 무성한 나뭇가지, 나무 구멍에 앉으며 종종 장대, 전봇대 등 개방된 곳에도 앉는다. 휴식 중 방해를 받거나 흥분했을 때 절하는 듯한 동작을 한다. 간혹 딱다구리처럼 날개를 접고 물결 모양으로 빠르게 날기도 하며 종종 정지비행도 한다. 설치류, 조류, 곤충을 비롯한 벌레를 잡아먹는다. 둥지는 나무 구멍, 바위, 건물 틈에 튼다.

특징 땅딸막하며 소쩍새 크기다. 꼬리가 짧고 다리가 약간 길다. 전체적으로 갈색이며, 몸윗면에 둥근 흰색 반점이 많다. 머리의 흰 반점은 매우 작다. 몸아랫면은 흰색이며 갈색 줄무늬가 있다. 머리는 둥글며, 귀깃이 없다. 홍채는 노란색이다. 발가락까지 깃털로 덮인다.

아종 지리적으로 13아종으로 나눈다. 아종 간 외형에 큰 차이가 있다. 국내에 서식하는 아종 *plumipes*는 알타이 남부, 바이칼호 남부, 몽골, 중국 동북부, 한국에 분포한다.

2010.10.3. 경기 파주 교하

2010.1.17. 전북 군산 만경강 인근 ⓒ 김준철

2010.10.16. 경기 파주 교하 ⓒ 백정석

2006.3.1. 충남 홍성 간월호

솔부엉이 *Ninox japonica* Northern Boobook L27.5~30cm

서식 러시아 극동, 중국 동부와 동북부, 한국, 일본, 대만에서 번식하고, 순다열도, 셀레베스에서 월동한다. 국내에서는 흔한 여름철새다. 4월 중순에 도래해 번식하고, 10월 중순까지 관찰된다.

행동 평지와 산지의 숲속에 서식한다. 낮에는 나뭇가지에서 휴식을 취하다. 어두워지면서 활동한다. 주로 곤충을 먹는다. 둥지는 나무 구멍에 틀고, 알을 3~4개 낳으며 암컷이 25~28일간 품는다.

특징 암수 거의 같은 색이다. 몸윗면은 진한 흑갈색, 몸아랫면은 흰색이며 큰 흑갈색 세로 줄무늬가 있다. 귀깃이 없다. 홍채는 노란색, 발가락은 노란색이며 거칠거칠한 털이 조밀하다.

분류 과거 Brown Hawk Owl (*Ninox scutulata*)을 지리적으로 12아종 이상으로 나누었다. 아종에 따라 크기, 머리 색, 배의 흰 무늬 크기 등이 다르지만 아종 구별이 거의 불가능하다. 최근 독립된 3종(*N. scutulata, N. japonica, N. randi*)으로 나눈다. 이 경우 러시아 극동, 중국 동부와 동북부, 한국, 일본, 대만에 분포하는 종을 Northern Boobook (*N. japonica*)로 분류한다. 국내에서는 2아종이 기록되어 있다. 아종 *japonica*는 중국 동부, 한국 중부와 남부, 일본, 대만에서 번식하고, 아종 *florensis* 또는 *ussuriensis*는 러시아 극동, 중국 동북부, 한반도 북부에서 번식한다. 한반도 서식 아종의 분류학적 위치에 대한 검증이 필요하다.

실태 천연기념물이다.

2011.7.27. 충남 천수만 © 김신환

2007.6.10. 전남 구례 방광리

어린새. 2010.8.4. 서울 중랑 봉화산 © 백정석

칡부엉이 *Asio otus* Long-eared Owl L32.5~36cm

서식 유라시아와 북아메리카의 온대에서 번식하며 겨울철에 북방의 개체가 남하한다. 지리적으로 4아종으로 나눈다. 국내에서는 드물게 월동하는 겨울철새다. 10월 초순부터 도래해 월동하고, 3월 하순까지 관찰된다.

행동 평지와 산지의 산림, 나무가 무성한 공원에 서식한다. 낮에는 나뭇가지에서 휴식하고 어두워지면 활동하며, 주로 쥐를 먹는다. 작은 무리를 이루어 나뭇가지에서 쉰다. 월동 중에 공원이나 산림 가장자리의 소나무, 버드나무 줄기를 잠자리로 이용하며 매일 같은 곳에서 잠자기 때문에 나무 아래에 펠릿이 많이 떨어져 있다. 접근하면 귀깃을 세우고, 눈을 가늘게 뜨고 가만히 앉아 응시한다. 위협을 느끼면 눈을 크게 뜨고 날아올라 느린 날갯짓으로 주변 나무로 도망간다. 종종 날개를 펼치고 미끄러지듯이 난다.

특징 암수 구별이 힘들다. 연령에 관계없이 깃털 색은 개체변이가 심하다. 몸윗면은 갈색, 흑갈색, 회색이 혼합된 복잡한 모양을 이룬다. 몸아랫면에는 폭 넓은 세로 줄무늬와 가는 가로 줄무늬가 있다. 깃털 색은 전체적으로 수컷보다 암컷이 진하다(가슴의 갈색 줄무늬 폭은 암컷이 수컷보다 넓다). 날 때 몸 바깥쪽 첫째날개깃 끝에 검은 줄무늬가 4~5열 보인다.

실태 천연기념물이다.

닮은종 **쇠부엉이** 귀깃이 짧다. 홍채는 노란색이다. 초지와 넓은 농경지에 서식한다.

2010.3.23. 경기 안산 시화호 © 진경순

2006.2.11. 경기 김포 향산리 © 박건석

2011.3.12. 경기 시흥 갯골생태공원

쇠부엉이 *Asio flammeus* Short-eared Owl L36~39cm

서식 아이슬란드, 영국, 스칸디나비아에서 러시아까지, 북아메리카 북부, 서인도제도, 남아메리카 남부, 하와이제도, 갈라파고스제도에서 번식하고, 유럽, 아프리카 동부, 인도에서 중국, 북아메리카 중부에서 월동한다. 지리적으로 11아종으로 나눈다. 국내에서는 비교적 드물게 월동하는 겨울철새다. 10월 초순부터 도래해 월동하고, 3월 하순까지 관찰된다. 주로 강가의 농경지, 갈대밭 주변에 서식한다.

행동 칡부엉이가 산림에서 서식하는 데 비해 쇠부엉이는 개방된 평지에서 생활한다. 주로 야간에 활동하지만 흐린 날에는 낮에도 먹이를 찾는다.

특징 암수 구별이 힘들다. 전체가 엷은 갈색 또는 황갈색이다 (깃털 색이 엷은 담색형도 있다). 칡부엉이보다 귀깃이 무척 짧다. 얼굴은 엷은 갈색이며 눈 주변은 갈색으로 개체에 따라 차이가 심하다. 몸아랫면에는 흑갈색 세로 줄무늬가 있으며 아랫배로 갈수록 가늘어진다(가슴의 갈색 줄무늬 폭은 수컷이 가늘다). 홍채는 노란색이다. 날 때 바깥쪽 첫째날개깃 끝부분이 칡부엉이보다 어둡고 검은 줄무늬가 2~3열 보인다. 날개 끝과 익각에 흑갈색 무늬가 있다.

실태 천연기념물이다.

닮은종 **칡부엉이** 전체적으로 등갈색 기운이 강하다. 몸아랫면에는 가로 줄무늬와 세로 줄무늬가 있다. 홍채는 오렌지색이다.

2008.1.18. 경기 김포 © 서정화

2013.2.14. 서울 강서습지생태공원 © 진경순

2008.1.20. 경기 김포 © 이상일

2013.2.14. 서울 강서습지생태공원 © 진경순

쏙독새 *Caprimulgus jotaka* Grey Nightjar L27~28.5cm

서식 인도, 네팔, 말레이반도, 동남아시아, 중국 동부와 동북부, 한국, 일본에 분포하고, 북방에서 번식한 개체는 겨울에 남쪽으로 이동한다. 국내에서는 전국적으로 도래해 번식하는 흔한 여름철새다. 4월 하순에 도래해 번식하고, 9월 중순까지 관찰된다.

행동 평지 또는 인가 주변의 야산에 서식한다. 야행성이다. 초저녁부터 곤충을 찾아 날아다닌다. 나는 모습이 맹금류, 뻐꾸기와 비슷하다. 야간에 "쏙독독독독" 하는 울음소리를 낸다. 낮에는 나뭇가지에 가슴을 붙이고 수평으로 앉아 쉰다. 둥지는 숲속 땅 위에 틀며 회백색 바탕에 잿빛 도는 갈색과 갈색 얼룩점이 있는 알을 2개 낳는다. 포란기간은 19일이다.

특징 위장색을 띠는 어두운 흑갈색이어서 나무껍질과 비슷하게 보인다. 입과 눈이 매우 크며, 날아다니는 곤충을 잡아먹는다.

수컷 멱 좌우, 외측 첫째날개깃 3~4장, 외측 꼬리깃 4장 끝에 흰 반점이 있다.

암컷 멱 양쪽과 첫째날개깃의 반점은 때 묻은 듯한 흰색(갈색이 섞여 있다)이며 꼬리에 흰 반점이 없다(경계가 불명확하고 폭 좁은 갈색 반점이 있다).

어린새 수컷은 멱 양쪽, 외측 첫째날개깃, 꼬리깃에 황갈색이 스며 있는 흰색이다(성조보다 흰 반점이 뚜렷하게 작다). 암컷은 날개의 반점이 작고, 꼬리에 갈색 반점이 없다.

분류 과거에 5아종으로 나누었다. 파키스탄 서북부에서 러시아 극동, 중국, 한국, 일본에서 번식하는 집단 *jotaka*는 인도, 파키스탄 등지에서 분포하는 Jungle Nightjar (*C. indicus*)와 형태적 및 음성학적 차이, 어린새의 형태적 차이 그리고 알 색깔이 달라 별개의 종 Grey Nightjar (*C. jotaka*)로 분류한다.

수컷. 2011.4.27. 경기 성남 남한산성 © 임백호

수컷. 2011.6.10. 경기 안산 © 김준철

암컷. 2011.6.10. 경기 안산 © 백정석

새끼와 알. 2011.6.7. 경기 안산 © 박대용

황해쇠칼새 / 작은칼새

Aerodramus brevirostris Himalayan Swiftlet L12.5~14cm

서식 인도 북부에서 네팔, 히말라야, 미얀마, 태국 북부, 라오스 북부, 중국 서남부까지 서식한다. 국내에서는 2001년 5월 3일 가거도에서 처음 기록된 이후 어청도, 홍도, 흑산도 등 육지에서 멀리 떨어진 서해 도서에서 관찰된 미조다. 대부분 4월 중순에서 5월 중순 사이에 관찰되었다. 매우 적은 수가 서해를 주기적으로 통과하는 것으로 추정된다.

행동 칼새, 제비 무리에 섞여 먹이를 찾는다. 빨리 날며 곡예비행이 능숙해 유사종과 구별이 어렵다. 번식지에서는 산악지역의 개방된 곳에서 무리지어 빠르게 날아다닌다. 둥지는 바위 절벽에 튼다.

특징 Edible-nest Swiftlet (*A. fuciphagus*)와 매우 비슷하다. 소형이며 제비보다 작게 보인다. 전체적으로 암갈색이다. 꼬리가 짧고 가운데가 오목하다(Edible-nest Swiftlet보다 더 깊게 갈라진다). 허리는 회갈색 또는 회백색으로 등보다 약간 밝지만 아종에 따라 약간 다르다. 몸아랫면은 등보다 엷은 균일한 회갈색이며 아래꼬리덮깃은 배보다 약간 진하거나 거의 같은 색이다. 포획해 자세히 살피면 부척에 매우 약하게 깃털이 덮여 있으며, 눈앞은 폭 좁은 흰색이다.

아종 지리적으로 3 또는 4아종으로 나눈다. 국내에 기록된 아종은 중국 쓰촨성, 후베이성에서 베트남 북부 지역까지 번식하고, 안다만제도를 포함해 동남아시아에서 월동하는 *innominata*로 추정되며, 히말라야, 인도 동북부, 중국 윈난성 서부, 미얀마 북부에 분포하는 *brevirostris*보다 허리 색이 약간 더 어둡다.

2008.4.30.
전남 신안 흑산도

2008.4.30.
전남 신안 흑산도

2008.4.27.
전남 신안 홍도

2008.4.27.
전남 신안 홍도

흰배칼새 *Tachymarptis melba* Alpine Swift L22cm

서식 유럽 남부, 아프리카 북부에서 동쪽으로 네팔, 인도 서부, 스리랑카까지 번식하고 아프리카 서부, 동부, 동남부에서 월동한다. 국내에서는 2011년 5월 14일 충남 태안 근흥면 신진도에서 1개체가 관찰된 미조다.

행동 매우 다양한 환경에서 보이지만 주로 산악지역과 인접한 곳에서 서식한다. 비교적 높이 날며 곤충을 잡아먹는다. 칼새보다 날갯짓이 더 느리다.

특징 바늘꼬리칼새보다 약간 크다. 날개가 길다. 몸윗면은 균일한 갈색이다. 몸아랫면은 목과 배가 흰색이며 가슴에 폭 넓은 갈색 띠가 있다. 총배설강에서 아래꼬리덮깃까지 갈색이다. 꼬리는 가운데가 오목하다.

아종 지리적으로 9 또는 10아종으로 분류한다. 아종에 따라 가슴의 갈색 띠 폭이 다르고 전체적인 색상에 차이가 있지만 야외에서 아종 구별이 매우 어렵다. 한국에 기록된 아종은 히말라야 서부와 중부(파키스탄 동북부에서 네팔까지)에서 번식하고, 인도 중부에서 월동하는 *nubifugus*로 판단된다.

2011.5.14. 충남 태안 신진도 © 이광구

2011.5.14. 충남 태안 신진도 © 이광구

2013.3.9. 스페인. Ferran Pestana 🅭 BY-SA-2.0

2022.8.9. 스위스 취리히 © 이용상

바늘꼬리칼새 *Hirundapus caudacutus* White-throated Needletail L21cm

서식 몽골 북부, 동시베리아 남서부에서 연해주 지방까지, 사할린, 쿠릴열도, 중국 동북부, 히말라야에서 번식하고, 겨울에는 뉴기니 남부, 오스트레일리아 동부로 이동한다. 지리적으로 2아종으로 나눈다. 국내에서는 흔하지 않은 나그네새다. 봄철에는 4월 초순부터 5월 하순까지, 가을철에는 9월 초순부터 10월 하순까지 통과한다. 강원과 충북 일부 산악지역에서 번식할 가능성이 높다.

행동 평지나 아고산대의 산림, 초지 상공에 서식한다. 매우 빠르게 난다. 이동시기에 칼새 무리에 섞여 먹이를 찾는다. 둥지는 산지 벼랑이나 나무 구멍에 틀며 바람에 날리는 마른풀, 동물의 털 등을 끈끈한 타액으로 접착시켜 밥그릇 모양으로 만든다. 한배에 순백색 알을 3~4개 낳는다.

특징 전체적으로 검은색으로 보이며 칼새보다 몸이 통통하고 크다. 몸윗면은 흑갈색이며 날개덮깃은 광택이 있는 푸른색이지만 야외에서는 검은색으로 보인다. 등 중앙은 회백색이며 주변은 갈색이다. 셋째날개깃 2장의 안쪽 면이 흰색이지만 관찰이 힘들다. 몸아랫면은 흑갈색이며 턱밑과 멱, 아랫배와 아래꼬리덮깃은 흰색이다. 꼬리는 짧으며 깃축이 바늘처럼 뾰족하게 돌출되었다. 분류상 바늘꼬리칼새는 바늘꼬리칼새속에 속하며 발가락 3개는 앞으로, 1개는 뒤로 향한다. 칼새속에 속하는 칼새는 발가락 4개 모두 앞을 향한다.

2008.10.3. 전남 신안 칠발도

2008.10.3. 전남 신안 칠발도

2008.10.3. 전남 신안 칠발도

2008.10.3. 전남 신안 칠발도

칼새 *Apus pacificus* Pacific Swift / Fork-tailed Swift L18.5~20cm

서식 서시베리아 남부에서 캄차카까지, 사할린, 러시아 극동, 한국, 중국, 베트남 남부, 태국 북부, 미얀마 북부에서 번식하고, 인도 남부, 중국 남부에서 태국 서부까지, 말레이반도, 수마트라, 자바, 보르네오, 오스트레일리아에서 월동한다. 지리적으로 2 또는 4아종으로 나눈다. 국내에서는 섬, 해안가에서 서식하지만, 때로는 높은 산악 지역에서 서식하는 흔한 여름철새다. 4월 초순에 도래해 번식하고, 9월 하순까지 관찰된다.

행동 작은 집단을 이루어 빠르게 날아다니며 곤충을 잡아먹는다. 둥지는 바위 절벽의 작은 구멍 또는 암벽에 밀착시켜 틀고 해질녘이면 빠르게 비행하다가 매우 빠르게 작은 구멍 속으로 들어간다. 둥지 내부에 식물의 줄기나 잎 등을 깔고 부리의 타액으로 접착시켜 밥그릇 모양으로 만든다. 산란기는 6월이며, 흰색 알을 2~3개 낳아 암수가 약 20일간 품는다.

특징 전체적으로 검고 날개는 가느다란 낫 모양이며, 꼬리는 제비와 비슷하다. 허리가 폭 넓은 흰색이다. 멱은 흰색으로 보인다(먹이를 많이 머금었을 때에는 목이 비정상적으로 크게 부풀어 오른다). 몸아랫면은 암갈색 바탕에 흰색 줄무늬가 흩어져 있지만(깃 가장자리가 흰색) 먼 거리에서는 흰색 목과 멱을 제외하고 전체적으로 암갈색으로 보인다.

닮은종 **검은등칼새** 몸윗면은 균일한 흑갈색이다. 칼새와 달리 허리에 흰 반점이 전혀 없다. 흰색 멱을 제외하고 몸아랫면은 균일한 흑갈색이다.

성조. 2008.7.11. 전남 신안 칠발도

성조. 2011.6.28. 강원 고성 추암 © 김준철

성조. 2008.8.28. 전남 신안 개린도

어린새. 2008.8.28. 전남 신안 개린도

성조. 2008.8.28. 전남 신안 개린도

무리. 2008.7.10. 전남 신안 칠발도

칼새과 Apodidae

검은등칼새 *Apus apus* Common Swift L16~19cm

서식 유럽에서 동쪽으로 바이칼호까지, 이란에서 히말라야 서부까지, 몽골, 중국 북부에서 서식하며, 아프리카 남부에서 월동한다. 2006년 5월 28일 전남 신안 가거도, 2017년 5월 20일 인천 옹진 백령도, 2019년 8월 18일 강원 강릉 연곡천 하구, 2021년 6월 5일 인천 옹진 백령도 등지에서 관찰된 기록이 있다. 국내에서는 적은 수가 칼새 무리에 섞여 이동할 가능성이 있다.

행동 원 서식지에서는 평지에서 산악지역까지 매우 다양한 환경에 서식한다. 매우 빠른 날갯짓으로 빠르게 미끄러지듯이 난다. 무리를 이루며, 날면서 곤충을 잡아먹는다.

특징 흰색 멱을 제외하고 전체적으로 균일한 어두운 흑갈색이다. 칼새와 달리 허리에 흰색이 전혀 없다. 몸아랫면은 색이 균일하며 칼새와 달리 흐린 흰색 줄무늬가 없다. 앞이마는 정수리보다 색이 약간 옅다.

아종 지리적으로 2아종으로 나눈다. *pekinensis*는 이란에서 동쪽으로 중국 북부, 몽골까지 번식하고, 아프리카 동부와 남부에서 월동한다. *apus*는 북아프리카, 서유럽에서 바이칼호 일대까지 번식하며 아프리카에서 월동한다.

2009.6.20. 몽골 울란바토르

2009.6.20. 몽골 울란바토르

쇠칼새 *Apus nipalensis* House Swift L13cm

서식 히말라야, 동남아시아, 중국 남부, 대만, 필리핀 등지에서 서식하는 텃새다. 국내에서는 남해 및 서해에 위치한 도서 지역을 매우 드물게 통과하는 희귀한 나그네새다. 봄철에는 4월 중순부터 5월 중순까지 통과하며, 가을철에는 8월 중순부터 10월 하순까지 통과한다.

행동 평지나 도심 시가지, 농경지에 서식하며 무리를 이루어 생활하는 습성이 있는 것으로 알려져 있다. 국내에서는 육지에서 멀리 떨어진 섬에서 단독으로 움직이거나 1~2마리가 칼새, 제비류 무리에 섞여 먹이를 찾는다. 둥지는 흰털발제비의 옛 둥지를 이용하거나 스스로 튼다. 산란기는 4~8월이며, 흰색 알을 2~4개 낳아 약 20일간 품는다.

특징 소형 종이다. 전체적으로 흑갈색이다. 멱과 허리가 흰색이다. 날개와 꼬리가 짧다. 꼬리는 깊게 갈라지지 않는다. 칼새보다 뚜렷하게 작지만 꼬리를 펼치고 비행할 경우 칼새와 혼동되기 쉽다.

분류 지리적으로 4아종으로 나눈다. 국내에 도래하는 아종 *nipalensis*는 네팔에서 동쪽으로 중국 동남부(Fujian 성)와 일본, 남쪽으로 아삼, 버마, 태국, 라오스, 베트남, 캄보디아에 분포한다. 과거 아프리카, 중동, 인도 일대에 분포하는 Little Swift (*A. affinis*)와 동일 종으로 분류하기도 했다. 이 종은 쇠칼새보다 꼬리가 짧고 적게 갈라지며, 허리의 흰색이 폭 넓다.

2010.2.21. 보르네오 © 이광구

2010.2.20. 보르네오 © 이광구

2006.5.10. 전남 신안 홍도

2010.2.20. 보르네오 © 이광구

파랑새 *Eurystomus orientalis* Oriental Dollarbird L28~29.5cm

서식 연해주, 사할린, 중국 남동부, 한국, 일본, 인도, 동남아시아에서 번식하고, 동남아시아, 오스트레일리아 동북부에서 월동한다. 지리적으로 10아종으로 나눈다. 국내에서는 비교적 흔한 여름철새다. 5월 초에 도래하며, 9월 중순까지 관찰된다.

행동 큰 나무가 자라는 숲 가장자리에 서식한다. 번식철에 쌍을 이루어 "켁 켁 켁" 하는 특이한 소리를 내며 허공에서 구르듯이 재주를 부린다. 보통 높은 나뭇가지, 전깃줄에 앉아 먹이를 찾는다. 큰 부리로 날아다니는 잠자리, 나방 등을 낚아채 사냥하거나 딱정벌레류, 매미류, 풍뎅이 등 곤충을 잡는다. 둥지는 까치, 올빼미류, 까막딱다구리 등 다른 조류가 만든 둥지를 빼앗거나, 번식을 마친 옛 둥지를 사용하기도 한다. 5월 하순부터 산란하며 알을 3~5개 낳아 22~23일간 품는다.

특징 다른 종과 혼동이 없다. 전체적으로 청록색이며 머리가 검은색이다. 머리가 크다. 부리가 붉은색이다. 날 때 첫째날개깃에 흰 반점이 보인다.

어린새 전체적으로 성조보다 색이 어둡다. 몸윗면과 날개덮깃에 흑갈색 기운이 있다. 부리는 검붉은색이다. 날개 반점은 성조보다 흰색 기운이 약하다.

성조. 2006.8.7. 충남 보령 오포리

성조. 2008.5.17. 전남 신안 흑산도

성조. 2008.5.29. 경기 포천 © 곽호경

어린새. 2008.8.29. 충남 천수만 © 김신환

호반새 *Halcyon coromanda* Ruddy Kingfisher L27.5cm

서식 인도 북동부, 네팔, 방글라데시, 중국 북동부와 남서부, 대만, 한국, 일본에서 번식하고, 필리핀 서부, 말레이 반도, 수마트라, 자바에서는 텃새다. 지리적으로 10아종으로 나눈다. 국내에서는 드물게 찾아오는 여름철새다. 5월 초순에 도래하며, 9월 하순까지 관찰된다.

행동 산간계곡, 호수 주변의 울창한 숲속에서 생활한다. 곤충, 물고기, 가재, 개구리 등을 먹으며, 먹이는 바위나 나무에 부딪쳐 기절시키고 머리 부분부터 먹는다. 둥지는 보통 산간계곡 주변 무성한 숲속의 오래된 큰 나무에 생긴 구멍 또는 까막딱다구리의 옛 둥지를 이용한다. 번식기에 수컷은 특이한 울음소리를 낸다. 6월 중순부터 산란하며 알을 4~5개 낳아 19~20일간 품는다.

특징 전체적으로 진한 주황색이다. 암수 구별이 힘들다. 허리에 폭 좁은 푸른색 세로 줄무늬가 있지만 야외에서 잘 보이지 않는다. 몸아랫면은 몸윗면보다 색이 연하다. 붉은색 부리는 크고 굵다. 다리는 매우 짧다.

어린새 전체적으로 성조보다 엷은 주황색이다. 몸아랫면에는 엷은 흑갈색 비늘무늬가 있다. 부리 색은 성조보다 엷다.

성조. 2009.8.1. 경기 파주 © 백정석

성조. 2009.8.1. 경기 파주 © 백정석

성조. 2008.5.26. 강원 철원 © 이상일

어린새. 2009.8.1. 경기 파주 © 백정석

청호반새 *Halcyon pileata* Black-capped Kingfisher L30~32cm

서식 인도에서 동쪽으로 네팔까지, 부탄, 미얀마, 중국, 한국에서 번식한다. 대부분 텃새이지만 중국 동부에서 동북부(랴오닝성), 한국의 번식 집단은 번식 후 동남아시아로 이동한다. 국내에서는 다소 흔한 여름철새였지만 개체수가 감소해 드문 새가 되었다. 4월 하순에 도래해 번식하며, 9월 하순까지 관찰된다.

행동 흙 벼랑이 있는 논 주변의 계류, 호수 주변에 서식한다. 개울가 전신주나 나뭇가지에 앉아 있다가 물고기, 개구리, 곤충 등을 잡는다. 먹이는 바위 또는 나뭇가지에 여러 차례 부딪쳐 기절시킨 후에 먹는다. 둥지는 하천가의 흙 벼랑에 깊이 60~100㎝로 구멍을 파서 짓는데, 매년 같은 구멍을 이용하기도 하며, 여러 개의 구멍이 이웃해 있는 경우도 있다. 5월 중순부터 산란한다. 한배 산란수는 4~5개이며 암컷이 홀로 19~20일간 포란한다.

특징 암수 색깔이 같다. 부리는 붉은색이며 길고 굵다. 머리는 검은색이며 몸윗면은 광택이 있는 푸른색이고, 어깨는 검은색이다. 날 때 첫째날개깃 기부에 큰 흰색 반점이 보인다. 멱과 가슴은 흰색이며 아랫배는 주황색이다. **어린새** 윗부리는 흑갈색이며 아랫부리는 주황색이다(가을 이동시기에 윗부리의 흑갈색이 점차 엷어진다). 가슴에 흐린 검은색 비늘무늬가 있다. 눈 앞쪽으로 매우 짧은 때 묻은 듯한 흰 눈썹선이 있다. 다리 앞쪽은 흑갈색이며 뒤쪽은 주황색이다.

실태 멸종위기 야생생물 II급이다.

성조. 2009.7.11. 전북 완주 © 백정석

성조. 2008.7.11. 경기 포천 © 이상일

둥지. 2009.5.29. 경기 용인 © 백정석

어린새. 2007.7.10. 충남 홍성 © 김신환

물총새 *Alcedo atthis* Common Kingfisher L16.5~18cm

서식 유럽, 서시베리아, 몽골, 한국, 일본, 인도, 동남아시아, 중국 동남부에서 번식하고, 아프리카 북부, 파키스탄, 동남아시아에서 월동한다. 지리적으로 7아종으로 나눈다. 국내에서는 흔한 여름철새이며 적은 수가 월동한다. 4월 중순에 도래해 번식하며, 9월 하순까지 관찰된다.

행동 저수지, 냇가, 강의 일정한 장소에서 단독으로 생활한다. 나뭇가지나 말뚝에 앉아 어류의 움직임을 관찰하다가 재빨리 뛰어들어 잡는다. 잡은 먹이를 나뭇가지나 바위에 부딪쳐 기절시킨 후 먹는다. 번식 초기 수컷은 춤을 추며 암컷에게 물고기를 잡아주는 구애행동을 한다. 둥지는 하천가 흙 벼랑에 터널과 같은 구멍을 파서 짓고 바닥에 토해낸 물고기 뼈를 깐다. 알은 보통 5~7개 낳으며 암컷이 포란하는 동안 수컷이 물고기를 잡아 암컷에게 전해준다. 포란기간은 19~21일이다.

특징 몸에 비해 머리가 크며 부리가 길고 다리가 짧다. 몸 윗면은 광택이 있는 녹청색이며 등에서 허리까지 푸른색이다. 귀깃은 주황색이며 그 뒤에 흰 무늬가 있다. 멱은 흰색이며 몸아랫면은 주황색이다.

수컷 부리 전체가 검은색이다.

암컷 아랫부리 대부분이 주황색이며 윗부리는 검은색이다.

어린새 몸아랫면은 성조보다 주황색이 엷고 가슴, 가슴옆, 옆구리에 흑갈색 기운이 강하다. 귀깃의 색이 엷다. 몸윗면은 성조보다 광택이 적고 흑갈색이 강하다. 다리 앞부분은 흑갈색이다.

성조 수컷. 2013.5.3. 충남 보령 외연도 © 박대용

성조 암컷. 2005.5.2. 충남 천수만 © 김신환

어린새. 2010.7.30. 충남 천수만 © 김신환

어린새. 2013.8.31. 경남 창원 © 최종수

어린새. 2005.8.8. 경기 하남 미사리 © 서정화

둥지. 2007.7.22. 경기 김포 © 백정석

물총새과 Alcedinidae

뿔호반새 *Megaceryle lugubris* Crested Kingfisher L37.5cm

서식 아프가니스탄 북동부, 히말라야, 미얀마, 베트남 중부, 중국 중부와 남부, 일본에서 서식하는 텃새다. 지리적으로 4아종으로 나눈다. 국내에서는 2차 세계대전까지 매우 드문 겨울철새였지만 오늘날 더 이상 관찰되지 않고 있다.

행동 산림이 울창한 산간계류, 호숫가에서 서식하며 물고기를 잡아먹는다. 경계심이 강해 접근이 어렵다. 둥지는 하천가의 흙 벼랑에 구멍을 파서 짓는다. 4계절 내내 영역을 지키며 하나의 개울에 한 쌍만이 서식한다고 한다.

특징 몸윗면은 검은색 바탕에 흰 반점이 조밀하게 흩어져 있다. 머리에 긴 깃이 돌출되었다. 몸아랫면은 흰색이며 뺨과 가슴에 검은 반점이 있어 띠를 이룬다.

수컷 뺨과 가슴 일부에 주황색이 있다. 날 때 아랫날개덮깃이 흰색이다.

암컷 뺨과 가슴에 주황색이 없다. 날 때 아랫날개덮깃이 주황색이다.

실태 과거 불규칙하게 도래하는 매우 드문 겨울철새로 알려져 있다. 함남 원산, 경기 남양주 광릉, 강원 춘천과 금강산, 경북 경주 등지에서 겨울철에 채집된 오래된 기록이 있다. 1949년 2월 13일 서울에서 암컷 1개체가 채집되었으며, 이후 1958년 4월 부산 영도에서 7개체가 관찰된 것이 마지막이다.

수컷. 2014.1.28. 일본 © Himaru Iozawa

암컷. 1949.2.13. 서울 © 이화여자대학교 소장

후투티 *Upupa epops* Eurasian Hoopoe L26~31cm

서식 유럽 중·남부에서 러시아 극동까지, 중국, 한국, 아프리카, 소아시아, 인도, 인도차이나반도에 분포한다. 지리적으로 6 또는 9아종으로 나눈다. 국내에서는 흔한 여름철새이며, 흔한 나그네새다. 3월 초순에 도래해 번식하며, 9월 하순까지 관찰된다. 남부지방보다는 중부지방에 서식밀도가 높다. 매우 이례적으로 월동하는 개체도 있다.

행동 농경지, 과수원, 하천변 등 인가 주변의 개방된 환경에 서식한다. 분주히 걸어 다니며 긴 부리로 흙을 찍어 애벌레를 찾으며, 특히 땅강아지를 즐겨 먹는다. 머리의 긴 깃을 접었다 펼쳤다 한다. 둥지는 오래된 나무 구멍이나 기와집의 용마루 구멍을 즐겨 이용한다. 4~6월에 알을 4~6개 낳아 암컷 혼자 약 18일 동안 품는다.

특징 다른 종과 혼동이 없다. 부리는 가늘고 길며 아래로 굽었다. 머리에 긴 깃이 있으며 깃 끝에 검은 반점이 있다. 날개가 몸에 비해 다소 넓고 크다. 날개에는 흰색과 검은색 무늬가 교차한다. 머리, 가슴은 황갈색이며 아랫배는 흰색이고, 옆구리에 검은색 세로 줄무늬가 4열 있다.

성조. 2006.3.19. 전남 신안 홍도

성조. 2010.5.21. 경기 포천 가채리 © 김준철

성조. 2011.4.3. 전남 신안 홍도 © 김준철

성조. 2006.3.18. 전남 신안 홍도

어린새. 2007.7.30. 경기 하남 미사리 © 서정화

딱다구리과 Picidae

개미잡이 *Jynx torquilla* Eurasian Wryneck L17.5~19.5cm

서식 유럽에서 오호츠크해 연안까지, 연해주, 중국 북부, 아프리카 북부, 히말라야에서 번식하고, 아프리카 중부, 인도, 말레이반도, 인도차이나, 중국 남부, 일본에서 월동한다. 지리적으로 6 또는 7아종으로 나눈다. 국내에서는 매우 적은 수가 통과하는 나그네새다. 4월 하순부터 5월 초순에 북상하며, 8월 하순부터 10월 초순에 남하한다.

행동 야산, 인가 주변, 산림 가장자리의 관목 숲에 서식한다. 이동시기에 소리를 내지 않으며, 단독으로 먹이를 찾는다. 땅 위 또는 썩은 나무에서 개미, 벌, 거미류 등을 먹는다. 경계할 때 목을 좌우로 움직이는 습성이 있다. 딱다구리처럼 나무 구멍에 둥지를 틀지만 직접 나무 구멍을 뚫지 않고 딱다구리의 옛 둥지를 이용한다.

특징 다른 종과 혼동이 없다. 검은색 눈선이 뚜렷하다. 머리와 몸윗면은 회갈색이며 뒷머리에서 등 중앙까지 검은 줄무늬가 있다. 어깨에 검은 줄무늬가 있다. 몸아랫면은 황갈색이며 가늘고 검은 줄무늬가 있다. 꼬리는 회갈색이며 폭 좁은 검은색 줄무늬가 4~5열 있다.

성조. 2006.4.14. 제주 대정읍 상모리

성조. 2010.5.2. 충남 태안 마도 © 김준철

쇠딱다구리 *Yungipicus kizuki* Japanese Pygmy Woodpecker L15cm

서식 시베리아 남동부, 중국 동북부, 사할린, 한국, 일본에 서식한다. 국내에서는 흔하게 번식하는 텃새다.

행동 인가 주변의 야산에서 높은 산까지 다양한 환경에 서식한다. 나뭇가지에서 거미류, 곤충류를 잡으며 열매도 먹는다. 번식기를 제외하고는 주로 단독으로 생활하며 간혹 박새류 무리에 섞여 이동한다. 경계심이 비교적 약하다. 죽은 작은 나무에 구멍을 파고 둥지를 마련한다. 5월부터 번식하고 알을 5~7개 낳아 약 14일 동안 품으며, 새끼는 부화 후 약 20일 후에 둥지를 떠난다. 새끼는 암수가 공동으로 키운다.

특징 가장 작은 딱다구리다. 몸윗면은 흑갈색이며 날개에 흰 줄무늬가 있다. 몸아랫면은 흰색이며 가슴과 옆구리에 갈색 줄무늬가 있다. 날 때 허리가 갈색으로 보인다. 수컷은 뒷머리에 붉은 반점이 있으나 야외에서 확인하기 쉽지 않다.

아종 지리적으로 10 또는 11아종으로 나눈다. 국내에는 2아종이 알려져 있지만 야외에서 아종 구별은 거의 불가능하다. 아종 *permutatus*는 중국 랴오닝성, 한반도 북부, 시베리아 동남부에 분포하고, 아종 *nippon*은 남한, 일본 혼슈에 분포한다. 각 아종별 분포 및 현황에 대해 다양한 견해가 있는 등 연구가 빈약하다. 국내에 서식하는 집단에 대한 분류학적 재검증이 요구된다.

수컷. 2011.1.29. 경기 파주 삼릉

수컷. 2010.12.26. 경기 파주 삼릉

2010.12.26. 경기 파주 삼릉

육추. 2005.5.26. 경기 성남 분당 © 서정화

아물쇠딱다구리

Yungipicus canicapillus Grey-capped Pygmy Woodpecker L20cm

서식 중국, 아무르, 한국, 대만, 인도차이나반도, 말레이시아, 수마트라, 인도 북부, 네팔, 파키스탄 동북부 등 서식범위가 넓다. 북한의 함북 고산지대에서 번식한다. 남한에서는 매우 드문 텃새이며, 매우 드문 겨울철새다.

행동 다른 딱다구리와 같다. 경계심이 비교적 적다. 주로 서울과 경기 일대의 고궁, 교정, 왕릉, 저지대의 울창한 산림에서 단독 또는 1~2개체가 함께 월동한다. 중부 이남지역의 울창한 산림에서도 번식기에 드물게 확인된다.

특징 쇠딱다구리와 형태가 비슷하지만 몸윗면은 전체적으로 검은색이며 날개에 흰 줄무늬가 뚜렷하다. 쇠딱다구리보다 크다. 등과 허리가 흰색이며, 날개덮깃에 큰 흰색 반점이 있다. 암수 비슷하다. 수컷은 눈 위 뒤쪽에 붉은 반점이 있으나 확인이 어렵다. 배는 흐릿한 담황색에 갈색 줄무늬가 있다. 날 때 등과 허리가 흰색으로 보인다.

아종 지리적으로 10아종 이상으로 나눈다. 아종에 따라 크기 차이가 심하고 깃 형태가 다르다. 국내에 서식하는 아종 *doerriesi*는 아무르지역, 만주 동부 지역, 한국에 분포하며, 아종 중 가장 크다. 번식기에 지리산, 소백산, 옥천, 충주, 무주, 파주 등 전국에서 관찰기록이 있으며 겨울철보다 뚜렷하게 적은 수가 확인된다.

2011.2.13. 경기 파주 갈현리

육추. 2015.5.14. 대전 도솔산 © 진경순

2011.4.16. 경기 파주 삼릉

2011.2.13. 경기 파주 갈현리

큰오색딱다구리

Dendrocopos leucotos White-backed Woodpecker L27cm

서식 소아시아, 유럽 서부에서 바이칼호를 경유해 연해주 지역까지, 캄차카, 사할린, 한국, 중국 북동부, 대만, 일본에 서식한다. 국내에서는 비교적 흔하게 서식하는 텃새다.

행동 거목이 있는 울창한 산림, 야산 주변에서 단독으로 생활한다. 딱정벌레 애벌레, 하루살이, 개미, 나방 등 주로 곤충을 먹지만 나무 열매도 즐겨 먹는다. 둥지 파기, 육추는 암수 교대로 이루어지는 반면, 야간에 포란과 새끼 돌보기는 수컷이 전담한다. 알을 3~5개 낳아 약 15일 동안 품으며, 새끼는 부화 27~28일 후에 둥지를 떠난다.

특징 등에 흰 줄무늬가 있고 허리가 흰색이다. 가슴옆에서 옆구리까지 검은 줄무늬가 있다. 배는 엷은 붉은색이며 아래꼬리덮깃은 붉은색이다. 수컷은 머리 위가 붉은색이다.

어린새 암수 모두 머리에 붉은색 깃이 있다(수컷은 폭이 넓은 반면 암컷은 붉은색 폭이 좁아 정수리 앞쪽 일부만 붉으며, 눈 위쪽으로 폭 넓은 검은색이다).

아종 지리적으로 12아종으로 나눈다. 국내에서는 3아종이 기록되어 있다. 울도큰오색딱다구리(*D. l. takahashii*, 울릉도)는 야외에서 내륙의 아종과 구별이 힘들다. 기아종보다 날개의 흰 반점이 더 작고, 몸아랫면의 검은 줄무늬가 더 많다. 제주큰오색딱다구리(*D. l. quelpartensis*, 제주도)는 울도큰오색딱다구리보다 가슴에 담황색 기운이 더 많고, 몸아랫면의 붉은색이 더 넓게 확장되었다.

수컷. 2012.5.31. 경기 광주 남한산성 © 진경순

암컷. 2005.4.16. 경기 하남 상곡동 © 서정화

울도큰오색딱다구리. 수컷. 2008.4.2. 경북 울릉

제주큰오색딱다구리. 수컷. 2006.4.14. 제주 관음사

오색딱다구리 *Dendrocopos major* Great Spotted Woodpecker L24cm

서식 아프리카 북서부, 유럽에서 오호츠크해 연안까지, 중국, 사할린, 한국, 일본, 인도차이나 북부에서 번식한다. 국내에서는 전국에 걸쳐 분포하는 흔한 텃새다.

행동 평지, 야산, 깊은 산림에 서식하며 단독으로 행동하는 경우가 많다. 비교적 큰 나무 줄기에 붙어 주로 곤충류를 잡아먹으며, 간혹 나무 열매도 먹는다. 4월 중순부터 둥지 파기를 시작하고, 5월에 산란한다. 알을 4~6개 낳아 14~16일 동안 품는다.

특징 몸윗면은 검은색이며, 어깨에 'V' 자 모양 큰 흰색 반점이 있다. 수컷의 뒷머리와 아래꼬리덮깃 주변이 붉은색이며 암컷은 붉은색이 없다. 날개깃은 검은색이며 흰 반점이 균일하게 흩어져 있다. 날 때 허리가 검은색으로 보인다.

어린새 이마에서 머리 위까지 붉은색이어서 큰오색딱다구리와 혼동될 수 있다. 옆구리는 가는 줄무늬가 있는 지저분한 색이며, 아래꼬리덮깃은 붉은색이 매우 약하다. 암컷 어린새는 머리의 붉은색 폭이 좁다.

실태 지리적으로 24아종으로 나눈다. 분포에 따라 점진적으로 변이가 있어 중간 형태를 띠는 개체군이 많다. 한국에 분포하는 아종을 *japonicus*로 보고 있지만 한반도 중부와 남부지방에 분포하는 아종을 *hondoensis*로 보는 견해도 있다. 육지에서 멀리 떨어진 도서 지역에서는 거의 확인되지 않지만 불규칙하게 가을 이동시기에 적은 수가 남쪽으로 이동한다.

수컷. 2009.5.30. 강원 춘천 남이섬 © 백정석

허리 검은색

암컷. 2012.5.31. 경기 광주 남한산성 © 진경순

폭 넓은 붉은색 (큰오색딱다구리와 비슷하다)

어린새 수컷. 6월. 경기 성남 분당 © 서정화

붉은배오색딱다구리

Dendrocopos hyperythrus Rufous-bellied Woodpecker L24cm

서식 파키스탄, 티베트 남부와 동남부, 미얀마 북부, 태국에서는 텃새로 정착하며, 우수리 일대에서 번식하는 집단은 중국 남부로 이동해 월동한다. 국내에서는 해마다 기록되지 않는 희귀한 나그네새다. 주로 경기 지역으로 통과한다. 봄철에는 4월 초순부터 5월 하순에 북상하며, 가을철에는 9월 초순부터 10월 하순 사이에 남하한다.

행동 단독 또는 쌍을 이루어 생활한다. 이동시기에 비교적 조용히 움직이며 먹이를 찾는다. 다른 소형 조류에 섞여 먹이를 찾는 경우도 있다. 번식생태에 대해 잘 알려지지 않았다.

특징 수컷의 머리꼭대기는 진한 붉은색이고 암컷은 검은색에 흰 반점이 있다. 뺨을 비롯해 몸아랫면 전체가 적갈색이다. 아래꼬리덮깃은 진한 붉은색이다. 등은 검은색이며 흰 반점이 조밀하게 흩어져 있다.

어린새 머리는 붉은색이며 어두운 줄무늬가 흩어져 있다. 몸아랫면은 성조보다 색이 엷으며, 목과 가슴깃 끝이 검은색을 띠어 비늘무늬를 이룬다.

아종 지리적으로 4아종이 있다. 국내에 기록된 아종은 중국 동북부의 우수리지역에서 번식하고, 중국 남부에서 월동하는 *subrufinus*이다.

수컷. 2006.4.16. 서울 동대문구 © 서정화

수컷. 2018.4.29. 전북 군산 어청도 © 조성식

어린새. 2011.9.16. 전남 신안 홍도 © 빙기창

암컷. 2021.5.6. 충남 보령 외연도 © 조성식

청딱다구리 *Picus canus* Grey-headed Woodpecker L30cm

서식 유럽에서 오호츠크해 연안까지, 사할린, 한국, 중국, 대만, 일본 홋카이도, 네팔, 인도 북부, 인도차이나, 타이, 수마트라에 분포한다. 지리적으로 11아종으로 나눈다. 제주도와 울릉도 등 도서 지역을 제외하고 한반도 내륙 전역에서 흔히 번식하는 텃새다.

행동 참나무류와 밤나무가 많은 산림이나 인가 주변의 야산에 서식한다. 주로 단독으로 생활하며 경계심이 강하다. 나무에서 나무로 이동하며 곤충류를 잡는다. 둥지는 인가 주변의 벚나무, 오동나무, 밤나무 줄기 등에 구멍을 파고 짓는다. 4월 하순에 흰색 알을 3~5개 낳아 14~15일 동안 품으며, 새끼는 부화 24~28일 후에 둥지를 떠난다. 육추 초기에는 부리 안에 먹이를 많이 담아와 토해내어 먹이는 습성이 있다.

특징 수컷은 이마가 붉다. 뺨선과 눈앞이 검은색이다. 머리와 목은 회색이다. 몸윗면은 녹색이며 몸아랫면은 줄무늬가 없는 회색이다. 허리는 녹황색이다. 암컷은 이마에 붉은색이 없다.

수컷. 2011.5.21. 경기 파주 삼릉

암컷. 2011.6.12. 경기 파주 삼릉

수컷. 2011.6.12. 강원 화천 © 김준철

암컷. 2009.12.6. 경기 부천 © 백정석

크낙새 *Dryocopus javensis* White-bellied Woodpecker L46cm

서식 인도 서부, 미얀마, 태국, 베트남, 말레이시아, 수마트라, 자바, 인도네시아, 필리핀, 북한에 서식하며, 남한과 대마도에서는 멸종되었다.

행동 고목으로 울창한 저지대 산림에 서식한다. 경계심이 강하다. 나선형으로 나무를 타면서 나무줄기를 쪼아 속에 있는 곤충 유충을 잡는다. 곤충을 잡기 위해 뚫은 구멍을 박새류와 나무발발이 등이 둥지로 이용하기도 한다. 둥지는 참나무, 소나무, 밤나무 등 수령이 오래된 거목에 튼다. 3월 하순에서 5월 초순에 알을 3~4개 낳아 14일 동안 품으며, 새끼는 부화 26일 후에 둥지를 떠난다. 잠자리로 돌아올 때 까막딱다구리와 달리 울음소리를 전혀 내지 않는다.

특징 대형 딱다구리다. 배와 허리의 흰색을 제외하고 전체적으로 검다. 첫째날개깃 끝이 폭 좁은 흰색이다. 날 때 아랫날개덮깃이 흰색으로 보인다.

수컷 이마에서 머리꼭대기와 뺨선이 붉은색이다.

암컷 머리 전체가 검은색이다.

아종 지리적으로 14 또는 15아종으로 분류한다. 한반도에서만 서식하는 아종은 *richardsi*이며 아종 중 가장 북쪽에 분포한다.

실태 천연기념물이며 멸종위기 야생생물 I급이다. 북한의 일부 지역(황북 린산, 평산, 장풍, 황남 봉천, 개성 박연리)에서 극히 적은 수가 번식하는 텃새로 알려지고 있으나 최근 북한에서 발표된 번식기록, 개체수 동향 등에 대한 신빙성 있는 자료가 없어 정확한 현황 파악이 어렵다. 경기 남양주 광릉 크낙새 서식지는 천연기념물로 지정되어 있다. 1993년 이후 번식지로 알려진 광릉 숲에서 확인되지 않고 있어 남한에서는 멸종된 것으로 판단된다. 1940년대까지 30개체 이상이 채집되었다(금강산 송림사, 황해 평산, 개성 송악산, 경기 남양주 광릉, 수원, 양평, 군포, 충북 조령, 충남 천안, 부산 등지에서 포획되었다).

수컷. 1986.3.
경기 포천 국립수목원 © 서정화

수컷. 1960.4.8.
경기 남양주 광릉. 이화여대자연사박물관

암컷. 1939.6.
경기 남양주 광릉. 이화여대자연사박물관

까막딱다구리 *Dryocopus martius* Black Woodpecker L45.5cm

서식 유럽에서 오호츠크해 연안까지, 캄차카, 러시아 연해주 지역, 사할린, 몽골 북부, 한국, 중국 남서부와 동부, 일본 홋카이도, 이란 북부에 서식한다. 지리적으로 2아종으로 나눈다. 국내에서는 드문 텃새다. 주로 중부 이북에서 번식하고 남부 지역에서는 드물다.

행동 큰 나무가 있는 울창한 산림에 서식한다. 크낙새에 비해 경계심이 적다. 긴 부리로 나무를 찍어내어 먹이를 찾으며, 나무 찍는 소리를 먼 거리에서도 들을 수 있다. 고목 줄기에서 곤충 유충을 먹으며, 땅에 내려와 쓰러진 고사목에서 개미도 먹는다. 둥지는 2월 하순부터 암수가 교대로 구멍을 파고, 3월 하순에 흰색 알을 3~6개 낳아 14~16일 동안 품는다. 육추 초기에는 부리 안에 먹이를 많이 담아와 토해내어 먹이는 습성이 있다. 새끼를 기르는 육추 행동은 대부분 수컷이 담당한다. 해지기 20~30분 전에 잠자리 구멍으로 들어가 잠을 잔다. 원앙, 파랑새, 호반새 등이 둥지를 빼앗아 번식에 실패하는 경우도 있다.

특징 전체적으로 검은 대형 딱다구리다. 수컷은 이마에서 뒷머리까지 붉은색이며, 암컷은 뒷머리만 붉다.

실태 천연기념물이며 멸종위기 야생생물 II급이다. 분포 지역이 확산되고 있으며, 개체수가 증가 하는 듯하다.

수컷. 2006.5.25. 강원 춘천 © 서정화

암컷. 2009.5.25. 경기 가평 © 변종관

암수. 2012.6.9. 강원 화천 © 박대용

팔색조 *Pitta nympha* Fairy Pitta L18cm

서식 중국 남동부, 대만, 한국, 일본에서 번식하고, 보르네오 섬에서 월동한다. 국내에서는 남부 도서지방 및 남부 내륙에서 드물게 번식하고, 매우 드물게 중부 내륙에서 번식하는 여름철새다. 5월 중순까지 도래하며, 9월 하순까지 관찰된다.

행동 수목이 울창한 산림에 서식한다. 큰유리새, 굴뚝새 등과 같이 습하고 어두운 곳을 좋아한다. 둥지는 인적이 없는 어두운 숲속 바위 위, 지면 또는 나무 위에 나뭇가지와 이끼를 이용해 둥글게 튼다. 6월 초중순에 알을 4~5개 낳으며 13~14일간 품는다. 새끼가 부화하면 부모는 교대로 지렁이와 곤충을 물어다 먹인다. 육추기간은 13~14일이다.

특징 몸에 비해 머리가 크고 꼬리가 짧다. 머리는 적갈색이며 가늘고 검은 머리중앙선이 있다. 눈선은 검은색이며 눈썹선은 황백색이다. 몸윗면은 녹청색이며, 허리는 밝은 남색이다. 첫째날개깃은 검은색이며 기부에 흰 반점이 있다. 가슴과 옆구리는 엷은 노란색이며 배 중앙에서 아래꼬리덮깃까지 붉은색이다. 다리가 상대적으로 길다.

실태 세계자연보전연맹 적색자료목록에 취약종(VU)으로 분류된 국제보호조다. 천연기념물이며 멸종위기 야생생물 II급이다. 과거 히말라야 남부에서 인도, 중국 남동부, 대만, 한국, 일본에 분포하는 종을 *Pitta brachyura*로 보았으며 2아종(*brachyura, nympha*)으로 분류했다.

2010.7.20. 제주 © 김준철

2007.7.10. 경남 남해 © 장성래

2022.7.17. 대전 동구 식장산

2012.6.9. 경기 성남 남한산성 © 백정석

서식지. 2010.7.20. 제주 © 김준철

팔색조과 Pittidae

푸른날개팔색조 *Pitta moluccensis* Blue-winged Pitta L18~20cm

서식 중국 남부, 미얀마, 태국, 말레이반도 북부에서 번식하고, 말레이반도 남부, 수마트라, 보르네오 일대에서 월동한다. 국내에서는 2009년 5월 30일 제주 마라도에서 1개체가 포획되었으며, 이후 2009년 6월 12일 인천 석암동 천마산에서 1개체가 포획된 미조다.

행동 아열대와 열대 지역의 습한 산림, 공원, 정원을 비롯해 다양한 환경에 서식한다. 다소 개방된 산림을 선호하다. 두껍게 쌓인 낙엽을 들춰 지렁이나 곤충을 잡아먹는다.

특징 팔색조와 매우 비슷하며, 약간 크다. 부리도 팔색조보다 더 두툼하다. 팔색조와 달리 날개덮깃의 대부분이 푸른색이다. 턱밑에 폭 좁은 검은색이 있다. 날 때 첫째날개깃의 흰 반점이 매우 크게 보인다. 폭 넓고 검은 눈선이 있다. 몸아랫면은 팔색조보다 색이 진하다.

2013.4.21. 태국. JJ Harrison

성조. 2012.4.30. 태국

회색숲제비 *Artamus fuscus* Ashy Woodswallow L16~18cm

서식 스리랑카, 인도, 중국 남부, 동남아시아에서 서식하며 이동성이 없는 텃새다. 국내에서는 2009년 6월 23일 인천 옹진 소청도에서 1개체, 2021년 5월 29일 전남 신안 흑산도에서 1개체가 관찰된 미조다.

행동 나무가 드물게 있는 개방된 경작지에 서식한다. 공중에서 미끄러지듯이 날며 먹이를 찾는다. 무리를 이루어 생활한다. 나뭇가지, 전깃줄에 앉아 두리번거리며 먹이를 기다리거나 쉰다.

특징 머리가 크고 땅딸막하다. 부리는 엷은 푸른색이며 끝부분은 검은색이다. 머리는 청회색이며 몸윗면은 진한 회갈색이다. 허리에 폭 좁은 흰색 띠가 있다. 배는 엷은 회갈색이다. 아래꼬리덮깃에는 흰 기운이 있다. 날 때 보이는 아랫날개덮깃은 때 묻은 듯한 흰색이다. 꼬리는 둥글며 꼬리 끝은 흰색이다(흰가슴숲제비는 흰색이 없다).

어린새 몸윗면은 성조보다 갈색 기운이 강하고 깃 가장자리는 색이 밝아 비늘무늬를 이룬다. 아랫목에서 배까지 물결 모양 가는 줄무늬가 있다.

2009.6.23. 인천 옹진 소청도 © Nial Moores

2009.6.24. 인천 옹진 소청도 © 김신환

2021.5.29. 전남 신안 흑산도 © 진경순

2013.2.3. 태국 치앙마이 © 이광구

흰가슴숲제비

Artamus leucorynchus White-breasted Woodswallow L17.5cm

서식 필리핀, 말레이반도, 보르네오, 수마트라, 자바, 뉴기니, 오스트레일리아에서 서식하며 이동성이 없는 텃새다. 지리적으로 9 또는 10아종으로 나눈다. 국내에서는 미조로 도래할 가능성이 있다.

행동 열대지역에 서식한다. 나무가 드물게 있는 농경지 등 저지대 개방된 공간에서 먹이를 찾는다. 무리지어 생활한다. 나뭇가지에 앉아 있다가 먹이를 발견하면 빠르게 날아올라 공중에서 먹이를 잡는다.

특징 회색숲제비와 비슷하다. 부리는 청회색이다. 몸윗면은 전체적으로 회색숲제비보다 색이 어둡다. 허리와 위꼬리덮깃은 폭 넓은 흰색이다. 날 때 보이는 몸아랫면과 날개아랫면은 흰색이다.

어린새 성조와 비슷하지만 몸윗면의 깃 가장자리 색이 밝아 비늘무늬를 이룬다. 첫째날개깃 끝은 폭 좁은 흰색이다. 멱은 성조보다 엷은 회갈색이며 가슴과 경계가 불명확하다. 몸아랫면은 때 묻은 듯한 흰색 또는 흰색이다.

실태 1990년대에 제주도 서귀포 부근을 비롯해서 국지적으로 산악 절벽에서 드물게 번식하는 여름철새라는 기록이 있으나 근거가 빈약하다. 또한 2001년 5월 10일 제주도 모슬포에서 1개체의 관찰기록이 있으며, 2011년 5월 28일 충남 보령 외연도에서 이 종으로 판단되는 개체의 관찰 제보가 있다. 국내 분포, 서식실태에 대한 명확한 자료가 없다.

2011.7.3. 호주 퀸즈랜드. JJ Harrison ⓒ BY-3.0

2008.12.9. 호주 브룸

2010.2.7. 보르네오 ⓒ 이광구

2010.2.7. 보르네오 ⓒ 이광구

할미새사촌 *Pericrocotus divaricatus* Ashy Minivet L20cm

서식 우수리, 한반도 북부, 일본에서 번식하고, 비번식기에는 중국 남부, 인도차이나반도, 필리핀, 보르네오, 수마트라, 인도 남부로 이동한다. 국내에서는 봄·가을 흔하게 통과하는 나그네새다. 적은 수가 남한의 중부 이북에서 번식할 가능성이 있다. 봄철에는 4월 하순부터 5월 중순까지, 가을철에는 9월 초순부터 10월 중순까지 통과한다.

행동 산림성 조류다. 주로 높은 나뭇가지에 앉지만, 둥지재료나 먹이를 찾을 때는 낮은 관목에 내려온다. 땅에 내려오는 경우는 드물다. 날개를 펄럭이며 완만한 파도 모양으로 높이 난다. 주로 곤충류를 먹는다.

특징 수컷의 이마는 흰색이며 머리는 검은색이다. 눈선은 검은색으로 뚜렷하다. 몸윗면은 균일한 회흑색이다. 몸아랫면은 흰색이며 옆구리에 엷은 회색 기운이 있다.

암컷 이마는 폭 좁은 흰색이다. 머리는 등과 같은 회색, 몸아랫면은 흰색이다.

1회 겨울깃 큰날개덮깃 끝이 흰색이다. 셋째날개깃 끝이 흰색이며 그 안쪽으로 검은 무늬가 있다.

닮은종 **검은가슴할미새사촌(Ryukyu Minivet, *P. tegimae*)** 일본 류큐제도와 도카라열도에서 서식하며, 최근 규슈, 시코쿠, 혼슈 서부지역까지 서식지가 확장되었다. 평북 용암포(1915.9.29)에서 채집되었으며, 가거도, 제주도, 소청도, 광주시 전남대학교 등지에서도 관찰된 미조다. 몸윗면은 할미새사촌보다 어두운 회흑색이며, 가슴에 흑회색 기운이 스며 있다. 이마의 흰색 부분이 좁다.

수컷. 2013.5.8. 전남 신안 가거도 © 고경남

암컷. 2011.5.15. 충남 보령 외연도 © 진경순

1회 여름깃 암컷. 2011.5.15. 충남 보령 외연도 © 진경순

암컷. 2012.5.5. 충남 보령 외연도 © 김준철

검은가슴할미새사촌. 2013.5.12. 전남 신안 가거도 © 심규식

검은가슴할미새사촌. 2013.5.12. 전남 신안 가거도 © 고경남

할미새사촌과 Campephagidae

검은할미새사촌 *Lalage melaschistos* Black-winged Cuckooshrike L23cm

서식 파키스탄 북동부, 네팔, 티베트 동남부, 인도 북부, 중국, 대만에서 번식하고, 인도, 인도차이나에서 월동한다. 지리적으로 4아종으로 나눈다. 국내에서는 1998년 8월 26일 전남 진도 조도에서 수컷 1개체가 관찰된 이후 인천 소청도, 전북 어청도, 제주 마라도, 태안 마도 등지에서 관찰된 미조다. 4월 하순에서 5월 하순, 8월 하순에서 11월 초순 사이에 관찰되었다.

행동 저지대 산림에서 비교적 높은 산림, 산림 가장자리 관목림에 서식한다.

특징 할미새사촌보다 더 크며, 홍채는 적갈색이다. 중앙꼬리깃은 길고, 바깥쪽 꼬리깃은 점차 뚜렷하게 짧아진다. 꼬리깃 끝에 흰 반점이 명확하다.

수컷 몸윗면은 균일한 회흑색, 날개깃은 균일하게 검은색이다(날개깃 가장자리 색이 밝지 않다). 몸아랫면은 몸윗면보다 엷은 회색이며, 특히 아랫배 부분은 색이 엷다.

암컷 전체적으로 수컷보다 색이 엷다. 가슴 아래부터 아래꼬리덮깃까지 가는 비늘무늬가 있다. 귀깃에 가늘고 흰 반점이 흩어져 있다. 눈 아래위로 흰색 눈테가 있다. 날 때 첫째날개깃 아래에 작은 흰색 반점이 보인다.

수컷. 2020.4.25. 충남 태안 신진도 © 박건석

수컷. 2016.11.6. 제주 마라도 © 곽호경

칡때까치 *Lanius tigrinus* Tiger Shrike / Thick-billed Shrike L18.5cm

서식 우수리, 중국 북동부, 한국, 일본에서 번식하고, 중국 남부, 말레이반도, 인도네시아에서 월동한다. 국내에서는 드문 여름철새다. 5월 중순에 도래해 번식하고, 9월 중순까지 관찰된다.

행동 개활지보다는 관목이 있는 숲 가장자리 또는 개방된 숲속에서 생활한다. 때까치와 달리 매우 늦은 시기에 번식한다. 산란기는 6~7월이고, 14~15일간 포란한다. 거미류와 메뚜기 같은 곤충으로 새끼를 키운다.

특징 머리는 청회색이며, 몸윗면은 비늘무늬가 있는 적갈색이다. 위꼬리덮깃에 검은 줄무늬가 있다.

수컷 폭 넓고 검은 눈선이 있다. 부리가 육중해 다른 종보다 크게 보인다. 몸윗면은 적갈색이며 검은색 비늘무늬가 있다. 몸아랫면은 완전한 흰색이다.

암컷 몸윗면은 수컷보다 적갈색이 연하다. 가슴옆과 옆구리에 갈색 비늘무늬가 있다. 눈앞의 눈선은 색이 연하며 검은색과 흰색이 섞여 있다.

어린새 때까치 어린새와 비슷하다. 때 묻은 듯한 흰색 눈테가 비교적 명확하다. 눈앞은 옅은 연황색에 가깝다. 몸윗면은 연한 황갈색을 띤 적갈색이며 등, 날개덮깃에 검은 줄무늬가 매우 선명해 비늘무늬를 이룬다. 머리에 가는 흑갈색 줄무늬가 있다. 몸아랫면은 옅은 노란색 기운이 있는 흰색이며 가슴옆과 옆구리에 흑갈색 비늘무늬가 선명하다. 날개깃은 흑갈색이며 깃 가장자리 색이 연하다. 눈선은 옅은 적갈색이다. 눈썹선은 흰색으로 눈 뒤쪽이 다소 넓으며 비교적 확실하게 보이지만 눈선과의 경계가 불명확하다. 부리는 청회색이다.

수컷. 2009.6.13. 충북 충주 © 변종관

암컷. 2011.7.23. 충북 충주 © 변종관

암컷. 2004.5.20. 전남 신안 홍도

어린새. 2005.9.4. 전남 신안 홍도

때까치 *Lanius bucephalus* Bull-headed Shrike L18.5~21cm

서식 사할린, 우수리, 중국 동북부와 중북부, 한국, 일본에서 번식하고, 겨울에는 남쪽으로 이동한다. 지리적으로 2아종으로 나눈다. 국내에서는 흔히 번식하는 텃새이며, 일부가 봄·가을에 이동하는 나그네새다.

행동 개방된 곳을 선호한다. 번식기에는 조용히 지내다가 번식 후에는 나무 꼭대기, 전깃줄에 앉아 꼬리를 빙글빙글 돌리거나 상하로 흔들며 시끄럽게 울부짖는다. 메뚜기, 잠자리, 도마뱀, 개구리, 거미류 등을 먹으며, 종종 나뭇가지나 철조망에 꽂아 놓고 먹는다. 3월 중순부터 둥지를 짓는다. 둥지는 야산, 인가 주변 잡목림의 나뭇가지에 마른 풀, 식물 뿌리를 엮어 밥그릇 모양으로 튼다. 포란기간은 14~15일이며, 새끼는 부화 2주 후에 둥지를 떠난다.

특징 머리가 크고 꼬리가 길다. 어린새는 노랑때까치와 혼동된다.

수컷 여름깃 머리는 엷은 적갈색이며 몸윗면은 회색, 눈선은 검은색, 첫째날개깃 기부에 흰 반점이 있다. 몸아랫면에는 매우 흐린 비늘무늬가 있으며 가슴옆과 옆구리는 엷은 적갈색, 마모된 여름깃은 머리와 옆구리의 적갈색이 매우 약해 재때까치와 혼동된다.

수컷 겨울깃 머리의 적갈색이 여름깃보다 더 진하다. 가슴옆과 옆구리는 적갈색이며 비늘무늬가 선명하다.

암컷 눈앞의 눈선은 없는 듯이 보이고 눈 뒤는 갈색이다. 날개에 흰 반점이 없다. 머리는 흐린 적갈색이다. 가슴과 옆구리에 비늘무늬가 뚜렷하다.

어린새 노랑때까치와 비슷하지만 눈 뒤의 눈선이 갈색이다. 몸윗면은 갈색이며 검은색 비늘무늬가 있다. 몸아랫면은 비늘무늬가 선명하다.

성조 수컷. 2006.4.12. 전남 신안 홍도

암컷. 2006.2.21. 전남 신안 흑산도

수컷 겨울깃. 2005.11.18. 전남 신안 흑산도

1회 겨울깃 수컷. 2004.11.1 전남 신안 흑산도

노랑때까치 *Lanius cristatus* Brown Shrike L19~21cm

서식 시베리아 중부에서 동쪽으로 캄차카까지, 중국 동부, 몽골, 한국, 일본에서 번식하고, 인도, 중국 남부, 동남아시아에서 월동한다. 4아종으로 나눈다.

행동 개방된 곳보다는 산림 또는 숲 가장자리를 선호한다. 농경지 주변의 숲속 나뭇가지에 앉아 먹이를 찾는다. 5월부터 산란한다. 알을 4~6개 낳으며 포란기간은 약 13일이다. 때까치, 칡때까치보다 높은 나무에 둥지를 튼다.

서식 한국, 중국 북동부, 일본(규슈)에서 번식하며, 중국 동남부, 대만, 수마트라, 보르네오, 셀레베스 북부, 필리핀에서 월동한다. 국내에서는 육지에서 먼 도서에서 5월 초순부터 5월 하순까지, 8월 중순부터 9월 하순까지 규칙적으로 통과하는 나그네새이며, 매우 드물게 번식하는 여름철새다. 최근 강원, 경기 일대에서 번식한 개체는 노랑때까치와 홍때까치의 중간 형태 또는 홍때까치에 더 가까운 형태를 띠는 것으로 확인되었다.

특징 다른 아종보다 몸윗면에 회색 기운이 강하다.

수컷 몸윗면은 회갈색이다. 눈썹선은 매우 가는 회백색이며 불명확하다. 눈선은 뚜렷한 검은색, 이마는 회백색이며 정수리는 갈색이 스며 있는 회갈색, 몸아랫면은 흰색 바탕에 엷은 등황색이다. 옆구리에 비늘무늬가 없다(미성숙 개체는 희미한 비늘무늬).

암컷 수컷과 비슷하다. 옆구리와 가슴옆에 비늘무늬가 약하게 있다.

1회 겨울깃 몸윗면은 적갈색이 있는 회갈색이다. 눈앞의 눈선은 매우 엷은 갈색이며 눈 뒤는 뚜렷한 검은색, 눈앞의 눈썹선은 폭 좁고 불명확하며, 눈 뒤가 비교적 뚜렷한 흰색이다. 정수리에서 허리까지 흑갈색 비늘무늬가 있다(깃털갈이가 진행되어 가을에는 비늘무늬가 거의 없거나 약하다). 옆구리와 가슴옆은 연한 갈색이며 비늘무늬가 선명하다.

실태 과거 한국 전역에서 번식하는 흔한 여름철새였으며 때까치류 중 가장 흔한 종이었다. 개체수가 크게 감소해 1980년대 후반부터 보기 힘든 여름철새로 바뀌었다.

개체변이 봄철 노랑때까치와 홍때까치의 중간 형태를 띠는 개체가 있어 아종 구별이 어렵다. 몸윗면은 엷은 적갈색이 섞인 회갈색, 이마는 폭이 좁거나 넓은 회백색이며, 정수리에서 뒷머리까지 엷은 적갈색이다. 눈썹선은 폭이 좁거나 넓은 흰색이며 머리 색과 경계가 불명확하다. 이 같은 개체는 아종 간 번식지가 교차하는 지역에서 서식하는 지리적 변이, 잡종 또는 미성숙 개체인지 명확한 판단이 어렵다.

아종 홍때까치 *Lanius cristatus cristatus*

동시베리아에서 캄차카까지, 알타이, 몽골 북서부, 아무르에서 번식한다. 주로 육지에서 멀리 떨어진 섬을 통과하는 드문 나그네새다. 이마의 흰 무늬 폭이 다소 좁으며, 흰 눈썹선은 검은색 눈선보다 폭이 좁다. 몸윗면은 넓은이마홍때까치보다 진한 적갈색이며, 가슴옆과 옆구리는 비교적 진한 등황색이다. 암컷은 눈앞의 눈선이 흑갈색이며, 가슴옆과 옆구리에 비늘무늬가 뚜렷하다.

아종 넓은이마홍때까치 *Lanius cristatus confusus*

홍때까치 분포지역의 동남부 지역인 아무르, 우수리, 만주에서 번식한다. 적은 수가 통과하는 나그네새다. 몸윗면이 약간 흐리고 앞이마의 흰 무늬가 폭 넓다. 흰 눈썹선은 검은색 눈선과 거의 같은 폭이다. 가슴옆과 옆구리는 흐린 등황색이다. 아종으로 인정하지 않고 노랑때까치와 홍때까치의 중간 형태로 보는 견해도 있다.

아종 진홍때까치 *Lanius cristatus superciliosus*

사할린 남부, 일본 홋카이도에서 혼슈까지 서식한다. 대략 4회의 관찰기록만 있다. 몸윗면에 적갈색이 강하다. 눈썹선은 폭 넓은 흰색으로 이마까지 다다른다. 암컷은 옆구리에 비늘무늬가 있다.

노랑때까치 성조 암컷. 2006.5.14. 전남 신안 홍도

노랑때까치 1회 여름깃. 2006.5.13. 전남 신안 흑산도

노랑때까치 1회 겨울깃. 2004.9.8. 전남 신안 홍도

중간 형태. 2004.5.14. 전남 신안 흑산도

홍때까치 수컷. 2009.5.17. 전남 신안 흑산도

홍때까치 성조. 2007.5.19. 전남 신안 흑산도

넓은이마홍때까치. 2012.5.12. 전북 군산 어청도 © 곽호경

진홍때까치. 2021.5.17. 전남 신안 흑산도 © 국립공원 조류연구센터

붉은등때까치 *Lanius collurio* Red-backed Shrike L16~18cm

서식 유럽에서 동쪽으로 서시베리아까지, 카자흐스탄 북부, 소아시아, 알타이산맥에서 번식하고, 겨울에는 아프리카 동남부에서 월동한다. 2아종으로 분류한다. 국내에서는 2004년 9월 16일 전남 신안 홍도에서 1개체가 관찰된 이후 2005년 9월 8일 흑산도에서 관찰된 미조다.

행동 다른 때까치와 같다. 평지 또는 산림 가장자리의 관목림에서 생활한다.

특징 성조는 다른 종과 혼동이 없다. 어린새는 노랑때까치와 매우 비슷하다.

수컷 앞머리에서 뒷목까지 균일한 청회색이며 몸윗면은 적갈색이다. 꼬리는 검은색이며 날 때 보이는 바깥쪽 꼬리깃 기부가 흰색이다. 간혹 첫째날개깃 기부에 작은 흰색 반점이 있다.

암컷 머리는 회갈색이며, 뒷목은 회색이다. 몸윗면은 어두운 갈색, 몸아랫면은 때 묻은 듯한 누런색이며 옆구리에 비늘무늬가 있다. 눈 뒤 눈선은 갈색이며 눈앞은 때 묻은 듯한 흰색이다.

어린새 노랑때까치 어린새와 매우 비슷하지만 첫째날개깃이 길게 돌출된다. 눈 뒤의 눈선은 뚜렷한 흑갈색이며 눈앞은 때 묻은 듯한 흰색, 머리를 포함해 몸윗면은 적갈색이며 등, 날개덮깃에 검은 줄무늬가 매우 선명해 비늘무늬를 이룬다. 가슴, 가슴옆, 옆구리에 비늘무늬가 선명하다. 뒷목에 흐린 회갈색 무늬가 있는 경우가 많다. 꼬리는 다소 어두운 적갈색이며 끝에 폭 좁은 검은색 띠가 선명하다. 포획 시 첫째날개깃 2장(P3, P4)에만 바깥골이 있다.

어린새. 2005.9.14. 전남 신안 홍도

어린새. 2005.9.14. 전남 신안 홍도

수컷. 2020.5.5. 터키. Zeynel Cebeci ⓒ BY-SA-4.0

어린새. 2005.9.17. 전남 신안 홍도

붉은등때까치 형태를 띠는 **때까치류 어린새**.
2005.9.16. 전남 신안 흑산도

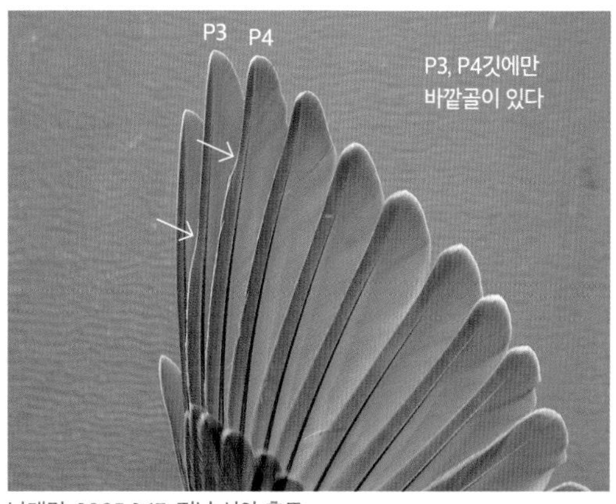

날개깃. 2005.9.17. 전남 신안 홍도

때까치과 Laniidae

긴꼬리때까치 *Lanius schach* Long-tailed Shrike L27cm

서식 카자흐스탄 중남부에서 아프가니스탄까지, 인도, 대만, 중국에서 말레이반도까지, 인도네시아에 서식한다. 지리적으로 9아종으로 분류한다. 국내에서는 1994년 12월 19일 충남 대호방조제에서 처음 관찰된 이후 전국에서 관찰되고 있으며, 최근 개체수가 증가하고 있다. 봄철보다는 주로 가을철에 불규칙하게 통과하는 희귀한 나그네새이며, 일부 월동 기록도 있다.

행동 농경지, 하천변, 숲 가장자리 등 약간 개방된 환경에서 주로 단독으로 생활한다.

특징 암수 색깔이 같다. 때까치보다 뚜렷이 크며 다른 종과 쉽게 구별된다. 머리와 윗등은 회색이며 이마와 눈선은 폭 넓은 검은색이다. 어깨, 허리, 아래꼬리덮깃은 적갈색이다. 날 때 첫째날개깃 기부에 흰 반점이 보인다. 멱과 가슴은 흰색이다.

실태 1999년 10월 14일 만경강 하구에서 2번째로 기록된 이후 거의 매년 몇 개체가 관찰되고 있으며, 2013년 7월 경북 울주에서 번식이 처음 확인되었으며 2014년 6월 충남 서산에서도 번식했다.

2005.12.10. 전남 신안 홍도

2012.11.25. 경기 안산 시화호 © 김준철

재때까치 *Lanius borealis* Northern Shrike L25cm

서식 중앙시베리아에서 동쪽으로 아나디리까지, 남쪽으로 카자흐스탄 동부까지, 키르기스스탄, 몽골 북부에서 동쪽으로 사할린까지, 쿠릴열도, 알래스카, 캐나다에서 번식하고, 겨울에는 중국 동북부, 한국, 일본, 미국 등지로 이동한다. 국내에서는 매우 희귀한 겨울철새다.

행동 단독으로 생활하며 개방된 습지, 하천 등지를 선호한다. 전깃줄, 관목에 앉아 꼬리를 위아래로 움직이며 먹이를 찾는다.

특징 아종에 따라 색 차이가 크다. 물때까치보다 작고 몸윗면은 회색 바탕에 황갈색 기운이 약하게 있다. 첫째날개깃에 작은 흰색 반점이 있다. 꼬리는 물때까치보다 짧으며, 중앙꼬리깃과 몸 바깥쪽 꼬리깃의 길이 차이가 물때까치처럼 크지 않다. 둘째날개깃과 셋째날개깃 끝에 폭 좁은 흰무늬가 있다. 성조도 몸아랫면에 비늘무늬가 있다.

1회 겨울깃 성조와 비슷하지만 전체적으로 갈색이 강하며 몸아랫면의 비늘무늬가 더 진하다. 눈선은 흑갈색, 일부 큰날개덮깃 끝은 갈색 또는 때 묻은 듯한 흰색이다.

분류 분류학적 위치에 대한 견해가 다양하다. 과거 Great Grey Shrike (*L. excubitor*)로 분류했었다. 5아종으로 분류한다. *sibiricus*는 시베리아에서 콜리마강 유역, 아나디리, 남쪽으로 바이칼호 주변, 몽골, 아무르 북부, 캄차카에서 번식한다. 몸윗면이 회색이며, 흐린 갈색 기운이 있다. 성조도 1회 겨울깃과 마찬가지로 몸아랫면에 비늘 무늬가 있다. *bianchii*는 사할린에서 남 쿠릴까지 분포하며 *sibiricus*와 비슷하지만 몸윗면의 회색이 더 강하며 갈색이 거의 없다. 몸아랫면은 비늘무늬가 매우 약하다. 허리는 흰색이다. *mollis*는 알타이에서 몽골 북서부까지 분포한다. *sibiricus*보다 색이 더 어두우며 날개의 흰 반점이 작다. 어깨, 위꼬리덮깃, 가슴옆, 옆구리 부분에 갈색 기운이 강하며, 몸아랫면은 성조에서도 짙은 비늘무늬가 있다.

아종 **mollis** 또는 **sibiricus**. 1회 겨울깃. 2019.11.19. 경기 여주 © 서정화

아종 **sibiricus**. 1회 겨울깃. 2020.11.21.충남 서산

아종 **sibiricus**. 2009.10.24. 인천 옹진 소청도 © Nial Moores

아종 **bianchii**. 1회 겨울깃. 2014.12.27. 충북 충주 © 변종관

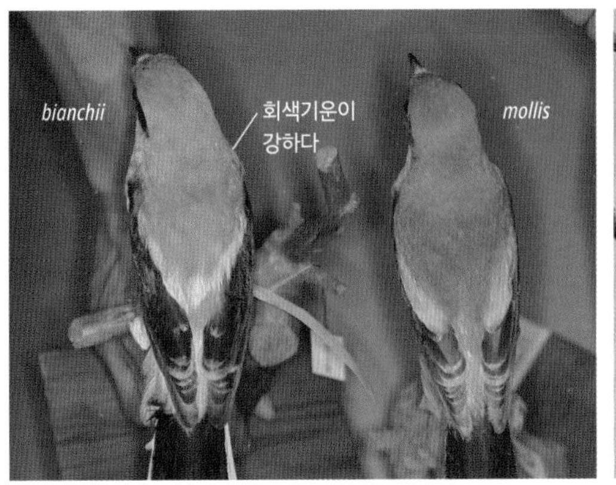

아종 ***bianchii***와 ***mollis*** 비교

아종 ***sibiricus***. 2014.1.12. 충남 천수만 © 한종현

때까치과 Laniidae

초원때까치 *Lanius pallidirostris* Steppe Grey Shrike L25cm

서식 이란 동북부, 아프가니스탄 북부, 카자흐스탄 남부에서 몽골까지 번식하고, 서남아시아, 아프리카 동북부에서 월동한다. 2004년 9월 22일 인천 옹진 소청도에서 이 종으로 추정되는 개체가 처음 관찰되었다. 2회의 관찰기록만 있다.

행동 재때까치와 같다. 다른 종과 달리 번식 후 남쪽으로 장거리 이동을 한다.

특징 외형상 물때까치와 비슷하지만 전체적으로 색이 옅다. 크기는 재때까치와 같다. 수컷은 눈앞의 검은색 눈선이 뚜렷하지만 암컷은 매우 약하다. 앉아 있을 때 날개에 흰 반점이 하나로 보이며, 셋째날개깃 끝의 흰색이 폭 넓다. 날 때 첫째날개깃에 큰 흰색 반점이 보인다. 위꼬리덮깃은 회색 혹은 흰색이며, 허리는 위꼬리덮깃보다 색이 더 옅다. 바깥쪽 꼬리깃이 중앙꼬리깃보다 약간 짧다(물때까치처럼 길이 차이가 심하지 않다). 몸아랫면에 비늘무늬가 없으며 보통 가슴과 가슴옆이 옅은 살구색이다.

1회 겨울깃 몸윗면은 옅은 갈색 기운이 있는 회색, 눈 뒤의 눈선은 성조보다 폭이 좁으며, 흑갈색이다. 몸아랫면에 줄무늬가 없다.

분류 Great Grey Shrike (*L. excubitor*)의 아종 또는 별개의 종 Steppe Grey Shrike (*L. pallidirostris*)로 보기도 한다. 외형상 재때까치와 비슷해 종 구별이 어렵다.

수컷. 2017.6.28. 몽골 단란자드가드 © 이동희

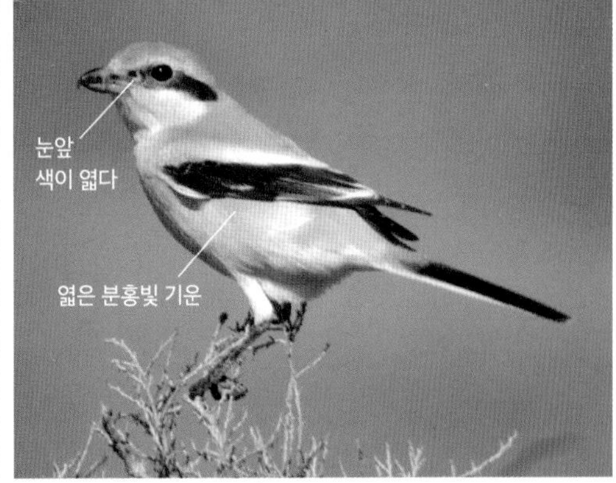

암컷. 2008.10.2. 카자흐스탄. Justin Jansen ⓒ BY-3.0

물때까치 *Lanius sphenocercus* Chinese Grey Shrike L31cm

서식 몽골, 러시아 극동, 중국 중북부와 동북부에서 번식하고, 한국, 중국 동부와 동남부에서 월동한다. 2아종으로 분류한다. 국내에서는 매우 드물게 찾아오는 겨울철새이며 나그네새다. 9월 초순부터 도래해 통과하거나 월동하며, 3월 하순까지 관찰된다.

행동 단독으로 생활한다. 습지, 하천, 넓은 초지, 평지 등지에서 생활하며, 작은 나무, 전깃줄 등에 앉아 꼬리를 흔들며 곤충, 작은 조류, 설치류 등을 노린다. 먹이를 나뭇가지나 철조망에 꽂아두는 습성이 있다.

특징 재때까치와 비슷하지만 더 크다. 몸윗면은 회색이며 검은색 날개에 크고 흰 반점이 보인다. 첫째날개깃 기부가 폭 넓은 흰색이다. 첫째날개깃이 길게 돌출된다. 둘째날개깃 기부가 흰색이어서 날개를 접었을 때 흰 반점이 보인다. 둘째날개깃과 셋째날개깃 끝이 폭 넓은 흰색이다. 몸아랫면은 흰색이다(턱밑과 멱이 순백색, 배는 약간 때묻은 듯한 흰색이다). 아랫부리 기부는 색이 연하다. 허리는 등과 같은 회색이다. 꼬리는 길며 바깥쪽 깃은 흰색이다(바깥쪽 꼬리깃이 중앙꼬리깃보다 유난히 짧다).

1회 겨울깃 첫째날개깃이 흑갈색인 것을 제외하고 성조와 거의 같아 구별이 어렵다.

닮은종 **재때까치** 물때까치보다 작다. 첫째날개깃 기부가 흰색이지만 물때까치보다 더 작게 보인다. 날 때 바깥쪽 첫째날개깃 일부만이 흰색이어서 물때까치보다 흰 무늬가 매우 작게 보인다. 첫째날개깃이 셋째날개깃 뒤로 짧게 돌출된다. 꼬리가 짧고, 바깥쪽 꼬리깃이 중앙꼬리깃보다 약간 짧다. 몸아랫면에 비늘무늬가 흩어져 있다.

2005.12.16. 전남 신안 홍도

2004.12.26. 전남 신안 홍도

2005.12.16. 전남 신안 홍도

2011.1.8. 경기 파주 오도리

때까치류 어린 개체 비교

칡때까치 어린새. 2007.8.30. 전남 신안 흑산도

때까치 1회 겨울깃 암컷. 2009.9.18. 전남 신안 흑산도

노랑때까치 1회 겨울깃. 2008.8.20. 전남 신안 흑산도

붉은등때까치 어린새. 2005.9.17. 전남 신안 홍도

때까치류 꼬리깃 비교

노랑때까치 어린새 꼬리깃. 2007.9.11. 전남 신안 흑산도

붉은등때까치 어린새 꼬리깃. 2005.9.17. 전남 신안 홍도

재때까치 아종 *mollis*. 꼬리깃. 1978.11. 경기 고양 원당

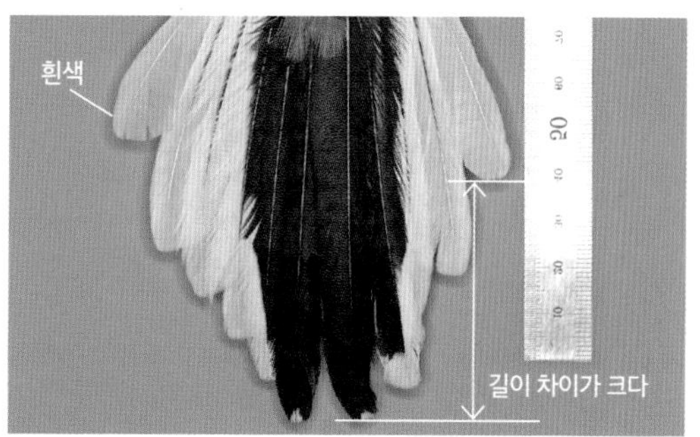

물때까치 꼬리깃. 1977.12.24. 서울

꾀꼬리 *Oriolus chinensis* Black-naped Oriole L27cm

서식 러시아 극동, 중국(서북부와 서부 제외), 한국에서 번식하고, 대만, 수마트라, 자바, 소순다열도, 셀레베스, 필리핀에서는 연중 머무는 텃새이며, 인도, 인도차이나반도에서 월동한다. 국내에서는 흔한 여름철새다. 5월 초순에 도래해 번식하고, 9월 하순까지 관찰된다.

행동 주로 아까시나무, 참나무 숲 등 활엽수림에서 생활하며 곤충을 주로 먹는다. 땅에 내려오는 경우는 거의 없다. 번식기에는 아름다운 울음소리를 내며 일정한 세력권을 갖으며, 둥지에 접근하면 요란한 소리로 경계한다. 둥지는 수평으로 뻗은 나뭇가지 사이에 풀뿌리를 거미줄로 엮어 밥그릇 모양으로 늘어지게 튼다. 5월에 번식하며, 한배 산란수는 3~4개다. 포란기간은 18~20일이다.

특징 다른 종과 혼동이 없다.

수컷 전체적으로 노란색이다. 폭 넓은 검은색 눈선이 뚜렷하다. 날개와 꼬리는 검은색이며 깃 가장자리가 노란색이다. 부리는 약간 크고 붉은색이다.

암컷 수컷과 거의 비슷하지만 몸윗면이 녹색 기운이 있는 노란색이다. 첫째날개덮깃의 노란색 반점이 수컷보다 작다. 검은색 눈선 폭은 수컷과 차이가 미세하다.

어린새 몸윗면은 녹색 기운이 있는 노란색, 눈선은 희미하게 흔적이 있는 듯하다. 날개, 꼬리깃에 갈색 기운이 있다. 몸아랫면은 흰색 바탕에 흑갈색 줄무늬가 있다.

수컷. 2009.6.14. 강원 춘천 남이섬 © 백정석

암컷. 2009.6.14. 강원 춘천 남이섬 © 백정석

2011.6.19. 경기 가평 © 김준철

어린새. 2014.9.13. 경기도 양평 양수리 © 양현숙

회색바람까마귀 *Dicrurus leucophaeus* Ashy Drongo L25.5cm

서식 아프가니스탄에서 중국까지, 대만, 하이난, 안다만 제도, 대순다열도, 팔라완에 서식한다. 국내에서는 1961년 10월 11일 평북 용천 신도에서 암컷 1개체가 잡힌 기록이 처음이며, 이후 오랫동안 기록이 없다가 2000년 5월 21일 전남 신안 가거도에서 1개체가 관찰되었다. 최근 전남 신안 홍도, 전북 군산 어청도, 충남 태안, 인천 옹진 소청도, 문갑도 등지에서 관찰된 희귀한 나그네새다.

행동 숲, 관목 숲 가장자리 등 개방된 환경에서 생활한다. 조용히 움직이는 습성이 있다. 나뭇가지에 앉아 있다가 곤충을 잡고 다시 되돌아와 먹이를 노리는 습성이 있다.

특징 다른 바람까마귀류보다 깃이 전체적으로 엷은 회색이다. 몸 윗면이 아랫면에 비해 색이 더 진하다. 이마에 폭 좁은 검은색이 있다. 얼굴 주변에 흰색이 있다. 꼬리는 길며 가운데가 오목하고, 외측꼬리깃 끝부분이 밖으로 향한다.

아종 지리적으로 15아종으로 나눈다. 아종 간 색 차이가 크다. 한국에 도래하는 아종은 중국 중부, 북부, 동부에 분포하는 *leucogenis*이며 다른 아종에 비해 색이 엷고 눈앞에서 귀깃까지 흰색이다. 중국 동남부에 분포하는 아종 *salangensis*도 도래 가능성이 높다. 본 아종은 전체적으로 *leucogenis*보다 약간 어둡고 귀깃에 회색 기운이 있다. 그러나 아종 *leucogenis* 미성숙 개체는 귀깃에 흰 기운이 적어 *salangensis*와 비슷한 느낌이다.

성조. 2010.5.7. 인천 옹진 문갑도 © 김석민

성조. 2012.5.5. 충남 태안 신진도 © 백정석

회 겨울깃. 2005.9.24. 전남 신안 홍도

1회 겨울깃. 2005.9.24. 전남 신안 홍도

검은바람까마귀 *Dicrurus macrocercus* Black Drongo L28cm

서식 이란 동남부에서 인도까지, 중국, 대만, 하이난, 자바에서 번식하고, 중국 동부와 동북부에서 번식하는 집단은 동남아시아로 이동한다. 지리적으로 7아종으로 나눈다. 국내에서는 1988년 5월 19일 충남 태안 안면도에서 1개체가 처음 확인되었으며, 1990년대 후반부터 관찰기록이 증가하고 있다. 드물지만 규칙적으로 육지에서 멀리 떨어진 도서 지역을 통과하는 나그네새다. 보통 5월 초순부터 5월 하순까지 통과하며, 가을철 남하하는 시기의 관찰기록은 매우 드물다.

행동 큰 나무가 드물게 자라는 개활지, 풀밭에서 단독 또는 무리지어 생활한다. 물결 모양으로 날고, 전깃줄, 나뭇가지에 앉아 있다가 날아오르는 곤충을 잡아먹고 다시 원위치로 돌아온다.

특징 몸은 검은색이며 푸른 광택이 있다. 꼬리는 회색바람까마귀보다 더 깊게 갈라졌고, 몸 바깥쪽 끝부분이 약간 위로 향한다. 다른 종에 비해 광택이 적다.

1회 겨울깃 성조와 비슷하지만 광택이 적다. 날개깃은 흑갈색이며 몸윗면은 광택이 있는 검은색이다. 몸아랫면은 가슴부터 아랫배까지 흑갈색이며 흰색 깃이 섞여 있다. 아래꼬리덮깃의 깃 끝은 폭 넓은 흰색 무늬가 뚜렷하다.

닮은종 **검은두견이** 서식지가 다르다. 숲 가장자리에서 생활하며 직선으로 난다. 아래꼬리덮깃과 몸 바깥쪽 꼬리 아랫부분에 작은 흰색 줄무늬가 흩어져 있다.

2003.5.15. 전남 신안 흑산도

2005.5.20. 전남 신안 홍도

2006.5.15. 전남 신안 홍도

2003.5.2. 전남 신안 흑산도

바람까마귀 *Dicrurus hottentottus* Hair-crested Drongo L25~28cm

서식 인도, 중국, 필리핀, 동남아시아에 분포한다. 1959년 11월 11일 경남 고성에서 1개체가 채집된 이후 제주도, 전남 신안 홍도, 전북 군산, 인천 옹진 백령도, 소청도, 굴업도 등지에서 관찰된 미조다. 1959년 11월 첫 기록과 2008년 11월 홍도에서의 포획기록, 2015년 1월 제주도 관찰기록을 제외하고 대부분 5월에 관찰되었다.

행동 앞이 트인 숲 가장자리, 큰 나무가 자라는 숲속, 벌목 후 풀이 자라는 개방된 초지를 선호한다. 교목 정상부 또는 중간층의 가지에 앉아 있다가 날아올라 곤충을 잡아먹는다. 검은바람까마귀보다 더 산림 쪽 환경을 선호한다. 날 때 물결 모양으로 날지만 검은바람까마귀보다 약간 무거워 보인다. 맹금류 등 천적이 출현하면 독특한 울음소리를 내며 방어한다.

특징 전체적으로 광택이 있는 푸른색이고, 이마에 가늘고 긴 깃털이 여러 가닥 있지만 야외에서 관찰하기 힘들다. 몸윗면은 날개보다 색이 더 어둡다. 중앙꼬리깃이 외측꼬리깃보다 약간 짧다. 외측꼬리 끝부분이 볼록하며, 다른 바람까마귀 종류와 달리 매우 심하게 위쪽으로 향한다. 멱과 윗가슴은 배보다 광택이 뚜렷하다. 홍채는 붉은색이다. 부리는 검은색이다.

아종 지리적으로 14 또는 20아종으로 나누지만, 아종 간 차이점에 대한 자세한 자료가 부족하다. 한국에 도래하는 아종은 중국 헤베이성에서 남쪽으로 미얀마 북부, 라오스 북부, 베트남 북부까지 번식하는 *brevirostris*이다.

2003.5.11. 전남 신안 홍도

2003.5.11. 전남 신안 홍도

2008.11.16. 전남 신안 홍도 © 최창용

2008.11.16. 전남 신안 홍도 © 최창용

북방긴꼬리딱새

Terpsiphone incei Amur Paradise Flycatcher ♂47.5cm, ♀20cm

서식 중국 중부에서 동북부까지, 러시아 극동, 북한에서 번식하고, 인도차이나반도, 수마트라에서 월동한다. 국내에는 희귀하게 통과하는 나그네새로 알려져 있지만, 알려진 것보다 더 많이 통과할 가능성이 있다.

행동 긴꼬리딱새와 같다. 어두운 숲속의 낮은 나뭇가지에 앉아 있다가 날면서 곤충을 잡는다.

특징 수컷은 2가지 형태가 있다. 암수 모두 몸윗면은 적갈색이며, 푸른색 눈테는 긴꼬리딱새보다 폭이 좁다. 어린새와 암컷은 긴꼬리딱새와 매우 비슷하다.

수컷 일반형 날개와 꼬리는 등과 같은 적갈색이다. 정수리의 광택이 긴꼬리딱새보다 진하다. 머리와 멱의 색은 옆목 및 가슴 색과 비교적 뚜렷이 구별된다.

수컷 백색형 머리는 광택이 있는 검은색이다. 머리와 목을 제외하고 전체적으로 흰색이다. 날개 끝은 검은색이며 몸윗면의 깃축이 검은색이다. 몸아랫면은 멱을 제외하고 흰색이다.

암컷 긴꼬리딱새 암컷과 구별이 어렵다. 몸윗면은 흑갈색 기운이 거의 없는 적갈색이다. 정수리에는 광택이 있으며, 얼굴과의 색 차이가 비교적 뚜렷하다. 목은 가슴보다 색이 어둡다(목과 가슴색 경계 비교적 명확). 가슴과 배의 경계가 불명확하다.

어린새 성조 암컷과 비슷하다. 수컷도 암컷처럼 꼬리가 짧아 암수 구별이 불가능하다. 부리는 엷은 흑갈색이며, 푸른색 눈테가 거의 보이지 않는다.

분류 Asian Paradise Flycatcher (*T. paradisi*)는 투르크메니스탄, 인도, 중국(북서부 제외), 우수리, 동남아시아, 순다열도에서 서식하며, 14아종으로 나누었으나 최근 별개의 3종(*T. paradisi*, *T. incei*, *T. affinis*)으로 나눈다.

T. paradisi 수컷. 2013.4.8. 네팔 © 김신환

T. incei 어린새. 2015.8.26. 전남 신안 흑산도 © 국립공원 조류연구센터

T. incei 암컷. 2011.11.15. 싱가폴 © Toh Yew Wai

긴꼬리딱새

Terpsiphone atrocaudata Japanese Paradise Flycatcher ♂40~44cm, ♀18.5~21cm

서식 한국과 일본에서는 여름철새로 찾아오고 대만에서는 텃새로 머문다. 비번식기에는 말레이반도, 수마트라, 필리핀에서 월동한다. 3아종으로 분류한다. 국내에서는 흔하지 않은 여름철새다. 5월 초순부터 도래해 번식하고, 9월 중순까지 관찰된다. 서식 밀도는 거제도, 제주도 등 남부 지역이 중부 지역보다 높다.

행동 어두운 숲속의 낮은 나뭇가지에 앉아 있다가 날면서 곤충을 잡는다. 둥지는 작은 'Y' 자 형 나뭇가지 사이에 이끼, 나뭇잎, 거미줄 등을 섞어 컵 모양으로 짓는다. 산란기는 5월부터이며, 한배에 알을 3~5개 낳아 12~14일간 암수가 교대로 품는다.

특징 정수리에 뒤로 향한 짧은 댕기가 있다. 폭 넓은 푸른색 눈테가 있다.

수컷 몸윗면은 자주색 광택이 있는 검은색, 긴 꼬리는 거의 검은색(북방긴꼬리딱새는 적갈색)으로 보이며, 중앙 꼬리깃은 매우 길게 돌출되어 날 때에 꼬리가 물결친다. 미성숙 개체는 꼬리가 짧아 암컷과 혼동된다. 보통 꼬리가 길어지는 데에 생후 만 2년 이상 소요된다.

암컷 꼬리가 수컷보다 뚜렷하게 짧다. 몸윗면은 흑갈색 기운이 있는 적갈색이다. 북방긴꼬리딱새 암컷과 비슷하지만 정수리의 광택이 더 적으며, 얼굴과 색깔 차이가 크지 않다. 목과 가슴 색의 경계가 불명확하다. 가슴과 흰색 배의 경계가 명확하다.

어린새 암컷과 비슷하다. 수컷도 암컷처럼 꼬리가 짧아 외형상 암수 구별이 불가능하다. 부리 기부와 끝의 색이 엷은 것을 제외하고 검은색이다. 푸른색 눈테는 광택이 없으며 폭이 매우 좁다.

실태 세계자연보전연맹 적색자료목록에 준위협종(NT)으로 분류되어 있다. 멸종위기 야생생물 II급이다.

수컷. 2008.5.11. 전남 신안 흑산도 © 이광구

암컷. 2005.7.2. 제주 © 심규식

암컷. 2011.8.6. 강원 강릉 주문진 © 진경순

북방긴꼬리딱새와 긴꼬리딱새 비교

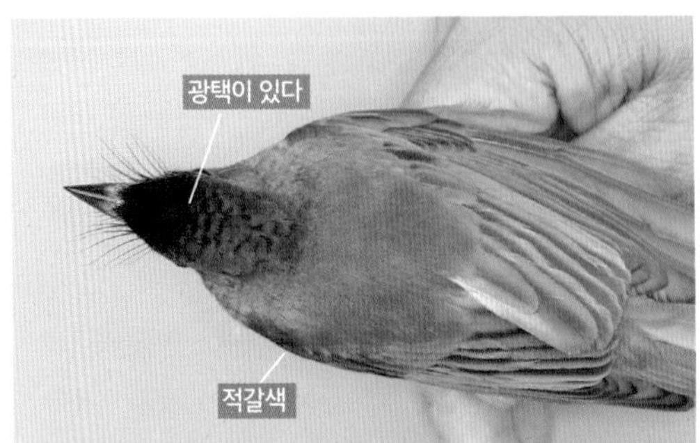

북방긴꼬리딱새 어린새. 2006.9.14. 전남 신안 흑산도

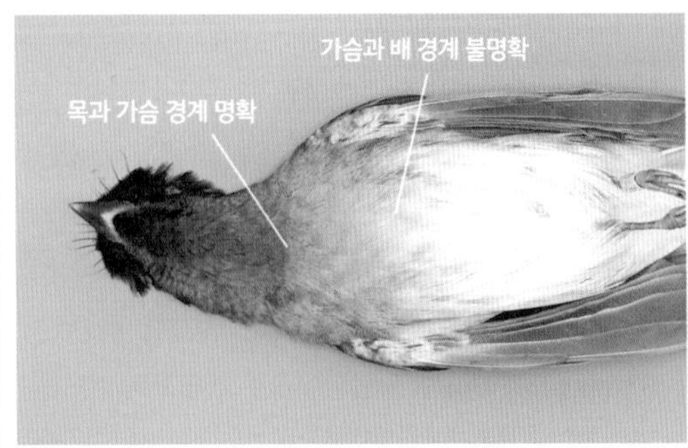

북방긴꼬리딱새 어린새. 2006.9.14. 전남 신안 흑산도

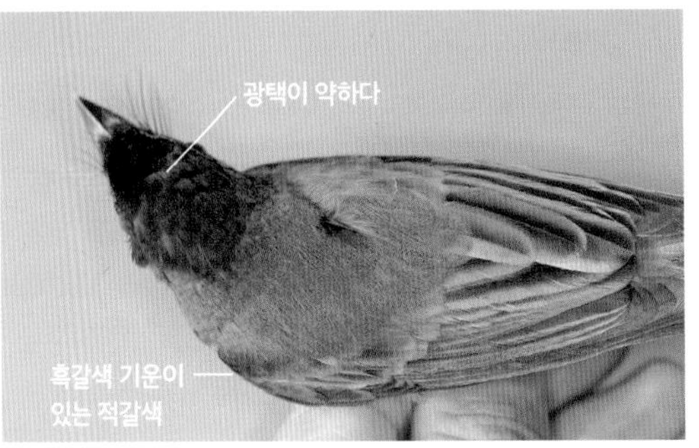

긴꼬리딱새 어린새. 2007.8.25. 전남 신안 흑산도

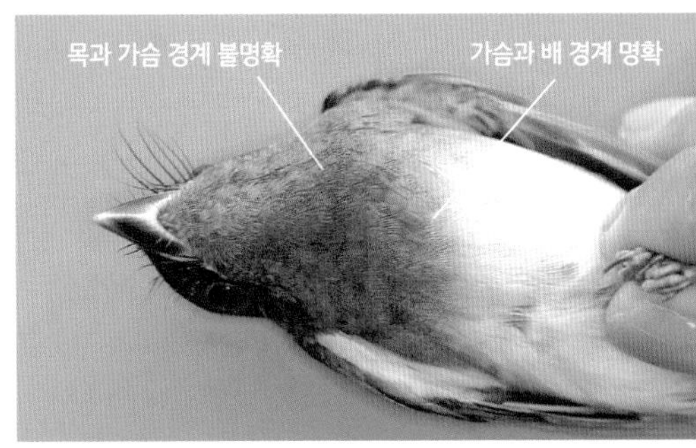

긴꼬리딱새 어린새. 2007.8.25. 전남 신안 흑산도

북방긴꼬리딱새 어린새. 2006.9.14. 전남 신안 홍도

북방긴꼬리딱새 어린새. 2015.8.26. 전남 신안 흑산도 © 국립공원

긴꼬리딱새 어린새. 2008.8.24. 전남 신안 흑산도

긴꼬리딱새 어린새. 2008.8.24. 전남 신안 흑산도

어치 *Garrulus glandarius* Eurasian Jay L33.5~35.5cm

서식 유라시아대륙의 중위도 지역, 북아프리카, 인도차이나반도에 서식한다. 국내에서는 전국에 걸쳐 번식하는 흔한 텃새다.

행동 낙엽활엽수림, 침엽수림 등 다양한 환경의 숲속에서 생활한다. 번식기에는 산림 속에서 비교적 조용히 지낸다. 번식 후에는 작은 무리를 지어 평지로 내려오는 경우도 있다. 간혹 다른 조류 또는 동물의 소리를 흉내 내기도 한다. 들쥐, 새 알과 새끼, 개구리, 도마뱀 등의 동물성과 나무 열매, 과일 등도 즐겨 먹는 잡식성이다. 가을철에는 도토리를 즐겨 먹는다. 도토리를 나무껍질이 갈라진 틈이나 지면에 저장해 겨울에 비상식량으로 이용하기도 한다. 저장한 도토리를 찾지 못할 경우 싹이 터 참나무류를 확산시키는 역할을 한다. 둥지는 주로 침엽수에 만들고 나뭇가지로 기초를 다진 뒤 그 위에 가는 나무뿌리로 똬리를 틀고 진흙을 붙여 밥그릇 모양으로 짓는다. 산란수는 4~8개이며, 포란기간은 16~17일이다. 새끼는 19~20일간 둥지에 머문다.

특징 다른 종과 혼동이 없다. 암수 색깔이 같다. 머리는 적갈색에 검은 반점이 있다. 날 때 허리의 흰 무늬가 뚜렷이 보인다. 날개덮깃에 검은 줄무늬가 있는 푸른 무늬가 뚜렷하다.

아종 지리적으로 여러 아종(5 또는 8개 그룹, 34아종 이상)으로 나누지만 야외에서 구별이 힘들다. 한국에 분포하는 아종은 *brandtii*이다.

2008.4.22. 전북 정읍 내장산

2009.5.4. 경기 부천 © 백정석

둥지. 2014.5.18. 경기 성남 남한산성 © 임백호

2006.9.16. 충남 홍성 © 김신환

물까치 *Cyanopica cyanus* Azure-winged Magpie L37~39cm

서식 몽골 서북부에서 아무르까지, 우수리, 중국 북부, 중부, 동부, 한국, 일본에 서식한다. 국내에서는 전국적으로 흔히 번식하는 텃새이며 개체수가 증가하고 있다.

행동 연중 여러 마리가 무리를 이루어 생활한다. 무리지어 먹이를 찾으며 한 곳에 오래 머무르지 않고 울음소리를 주고받으며 계속 이동하는 습성이 있다. 개구리를 비롯한 양서류, 파충류, 거미류, 곤충류 그리고 옥수수, 감 등 다양한 먹이를 먹는 잡식성이다. 보통 마을 주변의 큰 나무와 덤불이 무성한 곳에 여러 마리가 일정한 간격을 두고 둥지를 틀며 천적이 나타나면 울음소리를 내며 집단으로 방어한다. 둥지는 나뭇가지로 외부를 둘러쌓고, 가는 풀뿌리, 이끼류를 이용해 밥그릇 모양으로 튼다. 한배에 알을 6~9개 낳으며, 암컷이 포란한다. 포란기간은 16~18일, 새끼는 약 18일간 둥지에 머문다.

특징 다른 종과 혼동이 없다. 머리는 검은색이다. 날개와 꼬리는 푸른색이다. 중앙꼬리깃 끝부분에 흰색 띠가 있다.

어린새 성조와 비슷하지만 앞머리는 검은색 바탕에 흰색 얼룩 반점이 흩어져 있다. 등과 어깨깃은 어두운 갈색이다. 날개덮깃 끝은 폭 넓게 때 묻은 듯한 흰색이다. 몸아랫면은 흰색이며 가슴과 가슴옆은 갈색이다. 꼬리가 짧고 꼬리 끝의 흰 무늬 폭이 좁다.

분류 7아종으로 나눈다. 이베리아반도(스페인, 포르투칼)에 서식하는 집단을 별개의 종 Iberian Magpie (*C. cooki*)로 분류하기도 한다.

성조. 2014.12.9. 강원 인제 용대리

어린새. 2006.6.7.1. 충남 보령 오포리

성조. 2007.6.3. 전남 영암 월출산

무리. 2013.3.31. 전남 구례

까치 *Pica serica* Oriental Magpie / Korean Magpie L43~48cm

서식 러시아 극동, 중국 동북부와 동부, 한국, 대만, 인도차이나반도 북부에 서식한다. 국내에서는 인가 근처에서 사계절을 보내는 텃새다. 육지에서 멀리 떨어진 도서지방을 제외하고는 전국에서 쉽게 볼 수 있다.

행동 지상에서 쥐, 곤충류, 곡류 등을 먹으며 나무 열매도 즐겨 먹는 잡식성이다. 한겨울부터 다양한 나무에 둥지를 짓기 시작한다. 둥지는 나뭇가지를 쌓아 만든 후 그 위에 식물의 뿌리로 똬리를 틀고 진흙으로 붙이며, 그 위에 다시 나뭇가지로 지붕을 만들고 옆으로 출입구를 낸다. 일부 개체는 철탑이나 전신주에 둥지를 틀며 보통 철사, 쇠붙이 같은 재료가 포함된다. 이에 따라 간혹 정전사고를 유발해 둥지가 훼손되기도 한다. 한배에 알을 3~5개 낳으며 17~18일 동안 품는다. 번식 후에는 무리지어 생활하며 해질녘에는 일정한 장소에 모여 잠을 잔다. 겨울철에는 들판, 하천에서 서식하는 말똥가리, 독수리 등 맹금류를 공격해 몰아내는 경우가 많다.

특징 머리, 목, 등이 검은색으로 보이며, 날개깃과 꼬리깃은 녹색, 푸른색, 자주색 광택이 있다. 첫째날개깃은 흰색이며 끝이 폭 좁은 검은색이다. 배는 흰색이며 아래꼬리덮깃은 검은색이다. 부리는 검은색이다.

실태 농작물 피해 및 정전 사고 등을 일으켜 유해동물로 지정되어 겨울철에 전국에서 많은 수가 포획된다. 원래 제주도에는 서식하지 않았지만 1989년 내륙에서 도입된 이후 개체수가 점차 증가했다. 일본의 규슈 북서부에 서식하는 집단은 17세기에 한국에서 이입된 개체의 후손이다.

분류 까치(Eurasian Magpie, *Pica pica*)는 유라시아대륙 중위도 지역, 북아프리카, 아라비아반도 남서부에 서식하며, 11아종으로 나누었지만 최근 여러 종으로 나눈다.

2010.11.13. 경기 파주 금릉

2011.10.23. 경기 파주 공릉천

무리. 2010.2.7. 경남 창원 주남저수지 © 김준철

개미 목욕(anting). 2008.7.5. 경기 하남 미사리 © 서정화

잣까마귀 *Nucifraga caryocatactes* Spotted Nutcracker L34.5cm

서식 스칸디나비아에서 캄차카까지, 히말라야, 중국, 대만, 한국, 일본 등 유라시아의 아고산대 침엽수림에 서식한다. 지리적으로 8 또는 9아종으로 나눈다. 남한에서는 일부 지역에서만 매우 드물게 번식하는 텃새이며, 북한의 고산지대에는 흔히 번식한다. 대표적인 서식지는 설악산 대청봉 일대와 지리산 등 해발 1,000m 이상 고산지대다.

행동 작은 무리 또는 단독으로 생활한다. 고산대, 아고산대의 침엽수림대에 생활하며 침엽수의 종자(소나무, 잣나무)를 먹는다. 설악산 대청봉에서는 6월에서 7월 초순에 30여 개체가 모여들어 익지 않은 눈잣나무 열매를 따 먹으며 시간이 지남에 따라 해발 1,300m 지점까지 이동해 잣나무, 참나무류 열매도 먹는다. 곤충류도 즐겨 먹으며 파충류, 새 알, 동물의 사체도 먹는다. 비교적 경계심이 없어 사람을 겁내지 않으며 날개를 완만하게 저으며 파도 모양으로 난다. 둥지는 침엽수 가지에 지의류를 이용해 틀지만 발견하기 힘들다. 눈이 남아 있는 3월에 번식활동을 시작하며 4~5월에 알을 3~4개 낳고 17~19일 동안 품는다. 먹이를 저장해 겨울을 대비하는 습성이 있다.

특징 암수 같은 색이며, 전체적으로 어두운 갈색이고, 큰 흰색 점이 몸 아래위로 흩어져 있다. 머리는 어두운 갈색이다. 날개깃과 꼬리깃은 검은색으로 보이며 꼬리 끝은 흰색이다.

어린새 성조와 매우 비슷하다. 큰날개덮깃 끝에 흰 반점이 명확하다. 머리에 희미한 작고 흰 반점이 있지만 잘 보이지 않는다.

성조. 2008.7.13. 강원 설악산 © 곽호경

성조. 2014.7.1. 강원 설악산 대청봉

어린새. 2009.7.26. 강원 설악산 대청봉 일대 © 김준철

미성숙 개체(2년생). 2014.7.1. 강원 설악산 대청봉 일대

집까마귀 *Corvus splendens* House Crow L41~43cm

서식 파키스탄, 인도, 네팔, 방글라데시, 부탄, 스리랑카, 중국 윈난성 남부, 미얀마에 분포하는 텃새다. 5아종으로 분류한다. 국내에서는 2010년 5월 7일 인천 옹진 문갑도에서 1개체가 처음 관찰된 미조다.

행동 시골에서 도시까지 사람 거주지 인근, 쓰레기장, 농경지, 해안가에서 생활한다. 경계심이 적다. 소형 파충류, 곤충, 새 알과 새끼, 곡물, 과일 등 다양한 먹이를 먹는 잡식성이다.

특징 까마귀보다 약간 작다. 목이 약간 길다. 등, 이마에서 정수리, 턱밑에서 옆목까지 검은색이다. 뒷목, 옆목, 가슴에서 아래꼬리덮깃까지 회색이다. 부리는 약간 길고 두툼하며 윗부리가 약하게 궁글다.

실태 아프리카 동북부, 동부, 남부, 중동, 말레이시아, 싱가폴 등지에 이입되었다. 선박에 승선해 세계 여러 곳에 불현듯 나타나는 종이기도 하다.

2010.5.7. 인천 옹진 문갑도 © 김석민

2010.5.12. 인천 옹진 문갑도 © 곽호경

2010.5.12. 인천 옹진 문갑도 © 곽호경

2010.5.13. 인천 옹진 문갑도 © 김신환

큰부리까마귀 *Corvus macrorhynchos* Large-billed Crow L56.5cm

서식 아프가니스탄 동부에서 중국까지, 러시아 극동, 사할린, 쿠릴열도, 한국, 일본, 필리핀, 인도네시아에 서식한다. 9아종으로 분류한다. 국내에서는 전국적으로 흔히 서식하는 텃새다.

행동 단독 또는 작은 무리를 이루어 높은 산, 숲 가장자리, 사찰 및 상가 주변, 농경지 등 다양한 환경에 서식한다. 잡식성으로 낟알, 과실, 죽은 동물의 사체, 곤충류, 조류의 알과 새끼 등을 먹는다. 번식기에는 쌍을 이루어 행동하며 비번식기에는 무리를 이룬다. 둥지는 깊은 산림 사람의 접근이 어려운 큰 나무 줄기에 나뭇가지를 이용해 크고 허술하게 틀며 내부에 동물의 털을 깐다. 알을 4~6개 낳으며 암컷이 약 20일간 품는다.

특징 전체적으로 검게 보이며 광택이 있다. 까마귀보다 약간 크며, 윗부리가 매우 크고 위로 돌출되었다. 머리깃을 세우면 이마와 부리의 경사가 심해 거의 직각으로 보인다.

실태 까마귀와 달리 개체수가 증가하는 듯하다. 그러나 큰부리까마귀를 까마귀로 잘못 판단하는 경향이 강해 서식 밀도, 개체수 증감 추세에 대한 신빙성 있는 자료가 드물다. 2009년 경기 하남 미사리 조정경기장에서 3쌍이 번식한 기록이 있으며, 최근 도심 아파트 단지 또는 인근 숲에서도 번식이 확인되고 있다.

닮은종 **큰까마귀** *Corvus corax* **Northern Raven L54~67cm** 유라시아대륙, 아프리카 북부, 북아메리카에 걸쳐 광범위하게 분포한다. 11아종으로 나눈다. 북한에서는 1963년 3월 17일 양강 백두산에서 처음 확인된 이후 양강 삼지연, 보천에서 관찰되었다. 남한에서는 2009년 10월 21일 인천 옹진 소청도에서 1개체가 관찰되었다. 텃새로 정착하지만 넓은 지역을 떠돌아다니는 습성이 있다. 날갯짓을 하지 않고 범상하거나 먼 거리를 미끄러지듯이 비행하기도 한다. 경계심이 강해 접근하기 어렵다. 큰부리까마귀보다 뚜렷하게 큰 대형 종이다. 부리는 까마귀와 비슷하지만 뚜렷하게 굵고 길다. 이마는 큰부리까마귀처럼 돌출되지 않는다. 종종 멱의 털이 텁수룩하게 보인다. 중앙꼬리깃이 길어 날 때 중앙부가 돌출된다.

성조. 2006.4.14. 제주 관음사

성조. 2006.6.24. 강원 고성 간성

까마귀로 혼동된다

큰부리까마귀 부리 형태. 2006.4.14. 제주 관음사

부리가 매우 크며 이마 경사 완만하다

비교. **큰까마귀** 성조. 2009.6.15. 몽골 바양고비

농경지, 하천 등지에서 먹이를 찾으며 작은 무리를 이룬다

까마귀 무리. 2011.1.15. 충남 서산 해미천

떼까마귀 무리. 2003.3.10. 전북 김제

갈까마귀 무리. 2011.3.6. 강원 고성

갈까마귀와 **떼까마귀**. 2011.3.6. 강원 고성

큰부리까마귀. 2011.4.16. 경기 파주 공릉천

까마귀. 2011.12.11. 강원 고성 거진

까마귀 *Corvus corone* Carrion Crow L46~54cm

서식 열대와 한대를 제외한 유라시아대륙 전역에 분포한다. 지리적으로 2 또는 6아종으로 분류한다. 국내에서는 매우 드물게 번식하는 텃새이며, 겨울에는 북쪽의 번식집단이 남하해 개체수가 다소 증가한다.

행동 농촌, 해안가, 산림에 서식한다. 쥐, 개구리, 갑각류를 비롯해 새 알과 새끼, 곡류, 열매도 먹는 잡식성이다. 겨울철에는 작은 무리를 이루며 농경지, 해안습지 주변에서 떨어진 낟알을 먹고, 하천, 하구에 모여들어 동물 및 어류 사체도 먹는다. 둥지는 인가에서 멀리 떨어지지 않은 산림에 튼다. 보통 침엽수에 틀며 나뭇가지로 기초를 만들고 풀뿌리, 깃털, 동물의 털, 헝겊 등을 깐다. 포란기간은 19~20일이며, 새끼는 부화 30~35일 후에 둥지를 떠난다.

특징 전체적으로 푸른색 광택이 있는 검은색, 부리는 큰부리까마귀보다 높이가 낮고 윗부리가 덜 둥그스름하며, 떼까마귀보다는 더 굵다.

어린새 성조보다 광택이 약하다. 떼까마귀 어린새와 구별이 어려운 경우가 대부분이다. 부리가 약간 짧고 두툼하며 윗부리가 더 둥글다. 그 외 크기 및 외형은 떼까마귀와 거의 같다.

실태 번식지 선택에 있어 까치와 경쟁 관계인 것으로 판단되며, 까치 개체수 증가는 까마귀 번식에 영향을 미치는 것으로 추정된다. 문헌기록을 종합하면 1980년대까지 흔한 텃새였을 가능성이 있지만 오늘날 까마귀 개체수는 매우 적으며, 극히 일부 지역에서만 둥지가 확인되고 있다. 문헌 및 사진자료 중 떼까마귀 어린새 또는 큰부리까마귀를 까마귀로 착각한 기록이 상당한 것을 볼 때 과거에도 까마귀가 드문 텃새였을 가능성이 있다. 오늘날에도 흔한 텃새로 잘못 인식하는 견해가 많다.

2006.11.11. 경기 수원 © 곽호경

1회 겨울깃. 2006.2.11. 경북 울진

2014.10.31. 제주 구좌 하도리

부리 형태. 2006.11.11.

떼까마귀 *Corvus frugilegus* Rook L44~47cm

서식 유라시아대륙 전역에 분포하며 겨울에는 남쪽으로 이동한다. 2아종으로 분류한다. 국내에서는 제주도, 거제도, 호남평야, 군산, 울산 태화강변 등 남부 곡창지대에서 매우 큰 무리를 이루어 월동하는 흔한 겨울철새이며, 다소 흔하게 통과하는 나그네새다. 10월 중순에 도래해 3월 하순까지 머문다.

행동 넓은 평야에서 큰 무리를 이루어 서식한다. 보리밭, 논 등 농경지에 날아들어 떨어진 낟알, 곤충류 등을 먹는다. 이동할 때에 수백에서 수천 마리가 하늘 높이 날아올라 원을 그리며 빙글빙글 돌고 일정한 방향으로 미끄러지듯이 날아가면 나머지 무리도 같은 행동을 한다. 떼까마귀 무리에 일부 갈까마귀가 섞여 월동한다.

특징 전체적으로 검은색이며 보는 각도에 따라 푸른색 또는 자주색 광택이 있다. 부리는 약간 가늘며 부리 기부는 때 묻은 듯한 흰색으로 명확하게 보인다. 성조는 이마가 거의 직각으로 보인다. 간혹 앞머리깃을 세워 이마 위가 튀어나온 듯하다.

어린새 까마귀와 매우 비슷해 구별이 어려운 경우가 많다. 부리 기부는 검은색으로 콧구멍까지 깃털로 덮여 있다(콧구멍 털이 까마귀보다 더 노출된다). 대부분 앞머리깃을 세워 이마 위가 볼록 튀어나왔지만 머리깃을 세우지 않을 때에는 까마귀와 매우 비슷하다. 근거리에서 부리는 성조보다 약간 뾰족하게 보인다. 경부에 덥수룩한 털이 보이기도 한다. 봄에 관찰되는 개체는 깃 마모에 의해 광택이 적으며 날개는 흑갈색으로 몸윗면보다 색이 엷다.

성조. 2011.10.30. 강원 철원 양지리

성조. 2009.3.27. 전남 신안 흑산도

어린새. 2006.10.15. 전남 신안 홍도

어린새 부리 형태. 2006.10.15.

갈까마귀 *Coloeus dauuricus* Daurian Jackdaw L33cm

서식 몽골, 아무르, 우수리, 중국 동북부에서 서남부까지 번식하며 한국, 중국 동남부, 일본에서 월동한다. 북한에서는 고산지대에 적은 수가 번식하는 텃새다. 남부 평야지대에서 흔히 떼까마귀 무리에 섞여 적은 수가 월동하며, 다소 흔하게 통과하는 나그네새다. 10월 중순에 도래해 3월 하순까지 머문다.

행동 호남평야, 울산 태화강변, 제주도 등지의 평야에서 무리를 이루어 월동한다. 주로 보리밭이나 논에 내려앉아 떨어진 낟알을 주워 먹는다. 땅에서 걸을 때에 곧추 선 자세를 취하며 날 때 떼까마귀보다 날갯짓이 더 빠르다.

특징 떼까마귀보다 작다. 홍채 색이 어둡다. 연령에 관계없이 귀깃에 은회색 무늬가 있다. 담색형과 암색형이 있다.

성조 담색형만 있다. 뒷목, 가슴옆, 배 부분의 흰색을 제외하고 전체적으로 검은색으로 보인다. 날개와 꼬리깃은 자주색 금속광택이 있는 검은색이다.

1회 겨울깃 담색형과 암색형이 있으며 대부분 암색형이다. **암색형** 성조와 달리 귀깃의 은회색이 매우 약해 전체적으로 어두운 회흑색이다. 이마, 머리, 멱, 가슴은 검은색, 뒷목과 몸아랫면은 어두운 회흑색, 아래꼬리덮깃은 배보다 진한 검은색으로 보인다. 큰날개덮깃과 날개깃은 광택이 없는 검은색이다. 등깃과 작은날개덮깃, 가운데날개덮깃은 광택이 있는 검은색이다. 정수리는 검은색이며 광택이 약간 있다. **담색형** 암색형에 비해 수가 적다. 성조와 비슷하지만 보통 광택이 없어 성조에 비해 색이 더 어둡다. 성조의 흰 부분이 회백색이어서 때 묻은 듯한 흰색으로 보이지만 언뜻 보면 성조 담색형과 구별하기 힘들다.

닮은종 **Western Jackdaw (*C. monedula*)** 유럽에서 중앙아시아까지 분포한다. 지리적으로 4아종으로 나눈다. 갈까마귀 암색형과 비슷하지만 홍채가 회백색을 띤다. 먼 거리에서 검게 보이지만 근거리에서는 전체적으로 진한 회흑색으로 보인다. 눈뒤, 목옆, 목덜미 주변이 밝은 회색을 띤다. 동 유럽에서 중국 서북부지역까지 서식하는 아종 *soemmerringii*는 옆목 아랫부분 따라 가는 회백색 줄무늬가 있다

성조. 2011.3.6. 강원 고성

성조와 1회 겨울깃. 2006.12.10. 강원 강릉 © 최순규

1회 겨울깃. 2010.10.27. 경기 파주 공릉천 © 백정석

1회 겨울깃. 2010.11.13. 경기 파주 공릉천

까마귀과 Corvidae

붉은부리까마귀 *Pyrrhocorax pyrrhocorax* Red-billed Chough L36-40cm

서식 영국, 스페인, 모로코, 에티오피아, 터키, 중앙아시아의 산악지대, 몽골, 중국 일대에 국지적으로 분포하는 텃새다. 지리적으로 8아종으로 나눈다. 국내에서는 1981년 1월 20일 부산에서 1개체, 2006년 1월 19일 강원 원주에서 1개체 관찰기록이 있는 미조다.

행동 주로 산악지대의 풀밭에서 서식하지만 저지대의 키 작은 풀이 자라는 풀밭에서도 서식한다. 항상 무리를 이루어 먹이를 찾거나 쉰다. 먹이를 찾을 때 여유 있게 걷거나 경쾌하게 뛰며 작은 돌을 들어내거나 땅을 파고 개미, 딱정벌레, 거미 등을 잡아먹는다.

특징 다른 종과 혼동되지 않는다. 전체적으로 검은색으로 보인다. 가늘고 아래로 굽은 붉은색 부리와 붉은색 다리가 특징이다.

어린새 부리는 탁한 오렌지색이다. 다리는 주황색 또는 약간 흐린 붉은색이다.

성조. 2009.6.15. 몽골 하르호린

성조. 2006.8.27. 몽골 울란바트르 © 서한수

황여새 *Bombycilla garrulus* Bohemian Waxwing L19.5cm

서식 스칸디나비아 북부에서 캄차카에 이르는 유라시아 대륙 중부, 북미 북서부에서 번식하고, 유럽 중·남부, 소아시아, 중국 북부, 한국, 일본, 북미 중서부에서 월동한다. 지리적으로 2아종으로 나눈다. 국내에는 겨울철새로 찾아오며 먹이량에 따라 해마다 찾아오는 수가 크게 다르다. 11월 초순에 도래하기 시작하며, 4월 하순까지 머문다.

행동 매우 다양한 환경에 서식하며, 주로 나무 위에서 생활한다. 시골 및 도심 정원, 공원에 찾아와 향나무 열매, 산수유 열매를 비롯한 나무 열매 및 새순을 먹는다. 몇 마리에서 수백 마리가 무리를 이루어 생활하며, 먹이를 섭취할 때 서로 싸우는 경우가 드물다. 무리에 홍여새가 섞여 월동하는 경우가 많다. 날 때에도 육중한 몸매에 빠르게 날갯짓하며 많은 수가 동시에 난다.

특징 다른 새와 혼동되지 않는다. 날개깃의 무늬로 연령 구별이 가능하다.

암컷 연령에 관계없이 암컷은 수컷에 비해 턱밑의 검은 무늬와 가슴의 경계가 모호하다. 첫째날개깃 끝부분 안쪽 우면의 흰 무늬가 수컷에 비해 폭이 좁다. 꼬리 끝의 노란 무늬 폭이 좁다.

1회 겨울깃 첫째날개깃 끝부분 안쪽 우면에 흰 무늬가 없다. 둘째날개깃 끝에 붉게 돌출된 부분이 없거나 단지 몇 개만 있다. 꼬리 끝의 노란 무늬 폭이 좁다.

성조 수컷. 2011.2.14. 경기 하남 미사리 © 변종관

성조 암컷. 2007.2.20. 강원 강릉 © 최순규

1회 겨울깃 수컷. 2020.1.25. 인천 연수 미추홀공원

1회 겨울깃 암컷. 2020.1.25. 인천 연수 미추홀공원

홍여새 *Bombycilla japonica* Japanese Waxwing L17.5cm

서식 러시아 극동, 아무르강 하류, 중국 동북부의 제한된 지역에서 번식하고, 한국, 중국 동부, 일본에서 월동한다. 국내에서는 드문 겨울철새로 찾아오며 먹이량에 따라 해마다 찾아오는 수가 크게 다르다. 11월 초순에 도래하기 시작하며, 4월 하순까지 머문다.

행동 산림 가장자리의 나무 위에서 무리지어 먹이를 찾는다. 매년 찾아오는 개체수에 큰 차이가 있다. 향나무 열매, 산수유 열매 등 나무 열매를 따먹으며, 양버즘나무, 메타세쿼이아 등의 새순과 겨우살이 열매도 즐겨 먹는다. 먹이를 찾아 방랑하는 습성이 있다. 정지비행하며 곤충을 먹기도 한다. 보통 무리에 황여새가 섞여 먹이를 찾는다.

특징 다른 종과 혼동이 적다. 뒷머리에 길게 돌출된 도가머리가 있다. 눈 뒤의 검은색 깃이 돌출된 깃의 끝까지 다다른다(황여새는 끝까지 다다르지 않고 짧게 끝난다). 꼬리 끝이 붉은색이다. 둘째날개깃 가장자리는 붉은색이다. 황여새와 마찬가지로 날개깃의 무늬로 연령 구별이 가능하다.

암컷 연령에 관계없이 암컷은 수컷에 비해 턱밑의 검은색과 아랫부분과의 경계가 모호하다.

1회 겨울깃 첫째날개깃 끝부분 안쪽 우면에 흰 무늬가 없다.

실태 세계자연보전연맹 적색자료목록에 준위협종(NT)으로 분류된 국제보호조다. 관상조류로 활용하기 위한 포획, 산림 개발 등으로 개체수가 감소하고 있다.

성조 수컷. 2020.2.1. 인천 연수 해돋이공원

성조 암컷. 2011.2.15. 경기 하남 미사리 © 진경순

1회 겨울깃 수컷. 2020.2.2. 인천 연수 해돋이공원

1회 겨울깃 암컷. 2020.2.2. 인천 연수 해돋이공원

박새 *Parus minor* Eastern Great Tit / Japanese Tit L13.5~15cm

서식 중국 중부, 동부, 북부, 러시아 극동, 한국, 사할린 남부, 일본, 인도차이나반도 북부에서 서식한다. 국내에서는 전국 어디서나 흔히 서식하는 텃새다. 비번식기에는 작은 무리를 이루는 경우가 많다.

행동 고산지대 숲에서 저지대 산림까지, 정원, 인가 주변, 관목림 등 매우 다양한 환경에 서식한다. 나무 위와 땅에서 곤충, 거미류, 식물의 종자와 열매를 먹는다. 둥지는 구멍 뚫린 벽돌, 건물 틈, 나무 구멍 또는 인공 둥지에 틀며, 내부에 동물 털과 이끼를 부드럽게 깔고 알을 6~10개 낳는다. 포란기간은 12~13일이며, 새끼는 부화 16~20일 후에 둥지를 떠난다. 겨울철에 작은 무리를 이루며, 종종 곤줄박이, 쇠박새, 오목눈이 등 다른 종과 섞여 먹이를 찾는다.

특징 다른 박새류와 쉽게 구별된다. 크기가 크고, 배에 검은 줄무늬가 있다.

수컷 몸윗면은 청회색이며 윗등은 녹황색이다. 머리에서 귀깃을 돌아 턱밑, 멱까지 검은색이다. 몸아랫면은 흰색이다. 턱밑에서 아래꼬리덮깃까지 검은 줄무늬가 있다(보통 검은색이 다리까지 다다른다).

암컷 보통 수컷보다 약간 작다. 배의 검은 줄무늬가 수컷보다 폭이 좁다(검은색이 다리까지 미치지 못한다).

어린새 몸아랫면은 성조와 달리 연한 녹황색이다. 부리 기부의 색이 연하다. 턱밑에서 배 중앙까지 성조보다 짧은 검은색 줄무늬가 있다.

분류 3개 그룹(*major, minor, cinereus*) 37아종이 알려져 있으나, 최근 외형적 특성, 음성, 분자유전학적 차이 등을 근거로 3개 그룹을 서로 다른 종으로 분류하기도 한다. 이 견해에 따르면 박새는 Northern Great Tit (*Parus major*), Eastern Great Tit (*Parus minor*), Southern Great Tit (*Parus cinereus*)으로 구분될 수도 있다. 한반도에는 2아종이 기록되어 있다. 아종 *minor*는 중국 동북부, 러시아 극동, 사할린 남부, 쿠릴열도 남부, 한반도, 일본에 분포하며, 아종 울도박새(*dageletensis*)는 울릉도에 서식한다. 그러나 한반도 중부 지역과 울릉도, 제주도 집단 간 외부 형질에서 아종 수준의 차이가 나타나지 않는다는 견해도 있다. 국내 아종 분포와 현황, 분류학적 위치에 대한 검토가 요구된다.

수컷. 2006.2.21.
전남 신안 흑산도

암컷. 2013.3.12.
경기 도봉산

어린새. 2012.6.28.
강원 춘천 남이섬 © 진경순

야외에서 연령 구별이 어렵다
1회 여름깃(좌)과 성조(우). 2008.4.6. 전남 신안 흑산도

내륙 아종과 구별이 거의 불가능하다
울도박새(*dageleteṅsis*). 2008.11.15. 경북 울릉 저동

박새과 Paridae

노랑배박새 *Parus major* Great Tit L14~17cm

서식 유럽, 아프리카 서북부, 동쪽으로 태평양에 접하는 아시아 북부, 남쪽으로 이스라엘, 이란 북부, 몽골, 중국 북부에 분포한다. 국내에서는 1975년 10월 28일 서울 은평 수색에서 수컷 1개체가 채집된 미조다.

행동 침엽수림, 활엽수림, 혼효림, 공원, 인가 주변, 관목림 등 매우 다양한 환경에 서식한다. 보통 울음소리를 내며 먹이를 찾는다.

특징 윗등은 박새보다 다소 강한 녹황색이다. 큰날개덮깃 끝이 폭 넓은 흰색이다. 몸아랫면은 노란색이 강하지만 기아종(*major*)보다 다소 흐리다. 배의 검은 줄무늬는 박새와 마찬가지로 수컷이 폭 넓고 암컷은 폭이 좁다.

아종 몸아랫면이 노란색인 *major* 그룹은 16아종으로 나눈다. 아종 *kapustini*는 *major* 그룹의 여러 아종 중에서 가장 동쪽에 치우쳐 분포하며, 중국 서북부의 신장 서북부, 몽골, 내몽골, 트란스바이칼 동쪽의 시베리아 동부, 아무르 강 유역에서 번식한다.

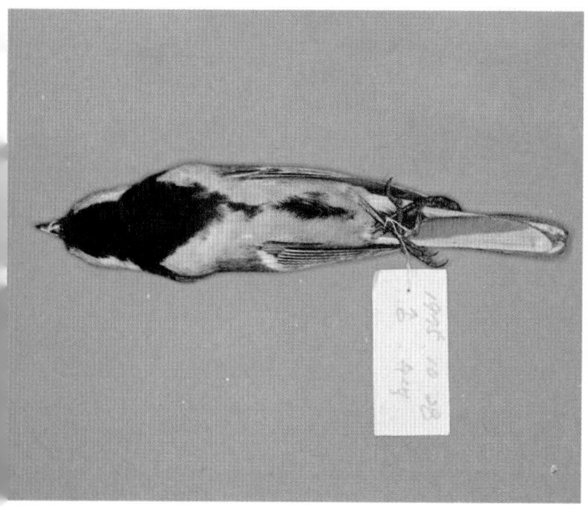
아종 *kapustini* 수컷. 1975.10.28. 서울 은평 수색 © 동서조류연구소 소장

노란색
수컷. 2012.6.18. 몽골 테를지 © 고경남

노랑배진박새 *Pardaliparus venustulus* Yellow-bellied Tit L10cm

서식 중국 허베이성 동북부에서 서쪽으로 깐수성, 남쪽으로 윈난성, 동쪽으로 안후이성까지 분포하는 텃새다. 국내에서는 2005년 10월 22일 인천 옹진 소청도에서 1개체가 처음 관찰된 이후 거의 매년 관찰되고 있으며 개체수도 증가하고 있다. 번식기인 6~7월을 제외하고 전국 여러 곳에서 관찰되다가 2017년 5월 24일 경기 양평 도원리에서 번식 둥지가 처음으로 확인되었다.

행동 산림에서 서식하며, 비번식기에는 저지대로 이동한다. 번식기에는 쌍을 이루며, 비번식기에는 단독 또는 무리를 이루고, 간혹 다른 종과 섞여 먹이활동을 한다.

특징 소형이며 꼬리가 짧다. 몸아랫면이 노란색이어서 진박새 어린새와 혼동하기 쉽다. 흰색 날개선 2열이 뚜렷하다. 날개깃에 녹황색 기운이 스며 있다. 날 때 보이는 몸 바깥쪽 꼬리 기부가 흰색이지만 매우 빨리 움직여 확인하기 어렵다.

수컷 머리와 얼굴은 진박새와 매우 비슷하다. 몸윗면은 청회색과 검은색이 섞여 있다. 셋째날개깃 끝이 흰색이다. 겨울에는 멱 중앙 부분이 노란색으로 바뀐다.

암컷 머리는 청회색이며, 눈 위로 작고 연한 반점이 있으며, 등과 어깨는 녹갈색이다. 뒷머리에 흰 줄무늬가 있다. 멱은 때 묻은 듯한 흰색이며, 회흑색 턱선이 있다.

어린새 성조 암컷과 비슷하다. 턱선이 불명확하게 보인다.

수컷. 2006.4.21. 전남 신안 흑산도 © 양현숙

수컷. 2009.10.29. 경기 성남 남한산성 © 임백호

암컷. 2016.3.28. 전남 담양 대덕 © 박대용

어린새. 2009.10.11. 전남 신안 흑산도

진박새 *Periparus ater* Coal Tit L10.5~11cm

서식 유럽에서 동아시아까지 유라시아대륙에 폭넓게 분포한다. 국내에서는 흔하게 번식하는 텃새이며(박새, 쇠박새보다 서식밀도가 낮다), 일부 무리가 가을 이동시기에 서해의 외딴 섬을 통과해 남하한다.

행동 고지대에서 저지대 평지에 이르는 다양한 곳에서 서식하며 소나무와 같은 침엽수림에서 먹이를 찾는 경우가 대부분이다. 비번식기에는 다른 종과 혼성해 먹이를 찾는데 땅에 내려오는 경우도 있다. 침엽수에 매달려 곤충이나 씨앗을 먹는다. 번식기에 고도가 높은 지역을 선호한다. 포란기간은 14~15일이며 새끼는 부화 15~16일 뒤에 둥지를 떠난다.

특징 소형이며 통통하다. 날개에 흰 줄이 2열 있다. 뒷머리에 검은색 깃이 돌출되었다. 뺨과 뒷목은 때 묻은 듯한 담황색을 띠는 흰색이다. 몸아랫면은 흰색이며 옆구리와 가슴옆은 때 묻은 듯한 담황색이다. 꼬리가 약간 짧다.

어린새 몸윗면에 녹색이 약하게 있다. 턱밑과 멱의 검은색 폭은 성조보다 좁으며 가슴 색과 경계가 불명확하다. 성조의 흰색인 부분이 전체적으로 엷은 녹황색이다.

분류 21 또는 24아종으로 나눈다. 한반도에는 3아종이 기록되어 있지만 아종 간 서식실태 및 서식지역에 대한 조사자료가 빈약하다. *ater*는 유럽에서, 동쪽으로 캄차카, 남쪽으로 몽골 동북부, 한반도, 홋카이도에 분포하며, *pekinensis*는 중국 동북부, 한반도, 아무르에 분포하고, *insularis*는 쿠릴열도 남부, 일본, 제주도에 분포한다.

2013.2.9. 충남 보령 오포리

2013.2.9. 충남 보령 오포리

2011.3.12. 경기 안산 수리산

2011.1.9. 경기 파주 오도리

쇠박새 *Poecile palustris* Marsh Tit L12.5cm

서식 유라시아대륙 서부(유럽)와 동부(동북아시아)에 분리되어 서식한다. 국내에서는 산림이나 인가 주변의 야산에 서식하는 흔한 텃새다.

행동 북방쇠박새와 비슷한 습성을 보이지만 땅에 내려오는 경우가 더 많다. 나무 위와 땅에서 곤충, 거미류, 식물의 종자와 열매를 먹는다. 비번식기에는 다른 박새과 조류와 섞여 먹이를 찾는 경우가 많다. 둥지는 나무 구멍, 건물의 틈, 전신주의 구멍에 튼다. 산란수는 7~8개이며, 포란기간은 13~14일, 새끼는 부화 15~16일 후에 둥지를 떠난다.

특징 북방쇠박새와 매우 비슷하다. 지저귐이 북방쇠박새와 유사하다. 머리 위는 광택이 있는 검은색이다. 몸윗면은 회갈색, 둘째날개깃의 바깥축은 색이 엷다(경우에 따라 북방쇠박새와 매우 비슷하게 보인다). 부리는 약간 크고 윗부리는 둥그스름하다. 윗부리와 아랫부리가 만나는 회합선이 흰색으로 보인다. 꼬리는 각이 졌다. 외측 꼬리깃(T6)이 가장 짧고, T6과 T5 깃의 차이는 2.5~3.5mm이다. T5, T4, T3 깃의 길이 차이는 미세해 각각 1.0mm 이내다. 어린새와 깃이 마모된 개체는 꼬리 형태로 종 구별이 불가능하다.

분류 10아종으로 나눈다. 북위 약 40° 이남의 한국에는 아종 *hellmayri*가 분포하며, 북위 40° 이북의 북한에는 *brevirostris*가 분포한다. 한반도에 번식하는 아종의 서식 실태 및 서식지역에 대한 조사가 빈약하다.

닮은종 **북방쇠박새** 야외에서 식별이 힘들다. 머리 위와 멱의 검은색은 광택이 없다. 부리가 가늘다. 둘째날개깃의 바깥축이 흰색이다.

2013.1.5. 경기 성남 남한산성

2011.3.5. 경기 성남 남한산성

2013.1.5. 경기 성남 남한산성

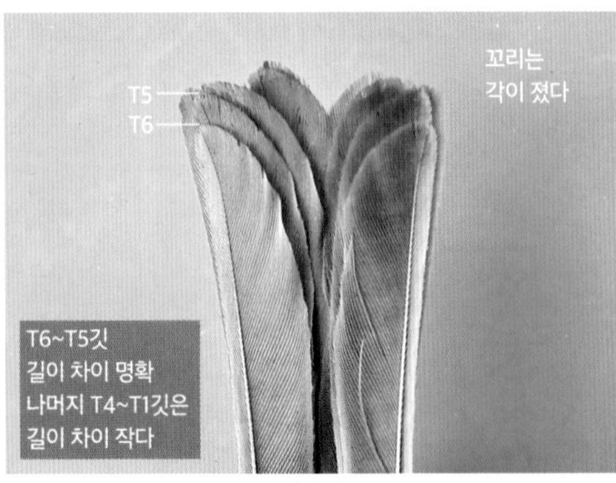

꼬리깃. 2013.2.24. 경기 성남 남한산성

북방쇠박새 *Poecile montanus* Willow Tit L12.5cm

서식 유럽에서 동아시아까지 유라시아대륙의 광범위한 지역에 서식한다. 산지에서 아고산대의 산림에 서식한다. 북한에서는 흔하게 번식하는 텃새로 판단되며, 남한에서는 1926년 11월 10일 서울 종로구에서 1개체, 1982년 10월 11일 서울 동대문구 청량리에서 1개체가 채집되었을 뿐이다. 겨울철에 적은 수가 경기, 강원를 비롯해 중북부까지 남하할 가능성이 있지만 쇠박새와 구별이 어려워 서식실태가 파악되지 않고 있다.

행동 비번식기에는 작은 무리를 이루는 경우가 많지만 단독으로 생활하는 경우도 있다. 나무 위에서 곤충, 거미류, 씨앗과 열매를 먹는다. 비번식기에는 다른 박새과 새들과 섞여 먹이를 찾는 경우가 많다.

특징 쇠박새와 매우 비슷해 구별하기 어렵다. 머리 위는 광택이 없는 검은색, 몸윗면은 회갈색이다(쇠박새보다 회색 톤이 약간 강하다). 둘째날개깃의 바깥축이 흰색, 부리는 약간 가늘고 윗부리가 거의 직선이다. 윗부리와 아랫부리가 만나는 회합선이 흰색으로 보이지 않는다. 몸아랫면은 쇠박새보다 약간 밝게 보인다. 꼬리는 둥글다. 외측 꼬리깃(T6)이 가장 짧고, T5, T4, T3 깃이 거의 같은 길이 차이로 단계적으로 짧아진다. 어린새와 깃이 마모된 개체는 꼬리 형태로 종 구별이 불가능하다. 국내 도래 아종의 울음소리는 쇠박새와 다소 유사한 듯하다.

분류 11 또는 14아종으로 나눈다. 지리적 분포에 따라 외형적인 색깔이 점진적으로 변하고 울음소리가 다양해 아종 식별 및 쇠박새와 구별이 어렵다. 아종 *baicalensis*는 예니세이강과 알타이에서 동쪽으로 콜리마, 오호츠크해 서쪽 해안, 중국 서북부, 몽골, 우수리, 중국 동북부, 북한에서 번식한다.

2007.6.25. 러시아 캄차카 © 서정화

2012.6.15. 몽골 젱히르 © 고경남

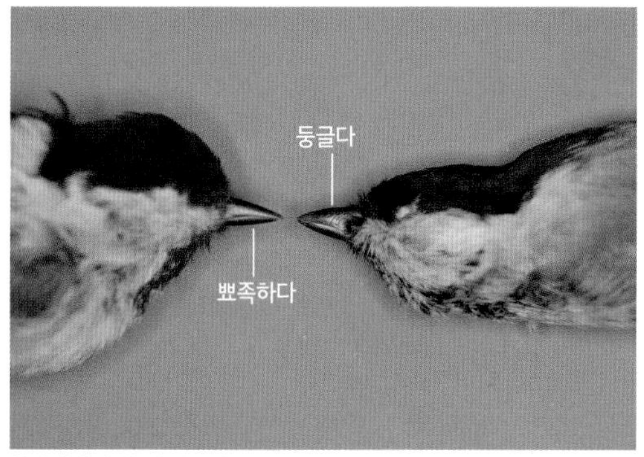

북방쇠박새(좌)와 **쇠박새**(우)의 부리 형태. 경희대자연사박물관

북방쇠박새(좌)와 **쇠박새**(우) 머리깃. 경희대자연사박물관

박새과 Paridae

곤줄박이 *Sittiparus varius* Varied Tit L13.5~14.5cm

서식 중국 동북부, 쿠릴열도 남부, 한국, 일본, 대만에 서식한다. 국내에서는 울창한 산림, 야산, 사찰 주변에서 서식하는 흔한 텃새다.

행동 나뭇가지에 앉아 딱딱한 씨앗을 부리로 망치질하듯 두들겨 까먹는다. 종종 땅에 내려와 버려진 음식물 찌꺼기를 먹는다. 열매를 나무껍질이나 돌 틈, 땅속에 감추어 두는 습성이 있다. 호기심이 많고 땅콩, 호두 등 곡류를 든 손바닥 위에도 앉는다. 둥지는 건물 틈, 썩은 나무 구멍, 인공 둥지에 이끼류를 이용해 밥그릇 모양으로 틀고 내부에는 동물 털, 깃털을 깐다. 한배 산란수는 5~8개이며, 12~13일 동안 포란한다. 새끼는 곤충의 유충, 거미류 등을 받아먹고, 부화 17~21일 후에 둥지를 떠난다. 비번식기에는 다른 종과 무리를 이루는 경우가 많다.

특징 다른 종과 쉽게 구별된다. 머리는 검은색이며 정수리 뒤쪽으로 엷은 황갈색 줄무늬가 있다. 이마에서 눈 아래는 담황색을 띠는 흰색이며 멱은 검은색이다. 몸윗면은 청회색이며, 몸아랫면은 적갈색이다.

어린새 전체적으로 성조보다 색이 흐리다. 머리와 멱은 거무스름하며, 몸아랫면은 엷은 적갈색이다.

2011.3.12. 경기 안산 수리산

2006.4.8. 전남 신안 홍도

2013.4.14. 전남 구례 황전리

어린새. 2010.6.5. 경기 부천 © 백정석

스윈호오목눈이 *Remiz consobrinus* Chinese Penduline Tit L11cm

서식 중국 북동부와 중부, 아무르강 유역에서 번식하고, 겨울에는 중국의 양쯔강 중·하류, 윈난성, 홍콩, 한국, 일본 남부에서 월동한다. 국내에는 드물게 찾아오는 겨울철새이며, 흔하지 않은 나그네새다. 10월 중순부터 도래하며, 4월 중순까지 머문다.

행동 갈대와 관목이 자라는 물가를 선호하며 작은 무리를 이루어 이동한다. 하천 및 하구의 갈대 줄기에 수직으로 달라붙어 껍질을 벗겨내고 곤충의 유충을 잡아먹거나 각종 식물 줄기에 붙은 진딧물을 먹는다.

특징 부리는 박새과보다 더 좁고 뾰족하며 작다. 미성숙한 개체의 성 구별이 어렵다.

수컷 이마에서 눈 뒤까지 검은색 눈선이 뚜렷하다. 머리에서 뒷목까지 회색이며 불명확한 줄무늬가 있다. 몸윗면은 황갈색이며 윗등과 가슴옆은 밤색이다. 큰날개덮깃은 밤색이며 깃 끝은 때 묻은 듯한 흰색이다. 몸아랫면은 흰색 바탕에 옅은 연황색이다.

암컷 눈선은 진한 갈색이며 머리는 회갈색이다. 여름철에는 눈선이 겨울철보다 더 어둡고, 머리는 수컷과 유사한 회색을 띤다.

1회 겨울깃 수컷 암컷과 비슷하지만 눈선이 갈색이 섞인 검은색이며 몸윗면은 밤색이 진하다.

1회 겨울깃 암컷 눈선은 갈색, 머리는 흐린 회갈색, 몸윗면은 밤색이 약하다.

분류 과거 스윈호오목눈이는 Penduline Tit (*R. pendulinus*)의 12아종 중 하나로 분류했으나 다른 아종들과 형태와 생태적인 차이가 뚜렷해 독립된 종으로 인정한다.

수컷 여름깃. 2018.4.18. 전남 신안 흑산도

수컷 겨울깃. 2012.12.8. 경기 안산 시화호 © 백정석

암컷 겨울깃. 2012.12.8. 경기 안산 시화호 © 백정석

1회 겨울깃 암컷. 2016.1.1. 경기 화성 호곡리

갈색제비 *Riparia riparia* Sand Martin L12.5cm

서식 극지방을 제외한 유라시아대륙과 북미대륙에서 번식하고, 아프리카, 중국 남부, 동남아시아, 남아메리카에서 월동한다. 지리적으로 6아종으로 나눈다. 국내에서는 봄·가을에 드물게 통과하는 나그네새다. 봄철에는 4월 초순부터 5월 하순까지 통과하며, 가을철에는 7월 하순부터 9월 하순까지 관찰된다.

행동 빠르게 날면서 곤충을 잡아먹는다. 해안, 하천, 초지 위를 통과한다. 이동시기에 제비무리에서 적은 수가 관찰되며 칼새 무리에 섞이기도 한다. 제비와 함께 전깃줄, 갈대에 앉아 쉰다. 둥지는 하천 또는 강가 인근의 흙 벼랑에 집단으로 튼다.

특징 소형이다. 몸윗면은 균일한 갈색이다. 몸아랫면은 흰색이며 가슴의 갈색 띠는 중앙 부분이 배 쪽으로 돌출된다.

어린새 성조와 비슷하지만 등, 날개덮깃, 셋째날개깃, 허리깃 가장자리가 흰색으로 비늘무늬를 이룬다.

닮은종 **옅은갈색제비(Pale Martin, *R. diluta*)** 시베리아 남부, 카자흐스탄 동부에서 동쪽으로 몽골까지, 우수리 남부, 중국에서 번식하고, 인도 북부, 중국 남부에서 월동한다. 과거 갈색제비의 아종으로 분류했었다. 갈색제비와 구별이 어렵다. 몸윗면은 갈색제비보다 약간 흐리다. 가슴의 갈색 띠가 엷고 중앙 부분의 띠가 아랫배 쪽으로 돌출되지 않는 경우가 많다. 귀깃이 엷은 갈색이며, 흰색 옆목과 경계가 불분명하다.

성조. 2005.4.23. 전남 신안 흑산도

성조. 2009.6.20. 몽골 울란바토르

성조. 2008.7.26. 전남 신안 가거도

어린새. 2021.8.16. 경기 화성 호곡리

바위산제비 *Ptyonoprogne rupestris* Eurasian Crag Martin L14.5cm

서식 아프리카 서북부, 유럽 남부에서 중앙아시아, 히말라야, 중국 서부, 북부, 중·남부에서 번식하고, 지중해 연안, 아프리카 북부와 동북부, 인도, 중국 남부에서 월동한다. 국내에서는 2002년 4월 29일 전북 군산 어청도에서 처음으로 확인된 이후 전남 신안 홍도, 하태도, 가거도, 인천 옹진 소청도, 덕적도 등지에서 관찰된 미조다. 주로 4월 중순에서 5월 하순에 관찰되었으며, 가을철에는 10월 하순에 확인되었다.

행동 매우 활력 있게 날면서 먹이를 찾으며 종종 갑작스럽게 비행 방향을 바꾸는 행동을 한다. 보통 이동시기에 적은 수가 함께 이동하지만 국내에서는 다른 제비류 무리에서 확인되었다. 번식기에는 산악지역의 바위 절벽에 서식한다.

특징 날 때 제비와 비슷한 크기로 보이며 체형이 보다 통통하다. 날개는 짧으며 폭이 넓다. 꼬리는 짧고 가운데가 약간 오목하다. 몸윗면은 진한 회갈색이며 날개 색은 더 어둡다. 몸아랫면은 옅은 갈색이며 아랫날개덮깃은 어둡다. 턱밑, 뺨, 멱은 때 묻은 듯한 흰색이며 불명확한 흑갈색 줄무늬가 있다. 아래꼬리덮깃 주변은 배보다 색이 진하다. 꼬리 끝의 흰 반점은 꼬리를 펼치고 날 때만 보인다(공중에서 방향을 갑자기 바꿀 때).

2006.4.12. 전남 신안 홍도

2009.6.14. 몽골 에르덴산트

2009.6.14. 몽골 에르덴산트

2009.6.14. 몽골 에르덴산트 © 이상일

제비 *Hirundo rustica* Barn Swallow L15.5~18cm

서식 유라시아대륙 중·남부, 아프리카 북부, 북미 중·남부에서 번식하고, 아프리카 남부, 인도, 동남아시아, 필리핀, 뉴기니, 남아메리카에서 월동한다. 국내에서는 흔히 번식하는 여름철새이며, 매우 흔히 통과하는 나그네새다. 개체수가 크게 감소하고 있다. 3월 하순에 도래해 번식하고, 10월 하순까지 관찰된다.

행동 농경지, 하천 등 개방된 곳에서 빠르게 날아다니며 곤충을 잡는다. 이동시기에는 큰 무리를 이루어 하천, 하구 같은 습지를 통과한다. 둥지는 인가의 처마 밑에 진흙과 지푸라기를 섞어 사발 모양으로 튼다. 묵은 둥지를 이용하는 경우도 있다. 한배 산란수는 4~5개이고, 포란기간은 14~15일, 새끼는 부화 20~23일 후 둥지를 떠난다. 보통 연 2회 번식한다.

특징 몸윗면은 푸른색 광택이 있는 검은색, 이마와 멱은 적갈색이며 멱 아래에 검은 띠가 있다. 몸아랫면은 흰색이지만 연한 적갈색인 개체도 있다. 바깥쪽 꼬리깃이 길어 날개깃보다 길게 돌출된다. 날 때 아랫날개덮깃의 흰색이 보이며, 수컷은 암컷보다 몸 바깥쪽 꼬리가 유난히 길다.

어린새 몸윗면에 광택이 적다. 이마는 흰색이 섞인 흐린 적갈색이며, 멱은 적갈색 기운이 약하다. 큰날개덮깃 끝과 안쪽 날개깃 가장자리가 때 묻은 듯한 흰색, 머리에 갈색 기운이 있다. 바깥쪽 꼬리깃은 성조보다 짧아 날개보다 약간 긴 정도다.

아종 7아종으로 분류한다. 제비(*gutturalis*)는 히말라야 동부에서 중국까지, 한국, 아무르강 하류에서 쿠릴열도까지, 일본, 대만에서 번식한다. 붉은배제비(*saturata*)는 캄차카, 만주, 아무르, 오호츠크해, 남쪽으로 중국 허베이성까지 번식하며 봄·가을 매우 드물게 통과한다. 아랫날개덮깃을 포함해 몸아랫면이 진한 적갈색이다.

수컷. 2014.6.27. 전남 고흥 거금도

암컷. 2008.4.15. 전남 신안 홍도

어린새. 2014.8.24. 전남 완도 금일도

붉은배제비(*saturata*). 2004.5.14. 전남 신안 흑산도

귀제비 *Cecropis daurica* Red-rumped Swallow L17~19cm

서식 아프리카 중부, 유럽 남부에서 중앙아시아까지, 인도, 중국, 한국, 일본에서 번식하고, 인도, 동남아시아, 중국 남부에서 월동한다. 지리적으로 8 또는 10아종으로 나눈다. 국내에서는 다소 흔히 번식하는 여름철새이며, 흔히 통과하는 나그네새다. 제비보다 서식밀도가 낮으며 개체수가 감소하고 있다. 4월 초순에 도래해 10월 중순까지 관찰된다.

행동 하천, 농경지에서 생활하며 날면서 곤충을 잡는다. 둥지는 인가의 처마 밑에 호리병 모양(터널 형태)으로 튼다. 매년 거의 같은 장소에서 번식한다. 한배 산란수는 4~5개이고, 포란기간은 14~15일이다. 새끼는 부화 후 22~27일간 부모로부터 먹이를 받아먹는다. 보통 연 2회 번식한다.

특징 제비와 비슷하지만 약간 크고 날 때 허리가 적갈색이다. 눈 뒤에서 옆목까지 적갈색이다(적갈색이 뒷목까지 다다르는 경우도 있다). 몸아랫면은 흰색이며 가는 흑갈색 줄무늬가 흩어져 있다. 특히 멱에 가는 줄무늬가 많다. 가슴옆과 옆구리에 흐린 적갈색 무늬가 있다.

어린새 성조와 매우 비슷하지만 큰날개덮깃 끝과 셋째날개깃 끝이 때 묻은 듯한 흰색이다. 바깥쪽 꼬리깃이 성조보다 약간 짧다.

닮은종 Striated Swallow (*C. striolata*) 귀제비와 매우 비슷하지만 약간 크다. 눈 뒤에서 아래쪽으로 이어지는 적갈색의 폭이 좁다. 허리와 몸아랫면의 흑갈색 줄무늬가 폭 넓다.

성조. 2014.8.22. 전남 완도 금오도

2009.5.4. 전남 신안 홍도

어린새. 2008.7.26. 전남 신안 가거도

어린새. 2008.7.26. 전남 신안 가거도

흰턱제비 *Delichon lagopodum* Siberian House Martin L13~14cm

서식 예니세이강 동부에서 동쪽으로 아나디리까지, 오호츠크해 연안, 몽골 중부에서 중국 동북부 지역까지 번식하고, 인도차이나반도 북부와 중동부에서 월동한다. 국내에서는 2003년 4월 19일에 전북 군산 어청도에서 처음으로 확인되었다. 주로 봄·가을 한반도 서해에 위치한 작은 도서를 통과하는 매우 드문 나그네새다. 봄철에는 4월 중순부터 5월 하순까지, 가을철에는 9월 하순에 통과한다.

행동 평지와 산지의 개방된 환경에 서식한다. 이동시기에 제비류 무리에 섞여 빠르게 날며 먹이를 찾는다. 둥지 구조는 흰털발제비와 같다.

특징 몸이 흰털발제비보다 약간 크다. 몸윗면은 푸른색 광택이 강하다. 날 때 아랫날개덮깃은 어두운 갈색이며, 위꼬리덮깃은 허리와 같은 흰색이다(흰색 폭이 흰털발제비보다 넓다). 몸아랫면이 순백색이다(흰털발제비보다 더 깨끗하다). 꼬리는 짧으며 가운데가 심하게 들어갔다.

어린새 몸윗면의 광택이 약하며, 깃 가장자리는 색이 엷다. 멱에서 가슴까지 갈색 기운이 있다. 아래꼬리덮깃에 어두운 반점이 흩어져 있다.

분류 과거 유라시아대륙과 아프리카 북부에서 번식하는 Common House Martin (*Delichon urbicum*)은 지리적 분포에 따라 3아종으로 나누었지만, 최근 Siberian House Martin (*D. lagopodum*)과 Common House Martin (*D. urbicum*)으로 구분한다. *urbicum*은 허리가 흰색이지만 위꼬리덮깃은 검은색, 날 때 보이는 아랫날개덮깃은 때 묻은 듯한 흰색 또는 더러운 흰색이며, 아직 국내 도래 기록이 없지만 통과할 가능성이 있다.

2009.5.5. 전남 신안 흑산도

2009.5.24. 충남 보령 외연도 © 채승훈

2009.5.5. 전남 신안 흑산도

2009.5.4. 전남 신안 흑산도

흰털발제비 *Delichon dasypus* Asian House Martin L12~13cm

서식 시베리아 중남부에서 몽골 북부까지, 히말라야에서 중국 동남부까지, 우수리, 사할린, 일본에서 번식하고, 인도 북부, 동남아시아에서 월동한다. 국내에서는 비교적 드물게 통과하는 나그네새다. 봄철에는 4월 초순부터 5월 하순까지, 가을철에는 9월 초순부터 10월 하순까지 통과한다.

행동 평지와 산지의 개방된 환경에 서식한다. 이동시기에 제비 또는 칼새 무리에 섞여 빠르게 날며 먹이를 찾는다. 인가의 처마 밑, 다리 교각 아래에 둥지를 틀며 여러 둥지가 서로 인접한다. 둥지는 진흙과 마른 풀을 이용해 구조물의 벽면과 천정에 밀착해 만들며 측면에 폭 좁은 출구를 남기고 모두 막는다.

특징 흰턱제비와 매우 비슷하다.

성조 몸윗면은 광택이 있는 흑갈색, 허리는 흰색 바탕에 매우 가는 줄무늬가 있지만 야외에서 확인하기 어렵다. 허리는 흰색이며, 위꼬리덮깃은 흑갈색이다. 몸아랫면은 때 묻은 듯한 흰색이다. 날 때 아랫날개덮깃이 검은색으로 보인다. 옆구리와 가슴에 회갈색 기운이 있다. 아래꼬리덮깃이 약간 어둡다. 꼬리는 짧고 가운데가 오목하다.

어린새 몸윗면은 광택이 약하고 갈색 기운이 있다. 셋째날개깃 가장자리는 흰색이며, 꼬리의 오목한 정도가 약하다.

실태 과거 흰턱제비의 한 아종으로 분류했으나 현재 별개의 종으로 본다. 지리적으로 3아종으로 나눈다. 국내를 찾는 아종은 *dasypus*이다. 국내 번식기록은 1948년 6월 5일 경기 남양주 구암리에서 둥지 7개를 확인한 것이 유일하며, 북한에서는 함남 일대에서 번식한다.

2006.5.5. 전남 신안 홍도 © 김성현

2009.4.14. 전남 신안 홍도

2007.4.17. 전남 신안 흑산도

2007.4.17. 전남 신안 흑산도

닮은 종 비교

제비 둥지. 2008.7.11. 전남 신안 비금도

이동 무리. 2015.9.28. 경기 화성 고포리 © 진경순

귀제비 성조. 2014.7.10. 전남 완도 금일도

귀제비 둥지. 2009.7.9. 강원 춘천 남이섬 © 김준철

Common House Martin (*D. urbicum*). 2009.6.16. 몽골 하르호린

Common House Martin (*D. urbicum*). 2009.6.15. 몽골 하르호린

흰털발제비. 2012.5.13. 전남 신안 흑산도 © 진경순

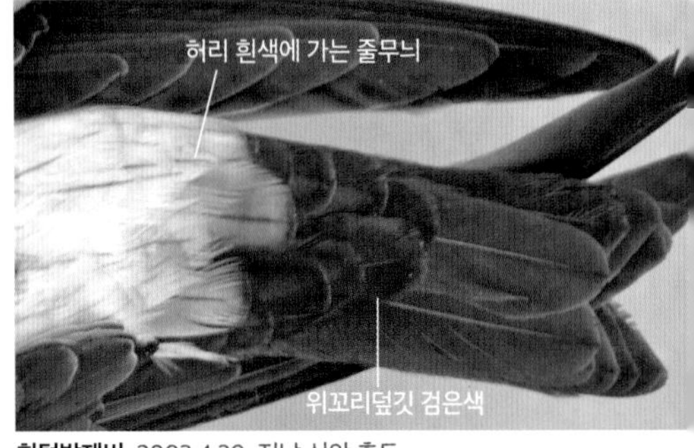

흰털발제비. 2003.4.20. 전남 신안 홍도

오목눈이 *Aegithalos caudatus* Long-tailed Tit L13.5~14.5cm

서식 유라시아대륙의 중위도 지역에 광범위하게 분포한다. 국내에서는 흔하게 서식하는 텃새다.

행동 인가 주변의 산림에 서식하며 무리지어 먹이를 찾는다. 쉴 새 없이 "찌리 찌리" 하는 약한 소리를 내고 특유의 비행으로 나무에서 나무로 이동한다. 주로 곤충, 거미, 씨앗 등을 먹는다. 한 곳에 오랫동안 머물지 않고 계속 이동한다. 3월부터 둥지를 짓기 시작한다. 나뭇가지 사이에 이끼류와 거미줄로 엮어 길쭉한 모양으로 만들고 작은 출구를 내며, 내부에 깃털 또는 동물 털을 많이 깐다. 한배에 알을 7~11개 낳으며, 포란 기간은 13~15일이며, 새끼는 부화 14~16일 후에 둥지를 떠난다.

특징 몸이 작고 꼬리가 상대적으로 길다. 정수리는 흰색이며 폭 넓은 검은색 눈선이 있다. 눈테는 노란색이다. 가슴에 불명확한 흑갈색 얼룩이 있다. 몸아랫면은 흰색에 옆은 분홍색이 섞여 있다. 셋째날개깃 바깥 우면이 폭 넓은 흰색이다.

어린새 몸윗면에 분홍빛이 약하며, 성조의 검은 부분이 흑갈색이다. 날개깃의 흰 부분이 성조보다 적다. 꼬리가 성조보다 짧다. 눈테가 붉은색이다.

아종 지리적으로 17 또는 19아종으로 분류한다. 국내에서는 3아종이 서식한다. 오목눈이(*magnus*)는 한반도, 대마도에 분포하고, 제주오목눈이(*trivirgatus*)는 일본 혼슈, 제주도에 분포하며, 흰머리오목눈이(*caudatus*)는 유럽에서 캄차카에 이르는 지역, 남쪽으로 몽골 북부, 아무르, 우수리, 중국 북부, 사할린, 일본 홋카이도에 분포한다. 흰머리오목눈이는 매우 드물게 불규칙적으로 찾아오는 겨울철새다. 머리와 목이 완전히 흰색, 가슴에 흑갈색 얼룩무늬가 없다. 옆구리의 분홍색이 오목눈이보다 흐리다.

2006.3.5. 충남 보령 오포리

2006.5.16. 전남 신안 홍도

어린새. 2006.5.16. 전남 신안 홍도

아종 **흰머리오목눈이**. 2012.11.10. 경기 파주 © 변종관

쇠종다리 *Calandrella dukhunensis* Mongolian Short-toed Lark L14cm

서식 티베트, 중국 중부와 북부, 몽골, 트란스바이칼에서 번식하고, 남아시아와 중국 화북평원에서 월동한다. 국내에서는 4월 초순에서 5월 중순 사이에 적은 수가 통과하는 나그네새다. 주로 서해 도서에서 관찰된다. 가을철 관찰기록은 거의 없다.

행동 1개체 또는 몇 개체가 무리를 이룬다. 농경지, 밭, 매립지에서 서식한다. 대부분 땅 위에서 생활하며 식물의 종자, 곤충류, 거미류를 먹는다.

특징 종다리와 비슷하지만 작고 전체적으로 색이 옅다. 첫째날개깃과 꼬리가 매우 짧다. 부리는 짧고 굵다. 부리는 살구색이며 윗부리 위쪽이 검은색이다. 구각(口角)이 눈 아래까지 다다른다. 어깨깃은 흑갈색이며 깃 가장자리는 폭 넓은 베이지색이다. 날개를 접었을 때에, 셋째날개깃이 길어 첫째날개깃을 덮는다. 몸아랫면은 흰색이며, 가슴, 가슴옆, 옆구리는 황갈색이다. 옆목에 뚜렷한 검은색 가로 줄무늬가 있으며, 그 아래쪽으로 흑갈색 얼룩이 흩어져 있다.

분류 과거에 쇠종다리를 Greater Short-toed Lark (*C. brachydactyla*)로 보았으나, 현재 독립된 종으로 분류한다.

실태 과거 일부 문헌에 쇠종다리를 '북방쇠종다리'로 명명하고, 희귀하거나 미조로 취급한 자료가 많다. 그러나 대략 2000년 이후 관찰기록이 크게 증가했다. 남한에서 매우 희귀한 북방쇠종다리가 과거 문헌에서 쇠종다리보다 흔한 나그네새로 기록된 점을 고려할 때 쇠종다리의 과거 서식자료에 대한 재검토가 요구된다.

2006.4.23. 전남 신안 홍도

2011.5.1. 경기 안산 시화호 © 백정석

2006.4.23. 전남 신안 홍도

부리 형태. 2003.4.6. 전남 신안 홍도

북방쇠종다리 *Alaudala cheleensis* Asian Short-toed Lark L14cm

서식 트란스바이칼, 몽골, 중국 중북부와 동북부에서 번식하고, 중국 중부와 동부 일대에서 월동한다. 국내에서는 매우 희귀하게 찾아오는 나그네새 또는 겨울철새다. 주로 4월 초순에서 5월 중순, 10월 초순에서 11월 중순에 통과한다.

행동 농경지, 밭, 매립지의 잡초가 있는 모래밭 등지에 서식한다. 여러 마리가 무리를 이룬다. 먹이는 식물의 종자, 곤충류, 거미류다.

특징 쇠종다리와 비슷하다. 몸윗면에 폭이 좁고 뚜렷한 검은색 축반이 있다(쇠종다리는 폭 넓은 검은색 축반). 셋째날개깃이 첫째날개깃보다 10~15mm 짧아 앉아 있을 때 첫째날개깃 끝이 보인다. 부리는 엷은 녹황색으로 짧고 둥그스름하다. 몸아랫면은 쇠종다리와 비슷하지만 옆목에 가로 줄무늬가 없다. 가슴에 가는 흑갈색 줄무늬가 균일하게 흩어져 있다.

분류 분류학적 위치에 대한 견해가 다양하다. 과거에 스페인 남부, 북아프리카, 이집트 서북부, 터키, 아라비아 북부, 이란, 우크라이나, 카자흐스탄에서 알타이산맥 서부 지역에 서식하는 Lesser Short-toed Lark (*A. rufescens*)와 동일 종으로 분류했었다. 이후 이 종의 아종 *heinei*는 Turkestan Short-toed Lark (*Alaudala heinei*)로 분류하며, 국내에는 희귀하게 도래하는 것으로 판단된다.

실태 과거 한국 전역을 통과하는 흔한 나그네새이며, 일부 월동하는 종으로 보았고, 많은 채집기록이 있는데도, 1964년 이후 채집기록은 매우 적다. 일부 문헌에서 이 종을 '쇠종다리'로 명명했고, 1981년 이후 '북방쇠종다리'로 변경했기 때문에 종 식별에 혼동을 가져왔을 가능성이 높다. 쇠종다리와 비슷해 구별이 어려운 것을 고려할 때 과거 북방쇠종다리로 동정한 관찰 및 채집 기록 상당수가 쇠종다리의 오동정일 가능성도 있다.

2009. 10.24. 전남 신안 흑산도

2013.11.2. 강원 양양 © 최순규

Turkestan Short-toed Lark (*A. heinei*) 2009.10.27. 전남 신안 홍도

부리 형태. 2009.10.22. 전남 신안 흑산도

종다리 *Alauda arvensis* Eurasian Skylark ♂16.5~18cm, ♀15.5~17cm

서식 영국, 유럽에서 캄차카에 이르는 유라시아, 아프리카 북부에 이르기까지 폭 넓은 지역에 분포한다. 겨울철 북방의 개체는 남으로 이동한다. 국내에서는 다소 흔한 겨울철새이며, 전국에서 번식하는 흔한 텃새였으나 급격히 감소해 드문 텃새로 변했다.

행동 간척지, 초지, 목장, 하천가 풀밭에 서식한다. 번식기에는 쌍 또는 작은 무리가 일정한 간격을 유지하고 번식하며, 비번식기에는 넓은 농경지에서 무리를 이룬다. 땅 위에서 빠르게 움직이며 잡초의 종자, 곤충류, 거미류 등을 먹는다. 번식기에 수컷이 공중으로 날아올라 정지비행해 지저귄다. 목장의 초지, 풀밭 속에 마른풀과 가는 풀뿌리를 이용해 땅 위 오목한 곳에 밥그릇 모양 둥지를 튼다. 4월 중순부터 둥지를 틀고, 한배에 흰색 바탕에 어두운 갈색 무늬가 있는 알을 3~5개 낳아 12~14일간 품는다. 새끼는 부화 약 10일 후에 둥지를 떠난다. 보통 연 2회에 걸쳐 번식한다.

특징 뒷머리에 짧게 돌출된 깃이 있다. 부리는 가늘고 길다. 몸윗면은 엷은 황갈색에 흑갈색 반점이 있다. 몸아랫면은 흰색이며 가슴에 흑갈색 세로 줄무늬가 있다. 날 때 둘째날개깃과 셋째날개깃 끝이 흰색으로 보인다. 몸 바깥쪽 꼬리깃은 흰색이다.

분류 11아종으로 분류한다. 아종 구별은 매우 힘들다. 국내에는 4아종(*pekinensis*, *lonnbergi*, *intermedia*, *japonica*)이 알려져 있지만 월동하거나 이동하는 무리의 아종 구분, 분포지역 등의 실태가 모호하다.

큰종다리(*pekinensis*)는 레나강 중류에서 콜리마강 하류에 이르는 시베리아 동북부, 오호츠크해 연안, 캄차카, 쿠릴열도에서 번식하고, 아무르강 하류, 만주, 중국의 산둥성, 한국, 사할린, 일본 등지에서 월동한다. 다른 아종보다 색이 더 어두우며, 셋째날개깃의 대부분이 어둡게 보인다. 국내에서는 흔하게 월동하는 겨울철새이며, 아종 중 가장 크다. 전장 17~18.5cm, 날개 110~121mm, 꼬리 68~80mm, 부척 24.5~26.5mm, 뒷발톱 15.4~20.8mm 이다.

lonnbergi는 사할린, 샨타르 제도, 아무르강 하류, 한국(?) 등지에서 번식하고, 중국 동부, 한국, 일본에서 월동한다. 전체적으로 색이 연하다. 국내에도 적지 않은 수가 월동할 것으로 추측되지만 명확한 자료가 부족하다.

intermedia는 시베리아 동남부에서 아무르강 북부 유역, 한국에 분포하며, 국내에서 번식하고 월동한다. 다른 아종에 비해 전체적으로 색이 다소 엷다.

japonica는 러시아 극동, 일본 등지에서 번식하고, 중국 남부, 일본에서 월동한다. 국내에는 나그네새로 찾아오거나 일부 월동하는 듯하다. 작은날개덮깃은 적갈색이고 귀깃도 적갈색이 강하다. 이동경로 및 월동지가 밝혀지지 않고 있으며 정확한 서식 실태를 파악하지 못하고 있다.

닮은종 **Oriental Skylark (*A. gulgula*)** 날아올라 지저귈 때 종다리와 달리 꼬리를 접은 상태를 유지해 폭이 좁게 보인다. 지저귐이 종다리보다 단조롭다. 종다리보다 약간 작으며, 날개와 꼬리가 짧다. 뒷머리의 돌출된 깃이 짧다. 부리는 종다리보다 다소 길고 뾰족하다. 첫째날개깃이 그다지 길게 돌출되지 않아 셋째날개깃과 거의 같은 길이다. 귀깃과 날개깃에 적갈색 기운이 강하다. 앉아 있을 때 날개에 적갈색 톤이 뚜렷하다. 날 때 보이는 둘째날개깃 가장자리가 엷은 갈색이며, 바깥쪽 꼬리깃이 담황색이다(흰색인 경우도 있다).

알과 새끼. 2016.5.8. 경기 화성

2013.4.28. 경기 안산 시화호 © 진경순

2016.5.23. 인천 영종도 © 임백호

2009.11.11. 전남 신안 흑산도

1회 겨울깃. 2009.11.9. 전남 신안 흑산도

2012.4.22. 제주 © 김준철

아종 **큰종다리(*pekinensis*)**. 2011.2.12. 인천 강화 교동도

2010.1.12. 경기 시흥 © 변종관

2012.12.7. 충남 천수만 © 김신환

뿔종다리 *Galerida cristata* Crested Lark L17cm

서식 유럽, 아프리카 중북부에서 소아시아, 중국, 한국까지 매우 광범위한 지역에 분포한다. 지리적으로 34 또는 35아종 나눈다. 국내에서는 과거 흔한 텃새였지만 현재는 매우 희귀한 텃새가 되어 거의 멸종위기에 처해 있다.

행동 초지, 목장, 하천가 풀밭 등 들판에 서식한다. 작은 무리를 이루어 생활한다. 번식기에 수컷이 공중으로 날아올라 정지비행해 지저귄다. 4월부터 산란하며, 한배 산란 수는 4~5개이며, 12~13일간 암수가 교대로 포란한다.

특징 종다리와 혼동되기 쉽다. 머리깃의 돌출된 정도가 종다리보다 길고 뾰족하다(종다리와 달리 깃을 접었을 때에도 머리깃이 돌출된다). 부리가 크고 길다. 등과 어깨는 종다리보다 색이 옅으며, 검은 줄무늬가 약하다. 날개가 짧다. 날 때 둘째날개깃 끝이 종다리처럼 흰색이 아닌 갈색이다. 아랫날개덮깃은 황갈색 또는 적갈색이다. 꼬리가 짧다. 외측꼬리깃은 황갈색이다. 울음소리가 종다리와 크게 다르다.

실태 멸종위기 야생생물 II급이다. 한국 전역에서 번식하는 흔한 텃새였다. 언제부터 감소했는지 확실한 자료는 없지만 1980년대 초에도 이미 거의 자취를 감춘 것으로 판단된다. 비교적 최근까지도 일부 지역(천수만 부남호와 간월호 간척지, 백령도)에서 서식했으나 현재 번식이 확인되지 않고 있다. 2007년까지 충남 서산 간척지 내 대섬에서 1쌍 이상이 번식한 것이 마지막 기록이다. 개체수가 급감해 한국에서 거의 멸종된 것으로 판단된다. 한국에 분포하는 아종은 *coreensis*이다.

2007.2.20. 충남 천수만 대섬

2006.3.1. 충남 천수만 대섬

2006.3.1. 충남 천수만 대섬

새끼. 2004.4.17. 충남 천수만 대섬 © 서정화

해변종다리 *Eremophila alpestris* Horned Lark / Shore Lark L16~19cm

서식 유럽, 아시아, 북미대륙 북반부의 광범위한 지역에서 번식한다. 국내에서는 몇 회의 관찰기록만 있는 미조다.

행동 경계심이 강하다. 지면에서 다소 빠르게 움직이며 씨앗과 곤충을 찾는다.

특징 종다리보다 약간 작다. 정수리 옆에 돌출된 가늘고 검은 뿔깃이 있다. 눈앞이 검은색이며 눈밑으로 길고 폭넓은 검은색 띠가 있다. 부리는 중간 길이이며 아랫부리 기부가 청회색이다. 다리는 검은색이다. 가슴옆은 엷은 분홍빛이다. 옆구리에 가는 축반이 있다. 아종 *flava*, *brandti*, *atlas*를 포함하는 *alpestris* 그룹은 눈밑의 검은 선과 가슴선이 만나지 않는다. 얼굴, 이마, 멱의 경우 아종 *brandti*는 흰색이며, *flava*는 노란색이다.

암컷 정수리 옆의 뿔이 수컷보다 짧다. 정수리에 매우 가늘고 검은 축반이 있지만 근거리에서만 확인되는 경우가 많다. 뒷목의 분홍빛이 수컷보다 뚜렷이 엷다.

아종 42아종으로 분류한다. 일부는 한 지역에 머무는 텃새이며, 일부는 이동성이 강하다. 국내에는 2아종이 도래했다. **해변종다리(*flava*)**는 유라시아대륙 북부에서 동쪽으로 러시아 동북부의 아나디르, 남쪽으로 노르웨이 남부까지, 바이칼호 주변, 아무르 서북부에 분포한다. 2007년 10월 7일 충남 보령 소황사구, 2013년 3월 8일 인천 옹진 백령도 등지에서 관찰되었다. **흰턱해변종다리(*brandti*)**는 볼가강 하류, 카스피해 동북부 지역, 동쪽으로 만주 서부, 남쪽으로는 투르크메니스탄 북부까지, 텐산산맥, 몽골 일대에 분포한다. 2009년 4월 2일 전남 신안 홍도에서 1개체, 2013년 2월 23일 충남 금강 하구에서 1개체, 2014년 3월 22일 강원 강릉에서 1개체, 2014년 10월 10일 전북 전주 만경강 인근 농지에서 1개체가 관찰되었다.

아종 ***brandti***. 2009.4.3. 전남 신안 홍도

아종 ***brandti***. 2014.3.22. 강원 강릉 © 황재홍

아종 ***brandti***. 2009.6.14. 몽골 © 이상일

아종 ***flava***. 2021.1.24. 강원 태백 매봉산 © 김준철

종다리과 Alaudidae

흰날개종다리 *Melanocorypha mongolica* Mongolian Lark L19~22cm

서식 몽골, 트란스바이칼, 내몽골, 중국 북부에서 번식한다. 번식 후 북쪽의 번식 집단은 남쪽으로 이동한다. 국내는 2014년 5월 6일 인천 옹진 백령도에서 1개체, 2015년 5월 8일 충남 천수만 해미천에서 1개체, 2016년 5월 13일 제주도 마라도에서 1개체, 2017년 4월 30일 인천 옹진 백령도에서 1개체, 2017년 5월 10일 제주 마라도에서 1개체가 관찰된 미조다.

행동 암석이 많은 구릉, 키 작은 풀이 무성한 초원에서 서식한다. 땅 위에서 비교적 빠르게 움직이며 곤충과 풀씨를 먹는다. 번식기에 수컷은 땅 위나 횃대 위 또는 날면서 지저귄다.

특징 크기가 다소 크다. 부리가 두툼하다. 앞머리에서 머리옆선을 따라 뒷목까지 적갈색 띠를 이루며, 정수리는 엷은 갈색이다. 작은날개덮깃과 가운데날개덮깃이 적갈색이다. 앉아 있을 때 둘째날개깃에 길고 폭이 좁은 흰색 무늬가 보인다. 날 때 첫째날개깃은 검은색으로 보이며, 몸 안쪽 첫째날개깃 끝과 둘째날개깃은 흰색이다. 가슴옆과 옆목에 폭 넓은 검은색 무늬가 있다. 외측 꼬리깃이 흰색이다.

2017.5.16. 제주 마라도 ⓒ 곽호경

2010.6.13. 몽골 만달고비 ⓒ 고경남

개개비사촌과 Cisticolidae

개개비사촌

Cisticola juncidis Zitting Cisticola / Fan-tailed Cisticola L12.5cm

서식 유럽 남부, 아프리카, 인도, 동남아시아, 대만, 중국 남동부, 한국, 일본, 오스트레일리아 북부 등지에서 번식한다. 17아종으로 분류한다. 개체수가 증가하고 있다. 국내 전역에서 흔하지 않게 번식하는 여름철새이며, 매우 적은 수가 월동한다.

행동 화본과 식물이 무성한 넓은 들녘의 풀 사이 또는 습지의 풀줄기를 이동하며 곤충을 잡아먹는다. 번식기에는 특이한 울음소리를 내며 파도 모양으로 높게 난다. 산란기는 5월에서 8월까지이고, 한배 산란수는 4~6개다. 알은 엷은 푸른색 바탕에 자색과 짙은 적갈색 점이 있다. 포란기간은 12~14일이며 새끼는 2주간 둥지에 머문다. 둥지는 매우 낮은 높이의 산조풀, 띠, 억새 등 가는 풀줄기를 거미줄로 엮어 긴 달걀 모양으로 틀며 출입구는 위쪽에 만든다.

특징 몸윗면은 황갈색에 흑갈색 줄무늬가 명확하다. 꼬리 끝에 뚜렷한 흰색 무늬가 있으며 그 안쪽에 검은 띠가 있다. 몸아랫면은 흰색이며 옆구리는 황갈색이다. 번식기에는 암수가 쉽게 구별된다. 수컷은 부리 기부와 입 안쪽이 검은색이며, 암컷은 부리 기부가 밝은 색이다.

겨울깃 수컷은 성조 암컷과 매우 비슷하게 바뀐다. 암수 모두 흑갈색 줄무늬가 뚜렷하다.

실태 과거 제주도 북동부와 모슬포 주변 풀밭에서 드물게 번식했으며, 번식지가 점차 확대되어 1995년 전후로 한강 습지에서도 번식하는 등 전국 여러 곳에서 서식하는 여름 철새다.

수컷. 2010.8.21. 경기 안산 시화호 © 백정석

암컷. 2015.9.19. 경기 안산 시화호

수컷. 2011.9.4. 제주 마라도 © 진경순

1회 겨울깃. 2005.9.22. 전남 신안 흑산도

수컷. 2011.9.4. 제주 마라도 © 진경순

암컷과 둥지. 2015.9.26. 경기 안산 시화호 © 김준철

직박구리과 Pycnonotidae

검은이마직박구리 *Pycnonotus sinensis* Light-vented Bulbul L19cm

서식 대만, 중국 중부, 동부, 남부, 하이난 섬, 베트남 북부에 서식한다. 지리적으로 4아종으로 분류한다. 국내에서는 2002년 10월 29일 전북 군산 어청도에서 처음 관찰된 이후 매년 개체수가 증가하고 있다.

행동 평지의 산림, 과수원, 농경지 주변에 서식한다. 나무 위에서 열매, 곤충, 거미류를 잡아먹는다. 비번식기에는 무리를 이루는 경우가 많다. 산림 가장자리의 나뭇가지에 앉아 있다가 날아오르는 곤충을 공중에서 잡아먹는 습성이 있으며, 종종 땅 위로 내려와 곤충을 잡아먹는다. 파도 모양으로 난다. 비교적 경계심이 적다. 나뭇가지에 앉아 "깩 깩" 하는 울음소리를 낸다.

특징 다른 종과 혼동이 없다. 암수 색깔이 같다. 몸윗면은 어두운 녹회색이며 날개와 꼬리 일부가 녹황색이다. 앞이마에서 정수리 앞까지 검은색이며, 정수리에서 뒷머리까지 흰색이다. 뒷목에 검은색과 흑갈색 무늬가 있다. 귀깃은 흑갈색이며 흰 반점이 있다. 멱은 흰색이며 앞가슴은 회갈색이다. 배는 노란색 기운이 있는 흰색이다.

실태 주로 서해안에서 많이 확인되고 있지만 전국에 걸쳐 적은 수가 통과하는 나그네새 또는 겨울철새다. 또한 일부 도서지역에서 번식하는 여름철새다. 인천 옹진 소청도, 경기 안산 풍도, 전남 신안 가거도, 흑산도, 장도, 전북 군산 어청도 일대에서 번식이 확인되었다. 향후 번식지역이 내륙으로 확대될 가능성이 높다.

성조. 2013.4.30. 전남 신안 가거도 © 고경남

성조. 2018.6.4. 전남 신안 흑산도

1회 겨울깃. 2014.11.22. 인천 옹진 백령도 © 심규식

어린새. 2017.7.26. 전남 신안 흑산도

직박구리 *Hypsipetes amaurotis* Brown-eared Bulbul L27~30cm

서식 한국, 일본, 대만, 필리핀 북부에서 번식하는 텃새이며, 중국 동남부에는 겨울철새로 도래한다. 국내에서는 전국에 걸쳐 번식하는 매우 흔한 텃새다. 일부는 번식 후 큰 무리를 이루어 남쪽으로 이동한다.

행동 번식기에는 조용하게 지내다가 가을로 접어들면서 매우 시끄럽게 떠들며 군집생활을 한다. 파도 모양으로 날며 나무에서 나무로 이동한다. 5~6월에 산란하며, 한배에 알을 4~5개 낳아 13~14일간 품는다. 새끼는 부화 10~11일 뒤에 둥지를 떠난다. 번식기에는 곤충을 먹고, 비번식기에는 나무 열매를 즐겨 먹으며 땅에 내려와 배추, 시금치 등 채소도 즐겨 먹는다.

특징 다른 종과 쉽게 구별된다. 전체적으로 회갈색이며 귀깃에 갈색 반점이 있다. 가슴과 배는 회색이며 흰 반점이 흩어져 있다.

어린새 부리 기부가 연한 노란색이다. 몸깃과 날개깃은 회갈색보다는 연한 적갈색으로 보인다. 흰배지빠귀와 비슷하지만 꼬리가 보다 길다. 날개덮깃 끝은 색이 연하다.

1회 겨울깃 가운데날개덮깃 끝에 때 묻은 듯한 흰 반점이 있으며, 일부 날개깃은 갈색이다.

실태 1980년대까지 대부분 남부 지역에서 번식했고, 적은 수가 경기 일대 산림에서 번식했지만 오늘날 서울 도심을 비롯해 전국의 도시에서도 흔히 번식한다. 분포권의 변화와 개체군 변화에 대한 자료가 빈약하지만 과거에 비해 분포권이 확장된 것으로 판단된다.

성조. 2011.3.12. 경기 안산 수리산

성조. 2005.12.28. 전남 신안 흑산도

1회 겨울깃. 2007.1.14. 전남 신안 흑산도

어린새. 2006.8.31. 전남 신안 홍도

휘파람새

Horornis canturians Manchurian Bush Warbler / Korean Bush Warbler
♂16.5~18.5cm, ♀14~15.5cm

서식 한국, 중국 중부, 동부, 동북부, 극동 러시아에서 번식하고, 중국 동부와 남부, 대만, 태국 서북부, 인도차이나반도 북부와 중부, 필리핀 북부 등지에서 월동한다. 봄·가을 이동시기에 한반도 전역을 통과하는 흔한 나그네새이며, 한반도 중북부 이북에서 번식하는 매우 드문 여름철새다. 4월 초순에 도래해 11월 중순까지 관찰된다. 가을철 남하하는 무리는 10월 중순부터 한반도 중북부에서 확인되기 시작하며, 남부에서는 11월 중순까지 관찰된다.

행동 지면 가까이를 기듯이 이동하며 개방된 곳에 나오는 경우는 드물다. 겁이 많아 가까이 접근하면 덤불 속으로 달아난다. 이동시기에는 매우 다양한 환경에서 확인되지만 번식기에는 버드나무와 갈대 등이 밀생하는 넓은 강가의 관목지대, 산 아래에 형성된 넓은 계곡 주변의 관목이 밀생한 곳 등 매우 제한된 환경에서만 서식한다. 번식기에 풀이 무성한 관목 줄기에서 휘파람소리와 같은 독특한 지저귐을 낸다. 울음소리는 "트륵 트륵" 하는 소리로 섬휘파람새와 구별된다. 둥지는 초본류, 관목림의 낮은 나뭇가지에 튼다. 5월경에 산란한다. 붉은색이 있는 초콜릿색 알을 4~6개 낳으며, 포란기간은 14일이다.

특징 날개가 짧고 꼬리와 다리가 비교적 길다. 암수 크기 차이가 심하다. 섬휘파람새와 비슷하지만 더 크며, 몸윗면은 녹갈색이 적고 갈색 기운이 강하다. 이마의 적갈색은 앞머리까지 이르지만 점차 연해진다. 멱은 흰색, 가슴과 옆구리는 연한 황갈색이다. 암컷은 수컷보다 유난히 작으며 옆구리의 황갈색 기운이 강하다.

어린새 몸아랫면은 섬휘파람새와 달리 황갈색이 강하다. 늦여름 매우 짧은 기간 동안에 완전 깃털갈이를 마친 1회 겨울깃 개체는 성조와 매우 비슷하다.

분류 *Cettia*속으로 분류했었다. 과거 Japanese Bush Warbler (*Horornis diphone*)를 지리적으로 6 또는 7아종으로 분류했다. 이 견해에 따르면 한국에는 휘파람새(*borealis*)와 섬휘파람새(*cantans*) 2아종이 분포한다. 그러나 휘파람새와 섬휘파람새는 음성학적으로 뚜렷한 차이가 있으며, 형태적 차이, 외부 측정치의 차이, 번식지 서식환경의 차이는 물론 계통분류학적 연구에서도 차이가 명확했다. 따라서 아종 관계가 아닌 별개의 2종(*H. canturians*, *H. diphone*)으로 보는 것이 타당하다. 과거 휘파람새 학명은 *H. borealis*였다. 휘파람새는 2아종(*borealis*, *canturians*)으로, 섬휘파람새는 4아종으로 나눈다. 아종 *borealis*는 중국 동북부(랴오닝성, 지린성, 헤이룽장성 남부와 동부), 러시아 남부의 극동(우수리 남부), 북한과 남한의 중부 이북에서 번식하고, 비번식기에는 중국 남부(장쑤성, 저장성, 푸젠성), 태국 서북부, 인도차이나반도 중부와 북부, 대만, 필리핀 북부의 루손섬과 바탄제도에서 월동한다. *canturians*는 중국 간쑤성 남부에서 쓰촨성, 동쪽으로 장쑤성, 저장성 서부 일대에 번식하고, 중국 남부, 대만, 태국 북서부, 인도차이나반도 북부와 중부(라오스 북부와 중부, 베트남 북부와 중부), 필리핀 북부에서 월동한다. 몸윗면은 거의 균일한 색이며 적갈색이 진하다. *borealis*와 동종이명일 가능성도 있다.

실태 번식 개체수가 크게 감소했다. 적어도 1980년대 중반까지 휘파람새 둥지는 인가 주변의 야산 가장자리에 위치한 관목지대, 산림 하단부의 물이 흐르는 계곡 주변 관목에서 확인되었지만, 최근 번식기 조사에 의하면 인가 주변의 관목 지대, 폭 좁은 계곡 하단부의 관목지대에서 둥지가 거의 확인되지 않고 있다. 강원 춘천 인근 소양강, 소백산 인근 남한강, 치악산 인근 주천강, 강원 홍천 홍천강 등 주로 경기와 강원 이북에서 매우 적은 수가 번식하며, 중·남부 지역에서는 번식이 확인되지 않는다.

수컷. 2008.6.4. 충북 단양 상진리 남한강변

수컷. 2008.6.7. 강원 횡성 주천강

수컷. 2007.4.1. 전남 신안 흑산도

암컷. 2009.11.7. 전남 신안 흑산도

2008.4.19. 인천 옹진 소청도 © 곽호경

1회 겨울깃. 2008.10.14. 인천 옹진 소청도

둥지. 경기 가평 © 서정화

서식지. 넓은 강 상류. 강원 춘천 소양강

섬휘파람새

Horornis diphone Japanese Bush Warbler ♂14.5~16.5cm, ♀13~14.5cm

서식 사할린, 일본, 한국, 중국 동부에서 번식하고, 비번식기에는 일본, 한국 남부, 중국 남부, 대만에서 월동한다. 국내에서는 서해와 남해 도서, 서남해안에 인접한 내륙, 지리산, 소백산, 오대산 등 고지대 산능선 또는 아고산대 관목림에서 번식하는 흔한 여름철새이며, 제주도를 비롯한 남해안에 서식하는 일부 개체는 텃새로 연중 머문다.

행동 항상 지면 가까이를 기듯이 이동하며 개방된 곳에 나오는 경우는 드물다. 겁이 많다. 봄부터 여름철까지 어두운 관목 숲속에서 오랫동안 지저귀지만 관찰하기 어렵다. 번식기에는 서식지 인근에서 쉽게 두견이 울음소리를 들을 수 있다. 둥지는 동백나무 등 상록활엽수림, 이대, 대나무숲에 틀며 내륙에서는 고지대 능선 또는 아고산대 관목림에서도 번식한다. 마른 풀을 이용해 엉성하게 만들지만 내부는 정교하다. 5~6월에 산란한다. 붉은색이 있는 초콜릿색 알을 4~6개 낳으며 포란기간은 16일이다. 일부다처제로 번식하는 것으로 알려져 있다. 비번식기에는 굴뚝새 울음소리와 비슷한 "칙 칙 칙" 하는 금속성 소리를 낸다.

특징 휘파람새보다 체구가 작고 몸 색깔이 녹갈색이다(휘파람새의 연한 갈색과 대조된다). 부리가 작다. 지저귐이 휘파람새와 매우 비슷해 구별이 어렵다.

성조 머리에서 등은 올리브 회색, 눈썹선은 때 묻은 듯한 흰색이다. 이마는 황갈색 기운이 약하게 있다. 날개와 꼬리는 녹색을 띠는 연한 갈색, 멱에서 가슴은 때 묻은 듯한 흰색에 회색 기운이 있다. 옆구리 회갈색, 아래꼬리덮깃은 연한 황갈색이다.

어린새 머리는 녹갈색, 등과 날개는 올리브 갈색이며, 눈썹선이 짧다. 몸아랫면은 노란색이 강하다. 옆구리는 녹갈색, 아래꼬리덮깃은 성조보다 약간 진한 황갈색이며, 여름철 이후 완전깃털갈이를 마친 1회 겨울깃 개체는 성조와 구별이 어렵다.

분류 *Cettia*속으로 분류했었다. 과거 Japanese Bush Warbler (*Horornis diphone*)를 지리적으로 6 또는 7아종으로 분류했다. 이 견해에 따르면 한국에는 휘파람새(*H. d. borealis*)와 섬휘파람새(*H. d. cantans*) 2아종이 분포한다. 그러나 휘파람새와 섬휘파람새는 음성학적으로 뚜렷한 차이가 있으며, 형태적 차이, 외부 측정치의 차이, 번식지 서식환경의 차이는 물론 계통분류학적 연구에서도 차이가 명확했다. 따라서 아종관계가 아닌 별개의 2종으로 보는 것이 타당하다. 별개의 종으로 분류할 경우 섬휘파람새는 4아종(*diphone*, *cantans*, *restricta*, *riukiuensis*)으로 분류한다. 국내에 도래하는 아종은 일본(홋카이도, 혼슈, 시코쿠, 큐슈), 한국에서 번식하는 *cantans*이다.

실태 개체수가 크게 증가한 것으로 판단된다. 과거 많은 기록에서 섬휘파람새가 제주도를 비롯해 한반도 남해안의 상록활엽수림에서 번식한다고 알려졌지만 최근 조사에 따르면 북쪽으로 소백산 아고산대 관목림, 오대산 진고개 일대 관목림, 강원 고성 송지호 인근까지 분포하는 것으로 나타났다. 내륙에서는 북쪽으로 올라갈수록 개체수가 감소한다.

섬휘파람새(왼쪽)와 **휘파람새**(오른쪽) 비교 표본. 2006.10.

수컷. 2013.6.29. 전남 구례 지리산 노고단

수컷. 2007.5.29. 전남 신안 흑산도

2005.10.25. 전남 신안 홍도

2010.12.25. 전북 전주 학소암 © 채승훈

암컷. 2009.11.18. 전남 신안 흑산도

어린새. 2006.8.31. 전남 신안 홍도

서식지. 이대 군락. 전남 신안 홍도

서식지. 아고산대 관목 군락지. 소백산 연화봉일대

둥지. 2006.8.5. 제주 © 서정화

숲새 *Urosphena squameiceps* Asian Stubtail L10~10.5cm

서식 우수리, 중국 북동부, 한국, 사할린 남부, 쿠릴열도 남부, 일본에서 번식하고, 대만, 중국 동남부, 미얀마에서 월동한다. 국내에서는 다소 흔히 번식하는 여름철새다. 4월 초순에 도래해 번식하고, 10월 하순까지 남하하는 무리를 볼 수 있다.

행동 어두운 숲속의 땅 위에 서식한다. "씨 씨 씨" 하는 매우 가는 소리를 내어 벌레 소리로 착각하기가 쉽다. 녹음으로 우거진 잡목림 속에서 단독으로 먹이를 찾을 때가 많다. 땅 위에서 곤충을 먹는다. 놀라면 나무 사이로 낮게 날아 가까운 거리에 앉는데, 울음소리로 그 위치를 알 수 있다. 둥지는 쓰러진 고목 밑, 나무뿌리 주변에 활엽수의 낙엽과 이끼류, 나무뿌리를 이용해 밥그릇 모양으로 틀고, 내부에는 동물 털, 이끼류, 양치식물 솜털 등을 깐다. 한배 산란수는 5~7개이며, 포란기간은 13일이다. 새끼는 부화 약 10일 후에 둥지를 떠난다.

특징 다른 종과 혼동되지 않는다. 꼬리가 매우 짧다. 몸윗면은 갈색이며 길고 흰 눈썹선이 있고 눈선은 흑갈색이다. 몸아랫면은 때 묻은 듯한 흰색이다.

2009.4.23. 경기 부천 © 백정석

2009.4.27. 인천 옹진 소청도

2009.4.19. 인천 옹진 소청도 © 이상일

포란 중인 어미새. 5월. 경기 하남 상곡동 © 서정화

큰개개비 *Helopsaltes pryeri* Marsh Grassbird L13cm

서식 몽골 동부, 러시아 한카호, 중국 동북부(헤이룽장성, 랴오닝성), 상하이 해안 그리고 일본의 혼슈 북부에서 중부에 이르는 지역에서 번식하고, 중국 동부(후베이성 남부, 후난성 북부, 장시성 북부)와 일본 중부에서 월동한다. 국내에서는 1962년 11월 10일 서울 인근에서 1회의 채집 기록이 있으며, 이후 오랫동안 기록이 없다가 2014년 5월 16일 전남 신안 흑산도에서 1개체가 포획되었으며, 2015년 5월 3일 인천 옹진 소청도에서 1개체가 관찰되었다.

행동 갈대가 무성한 습지에 서식한다. 개방된 곳에 좀처럼 나오지 않는다. 번식기에 수컷은 서식지 내에서 가볍게 원을 그리며 날아올라 지저귀는 행동을 한다.

특징 개개비사촌과 비슷하며 약간 크다. 암수 거의 같은 색이다. 정수리에서 뒷목까지 가늘고 검은 줄무늬가 있다. 몸윗면은 갈색에 크고 검은 줄무늬가 흩어져 있다. 눈썹선은 흰색이며 가늘다. 몸아랫면은 흰색이며 옆구리와 가슴옆은 갈색 기운이 강하다.

분류 2아종으로 나눈다. *sinensis*는 몽골 동부, 러시아 한카호, 중국 헤이룽장성의 자룽습지, 랴오닝성의 쌍타이즈, 상하이 우씨(Wusi) 해안에서 번식하고, 후베이성, 후난성의 둥팅호, 장시성의 포양호에서 월동한다. 몸윗면의 색이 기아종보다 색이 엷다. 뒷목에 줄무늬가 강하다. *pryeri*는 일본의 혼슈 북부에서 중부까지 번식하고, 비번식기에는 시코쿠까지 남하한다. 몸윗면은 적갈색이 강하다. 뒷목에 있는 줄무늬가 약하다.

실태 세계자연보전연맹 적색자료목록에 준위협종(NT)으로 분류된 국제보호조다. 최대 생존 개체수는 10,000 미만으로 추정된다.

아종 *sinensis*. 2014.5.16. 전남 신안 홍도 © 국립공원 철새연구센터

아종 *sinensis*. 2015.5.3. 인천 옹진 소청도 © 조성식

아종 *pryeri*. 2008.11.8. 일본 © Norio Fukai

아종 *pryeri*. 2008.11.8. 일본 © Norio Fukai

점무늬가슴쥐발귀

Locustella davidi Baikal Bush Warbler L12~12.5cm

서식 시베리아 중·남부(알타이 동부)에서 러시아 동남부까지, 중국 북동부(아무르 서부), 허베이성 북부에서 번식하며, 아삼, 미얀마, 태국에서 월동한다. 국내에서는 극히 적은 수가 통과하는 희귀한 나그네새다.

행동 하천변의 덤불 숲, 높은 산의 개방된 초지, 갈대밭에 서식한다. 몸을 숨기는 습성이 있어 보기 힘들며 쥐처럼 지면 가까이에서 움직인다.

특징 몸윗면은 균일한 적갈색이며 꼬리가 짧다. 약간 불명확한 흰 눈썹선은 콧구멍 앞에서 눈 뒤까지 이어진다. 턱밑은 흰색이다. 멱과 가슴에 검은 반점이 있으며 아래로 갈수록 더 크다. 부리는 검은색, 배는 흰색, 옆구리는 황갈색, 아래꼬리덮깃 끝에 폭 3~4㎜인 흰색 무늬가 있다. 어린새는 몸윗면이 올리브 갈색이며, 몸아랫면에 엷은 노란색 기운이 있고, 목과 가슴에 갈색 얼룩이 있다.

분류 Spotted Bush Warbler (*L. thoracicus*)는 5아종으로 분류하지만, 독립된 3종 Spotted Bush Warbler (*L. thoracicus*), Baikal Bush Warbler (*L. davidi*), West Himalayan Bush Warbler (*L. kashmirensis*)로 나누기도 한다. 이중 Baikal Bush Warbler에 2아종(*suschkini*, *davidi*)이 포함된다. 국내에 도래하는 종은 트란스바이칼 동남부, 러시아 극동, 중국 동북부, 남쪽으로 허베이성 북부 지역에서 번식하는 Baikal Bush Warbler (*L. d. davidi*)이다.

실태 북한 양강 삼지연과 두만강변에서 번식기에 4회의 관찰기록이 있다. 남한은 2000년 5월 27일에서 6월 1일 사이에 전북 군산 어청도 인근 해상에서 3개체가 확인되었다. 이후 봄철에는 5월 하순, 가을철에는 9월 하순에서 10월 초순 사이에 소청도와 백령도, 흑산도에서 여러 차례 관찰되었다.

성조. 2000.5.27. 전북 군산 어청도 인근 채집 표본

성조. 2000.5.30. 전남 영광 안마도 인근 채집

가슴 무늬. 2000.5.27. 전북 군산 어청도 인근 채집 표본

어린새. 2021.10.9. 인천 옹진 소청도

쥐발귀개개비 *Locustella lanceolata* Lanceolated Warbler L13cm

서식 서시베리아 저지대에서 오호츠크해 연안까지, 캄차카, 우수리, 사할린, 쿠릴열도 남부, 홋카이도에서 번식하고, 파키스탄, 인도차이나반도, 말레이반도, 수마트라, 보르네오, 필리핀에서 월동한다. 지리적으로 2아종으로 나눈다. 국내에서는 다소 흔하게 통과하는 나그네새이지만 몸을 숨기는 습성이 있어 관찰이 어렵다. 봄철에는 4월 하순부터 5월 하순까지 통과하고, 가을철에는 9월 하순부터 11월 초순까지 통과한다.

행동 강가의 습지, 초지, 물가의 갈밭 등지에서 서식하기 때문에 좀처럼 볼 수 없다. 덤불 속에서 은밀히 움직이는 습성이 있다. 모습을 드러내지 않다가 접근하면 풀 속에서 갑자기 나와 3~4m 전방의 짧은 거리를 낮게 날아올라 덤불 속으로 다시 숨는다. "찌르르르" 하며 떨리듯 벌레소리와 비슷하게 지저귄다.

특징 머리에서 허리까지 명확한 검은 줄무늬가 흩어져 있다. 북방개개비와 달리 허리에 적갈색 기운이 없고, 꼬리는 색이 균일하다. 가슴 줄무늬는 뚜렷하며, 특히 가슴 옆 부분이 뚜렷하다. 아래꼬리덮깃의 깃축은 검은색이다(보통 검은 반점의 길이가 짧지만, 일부 개체는 검은색이 전혀 없다).

어린새 성조와 매우 비슷해 구별이 어렵다. 턱밑, 목, 가슴을 비롯해 몸아랫면에 옅은 누런색 기운이 있다. 몸아랫면의 줄무늬가 성조보다 더 퍼져 있는 형태가 많다.

닮은종 **북방개개비** 몸이 약간 크다. 머리 위에서 등까지 흑갈색 반점이 흩어져 있다. 꼬리 끝에 흰 반점이 있다.

성조. 2013.5.15. 인천 옹진 소청도 © 최순규

성조. 2008.5.21. 전남 신안 흑산도

성조. 2021.5.22. 충남 보령 외연도 © 이임수

개체에 따른 아래꼬리덮깃 무늬 차이

섬개개비과 Locustellidae

북방개개비 *Helopsaltes certhiola* Pallas's Grasshopper Warbler L13~14.5cm

서식 시베리아 서부에서 동부까지, 몽골, 중국 북동부, 캄차카, 우수리 일대 습지에서 번식하고, 인도 동부, 인도차이나, 중국 남동부, 필리핀, 대순다열도에서 월동한다. 4 또는 5아종으로 분류한다. 국내에서는 다소 드물게 통과하는 나그네새다. 봄철에는 4월 중순부터 5월 하순까지 통과하며, 가을철에는 8월 중순부터 9월 하순 사이에 남하한다.

행동 풀과 관목이 무성한 초지, 갈대밭, 개울가에 서식한다. 어두운 덤불 아랫부분에서 조용히 움직이며 개방된 곳으로 잘 나오지 않는다. 몸을 낮추고 꼬리를 부챗살처럼 펼치는 행동을 자주 하며 덤불과 덤불 사이를 빈번히 움직인다.

특징 개체에 따라 깃 색에 변이가 심하며, 크기 차이가 크다.

성조 몸윗면은 어두운 황갈색이며, 머리, 등, 허리에 검은 줄무늬가 크고 선명하다. 눈썹선은 가늘며 때 묻은 듯한 흰색이다. 셋째날개깃 안쪽 우면 끝에 흰 반점이 있다(바깥쪽 우면 가장자리는 폭 좁은 흰색). 허리와 위꼬리덮깃은 적갈색이며 검은 반점이 뚜렷하다. 가운데꼬리깃을 제외하고 꼬리 끝에 흰 반점이 있다. 몸아랫면은 회백색이며 가슴옆, 옆구리, 아래꼬리덮깃은 옅은 담황색이다. 가슴과 가슴옆에 검은색 반점이 있는 개체와 없는 개체가 있다. 윗부리는 검은색이며 아랫부리는 색이 옅다.

어린새 성조와 비슷하지만 몸아랫면은 황갈색이며 옆구리와 아래꼬리덮깃이 특히 진한 색이다. 눈썹선은 옅은 황갈색, 꼬리 끝에 때 묻은 듯한 흰 반점이 있다. 가슴에 흑갈색 세로 줄무늬가 성조보다 선명한 개체도 있지만 불명확해 거의 없는 개체도 있다. 아랫부리 기부는 뚜렷한 노란색이다.

성조. 2010.5.26. 경기 의왕 왕송저수지 © 김준철

성조. 2011.5.28. 인천 옹진 소청도 © 심규식

성조. 2007.8.30. 전남 신안 흑산도

어린새. 2014.9.21. 경기 파주 공릉천 © 김석민

북방개개비와 쥐발귀개개비 비교

북방개개비 성조. 2007.8.30. 전남 신안 흑산도

북방개개비 성조. 2007.8.29. 전남 신안 흑산도

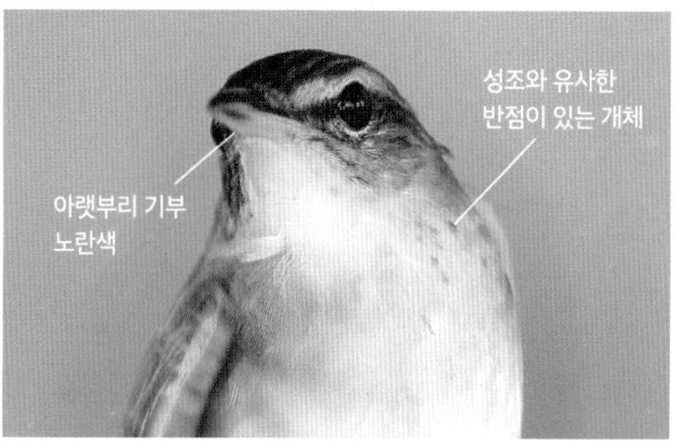

북방개개비 어린새. 2007.8.29. 전남 신안 흑산도

북방개개비 어린새. 2008.8.29. 전남 신안 흑산도

북방개개비 성조. 2006.8.31. 전남 신안 홍도

북방개개비 어린새. 2006.9.30. 전남 신안 홍도

쥐발귀개개비. 2008.5.21. 전남 신안 흑산도

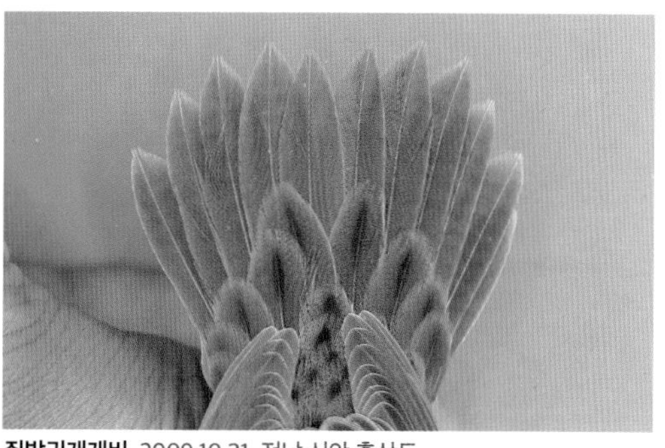

쥐발귀개개비. 2009.10.21. 전남 신안 흑산도

섬개개비 *Helopsaltes pleskei* Styan's Grasshopper Warbler L16~17.5cm

서식 연해주, 일본 남부, 한국 남·서해안의 섬에서 국지적으로 번식하고, 중국 남동부, 베트남에서 월동한다. 국내에서는 드물게 번식하는 여름철새다. 서·남해안에 위치한 도서 지역에 5월 하순에 도래해 번식하고 9월 하순까지 관찰된다.

행동 개방된 해안의 상록수림, 이대가 자라는 숲, 관목이 있는 초지, 갈대밭에 서식한다. 번식기에 수컷이 관목 줄기에서 지저귀는 것을 제외하고 좀처럼 개방된 곳으로 나오지 않는다. 알락꼬리쥐발귀와 비슷하게 지저귄다. 둥지는 주로 동백나무, 돈나무 등 관목 줄기에 틀며, 벼과 또는 사초과 식물의 잎을 이용해 밥그릇 모양으로 만든다. 6~8월에 번식하며, 한배 산란수는 3~5개다. 암컷이 13~14일간 포란하는 것으로 판단된다.

특징 알락꼬리쥐발귀보다 더 크고 부리가 더 길다. 몸윗면은 회갈색이 강하며 녹갈색이 적다. 흰 눈썹선이 명확하다. 눈선은 불명확하다. 몸아랫면은 흰색이며 가슴옆과 옆구리는 때 묻은 듯한 회백색, 꼬리는 둥글며 끝의 흰 반점이 알락꼬리쥐발귀보다 약간 작다. 다리는 어두운 살구색이며, 길고 굵직한 느낌이다.

어린새 알락꼬리쥐발귀와 비슷하다. 몸윗면은 녹갈색이 약간 있는 회갈색이다. 눈썹선은 황갈색 또는 흰색으로 성조보다 폭이 좁고 짧다. 몸아랫면은 엷은 황토색을 띠는 연한 노란색 또는 흰색이며 가슴 위와 옆에 가는 갈색 얼룩 반점이 있다. 아랫부리는 색이 엷다. 꼬리 끝의 흰 반점이 성조보다 좁고 불명확하다.

측정치 익식 3>4>5>2 또는 3>4>2>5, 부리(s) 18.0~20.9mm, 부리(n) 10.2~12.3mm.

실태 세계자연보전연맹 적색자료목록에 취약종(VU)으로 분류된 국제보호조다. 멸종위기 야생생물 II급이다. 과거 알락꼬리쥐발귀의 아종으로 구분했지만 현재 별개의 종으로 본다.

성조. 2006.6.15. 전남 신안 홍도

성조. 2006.8.12. 전남 신안 도초도 © 곽호경

성조. 2008.7.10. 전남 신안 칠발도

어린새. 2017.8.14. 전남 신안 흑산도

알락꼬리쥐발귀

Helopsaltes ochotensis Middendorff's Grasshopper Warbler L14~16.5cm

서식 캄차카, 오호츠크해 연안, 사할린, 일본 홋카이도에서 번식하고, 중국 동부, 필리핀, 인도네시아에서 월동한다. 국내에서는 드물게 남·서해안을 통과하는 나그네새다. 봄에는 5월 하순부터 6월 초순까지, 가을에는 8월 하순부터 10월 중순 사이에 남하한다.

행동 해안 근처의 초지, 습지의 개방된 환경, 갈대밭에서 대부분 단독으로 생활한다. 초지 속으로 이동하기 때문에 관찰이 힘들다. 번식기에 수컷은 관목 줄기에서 지저귀며 간혹 짧은 거리를 원을 그리듯이 날아올라 노래한다. 주식은 곤충이다. 암컷이 13~14일간 포란하고, 새끼는 약 13일간 둥지에 머문다.

특징 섬개개비와 매우 비슷하다. 몸윗면은 섬개개비와 달리 회갈색이 적고 적갈색이 강하며 불명확하게 흐린 흑갈색 줄무늬가 있다. 허리는 등보다 약간 진한 적갈색이다. 눈썹선은 흰색이다. 꼬리 끝에 초승달 모양 흰 무늬가 있다. 부리는 섬개개비보다 뚜렷하게 짧다(수컷은 섬개개비 암컷만큼 길다). 다리는 약간 밝은 살구색이다.
어린새 섬개개비 어린새와 비슷해 구별하기 힘들다. 몸윗면은 성조보다 약간 진한 색으로 녹갈색이 더 강하다. 눈썹선은 황갈색이며 성조보다 폭이 넓다. 머리는 회갈색으로 등보다 색이 약간 어두우며 불명확하고 매우 흐린 줄무늬가 있다. 몸아랫면은 황토색을 띠는 약간 진한 노란색으로 가슴 위와 옆에 불명확하게 엷은 얼룩 줄무늬 또는 반점이 있다. 드물게 가슴옆과 옆구리에 흑갈색 축반이 매우 선명한 개체도 있다.

측정치 익식 3>4>2>5 또는 3>2>4>5, 부리(s) 15.6~19.2mm, 부리(n) 8.3~10.2mm.

성조. 2006.5.24. 전남 신안 흑산도

성조. 2006.9.1. 전남 신안 흑산도

어린새. 2006.9.6. 전남 신안 홍도

어린새. 2022.9.14. 충남 홍성 와룡천 © 강기철

섬개개비와 알락꼬리쥐발귀 비교

섬개개비 부리 형태. 2006.6.9.

알락꼬리쥐발귀 부리 형태. 2007.5.22.

섬개개비 어린새. 2006.8.22. 전남 신안 홍도

알락꼬리쥐발귀 어린새. 2006.9.16. 전남 신안 흑산도

성조. **섬개개비**(위)와 **알락꼬리쥐발귀**(아래). 2018.5.29.

어린새. **섬개개비**(위)와 **알락꼬리쥐발귀**(아래). 2006.8.27.

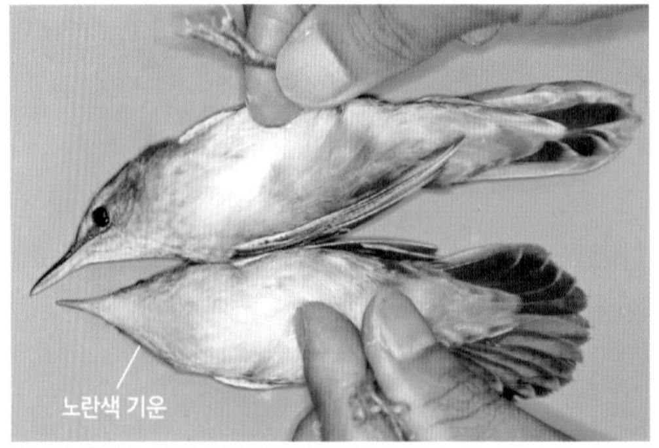

어린새. **섬개개비**(위)와 **알락꼬리쥐발귀**(아래). 2006.8.27.

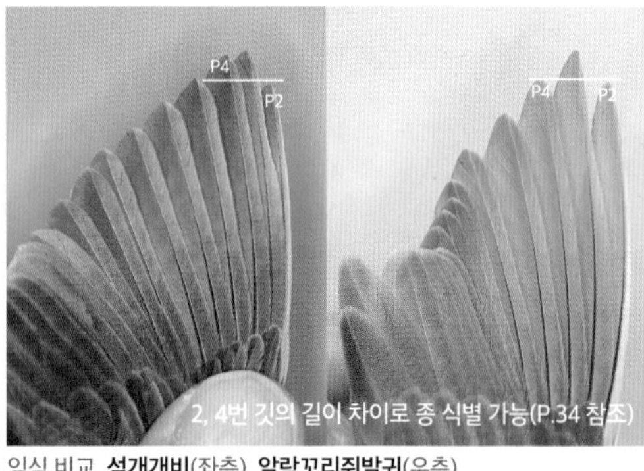

익식 비교. **섬개개비**(좌측), **알락꼬리쥐발귀**(우측)

붉은허리개개비

Helopsaltes fasciolatus Gray's Grasshopper Warbler L17~19cm

서식 러시아 오브강 동쪽으로 아무르까지, 우수리강 일대, 중국 동북부, 사할린, 쿠릴열도 남부, 일본 홋카이도에서 번식하고, 필리핀, 셀레베스, 몰루카제도, 뉴기니 서부에서 월동한다. 국내에서는 봄철에는 5월 중순에서 5월 하순까지, 가을철에는 8월 중순에서 9월 하순까지 육지에서 멀리 떨어진 도서 지역 등 제한된 지역을 짧은 기간 동안 통과하는 매우 드문 나그네새다.

행동 평지와 숲 가장자리의 습지, 관목 등 풀이 무성한 곳에서 비교적 조용히 움직이며 먹이를 찾는다. 몸을 노출시키지 않아 관찰하기 힘들다. 비교적 어두운 곳을 좋아한다. 번식기에는 관목 속에서 두견이 울음소리와 비슷한 소리를 낸다.

특징 개개비 크기다. 몸윗면은 어두운 올리브 갈색, 눈썹선은 때 묻은 듯한 흰색이며 다소 길다. 얼굴은 회백색 기운이 있다. 멱은 흰색이며 가슴옆은 어두운 회갈색(가슴에 불명확한 얼룩무늬가 있다), 옆구리는 때 묻은 듯한 갈색, 다리는 연한 살구색, 아래꼬리덮깃은 황갈색이다.

어린새 몸윗면이 성조보다 색이 더 어둡다. 몸아랫면은 녹황색이다. 뺨, 턱밑, 멱에 때 묻은 듯한 녹갈색 줄무늬 또는 반점이 흩어져 있다.

분류 2아종으로 분류한다. *fasciolata*는 러시아 오브강 동쪽에서부터 동쪽으로 아무르, 우수리강 일대, 중국 동북부에서 번식한다. *amnicola*는 사할린, 쿠릴열도 남부, 일본 북부에서 번식한다. *amnicola*를 별개의 종 Sakhalin Grasshopper Warbler (*H. amnicola*)로 분류하기도 한다. 몸윗면이 *fasciolata*보다 갈색이 강하며 올리브 톤이 약하다. 몸아랫면에는 회색 기운이 적으며, 익식이 *fasciolata*와 다르다. 형태적, 행동적 유사성으로 월동지는 물론 번식지에서조차도 2종(아종)의 구별이 매우 어렵다.

성조. 2021.5.23. 인천 옹진 소청도

어린새. 2018.9.8. 전남 신안 흑산도

성조. 2015.8.24. 전남 신안 흑산도 © 국립공원 조류연구센터

어린새. 2020.9.2. 강원 원주 © 박철우

큰부리개개비 *Arundinax aedon* Thick-billed Warbler L18.5~20cm

서식 시베리아 중·남부에서 동쪽으로 몽골까지, 연해주, 남쪽으로 중국 북동부 지역에서 번식하고, 비번식기에는 네팔, 인도 동부와 남부, 미얀마, 안다만제도, 중국 남부, 인도차이나반도에서 월동한다. 지리적으로 2아종으로 나눈다. 국내에서는 매우 드물게 통과하는 나그네새다. 주로 남부보다 중부 이북의 서해 도서 지역을 통과한다. 봄철에는 5월 초순부터 5월 하순까지 통과한다. 가을철에는 봄철보다 드물며 8월 중순부터 9월 중순까지 통과한다.

행동 개개비와 달리 관목, 덤불 등이 밀생한 산림 내부, 산림 가장자리 관목림에 서식한다. 몸을 숨기기 때문에 좀처럼 볼 수 없다. 놀라면 나무줄기로 올라와 경계한 후 다시 덤불 속으로 숨는다. 이동시기에 작은 무리를 이루기도 한다.

특징 몸윗면은 거의 균일한 갈색이다. 눈썹선은 불명확하다. 눈앞 색이 밝다(개개비와 달리 검은색 눈선이 없다). 부리는 크고 짧다(윗부리 검은색, 아랫부리 살구색). 윗부리가 특히 둥근 느낌이다. 개개비와 달리 가슴에 가는 줄무늬가 없다. 첫째날개깃의 돌출이 작아 꼬리가 상대적으로 길게 보인다. 포획 시 개개비와 달리 가장 바깥쪽 첫째날개깃은 첫째날개덮깃보다 뚜렷하게 길다. 턱밑과 멱은 흰색이다. 가슴옆과 옆구리에 옅은 황갈색 기운이 있다.

성조. 2009.5.22. 인천 옹진 소청도 © 이상일

성조. 2009.5.23. 인천 옹진 소청도

큰부리개개비 얼굴 형태. 2009.5.22. 인천 옹진 소청도

개개비 얼굴 형태. 2007.5.4. 전남 신안 흑산도

개개비 *Acrocephalus orientalis* Oriental Reed Warbler L17.5~20cm

서식 몽골 중부에서 러시아 동남부까지, 중국 북부와 동부, 한국, 사할린, 일본에서 번식하고, 비번식기에는 동남아시아, 필리핀에서 월동한다. 국내에서는 전국적으로 흔하게 번식하는 여름철새이며, 흔하게 통과하는 나그네새다. 4월 중순부터 도래해 번식하고, 번식 후 8월 초순부터 남하해 10월 하순까지 관찰된다.

행동 저수지, 하구, 습지의 갈대밭, 풀밭에 서식한다. 갈대 속으로 이동하며 먹이를 찾는다. 이동시기에는 울음소리를 거의 내지 않고 무성한 초본류, 갈대 속에서 생활한다. 메뚜기, 파리, 모기 같은 곤충류와 애벌레 등을 먹는다. 번식기에는 여러 마리의 수컷이 일정한 거리를 두고 갈대 줄기에 직립 자세로 앉아 서로 경쟁하듯이 지저귄다. 둥지는 물에서 그리 높지 않은 갈대 줄기에 튼다. 산란기는 5월부터이며 한배에 알을 4~6개 낳는다. 포란기간은 14~15일이다.

특징 보통 수컷이 더 크다. 몸윗면은 올리브 갈색으로 휘파람새와 비슷하지만 크기가 더 크고 지저귐이 다르다. 때 묻은 듯한 흰 눈썹선은 눈 앞쪽이 보다 선명하다. 다리는 어두운 청회색이다. 앞가슴에 뚜렷하지 않은 가는 흑갈색 줄무늬가 있다. 꼬리는 약간 길며 끝에 가늘고 흰 무늬가 있다(깃의 마모에 의해 보이지 않는 경우도 많다).

1회 겨울깃 성조와 구별이 어렵다. 몸윗면이 성조보다 엷고 황갈색이 많다. 날개덮깃, 둘째날개깃, 셋째날개깃 가장자리를 따라 황갈색 기운이 성조보다 강하다. 몸아랫면은 성조보다 황갈색이 더 많다.

분류 과거 유럽, 아프리카 북부에서 번식하고 아프리카 중·남부에서 월동하는 Great Reed Warbler (*A. arundinaceus*)의 한 아종으로 분류했었다.

성조 수컷. 2010.5.29. 강원 강릉 © 김준철

1회 겨울깃. 2005.10.2. 충남 천수만 © 곽호경

마모된 깃에서는
꼬리 끝의 때 묻은 듯한
흰색이 보이지 않는다

1회 겨울깃. 2009.9.29. 전남 신안 흑산도

개개비과 Acrocephalidae

쇠개개비 *Acrocephalus bistrigiceps* Black-browed Reed Warbler L13.5cm

서식 시베리아 동남부, 중국 동북부와 동부, 우수리, 사할린, 한국, 일본에서 번식하고, 인도 동북부에서 중국 남부까지, 인도차이나반도, 말레이반도에서 월동한다. 국내에서는 드물게 통과하는 나그네새이며, 극히 적은 수가 강원 일대 석호 갈대밭에서 번식하는 여름철새다. 봄철에는 5월 중순부터 북상하기 시작하며, 가을철에는 10월 하순까지 관찰된다.

행동 개개비와 같은 습지, 풀밭에서 생활한다. 대부분 단독 또는 쌍을 이루어 산다. 풀이 무성한 초지 아랫부분을 조용히 이동하면서 곤충, 거미류를 잡아먹는다. 번식기에는 갈대 줄기에 비스듬히 앉아 방울새와 비슷한 소리로 지저귄다. 둥지는 낮은 곳에 만든다. 한배에 알을 3~6개 낳으며 포란기간은 13~14일이다. 이동시기에는 습지, 잡목 숲, 덤불, 키 큰 풀이 자라는 초지 속에서 생활하기 때문에 관찰이 어렵다. 이동시기에 갈대 또는 덤불 아래에서 "택 택 택" 하는 울음소리를 내며 먹이를 찾는다.

특징 개개비와 색이 비슷하지만 뚜렷하게 작다. 검은색 머리옆선은 뚜렷하고 길다(봄철 마모된 개체는 폭이 가늘어 우수리개개비와 혼동될 수 있다). 흰 눈썹선과 검은색 눈선이 있다. 몸아랫면은 때 묻은 듯한 흰색이며 옆구리와 가슴에 황갈색 기운이 있다. 허리는 등과 거의 같거나 적갈색 기운이 약간 있다. 아랫부리는 살구색이며 끝부분에 엷은 검은색 반점이 있다(불명확하게 보이는 경우가 많다).

성조. 2009.5.23. 인천 옹진 소청도 © 이상일

성조. 2009.5.23. 인천 옹진 소청도 © 심규식

1회 겨울깃. 2008.10.10. 전남 신안 흑산도

1회 여름깃. 2006.5.23. 전남 신안 홍도

북방쇠개개비 *Acrocephalus agricola* Paddyfield Warbler L13cm

서식 동유럽에서 서남시베리아까지, 카자흐스탄, 이란 동북부, 아프가니스탄 북부, 몽골 서부, 중국 서부에서 번식하고, 겨울에는 이란 남부, 파키스탄, 네팔 남부, 인도에서 월동한다. 국내에서는 2004년 4월 8일 전남 신안 홍도에서 처음 관찰된 미조다. 2아종으로 분류한다.

행동 습지 주변의 갈대밭, 덤불, 풀밭에서 서식하고, 지면 가까이에서 민첩하게 움직이며 먹이를 찾는다. 빈번히 움직이며 몸과 꼬리를 좌우로 흔든다.

특징 몸윗면은 회갈색, 날개가 짧고(첫째날개깃 길이가 짧다), 꼬리가 약간 길다. 눈썹선 위의 검은색 머리옆선은 우수리개개비보다 폭이 좁고 짧다. 부리는 우수리쇠개개비보다 가늘고 짧다. 아랫부리는 황갈색 또는 분홍색이며 끝부분이 검은색이다. 허리와 꼬리 기부에 적갈색 기운이 있지만 우수리쇠개개비보다 약하다(마모된 개체는 허리의 적갈색 기운이 매우 약하다). 머리는 몸의 다른 부위보다 회색 톤이 강하다. 몸아랫면은 흰색이며 윗가슴옆과 옆구리 아랫부분이 엷은 황갈색이다. 다리는 분홍빛 또는 엷은 갈색이다.

닮은종 **우수리개개비(Manchurian Reed Warbler, *A. tangorum*)** 몸윗면이 전체적으로 회갈색이다. 북방쇠개개비보다 정수리 색이 어두우며, 부리가 길고 약간 굵다. 아랫부리는 황갈색 또는 분홍색이다(검은 반점이 없다). 머리옆선이 길며 선명한 검은색이다(쇠개개비처럼 넓지 않다). 검은색 눈선은 짧으며 매우 가늘다. 허리는 붉은 기운이 특히 강하다.

성조. 2004.4.9. 전남 신안 홍도

성조. 2004.4.9. 전남 신안 홍도

성조. 2009.6.19. 몽골 바양누르 © 심규식

성조. 2004.4.9. 전남 신안 홍도

우수리개개비

Acrocephalus tangorum Manchurian Reed Warbler L13~14cm

서식 중국 동북부와 러시아 칸카호의 극히 제한된 지역에서 번식하고, 미얀마 남동부, 태국 남서부, 라오스 남부, 캄보디아에서 월동한다. 국내에서는 2000년 10월 27일 전남 신안 가거도에서 처음 관찰된 이후 5월과 10월에 인천 옹진 소청도에서 몇 차례 관찰되었으며, 2014년 9월 10일 전남 신안 흑산도에서 1개체가 포획되었다. 국내에서는 적은 수가 서해안을 규칙적으로 통과할 가능성이 높다.

행동 갈대숲, 습지 주변의 풀밭에서 서식하며 지면 가까이에서 먹이를 찾는다. 움직임이 활발하며 종종 꼬리를 갑자기 들어올린다.

특징 북방쇠개개비, 쇠개개비와 매우 비슷하다. 날개가 짧고 꼬리가 약간 길다. 몸윗면이 전체적으로 회갈색이다. 북방쇠개개비보다 정수리가 더 어두우며, 부리가 길고 약간 굵다. 아랫부리는 황갈색 또는 분홍색이다(아랫부리 끝에 검은 반점이 없다). 머리옆선이 길며 선명한 검은색이다(쇠개개비처럼 넓지 않다). 검은색 눈선은 짧으며 매우 가늘다. 가슴옆과 옆구리를 포함해 몸아랫면은 전체적으로 옅은 적갈색이다. 멱과 배 중앙은 흰색이다. 허리는 붉은 기운이 특히 강하다.

실태 세계자연보전연맹 적색자료목록에 취약종(VU)으로 분류된 국제보호조다. 서식지 상실 등으로 감소 추세에 있으며, 생존 개체수는 10,000 미만으로 추정된다.

성조. 2013.6.1. 중국 베이징 © Terry Townshend

2014.9.10. 전남 신안 흑산도 © 국립공원 조류연구센터

닮은 종 구별 포인트

종명 \ 구분	검은색 머리옆선	아랫부리 끝부분	허리	이동성
쇠개개비	폭 넓고 뚜렷하다	검은 반점이 있다 (불명확한 경우도 있다)	등과 같은 색	드문 나그네새
북방쇠개개비	폭 좁고 흐리다	검은 반점이 있다	옅은 적갈색	미조
우수리개개비	비교적 뚜렷하다 (쇠개개비보다 폭 좁다)	검은 반점이 없다 (균일한 황갈색 또는 분홍색)	적갈색이 강하다	매우 희귀한 나그네새

쇠덤불개개비 *Iduna caligata* Booted Warbler L11~12.5cm

서식 유럽에 속하는 러시아에서 동쪽으로 몽골 서부까지 번식하고, 인도에서 월동한다. 국내에서는 2011년 9월 6일 전남 신안 흑산도에서 1개체가 포획된 이후 2013년 10월 13일 강원 강릉에서 관찰된 미조다.

행동 덤불과 관목이 무성한 환경을 선호한다. 관목과 풀줄기에 앉아 두리번거리며 먹이를 찾는다. 움직임이 다소 느리다. 간혹 꼬리를 위로 가볍게 까닥이는 행동을 한다.

특징 몸윗면은 균일한 회갈색(등과 날개깃의 색 차이가 거의 없다), 몸아랫면은 때 묻은 듯한 흰색이며 옆구리는 옅은 담황색이다. 부리는 가늘고 짧다. 아랫부리는 밝으며 부리 끝에 검은 반점이 있다. 눈 앞쪽으로 눈썹선 위에 폭 좁고 불명확한 검은 선이 있는 경우가 많다. 흰 눈썹선은 눈 뒤까지 다다른다. 눈앞 색은 약간 어둡다. 발은 분홍빛 도는 갈색이며 발가락은 다소 어둡다. 꼬리 색은 등과 같은 색이며 외측 꼬리깃의 바깥 우면 색이 옅다(꼬리 길이가 북방쇠개개비보다 짧고, 꼬리깃 간의 길이 차이가 크지 않아 각진 듯 보인다).

2013.10.13. 강원 강릉 ⓒ 변종관

2013.10.13. 강원 강릉 ⓒ 변종관

2011.9.6. 전남 신안 흑산도 ⓒ 국립공원 조류연구센터

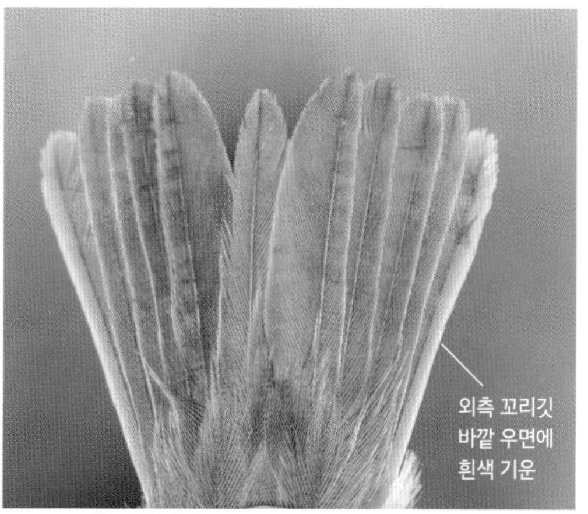

2011.9.6. 전남 신안 흑산도 ⓒ 국립공원 조류연구센터

덤불개개비 *Acrocephalus dumetorum* Blyth's Reed Warbler L12.5-14cm

서식 핀란드 남부, 발트해 북부, 우크라이나 북부에서 동쪽으로 러시아 레나강 상류, 카자흐스탄 북부, 알타이 동남부, 몽골 서북부까지, 남쪽으로 중국 톈산산맥, 아프가니스탄 북부까지 번식하고, 인도, 스리랑카, 네팔, 부탄, 방글라데시, 미얀마 서부에서 월동한다. 국내에서는 2018년 8월 30일 전남 신안 칠발도에서 1개체 관찰기록만 있는 미조다.

행동 숲 가장자리, 습지 가장자리의 관목, 덤불숲에서 조용히 생활하며, 주로 곤충, 거미 등을 잡아먹는다.

특징 몸윗면은 균일한 올리브색 기운이 있는 회갈색이며, 첫째날개깃이 짧게 튀어나온다. 허리에는 엷은 적갈색 기운이 있다. 눈썹선은 눈앞에서 눈뒤까지 이어진다. 부리는 Marsh Warbler에 비해 길며, 아랫부리 끝이 검은색이다. 옆구리는 올리브 회색이다. 아래꼬리덮깃이 길다. 다리 색이 어둡다(회갈색).

닮은종 **Eurasian Reed Warbler (*A. scirpaceus*)** 갈대밭에서 서식한다. 중동, 중앙아시아 일대에 서식하는 아종 *fuscus*는 몸윗면이 올리브 갈색이며, Marsh Warbler와 비슷하다. 셋째날개깃 중앙은 어두우며, 깃 가장자리의 황갈색과 색 차이가 크다. 허리는 적갈색을 띤다. 눈썹선은 눈뒤까지 이어지지 않는다. 아랫부리 끝에 검은색이 없으며, 균일하게 밝다. 옆구리는 엷은 담황색이다. 다리 색은 회갈색이다.

Marsh Warbler (*A. palustris*) 풀이 무성한 환경을 선호한다. 몸윗면은 올리브 갈색이다. 첫째날개깃이 길게 튀어나온다. 셋째날개깃 중앙은 어둡지만 깃 가장자리는 색이 옅다. 허리는 옅은 황갈색을 띤다. 눈썹선은 보통 눈뒤까지 이어지지 않는다. 부리는 약간 짧으며, 아랫부리는 색이 밝다. 옆구리는 노란색 기운이 있는 때 묻은 듯한 흰색이다. 다리 색은 엷은 황색 기운이 도는 살구색이다.

2018.8.30. 전남 신안 칠발도 © 박창욱

2018.9.1. 파키스탄. Imran Shah 🅭 BY-SA-2.0

닮은 종 구별 포인트

구분 / 종명	몸윗면	허리	부리	다리	아래꼬리덮깃	몸 바깥쪽 꼬리깃(T6)
덤불개개비 Blyth's Reed W.	회색 기운이 있는 올리브 갈색	엷은 적갈색	길다 아랫부리 끝 검은색	어두운 회갈색	길다	색이 엷은 부분이 없다
쇠덤불개개비 Booted W.	회갈색	등과 같은 색	짧다 아랫부리 끝 검은색	분홍빛을 띠는 갈색	짧다	바깥 우면 흰색

개개비과 Acrocephalidae

풀쇠개개비

Acrocephalus schoenobaenus Sedge Warbler L11.5-13cm

서식 아일랜드에서 북쪽으로 노르웨이, 동쪽으로 중앙시베리아, 남쪽으로 프랑스에서 소아시아, 카자흐스탄 중북부지역까지 번식하고, 사하라 사막 남쪽 아프리카에서 월동한다. 국내에서는 2017년 9월 23일 전남 신안 흑산도 진리습지에서 어린새 1개체 관찰기록만 있는 미조다.

어린새. 2017.9.25. 전남 신안 흑산도 © 국립공원 조류연구센터

행동 주로 습지 주변 풀숲이나 낮은 덤불, 갈대밭에 서식하며 주로 곤충이나 거미 등을 먹는다.

특징 Moustached W.와 비슷하지만 첫째날개깃이 길게 튀어나온다. 몸윗면은 올리브 갈색이며, 불명확한 줄무늬가 흩어져 있다. 눈썹선은 때 묻은 듯한 흰색이며 폭이 넓다. 머리는 검은색이며, 엷은 황갈색 줄무늬가 흩어져 있다. 허리는 황갈색이며 줄무늬가 거의 없다. 다리는 분홍빛을 띠는 갈색이다.

어린새 몸윗면은 성조보다 줄무늬가 더 강하다. 가슴에 검은 반점이 흩어져 있다.

어린새. 2017.9.23. 전남 신안 흑산도 © 김양모

연노랑솔새 *Phylloscopus trochilus* Willow Warbler L10~12cm

서식 영국을 포함한 유럽에서 동쪽으로 중앙시베리아, 동시베리아의 아나디리천까지 유라시아대륙의 광범위한 지역에서 번식하고, 비번식기에는 아프리카 중·남부에서 월동한다. 국내에서는 2006년 9월 20일 전남 신안 홍도에서 관찰된 이후 흑산도, 충남 보령 외연도에서 관찰된 미조다. 봄철에는 5월 중순, 가을철에는 9월 초순에서 10월 초순 사이에 관찰되었다.

행동 개방된 낙엽활엽수림, 침엽수림, 관목지대, 공원, 목초지, 산의 경사지, 강가 등 매우 다양한 환경에 서식한다. 경계심이 적어 가깝게 접근할 수 있다. 나뭇잎에서 곤충을 찾는 데 많은 시간을 보내며 곤충을 잡기 위해 정지비행도 한다. 이동할 때 움직임은 빠르지만 격렬하지는 않다. 먹이는 나무 위 수관부 또는 땅 위에서 찾는다.

특징 몸이 약간 길쭉하며, 첫째날개깃이 길게 돌출되었다. 꼬리는 사각형 또는 가운데가 약간 오목하다. 몸윗면은 회색 기운이 있는 흐린 올리브 갈색, 황백색 눈썹선은 명확하다. 부리는 짧고 가늘다. 다리는 엷은 갈색, 몸아랫면은 때 묻은 듯한 흰색에 멱과 가슴에 노란색 기운이 있다. 가슴옆, 옆구리, 아래꼬리덮깃에 노란색 기운이 있다. 1회 겨울깃 개체는 몸아랫면이 연한 노란색이다.

아종 지리적으로 3아종으로 나눈다. 한국에 기록된 아종은 예니세이강에서 동쪽으로 아나디리천까지 분포하는 *yakutensis*이다. 본 아종은 유럽에 분포하는 아종보다 몸윗면이 회갈색이 강하며 몸아랫면에 흰 기운이 강하다. 허리와 위꼬리덮깃, 꼬리와 날개 가장자리가 녹갈색이다. 가슴과 옆구리에 회색 기운이 있다.

2006.9.20. 전남 신안 홍도

2006.9.20. 전남 신안 홍도

2015.10.11. 전남 신안 흑산도 © 국립공원 조류연구센터

2007.9.26. 전남 신안 흑산도

검은다리솔새 *Phylloscopus collybita* Common Chiffchaff L11cm

서식 유럽에서 동쪽으로 시베리아를 경유해 콜리마산맥, 아나디리, 남쪽으로 우랄산맥 남쪽에서 바이칼호 일대까지 번식하고, 비번식기에는 지중해, 아라비아반도, 아프리카 중부와 북부, 인도 북부, 방글라데시에서 월동한다. 북한에서는 2001년 12월 9일 평양에서 처음 기록되었으며, 국내에서는 2004년 4월 4일 전남 신안 하태도에서 2개체가 관찰된 이후 거의 매년 1~2개체가 관찰되는 희귀한 나그네새다. 번식기(6~9월)를 제외하고 봄·가을 관찰기록이 대부분이며 겨울철에도 관찰되었다.

행동 연노랑솔새와 비슷한 환경에서 서식한다. 개방된 침엽수림, 관목 등 하층식생이 발달한 잡목림, 공원 등 저지대에서 해발 4,500m까지 서식한다. 비교적 경계심이 적다. 대부분의 시간을 나뭇잎에서 곤충을 잡는 데 보낸다. 곤충을 잡기 위해 정지비행도 한다. 움직임이 빠르며 격렬하다. 먹이는 땅 위 또는 나무 위 수관부에서 찾는다. 꼬리를 까닥이거나 좌우로 흔드는 행동을 한다.

특징 몸윗면은 회갈색, 허리, 위꼬리덮깃, 날개깃과 꼬리깃 바깥 우면 가장자리에 녹갈색 기운이 있다. 부리와 다리는 가늘고 검은색이다. 눈썹선은 흰색을 띠는 담황색이며, 검은색 눈선이 있다. 몸아랫면은 연황색을 띠는 흰색이며, 가슴옆과 옆구리는 담황색이다. 1회 겨울깃 개체는 큰날개덮깃 끝에 폭 좁은 흰색이 있다.

분류 6아종으로 나눈다. 국내에 기록된 아종은 우랄산맥에서 동쪽으로 콜리마강 유역, 남쪽으로 이란 북부까지 분포하는 *tristis*이다. 아종 *tristis*를 Siberian Chiffchaff (*P. tristis*)으로 분류하기도 한다.

2005.12.29. 전남 신안 흑산도

2005.10.13. 충남 보령 외연도 © 서한수

2005.12.29. 전남 신안 흑산도

2023.3.3. 제주 구좌 종달리 © 양수영

솔새과 Phylloscopidae

노랑배솔새사촌

Phylloscopus affinis Tickell's Leaf Warbler L11cm

서식 파키스탄 북부에서 카슈미르 지역에 이르는 히말라야 지역, 중국 서부에서 번식하고, 네팔 동남부, 인도 서남부와 동북부, 티베트 동남부, 중국 남부, 미얀마 북부, 중부, 동부 그리고 태국 서북부에서 월동한다. 국내에서는 2005년 5월 19일 인천 옹진 소청도에서 처음 관찰된 이후 전남 신안 가거도, 전북 군산 어청도, 충남 보령 외연도 등지에서 관찰된 미조다. 주로 5월 초순에서 하순까지 관찰되었다.

행동 번식기에는 관목과 바위가 발달한 고산지대(2,700~5,000m)에서 서식하며 겨울철에는 관목이 발달한 저지대로 이동한다. 덤불 속에서 먹이를 찾으며 간혹 땅에도 내려온다. 매우 빠르게 움직이는 습성이 있다.

특징 다소 작다. 몸윗면은 녹갈색을 띠는 회갈색이다(깃이 마모된 여름철에는 올리브 갈색이다). 눈썹선은 넓고 길며 눈앞은 노란색, 눈 뒤쪽으로 끝부분에 흰 기운이 있다. 머리옆선은 불명확한(폭 좁은) 검은색이다. 눈선은 흑갈색이다. 귀깃은 때 묻은 듯한 노란색이다. 멱을 포함해 몸아랫면은 옅은 노란색이다. 가슴옆과 옆구리에 옅은 갈색 기운이 있다. 부리는 가늘고 짧다. 윗부리는 흑갈색이며 아랫부리는 끝을 제외하고 등황색이다(아랫부리 끝부분은 폭 좁게 색이 어둡다). 다리는 어두운 살구색이다.

분류 중국 서부 지역(칭하이성, 간쑤성, 쓰촨성, 윈난성)에서 번식하며, 국내에 미조로 도래하는 집단을 최근에 Tickell's Leaf Warbler에서 분리해 독립된 종 Alpine Leaf Warbler (*P. occisinensis*)로 분류하는 견해도 있다.

닮은종 **담황턱솔새 Buff-throated Warbler (*P. subaffinis*)** 몸윗면의 녹갈색은 노랑배솔새사촌보다 적고 갈색 기운이 있다. 눈썹선은 눈 앞뒤가 거의 균일한 색, 눈썹선 위의 검은색 눈선이 없다. 아랫부리 끝부분은 폭넓게 색이 어둡다. 몸아랫면은 담황색이 강하다. 2020년 10월 31일 인천 옹진 백령도에서 처음 관찰된 미조다.

2021.5.8. 전북 군산 어청도 © 안광연

2022.5.19. 전북 군산 어청도 © 박영진

2015.428. 전남 신안 홍도 ⓒ 이우만

Buff-throated Warbler. 2020.10.31.인천 옹진 백령도 ⓒ Nial Moores

솔새과 Phylloscopidae

노랑가슴솔새 *Phylloscopus sibilatrix* Wood Warbler L12~13cm

서식 유럽에서 동쪽으로 서시베리아, 오브강 상류에서 번식하고, 아프리카 중부에서 월동한다. 국내에서는 2007년 9월 13일 독도에서 1개체가 관찰된 이후 2009년 4월 21일 전남 신안 가거도에서 관찰된 미조다.

행동 관목림, 수관층이 발달한 숲 등 다양한 환경에 서식한다. 경계심이 비교적 적다. 수관부에서 곤충을 잡는 데 대부분의 시간을 보낸다. 종종 정지비행도 한다.

특징 첫째날개깃이 길게 돌출된다. 몸윗면은 노란색 기운이 있는 녹색이며 얼굴에 노란색 기운이 많다. 턱밑, 멱, 가슴은 노란색이며 가슴 밑으로 완전히 흰색이다. 눈썹선은 노란색이며 매우 선명하다. 셋째날개깃 가장자리는 황백색이다. 꼬리는 짧고 폭이 넓다. 윗부리는 암갈색, 아랫부리에는 옅은 분홍빛과 노란색 기운이 있다. 다리는 갈색 또는 노란색 기운이 있는 살구색이다.

2010.5.26. 스코틀랜드. Steve Garvie ⓒ BY-SA-2.0

2009.5.2. 스코틀랜드. Steve Garvie ⓒ BY-SA-2.0

솔새사촌 *Phylloscopus fuscatus* Dusky Warbler L12~13.5cm

서식 러시아 오브강에서 동쪽으로 아나디리, 남쪽으로 톰스크, 몽골, 중국 동북부, 우수리, 중국 중북부와 중서부까지 번식하고, 비번식기에는 인도 북동부, 네팔, 안다만제도, 인도차이나반도, 중국 남부, 대만에서 월동한다. 2아종으로 나눈다. 국내에서는 흔한 나그네새이며, 매우 적은 수가 설악산 대청봉 일대 아고산대 풀밭에서 번식한다. 봄철에는 4월 중순부터 5월 하순까지 통과하고, 가을철에는 9월 초순부터 11월 중순까지 통과한다.

행동 사초과식물, 버드나무 등이 자라는 강가 습지, 아고산대의 개방된 초지 등 저지대에서 해발 4,000m까지 서식한다. 이동시기에는 갈대밭, 버드나무 숲, 개방된 숲, 경작지 등 다양한 곳을 통과한다. 초지 또는 키 작은 관목 속으로 민첩하게 돌아다니면서 먹이를 찾는다. 관목 속을 돌아다니며 "찍 찍 찍" 하는 굴뚝새와 비슷한 울음소리를 내며 번식기에는 "쮸삐 쮸삐 쮸" 또는 "쫄 쫄 쫄" 하는 3~5마디의 독특한 소리를 낸다. 둥지는 화본과식물 또는 관목 줄기 하단부에 튼다. 공 모양으로 마른 풀줄기로 엮어 엉성하게 만들며 출구는 옆으로 낸다. 한배 산란수는 4~6개다.

특징 몸윗면은 회갈색(가을에는 갈색이 강하다), 배는 때 묻은 듯한 흰색이며, 가슴옆, 옆구리, 아래꼬리덮깃에 갈색 기운이 강하다. 눈썹선은 눈앞이 가늘며 때 묻은 듯한 흰색이고, 눈 뒤쪽은 약간 폭이 넓으며 엷은 황갈색이다. 눈선은 색이 어둡다. 부리는 긴다리솔새사촌보다 가늘고 뾰족하다. 다리는 가늘며 흑갈색이다. 가을철 어린 개체는 가슴과 배에 노란색 기운이 있다.

2006.5.13. 전남 신안 흑산도

2008.5.28. 인천 옹진 소청도

2014.7.1. 강원 설악산 대청봉 인근

얼굴 형태. 2008.9.29.

긴다리솔새사촌 *Phylloscopus schwarzi* Radde's Warbler L12~14cm

서식 러시아 노보시비르시크에서 동쪽으로 스타노보이 산맥, 우수리, 아무르, 사할린, 남쪽으로 몽골 북부, 중국 동북부, 한반도 북부까지 번식하고, 비번식기에는 미얀마 동부, 태국 북부와 중부, 인도차이나반도, 중국 남부에서 월동한다. 국내에서는 드문 나그네새이며, 설악산 중청봉 일대의 키 큰 관목림과 풀밭에서 극히 적은 수가 번식한다. 봄철에는 5월 초순부터 5월 하순까지 통과하며, 가을철에는 10월 초순부터 10월 하순까지 통과한다. 남부 지역보다는 중북부 지역의 먼 도서에서 더 많이 관찰된다.

행동 키 큰 초본류와 관목이 무성한 개방된 숲, 숲 가장자리의 무성한 풀밭에 서식한다. 단독으로 풀이나 관목 속에서 민첩하게 돌아다니며 먹이를 찾는다. 번식기에 수컷은 관목 정상부에 올라가 특이한 노래를 부른다. 둥지는 관목 및 초본이 밀생한 곳에 위치하며 지상에서 약 1m 높이에 마른 풀줄기, 잔가지 등을 엮어 공 모양으로 튼다. 한 배 산란수는 4~5개다. 울음소리는 부드럽고 울리는 듯한 1마디 또는 2마디의 소리를 낸다. 이동시기에는 습지 주변의 관목, 길 옆 개울가 등을 통과한다.

특징 몸윗면은 녹갈색 기운이 있는 올리브색, 몸아랫면은 때 묻은 듯한 흰색에 연한 노란색 기운이 강하다. 아래꼬리덮깃은 황갈색, 눈썹선은 눈앞이 넓고 황갈색이며 눈 뒤는 폭 좁은 흰색이다. 눈썹선 위와 눈선 색이 어둡다. 부리는 엷은 갈색으로 짧고 굵으며 윗부리 끝이 둥글다. 아랫부리 기부는 어두운 등갈색, 다리는 굵으며, 오렌지색 또는 엷은 갈색을 띠는 노란색이다. 울음소리는 솔새사촌보다 약간 저음이며, 둔탁하고 울리는 듯한 소리를 낸다. 어린 개체는 몸아랫면에 노란색이 강하다.

2008.5.23. 인천 옹진 소청도 © 심규식

2006.5.15. 전남 신안 홍도

2015.7.3. 강원 설악산 중청봉 인근

얼굴 형태. 2009.10.5.

솔새과 Phylloscopidae

쇠긴다리솔새사촌

Phylloscopus armandii Yellow-streaked Warbler L12cm

서식 중국 서남부, 중부, 북동부에서 번식하고, 중국 남부, 미얀마, 태국 북부, 라오스 북부, 베트남 북부에서 월동한다. 국내에서는 2007년 5월 18일 인천 옹진 소청도에서 관찰된 이후 2014년 5월 4일 인천 옹진 굴업도, 2014년 5월 7일 인천 옹진 백령도, 2018년 10월 13일 전남 신안 흑산도 등지에서 관찰된 기록이 있다. 적은 수가 서해 중북부 해상을 규칙적으로 통과하는 것으로 판단되지만 긴다리솔새사촌과 구별이 어려워 도래 실태가 모호하다.

행동 포플러, 버드나무, 전나무 또는 관목이 자라는 해발 1,400~3,500m 아고산대 경사면과 골짜기에 서식한다. 겨울에는 골짜기, 습지 그리고 버드나무, 미루나무가 자라는 강 가장자리 등 저지대에서 생활한다. 단독 또는 쌍을 이룬다. 관목 속이나 나뭇가지 아랫부분에서 생활하며 밖으로 드러나는 일이 드물다. 움직임이 느리며 신중하다. 꼬리와 날개를 흔드는 행동이 거의 없고 가볍게 비행한다.

특징 긴다리솔새사촌과 매우 비슷하다(대부분 울음소리로 구별된다). 긴다리솔새사촌보다 크기가 작다. 몸윗면은 녹갈색 기운이 있는 올리브색이다. 부리 높이가 약간 낮다. 눈앞의 눈썹선은 황갈색 기운이 돌며 눈 뒤는 때 묻은 듯한 흰색으로 길고 뚜렷하다. 몸아랫면은 때 묻은 듯한 흰색이며 멱에서 배까지 불명확한 노란색 줄무늬가 있다(줄무늬는 근거리에서만 확인이 가능하다). 다리는 노란색을 띠는 갈색이다. 아래꼬리덮깃은 황갈색이다. 지저귐은 긴다리솔새사촌과 비슷하지만 더 약하게 들린다. 울음소리는 날카롭게 "click", "zit", "dzik" 또는 "tick"하거나, "찍-, 찍,- 찍"하는 솔새사촌과 비슷하다.

2016.5.7. 인천 옹진 굴업도 © 김석민

2016.5.7. 인천 옹진 굴업도 © 김석민

2018.10.13. 전남 신안 흑산도

얼굴 형태. 2018.10.13.

닮은 종 구별 포인트

구분 / 종명	몸윗면	눈썹선	부리	멱-배
긴다리솔새사촌	녹갈색 기운이 도는 올리브색	눈앞: 황갈색 눈뒤: 흰색	굵다	엷은 노란색 기운
쇠긴다리솔새사촌	녹갈색 기운이 도는 올리브색	눈앞: 황갈색 눈뒤: 때 묻은 듯한 흰색	약간 가늘다	불명확한 노란 줄무늬 (근거리에서만 확인 가능)

솔새과 Phylloscopidae

노랑배솔새 *Phylloscopus ricketti* Sulphur-breasted Warbler L10-11cm

서식 중국 중부, 동남부에서 번식하고, 태국(중부 제외), 베트남 북부, 라오스, 캄보디아에서 월동한다. 국내에서는 2015년 4월 19일 전남 신안 흑산도에서 1개체가 처음 관찰되었으며, 2015년 4월 23일 강원 강릉 견소동에서 1개체가 관찰된 미조다.

행동 상록활엽수림, 혼합림에서 서식한다. 보통 수관층에서 활발하게 움직이며 먹이활동을 한다. 이동시기에는 개방된 환경에서도 관찰된다.

특징 몸윗면은 올리브 녹색이며, 머리중앙선과 눈썹선은 노란색이고, 머리옆선과 눈선은 검은색이다. 날개에 폭 좁은 노란색 날개선이 2개 있다. 몸아랫면은 균일한 밝은 노란색이다. 윗부리는 암갈색이며 아랫부리는 오렌지색 또는 살구색이다.

2015.4.22. 전남 신안 흑산도 © 국립공원 조류연구센터

2015.4.22. 전남 신안 흑산도 © 국립공원 조류연구센터

솔새과 Phylloscopidae

노랑허리솔새 *Phylloscopus proregulus* Pallas's Leaf Warbler L10.5cm

서식 알타이산맥에서 동쪽으로 오호츠크해 연안, 남쪽으로는 몽골 북부, 중국 동북부, 우수리, 사할린, 한반도 북부까지 번식하고, 중국 남부, 인도차이나반도 북부에서 월동한다. 흔하게 통과하는 나그네새다. 주로 한반도 중부 이북으로 통과하며 남부 지역은 드물다. 봄철에는 4월 하순부터 5월 하순까지, 가을철에는 10월 초순부터 10월 하순까지 통과한다. 강원 산악지역(설악산, 점봉산, 오대산 일대 해발 1,000m 이상의 고지대)에서 적은 수가 번식하는 여름철새다.

행동 나뭇가지와 잎 사이를 민첩하게 움직이며 먹이를 찾는다. 먹이를 찾기 위해 빠른 날갯짓을 하며 나뭇잎 사이에서 정지비행도 한다. 수컷은 번식기에 잣나무, 소나무 등 침엽수 꼭대기에 앉아 지저귄다. 둥지 짓기는 암컷이 맡으며 둥지는 보통 10m 높이의 침엽수 가지에 틀지만 간혹 지면에서 0.5m 정도에 트는 경우도 있다. 한배에 알을 4~6개 낳으며, 암컷이 12~13일 동안 품는다. 육추는 암수 공동으로 하지만 대부분 암컷이 담당한다. 새끼는 부화 12~14일 후에 둥지를 떠난다.

특징 머리에서 등은 황록색이며 허리에 노란색 반점이 있다. 눈썹선은 노란색이며 뚜렷하다(눈 앞쪽은 노란색이며 눈 뒤쪽은 색이 다소 엷다). 머리중앙에 노란색 줄무늬가 있다. 날개덮깃에 뚜렷한 황백색 줄무늬가 2열 있다. 둘째날개깃 기부(큰날개덮깃 날개선 뒤)에 어두운 반점이 명확하다. 귀깃 뒤쪽에 때 묻은 듯한 작은 흰색 반점이 있다. 윗부리는 검은색이며 아랫부리 기부는 밝다.

닮은종 **연노랑허리솔새(Chinese Leaf Warbler, *P. yunnanensis*)** 둘째날개깃 기부에 어두운 반점이 없다. 머리중앙선은 흐리며 정수리 앞쪽은 매우 약하다. 귀깃에 흐릿한 둥근 반점이 없다. 눈썹선은 노란색이 약하다.

2006.4.27. 전남 신안 홍도

2009.4.27. 인천 옹진 소청도

2015.10.25. 인천 옹진 소청도

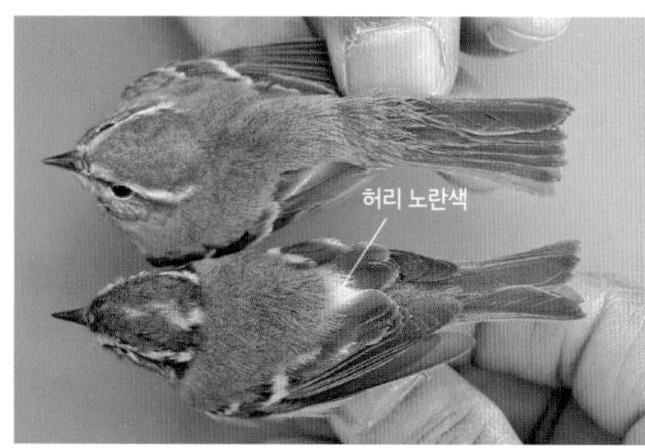

노랑눈썹솔새(위)와 비교 2006.4.27. 전남 신안 홍도

노랑눈썹솔새 *Phylloscopus inornatus* Yellow-browed Warbler L11cm

서식 러시아 북부의 페초라강 중류와 상류, 우랄산맥에서 동쪽으로 아나딜강과 오호츠크해 연안, 남쪽으로 알타이 동북부, 몽골 서북부, 바이칼, 우수리, 아무르까지 번식하고, 겨울에는 인도 동북부, 인도차이나반도, 말레이반도, 중국 남부, 대만에서 월동한다. 국내에서는 매우 흔한 나그네새다. 봄철에는 4월 중순부터 5월 중순까지, 가을철에는 9월 초순부터 11월 중순까지 통과한다. 매우 드물게 월동기록이 있다.

행동 주로 숲 가장자리 교목에서 생활하며 나뭇잎 사이를 바쁘게 날아다니며 곤충을 잡아먹는다. 봄·가을 이동시기에 드물게 "쮸잇" 하는 단음절의 울음소리를 낸다.

특징 연노랑눈썹솔새와 매우 비슷하다. 머리중앙선이 불명확하게 있다. 몸윗면은 녹회색이며, 머리가 등보다 약간 어둡다. 눈앞의 눈썹선은 노란색이며, 눈 뒤는 흰색에 가깝다. 날개에 황백색 날개선 2열이 명확하다. 셋째날개깃 가장자리는 폭 좁은 흰색이다(봄에는 깃 마모로 인해 흰색 폭이 매우 좁다). 큰날개덮깃 아래쪽(둘째날개깃의 기부)은 진한 흑갈색이다(날개를 접었을 때 흑갈색 반점이 명확하다). 아랫부리 기부의 색이 연한 부분은 연노랑눈썹솔새보다 뚜렷하게 폭이 넓다.

분류 지리적 분포에 따라 3아종(*inornatus, humei, mandellii*)으로 분류했으나 오늘날 독립된 2종 노랑눈썹솔새(*P. inornatus*)와 연노랑눈썹솔새(*P. humei*)로 나눈다.

닮은종 **연노랑눈썹솔새** 몸윗면이 회색 기운이 많다. 아랫부리 기부 색이 연한 부분의 폭이 매우 좁다. 다리가 어둡다.

2006.4.28. 전남 신안 홍도

2013.5.1. 충남 태안 신진도 © 최순규

2015.10.17. 인천 옹진 소청도

2007.10.15. 전남 신안 흑산도

연노랑눈썹솔새 *Phylloscopus humei* Hume's Leaf Warbler L10.5cm

서식 히말라야 서부와 중부, 중국 칭하이성 동부, 산시성, 윈난성 북부, 파미르, 톈산, 알타이, 사얀산맥, 몽골 서부 산악지대에서 번식하고, 비번식기에는 아프가니스탄 북동부, 파키스탄 북부, 인도 북부와 동부, 방글라데시, 미얀마 서북부, 태국 서북부, 라오스 북부, 베트남 북부에서 월동한다. 국내에서는 매우 드물게 통과하는 나그네새다.

행동 노랑눈썹솔새와 같다.

특징 노랑눈썹솔새와 매우 비슷하다. 몸윗면은 녹색 기운이 약하고 회갈색 기운이 많다. 정수리는 녹색 기운이 적고 회색 기운이 있다. 가운데날개덮깃의 날개선이 흐리다. 눈앞의 눈썹선은 노랑눈썹솔새보다 노란색이 약하다. 보통 둘째날개깃 기부의 흑갈색 반점이 노랑눈썹솔새보다 크다(아종 *humei*는 흑갈색 반점이 작다). 귀깃은 색이 약간 엷다. 몸아랫면은 흰색이며 가슴옆 주변으로 회색 기운이 있다. 목에 매우 작은 회색 얼룩이 흩어져 있다. 부리는 노랑눈썹솔새보다 진하다(아랫부리 기부 색이 연한 부분의 폭이 좁다). 다리가 더 어둡다. 울음소리가 노랑눈썹솔새와 다르다.

분류 노랑눈썹솔새에서 독립된 별개의 종으로 보며, 2아종(*humei*, *mandellii*)으로 분류한다. 국내에서는 히말라야 동부와 중국 중부에서 번식하고 인도 동북부와 인도차이나반도 북부에서 월동하는 *mandellii*가 도래하며, *humei*는 드물다. *mandellii*는 몸아랫면에 노란색이 더 강하며 멱에 회색 기운이 있다. 노랑눈썹솔새보다 길고 날카로운 소리를 낸다. P2깃이 노랑눈썹솔새보다 짧다. P2=P7/9 또는 드물게 P2=P7, 절대로 P2=P6/7로 보이지 않는다.

2011.5.1. 충남 태안 신진도 © 변종관

2010.5.8. 인천 옹진 문갑도 © 김석민

2011.5.1. 충남 태안 신진도 © 변종관

2006.4.28. 전남 신안 홍도

노랑눈썹솔새와 연노랑눈썹솔새 비교

노랑눈썹솔새. 얼굴 형태. 2006.4.28. 전남 신안 홍도

연노랑눈썹솔새. 얼굴 형태. 2006.4.28. 전남 신안 홍도

노랑허리솔새. 얼굴 형태. 2006.4.28. 전남 신안 홍도

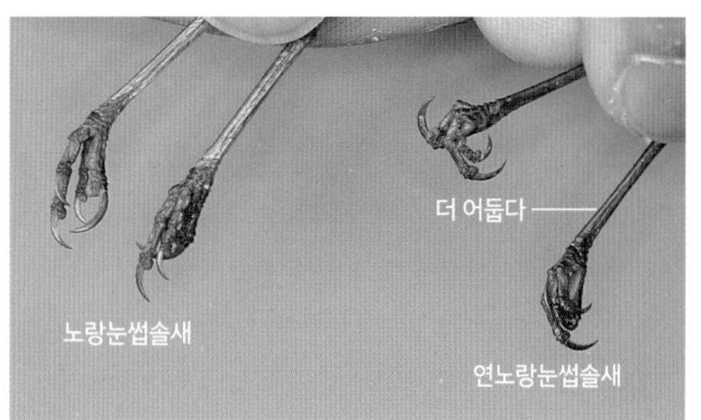

다리색 비교. 2006.4.28.

노랑눈썹솔새. 2006.4.28. 전남 신안 홍도

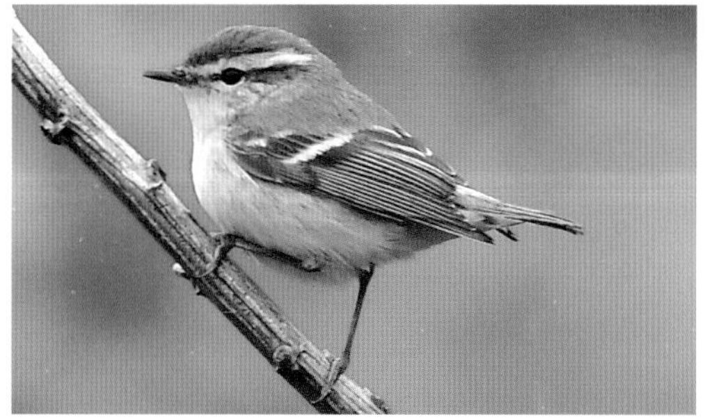

연노랑눈썹솔새. 2021.5.10. 전북 군산 어청도 ⓒ 이동희

노랑눈썹솔새(좌)와 비교. 2009.10.20.

쇠솔새 *Phylloscopus borealis* Arctic Warbler L12~13cm

서식 유럽 북부와 북시베리아에서 동쪽으로 콜리마강, 알래스카 서부, 남쪽으로 바이칼호, 몽골, 중국 동북부까지 번식하고, 비번식기에는 미얀마 남부, 인도차이나반도, 중국 동남부, 대만, 보르네오, 인도네시아, 필리핀에서 월동한다. 국내에서는 흔하게 통과하는 나그네새이며 일부 고지대(점봉산, 지리산 일대)에서 번식한다. 봄철에는 5월 중순부터 6월 초순까지, 가을철에는 8월 하순부터 9월 하순 사이에 통과한다.

행동 다양한 환경에 서식한다. 산림 속 나뭇잎 사이를 빠르게 움직이면서 먹이를 찾는다. 경계심이 적지만 나무 위에서 먹이를 찾는 습성과 다른 솔새에 비해 매우 활동적으로 움직이는 습성으로 인해 정확한 관찰이 힘들다. 둥지 짓기는 암컷이 맡으며 나무뿌리 사이, 풀, 덤불 등 초본류가 덮인 지면에 튼다. 한배에 알을 5~6개 낳으며, 암컷이 11~13일 동안 품는다. 암수 공동으로 13~14일 동안 육추한다. 이소한 새끼는 약 14일 동안 부모로부터 먹이 공급을 받는다.

특징 쇠솔새, 솔새, 큰솔새는 형태적으로 매우 비슷해 야외에서 구별이 매우 어렵다. 개체에 따라 크기 차이가 크며 몸 색에서도 변이가 있다. 몸윗면은 균일한 녹색, 머리는 등보다 약간 진하다. 눈썹선은 흰색(눈앞에 노란색 기운이 있다)이며 다소 길고, 콧구멍 바로 뒤에서 끝난다. 큰날개덮깃 끝에 황백색 날개선이 있으며(버들솔새보다 뚜렷하게 가늘다), 가운데날개덮깃의 날개선은 명확하게 보이지 않는 경우도 있다. 몸아랫면은 황백색 기운이 있다. 첫째날개깃이 길게 돌출된다. 다리는 밝은 노란색을 띠는 갈색 또는 등갈색이다(드물게 버들솔새처럼 어두운 개체도 있다.) 아랫부리 끝부분이 검은색이다(드물게 검은 반점이 매우 흐린 개체도 있다). 봄 이동시기 및 번식기에 "쮸리 쮸리 쮸리 쮸리" 하는 다소 큰 소리를 낸다. 지저귐 전후에 떨리는 듯한 "짓 짓" 또는 "뜨륵 뜨륵" 하는 금속성 울음소리를 낸다. 소리는 종에 따라 다소 차이가 있다.

1회 겨울깃 성조와 달리 날개깃에 마모가 없으며, 날개선이 성조보다 뚜렷하다. 몸아랫면의 노란색이 성조보다 진하다.

분류 3 또는 4아종으로 나누었지만 지저귐, 울음소리, 형태적 차이 등을 근거로 최근 별개의 3종(*P. xanthodryas*, *P. examinandus*, *P. borealis*)으로 나눈다. 종 구별이 매우 어렵다. 한국을 통과하는 대부분의 종이 *xanthodryas*이며, *borealis*는 적은 수가 통과하는 것으로 판단되었으나 최근 날개 길이 같은 측정자료를 비교한 결과 50% 이상이 쇠솔새에 일치했다. 국내를 찾는 종의 실체가 모호하며, 분류학적 연구가 필요하다.

닮은종 **솔새(*P. xanthodryas*)**는 일본(혼슈, 시코쿠, 큐슈)에서 번식하고, 대만, 필리핀, 인도네시아에서 월동한다. 몸윗면이 전체적으로 녹색이다. 몸아랫면은 흰색 바탕에 연한 노란색이다. 날개 길이가 약간 길고, 몸이 약간 크다.

큰솔새(*P. examinandus*)는 캄차카, 사할린, 큐릴열도, 일본 홋카이도 북동부에서 번식한다. 날개 길이가 *xanthodryas*보다 약간 짧다. 부리가 더 크고, 몸아랫면은 노란색 기운이 솔새보다 약하다.

쇠솔새(*P. borealis*)는 유럽 북부와 시베리아 북부에서 콜리마 강, 러시아 극동, 몽골, 중국 동북부에서 번식하고, 인도차이나반도, 중국 동남부, 대만에서 월동한다. 몸윗면은 녹색 기운이 적어 녹회색이지만 개체 간 변이가 있어 솔새와 구별하기 어렵다. 노란색을 띠는 흰 눈썹선은 폭이 좁고 뚜렷하며 뒷목까지 길게 이어져 뒤쪽에서 약간 위로 치솟았다. 몸아랫면은 노란색 기운이 적으며, 때 묻은 듯한 흰색 혹은 흰색이다. 옆구리와 가슴옆은 회색 기운이 강하다. 옆목과 가슴에는 약간 흐린 노란색이 있다.

P. b. kennicotti는 알래스카 서부에서 번식하고, 필리핀, 인도네시아에서 월동한다. 다른 아종보다 크기가 작으며, 부리가 작다. 몸아랫면에 노란색 기운이 강하다.

2008.5.23. 인천 옹진 소청도

2007.9.12. 전남 신안 홍도

2006.5.4. 전남 신안 홍도

개체 간 몸윗면과 몸아랫면의
색 차이가 있다

2009.5.23. 인천 옹진 소청도

2008.5.25. 전남 신안 흑산도

2008.5.25.전남 신안 흑산도

개체변이. 2006.8.29. 전남 신안 홍도

날개 형태. 2006.8.30. 전남 신안 홍도

버들솔새 *Phylloscopus plumbeitarsus* Two-barred Warbler L11cm

서식 예니세이강 유역에서 동쪽으로 러시아 동남부, 사할린 북부, 남쪽으로 몽골 동북부, 중국 동북부(만주), 북한까지 번식하고, 중국 남부, 미얀마, 태국, 라오스, 캄보디아, 베트남에서 월동한다. 국내에서는 흔하지 않게 통과하는 나그네새다. 5월 중순부터 5월 하순, 10월 초순부터 10월 하순까지 통과한다. 주로 서해 중북부 지역의 육지에서 멀리 떨어진 도서를 통과한다. 또한 최근 설악산 해발 1,100m 이상 고지대에서 번식하는 것이 확인되었다.

행동 침엽수림, 활엽수림, 혼합림 또는 키 작은 산림지역, 관목림, 해발 4,000m에 이르는 산지에 서식한다. 겁이 없지만 높은 곳에서 먹이를 찾기 때문에 보기 힘들다. 흥분하거나 급한 듯 숲 안에서 빠르게 움직이며 돌진하는 행동을 한다. 종종 날개를 가볍게 떨지만 꼬리의 떨림은 적다. 날아오르는 곤충을 잡기 위해 정지비행도 한다.

특징 쇠솔새와 비슷하지만 크기가 작고, 첫째날개깃이 셋째날개깃 뒤로 짧게 돌출된다. 몸윗면은 균일한 녹색, 눈썹선은 보통 콧구멍까지 다다르지 않는다. 눈선이 명확하다. 몸아랫면은 노란색 기운이 매우 약하게 있는 흰색이다. 꼬리는 다소 짧다. 부리는 솔새보다 작지만 노랑눈썹솔새보다 길다. 아랫부리는 전체적으로 색이 엷다(부리 끝에 검은 반점이 거의 없거나 약하다). 다리 색은 완전히 어둡다. 노랑눈썹솔새와 달리 둘째날개깃 기부에 진한 흑갈색이 없으며, 날개는 균일한 색이다. 눈썹선은 흰색이며 엷은 노란색 기운이 있다. 큰날개덮깃의 바깥 우면에 넓은 날개선(폭 2~3mm)이 뚜렷이 있으며, 안쪽 우면까지 약하게 연결된다. 가운데날개덮깃의 날개선은 폭 좁은 황백색 또는 흰색이다(마모된 새에서는 확인하기 어렵다).

분류 과거 Greenish Warbler (*P. trochiloides*)를 지리적 분포에 따라 6아종(*viridanus*, *nitidus*, *plumbeitarsus*, *trochiloides*, *ludlowi*, *obscuratus*)으로 분류했다. 그러나 오늘날 독립된 3종 Greenish Warbler (*P. trochiloides*), Green Warbler (*P. nitidus*), Two-barred Warbler (*P. plumbeitarsus*)로 분류한다. *trochiloides*는 네팔에서 동쪽으로 부탄에 이르는 히말라야, 중국 중부 지역에서 번식하고, 방글라데시, 아삼, 안다만제도, 태국, 인도차이나반도에서 월동한다. 국내에서는 2006년 4월 30일 인천 옹진 소청도에서 이 종으로 추정되는 개체가 관찰되었다. 버들솔새와 비슷하다. 몸윗면은 버들솔새보다 다소 어두운 녹색이며, 아랫부리의 상당 부분이 색이 어둡다. 몸아랫면은 회백색이며, 가슴은 매우 엷은 노란색 바탕에 약간 어두운 무늬가 있다. 다리 색은 완전히 어둡다.

2008.5.28. 인천 옹진 소청도

2009.5.23. 인천 옹진 소청도

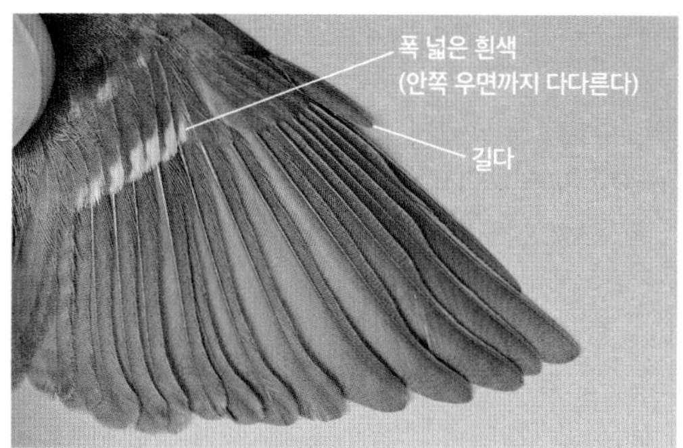

날개 형태. 2009.5.23. 인천 옹진 소청도

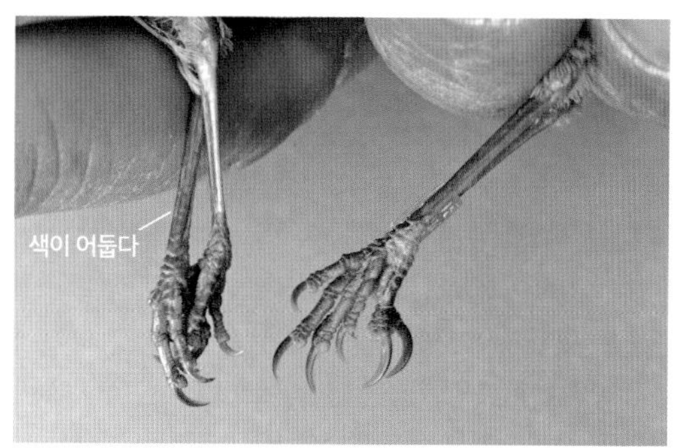

다리 색 비교. **버들솔새**(좌), **쇠솔새**(우). 2009.5.22.

쇠솔새(좌)와 **버들솔새**. 2009.5.22. 인천 옹진 소청도

닮은 종 비교

노랑눈썹솔새. 2009.4.28. 전남 신안 홍도

쇠솔새. 2013.5.15. 인천 옹진 소청도 © 최순규

되솔새. 2006.5.1. 전남 신안 흑산도

산솔새. 2013.5.8. 충남 보령 외연도 © 박대용

되솔새 *Phylloscopus tenellipes* Pale-legged Leaf Warbler L11.5~12.5cm

서식 아무르, 우수리, 만주 동부, 한국 중부 이북에서 번식하고, 미얀마 남부, 캄보디아, 베트남 남부, 태국 남부에서 월동한다. 국내에서는 전국에 걸쳐 봄·가을에 통과하는 나그네새이며, 주로 강원 일대의 고지대 깊은 산림에서 번식하는 드문 여름철새다(지리산 고지대에서도 흔하게 번식한다). 4월 중순에 도래해 번식하고, 9월 하순까지 관찰된다.

행동 평지에서 해발 1,800m까지 활엽수림 및 혼합림에 서식한다. 겁이 없지만 숲속에서 생활해 관찰하기가 어렵다. 번식기에는 높은 나뭇가지에 앉아 "힛-힛-힛-힛" 또는 "시-시-시-시" 하는 가는 소리를 내며(숲새와 비슷), 지면 가까운 곳에서도 운다. 둥지는 풀, 이끼 등을 엮어서 경사진 절개지, 계곡 인근 바위 틈 등지에 튼다. 한배에 알을 5~6개 낳으며 포란기간은 12일이고, 육추기간은 10~11일이다. 활동적이지만 움직임이 솔새보다 다소 느리다. 종종 꼬리를 아래로 가볍게 치며 울음소리를 낸다.

특징 머리가 어두운 회갈색이어서 녹갈색인 몸윗면과 뚜렷하게 구별된다. 몸아랫면은 때 묻은 듯한 흰색(노란색 기운이 없다), 멱은 흰색, 가슴과 옆구리에 회갈색 기운이 있다. 눈썹선은 길며 때 묻은 듯한 흰색으로 명확하다. 아랫부리에 검은 반점이 명확하다. 다리는 분홍색, 큰날개덮깃과 가운데날개덮깃 끝은 때 묻은 듯한 흰색이다(날개선이 2열 있다).

닮은종 **사할린되솔새(Sakhalin Leaf Warbler, *P. borealoides*)** 과거 되솔새 아종으로 분류했지만 현재 별개의 종으로 본다. 사할린, 쿠릴열도 남부, 홋카이도와 혼슈에서 번식하고 난세이제도, 인도차이나반도에서 월동한다. 국내에도 주기적으로 통과하지만 되솔새와 구별이 어려워 도래 실태 파악이 어렵다. 머리와 몸윗면의 색 차이가 더 크며, 익식이 다르다. 되솔새와 매우 다르게 "히-쓰-키-" 하는 소리를 낸다.

2007.5.5. 전남 신안 흑산도

2009.5.9. 경기 부천 © 백정석

2016.6.25. 경북 영주 고치령

사할린되솔새. 2017.5.3. 전남 신안 흑산도 © 국립공원 조류연구센터

산솔새 *Phylloscopus coronatus* Eastern Crowned Warbler L12.5~13cm

서식 중국 중부(쓰촨성 서부), 동북부, 아무르, 우수리, 사할린 남부, 한국, 일본에서 번식하고, 미얀마 남부, 태국, 라오스 남부, 캄보디아, 말레이반도, 수마트라, 자바섬에서 월동한다. 국내에서는 저지대에서 고지대의 울창한 산림에서 서식하는 흔한 여름철새이며 흔한 나그네새다. 4월 중순에 도래해 번식하고, 9월 하순까지 관찰된다.

행동 수컷은 번식기에 지저귀면서 수관층을 이동하며 벌레를 잡아먹는다. 두견이과 조류의 탁란 대상이 된다. 둥지는 마른 풀, 나뭇잎, 이끼를 이용하며 지면의 나무뿌리 밑에 튼다. 4~5월에 흰색 알을 4~6개 낳는다. 포란기간은 약 13일이며, 새끼는 부화 약 14일 후에 둥지를 떠난다.

특징 몸윗면은 녹갈색, 머리는 등보다 진하며, 녹회색 머리중앙선이 있다. 큰날개덮깃 끝에 황백색 날개선이 있다(가운데날개덮깃에 희미한 흰색 날개선이 있는 개체도 있다). 눈썹선은 황백색, 몸아랫면은 때 묻은 듯한 흰색, 옆구리는 녹갈색, 윗부리는 암갈색이며 아랫부리는 등황색, 아래꼬리덮깃은 노란색 기운이 강하다.

닮은종 **히말라야산솔새(Claudia's Leaf Warbler, *P. claudiae*)** 중국 쓰촨성, 간쑤성, 산시성 등지에서 번식하는 종으로 Blyth's Leaf Warbler (*P. reguloides*)에서 분리되었다. 2009년 4월 14일 인천 옹진 소청도에서 처음 관찰되었다. 머리중앙선에는 엷은 노란색 기운이 있으며 폭이 넓다. 노란색 기운이 있는 폭 넓은 날개선이 2열 있다. 눈썹선은 엷은 노란색 기운이 있는 흰색, 몸 바깥쪽 꼬리깃 2장의 안쪽 우면이 폭 좁은 흰색, 몸아랫면은 흰색이며, 가슴에 노란색 기운이 있다. 부리는 약간 가늘고 짧다. 아래꼬리덮깃은 매우 연한 노란색이다.

2008.4.11. 전남 신안 흑산도

2008.4.11. 전남 신안 흑산도

2013.5.8. 충남 보령 외연도 © 박대용

2007.8.14. 전남 신안 흑산도

회색머리노랑딱새

Culicicapa ceylonensis Grey-headed Canary-flycatcher L12~13cm

서식 인도에서 동쪽으로 중국 중남부와 인도차이나반도, 인도네시아까지 분포한다. 지리적으로 5아종으로 나눈다. 국내에서는 2016년 4월 30일 인천 옹진 소청도에서 1개체 관찰기록만 있는 미조다.

행동 보통 울창한 낙엽활엽수림에서 서식한다. 매우 활발하게 움직인다. 솔딱새류처럼 나뭇가지에 앉아 있다가 재빠르게 날아올라 곤충을 잡아먹는다. 종종 다른 종 무리에 섞여 먹이를 찾는다.

특징 다른 종과 쉽게 구별된다. 폭 좁은 흰색 눈테가 있다. 머리에서 가슴까지 회색이며, 몸윗면은 균일한 옅은 녹색이다. 가슴 아래쪽으로 몸아랫면은 노란색을 띤다. 부리 끝은 검은색이며, 부리 기부는 살구색 기운이 돈다.

2020.2.11. 태국 치앙마이 © 이용상

2020.2.25. 태국 치앙마이 © 이용상

2020.1.8. 미얀마 © 이용상

꼬리치레

Rhopophilus pekinensis Beijing Babbler / Chinese Hill Warbler L17~18.5cm

서식 중국 칭하이성 동북부와 간쑤성, 닝샤후이족 자치구, 산시성에서 동쪽으로 랴오닝성 일대에 번식한다. 남한에서는 과거 드문 겨울철새로 도래했다.

행동 관목이 우거진 덤불, 돌과 관목이 있는 저지대 구릉, 산림 가장자리 잡목 숲에 서식한다. 빠르게 움직이며 땅 위에서 기는 경우도 많다. 비교적 경계심이 없으며 호기심이 많다. 번식기에는 매우 아름다운 소리를 낸다. 번식기 이후에는 작은 무리를 이룬다. 주로 곤충류를 먹지만 열매도 먹는다.

특징 전체적으로 회갈색이며 몸윗면에 흑갈색 줄무늬가 있다. 눈썹선은 회색에 가깝고 검은색 뺨선이 있다. 꼬리가 길며 바깥쪽 꼬리깃 가장자리는 흰색이다. 멱, 가슴, 배는 흰색이며 옆구리에 밤색 세로 줄무늬가 있다.

실태 개체수가 감소하는 것으로 판단된다. 과거 기록에 의하면 북한은 평남, 평북, 황북 등 주로 서부 지역에 적은 수가 번식하며, 겨울에는 평지로 이동해 내려오는 드문 텃새로 기록하고 있다. 남한에서는 서울, 경기(포천, 가평) 일대에서 주로 겨울철에 몇 차례의 채집기록만 있을 뿐이며 1972년 10월 15일 경기 가평 설악면에서 암컷 1개체가 채집된 이후 더 이상의 관찰 및 채집기록은 없다.

2012.10.29. 중국 베이징. Yeyahu 습지 © Terry Townshend

1972.10.15. 경기 가평 설악면. 이화여대자연사박물관

붉은머리오목눈이 / 뱁새

Sinosuthora webbiana Vinous-throated Parrotbill L13~14cm

서식 러시아 극동, 한국, 중국 동부와 남부, 대만, 베트남 서북부에 서식한다. 국내에서는 전국에 걸쳐 흔히 번식하는 대표적인 텃새다. 육지에서 멀리 떨어진 섬에는 서식하지 않는다.

행동 산림 가장자리 덤불, 갈대밭, 관목, 잡초가 자라는 풀밭에서 서식하며 번식 후에는 무리를 이룬다. 짧은 휘파람소리 같은 특유의 울음소리를 내며 이동하는데 덤불에서 덤불로 차례차례 질서 정연하게 움직이며 잦은 날갯짓으로 낮게 난다. 주로 곤충류, 거미류를 잡아먹는다. 겨울철에는 갈대에 매달려 씨앗을 먹거나 부리로 껍질을 뜯어내어 그 속에 있는 애벌레를 꺼내먹는다. 둥지는 관목 줄기 사이에 긴 밥그릇 모양으로 마른 풀과 식물 줄기를 섞어 틀고 거미줄로 표면을 견고하게 한다. 4~7월에 2회 번식한다. 알을 하루에 한 개씩 4~6개를 낳으며 13~14일간 품는다. 암컷에 따라 알 색깔이 달라 흰색과 푸른색 두 빛깔의 알이 있다. 한국을 찾아오는 뻐꾸기는 대부분 붉은머리오목눈이 둥지에 알을 낳는다. 번식 후에는 무리를 지어 집단생활을 시작한다.

특징 전체적으로 갈색이며 정수리와 날개 부분은 적갈색이다. 부리는 뭉툭하고 끝이 약간 아래로 굽었다. 작은 체구에 비해 비교적 꼬리가 길다.

분류 *Paradoxornis*속으로 분류하기도 한다. 지리적으로 6아종으로 나눈다. 한국에 서식하는 아종은 중국 허베이성 동북부, 허난성 북부, 한국에서 번식하는 *fulvicauda*이다.

2011.10.23. 경기 파주 공릉천

2007.2.20. 충남 천수만

2011.1.8. 경기 파주 오도리

둥지. 2009.7.24. 경기 의왕 © 진경순

수염오목눈이

Panurus biarmicus Bearded Reedling / Bearded Tit L16.5cm

서식 유럽 동·남부에서 우수리강까지 유라시아대륙의 중위도 지역에 국부적으로 번식한다. 대부분의 집단은 계절에 따라 이동하지 않는 텃새다. 지리적으로 3아종으로 분류한다. 국내에서는 1996년 2월 강원 속초 청초호에서 수컷 1개체, 2006년 5월 1일 전남 신안 흑산도에서 수컷 1개체가 관찰된 미조다.

행동 호수, 하천 등지의 갈대밭에서 무리지어 활발하게 움직인다. 갈대가 무성한 습지에서 무리지어 번식한다. 갈대 줄기 아래쪽에서 기어오르거나 뛰면서 먹이를 찾으며 날아서 이동할 때에는 날갯짓이 빠르다. 간혹 갈대밭 속으로 들어가기 전에 허공으로 높이 치솟는다. 여름철에는 갈대에서 진딧물을 먹으며 겨울철에는 갈대 씨앗을 먹는다.

특징 다른 종과 쉽게 구별된다. 몸에 비해 꼬리가 길고 다리가 짧다.

수컷 머리에서 뒷목까지 청회색이다. 눈앞에 수염 모양 검은색 깃털이 길게 늘어진다. 몸윗면은 균일한 갈색이다. 날개는 검은색이며 첫째날개깃 바깥 우면과 셋째날개깃 안쪽 우면이 흰색이다. 둘째·셋째날개깃, 큰날개덮깃의 바깥 우면은 갈색이다. 몸아랫면은 흰색이며 아래꼬리덮깃은 검은색, 부리는 짧고 주황색이다. 중앙꼬리깃은 길고 외측은 짧으며 바깥꼬리깃은 흰색이다.

암컷 머리는 엷은 갈색, 눈앞에 수염 모양 검은색 깃이 없다.

어린새 수컷은 등과 바깥쪽 꼬리깃에 검은색이 있다. 암컷은 부리가 검은색이다.

수컷. 2006.5.3. 전남 신안 흑산도

어린새. 2009.6.20. 몽골 바양누르 © 고경남

수컷. 2013.6.23. 몽골 우기누르 © 고경남

쇠흰턱딱새 *Curruca curruca* Lesser Whitethroat L13cm

서식 유럽에서 동쪽으로 트란스바이칼, 남쪽으로 이탈리아 북부까지, 발칸, 소아시아, 이란 북부와 서남부, 시베리아 남부, 카자흐스탄에서 동쪽으로 몽골까지 번식하고, 비번식기에는 아프리카 중부와 아라비아 남부, 이란, 네팔, 인도 북부 등지의 남아시아에서 월동한다. 국내에서는 1982년 2월 3일 부산 동래에서 1개체가 채집된 이후 서울, 낙동강, 전남 신안 흑산도, 칠발도, 강원 동해 등지에서 관찰된 미조다. 주로 8월 하순과 겨울철에 관찰되었다.

행동 경작지, 불모지, 과수원, 덤불숲에서 단독으로 생활한다. 겁이 많다. 비번식기에는 나뭇가지, 덤불 아래에서 조용히 움직이며 먹이를 찾는다. 나뭇가지에 앉아 머뭇거리다가 갑자기 움직이는 행동을 한다. 나무 정상 또는 전깃줄에 앉는 경우도 있다.

특징 이마에서 뒷머리까지 회색 기운이 있으며 몸윗면은 회갈색이다. 눈앞, 뺨, 귀깃은 흑갈색이다. 날개와 꼬리는 흑갈색이며 깃 가장자리는 회갈색이다. 멱이 흰색이다. 몸아랫면은 흰색이며, 가슴옆과 옆구리에 엷은 회갈색 기운이 있다. 부리는 검은색이며 다리 색은 어둡다. 꼬리는 약간 짧게 보이며 바깥 꼬리깃이 흰색이다.

1회 겨울깃 눈앞과 귀깃의 흑갈색이 성조보다 약하다. 폭 좁고 흰 눈썹선이 있다.

아종 지리적으로 약 6아종으로 나누지만, 3개의 독립된 종 Lesser Whitethroat (*C. curruca*), Desert Whitethroat (*C. minula*), Hume's Whitethroat (*C. althaea*)로 분류하는 견해가 많다. 아종 간 구별이 어렵다.

2009.8.27. 전남 신안 칠발도 © 고경남

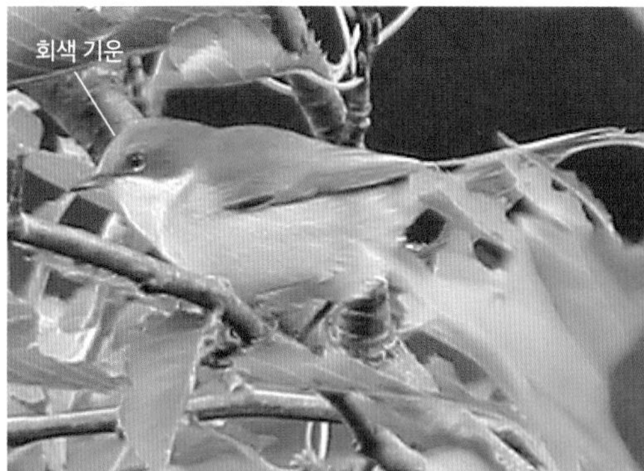

2008.8.24. 전남 신안 흑산도

2022.2.27. 서울 송파 올림픽공원

2021.4.28. 인천 옹진 소청도 © 김영환

비늘무늬덤불개개비 *Curruca nisoria* Barred Warbler L16cm

서식 유럽 중부와 동부에서 동쪽으로 터키, 코카서스까지, 남쪽으로 이란 동북부까지, 카자흐스탄 북부에서 텐산 산맥까지, 몽골, 시베리아 남서부에서 번식하고 아프리카 동부에서 월동한다. 국내에서는 2013년 4월 27일 제주 마라도에서 1개체가 포획된 미조다.

행동 관목과 덤불 속에서 느리게 움직인다. 관목 사이를 이동할 때 다소 무겁게 보이며 꼬리가 길고 폭이 넓게 보인다. 번식기에는 관목 정상 또는 윗부분에 올라와 지저귄다.

특징 몸이 다소 크고 부리가 굵다. 몸윗면은 회갈색이며 어깨와 위꼬리덮깃에는 검은 줄무늬가 흩어져 있고 깃 끝이 흰색이다. 큰날개덮깃에 명확한 흰색 날개선이 있다. 셋째날개깃 끝은 폭 넓은 흰색이다. 몸아랫면은 흰색이며 비늘무늬가 흩어져 있다. 홍채는 노란색이다(암컷 홍채는 색이 더 어둡다). 암컷은 몸윗면에 갈색이 더 많고 몸아랫면은 수컷보다 줄무늬가 적다.

1회 겨울깃 성조보다 갈색이 많고 단조롭다. 전체적으로 성조보다 비늘무늬가 적다. 홍채 색이 어둡다.

아종 2아종으로 분류한다. 국내에 기록된 아종은 이란 북동부, 카자흐스탄 북부에서 티안샨산맥, 몽골, 시베리아 남서부에서 번식하고, 아프리카 동부에서 월동하는 *merzbacheri*이다.

2013.4.27. 제주 마라도 ⓒ 최창용

2013.4.27. 제주 마라도 ⓒ 최창용

2018.5.23. 키르기스스탄 ⓒ 이동희

2005.5.26.폴란드. Artur Miko + ajewski

동박새 *Zosterops japonicus* Warbling White-eye L12~13cm

서식 한국, 일본, 필리핀, 술라웨시, 자바, 소순다열도에 분포한다. 국내에서는 남해안과 서해안 도서지방, 해안지대에서 흔히 번식하는 텃새이며, 최근 경기에서도 번식이 확인되었다. 주로 가을 이동시기(8~10월)에 흔하게 통과하는 나그네새다.

행동 동백나무 등 상록수림이 울창한 산림 또는 인가 주변에 서식한다. 무리를 이루며 나무 위에서 곤충류, 거미류 등과 머루, 다래, 버찌, 산딸기 등 나무 열매를 먹는다. 겨울에는 동백꽃의 꿀을 빨아먹는다. 둥지는 낮지 않은 나무에 공을 절반 자른 듯 오목한 그릇 모양으로 틀며, 내부에 털, 식물의 뿌리를 깔고, 둘레는 이끼를 덮는다. 5월에 번식하며 한배에 알 4개를 낳는다. 포란기간은 12일이며 새끼는 부화 12일 후면 둥지를 떠난다.

특징 몸윗면은 녹황색이며, 흰색 눈테가 있다. 멱에서 윗가슴까지 노란색, 가슴옆과 옆구리에 갈색 무늬가 있다. 배 중앙부는 흰색 바탕에 매우 희미한 노란색 기운이 있다. 아래꼬리덮깃은 노란색, 홍채 색은 번식기에는 엷은 갈색이며, 번식 후 진한 갈색으로 바뀐다.

어린새 성조와 매우 비슷하지만 옆구리는 때 묻은 듯한 흰색 바탕에 매우 희미하게 갈색이 있다(작은동박새로 오인할 수 있는 특징). 홍채 색이 회색이다가 점차 엷은 갈색으로 바뀐다. 아래꼬리덮깃은 엷은 노란색이다.

분류 동박새류는 유전적 분화속도가 빠른 분류군이다. 과거 동박새 (Japanese White-eye)는 9아종으로 분류했다. 최근 Mountain White-eye (*Z. montanus*)의 종 지위를 상실시켜 동박새(*Z. japonicus*) 아종에 포함시켰으며, 동박새 영명을 Warbling White-eye로 변경하고, 15아종으로 분류한다. 한국에는 *japonicus* 1아종이 서식한다.

닮은종 **작은동박새(Swinhoe's White-eye, *Z. simplex*)** 과거 동박새 아종으로 분류했었다. 중국 동부와 남부, 대만, 인도차이나반도 북부와 중부, 말레이반도 저지대, 수마트라, 보르네오 서부 저지대에서 번식한다. 최근 매우 드물게 도래하는 것이 확인되었다. 2006년 10월 23일 전남 신안 홍도에서 처음 관찰되었다. 봄철에는 4월 하순에서 5월 하순까지, 가을철에는 10월 중순에서 11월 초순 사이에 서해 먼 도서를 불규칙하게 통과한다. 크기가 작고, 부리와 부척이 짧다. 검은색 눈선 위에 노란색이 비교적 뚜렷하며, 노란색이 이마까지 약하게 연결된다. 동박새와 달리 옆구리에 갈색 무늬가 전혀 없으며, 배와 옆구리 부분이 균일하게 때 묻은 듯한 흰색이다. 가슴옆에 엷은 회색 기운이 있다. 아랫부리의 검은 부분이 동박새보다 뚜렷하고 폭 넓다. 배 중앙 부분에 노란색 줄무늬가 없다.

2010.1.6. 전남 신안 흑산도

어린새. 2006.9.7. 전남 신안 홍도

작은동박새 (*Z. simplex*). 2006.10.23. 전남 신안 홍도

작은동박새(좌측)와 **동박새**(우측). 10.24. 전남 신안 흑산도

동박새과 Zosteropidae

한국동박새

Zosterops erythropleurus Chestnut-flanked White-eye L12~12.5cm

서식 우수리, 러시아 극동, 중국 북동부, 북한에서 번식하고, 중국 서남부, 인도차이나반도(미얀마, 태국, 라오스, 캄보디아, 베트남 북서부)에서 월동한다. 국내에서는 다소 드물게 통과하는 나그네새다. 봄철에는 5월 초에 도래해 5월 하순까지 통과하며, 가을철에는 9월 중순에 도래해 10월 중순까지 주로 서해상에 위치한 섬에서 관찰된다.

행동 다양한 환경의 산림에 서식한다. 이동시기에 무리를 이루며 곤충류와 나무 열매를 먹는다. 울음소리가 동박새와 다르다.

특징 동박새보다 약간 작다. 동박새와 비슷하지만 옆구리에 뚜렷한 밤색 무늬가 있다(수컷은 밤색 무늬가 폭 넓고 진하며, 암컷은 무늬 폭이 좁고 옅다). 노란색 멱과 흰색 가슴의 경계가 명확하다. 가슴옆은 회색 기운이 있다. 부리 기부와 아랫부리의 1/3이 연한 분홍빛이다. 아래꼬리덮깃은 노란색이다.

수컷. 2008.10.15. 인천 옹진 소청도

암컷. 2008.10.15. 인천 옹진 소청도

상모솔새 *Regulus regulus* Goldcrest L10cm

서식 유럽에서 동쪽으로 바이칼호, 남쪽으로 코카서스, 천산산맥, 알타이산맥까지, 히말라야에서 중국 중부까지, 러시아 극동, 우수리, 사할린, 북한 등지에서 번식한다. 지리적으로 13 또는 14아종으로 나눈다. 국내에서는 다소 흔하게 월동하는 겨울철새이며, 다소 흔한 나그네새다. 10월 중순부터 도래해 통과하거나 월동하며, 4월 초순까지 머문다. 해에 따라 찾아오는 개체수에 큰 차이가 있는 듯하다.

행동 산지의 침엽수림에서 생활한다. 작은 무리를 이루는 경우가 많다. 침엽수의 가지 끝에 매달려 빠르게 움직이거나 정지비행으로 톡토기 종류와 진딧물, 곤충류, 거미류 등을 잡아먹는다. 간혹 박새, 오목눈이 등 박새과의 조류와 섞여 먹이를 찾는다. 경계심이 약해 가까이 접근할 수 있다.

특징 매우 작은 종이다. 암수 비슷하다. 몸윗면은 엷은 녹갈색, 머리중앙선은 노란색이며 그 양쪽으로 폭 넓은 검은색 머리옆선이 있다. 눈 주위가 폭 넓은 흰색이다. 머리옆, 귀깃, 뒷목은 회색 기운이 강하다. 폭 넓은 흰색 날개선이 2열 있으며, 큰날개덮깃 아래쪽으로 큰 검은색 반점이 있다. 셋째날개깃 끝에 폭 넓고 흰 반점이 있다. 부리는 검은색이다.

수컷 노란색 머리에 오렌지색이 섞여 있지만 야외에서 잘 보이지 않는다.

암컷 머리에 오렌지색이 없으며, 그 외는 수컷과 같다.

수컷. 2005.10.24. 전남 신안 홍도

수컷. 2010.12.25. 경기 파주 오도리

암컷. 2008.3.7. 경기 용인 경안천 © 서정화

암컷. 2007.12.23. 충남 천수만 © 이광구

굴뚝새 *Troglodytes troglodytes* Eurasian Wren L11cm

서식 유럽, 아프리카 북부에서 중앙아시아까지, 히말라야, 중국, 러시아 극동, 한국, 일본, 캄차카, 사할린에서 번식하고, 북쪽 개체는 겨울에 남으로 이동한다. 국내에서는 흔한 텃새다.

행동 울창하고 습한 숲, 바위가 있는 계류, 평지에서 서식하며 땅 위로 낮게 움직이기 때문에 눈에 잘 띄지 않는다. 단독으로 생활하는 경우가 많다. 꼬리를 치켜세우고 빈번히 움직이며 먹이를 찾는다. 비번식기에 "찟 찟 찟" 하는 가는 울음소리를 내며, 번식기에는 습한 계곡 주변에서 우렁차게 지저귄다. 번식기에 다소 높은 산으로 이동한다. 일부다처제로 번식하는 것으로 알려져 있다. 둥지는 계곡 주위의 벼랑, 큰 나무 뿌리, 암벽 틈에 이끼를 이용해 둥근 모양으로 틀고 위쪽으로 출입구를 낸다. 출입구 주위는 나무뿌리를 이용한다. 5월부터 산란하고, 한배 산란수는 4~6개다. 포란기간은 14~15일이다.

특징 다른 종과 혼동이 없다. 연령, 성 구별이 어렵다. 전체적으로 갈색이며 검은 무늬가 규칙적으로 흩어져 있다. 꼬리가 짧다. 가늘고 긴 때 묻은 듯한 흰 눈썹선이 있다(눈 앞쪽에 갈색 기운이 많다). 가운데날개덮깃 끝에 흰 반점이 있다.

아종 지리적으로 29아종으로 나눈다. 한국에서 번식하는 아종은 *dauricus*이다. *fumigatus*(쿠릴열도 남부, 사할린, 일본열도)는 문헌에 제주도와 울릉도에서도 분포한다고 했지만 서식여부에 대해 조사된 자료가 없다.

2009.11.28. 경기 부천 © 백정석

2008.4.3. 경북 울릉 사동

2006.11.12. 전남 신안 홍도

2007.2.4. 충남 천수만 © 이광구

동고비 *Sitta europaea* Eurasian Nuthatch L13~14cm

서식 유라시아대륙 전역에 넓게 분포한다. 국내에서는 전국의 울창한 산림에서 번식하는 비교적 흔한 텃새다(남부 지역보다 북부 지역의 서식밀도가 높다).

행동 낙엽활엽수림이 무성한 숲을 선호한다. 나무줄기를 기어 오르내리며 먹이를 찾는다. 나무줄기를 거꾸로 기어 내려오는 경우도 많으며 곤충류, 거미 또는 나무 열매를 먹는다. 둥지는 딱다구리의 옛 구멍을 사용하거나 나뭇가지가 떨어져 나간 후 썩어 만들어진 움푹한 구멍 또는 인공 둥지를 이용한다. 구멍의 크기가 클 때에는 흙이나 나무껍질을 이용해 출입구를 작게 막는다. 둥지 선택과 번식 초기(3월 중·하순)에 진흙을 이용한 둥지 짓기는 암컷이 전담한다. 암컷이 산란에 들어가면서 수컷이 진흙으로 둥지를 보수하는 횟수가 증가한다. 알을 6~9개 낳아 15~16일간 품으며, 새끼는 부화 20~24일 후에 둥지를 떠난다.

특징 몸윗면은 균일한 청회색이다. 검은색 눈선이 명확하다. 멱에서 배까지 흰색이다. 옆구리와 아래꼬리덮깃의 경우 수컷은 밤색(적갈색)이며, 암컷은 귤색이다.

아종 15 또는 16아종으로 나눈다. *amurensis*는 중국 허베이성 북부에서 만주 동북부까지, 러시아 극동, 한반도, 일본 시코쿠 이북에 번식하며, 붉은배동고비(*bedfordi*)는 제주도 특산 아종이다. 몸윗면은 동고비보다 색이 약간 어둡다. 배는 담황색을 띠는 등색이다. 서식밀도가 매우 낮거나 거의 사라진 것으로 추정된다. 본 아종에 대해 알려진 것이 거의 없으며 최근 관찰기록이 거의 없다. *asiatica*는 우랄산맥 서남부에서 오호츠크해 연안까지, 남쪽으로 몽골 북부, 만주 서북부까지, 홋카이도에서 번식한다. 2011년 1월 27일 강원 철원 산명리에서 관찰되었다. 몸윗면의 색이 엷다. 아래꼬리덮깃의 적갈색을 제외하고 몸아랫면은 흰색이다.

수컷. 2011.3.5. 경기 성남 남한산성

수컷. 2013.1.5. 경기 성남 남한산성

암컷. 2013.1.5. 경기 성남 남한산성

수컷(위)과 암컷(아래) 비교. 2011.3.5.

쇠동고비 *Sitta villosa* Chinese Nuthatch L11.5cm

서식 중국 중부와 중북부에서 동북부, 러시아 극동, 북한(백두산 일대)까지 서식하는 텃새다. 지리적으로 2아종으로 나눈다. 남한에서는 매우 희귀한 겨울철새이며, 경기와 강원 일대에서 관찰기록이 많다. 10월 중순부터 도래하며 3월 하순까지 머문다. 해에 따라 도래하는 집단의 크기가 크게 다르다. 불규칙하게 많은 수가 찾아오기도 하지만 관찰되지 않는 해가 더 많다.

행동 주로 평지의 소나무 밀생지역, 가문비나무, 낙엽송 등 침엽수림에 서식한다. 겨울에는 박새과 조류의 무리에 섞여 움직이거나 작은 무리를 이루어 생활하며 키 큰 나무의 가는 줄기 또는 소나무 잎에서 먹이를 찾는다. 먹이는 솔방울 씨를 꺼내 먹거나 가는 나무줄기에서 작은 곤충, 거미 등을 먹는다.

특징 동고비보다 작다. 수컷의 머리는 검은색이며, 암컷의 머리는 등보다 색이 약간 진하다. 암수 모두 흰 눈썹선이 뚜렷하다. 멱과 가슴은 때 묻은 듯한 흰색이며 가슴옆, 옆구리는 갈색이다. 중앙꼬리깃은 청회색이며 외측깃은 검은색으로 날아갈 때 꼬리에 흰 무늬가 거의 보이지 않거나 희미하게 보인다.

수컷 머리가 검은색이며 몸윗면이 전체적으로 청회색이다.

암컷 머리는 진한 회색으로 등보다 약간 진한 정도다. 눈선과 눈썹선이 수컷보다 좁다. 광선에 따라 머리 색이 진하게 보이기도 해 암수 구별이 어려운 경우도 있다.

수컷. 2006.3.4. 서울 종로 경복궁

암컷. 2012.10.7. 인천 서구 국립생물자원관 © 진경순

수컷. 솔방울 씨앗 섭취. 2012.10.7. 인천 서구 © 진경순

암컷. 2012.10.5. 인천 서구 국립생물자원관 © 백정석

나무발발이 *Certhia familiaris* Eurasian Treecreeper L13.5cm

서식 유라시아대륙 전역의 온대와 아한대에서 번식한다. 국내에서는 흔하지 않은 겨울철새다. 10월 중순부터 도래하며 3월 하순까지 머문다. 설악산, 오대산 등 일부 지역에서 여름철에도 관찰되며, 2004년 오대산에서 번식이 확인되었다.

행동 평지나 산지의 활엽수림, 침엽수림에 서식한다. 단독 또는 쌍을 이루어 박새과 조류에 섞여 먹이를 찾는다. 나무줄기의 밑에서부터 꼬리를 나무에 지탱해 기어오르며 나무껍질 속에 있는 곤충류, 거미류를 잡아먹는다. 고목의 나무 구멍, 나무의 갈라진 틈 속에 가는 나뭇조각을 거미줄로 엮어 밥그릇 모양 둥지를 틀고 내부에는 동물의 털을 깐다.

특징 몸윗면은 갈색이며 회백색 점 또는 줄무늬가 흩어져 있다. 날개깃에 황갈색과 검은 줄무늬가 있다. 부리는 가늘고 길며 아래로 굽었다. 꼬리는 길며 양쪽으로 갈라졌다. 몸아랫면은 흰색이다.

아종 지리적으로 10 또는 13아종 나눈다. 국내에는 3아종이 찾아올 가능성이 높다. *daurica*는 시베리아의 예니세이강에서 오호츠크해 연안, 남쪽으로 몽골 북부까지 분포하며, 겨울철새로 찾아오는 것으로 판단된다. *orientalis*는 아무르, 우수리, 중국 동북부의 길림성에서 허베이성 일원, 북한(?), 쿠릴열도, 사할린, 홋카이도까지 분포하며, 주로 중부 이북지역에 겨울철새로 찾아오고, 강원 일대에서 번식하는 무리는 분포지역으로 볼 때 본 아종인 것으로 판단된다. 본 아종을 *daurica*에 포함시키기도 한다. *japonica*는 일본 혼슈, 시코쿠에 분포하며, 겨울철새로 찾아오거나 이동시기에 한반도 남부를 통과하는 것으로 판단된다.

2013.2.3.
경기 일산 호수공원

2013.2.3.
경기 일산 호수공원

2011.3.19.
강원 평창 오대산 © 진경순

잿빛쇠찌르레기 *Sturnia sinensis* White-shouldered Starling L19cm

서식 중국 남부와 베트남 북부에서 번식하고, 대만, 인도차이나반도, 말레이반도, 필리핀, 보르네오 북부에서 월동한다. 국내에서는 해마다 도래하지는 않는 희귀한 나그네새다. 봄철에는 4월 중순부터 5월 중순까지, 가을철에는 9월 하순부터 10월 초순 사이에 통과한다.

행동 인가 주변의 산림, 농경지 주변의 나무에서 생활한다. 땅 위보다는 나무 위에서 생활하는 경우가 많고 나무 열매나 곤충을 먹는다. 경계심이 비교적 강하다.

특징 홍채가 회백색이다. 날 때 등은 회색, 어깨와 꼬리 끝이 흰색, 날개와 꼬리가 검은색으로 보인다. 부리는 청회색이다.

수컷 머리, 등, 가슴이 회갈색이다. 날개덮깃 전체가 흰색으로 보인다. 날개깃은 녹색 광택이 있는 검은색이다. 몸 아랫면은 때 묻은 듯한 흰색이다.

암컷 몸윗면은 수컷보다 갈색 기운이 강하다. 날개덮깃의 흰 반점이 수컷보다 뚜렷하게 좁다(가운데날개덮깃이 흰색이며, 몸 안쪽의 큰날개덮깃은 흰색이지만 몸 바깥쪽은 흑갈색으로 보인다).

어린새 암컷과 비슷하지만 날개덮깃에 흰 반점이 없다. 날개덮깃 끝이 밝다. 부리는 청회색이 약하다.

실태 1959년 10월 6일 부산에서 수컷 1개체 처음으로 확인된 이후 전남 신안 도초도, 홍도, 가거도, 전북 군산 어청도, 충남 보령 외연도, 인천 옹진 소청도, 제주도, 강원 강릉 등 많은 곳에서 확인되었으며, 2002년 이후 관찰기록이 증가하고 있다. 2020년 5월 제주도에서 처음 번식이 확인되었다.

수컷. 2009.5.3. 전남 신안 흑산도

암컷. 2007.4.29. 전남 신안 흑산도

수컷. 2009.5.3. 전남 신안 흑산도

수컷(좌). 2009.5.24. 인천 옹진 소청도

북방쇠찌르레기 *Agropsar sturninus* Daurian Starling L17cm

서식 바이칼호 동부에서 러시아 극동까지, 몽골 북부, 중국 북부와 동북부, 북한에서 번식하고, 중국 남부, 말레이반도, 수마트라, 자바에서 월동한다. 국내에서는 드문 나그네새이며 중부 이북에서 번식하는 매우 드문 여름철새다. 봄철에는 5월 초순부터 도래하며, 9월 하순까지 통과한다.

행동 땅 위보다는 나무 위에서 생활하며, 뽕나무, 벚나무 등의 열매와 곤충의 성충과 유충을 먹는다. 혼효림, 도심 공원, 인가 주변에 서식한다. 둥지는 나무 구멍, 전신주 꼭대기 구멍, 인공 둥지에 튼다. 한배 산란수는 5~6개이며, 포란기간은 약 13일이다.

특징 암수 다른 색이며, 암컷은 쇠찌르레기와 혼동하기 쉽다.

수컷 머리와 몸아랫면은 옅은 회백색이며, 뒷머리에 광택이 있는 자주색 반점이 있다. 몸윗면은 광택이 있는 자주색이며, 날개깃은 어두운 녹색이다. 어깨를 따라 흰색 어깨선이 있다. 가운데날개덮깃은 폭 넓은 흰색 날개선이 있으며, 큰날개덮깃 끝과 셋째날개깃 끝에 작고 흰 반점이 있다. 일부 날개깃 가장자리를 따라 담황색이다. 위꼬리덮깃은 옅은 담황색이다.

암컷 쇠찌르레기와 비슷하다. 수컷과 비슷하지만 광택이 있는 자주색 부분과 녹색 부분이 갈색이다(전체적으로 갈색 기운이 있다). 어깨를 따라 흰색 또는 옅은 담황색 어깨선이 있다. 가운데날개덮깃에 폭 넓은 흰색 날개선이 있으며, 큰날개덮깃 끝과 셋째날개깃 끝에 작은 흰색 반점이 있다. 뒷머리의 반점이 약하다.

실태 1956~1965년 사이에 서울 홍릉 임업시험장 내에서 150~200개체를 볼 수 있었던 여름철새였지만, 현재 경기 일대에서 매우 적은 수가 번식한다.

수컷. 2011.5.15. 충남 보령 외연도 © 김준철

암컷. 2005.5.19. 전남 신안 흑산도

암컷. 2009.5.3. 전남 신안 흑산도

어린새. 2011.7.2. 경기 하남 미사리 © 백정석

쇠찌르레기 *Agropsar philippensis* Chestnut-cheeked Starling L18~19cm

서식 사할린 남부와 일본, 한국에서 번식하고, 필리핀, 보르네오 북부 등지에서 월동한다. 국내에서는 드물게 통과하는 나그네새이며, 경기 하남과 강원 강릉 지역에서 적은 수가 번식한다. 봄철에는 4월 하순부터 도래하며, 가을철에는 10월 초순까지 통과한다.

행동 평지와 인가 주변의 산림에 서식한다. 번식기에는 한 쌍씩 생활하지만 번식이 끝나면 무리를 이룬다. 산림 내의 나뭇가지 사이를 오가면서 곤충류와 나무 열매를 먹는다. 둥지는 나무 구멍, 전신주 꼭대기 구멍, 건물 틈에 틀고 알을 5~6개 낳는다. 포란기간은 12~13일이며, 육추기간은 약 18일이다. 이동시기에 찌르레기 무리에 섞이는 경우도 있으며, 인가 주변, 농경지, 습지의 관목에서도 확인된다.

특징 암수 색이 다르다. 암컷과 미성숙한 개체는 북방쇠찌르레기와 혼동하기 쉽다.

수컷 머리는 옅은 노란색 기운이 있는 흰색이며 귀깃과 옆목이 적갈색이다. 몸아랫면은 북방쇠찌르레기와 비슷하지만 가슴과 옆구리가 보다 어두운 회색이다. 몸 바깥쪽 일부 둘째날개깃은 바깥 우면 가장자리를 따라 흰 기운이 있다.

암컷 북방쇠찌르레기 암컷과 매우 비슷하지만 어깨에 흰 선이 없으며, 큰날개덮깃과 셋째날개깃 끝에 흰 반점이 없다. 가운데날개덮깃 일부가 흰색이다(북방쇠찌르레기와 달리 날개선이 짧게 보인다).

1회 겨울깃 수컷 성조 암컷과 매우 비슷하지만 머리에 갈색과 옅은 황백색이 섞여 있다. 귀깃에 적갈색이 약하게 있다.

수컷. 2008.9.26. 전남 신안 가거도

암컷. 2008.4.29. 전남 신안 흑산도

암컷. 2007.5.17. 전남 신안 흑산도

어린새. 2011.7.2. 경기 하남 미사리 ⓒ 백정석

분홍찌르레기 *Pastor roseus* Rosy Starling L22~24cm

서식 유럽 동부, 이란, 아프가니스탄, 중국 서북부에서 번식하고, 인도, 스리랑카에서 월동한다. 국내에서는 2000년 5월 27일 경기 양평 양수리에서 성조 2개체가 처음 관찰된 이후 전북 군산 어청도, 전남 신안 홍도, 충북 충주, 제주도 등지에서 관찰된 미조다.

행동 초지, 건조한 농경지 등 개방된 환경에 서식한다. 번식지에서는 큰 무리를 이룬다. 풀밭에서 메뚜기 같은 곤충을 잡아먹는다. 이동시기에 나무 열매도 즐겨 먹는 잡식성이다

특징 성조는 다른 종과 혼동이 없다.

성조 머리에서 목까지 균일한 검은색이며, 뒷머리에 깃이 돌출되었다. 날개깃과 꼬리는 광택이 있는 검은색이다. 몸윗면과 몸아랫면은 전체적으로 분홍색이다. 아래꼬리덮깃은 검은색이다. 암컷은 수컷과 거의 같지만 뒷목의 돌출된 깃이 보다 짧으며 전체적으로 광택이 적다. 부리는 주황색이며 기부가 검은색이다.

성조 겨울깃 검은색 깃 가장자리가 흐리다. 분홍빛이 적으며 회갈색이 섞여 있다. 부리 색이 엷다.

어린새 성조와 매우 다르다. 흐린 모래 빛 회갈색이다. 날개와 꼬리는 흐린 흑갈색이다. 머리에 매우 흐린 줄무늬가 있다. 멱은 흰색이며 가슴에 불명확한 갈색 줄무늬가 있고, 몸아랫면은 때 묻은 듯한 흰색이다. 부리는 연한 노란색이다. 날 때 허리가 등보다 엷게 보인다.

성조 겨울깃. 2021.2.14. 인천 강화 인산리 © 김준철

어린새. 2019. 10.16. 전남 신안 흑산도 © 진경순

1회 겨울깃으로 깃털갈이 중. 2019.12.15. 전남 해남 © 박철주

1회 여름깃. 2020.5.5. 충남 보령 외연도 © 김준철

붉은부리찌르레기 *Spodiopsar sericeus* Red-billed Starling L24cm

서식 중국 중부와 남부에서 서식하는 텃새이며, 일부는 베트남 북부에서 월동한다. 국내에서는 2000년 4월 강화도 미루지에서 수컷 1개체가 처음 관찰된 이후 개체수가 증가하고 있다. 매년 적은 수가 통과하는 나그네새이며, 적은 수가 월동하고, 적은 수가 번식한다.

행동 작은 무리를 이룬다. 다른 찌르레기 무리에 섞여 통과한다. 농경지, 초지, 인가 주변에 서식한다. 나무 위에서 열매나 곤충을 먹거나 초지, 농경지에 내려와 곤충을 잡는다. 한배 산란수는 6~7개이며, 포란기간은 약 14일이다. 육추기간은 17~20일이다.

특징 머리, 목, 어깨깃은 실 같으며 약간 길다. 첫째날개깃 기부에 흰 반점이 있다. 허리와 아래꼬리덮깃은 회색이다. 부리는 붉은색이며 끝부분은 검은색이다. 홍채는 암갈색, 다리는 주황색이다.

수컷 머리는 엷은 황갈색 또는 황백색이다. 몸윗면은 청회색이다. 날개와 꼬리는 녹색 광택이 있는 검은색이다. 멱과 윗가슴은 머리와 같은 때 묻은 듯한 황갈색 또는 황백색이다. 앞가슴과 가슴옆은 청회색이며 배는 때 묻은 듯한 흰색이다.

암컷 전체적으로 갈색이다. 머리의 황갈색이 수컷보다 엷다. 등은 수컷과 달리 갈색이다. 턱선은 불명확한 갈색이다. 날개깃과 꼬리깃은 녹색 광택이 있는 검은색이다. 부리 색은 수컷보다 엷다.

실태 2007년 5월 제주도에서 번식이 처음 확인된 이후 경기 파주, 부산, 강원 강릉에서 번식하는 등 번식 기록이 점차 증가하고 있다.

수컷. 2009.3.20. 전남 무안 남악리

암컷. 2009.3.20. 전남 무안 남악리

수컷. 2010.5.1. 충남 보령 외연도 © 백정석

암컷. 2009.4.21. 강원 강릉 © 황재홍

찌르레기 *Spodiopsar cineraceus* White-cheeked Starling L24cm

서식 몽골 동부, 러시아 극동, 중국 북부와 북동부, 사할린, 한국, 일본에서 번식하고, 중국 남부와 대만에서 월동한다. 국내에서는 흔히 번식하는 여름철새이며 일부가 중부 이남지역에서 월동한다.

행동 공원, 인가 주변의 농경지에서 무리지어 생활한다. 나무 위에서 열매를 먹거나 논과 밭, 풀밭에서 곤충을 잡아먹는다. 1년 내내 무리를 이루는 경우가 대부분인데 매년 찾아오는 곳이 일정하다. 나무 구멍, 딱다구리의 묵은 둥지, 건물의 틈에 둥지를 튼다. 한배에 알을 5~7개 낳아 암수 교대로 11~12일간 품는다. 육추기간은 19~21일이다.

특징 전체적으로 회갈색이다. 머리에서 가슴까지 검은색이며 얼굴 주변에는 흰색 깃이 흩어져 있다. 흰 부분은 개체에 따라 차이가 심하다. 부리는 등색이며 끝부분이 검은색이다. 날 때 보이는 허리와 꼬리 끝이 흰색이다. 둘째 날개깃 바깥 우면의 가장자리는 흐린 흰색이다.

암컷 전체적으로 검은색이 적으며 수컷보다 색이 엷다. 멱은 흑갈색이며 흰색이 섞여 있지만 수컷과 구별이 어려운 경우도 많다.

어린새 전체적으로 흐린 회갈색이다. 귀깃 주변은 흰색이며 얼굴과 머리는 흐린 흑갈색이다. 성조와 달리 앞가슴은 검은색이 매우 약해 배와 색깔이 비슷하다. 수컷은 머리와 가슴의 색이 암컷보다 진하지만 암수 구별이 어려운 경우도 있다.

수컷. 2009.3.20. 전남 무안 남악리

암컷. 2006.3.22. 전남 신안 홍도

어린새. 2003.6.26. 전남 신안 홍도

2006.3.29. 전남 신안 홍도

흰점찌르레기 *Sturnus vulgaris* Common Starling L21cm

서식 유럽에서 카스피해 연안까지, 바이칼호 주변 등 유라시아에서 번식하고, 북아프리카, 서남아시아 북부, 중앙아시아에서 인도 북서부까지, 히말라야 서부, 중국 서부에서 월동한다. 지리적으로 13아종으로 나눈다. 국내에서는 찌르레기 무리에 섞여 드물게 통과하는 나그네새이며, 중부와 남부 지역에서 적은 수가 월동한다.

행동 1마리 또는 작은 무리가 찌르레기 무리에 섞여 이동한다. 들판, 농경지에서 먹이를 찾으며 나뭇가지, 전깃줄에 앉아 쉰다. 나무 열매와 곤충을 주로 먹는다.

특징 암수 색깔이 같다. 부리가 가늘고 찌르레기보다 작다. 날개는 흑갈색이며 깃 가장자리가 황갈색이다.

여름깃 부리가 노란색이다. 전체적으로 녹색과 자주색 광택이 있는 검은색이다. 등, 옆구리, 아래꼬리덮깃에 황갈색 반점이 있다.

겨울깃 전체적으로 여름깃보다 광택이 약해 검은색이며 온몸에 흰 반점이 흩어져 있다(가까운 거리에서 몸깃은 녹색과 자주색으로 보인다). 머리와 목의 흰 반점은 다른 부위보다 작고 조밀하다. 눈앞이 검은색이다. 부리가 흑갈색이다.

어린새 전체적으로 균일한 회갈색이다. 몸아랫면은 색이 연하며 특히 멱은 흰색에 가깝다. 눈앞, 부리, 다리는 검은색이다.

여름깃으로 깃털갈이 중. 2006.2.24. 전남 신안 홍도

겨울깃. 2011.1.16. 충남 홍성 해미천

겨울깃. 2012.1.28. 전남 영암

여름깃으로 깃털갈이 중. 2006.3.26. 전남 신안 흑산도

검은뿔찌르레기 *Acridotheres cristatellus* Crested Myna L25.5~27.5cm

서식 중국 중부에서 남부까지, 대만, 하이난섬, 라오스 중부와 남부, 베트남에 분포한다. 지리적으로 3아종으로 나눈다. 국내에서는 3회 관찰기록만 있는 미조이다. 2016년 4월 20일 인천 옹진 서만도에서 1개체, 2016년 5월 5일 전남 신안 가거도에서 3개체, 2016년 6월 9일 전남 신안 흑산도에서 1개체가 관찰되었다.

행동 공원, 마을 주변, 농경지 등 개방된 환경을 선호한다. 보통 무리지어 생활한다. 주로 곤충을 먹지만 과일, 씨앗, 음식물 찌꺼기 등 다양한 것을 먹는 잡식성이다.

특징 부리와 다리를 제외하고 전체적으로 검은색을 띤다. 아랫부리 기부에 엷은 분홍색 기운을 띠며, 부리는 전체적으로 상아색이다. 홍채는 엷은 오렌지색이다. 이마에 짧은 깃이 조밀해 이마가 약간 튀어나온 느낌이다. 아래꼬리덮깃은 검은색 바탕에 깃 끝이 폭 좁은 흰색이다. 날아갈 때 첫째날개깃 기부에 큰 흰색 반점이 보인다. 외측 꼬리깃 끝에 흰색 반점이 있다.

닮은종 **자바뿔찌르레기(Javan Myna, *A. javanicus*)** 자바와 발리섬에 서식한다. 대만, 태국, 싱가포르 등지에 이입되었다. 국내에서는 2021년 5월 23일 전남 신안 홍도에서 2개체가 관찰된 미조다. 농경지, 공원 등 사람이 거주하는 주변에서 서식하며, 곤충, 씨앗, 과일 등을 먹는 잡식성이다. 전체적으로 검은색이다. 부리와 다리는 오렌지색을 띠는 노란색이다. 앞이마의 튀어나온 깃이 검은뿔찌르레기보다 짧다. 아래꼬리덮깃은 흰색이다. 첫째날개깃 기부에 흰 반점이 있다.

2016.5.11. 전남 신안 가거도 © 박대용

2016.5.6. 전남 신안 가거도 © 고경남

2016.6.11. 전남 신안 흑산도 © 박창욱

자바뿔찌르레기(Javan Myna). 2021.5.29. 전남 홍도 © 이임수

검은머리갈색찌르레기

Acridotheres tristis Common Myna L24.5~27cm

서식 이란 동남부에서 동쪽으로 중앙아시아까지, 남아시아, 중국 서남부, 인도차이나반도, 말레이반도, 하이난섬에서 번식한다. 국내에서는 2019년 7월 11일 부산 다대포 바닷가에서 1개체, 2020년 5월 21일과 11월 12일 전북 군산 방축도에서 1개체, 2021년 2월 7일 부산 남구 유엔기념공원에서 1개체가 관찰된 미조다.

행동 개방된 산림, 경작지에서 서식하며, 도심 공원에도 적응해 주거지 주변에서 흔히 서식한다. 씨앗, 곤충, 양서류, 파충류, 음식물 찌꺼기 등 다양한 것을 먹는 잡식성이다. 나무 구멍이나 인공 구조물의 구멍에 둥지를 튼다. 보통 무리를 이루며, 다양한 소리로 울기도 한다.

특징 전체적으로 갈색이며, 머리, 목은 검은색이다. 눈 뒤와 아래에 노란색이 뚜렷하다. 부리와 다리는 노란색이다. 날 때 날개의 큰 흰색 반점이 뚜렷하게 보인다. 아래꼬리덮깃은 흰색이다.

실태 오스트레일리아, 뉴질랜드, 유럽, 남아프리카, 미국, 일본 등지에 이입되었다. 토착종과 서식 영역 경쟁(먹이, 둥지 등)으로 생태계를 교란시키기도 하며, 농작물, 과수에 피해를 주기도 한다. 국내에 유입될 경우 생태계 위해 우려가 있어 '유입주의 생물'로 분류되었다.

2020.1.7. 미얀마 © 이용상

2021.2.11. 부산 남구 유엔기념공원 © 김준철

귤빛지빠귀 *Geokichla citrina* Orange-headed Thrush L22cm

서식 파키스탄에서 중국 남부까지, 동남아시아, 대순다열도 등지에 서식한다. 지리적으로 11 또는 12아종으로 나눈다. 국내에서는 2004년 5월 8일 전남 신안 홍도에서 수컷 1개체가 관찰된 이후 인천 옹진 소청도, 충남 보령 외연도에서 관찰된 미조다.

행동 경계심이 강하다. 어두운 숲속의 지면 위에서 조용히 움직이며 먹이를 찾는다.

특징 다른 종과 혼동이 없지만 아종 간 구별은 매우 어렵다.

수컷 머리를 제외하고 몸윗면은 균일한 청회색이다. 머리와 가슴은 등색이다. 턱밑, 배 중앙, 아래꼬리덮깃은 흰색이다. 가운데날개덮깃에 흰 무늬가 뚜렷하다. 눈 아래와 귀깃 뒤쪽 아래로 흑갈색 줄무늬가 있다. 꼬리가 다소 짧다. 부리는 검은색, 다리는 살구색이다.

암컷 몸윗면은 올리브 갈색으로 회색 기운이 수컷보다 약하다.

1회 여름깃 수컷 성조 수컷과 매우 비슷하지만 몸 바깥쪽 큰날개덮깃 끝이 폭 좁은 흰색이다.

분류 국내에 기록된 아종은 중국 안후이성에 분포하는 아종 *courtoisi* 또는 중국 남부(광둥성, 푸젠성)에 분포하고 이동시기에는 허베이성 동북부 해안까지 이동하는 *melli*로 판단된다. 중국 남서부의 윈난성 서부와 남부 지역에 분포하는 아종 *innotata*는 가운데날개덮깃에 흰 무늬가 없으며, 눈 아래와 귀깃 뒤쪽 아래로 흑갈색 줄무늬가 없다.

1회 여름깃 수컷. 2013.5.3. 충남 보령 외연도 ⓒ 박대용

1회 여름깃 수컷. 2010.5.31. 인천 옹진 소청도 ⓒ Nial Moores

1회 여름깃 수컷. 2004.5.8. 전남 신안 홍도 ⓒ 김성현

1회 여름깃 수컷. 2013.5.1. 충남 보령 외연도 ⓒ 황재홍

흰눈썹지빠귀 *Geokichla sibirica* Siberian Thrush L23.5cm

서식 중앙시베리아에서 동쪽으로 몽골 북부까지, 만주 북부, 러시아 극동 남부, 사할린, 일본 등지에서 번식하고, 중국 남부, 동남아시아에서 월동한다. 국내에서는 드물게 통과하는 나그네새다. 봄철에는 5월 초순부터 5월 하순까지, 가을철에는 9월 중순부터 10월 중순 사이에 통과한다.

행동 잡목이 많은 울창한 침엽수림을 선호한다. 습한 땅 위를 뛰어다니며 낙엽 속에서 애벌레와 성충을 먹으며 나무 열매도 즐겨 먹는다. 경계심이 강하며 매우 조용히 움직인다.

특징 다른 종과 쉽게 구별된다. 날 때 날개아랫면에 흰색 줄무늬가 2열 보인다.

수컷 검은색을 띠는 짙은 청회색이다. 흰 눈썹선은 길고 뚜렷하다. 외측 꼬리깃에 흰 반점이 있다. 아래꼬리덮깃 가장자리가 흰색이다(아종에 따라 흰색 폭이 다르다).

암컷 연령 구별은 매우 어렵다. 몸윗면은 올리브 갈색, 얼굴에 흐린 황갈색 기운이 있다. 눈썹선은 흐린 황갈색, 뺨밑선과 멱은 황갈색이며, 큰날개덮깃 끝에 황백색 무늬가 뚜렷하다. 몸아랫면은 흐린 황갈색이며, 깃 끝은 흑갈색으로 비늘 모양을 이룬다.

1회 겨울깃 수컷 성조보다 청회색이 약하다. 날개깃이 갈색이다. 큰날개덮깃 끝에 황백색 무늬가 있다. 귀깃, 뺨밑선, 멱, 앞목은 황갈색 기운이 있다.

분류 2아종으로 나눈다. *sibirica*는 중앙시베리아에서 동쪽으로 몽골 북부까지, 만주 북부, 러시아 극동 남부에서 번식한다. 아랫배 중앙으로 흰 무늬가 폭 넓고 길게 이어져 있다. 아래꼬리덮깃과 꼬리의 흰 반점이 크다. *davisoni*는 사할린과 쿠릴열도, 일본에서 번식한다. 드물게 통과한다. 전체적으로 검은 기운이 강하다. 아래꼬리덮깃과 꼬리의 흰 반점이 매우 작다. 아랫배에 흰 무늬가 없거나 매우 제한적이다.

성조 수컷. 2006.5.5. 전북 군산 © 심규식

암컷. 2009.9.16. 경기 과천 © 변종관

1회 겨울깃 수컷. 2007.9.26. 경기 과천 © 곽호경

1회 여름깃 수컷. 2012.5.12. 제주 © 허위행

호랑지빠귀 *Zoothera aurea* White's Thrush L28~30cm

서식 우랄에서 우수리까지, 아무르지역, 몽골 북부, 만주 북부, 한국, 사할린, 쿠릴열도, 일본에서 번식한다. 겨울에는 중국 남부, 대만, 일본 남부, 인도차이나반도 북부, 필리핀 북부와 중부에서 월동한다. 국내에서는 낮은 산에서 높은 산림지대까지 서식하는 흔한 여름철새이며 일부 월동한다. 4월 초순부터 도래해 번식하고 10월 하순까지 관찰된다.

행동 단독으로 생활한다. 겁이 많으며 어둡고 습한 곳을 선호한다. 숲속에서 생활하고 때로는 도심 정원에서도 볼 수 있다. 지렁이와 곤충류를 즐겨 먹는다. 번식기에는 새벽과 늦은 밤에 "히 히 히" 하는 구슬픈 소리를 낸다. 한배 산란수는 4~5개이며, 포란기간은 약 14일이다. 육추기간은 약 14일이다. 둥지는 소나무, 낙엽활엽수림, 잡목림의 가지 위에 이끼, 낙엽, 나뭇가지 등을 이용해 밥그릇 모양으로 튼다.

특징 대형이다. 암수 같은 색이며, 다른 종과 혼동이 없다. 연령과 성구별이 매우 어렵다. 몸윗면은 황갈색에 깃 가장자리는 초승달 모양 검은 무늬가 흩어져 있다. 가슴, 가슴옆, 옆구리는 흐린 황갈색이며 깃 가장자리는 초승달 모양 검은 무늬가 뚜렷하다. 배에서 아래꼬리덮깃까지 흰색이며 일부 깃 끝에 검은 무늬가 있다. 꼬리깃이 14장이다.

분류 분류학적 견해가 다양하다. 8아종 또는 독립된 5종으로 나누기도 한다. *aurea*는 Scaly Thrush (*Z. dauma*)와 크기와 울음소리가 달라 독립된 종 White's Thrush (*Z. aurea*)로 본다. 한국에는 *aurea*와 *toratugumi* 2아종이 기록되어 있지만 형태적으로 구별하기 매우 어렵다.

2009.4.21. 전남 신안 흑산도

2007.4.16. 전남 신안 흑산도

2009.5.10. 경기 부천 © 백정석

둥지. 2005.6.5. 서울 동작 국립현충원 © 서정화

되지빠귀 *Turdus hortulorum* Grey-backed Thrush L22~23cm

서식 러시아 극동 남부, 중국 동북부, 한국 등지에서 번식하고, 중국 남부와 베트남 북부에서 월동한다. 국내에서는 다소 흔하게 통과하는 나그네새이며, 다소 흔하게 번식하는 여름철새다. 4월 초순부터 도래해 번식하고, 10월 중순까지 관찰된다.

행동 울창한 산림에서 생활한다. 지렁이와 곤충의 애벌레를 먹으며, 열매도 즐겨 먹는다. 흰배지빠귀와 비슷하게 지저귄다. 가는 나뭇가지 위에 식물의 줄기와 뿌리 및 흙을 이용해 밥그릇 모양 둥지를 틀고 내부에는 가는 풀뿌리를 깐다. 한배 산란수는 4~5개이며, 포란기간은 약 14일이다. 육추기간은 약 12일이다.

특징 수컷은 다른 종과 혼동이 없다. 날 때 보이는 아랫날개덮깃은 등황색이다.

수컷 머리를 포함한 몸윗면은 균일한 청회색, 목과 앞가슴은 엷은 회색이다. 가슴옆과 옆구리는 등황색, 배 중앙에서 아래꼬리덮깃까지 흰색, 부리는 엷은 노란색이다.

암컷 몸윗면은 수컷과 거의 같은 균일한 청회색, 검은색 턱선이 뚜렷하다. 앞가슴은 엷은 회색이며, 멱, 가슴, 옆구리 윗부분에 검은 반점이 흩어져 있다. 가슴옆과 옆구리는 등황색이다.

1회 겨울깃 수컷 성조 암컷과 매우 비슷하다. 앞가슴은 엷은 회색이며 둥그스름한(또는 뭉개진 듯한 삼각형) 검은 반점이 흩어져 있다. 일부 큰날개덮깃 끝에 흰 반점이 명확하다(봄철에는 흰 반점이 작다).

1회 겨울깃 암컷 몸윗면은 회갈색, 멱에서 앞가슴까지 흰색이며, 멱에 가는 줄무늬가 흩어져 있고 가슴에 큰 삼각형 같은 검은 줄무늬가 흩어져 있다. 일부 큰날개덮깃 끝에 흰 반점이 명확하다(봄철에는 흰 반점이 작다).

성조 수컷. 2007.10. 경기 광주 산성리 © 임백호

성조 암컷. 2014.5.25. 경기 광주 산성리 © 임백호

1회 여름깃 수컷. 2006.4.24. 전남 신안 홍도

1회 여름깃 암컷. 2011.5.5. 경기 파주 삼릉

검은지빠귀 *Turdus cardis* Japanese Thrush / Grey Thrush L22cm

서식 일본과 중국 중부에서 번식하고, 중국 남부와 인도차이나 북부에서 월동한다. 국내에서는 매우 적은 수가 통과하는 나그네새다. 봄철에는 4월 중순부터 5월 초순까지 통과하고, 가을철에는 10월 하순부터 11월 초순 사이에 통과한다.

행동 평지, 산림에 서식한다. 단독으로 생활하며 경계심이 강하고 매우 민첩하게 움직인다. 곤충의 유충 및 지렁이, 나무 열매를 먹으며, 지면에서는 두 발로 폴짝 폴짝 뛰면서 이동한다.

특징 수컷은 다른 종과 혼동이 없다.

수컷 몸윗면은 균일한 검은색이다(머리가 더 검은색으로 보인다). 멱에서 가슴까지 검은색, 배에서 아래꼬리덮깃까지 흰색이며 배에 검은 반점이 흩어져 있다. 부리와 눈테가 노란색이다.

암컷 몸윗면은 올리브 갈색, 몸아랫면은 흰색 바탕에 흑갈색 반점이 흩어져 있다. 가슴옆과 옆구리는 주황색이 뚜렷하다. 부리는 흑갈색 기운이 스며 있는 노란색이다(비번식기에는 엷은 검은색으로 변한다). 날 때 아랫날개덮깃이 주황색으로 보인다.

1회 겨울깃 수컷 몸윗면은 청회색이며 날개깃은 흑갈색이다. 턱밑과 멱은 흐리게 녹슨 듯한 흰색이며, 턱선은 검은색, 앞가슴은 녹슨 듯한 흰색이 약하게 섞여 있다. 가슴옆에 매우 흐린 주황색이 섞여 있다. 부리는 엷은 검은색이며 부리 기부에 연한 노란색이 섞여 있다.

성조 수컷. 2021.5.2. 전남 신안 흑산도 © 김준철

성조 암컷. 2006.11.5. 전남 신안 홍도

1회 여름깃 수컷. 2005.4.24. 전북 군산 어청도 © 최순규

성조 암컷. 2006.10.23. 전남 신안 홍도

대륙검은지빠귀 *Turdus mandarinus* Chinese Blackbird L27.5~29.5cm

서식 중국 중서부, 중남부, 동부에서 번식하고, 중국 남부, 하이난섬, 인도차이나반도 북부에서 월동한다. 국내에서는 1999년 7월 14일 강원 고성에서 번식이 확인된 이후 관찰기록이 증가하고 있다. 적은 수가 통과하는 나그네새다. 경기, 강원, 서울 등지에서 번식한 기록이 있으며 매우 드물게 겨울철 기록도 있다. 보통 3월 중순부터 5월 중순까지 도서 지방을 통과한다.

행동 밝은 숲 또는 숲 가장자리에서 생활한다. 빈번하게 도로, 밭 등지에 나타난다. 지렁이, 곤충의 유충, 나무 열매를 먹는다. 한배 산란수는 4~6개이며, 포란기간은 약 16일이다.

특징 대형이다. 다른 종과 혼동이 없다.

수컷 전체가 검은색이다. 부리와 눈테가 노란색이다. 다리는 어두운 갈색이다.

암컷 수컷과 비슷하지만 전체적으로 색이 옅다. 몸윗면은 어두운 갈색이며 몸아랫면은 옅은 흑갈색이다(불명확한 갈색 세로 줄무늬가 보이는 경우도 있다). 수컷보다 부리와 눈테의 색이 어둡다.

분류 Common Blackbird (*Turdus merula*)는 과거 15 또는 16아종으로 분류했지만 최근 지리적 분포에 따라 크기, 형태, 울음소리가 달라 독립된 4종으로 분류한다.

성조 수컷. 2004.11.13. 전남 신안 홍도

1회 여름깃. 2004.3.20. 전남 신안 홍도

회 겨울깃. 2022.1.13. 서울 송파 올림픽공원

암컷. 2006.7.26. 경기 하남 미사리 © 서정화

흰눈썹붉은배지빠귀

Turdus obscurus Eye-browed Thrush L22~24cm

서식 시베리아 중부와 동부에서 캄차카반도까지, 남쪽으로 몽골 동북부, 러시아 극동 북부, 아무르, 사할린에서 번식하고, 대만, 중국 남부, 동남아시아에서 월동한다. 국내에서는 작은 무리를 이루어 주로 도서 지역을 통과하는 드문 나그네새다. 봄철에는 4월 하순부터 5월 중순까지, 가을철에는 10월 중순부터 10월 하순 사이에 통과한다.

행동 평지나 산지의 숲에서 뛰어다니며 지렁이, 곤충의 유충을 먹고, 나무 열매도 즐겨 먹는다. 경계심이 강하다.

특징 암수 모두 길고 흰 눈썹선이 있다. 미성숙한 개체는 암수 구별이 어렵다.

수컷 머리 부분은 푸른 기운이 있는 회갈색이며, 흰 눈썹선이 명확하다. 몸윗면과 꼬리깃은 갈색, 눈앞은 검은색, 턱밑은 폭 좁은 흰색이며, 멱은 머리와 같은 청회색, 가슴과 옆구리는 등갈색, 배 중앙부터 아래꼬리덮깃까지는 흰색이다.

암컷 머리는 엷은 회갈색(갈색 기운이 많다), 멱은 흰색이며, 귀깃에 매우 가는 흰색 줄무늬가 흩어져 있다. 눈앞은 흑갈색이다.

1회 여름깃 수컷 성조 암컷과 매우 비슷해 구별이 어렵다. 머리와 얼굴은 엷은 푸른 기운이 있는 회갈색이며, 큰날개덮깃 끝에 폭 좁은 때 묻은 듯한 흰색(황갈색) 반점이 있다. 멱은 흰색에 가는 갈색 세로 줄무늬가 있다.

성조 수컷. 2009.5.10. 경기 부천 © 백정석

성조 암컷. 2003.5.13. 전남 신안 홍도

1회 여름깃 수컷. 2007.5.6. 전남 신안 흑산도

1회 여름깃 암컷. 2010.5.15. 충남 태안 마도 © 진경순

붉은배지빠귀 *Turdus chrysolaus* Brown-headed Thrush L23.5cm

서식 사할린, 쿠릴열도, 일본(홋카이도에서 혼슈 중부 지역까지)에서 번식하고, 중국 동남부, 일본 남부, 대만, 필리핀에서 월동한다. 국내에서는 주로 남부 지역을 통과하는 흔하지 않은 나그네새다. 4월 중순부터 5월 초순 사이에 통과한다. 가을에는 거의 관찰되지 않는다.

행동 평지나 산지의 비교적 밝은 숲에 서식한다. 곤충의 유충 및 지렁이, 나무 열매를 먹으며, 지면에서는 두 발로 폴짝 폴짝 뛰면서 이동한다.

특징 암컷은 흰눈썹붉은배지빠귀와 비슷하지만 짧고 불명확한 눈썹선이 있으며, 가슴옆과 옆구리의 등갈색이 더 진하다.

수컷 몸윗면은 어두운 올리브 갈색이다. 얼굴과 멱은 등보다 색이 약간 진하다. 가슴과 옆구리는 등갈색, 배 중앙에서 아랫배까지 흰색이며 아래꼬리덮깃에는 어두운 갈색 반점이 있다. 윗부리는 검은색이며, 아랫부리는 등황색이다. 다리는 부리보다 약간 어두운 등황색이다.

암컷 수컷과 비슷하지만 전체적으로 색이 엷다. 머리와 목은 몸윗면과 색이 같다. 짧고 불명확한 눈썹선이 있다. 멱은 흰색에 흐린 갈색 세로 줄무늬가 흩어져 있다.

1회 겨울깃 성조 암컷과 매우 비슷해 구별이 어렵다. 큰날개덮깃 끝이 흰색이다.

아종 2아종으로 나눈다. 쿠릴열도 중부이북에서 번식하는 *orii*는 약간 크며 수컷은 얼굴과 머리 부분이 검은색이어서 몸윗면과 구별되지만 *chrysolaus*와 중복되는 특징이 더 많아 야외에서 구별이 힘들다. 국내에는 대부분 *chrysolaus*가 도래한다.

성조 수컷. 2005.4.22. 전남 신안 흑산도

성조 암컷. 2008.4.10. 전남 신안 홍도

1회 여름깃. 2007.4.16. 전남 신안 흑산도

1회 여름깃. 2005.4.22. 전남 신안 흑산도

검은목지빠귀 *Turdus atrogularis* Black-throated Thrush L23.5~25.5cm

서식 서시베리아 저지대, 중앙아시아에서 번식하고, 이란 남부, 아프가니스탄, 파키스탄, 인도 북부에서 방글라데시까지 월동한다. 국내에서는 해마다 관찰되지 않는 나그네새이며, 일부 월동한다. 4월 초순부터 4월 하순까지 통과하며, 가을철에는 9월 하순부터 11월 중순 사이에 통과한다.

행동 경계심이 강하다. 겨울에는 개똥지빠귀 등 다른 지빠귀류 무리에 섞여 생활한다.

특징 붉은목지빠귀처럼 몸윗면은 균일한 회갈색이다.

수컷 얼굴, 멱, 가슴은 검은색, 배는 흰색이며 가슴옆과 옆구리에 매우 흐린 줄무늬가 있다. 꼬리는 흑갈색이다.

암컷 1회 겨울깃 수컷과 비슷하다. 멱은 흰색이며 검은색 턱선 주변에 흰색이 섞여 있다. 가슴은 검은색이며 깃 끝은 흰색으로 비늘무늬를 이룬다. 가슴옆과 옆구리에 흐린 흑갈색 줄무늬가 있다. 꼬리는 진한 흑갈색이다.

1회 겨울깃 수컷 성조 암컷과 비슷해 구별이 어렵다. 일부 큰날개덮깃 끝이 흐리다.

1회 겨울깃 암컷 몸윗면의 회색 기운이 약하다. 개똥지빠귀와 달리 날개에 적갈색이 전혀 없다. 멱은 흰색이며, 멱과 가슴에 검은 줄무늬가 있다. 배는 때 묻은 듯한 흰색이며 옆구리까지 흑갈색 줄무늬가 이어진다.

분류 과거 Dark-throated Thrush (*T. ruficollis*)를 2아종(*atrogularis*, *ruficollis*)으로 분류했으나, 오늘날 독립된 2종 Black-throated Thrush (*T. atrogularis*)와 Red-throated Thrush (*T. ruficollis*)로 분류한다.

1회 겨울깃 수컷. 2008.10.6. 전남 홍도 © 허위행

성조 암컷(?). 2006.4.23. 전남 신안 흑산도

성조 암컷(?). 2006.4.23. 전남 신안 흑산도

1회 겨울깃 암컷(?). 2008.2.4. 경기 하남 미사리 © 서정화

붉은목지빠귀 *Turdus ruficollis* Red-throated Thrush L23.5~25.5cm

서식 알타이지역 동부, 바이칼호 주변에서 몽골 북부까지, 트란스바이칼지역에서 번식하고, 인도 북부, 미얀마 북부, 중국 서북부에서 월동한다. 국내에서는 극히 적은 수가 도래하는 희귀한 나그네새이며, 일부 월동하는 개체도 있다. 4월 초순부터 4월 하순까지 통과하며, 가을철에는 9월 하순부터 11월 중순 사이에 통과한다.

행동 경계심이 강해 놀라면 숲속이나 덤불 속으로 몸을 숨긴다. 겨울에는 다른 지빠귀류 무리에 섞여 생활한다.

특징 미성숙 개체는 암수 구별이 매우 어렵고, 노랑지빠귀와 혼동되기도 한다. 연령과 성별에 따라 차이가 있지만 중앙꼬리깃과 꼬리깃 끝부분이 흑갈색이며, 꼬리를 펼쳤을 때 외측 꼬리깃이 적갈색이다.

수컷 몸윗면은 균일한 회갈색, 눈 주위와 눈썹선, 턱밑과 멱, 가슴은 진한 적갈색, 배는 흰색이며 가슴옆과 옆구리에 매우 흐린 줄무늬가 있다. 허리는 등과 같은 색이다.

암컷 1회 겨울깃 수컷과 비슷하다. 멱과 가슴의 적갈색이 수컷보다 연하며, 흑갈색 반점이 흩어져 있다. 눈썹선은 폭 좁은 적갈색이다.

1회 겨울깃 수컷 성조 암컷과 비슷해 구별이 어렵다. 날개덮깃 끝 색이 흐리다.

1회 겨울깃 암컷 멱과 가슴은 흐릿한 적갈색이며 명확한 검은 줄무늬가 흩어져 있다. 날개덮깃 끝은 색이 흐리다. 노랑지빠귀 1회 겨울깃 암컷과 매우 비슷하지만 날개깃과 옆구리에 적갈색이 없다. 허리와 위꼬리덮깃은 회색이다. 외측 꼬리깃에 적갈색 기운이 있다.

분류 검은목지빠귀 참조

성조 수컷. 2010.4.17. 경기 하남 미사리 © 김준철

성조 암컷. 2004.11.18. 전남 신안 흑산도

1회 겨울깃 수컷. 2006.10.16. 전남 신안 홍도

1회 겨울깃 수컷. 2009.1.24. 경기 성남 남한산성 © 곽호경

노랑지빠귀 *Turdus naumanni* Naumann's Thrush L23~25cm

서식 중앙시베리아(예니세이강에서 레나강까지) 중남부 지역에서 번식하고, 중국 북부와 중부, 한국, 일본에서 월동한다. 국내에서는 흔한 겨울철새이며, 흔하게 통과하는 나그네새다. 10월 초순부터 도래해 통과하거나 월동하며, 5월 초순까지 관찰된다.

행동 개똥지빠귀와 같다.

특징 개체변이가 심하다. 개똥지빠귀와 비슷하지만 몸아랫면은 적갈색 기운이 강하다. 날 때 보이는 중앙꼬리깃은 검은색이며 그 외 꼬리깃은 적갈색이어서 색 차이가 뚜렷하게 보인다.

수컷 어깨깃과 등깃에 적갈색 무늬가 있다. 몸아랫면은 적갈색이다. 가늘고 검은 턱선이 있는 개체도 있다. 허리와 꼬리는 적갈색이며 일부 꼬리깃의 바깥 우면은 흑갈색이다.

암컷 어깨깃에 연한 적갈색 무늬가 있다. 멱과 가슴의 색이 밝으며 멱에 반점이 흩어져 있다. 턱선은 폭 넓은 검은색이며, 몸아랫면의 적갈색이 수컷보다 약하다.

1회 겨울깃 수컷 성조 암컷과 비슷하다. 어깨깃에 연한 적갈색 무늬가 있다. 몸 바깥쪽 일부 큰날개덮깃은 길이가 짧고 끝이 흰색이다.

1회 겨울깃 암컷 어깨깃에 연한 적갈색 무늬가 거의 없다. 가슴에 흑갈색 또는 적갈색 줄무늬와 점이 흩어져 있다. 몸 바깥쪽의 일부 큰날개덮깃은 길이가 짧고 깃 끝이 흰색이다.

분류 과거 Dusky Thrush (*T. naumanni*)를 2아종(*naumanni, eunomus*)으로 분류했으나 오늘날 독립된 2종(*T. naumanni, T. eunomus*)으로 분류한다.

성조 수컷. 2022. 3.20. 서울 송파 올림픽공원 © 양수영

성조 암컷. 2006.11.13. 전남 신안 홍도

1회 겨울깃 수컷. 2009.12.20. 경기 부천 © 백정석

1회 겨울깃 암컷. 2008.2.4. 경기 하남 미사리 © 서정화

개똥지빠귀 *Turdus eunomus* Dusky Thrush L23~25cm

서식 중앙시베리아 중북부에서 동쪽으로 추코트반도까지, 캄차카, 사할린에서 번식하고, 중국 중남부, 한국, 일본, 대만, 미얀마 북부에서 월동한다. 국내에서는 전국 각지에 찾아오는 흔한 겨울철새이며 흔한 나그네새다. 10월 초순부터 도래해 통과하거나 월동하며, 5월 초순까지 관찰된다.

행동 야산 주변의 관목, 강가의 나뭇가지, 땅 위에서 무리를 이루어 생활한다. 노랑지빠귀와 섞여 월동하는데 보통 개똥지빠귀 수가 많다. 비행하거나 먹이를 찾을 때에 자주 울음소리를 주고받는다. 땅에 내려앉아 먹이를 찾을 때 몇 걸음 빠르게 이동하고 잠시 가슴을 들어 주위를 살핀 후에 먹이를 먹는다. 나무 열매를 먹기 위해 인가의 정원에도 날아든다.

특징 개체변이가 매우 심하다. 얼굴과 몸아랫면은 검은색이 강하다. 흰 눈썹선이 뚜렷하다. 꼬리깃은 흑갈색이다(적갈색이 없다).

수컷 셋째날개깃과 날개덮깃은 적갈색이 강하다(몸윗면과 구별된다). 매우 가늘고 검은 턱선이 있다. 가슴과 옆구리에 흑갈색 반점이 흩어져 있다.

암컷 수컷과 매우 비슷하지만 몸윗면의 흑갈색이 수컷보다 약하며, 갈색 기운이 강하다. 가슴의 검은 반점이 수컷보다 약하다.

1회 겨울깃 성조 암컷과 매우 비슷하지만 날개깃과 날개덮깃이 엷은 적갈색이다. 일부 큰날개덮깃끝과 깃 가장자리를 따라 흰색이다. 턱선이 폭 넓은 검은색이다.

분류 과거 Dusky Thrush (*T. naumanni*)를 2아종(*naumanni, eunomus*)으로 분류했으나 오늘날 독립된 2종(*T. naumanni, T. eunomus*)으로 분류한다.

성조 수컷. 2010.4.3. 경기 하남 미사리 © 김준철

성조 암컷. 2021.4.16. 전남 신안 흑산도

1회 겨울깃 수컷. 2018.2.26. 전남 신안 흑산도 © 진경순

1회 겨울깃 암컷. 2023.3.5. 인천 송도 미추홀공원

노랑지빠귀와 개똥지빠귀 미성숙 개체 비교

노랑지빠귀 1회 여름깃 수컷. 2006.3.22. 전남 신안 홍도

노랑지빠귀 1회 겨울깃 암컷. 2020.12.20. 경기 안산 호수공원

개똥지빠귀 1회 겨울깃. 2011.2.16. 경기 하남 미사리 © 김준철

개똥지빠귀 1회 겨울깃 암컷. 2021.5.2. 충남 보령 외연도

지빠귀과 Turdidae

흰배지빠귀 *Turdus pallidus* Pale Thrush L23.5~25cm

서식 우수리, 아무르천 하류, 한국에서 번식하고, 한국 남부, 대만, 중국 남동부, 일본에서 월동한다. 국내에서는 매우 흔한 여름철새이며 일부가 월동한다.

행동 평지 또는 산지의 산림, 공원, 과수원 등 약간 습한 환경에서 생활한다. 숲속에서 두 발로 뛰면서 지렁이, 곤충의 유충 등을 잡아먹는다. 곤충이 없는 가을부터는 주로 나무 열매를 먹는다. 둥지는 높지 않은 나뭇가지에 나무뿌리와 마른 풀을 이용해 밥그릇 모양으로 튼다. 한배 산란수는 4~5개이며, 포란기간은 13~14일이다.

특징 암수 비슷하다. 꼬리는 흑갈색이며 날 때 외측 깃 두 장 끝에 흰 반점이 보인다.

수컷 머리에서 멱까지 회갈색이며 몸윗면은 엷은 갈색이다. 가슴과 배는 엷은 갈색이며 옆구리는 올리브 갈색이다.

암컷 전체적으로 수컷보다 색이 엷다. 머리 부분의 회색 기운이 수컷보다 약하다. 멱은 흰색이며 가느다란 갈색 줄무늬가 있다. 턱선은 갈색이다.

1회 겨울깃 성조 암컷과 매우 비슷해 구별이 어렵다. 암수 구별이 매우 힘들다. 일부 큰날개덮깃 끝에 흰 반점이 있다. 머리와 얼굴부분의 회갈색이 성조 암컷보다 약간 진하다.

어린새 몸윗면에는 담황색 반점이 흩어져 있다. 가슴옆과 옆구리는 주황색이며 멱과 아랫배를 제외하고 전체적으로 흑갈색 둥근 반점이 흩어져 있다.

성조 수컷. 2009.12.20. 경기 부천 © 백정석

성조 암컷. 2012.12.9. 제주 한라수목원 © 김준철

어린새. 2013.8.25. 전남 신안 흑산도 © 심규식

1회 여름깃 암컷. 2006.6.6. 대전 식장산 © 서정화

성조 수컷. 2006.5.1. 전남 신안 흑산도

꼬리깃 무늬. 2012.12.9. 제주 한라수목원 © 김준철

회색머리지빠귀 *Turdus pilaris* Fieldfare L22~27cm

서식 유럽 북부와 중부, 시베리아 서부와 중부에서 알단강 유역, 트란스바이칼 등 아시아 북부에서 번식하고, 유럽 서부와 남부, 서남아시아에서 월동한다. 국내에서는 2014년 2월 16일 서울 송파 올림픽공원에서 1개체가 처음 관찰된 이후, 2015년 3월 16일 경기 양평, 2019년 11월 20일 인천 옹진 소청도, 2020년 1월 7일 인천 미추홀공원, 2020년 1월 27일 전북 만경강, 2020년 2월 7일 경기 과천 등지에서 관찰된 미조다.

행동 이동성이 강하며 비번식기에는 무리를 이루어 생활한다. 경계심이 강하다. 숲속, 공원, 관목지대 등 다양한 환경에서 번식한다. 공원, 농경지, 숲, 초지, 관목에서 곤충, 애벌레, 열매, 씨앗 등을 먹는다.

특징 다른 종과 쉽게 구별된다. 암수 색깔이 거의 같다. 머리와 뒷목은 회색이며 흰 눈썹선이 있다. 등은 적갈색이며, 날 때 허리가 폭 넓게 엷은 회색으로 보이고, 아랫날개덮깃은 흰색이다. 꼬리는 검은색이다. 목, 가슴, 옆구리에 흑갈색 줄무늬가 흩어져 있으며 가슴은 황토색을 띤다. 눈앞은 검은색이다. 부리는 노란색이며 끝이 검은색이다. 미성숙한 개체는 몸 바깥쪽 일부 큰날개덮깃 끝이 흰색을 띤다.

2015.3.16. 경기 양평 © 양현숙

2020.2.8. 인천 송도 미추홀공원

2020.1.25. 인천 연수 미추홀공원

2020.1.25. 인천 연수 미추홀공원

갈색지빠귀 *Turdus feae* Grey-sided Thrush L22~23.5cm

서식 중국 허베이성과 베이징 등 매우 제한된 지역에서 번식하고, 인도 동북부, 미얀마 서부와 동부, 태국 북서부와 서부에서 월동한다. 국내에서는 2016년 5월 26일 인천 옹진 소청도에서 1개체 관찰기록만 있는 미조다.

행동 울창한 산림에서 서식한다. 비교적 고지대에서 번식한다.

특징 흰눈썹붉은배지빠귀와 유사하지만 몸윗면은 균일한 갈색이며, 가슴, 가슴옆, 옆구리는 회색 기운이 돈다. 흰배지빠귀와 비슷하지만 흰 눈썹선이 뚜렷하다.

수컷 머리는 등과 같은 갈색이다. 가슴과 옆구리는 회색 기운이 뚜렷하다. 턱밑, 배 중앙, 아래꼬리덮깃은 흰색이다.

암컷 턱밑의 흰색이 수컷보다 넓다. 멱 옆쪽에 줄무늬 또는 반점이 있다. 가슴과 옆구리는 수컷보다 회색이 엷다.

1회 겨울깃 멱 옆쪽에 약간 어두운 줄무늬가 있으며, 큰날개덮깃 끝에 흰 무늬가 있다.

실태 세계자연보전연맹 적색자료목록에 취약종(VU)으로 분류되어 있는 국제보호조이다.

닮은종 **흰눈썹붉은배지빠귀** 암컷은 머리에 회갈색 기운이 있다. 가슴과 옆구리는 등갈색이다.

2020.2.20. 태국 도이앙캉 ⓒ 이용상

2020.2.6. 태국 도이인타논 ⓒ 이용상

큰점지빠귀 *Turdus mupinensis* Chinese Thrush L23cm

서식 중국 남부와 중부(윈난성에서 북쪽으로 간쑤성 서남부까지) 그리고 동북부(허베이성)의 산림에서 번식한다. 국내에서는 2003년 5월 31일 인천 옹진 소청도에 1개체가 관찰되었으며, 이후 인천 옹진 소청도, 굴업도, 충남 보령 외연도, 전남 신안 홍도 등지에서 관찰된 미조다. 4월 하순에서 5월 하순 사이에 관찰되었다.

행동 잡목이 발달한 습한 혼효림, 침엽수림에서 번식한다. 경계심이 강하다. 곤충, 지렁이, 다양한 나무 열매를 먹는다.

특징 암수 색깔이 같다. 몸윗면은 균일한 흐린 회갈색이다. 큰날개덮깃과 가운데날개덮깃 끝에 뚜렷한 흰 반점이 있다. 몸아랫면은 흰색 바탕에 크고 뚜렷한 검은 반점이 흩어져 있다. 눈 아래와 눈 뒤 아래쪽에 뚜렷한 검은 줄무늬가 있다. 날 때 날개아랫면이 담황색으로 보인다. 눈 아래위로 비교적 뚜렷한 흰색 눈테가 있다.

닮은종 **Song Thrush (*T. philomelos*)** 유럽에서 바이칼호 주변에 걸쳐 번식한다. 북방의 개체는 겨울에 유럽 남부, 아프리카 북부, 소아시아 등지에서 월동한다. 날개덮깃 끝에 때 묻은 듯한 흰 반점이 불명확하다. 몸아랫면의 검은 반점이 큰점지빠귀보다 작고 약간 길쭉하다. 얼굴의 검은 줄무늬가 불명확하다.

2009.5.3. 충남 보령 외연도 © 변종관

2019.4.26. 전북 군산 어청도 © 안광연

2023.2.18. 제주 안덕 덕수리

2009.5.5. 충남 보령 외연도 © 심규식

붉은날개지빠귀 / 타이가지빠귀

Turdus iliacus Redwing L20~24cm

서식 아이슬란드, 스칸디나비아반도, 유럽 북부와 동부, 북시베리아에서 콜리마강 하류까지, 남쪽으로 알타이산맥 일대에서 번식하고, 겨울에는 유럽 서부와 남부, 아프리카 북부, 서남아시아에서 월동한다. 지리적으로 2아종으로 나눈다. 국내에서는 2006년 11월 6일 인천 옹진 소청도에서 처음 관찰된 이후 2009년 1월 8일 강원 철원, 2023년 3월 2일 인천에서 관찰된 미조다.

행동 저지대의 숲에서 번식한다. 겨울에는 다른 지빠귀류 무리에 섞이며, 농경지, 관목지대에 서식한다. 각종 나무 열매를 따 먹기도 하며 지면에서 나뭇잎을 파헤치며 지렁이, 곤충 등을 잡아먹는다.

특징 암수 색깔이 같다. 소형 지빠귀류에 속한다. 몸윗면은 올리브 갈색, 눈썹선은 길며 연황색을 띠는 흰색이다. 옆구리에 적갈색 무늬가 뚜렷하다. 폭 넓은 흑갈색 턱선이 있다. 멱은 흰색 바탕에 가는 세로 줄무늬가 있다. 가슴, 가슴옆, 옆구리에 폭 넓은 흑갈색 줄무늬가 뚜렷하다. 날 때 보이는 날개아랫면이 적갈색이다. 부리는 검은색이며, 아랫부리 기부가 노란색이다.

1회 겨울깃 성조와 매우 비슷하지만 날개덮깃 끝은 담황색이다.

1회 겨울깃. 2010.1.10. 영국 노섬벌랜드. MPF

2023.3.5. 인천 송도 미추홀공원

솔딱새과 Muscicapidae

꼬까울새 *Erithacus rubecula* European Robin L12.5~14cm

서식 영국, 유럽에서 시베리아 서남부까지, 이란 북부, 아프리카 북부 등지에서 번식하고, 겨울에는 남쪽으로 이동해 월동한다. 지리적으로 8 또는 9아종으로 나눈다. 국내에서는 2006년 3월 27일 전남 신안 홍도에서 1개체가 처음 확인된 이후 2013년 5월 3일 충남 보령 외연도에서 1개체, 2014년 1월 14일 서울 강동 암사동에서 1개체가 관찰된 미조다.

행동 산림 가장자리의 약간 어두운 관목, 덤불 속에 앉아 있다가 개방된 땅에 내려와 두 발로 폴짝 폴짝 뛰면서 이동해 곤충을 잡아먹는다. 움직임이 빠르며, 경계심이 강하다. 앉아 있을 때 날개를 늘어뜨리고, 꼬리를 위로 치켜세우거나 간혹 몸을 들썩이며, 꼬리를 가볍게 떤다. 휴식할 때 또는 놀랐을 때 "틱 틱 틱-" 하는 짧은 울음소리를 낸다.

특징 몸윗면은 매우 흐린 녹갈색 기운이 있는 회갈색, 이마, 턱밑, 멱, 가슴은 오렌지색이며, 이마 위부터 가슴옆까지 오렌지색 가장자리를 따라 청회색이다. 날개는 등보다 갈색이 강하다. 배 중앙에서 아래꼬리덮깃까지 균일한 흰색이며, 옆구리에 갈색 기운이 있다.

1회 겨울깃 성조와 매우 비슷하지만 큰날개덮깃 끝을 따라 폭 좁은 황갈색 반점이 있어 날개선을 이룬다.

2006.3.28. 전남 신안 홍도

2006.3.29. 전남 신안 홍도

2014.1.17. 서울 강동 암사동 © 진경순

2014.1.23. 서울 강동 암사동 © 진경순

붉은가슴울새 *Larvivora akahige* Japanese Robin L14cm

서식 사할린, 일본 전역에서 번식하고, 중국 남부에서 월동한다. 국내에서는 대부분 남해안을 규칙적으로 통과하는 매우 드문 나그네새다. 주로 4월 초순부터 5월 중순까지 통과한다. 가을철 기록은 거의 없다.

행동 다소 어둡고 습한 환경을 선호해 눈에 잘 띄지 않는다. 이대, 대나무, 전나무 등으로 구성된 산림을 선호한다. 몸을 세우고 꼬리를 위로 치켜세우는 행동을 자주 한다. 매우 민첩하게 움직이며 땅 위에서 곤충류, 거미류를 잡아먹는다. 쓰러진 고목, 바위 위에 앉아 지저귀는 경우가 많고 나무 꼭대기에는 앉지 않는다.

특징 꼬까울새와 비슷하다. 머리와 가슴이 선명한 주황색이며 몸윗면은 적갈색이다. 꼬리는 적갈색이다. 부리는 검은색이다.

수컷 몸윗면은 적갈색, 몸아랫면은 다소 진한 흑회색이며 가슴의 주황색 경계 부분은 검은색이다.

암컷 전체적으로 수컷보다 색이 엷다. 가슴옆과 옆구리는 엷은 회흑색이며 수컷과 달리 가슴에 검은 띠가 없다.

수컷. 2010.4.20. 부산 서구 대신공원 © 김준철

암컷. 2010.4.20. 부산 서구 대신공원 © 김준철

수컷. 2010.4.20. 부산 서구 대신공원 © 진경순

암컷. 2005.4.18. 경남 통영 매물도 © 김성현

솔딱새과 Muscicapidae

흰눈썹울새 *Luscinia svecica* Bluethroat L14.5~15.5cm

서식 스칸디나비아에서 오호츠크해 연안까지, 캄차카, 알래스카 서부에서 번식하고, 겨울에는 아프리카 북부, 인도, 동남아시아로 이동한다. 지리적으로 10아종으로 나눈다. 국내를 드물게 통과하며, 극히 적은 수가 중부와 남부 지역에서 월동한다. 봄철에는 4월 초순부터 5월 중순까지, 가을에는 10월 초순부터 11월 중순까지 통과한다.

행동 하천과 습지 주변의 갈대밭, 풀밭에서 서식하며 땅 위에서 곤충이나 거미를 잡아먹는다. 꼬리를 위로 올리고 덤불숲 바닥에서 활발하게 뛰어다니며 먹이를 찾고, 위험을 느끼면 신속하게 몸을 감춘다.

특징 연령에 따라 큰날개덮깃, 목과 가슴 색이 다양하다. 암수 모두 꼬리 기부 쪽은 등색이며 끝부분은 검은색이다(꼬리를 접으면 측면만 등색이다).

수컷 번식깃 턱밑에서 윗가슴까지 푸른색이며 중간에 주황색 반점이 있다. 가슴에는 검은색, 흰색, 등색 줄무늬가 있다. 큰날개덮깃 끝에 갈색 반점이 없다. 1회 여름깃 수컷은 큰날개덮깃 끝에 갈색 반점이 있다.

수컷 비번식깃 턱밑과 멱의 푸른색 부분이 연황색을 띠는 흰색으로 바뀐다. 성조는 가슴의 등색과 푸른색 뺨밑선이 진한 반면 1회 겨울깃은 약하다. 가을철 성조는 1회 겨울깃과 다르게 큰날개덮깃 끝에 갈색 반점이 없다.

암컷 연령 구별이 어렵다. 턱밑과 멱은 흰색이다. 가슴에 검은색 얼룩 반점이 있으며 그 아래쪽으로 약한 줄무늬를 이룬다. 턱선은 폭 넓은 검은색이다. 나이 먹은 암컷은 턱밑과 멱이 흰색 바탕에 매우 엷은 주황색이며, 가슴에 매우 엷은 푸른색이 섞여 있다.

성조 수컷. 2013.5.7. 충남 보령 외연도 © 박대용

성조 암컷. 2004.5.6. 전남 신안 홍도

암컷. 2009.11.23. 전남 신안 흑산도

1회 겨울깃 암컷. 2004.9.23. 전남 신안 홍도

1회 겨울깃 수컷. 2009.11.22. 전남 신안 흑산도

1회 겨울깃 수컷. 2006.11.3. 전남 신안 홍도

솔딱새과 Muscicapidae

울새 *Larvivora sibilans* Rufous-tailed Robin L13.5cm

서식 중앙 시베리아에서 오호츠크해 연안까지, 사할린, 중국 북동부, 쿠릴열도에서 번식하고, 겨울에는 중국 남부, 베트남 북부, 태국 북부로 이동한다. 국내에서는 흔하게 통과하는 나그네새다. 봄철에는 5월 초순부터 5월 하순까지, 가을철에는 10월 중순부터 11월 초순까지 통과한다.

행동 다양한 환경의 숲속에 서식한다. 어두운 숲 내부의 바닥에서 먹이를 찾으며 꼬리를 위아래로 떠는 행동을 한다. 민첩하게 이동하며 낙엽, 흙을 파헤쳐 곤충을 잡는다. 봄철 이동시기에 울새 특유의 "투루루루-" 하는 소리를 내지만 밝은 장소로 잘 나오지 않아 관찰이 어렵다. 산림 가장자리, 밭, 길가에서 먹이를 찾기도 한다.

특징 암수 색깔이 같다. 몸윗면은 균일한 갈색이며 꼬리는 적갈색이다. 꼬리가 짧다. 눈 앞쪽으로 불명확하게 때 묻은 듯한 흰 눈썹선이 있다. 흰색 눈테가 비교적 선명하다. 멱과 가슴은 바탕이 흰색이며 비늘 모양 갈색 무늬가 흩어져 있다. 귀깃에 매우 가늘고 흰 줄무늬가 흐리게 있다. 불명확한 갈색 턱선이 있다. 다리는 살구색이며 길다.

1회 겨울깃 몸 바깥쪽 큰날개덮깃 끝에 작은 황갈색 반점이 있다.

성조. 2009.5.4. 경기 부천 © 백정석

2009.5.6. 경기 광주 산성리 © 임백호

쇠유리새 *Larvivora cyane* Siberian Blue Robin L13.5~14.5cm

서식 러시아 오브강 상류에서 오호츠크해 연안까지, 사할린, 중국 동북부, 한국, 일본에서 번식하고, 인도 아삼지역과 동남아시아에서 월동한다. 2 또는 3아종으로 나눈다. 국내를 다소 흔하게 통과하며, 약간 흔한 여름철새다. 4월 중순부터 도래해 번식하고, 9월 중순까지 통과한다.

행동 낮은 산지에서 아고산대에 이르는 낙엽활엽수림에 서식한다. 어두운 곳을 선호해 이동시기를 제외하고 개방된 환경에서 관찰하기 힘들다. 분주하게 먹이를 찾으며 꼬리를 가볍게 떠는 행동을 한다. 주로 딱정벌레, 벌, 나방 유충 등을 잡아먹는다. 둥지는 어두운 숲속의 땅 위에 작은 나무뿌리, 낙엽 등을 이용해 밥그릇 모양으로 튼다. 지저귐 이전에 "지 지 지 지" 하는 작은 울음소리를 낸다. 산란기는 5~7월이다. 한배 산란수는 4~5개이며, 포란기간은 약 12일, 육추기간도 약 12일이다.

특징 다른 종과 혼동이 없다. 암컷은 개체 간 변이가 있다.

수컷 몸윗면은 어두운 푸른색, 몸아랫면은 흰색, 다리는 길며 분홍색 기운이 강하다.

암컷 몸아랫면을 제외하고 전체적으로 옅은 올리브 갈색 또는 옅은 푸른색으로 개체에 따라 차이가 있다. 허리와 위꼬리덮깃은 푸른색이며, 꼬리에 옅은 푸른 기운이 있다. 여름깃은 가슴과 가슴옆에 비늘무늬가 매우 흐리지만, 겨울깃은 흑갈색 비늘무늬가 매우 선명하다.

1회 겨울깃 암수 모두 몸 바깥쪽 큰날개덮깃 끝에 황갈색 반점이 있다.

성조 수컷. 2007.4.16. 경기 광주 산성리 © 임백호

성조 암컷. 2006.5.2. 전남 신안 홍도

1회 여름깃 수컷. 2009.4.26. 전남 신안 홍도

성조 암컷. 2006.4.27. 전남 신안 홍도

진홍가슴 *Calliope calliope* Siberian Rubythroat L15~17cm

서식 우랄산맥 동쪽에서 캄차카까지, 쿠릴열도, 사할린, 중국 북부, 한국 중북부, 일본 홋카이도, 중국 감숙성의 격리된 지역에서 번식하고, 인도 동북부, 동남아시아, 대만, 필리핀에서 월동한다. 국내에서는 봄·가을 드물게 통과하는 나그네새이며, 설악산 대청봉 일대 등 고지대 풀밭에서 극히 적은 수가 번식한다. 북한에서는 개마고원에서 번식한다. 봄에는 4월 중순부터 5월 초순까지, 가을에는 9월 하순부터 11월 중순까지 통과한다.

행동 평지나 고산지역의 초지, 관목림, 덤불에 서식한다. 곧추선 자세를 취하며, 꼬리를 위아래로 치는 행동을 자주 한다. 분주하게 이동하며 먹이를 찾는다. 주로 딱정벌레, 벌, 나방 유충 등을 잡아먹는다. 둥지는 땅 위에 마른 풀, 이끼류를 섞어 밥그릇 모양으로 튼다. 한배 산란수는 4~5개이며, 암컷이 약 14일간 품는다.

특징 암수 쉽게 구별된다. 다리가 길고 꼬리가 상대적으로 짧다. 곧추선 자세를 취한다.

수컷 몸윗면은 올리브 갈색, 멱은 뚜렷한 진홍색, 눈썹선과 뺨밑선이 흰색이다.

암컷 눈앞은 흑갈색, 멱은 때 묻은 듯한 흰색이다(드물게 엷은 붉은색인 개체도 있다). 흰색 뺨밑선은 개체 간 변이가 있다. 가슴, 가슴옆, 옆구리는 황갈색이며 배 중앙은 흰색이다.

어린새 이마에서 등, 날개덮깃, 앞목에 황갈색 세로 줄무늬 또는 반점이 있다.

아종 3아종으로 나눈다. *camtschatkensis*는 참차카반도, 쿠릴열도, 일본 북부에서 번식한다. *calliope*보다 날개 길이가 뚜렷하게 길다. 측정자료에 의하면 국내에서는 2아종(*calliope*, *camtschatkensis*)이 통과하는 것으로 판단된다.

성조 수컷. 2013.5.8. 충남 보령 외연도 © 박대용

1회 여름깃 수컷. 2012.5.5. 충남 보령 외연도 © 변종관

성조 암컷. 2014.4.20. 인천 옹진 소청도 © 곽호경

암컷. 2004.11.4. 전남 신안 홍도

까치딱새 *Copsychus saularis* Oriental Magpie-Robin L19-21cm

서식 파키스탄 동북부에서 동쪽으로 인도, 중국 동부와 남부, 동남아시아까지 폭넓은 지역에 분포한다. 지리적으로 7아종으로 나눈다. 국내에서는 2021년 5월 9일 전북 군산 어청도에서 수컷 1개체가 처음 관찰된 미조다.

행동 개방된 산림, 공원, 정원, 농경지 등 사람이 거주하는 환경에서 흔하게 서식한다. 경계심이 약하며 노출된 장소로 자주 나온다. 보통 땅 위에서 곤충을 잡아먹거나 꽃의 꿀을 빨아 먹는다. 지저귀거나 먹이를 찾을 때 꼬리를 위로 치켜세우고 날개를 아래로 떨어뜨린다. 번식기에는 종종 나무 꼭대기에 앉아 지저귄다.

특징 체형이 약간 길쭉하다. 부척이 길다. 몸윗면은 파란색 광택이 도는 검은색이다. 날개에 특징적인 길쭉한 흰색 줄무늬가 있다. 꼬리는 길며, 외측 꼬리깃이 흰색이다. 수컷은 멱에서 가슴까지 짙은 파란색이며, 암컷은 약간 색이 탁하다.

수컷. 2021.5.9 전북 군산 어청도 © 임방연

수컷. 2021.5.9. 전북 군산 어청도 © 안광연

수컷. 2021.5.15. 전북 군산 어청도 © 곽호경

암컷. 2017.1.11. 말레이시아 타만 네가라 © 김석민

흰꼬리유리딱새 *Myiomela leucura* White-tailed Robin L17-19cm

서식 네팔 중서부에서 동쪽으로 중국 중부까지, 인도차이나반도, 말레이반도, 대만, 하이난섬 등에서 서식하는 텃새다. 지리적으로 3아종으로 나눈다. 국내에서는 2021년 4월 20일 전남 신안 흑산도에서 수컷 1개체가 처음 관찰된 미조다.

행동 주로 개울, 골짜기 근처 관목이 있는 울창한 상록활엽수림, 대나무밭 등지에서 서식하며 땅 위에서 곤충을 잡아먹는다. 종종 긴 꼬리를 위아래로 움직이거나 부채처럼 펼친다. 놀라면 어두운 숲속으로 날아 들어간다. 여름철에는 약간 높은 지대에서 번식하며, 겨울에는 저지대로 이동한다.

특징 꼬리는 짙은 파란색이고, 길며 약간 둥글다. 몸 바깥쪽 꼬리깃이 흰색이며, 꼬리를 부채처럼 펼치면 폭 넓은 흰색 무늬가 보인다.

수컷 몸윗면은 전체적으로 짙은 푸른색을 띤다. 이마와 익각은 광택이 도는 파란색이다. 눈앞, 귀깃, 몸아랫면은 검은색으로 보인다. 옆목 아래쪽의 작은 흰색 반점은 잘 안 보인다.

암컷 전체적으로 올리브 갈색 또는 갈색이다. 눈테는 엷은 갈색이다, 멱은 때 묻은 듯한 흰색이다. 배 중앙은 흰색이다.

수컷. 2021.4.26. 전남 신안 흑산도 © 국립공원 조류연구센터

암컷. 2020.2.24. 태국 치앙마이 © 이용상

수컷. 2021.4.25. 전남 신안 흑산도 © 국립공원 조류연구센터

수컷. 2021.4.25. 전남 신안 흑산도 © 국립공원 조류연구센터

유리딱새 *Tarsiger cyanurus* Red-flanked Bluetail L14~15cm

서식 핀란드에서 캄차카까지, 코만도르스키예제도, 사할린에서 번식하고, 중국 남부, 인도차이나에서 월동한다. 국내에서는 매우 흔하게 통과하는 나그네새이며 적은 수가 월동한다. 봄철에는 3월 하순부터 4월 하순까지, 가을철에는 10월 초순부터 도래해 11월 하순까지 통과한다.

행동 번식기에는 아고산대의 산림에서 생활하며, 비번식기에는 평지 주변의 덤불, 산림 주변의 경작지에서 조용히 움직이며 먹이를 찾는다. 경계심이 적다. 작은 나뭇가지에 앉아 꼬리를 위아래로 가볍게 떠는 행동을 한다. 곤충의 유충을 주로 먹지만 겨울에는 식물의 종자, 나무 열매 등을 먹는다.

특징 완전한 성조 깃을 갖는 데 3년이 걸린다. 미성숙한 개체의 성 구별이 어렵다.

수컷 몸윗면은 푸른색이다. 흰 눈썹선이 명확하다. 몸아랫면은 때 묻은 듯한 흰색이며 옆구리가 주황색이다.

암컷 미성숙한 수컷과 구별이 매우 어렵다. 몸윗면은 연한 갈색, 꼬리는 푸른색이며 옆구리의 주황색은 수컷보다 연하다.

1회 겨울깃 수컷 암컷과 거의 비슷하다. 작은날개덮깃이 엷은 푸른색이며 옆구리의 주황색이 진하다. 위꼬리덮깃이 암컷보다 더 진한 푸른색이다.

성조 수컷. 2015.4.14. 전남 신안 흑산도

암컷. 2006.4.6. 전남 신안 홍도

1회 여름깃 수컷. 2006.4.12. 전남 신안 홍도

1회 여름깃 암컷. 2006.4.12. 전남 신안 홍도

성조 수컷 겨울깃. 2005.11.12. 전남 신안 홍도

1회 겨울깃 수컷(?). 2005.11.3. 전남 신안 홍도

부채꼬리바위딱새

Phoenicurus fuliginosus Plumbeous Water Redstart L14~15cm

서식 아프가니스탄 동부, 히말라야에서 중국까지, 하이난, 인도차이나반도 북부, 대만에서 서식하는 텃새다. 2아종으로 나눈다. 국내에서는 2006년 1월 13일 충남 계룡 계룡휴게소에서 암컷 1개체가 관찰된 이후 전남 신안 홍도, 경남 진주, 강원 오대산, 대전, 광주, 제주도 등지에서 관찰된 미조다. 대부분 늦가을부터 겨울철에 관찰되었다.

행동 자갈, 바위 등이 있는 계곡, 강에서 생활한다. 꼬리를 위아래로 까닥거리며 펼쳤다 접었다 하면서 다리를 들썩이고, 빠르게 날아올라 곤충을 잡아먹는다.

특징 수컷은 다른 종과 쉽게 구별된다. 부리는 짧고 검은색이며, 다리는 살구색이다.

수컷 전체적으로 어두운 푸른색이며, 꼬리는 적갈색이다.

암컷 몸윗면은 어두운 청회색이며 몸아랫면에 회색과 흰색 비늘무늬가 흩어져 있다. 눈앞과 귀깃 주변으로 엷은 갈색이며, 눈테는 때 묻은 듯한 흰색, 날개는 갈색이며, 큰날개덮깃과 가운데날개덮깃 끝에 흰 무늬가 있다. 셋째날개깃 끝에 흰 반점이 있다. 위꼬리덮깃은 폭 넓은 흰색, 꼬리는 흑갈색이며 꼬리깃 기부의 절반 정도가 흰색이다.

1회 겨울깃 수컷 몸 바깥쪽 일부 큰날개덮깃 끝에 작은 흰색 반점이 있다.

성조 수컷. 2010.2.28. 대전 갑천 © 김준철

암컷. 2007.12.25. 경남 산청 © 심규식

검은머리딱새 *Phoenicurus ochruros* Black Redstart L15cm

서식 유럽 중부와 남부, 흑해 동쪽, 러시아 중·남부, 몽골, 티베트, 중국 서남부에서 번식하고, 아프리카 북부, 유럽 남부, 서남아시아, 인도, 인도차이나에서 월동한다. 6아종으로 나눈다. 국내에서는 주로 서해 도서지방을 매우 희귀하게 통과하는 나그네새다. 대부분의 기록이 4월 초순부터 5월 초순 사이에 집중되어 있다.

행동 평지나 산지의 개방된 곳에서 생활한다. 이동시기에는 농경지, 인가 주변, 초지 등 딱새와 같은 서식환경에서 관찰된다. 머리와 꼬리를 까닥거리며 먹이를 찾는다.

특징 암컷은 Common Redstart와 혼동된다.

수컷 머리, 몸윗면, 가슴은 검은색이다. 허리와 위꼬리덮깃은 적갈색, 가슴 아래에서 아래꼬리덮깃까지 적갈색, 꼬리깃은 가운데 1쌍은 검은색이고 나머지는 적갈색이다.

암컷 전체적으로 회갈색이다. 딱새 암컷과 비슷하지만 날개에 흰 반점이 없다. 몸아랫면은 어두운 회갈색이며 회색 기운이 강하다. 아래꼬리덮깃은 엷은 등색이다.

닮은종 **Common Redstart (*P. phoenicurus*)** 아프리카 북부, 유럽에서 바이칼호까지 유라시아 북서부에서 번식하고, 아프리카 중부, 아라비아반도, 아프가니스탄, 이란에서 월동한다. 2아종으로 나눈다. 수컷은 이마의 폭 넓은 흰색이 눈 뒤까지 이어진다. 멱에서 가슴 윗부분까지 검은색이다(Hodgson's Redstart보다 검은색 폭이 좁다). 암컷은 몸윗면이 밝은 회갈색이다. 멱 중앙은 색이 엷으며, 몸아랫면은 흰 기운이 있는 담황색이고, 배 중앙부에서 아래꼬리덮깃까지는 색이 엷다.

1회 여름깃 수컷. 2011.4.3. 전남 신안 홍도 © 김준철

1회 여름깃 암컷. 2013.4.21. 충남 보령 외연도 © 진경순

1회 여름깃 암컷. 2006.4.20. 전남 신안 홍도

Common Redstart(?). 암컷. 1999.5.9. 전남 신안 칠발도

딱새 *Phoenicurus auroreus* Daurian Redstart L14~15.5cm

서식 바이칼호 인근에서 러시아 극동까지, 중국 동북부·중서부·중북부, 한국, 사할린에서 번식하고, 겨울에는 인도 북동부, 인도차이나 북부, 중국 남부, 대만, 일본에서 월동한다. 2아종으로 나눈다. 국내에서는 흔한 텃새이며 다소 흔한 나그네새다.

행동 주로 단독생활을 하며 촌락의 울타리, 공원에 서식한다. 꼬리를 위아래로 끊임없이 흔든다. 번식기에 수컷은 인가 근처에서 지저귀며, 둥지는 인가에서 멀지 않은 곳에 짓는다. 한배 산란수는 5~7개이며, 포란기간은 12~13일, 육추기간은 약 13일이다. 보통 연 2회 번식한다. 건물 위 또는 나뭇가지에 앉아 한 곳을 응시하다가 빠르게 땅위로 내려와 먹이를 잡아먹는다.

특징 암수 모두 날개에 흰 반점이 있다.

수컷 머리에서 뒷목까지 회백색, 얼굴, 턱밑, 멱이 검은색, 둘째날개깃 기부가 폭 넓은 흰색, 중앙꼬리깃은 검은색이며 나머지는 주황색이다.

암컷 전체적으로 연한 갈색이며 몸아랫면 색이 약간 엷다. 날개의 흰 반점이 수컷보다 작다. 허리와 위꼬리덮깃이 주황색이다.

수컷 겨울깃 회백색 머리는 녹슨 듯한 색이 섞여 있으며, 검은색 깃 끝은 흐린 주황색이다.

어린새 몸윗면은 진한 흑갈색이며 깃 가장자리에 비늘무늬가 있다. 허리는 주황색이다. 몸아랫면은 때 묻은 듯한 흰색이며 멱에서 아랫배까지 흑갈색 비늘무늬가 진하다. 수컷은 둘째날개깃 기부에 폭 넓은 흰색 반점이 있으며, 암컷은 작은 흰색 반점이 있다.

1회 겨울깃 수컷 날개깃과 첫째날개덮깃이 흑갈색이다. 셋째날개깃은 성조와 같은 검은색이지만, 깃 끝은 폭 좁게 때 묻은 듯한 흰색이다.

성조 수컷. 2008.1.6. 전남 신안 흑산도

암컷. 2011.4.3. 전남 신안 홍도 © 김준철

1회 여름깃 수컷. 2006.3.17. 전남 신안 홍도

어린새 암컷. 2013.7.19. 전남 구례 황전리

솔딱새과 Muscicapidae

검은딱새 *Saxicola stejnegeri* Amur Stonechat L12.5~13.5cm

서식 러시아 중부에서 동쪽으로 아나디리까지, 몽골 동부, 아무르, 중국 동북부, 한국, 사할린, 쿠릴열도, 일본에서 번식하고, 중국 남부, 인도차이나반도에서 월동한다. 국내에서는 매우 흔하게 통과하는 나그네새이며, 다소 흔한 여름철새다. 봄철에는 3월 중순부터 5월 초순까지 통과하며, 한반도 전역에서 번식하고, 가을철에는 8월 중순부터 11월 중순까지 남하한다.

행동 숲이 우거진 곳에는 거의 가지 않고, 농경지나 과수원, 산림 가장자리 관목지대 등 평지를 즐겨 찾는다. 둥지는 농경지 주변의 언덕에 풀뿌리로 밥그릇 모양처럼 틀고, 바닥에 동물 털과 깃털을 깐다. 한배 산란수는 5~7개가 보통이고, 엷은 녹청색에 갈색 점이 찍힌 알을 낳는다. 주로 암컷이 포란하며, 포란기간은 13~14일이다.

특징 다른 종과 혼동이 없다. 암컷은 연령 구별이 매우 어렵다.

수컷 머리, 등, 꼬리가 검은색, 가슴은 등색, 옆목과 아랫배는 흰색, 날 때 어깨와 허리에 흰 무늬가 크게 보인다.

암컷 몸윗면은 회갈색이며 등에 흑갈색 줄무늬가 있다. 몸 안쪽 가운데날개덮깃 일부와 큰날개덮깃 일부가 흰색, 턱밑과 멱은 흰색, 가슴과 옆구리는 엷은 주황색, 허리와 위꼬리덮깃은 줄무늬가 없는 엷은 주황색이다.

성조 수컷 겨울깃 암컷과 비슷하지만 검은색이 강하다. 눈앞, 귀깃, 턱밑, 멱이 검은색이며, 검은색 가장자리는 주황색이다. 옆목은 흐린 흰색, 몸 바깥쪽 큰날개덮깃 가장자리는 주황색이며 안쪽 깃은 흰색이다. 둘째날개깃 가장자리가 주황색, 허리는 흰색이며 위꼬리덮깃 끝은 주황색이다(일부 위꼬리덮깃에 검은색 축반이 있는 경우도 있다).

1회 겨울깃 수컷 암컷 여름깃과 매우 비슷하지만 눈앞, 뺨, 옆목에 검은색이 약하게 있다. 가슴의 등색이 암컷보다 짙다. 허리는 엷은 주황색이다.

1회 겨울깃 암컷 성조 암컷과 구별하기 어렵다. 가슴은 엷은 등황색, 날개깃은 검은색이며 깃 가장자리가 담황색, 허리는 엷은 주황색이다.

분류 과거 Common Stonechat (*S. torquatus*)는 단일종으로 분류하고, 약 23아종 이상으로 나누었으나, 이후 서로 다른 3종 이상으로 분류한다. European Stonechat (*S. rubicola*)는 영국, 스칸디나비아반도에서 우크라이나, 남쪽으로 지중해에서 아프리카 북부에 분포하며, African Stonechat (*S. torquatus*)는 아프리카 서부, 중부, 동북부, 남부 등지에 분포하고, Siberian Stonechat (*S. maurus*)는 유라시아대륙 중부와 동부(러시아 서북부에서 중부까지, 중국, 한국, 일본, 인도 북부, 파키스탄, 인도차이나반도 북부)에 분포한다. 아종에 따라 몸윗면, 허리와 위꼬리덮깃, 겨드랑이와 아랫날개덮깃의 색 차이가 있다. 국내 도래 아종은 러시아 동부에서 중국 동북부, 몽골 동부, 사할린, 쿠릴열도, 아무르, 한국, 일본에서 번식하는 *stejnegeri*이지만 유럽 동부에서 동쪽으로 중국, 몽골까지, 남쪽으로 아프가니스탄, 이란에 분포하는 아종 *maurus*와 비슷해 구별이 매우 어렵다. *stejnegeri*를 독립된 종 Amur Stonechat (*S. stejnegeri*)로 보는 견해가 높다.

성조 수컷 여름깃. 2006.3.29. 전남 신안 홍도

성조 암컷 여름깃. 2006.3.30. 전남 신안 홍도

1회 겨울깃 수컷. 2005.10.10. 전남 신안 홍도

성조 수컷 겨울깃. 2009.11.7. 전남 신안 흑산도

1회 겨울깃 암컷. 2007.10.15. 전남 신안 흑산도

어린새. 2014.6.25. 강원 인제 한계리

1회 여름깃 암컷. 2006.4.5. 전남 신안 홍도

검은뺨딱새 *Saxicola ferreus* Grey Bush Chat L15cm

서식 히말라야, 인도 동북부, 티베트 동남부, 중국 서부·중부·남부, 인도차이나반도 북부에서 번식하고, 인도 북부, 인도차이나반도, 중국 남부에서 월동한다. 국내에서는 1987년 5월 인천 옹진 대청도에서 1개체가 관찰된 이후 인천 옹진 대청도, 소청도, 충남 보령 외연도, 전북 군산 어청도, 전남 신안 홍도 등 주로 서해 도서에서 관찰되었다. 주로 3월 하순부터 5월 중순 사이에 통과하는 희귀한 나그네새다.

행동 초지, 농경지 주변 관목지대 등 개방된 환경에 서식한다. 나뭇가지에 앉아 꼬리를 까닥거리며 먹이를 찾으며, 땅에 내려와 먹이를 잡는다. 저지대 산림에서부터 고산지대 풀밭에서 번식한다.

특징 다른 종과 구별된다. 암컷은 검은딱새와 비슷하지만 더 크다.

수컷 여름깃 머리를 포함한 몸윗면은 슬레이트 같은 회색에 흑갈색 줄무늬가 흩어져 있다. 눈앞과 귀깃이 검은색, 눈썹선과 멱은 흰색, 몸 안쪽의 큰날개덮깃과 일부 가운데날개덮깃이 흰색, 허리는 회색이며, 외측 꼬리깃이 흰색이다.

암컷 여름깃 머리를 포함해 몸윗면은 회색 기운이 있는 엷은 적갈색이며, 흑갈색 줄무늬가 흩어져 있다. 눈썹선은 때 묻은 듯한 흰색, 귀깃은 흑갈색, 날개깃 가장자리는 적갈색, 멱은 흰색, 몸아랫면은 가슴과 가슴옆의 갈색을 제외하고 때 묻은 듯한 흰색, 허리와 꼬리는 적갈색, 중앙꼬리깃은 흑갈색이며 바깥쪽은 갈색이다.

수컷 겨울깃 암컷과 유사하다. 몸윗면은 깃 가장자리가 갈색이어서 전체적으로 회갈색을 띤다.

암컷 겨울깃 머리를 포함해 몸윗면은 엷은 적갈색이며, 줄무늬가 가늘어진다.

1회 여름깃 수컷. 2006.4.22. 전남 신안 흑산도

암컷. 2006.4.5. 전남 신안 홍도

암컷. 2006.4.25. 전남 신안 홍도

1회 여름깃 수컷. 2006.4.8. 전남 신안 홍도

흰머리바위딱새

Phoenicurus leucocephalus White-capped Redstart L19cm

서식 우즈베키스탄 동부에서 타지키스탄까지, 아프가니스탄, 네팔, 중국 중부와 동북부, 미얀마 북부, 라오스 중북부에서 번식한다. 대부분 텃새이며 일부 지역에서는 번식 후 남쪽으로 이동한다. 산간계류, 바위 계곡지대에 서식한다. 국내에서는 2003년 11월 3일부터 11일까지 전남 신안 홍도에서 1개체가 관찰된 미조다.

행동 바위가 많은 산간계곡에서 서식하며, 번식 후 수직 이동해 저지대 계곡에 서식한다. 국내에서는 바닷가 바위에서 빈번히 움직이며, 돌출된 바위에 앉아 먹이를 응시한 후 땅에 내려와 작은 곤충을 채식하는 행동을 반복했다. 이동 후 멈춘 뒤에는 꼬리를 위아래로 힘차게 움직인다. 바위 또는 땅에서 두 발로 폴짝 폴짝 뛰면서 이동할 때 꼬리를 위로 치켜드는 경우가 많다.

특징 대형 딱새류다. 다른 종과 쉽게 구별된다. 암수 색깔이 같다.

성조 머리에서 뒷목까지 폭 넓은 흰색이며 나머지 부분은 적갈색과 검은색이다. 꼬리 끝의 검은 무늬를 제외하고 꼬리에서 등까지 적갈색, 몸아랫면은 턱밑에서 가슴까지 검은색이며 나머지 부분은 적갈색이다. 홍채는 갈색이며 부리와 다리는 검은색이다.

닮은종 **Güldenstädt's Redstart (*P. erythrogastrus*)** 수컷은 날개에 큰 흰색 반점이 있다. 꼬리는 적갈색이다. 2009년 10월 16일 전남 신안 가거도에서 수컷 1개체가 관찰되었다.

1회 겨울깃. 2003.11.4. 전남 신안 홍도

1회 겨울깃. 2003.11.4. 전남 신안 홍도

1회 겨울깃. 2003.11.4. 전남 신안 홍도

2013.4.12. 네팔 © 고경남

긴다리사막딱새 *Oenanthe isabellina* Isabelline Wheatear L17cm

서식 유럽 동남부에서 러시아 남부까지, 몽골과 중국 북부 등지에서 번식하고, 겨울철에는 아프리카 중부 및 동부에서 동쪽으로 인도 북서부까지 월동한다. 국내에서는 2003년 5월 1일 전남 신안 흑산도에서 관찰된 이후, 충남 태안, 외연도, 전북 군산 어청도에서기록된 미조다. 대부분 4월 하순에서 5월 초순 사이에 관찰되었다.

행동 밭, 마른 농경지, 매립지 등 드물게 관목과 암석이 분포하는 개방된 초지를 통과하며, 번식지에서는 돌이 많은 고원, 모래와 자갈이 있는 건조한 평원, 반사막지역에 서식한다. 빠르게 뛰면서 이동하며 땅 위에서 곤충, 거미류를 먹는다. 서 있을 때는 다리를 곧게 세우며 비교적 직립 자세를 취한다. 관목이나 돌 위에 앉으며, 종종 꼬리를 위 아래로 치는 행동을 한다.

특징 암수 비슷하다. 다른 사막딱새류보다 크며, 부척이 길고, 직립자세를 취한다. 전체적으로 회갈색으로 보인다. 암컷은 다른 종의 암컷과 혼동된다(특히 사막딱새 암컷 겨울깃과 비슷하다). 날개는 깃 가장자리의 넓은 황갈색 무늬로 인해 다른 사막딱새류보다 흐린 흑갈색으로 보인다. 등깃과 날개덮깃의 색 차이가 거의 없다(사막딱새는 날개덮깃이 뚜렷하게 어둡다). 암수 같은 색이지만 수컷의 눈앞이 검은색이며, 암컷은 약간 흐리다. 눈앞의 눈썹선은 흰색, 눈 뒤는 폭이 좁으며, 때 묻은 듯한 흰색 또는 황갈색으로 보인다. 날 때 보이는 아랫날개덮깃은 색이 매우 옅다. 부리가 다소 크고 길다. 꼬리 끝의 검은 무늬는 사막딱새보다 폭 넓다.

2003.5.1. 전남 신안 흑산도

2014.5.10.충남 보령 외연도 ⓒ 박대용

2019.6.14. 몽골 테를지 ⓒ 이용상

2009.6.14. 몽골 에르덴산트

사막딱새 *Oenanthe oenanthe* Northern Wheatear L15cm

서식 유라시아대륙 서부에서 북동부까지, 알래스카, 그린란드 등 광범위한 지역에서 번식하고, 아프리카 서부와 북동부, 아라비아반도에서 월동한다. 4아종으로 나눈다. 2000년 5월 9일 전남 신안 가거도에서 처음 관찰된 이후 4월 하순과 5월 중순 사이에 충남 보령 외연도, 전북 군산 어청도, 전남 신안 가거도와 흑산도 등지에서 관찰되었다.

행동 건조한 농경지, 초지, 바위가 있는 지역 등 개방된 환경을 통과하며, 번식기에는 건조한 초지, 대초원과 툰드라 지역의 자갈, 암석이 많은 지역에서 생활한다. 땅 위에서 곤충을 주로 잡아먹는다. 종종 몸을 위아래로 까닥거리며 날개를 가볍게 치는 행동을 한다. 빠르게 뛰어다니며 먹이를 찾고, 빠르고 낮게 난다.

특징 암컷은 다른 종과 혼동된다. 꼬리 끝의 검은 무늬는 T자 형으로 폭이 매우 좁다.

수컷 몸윗면은 청회색이다. 눈앞과 귀깃 일부가 검은색이다. 가늘고 흰 눈썹선이 있다. 멱과 가슴에 엷은 황갈색 무늬가 있다. 날개는 검은색이다.

암컷 몸윗면은 회갈색이며, 날개는 흑갈색이다. 눈 위로 짧은 흰색 눈썹선이 있으며, 귀깃 색은 약간 어둡고, 멱과 가슴에 황갈색 무늬가 있다.

수컷 겨울깃 몸윗면은 엷은 회갈색으로 바뀌며, 날개깃과 날개덮깃 가장자리는 황갈색이다. 귀깃의 검은색이 여름깃보다 엷다.

1회 겨울깃 긴다리사막딱새와 비슷하지만 눈앞의 눈썹선은 엷은 황갈색이며, 눈 뒤는 흰색이다. 날개는 다소 어두운 흑갈색이며, 깃 가장자리는 황갈색이다. 날 때 보이는 아랫날개덮깃의 색이 다소 어둡다.

수컷. 2009.6.15. 몽골 하르호린

암컷. 2009.6.15. 몽골 하르호린

암컷. 2018.4.27. 전남 신안 흑산도 ⓒ 국립공원 조류연구센터

암컷. 2018.4.27. 전남 신안 흑산도 ⓒ 진경순

솔딱새과 Muscicapidae

검은꼬리사막딱새 *Oenanthe deserti* Desert Wheatear L15cm

서식 아프리카 북부, 소아시아에서 티베트까지, 몽골, 중국 서북부 등지에서 번식하며, 겨울에는 아프리카 동부, 아라비아반도, 인도 북서부에서 월동한다. 3아종으로 나눈다. 국내에서는 2008년 1월 26일 경북 포항 장기면 양포항에서 수컷 1개체가 관찰된 이후 전북 군산 어청도(5월), 전남 신안 가거도(10월), 제주 모슬포(3월), 충남 서산(10월)에서 관찰된 미조다.

행동 메마른 농경지, 매립지, 해안 모래밭 등을 통과한다. 번식기에는 키 작은 풀이 드물게 자라는 건조하고 돌이 많은 사막지역, 저지대 평지에 서식한다. 땅 위를 매우 빠르게 뛰어다니며 곤충류와 거미류를 잡아먹는다. 관목이나 흙더미 위에 앉으며, 종종 꼬리를 위아래로 치는 행동을 한다.

특징 검은색 날개깃과 몸윗면의 색 차이가 크다. 꼬리는 기부를 제외하고 대부분 검은색이다.

수컷 몸윗면은 모래 빛이 강하다. 얼굴과 멱의 검은색은 날개의 검은색과 연결된다.

암컷 몸윗면은 균일하게 모래 빛 같은 갈색이며 귀깃은 옅은 적갈색이다. 불명확한 흐린 눈썹선이 있다. 작은날개덮깃은 모래 빛을 띠어 검은색 날개와 색 차이가 뚜렷하다.

수컷 겨울깃 멱과 귀깃은 황갈색이 섞여 있는 검은색, 몸윗면은 모래 빛을 띠는 갈색이며 몸아랫면은 흰색이다.

수컷. 2008.1.26. 경북 포항 양포항 © 최창용

수컷. 2009.5.3. 전북 군산 어청도 © 김신환

암컷. 2011.6.14. 몽골 고비사막 © 이상일

수컷. 2008.1.26. 경북 포항 양포항 © 최창용

검은등사막딱새 *Oenanthe pleschanka* Pied Wheatear L14.5cm

서식 유럽 동남부에서 트란스바이칼까지, 몽골, 중국 북부, 히말라야 서북부에서 번식하고, 겨울에는 아프리카 동북부, 서남아시아에서 월동한다. 국내에서는 1988년 5월 7일 인천 강화 화도면 여차리에서 처음 관찰된 이후 인천 옹진 소청도, 전북 군산 어청도, 전남 신안 홍도, 제주 마라도에서 확인된 미조다. 주로 4월 중순에서 5월 중순 사이에 통과한다.

행동 메마른 농경지, 키 작은 풀이 자라는 초지를 통과한다. 번식지에서는 대초원, 반사막지역 등 건조한 지역에 서식한다. 땅 위를 매우 빠르게 뛰어다니며 곤충류와 거미류를 잡아먹는다. 관목이나 흙더미 위에 앉으며, 종종 꼬리를 위아래로 치거나, 꼬리를 펼쳤다 오므렸다 하는 행동을 한다.

특징 암컷은 Black-eared Wheatear와 매우 비슷하다.

수컷 머리에서 뒷목까지 회백색, 등과 날개의 검은색은 얼굴과 목의 검은색과 만난다. 허리는 흰색이다. 꼬리에 폭 좁은 T자 형 검은 무늬가 있지만 앉아 있을 때 외측꼬리깃 가장자리만 흰색으로 보인다.

암컷 Black-eared Wheatear와 비슷하지만, 몸윗면은 더 어둡고 갈색 기운이 강하며, 비늘무늬가 약하게 있다. 목, 가슴, 가슴옆은 지저분한 회갈색이다.

수컷 겨울깃 머리를 포함한 몸윗면은 어두운 회갈색으로 바뀌며 비늘무늬가 있다(1회 겨울깃은 성조보다 비늘무늬 폭이 더 넓다). 목의 검은 부분이 부분적으로 사라져 흐리게 보이며, 가슴 쪽은 황갈색으로 변한다. 흐린 눈썹선이 뚜렷하다.

수컷. 2010.4.11. 전남 신안 홍도 © 진경순

수컷. 2006.4.25. 전남 신안 홍도

암컷. 2018.5.4. 전남 신안 흑산도 © 김준철

암컷. 2018.5.4. 전남 신안 흑산도

솔딱새과 Muscicapidae

바다직박구리 *Monticola solitarius* Blue Rock Thrush L23cm

서식 유럽 남부에서 일본에 이르는 유라시아대륙 전역에 서식하고, 겨울에는 아프리카, 아라비아반도, 인도, 동남아시아에서 월동한다. 국내에서는 바다와 인접한 곳에서 서식하는 흔한 여름철새이며, 흔하지 않게 월동하는 겨울철새다.

행동 주로 암벽이 발달한 해안에서 생활하며, 건물 옥상, 전깃줄, 바위, 나뭇가지에 앉는다. 단독으로 활동하며 꼬리를 위아래로 흔드는 행동을 한다. 먹이는 갯강구 및 곤충류다. 둥지는 바닷가 암벽 틈에 틀고 바닥에 가는 식물 뿌리를 깐다. 알을 5~6개 낳으며, 포란기간은 12~15일이다. 새끼는 12~15일간 둥지에 머문다.

특징 암수 뚜렷하게 구별된다. 암수 모두 성조와 1회 겨울깃 개체의 구별이 어렵다.

수컷 몸윗면과 가슴은 파란색이며 날개는 검은색이다. 배는 적갈색이다.

암컷 몸윗면은 회갈색이며 흑갈색 반점이 있다. 작은날개덮깃, 등 중앙, 허리에 푸른 기운이 있다. 몸아랫면은 옅은 황갈색에 흑갈색 비늘무늬가 있다.

수컷 겨울깃 몸윗면은 파란색이며, 깃 끝에는 검은색과 흰색 반점이 흩어져 있다. 날개깃과 날개덮깃 끝은 흰색, 멱과 가슴은 푸른색이며 깃 끝은 검은색과 흰색이다.

아종 5아종으로 나눈다. 러시아 극동, 사할린 남부, 쿠릴열도 남부, 중국 동북부, 한국, 일본에서 번식하는 *philippensis*가 도래한다. 히말라야, 중국 중부와 동부, 베트남 서북부, 하이난에서 번식하고, 동남아시아에서 월동하는 푸른바다직박구리(*pandoo*)가 희귀하게 도래한다. 2005년 4월 23일 전북 군산 어청도에서 수컷 1개체가 확인된 이후 전남 신안 홍도, 강원 강릉, 인천 옹진 소청도, 충남 보령 외연도 등지에서 관찰되었다. 수컷은 전체적으로 짙은 파란색이다. 아래꼬리덮깃이 적갈색인 개체도 있다.

성조 수컷. 2008.5.25. 인천 옹진 소청도

암컷. 2016.5.22. 강원 속초

수컷 겨울깃. 2005.10.22. 전남 신안 홍도

1회 겨울깃 암컷. 2006.8.31. 전남 신안 홍도

어린새 수컷. 2004.9.2. 전남 신안 홍도

푸른바다직박구리(*M. s. pandoo*). 2009.5.9. 전남 신안 홍도

솔딱새과 Muscicapidae

꼬까직박구리 *Monticola gularis* White-throated Rock Thrush L18.5cm

서식 바이칼호에서 러시아 극동까지, 우수리, 중국 동북부, 북한에서 번식하고, 겨울에는 중국 동남부와 인도차이나반도에서 월동한다. 국내에서는 드문 나그네새다. 주로 5월 중순부터 5월 하순 사이에 통과한다. 가을철에는 9월 하순부터 10월 중순 사이에 적은 수가 통과한다.

행동 관목이 있는 산림 가장자리, 밭 등에서 두발로 폴짝폴짝 뛰어다니며 지렁이, 곤충 등을 잡아먹는다. 조용히 움직이며 경계심이 강해 놀라면 숲속으로 들어간다. 나뭇가지에 앉아 꼬리를 위아래로 까딱거리며 먹이를 노린다. 번식기에는 높은 산의 험준한 암석, 바위가 많은 혼합림과 침엽수림에서 생활한다.

특징 암수 색이 다르며, 다른 종과 쉽게 구별된다.

수컷 머리에서 뒷목, 작은날개덮깃은 푸른색, 멱 중앙이 흰색이다. 몸아랫면과 허리는 적갈색, 귀깃, 등은 흑갈색, 날개에 큰 흰색 반점이 있다(둘째날개깃 기부가 흰색).

암컷 몸윗면은 올리브 갈색이며, 날개덮깃과 등깃의 끝부분에 검은색과 황갈색 무늬가 흩어져 있다. 가슴, 가슴옆, 옆구리에 흑갈색 비늘무늬가 흩어져 있다.

수컷. 2022.5.10. 전북 군산 어청도 © 안광연

암컷. 2008.5.28. 인천 옹진 소청도

제비딱새 *Muscicapa griseisticta* Grey-streaked Flycatcher L13~14cm

서식 캄차카, 사할린, 시베리아 동남부, 러시아 극동, 중국 북동부, 북한 북부지역에서 번식하고, 대만, 필리핀, 보르네오 북부, 술라웨시, 몰루카제도, 뉴기니 서부에서 월동한다. 국내에서는 평지나 산지의 산림 가장자리를 통과하는 흔한 나그네새다. 봄철에는 5월 초순부터 5월 하순까지, 가을철에는 9월 초순부터 9월 하순까지 통과한다.

행동 이동시기에 단독으로 생활하거나 여러 마리가 일정한 간격을 유지하고 먹이를 찾는 경우가 많다. 숲속보다는 앞이 트인 숲 가장자리, 관목이 산재한 개방된 곳을 좋아한다. 작은 나뭇가지 끝에 앉아 있다가 가볍게 날아올라 곤충을 잡는다. 쇠솔딱새보다 더 개방되고 밝은 곳을 선호한다.

특징 솔딱새와 혼동될 수 있다. 날개가 길다. 눈이 크고 다리가 짧다.

성조 몸윗면은 갈색 기운이 강한 회갈색, 눈 앞쪽으로 밝으며, 흰색 눈테가 있다. 가슴과 옆구리는 흰색 바탕에 갈색 줄무늬가 명확하다. 큰날개덮깃 끝부분과 셋째날개깃 바깥 우면이 흰색이다(봄철에는 깃 마모에 의해 날개덮깃과 셋째날개깃의 흰 무늬 폭이 매우 좁다). 아래꼬리덮깃은 흰색이며, 부리 기부의 밝은 부분은 폭이 좁고, 나머지는 검은색이다.

어린새 날개덮깃 끝, 위꼬리덮깃 끝 그리고 몸윗면에 둥글고 흰 반점이 명확하다. 큰날개덮깃 끝부분과 셋째날개깃 바깥 우면의 흰색 폭이 성조보다 더 넓다. 몸아랫면은 성조와 비슷한 줄무늬가 있다.

2007.5.5. 전남 신안 흑산도

2006.5.13. 전남 신안 흑산도

2006.9.9. 전남 신안 홍도

어린새. 2005.9.7. 전남 신안 홍도

솔딱새 *Muscicapa sibirica* Dark-sided Flycatcher L13.5cm

서식 러시아 오브강 상류에서 캄차카까지, 몽골, 중국 북동부, 한반도 북부, 사할린, 쿠릴열도, 일본 북부, 아프가니스탄 북부, 히말라야에서 중국 중부까지 번식하고, 중국 남부, 동남아시아에서 월동한다. 4아종으로 나눈다. 국내에서는 평지나 아고산대 산림지역을 통과하는 드문 나그네새다. 봄철에는 5월 초순부터 5월 하순까지, 가을철에는 9월 초순부터 9월 하순까지 통과한다.

행동 이동시기에 작은 무리를 이룬다. 서로 얼마간의 거리를 두고 수관층에서 곤충을 잡아먹는다. 앞이 트인 숲 가장자리의 나무, 전깃줄, 작은 나뭇가지에 앉아 있다가 가볍게 날아올라 곤충을 잡아 물고, 다시 원위치로 돌아오는 행동을 반복한다.

특징 몸윗면은 갈색 기운이 강한 회갈색, 눈 앞쪽으로 때 묻은 듯한 흰색이며, 흰색 눈테가 있다. 가슴과 옆구리는 약간 어두운 바탕에 불명확한 회갈색 줄무늬가 있다. 아랫부리 기부는 폭 좁은 등황색이다. 첫째날개깃이 길게 돌출되어 꼬리의 2/3까지 다다른다. 큰날개덮깃 끝부분과 셋째날개깃 바깥 우면이 흰색, 아래꼬리덮깃은 흰색 바탕에 작은 갈색 반점이 있다.

어린새 날개덮깃 끝, 위꼬리덮깃 끝, 몸윗면에 둥글고 흰 반점이 흩어져 있다. 옆목, 가슴, 옆구리에 갈색 얼룩무늬가 흩어져 있다.

닮은종 **쇠솔딱새** 눈앞이 흐린 흰색이며, 흰색 눈테가 더 크다. 아랫부리 기부는 폭 넓은 등황색, 가슴과 옆구리의 갈색이 약하다.

2006.5.13. 전남 신안 흑산도

2006.5.13. 전남 신안 흑산도

2008.5.16. 전남 신안 흑산도

어린새. 2005.9.22. 전남 신안 흑산도

쇠솔딱새 *Muscicapa dauurica* Asian Brown Flycatcher L13cm

서식 인도, 히말라야, 예니세이강에서 동쪽으로 러시아 극동까지, 사할린, 쿠릴열도 남부, 중국 북동부에서 한국, 일본에서 번식하고, 중국 남부, 동남아시아에서 월동한다. 3아종으로 나눈다. 국내에서는 평지나 산림을 흔하게 통과하는 나그네새이며, 일부 지역에서 극히 드물게 번식하는 여름철새다. 봄철에는 4월 하순부터 5월 하순까지, 가을철에는 8월 하순부터 10월 중순까지 통과한다.

행동 이동시기에 1마리 또는 여러 마리가 일정한 간격을 유지하며 먹이를 찾는 경우가 많다. 솔딱새보다 숲 가장자리의 밝은 곳을 좋아하며, 제비딱새와 달리 노출된 곳보다는 나무 안쪽 나뭇가지에 앉는 습성이 있다. 앞이 트인 숲 가장자리의 나무, 전깃줄, 작은 나뭇가지에 앉아 있다가 가볍게 날아올라 곤충을 잡아 물고, 다시 원위치로 돌아오는 행동을 반복한다.

특징 몸윗면은 갈색 기운이 있는 엷은 회갈색, 눈 앞쪽이 흰색이며, 흰색 눈테가 뚜렷하다. 가슴에 매우 약하고 불명확한 갈색 무늬가 있다. 아랫부리 기부는 폭 넓은 등황색이다. 첫째날개깃의 길이가 짧아 꼬리 중앙부까지 다다르지 못한다. 아래꼬리덮깃이 흰색이다.

1회 겨울깃 몸윗면은 성조보다 색이 어둡다. 큰날개덮깃 끝과 셋째날개깃 가장자리의 흰색이 성조보다 뚜렷하다. 가슴에는 성조보다 짙은 갈색 무늬가 있다.

분류 과거 학명을 *M. dauurica*로 사용했지만 최근 *M. latirostris*로 변경되어야 한다는 견해도 있다.

2008.5.16. 전남 신안 흑산도

2006.5.13. 전남 신안 흑산도

2007.9.24. 전남 신안 흑산도

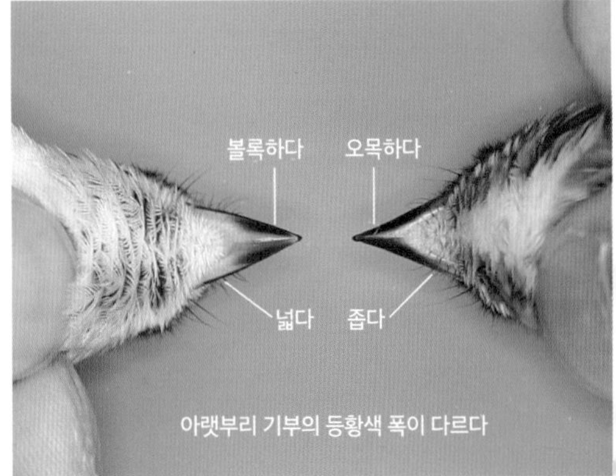

쇠솔딱새(좌)와 **솔딱새**(우) 부리 형태 비교

갈색솔딱새 *Muscicapa muttui* Brown-breasted Flycatcher L13-14cm

서식 인도 동북부에서 미얀마, 태국 북부까지, 중국 중부와 남부에서 번식하고, 인도 서남부, 스리랑카에서 월동한다. 국내에서는 2020년 5월 12일 전남 신안 흑산도에서 1개체, 2022년 5월 17일 제주 마라도에서 1개체가 관찰된 미조다.

행동 주로 약간 높은 지대의 활엽수림에서 번식하며, 나비, 잠자리, 곤충 유충, 개미 등을 잡아먹는다. 숲속의 중간층 또는 하층에서 먹이를 찾는다. 비번식기에는 저지대로 이동한다.

특징 암수 같은 색이다. 쇠솔딱새와 비슷하지만 약간 크다. 몸윗면은 올리브 갈색이다. 머리는 회갈색이다. 눈테와 눈앞이 흰색이다. 부리가 약간 길며 아랫부리가 전체적으로 주황색 기운을 띤다. 옅은 뺨밑선이 있다. 몸아랫면 바탕은 흰색이며, 가슴은 옅은 갈색, 가슴옆과 옆구리에 갈색 기운이 있다. 위꼬리덮깃과 꼬리깃 바깥 우면에 적갈색 기운이 있다. 다리는 살구색이다.

2020.5.12. 전남 신안 흑산도 © 국립공원 조류연구센터

2020.5.12. 전남 신안 흑산도 © 진경순

2020.5.12. 전남 신안 흑산도 © 국립공원 조류연구센터

2020.5.12. 전남 신안 흑산도 © 김양모

회색머리딱새 *Muscicapa ferruginea* Ferruginous Flycatcher L12.5cm

서식 히말라야 중부와 동부에서 중국 중부까지, 대만, 베트남 북부에서 번식하고, 인도차이나반도 남부, 말레이반도, 대순다열도, 필리핀에서 월동한다. 국내에서는 2002년 4월 28일 전북 군산 어청도에서 처음 확인된 이후 전북 군산 어청도, 전남 신안 홍도, 흑산도, 충남 보령 외연도, 제주도 등지에서 관찰된 미조이다.

행동 그늘진 숲속, 숲 가장자리에서 서식하며 나뭇가지에 앉아 먹이를 노린다. 머리를 좌우로 분주히 움직이며 먹이를 찾고 종종 꼬리와 날개를 빠르게 퍼덕이는 행동을 한다. 보통 사냥 후 다시 원위치로 돌아온다. 경계심이 강하다.

특징 암수 색깔이 같다. 다른 종과 혼동이 없다.

성조 머리는 진한 회흑색이며, 몸윗면은 균일한 적갈색, 흰색 눈테가 뚜렷하다. 큰날개덮깃 끝은 등색이어서 날개선이 명확하게 보인다. 멱은 흰색, 가슴옆에 회갈색 기운이 있다. 배 중앙부는 흰색이며 나머지 부분은 밝은 등색이다. 아랫부리 기부는 밝으며 나머지는 검은색이다.

어린새 머리는 흑갈색 기운이 있는 회갈색이며 황갈색 반점이 흩어져 있다. 눈앞은 때 묻은 듯한 흰색, 등깃에 폭넓은 갈색 반점이 흩어져 있다. 가슴에 흑갈색 비늘무늬가 있다.

2014.5.9. 충남 보령 외연도 © 박대용

2003.4.30. 전북 군산 어청도 © Nial Moores

2021.4.25. 전남 신안 흑산도 © 진경순

2011.5.9. 전북 군산 어청도 © 채승훈

주황가슴파랑딱새 *Cyornis whitei* Hill Blue Flycatcher L14~15.5cm

서식 중국 남서부, 미얀마, 태국, 라오스, 말레이반도에서 서식하며, 북쪽에서 번식하는 일부 개체는 겨울철 남쪽으로 이동한다. 지리적으로 4아종으로 분류한다. 국내에서는 2006년 5월 14일 인천 옹진 승봉도에서 수컷 1개체 관찰기록이 있는 미조다.

행동 낮은 나뭇가지에 조용히 앉아 있다가 곤충을 잡아먹는다.

특징 Blue-throated Flycatcher와 매우 비슷하다.

수컷 몸윗면은 어두운 푸른색이며, 코발트색 짧은 눈썹선이 앞이마까지 다다른다. 눈앞, 눈 주변, 뺨 앞부분이 검은색이다. 멱, 가슴, 옆구리는 오렌지색이다. 배는 흰색이다(가슴의 오렌지색이 배까지 스며 있으며, 배와 가슴 색의 경계가 불명확하다).

암컷 몸윗면은 올리브 갈색이며, 눈테는 담황색이다. 위꼬리덮깃, 꼬리, 날개깃 가장자리에 엷은 적갈색 기운이 있다. 몸아랫면은 수컷과 형태가 비슷하지만 보다 색이 엷다. Blue-throated F.와 달리 멱과 가슴은 거의 균일하게 진한 오렌지색이다.

닮은종 **Blue-throated Flycatcher (*C. rubeculoides glaucicomans*)** 수컷은 몸윗면이 보다 진한 푸른색이며, 턱밑이 진한 푸른색이다. 암컷 가슴은 진한 오렌지색이지만 멱은 엷은 담황색이고, 꼬리에 적갈색이 적다.

수컷. 2020.2.1. 태국 © 이용상

수컷. 2020.2.23. 태국 © 이용상

암컷. 2020.2.24. 태국 © 이용상

암컷. 2020.2.20. 태국 © 이용상

노랑딱새 *Ficedula mugimaki* Mugimaki Flycatcher L13cm

서식 알타이 북동부, 바이칼호 주변에서 오호츠크해 연안까지, 아무르, 중국 북동부, 사할린에서 번식하고, 중국 남부, 태국 남부, 인도차이나반도, 말레이반도, 자바, 보르네오 북부, 필리핀에서 월동한다. 국내에서는 봄·가을 비교적 흔하게 통과하는 나그네새이다. 봄철에는 5월 초순부터 5월 하순까지, 가을철에는 10월 초순부터 10월 하순 사이에 통과한다.

행동 어두운 산림 또는 산림 가장자리에 서식한다. 나뭇가지에 가만히 앉아 있다가 날아오르는 곤충을 잡아 원위치로 되돌아와 먹는다. 주로 단독으로 먹이를 찾는다.

특징 미성숙 개체의 암수 및 연령 구별은 매우 어렵다.
수컷 몸윗면은 검은색이며 눈 위 뒤쪽에 흰 반점이 있다. 큰날개덮깃과 가운데날개덮깃 일부, 셋째날개깃 바깥 우면이 흰색이다. 멱에서 배까지 등색이며, 아랫배는 흰색이다. 몸 바깥쪽 꼬리깃 기부가 흰색이다.
암컷 몸윗면은 균일한 엷은 갈색, 큰날개덮깃과 가운데날개덮깃 끝은 폭 좁은 흰색이다. 셋째날개깃 바깥 우면은 폭 좁은 흰색이다. 멱과 가슴은 주황색이다. 꼬리는 균일한 흑갈색이다(수컷과 달리 외측 꼬리깃 기부에 흰색이 없다).
1회 겨울깃 수컷 암컷과 비슷하지만 눈 위 뒤쪽에 짧은 흰 반점이 있다. 외측 꼬리깃 기부가 폭 좁은 흰색이다. 성조 암컷과 달리 위꼬리덮깃의 상당 부분이 검은색이다.
1회 겨울깃 암컷 암컷과 비슷하지만 큰날개덮깃과 가운데날개덮깃 끝이 폭 넓은 흰색, 가슴의 주황색이 성조보다 색이 엷다.

성조 수컷. 2009.5.9. 경기 부천 © 백정석

성조 암컷. 2010.5.21. 인천 옹진 소청도

1회 겨울깃 암컷. 2009.10.8. 경기 부천 © 백정석

1회 여름깃 수컷. 2010.5.18. 충남 태안 마도 © 변종관

솔딱새과 Muscicapidae

흰눈썹황금새 *Ficedula zanthopygia* Yellow-rumped Flycatcher L13cm

서식 몽골 동부, 아무르, 우수리, 중국 북부와 중부, 한국에서 번식하고, 인도차이나 북부, 말레이반도, 수마트라, 자바에서 월동한다. 국내에서는 주로 중부 이북에서 번식하는 드문 여름철새다. 4월 하순부터 5월 중순까지 통과하며, 8월 중순부터 9월 중순 사이에 통과한다.

행동 녹음이 우거진 숲속, 도심 속의 정원에서 생활한다. 낙엽활엽수림 내의 나뭇가지에서 곤충류와 거미류 등을 먹으며, 간혹 공중에 날아오르는 곤충을 잡는 경우도 있다. 울창한 숲에서는 모습을 관찰하기 힘들지만, 울음소리로 위치가 확인되는 경우가 많다. 둥지는 딱다구리류가 이용한 작은 나무 구멍이나 인공 둥지를 이용한다. 한 배 산란수는 4~7개이며 포란기간은 11~12일, 육추기간은 11~12일이다.

특징 황금새와 비슷하지만 수컷은 눈썹선이 흰색, 암수 모두 허리가 노란색이다.

수컷 몸윗면은 검은색, 눈썹선, 큰날개덮깃, 가운데날개덮깃의 안쪽 깃, 셋째날개깃의 일부가 흰색, 허리와 위꼬리덮깃은 노란색, 몸아랫면은 노란색이며 아래꼬리덮깃은 흰색이다.

암컷 몸윗면은 올리브 갈색, 허리는 노란색, 몸아랫면은 흰색 바탕에 매우 흐린 노란색 기운이 있으며 턱밑과 멱에 가는 비늘무늬가 있다. 큰날개덮깃, 가운데날개덮깃의 안쪽 깃, 그리고 셋째날개깃의 일부가 흰색이다.

1회 겨울깃 수컷 성조 암컷과 비슷해 야외 구별이 어렵다. 암컷과 달리 몸아랫면에 노란색이 약간 진하지만 수컷 성조처럼 진하지는 않다. 흰 눈썹선이 매우 짧고 흐리다. 위꼬리덮깃의 상당 부분이 검은색이다.

성조 수컷. 2006.5.15. 전남 신안 홍도

암컷. 2006.4.23. 전남 신안 흑산도

1회 여름깃 수컷. 2007.5.3. 전남 신안 흑산도

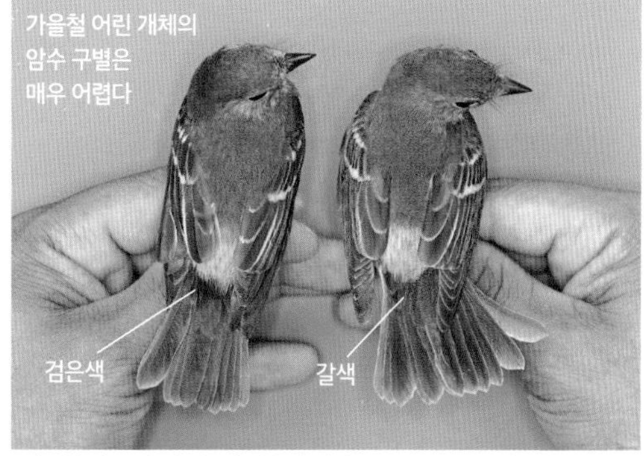

1회 겨울깃 수컷(좌)과 1회 겨울깃 암컷(우). 2006.9.1. 전남 신안 홍도

황금새 *Ficedula narcissina* Narcissus Flycatcher L13~13.5cm

서식 쿠릴열도 남부, 사할린, 일본 홋카이도, 혼슈, 시코쿠, 큐슈에서 번식하고, 하이난, 인도차이나반도 남부, 필리핀, 보로네오에서 월동한다. 국내에서는 봄철에 드물게 통과하며 가을철에는 통과하지 않는 나그네새다. 4월 중순에 도래하며, 5월 초까지 관찰된다. 이례적으로 2014년 6월 경남 남해 금산에서 번식했다.

행동 평지나 산지의 산림에서 생활한다. 주로 수관층이 발달한 큰 나무가 있는 산림에 서식한다. 산림 내의 나뭇가지에 조용히 앉아 있다가 곤충류와 거미류를 잡아먹는다. 종종 공중에 날아올라 먹이를 사냥한다.

특징 암컷과 미성숙한 개체는 아종 간 구별이 매우 어렵다.

수컷 몸윗면은 검은색이며 눈썹선은 노란색, 몸 안쪽 큰날개덮깃과 가운데날개덮깃이 흰색, 허리는 폭 넓은 노란색, 턱밑과 멱은 등황색이며 가슴과 배는 노란색이다.

암컷 몸윗면은 엷은 올리브 갈색, 몸아랫면은 때 묻은 듯한 흰색, 멱은 엷은 노란색, 앞가슴에 불명확한 갈색 얼룩무늬가 있다. 위꼬리덮깃은 엷은 적갈색이다.

1회 여름깃 수컷 수컷 성조와 비슷하지만 첫째날개덮깃, 외측 큰날개덮깃, 날개깃의 상당 부분이 성조와 달리 흑갈색이다.

분류 과거 3아종(*narcissina*, *owstoni*, *elisae*)으로 나누었으나 *elisae, owstoni*를 독립된 종으로 분류한다.

북방황금새

***Ficedula elisae* Green-backed Flycatcher**

서식 중국의 산시성과 허베이성에서 번식하고, 태국 남부와 말레이반도에서 월동한다. 국내에서는 2003년 10월 10일 전남 신안 흑산도에서 처음 확인된 미조다.

수컷 머리를 포함해 몸윗면은 올리브 녹색이며, 날개는 녹색 기운이 있는 흑갈색. 눈썹선, 눈테, 허리, 몸아랫면은 균일한 노란색이다.

암컷 몸윗면은 올리브 녹색. 눈테는 엷은 노란색. 작은날개덮깃에 회색 기운이 있다. 몸아랫면은 균일한 노란색이다. 위꼬리덮깃은 갈색이다.

1회 여름깃 암수 같은 색이다. 성조 암컷과 매우 비슷하다. 큰날개덮깃 끝부분은 폭 좁은 흰색을 띤다. 몸아랫면은 노란색 기운이 강하다.

남방황금새

***Ficedula owstoni* Ryukyu Flycatcher**

서식 일본 난세이제도에서 연중 머무는 텃새다. 2001년 4월 전남 신안 가거도, 2012년 4월 25일 충남 태안 신진도 등지에서 관찰되었다.

수컷 머리와 등이 어두운 올리브 녹색 또는 검은색을 띠는 녹색이다. 몸바깥쪽 셋째날개깃의 외측 깃 가장자리가 폭 좁은 흰색. 몸아랫면은 노란색이다(등황색이 없다). 첫째날개깃이 셋째날개깃 뒤로 5~7장 튀어나온다(*elisae*는 7~8장). 눈 뒤의 귀깃은 녹색이며, 아래쪽은 검은색을 띤다.

암컷 몸윗면은 올리브 녹색. 멱과 가슴은 노란색이며, 몸아랫면에 불명확한 갈색 얼룩무늬가 황금새 암컷보다 더 강하다. 배는 때 묻은 듯한 흰색이다. 황금새 암컷과 달리 위꼬리덮깃이 갈색이다.

1회 여름깃 수컷 몸윗면은 녹갈색이며, 눈앞쪽과 귀깃 아래쪽에 검은색이 나타나기 시작한다. 암컷과 달리 멱과 가슴 위쪽은 짙은 노란색을 띤다.

성조 수컷. 2006.4.14. 제주

암컷. 2011.5.15. 인천 옹진 굴업도 © 김석민

암컷. 2006.5.1. 전남 신안 흑산도

1회 여름깃 수컷. 2006.5.8. 전남 신안 흑산도

북방황금새 / 남방황금새 비교

북방황금새(*elisae*) 성조 수컷. 중국 미윈현 wulingshan © Terry Townshend

북방황금새(*elisae*) 1회 여름깃. 2021.4.14. 태국 © Phil Round

남방황금새(*owstoni*) 성조 수컷. 2007.11.4. 일본 이리오모테

남방황금새(*owstoni*) 1회 여름깃 수컷. 2021.4.16. 전남 신안 흑산도

붉은가슴흰꼬리딱새

Ficedula parva Red-breasted Flycatcher L11.5cm

서식 유럽에서 동쪽으로 시베리아 남서부까지, 소아시아 북부, 코카서스, 이란 북부 등 유라시아대륙의 서쪽에서 번식하고, 파키스탄, 인도 북부에서 월동한다. 국내에서는 희귀하게 봄·가을에 통과하는 나그네새이며, 매우 드물게 월동한다.

행동 평지나 산지 낙엽활엽수림의 밝은 숲, 공원, 산림 가장자리에 서식한다. 단독으로 생활하는 경우가 많다. 먹이는 곤충, 거미류, 나무 열매 등이다. 꼬리를 위로 치켜세우고 까딱까딱 움직이면서 먹이를 찾는다.

특징 흰꼬리딱새와 구별이 어렵다. 아랫부리 기부가 밝다. **수컷** 목의 오렌지색 폭이 흰꼬리딱새보다 넓으며 가슴에 회색 띠가 없어 목의 오렌지색과 가슴의 경계가 불명확하게 보인다. 흰꼬리딱새와 달리 성조 수컷 겨울깃도 목에 오렌지색이 있다(여름깃보다 폭이 약간 좁다).

암컷·1회 겨울깃 흰꼬리딱새와 구별이 어렵다. 몸아랫면의 담황색은 흰꼬리딱새보다 강하다. 아랫부리의 대부분은 연한 담황색이다. 허리와 위꼬리덮깃이 만나는 부분은 어두운 갈색 또는 흐린 흑갈색으로 흰꼬리딱새보다 엷다.

1회 여름깃 봄에 관찰되는 1회 여름깃 수컷은 성조 암컷과 구별이 불가능하거나 멱에 오렌지색이 약간 있다(흰꼬리딱새는 일부 큰날개덮깃 끝에 흰 반점이 있는 것을 제외하고 성조와 형태가 같다).

분류 과거 Red-breasted Flycatcher를 2아종(*parva*, *albicilla*)으로 나누었으나, 별개의 2종으로 분류한다.

성조 수컷 겨울깃. 2014.12.12. 서울 구로 © 양경호

성불명. 1회 겨울깃. 2016.11.30. 경기 남양주 진중리 © 박대용

2회 겨울깃 수컷. 2020.12.28. 경기 안산 호수공원

성불명. 1회 겨울깃. 2016.12.4. 경기 남양주 진중리 © 진경순

흰꼬리딱새 *Ficedula albicilla* Taiga Flycatcher L12.5cm

서식 러시아 동부에서 캄차카까지, 몽골 북부, 아무르에서 번식하고, 인도 북동부, 동남아시아, 중국 남부에서 월동한다. 흔하지 않게 통과하는 나그네새다. 봄철에는 5월 초순부터 5월 하순까지, 가을철에는 9월 초순부터 10월 하순까지 통과한다.

행동 평지나 산지 낙엽활엽수림의 밝은 숲에 서식한다. 단독으로 생활하는 경우가 많다. 먹이는 곤충, 거미류, 나무 열매 등이다. 꼬리를 위로 치켜세우고 까딱까딱 움직이면서 먹이를 찾는다.

특징 붉은가슴흰꼬리딱새와 구별이 어렵다. 아랫부리의 대부분이 검은색으로 보인다.

수컷 몸윗면은 회갈색, 꼬리는 검은색이며, 외측 꼬리깃 기부의 2/3가 흰색이다. 턱밑과 목의 오렌지색은 가슴의 폭 넓은 회색 부분과 명확하게 경계를 이룬다.

수컷 겨울깃 가을 이동시기에 목에 오렌지색이 거의 없어져 암컷과 비슷한 모습으로 바뀐다. 비번식깃의 성구별은 매우 어렵다.

암컷 몸윗면은 엷은 회갈색이며, 꼬리는 수컷과 색이 같다. 허리와 위꼬리덮깃이 만나는 부분은 검은색 또는 흑갈색으로 붉은가슴흰꼬리딱새보다 더 어둡게 보인다. 아랫부리의 대부분이 검은색으로 보이며, 기부는 연한 담황색 또는 살구색이다. 몸아랫면은 담황색이 약하며 흰색이 강하다.

1회 겨울깃 암수 구별이 불가능하며 성조 암컷과 형태가 같다. 큰날개덮깃 끝은 폭 좁게 때 묻은 듯한 흰색이다. 셋째날개깃 가장자리를 따라 연한 담황색이다. 턱밑과 멱의 일부분은 폭 좁은 흰색이다. 가슴의 연황색 또는 담황색이 붉은가슴흰꼬리딱새보다 약하다.

성조 수컷 여름깃. 2014.5.4. 인천 옹진 굴업도 © 진경순

성조 수컷 겨울깃. 2015.10.17. 인천 옹진 소청도

1회 여름깃 수컷. 2005.5.11. 전남 신안 홍도

성불명. 1회 겨울깃. 2006.9.29. 전남 신안 홍도

큰유리새

Cyanoptila cyanomelana Blue-and-White Flycatcher L15.5~16.5cm

서식 아무르, 우수리, 중국 북동부, 한국, 일본에서 번식하고, 인도차이나, 수마트라, 자바, 보르네오, 필리핀에서 월동한다. 국내에서는 흔한 여름철새다. 4월 중순부터 5월 중순까지 통과하며, 가을철에는 8월 중순부터 10월 중순까지 통과한다.

행동 계곡을 낀 숲에 서식한다. 나뭇가지에 앉아 있다가 곤충류, 거미류를 잡아먹는다. 종종 공중으로 날아올라 나는 곤충을 잡아먹는다. 둥지는 골짜기의 바위 또는 절벽 등 어두운 곳에 이끼, 나무뿌리, 낙엽 등을 섞어 밥그릇 모양으로 튼다. 알을 4~5개 낳고 암컷이 10~11일간 품는다. 암수 공동으로 11~12일간 육추한다.

특징 수컷은 개체 간 몸윗면과 아랫면의 색 차이가 있다.

수컷 머리와 몸윗면은 푸른색이다(머리에 광택이 있다). 얼굴, 멱, 가슴은 푸른색이 스며 있는 검은색, 외측 꼬리깃 5장은 기부가 흰색이다.

암컷 몸윗면은 암갈색, 멱 중앙은 흰색이며, 가슴과 가슴옆은 엷은 갈색이다. 배는 흰색, 꼬리깃은 흰 무늬가 없으며, 엷은 적갈색을 띠는 갈색이다.

분류 과거 3아종(*cyanomelana*, *intermedia*, *cumatilis*)으로 나누었다. 한국에는 *intermedia*가 도래하며, *cumatilis*를 한국큰유리새로 분류했다. 그러나 *cumatilis*를 형태, 지저귐, 번식지 격리 등을 근거로 별개의 종 Zappey´s Flycatcher (*C. cumatilis*)로 분류한다. 국내 *cumatilis*의 관찰 및 표본기록은 큰유리새의 개체변이에 불과한 것이 대부분으로 판단된다.

닮은종 **대륙큰유리새(Zappey's Flycatcher, *C. cumatilis*)** 중국 중부에만 분포한다. 북쪽으로 베이징, 남쪽으로 산시성 남부, 후베이성 서부, 쓰촨성 북부에서 번식한다. 국내에서는 매우 드물게 통과한다. 몸윗면은 청록색이며, 일부 개체는 등, 어깨, 허리, 위꼬리덮깃에 폭 좁은 검은 줄무늬가 있다. 귀깃, 목, 가슴 부분이 푸른색 또는 청록색이며, 검은 기운은 눈앞에만 있다.

성조 수컷. 2018.4.15. 전남 신안 흑산도

성조 암컷. 2013.6.15. 충북 단양 ⓒ 최순규

회 겨울깃 수컷. 2004.9.23.
전남 신안 홍도

1회 겨울깃 암컷. 2007.9.30.
경기 과천 © 심규식

아종 *intermedia* (좌, 우측),
cyanomelana (중앙). 2018.4.24.

솔딱새과 Muscicapidae

파랑딱새 *Eumyias thalassinus* Verditer Flycatcher L17cm

서식 히말라야, 인도 북부에서 중국 중부까지, 동남아시아에서 번식하고, 인도, 중국 동남부, 동남아시아에서 월동한다. 2아종으로 나눈다. 국내에서는 2001년 10월 12일 전남 신안 가거도에서 처음 관찰된 이후, 전남 신안 홍도, 흑산도, 제주도, 인천 옹진 소청도에서 관찰된 미조다. 주로 9월 하순에서 11월 하순 사이에 관찰되었으며, 드물게 4월 하순에도 관찰되었다.

행동 나무, 관목 줄기에서 곤충을 잡거나, 개방된 숲 또는 숲 가장자리에 앉아 있다가 날아오르는 곤충을 잡아먹는다. 먹이를 잡을 때 나뭇가지 사이로 매우 활기차고 빠르게 움직인다.

특징 전체적으로 청록색이다. 수컷의 눈앞은 검은색이며 암컷은 색이 흐리다. 아래꼬리덮깃은 흰색 바탕에 폭 넓은 검은 무늬가 있다. 홍채는 갈색이며 부리와 다리는 검은색, 암컷의 턱밑은 때 묻은 듯한 흰색에 가까우며, 몸아랫면이 더 색이 연하다.

컷. 2012.4.29. 전남 신안 가거도 © 고경남

암컷. 2004.11.2. 전남 신안 홍도

붉은가슴딱새 *Niltava davidi* Fujian Niltava L18cm

서식 중국 남부와 베트남 북서부에서 번식하고, 일부는 번식 후 라오스, 베트남 중부와 북부, 캄보디아 서남부로 이동한다. 2010년 11월 13일 제주 마라도에서 암컷 1개체가 확인된 이후, 2012년 4월 24일 충남 보령 외연도에서 암컷 1개체, 2013년 5월 1일 전북 군산 어청도에서 수컷 1개체, 2021년 5월 6일 인천 옹진 소청도에서 수컷 2개체가 관찰된 미조다.

행동 다소 어두운 산림의 나뭇가지에 앉아 먹이를 찾는다. 경계심이 강하다. 간혹 꼬리를 위아래로 치는 행동을 한다. 땅에 내려와 곤충을 잡아먹는다.

특징 Rufous-bellied Niltava (*Niltava sundara*)와 매우 유사하다.

수컷 몸윗면은 짙은 파란색이다. 앞머리와 눈 위쪽으로 광택이 있는 푸른색, 이마, 얼굴, 멱은 검은색, 옆목에 광택이 있는 푸른색 무늬가 있다. 가슴은 진한 주황색, 배와 아래꼬리덮깃은 옅은 주황색이다.

암컷 전체적으로 회갈색이며, 날개와 꼬리깃에는 적갈색 기운이 있다. 눈앞에서 부리 기부까지 옅은 갈색이며, 때 묻은 듯한 흰색 눈테가 있다. 턱밑은 때 묻은 듯한 흰색이고, 목에 흰 무늬가 있으며, 옆목에 광택이 있는 폭 좁은 푸른색 무늬가 있다. 가슴과 옆구리가 회갈색으로 Rufous-bellied Niltava보다 더 어둡다.

닮은종 **Rufous-bellied Niltava (*N. sundara*)** 수컷은 어깨에 약간 밝은 푸른색 무늬가 있다. 몸아랫면은 주황색이다. 암컷은 날개와 꼬리의 적갈색이 강하다.

성조 암컷. 2012.4.27. 충남 보령 외연도 © 이우만

성조 암컷. 2012.5.5. 충남 보령 외연도 © 변종관

성조 암컷. 2012.4.27. 충남 보령 외연도 © 이우만

1회 여름깃 수컷. 2017.11.29. 베트남

물까마귀 *Cinclus pallasii* Brown Dipper L22cm

서식 아프가니스탄, 투르크메니스탄에서 히말라야까지, 인도차이나 북부, 중국, 대만, 우수리, 사할린, 캄차카, 한국, 일본에 분포한다. 3아종으로 나눈다. 바위가 많은 산간계곡, 하천에서 서식하는 텃새다.

행동 날 때에는 계곡의 수면 위로 스치듯 빠르게 이동한다. 물가의 바위에 앉아 꼬리를 위로 들어 올리고 몸을 아래위로 흔드는 습성이 있다. 잠수해 수서곤충을 잡으며, 버들치 같은 어류도 잡아먹는다. 주로 계곡의 물속에 서식하는 강도래, 날도래의 애벌레를 잡아먹는다. 둥지는 작은 폭포 뒤의 바위틈, 벼랑의 틈 사이에 틀기 때문에 눈에 잘 띄지 않는다. 둥지는 이끼를 이용해 둥글게 틀고 바닥에는 낙엽, 마른풀, 식물의 뿌리를 깐다. 3월부터 산란하며, 흰색 알을 4~5개 낳아 15~16일 동안 품는다. 새끼는 부화 21~23일 뒤에 둥지를 떠난다.

특징 다른 종과 혼동되지 않는다.

성조 암수 색깔이 같다. 전체적으로 초콜릿 빛 갈색이다. 꼬리가 짧다. 눈을 깜박일 때 흰 눈꺼풀이 뚜렷하다.

어린새 몸윗면은 진한 갈색이며 깃 가장자리에 흑갈색 무늬가 있다. 몸아랫면에는 때 묻은 듯한 흰 무늬가 많다. 날개덮깃과 셋째날개깃 끝은 흰색이다.

성조. 2009.4.11. 경기 광주 남한산성 © 김준철

성조. 2009.4.9. 경기 포천 © 백정석

어린새. 2012.7.26. 강원 평창 오대산 상원사 © 김준철

둥지. 2005.5.10. 경기 광주 퇴촌 © 서정화

집참새 *Passer domesticus* House Sparrow L14~16cm

서식 유라시아대륙(동남아시아, 시베리아 북부 지역 제외)의 드넓은 지역에 분포하며, 북미, 남미, 아프리카, 오스트레일리아 등지에는 유입되었다. 12아종으로 나눈다. 국내에서는 2006년 5월 18일 전남 신안 흑산도에서 수컷 1개체가 처음 확인된 이후 2010년 5월 20일 충남 보령 외연도에서 수컷 1개체가 관찰된 미조다.

행동 인가 주변, 도심 공원, 농경지에서 무리지어 생활한다. 곤충류와 식물의 종자 등을 즐겨 먹는다.

특징 수컷은 다른 종과 혼동이 없다. 암컷과 어린새는 섬참새와 혼동될 수 있다.

수컷 이마에서 뒷머리까지 회색이며 눈 뒤에서 뒷목까지 폭 넓은 적갈색, 등은 갈색에 검은 줄무늬가 있다. 눈앞과 눈 주변, 턱밑에서 가슴까지 폭 넓은 검은색, 허리에서 위꼬리덮깃까지 회색, 몸아랫면은 때 묻은 듯한 흰색이다.

수컷 겨울깃 머리의 회색과 몸윗면의 갈색이 엷게 바뀐다. 턱밑에 검은색이 약간 남아 있다. 부리 기부는 색이 엷다.

암컷 섬참새 암컷과 비슷하다. 등과 어깨에 검은 줄무늬가 있다. 몸윗면은 때 묻은 듯한 갈색에 검은 줄무늬가 있다. 눈 뒤로 때 묻은 듯한 담황색 눈썹선이 있다. 눈선이 섬참새보다 가늘다.

수컷. 2010.5.20. 충남 보령 외연도 © 이우만

수컷. 2006.5.18. 전남 신안 흑산도 © 김성현

암컷. 2009.6.20. 몽골 바양누르

암컷. 2009.6.20. 몽골 바양누르

섬참새 *Passer cinnamomeus* Russet Sparrow L14cm

서식 아프가니스탄 북동부, 히말라야, 미얀마 북부, 중국 중부와 남부, 한국, 대만, 사할린 남부, 일본에서 번식한다. 3아종으로 나눈다. 경북 울릉도에서 흔하게 번식하는 여름철새이며, 주로 경북 해안과 강원 해안(강릉, 동해, 삼척 등)에서 월동한다.

행동 무리를 이루어 전깃줄에 앉거나 인가에 몰려든다. 곤충류와 식물의 종자 등을 즐겨 먹는다. 둥지는 활엽수의 나무 구멍을 주로 이용하고, 인가의 건물 틈, 전봇대, 딱다구리가 이용한 나무 구멍 등을 사용한다. 5월부터 산란하며 알을 5~7개 낳는다. 포란기간은 14일이며, 새끼는 부화 약 17일 후에 둥지를 떠난다.

특징 참새와 달리 암수 색이 다르다.

수컷 머리는 적갈색이며 등은 갈색 바탕에 검은 줄무늬가 있다. 귀깃과 뺨은 흰색으로 참새와 달리 검은 무늬가 없다. 가운데날개덮깃에 흰색 날개선이 있다.

암컷 눈 위에 뚜렷한 황백색 눈썹선이 있다. 멱이 흰색이다. 전체적으로 회갈색이다. 집참새와 달리 작은날개덮깃 주변의 어깨에 검은 줄무늬가 없다.

수컷 겨울깃 여름깃보다 갈색 기운이 약하고 눈 뒤로 때 묻은 듯한 흰색 줄무늬가 있다. 부리 기부가 살구색이다.

실태 번식기에 울릉도에서 흔하게 볼 수 있으며, 번식 후에는 울릉도를 떠난다. 주요 월동지는 경북 해안지대로 알려졌으나 최근 경북 안동 서후면과 영주 평온면 일대 등 동해안에서 약 70㎞ 떨어진 내륙에서도 많은 수가 월동하는 것이 확인되었다. 제주도에는 매우 드물고 그 외 도서지방에는 거의 서식하지 않는다.

분류 기존 학명은 *Passer rutilans*였다.

수컷. 2008.5.2. 경북 울릉 나리분지

수컷 겨울깃. 2005.12.24. 경북 포항 청하 © 곽호경

암컷. 2008.5.3. 경북 울릉 저동

암컷 겨울깃. 2014.10.10. 강원 강릉 옥계

참새 *Passer montanus* Eurasian Tree Sparrow L14~14.5cm

서식 유라시아대륙의 온대와 아열대에 광범위하게 분포한다. 9아종으로 나눈다. 국내에서는 흔한 텃새다.

행동 사람 활동과 밀접하게 관계되어 주로 인가 주변에서 먹이를 찾거나 농경지에 서식한다. 두 발로 폴짝 폴짝 뛰면서 땅 위에 내려와 먹이를 찾거나 농작물의 알곡을 먹기도 한다. 둥지는 인가의 건물 틈에 마른 식물의 뿌리, 헝겊이나 비늘조각 등을 이용해 틀고, 내부에 동물의 털을 깐다. 한배 산란수는 4~6개다. 포란기간은 12일이다. 새끼는 부화 약 14일 후에 둥지를 떠나며, 약 10일간 어미로부터 먹이를 공급받는다. 겨울철에는 인가 주변 덤불숲과 농경지 인근 관목지대에서 큰 무리를 이루어 생활한다.

특징 암수 같은 색, 다른 종과 혼동이 없다.

성조 머리 위는 밤색, 멱은 검은색, 귀깃에 초승달 모양 검은 반점이 있다. 몸윗면은 갈색이며 검은 줄무늬가 뚜렷하다. 큰날개덮깃과 가운데날개덮깃 끝이 흰색이다. 몸아랫면은 때 묻은 듯한 흰색이며 가슴옆과 옆구리에 갈색 기운이 있다.

어린새 전체적으로 색이 엷다. 귀깃의 검은 반점이 불명확하며, 멱의 검은색이 흐릿해 섬참새로 혼동할 수 있다. 부리 기부가 담황색이다.

1회 겨울깃 성조와 구별하기 어렵지만 멱의 검은 반점이 성조보다 작다. 부리 기부에 담황색 또는 엷은 노란색이 뚜렷하다(성조 겨울깃은 부리 기부가 약간 흐린 노란색이다).

성조. 2011.1.2. 경기 파주 오도리

성조. 2006.3.4. 서울 종로 창경궁

1회 겨울깃. 2011.1.2. 경기 파주 오도리

2011.1.29. 경기 파주 금릉

얼룩무늬납부리새

Lonchura punctulata Scaly-breasted Munia L10~11cm

서식 인도에서 중국 동남부까지, 필리핀, 셀레베스 섬 등 동남아시아에서 서식하며 오스트레일리아, 하와이 등지에 이입되었다. 관상조류로 적은 수가 사육되고 있다. 국내에서는 2003년 10월 27일 인천 옹진 소청도에서 7개체가 처음 확인된 이후 전남 신안 홍도, 흑산도, 가거도, 제주 서귀포, 충남 외연도 등지에서 확인된 미조다. 주로 5~7월 사이, 10월 하순에서 11월 중순 사이에 관찰되었다.

행동 무리를 이루어 행동한다. 농경지, 관목이 드물게 있는 풀밭에서 풀씨를 먹는다. 비교적 조용히 움직이며 놀라 날아오를 때 짧은 울음소리를 낸다.

특징 몸윗면은 전체적으로 갈색이며 깃축은 폭 좁은 흰색이 선명하다. 눈 주변과 멱은 적갈색이다. 몸아랫면은 흰색이며 가슴과 옆구리에 갈색 비늘무늬가 선명하다. 부리는 뭉툭해 다른 종과 혼동이 없다. 날개는 짧고 둥글며, 꼬리가 짧다.

어린새 성조보다 색이 옅다. 성조와 달리 눈 주변과 멱에 적갈색이 없으며 몸아랫면에 비늘무늬가 없다. 부리는 성조보다 색이 옅다.

아종 12아종으로 나뉜다. 국내에 기록된 아종은 중국 동남부, 대만, 인도차이나, 말레이반도 북부에 분포하는 *topela*로 판단된다.

성조. 2003.10.29. 전남 신안 홍도

성조. 2016.5.22. 충남 보령 외연도 © 이임수

성조. 2021.5.9. 전남 신안 흑산도 © 진경순

어린새. 2010.1.3. 태국 파타야 © 백정석

바위종다리 *Prunella collaris* Alpine Accentor L18cm

서식 유럽 남부에서 이란까지, 중앙아시아, 히말라야, 러시아 극동, 중국, 대만, 일본에서 번식하고, 겨울에는 저지대로 이동한다. 9아종으로 나눈다. 국내에는 드물게 찾아오는 겨울철새이며, 북한에서는 백두산 천지 주변에서 드물지 않게 번식하는 텃새다. 10월 중순에 도래해 월동하고 3월 하순까지 관찰된다.

행동 바위산 정상지대에 서식한다. 나뭇가지에 앉는 일은 드물고 바위 위에 앉는 경우가 대부분이다. 바위와 바위 사이의 이끼와 풀, 낙엽이 덮인 지역에서 곤충류, 거미류, 씨앗 등을 찾아 먹는다. 종종 쉬는 등산객 바로 옆까지 서슴없이 접근해 떨어진 과자 부스러기 등을 먹는다. 날개를 다소 빠르게 펄럭이며 직선으로 바위 위를 스치듯 난다. 계절에 관계없이 경계심이 적어 가깝게 접근할 수 있다.

특징 암수 같은 색, 연령 구별이 어렵다. 머리에서 가슴까지 어두운 회색이다. 눈 아래와 멱에 흰색과 검은색 무늬가 있다. 첫째날개덮깃, 가운데날개덮깃, 큰날개덮깃 끝에 흰 무늬가 있다. 가슴 아래쪽으로 밤색 줄무늬가 흩어져 있다. 윗부리는 검은색, 아랫부리는 끝부분을 제외하고 연한 노란색이다.

닮은종 **쇠바위종다리(Japanese Accentor, *P. rubida*)** 쿠릴열도 남부, 일본 홋카이도, 혼슈, 시코쿠에 서식한다. 2001년 3월 3일 부산 다대포에서 1개체가 관찰된 이후 2009년 4월 9일 경북 경주 단석산에서 관찰된 미조다. 번식기에는 아고산대의 초지, 암석지대에서 생활하며, 비번식기에는 저지대로 이동한다. 식물의 종자, 곤충류를 먹는다. 머리는 어두운 갈색, 귀깃에 가늘게 때 묻은 듯한 흰색 깃이 흩어져 있다. 몸윗면은 적갈색에 흑갈색 줄무늬가 흩어져 있다. 가슴에서 배까지 회흑색, 옆구리 아래쪽은 갈색이다.

2011.3.12. 경기 안산 수리산

2011.3.12. 경기 안산 수리산

2011.3.12. 경기 안산 수리산

쇠바위종다리. 2013.2.23. 일본. Alpsdake

멧종다리 *Prunella montanella* Siberian Accentor L14.5~15.5cm

서식 유럽 동북부에서 시베리아까지, 콜리마산맥, 몽골 북부에서 오호츠크해 연안의 고산지대까지 번식하고, 겨울에는 중국 북동부, 한국에서 월동한다. 2아종으로 나눈다. 국내에서는 약간 흔하게 월동하는 겨울철새다. 10월 중순에 도래해 월동하고 3월 하순까지 관찰된다.

행동 농경지 주변의 덤불, 산림 가장자리 관목림, 개울가 덤불에 서식한다. 노랑턱멧새, 박새 무리에 섞여 먹이를 찾기도 한다. 단독 또는 작은 무리를 이루어 먹이를 찾는 경우도 많다. 식물의 종자, 곤충류, 거미류를 먹는다. 관목, 덤불 속에서 먹이를 찾다가 놀라면 나뭇가지 위로 올라오는 습성이 있다.

특징 암수 같은 색이다. 머리는 검은색이며 폭 넓고 뚜렷한 황갈색 눈썹선이 있다. 눈선은 폭 넓은 검은색이며 귀깃에 작은 황갈색 반점이 있다. 귀깃 뒤쪽으로 옆목에 회색 무늬가 있다. 큰날개덮깃 끝에 흰 반점이 있다. 몸아랫면은 황갈색이며 옆구리에 갈색 줄무늬가 있다. 가슴 중앙 부분에 둥근 검은색 반점이 흩어져 있다. 부리는 뾰족하며 윗부리와 아랫부리가 만나는 기부는 살구색이다.

2012.12.30. 충남 보령 오포리

2010.1.29. 강원 철원 © 허위행

2013.2.9. 충남 보령 오포리

2008.1.12. 충북 제천 노목 © 이상일

긴발톱할미새

Motacilla tschutschensis Eastern Yellow Wagtail L16.5~18cm

서식 중앙시베리아에서 동쪽으로 추코트반도까지, 알타이 남부에서 동쪽으로 중국 동북부까지, 사할린, 알래스카에서 번식하고, 남아시아, 동남아시아에서 오스트레일리아 북부까지 월동한다. 국내에서는 봄철에는 4월 중순부터 5월 하순까지, 가을철에는 8월 중순부터 10월 중순까지 통과한다.

행동 작은 무리를 이루어 통과한다. 풀밭, 밭, 해안가 염습지의 풀줄기 또는 땅 위에서 거미류와 작은 곤충을 먹는다. 끊임없이 꼬리를 위아래로 흔드는 습성이 있다.

특징 몸윗면은 회색 기운이 있는 녹황색, 몸아랫면은 노란색, 다리는 검은색이다. 암컷과 성조 겨울깃은 수컷보다 색이 엷으며 앞가슴에 불명확한 얼룩이 있다.

1회 겨울깃 아종 구별이 어렵다. 몸윗면은 회색 기운이 있는 엷은 녹황색 또는 녹회색, 몸아랫면은 연한 노란색 또는 흰색이다. 개체에 따라 눈썹선의 색, 귀깃의 농도에서도 차이가 있다. 앞가슴에 갈색 얼룩이 있다. 아랫부리 기부가 밝다.

아종 유라시아대륙 전역, 아프리카 북부, 알래스카 북서부 등 광범위한 지역에 분포하는 종을 Yellow Wagtail로 분류하며 14아종 이상 또는 별개의 2종 Western Yellow Wagtail (*M. flava*), Eastern Yellow Wagtail (*M. tschutschensis*)로 나누기도 한다. 별개의 종으로 나눌 때 Eastern Y.에 *taivana, simillima, macronyx, plexa* 등이 속한다. 과거 *plexa*는 Western Y. (*M. flava thunbergi*)에 포함되었지만, 울음소리 및 유전적 차이 등을 근거로 Eastern Y.으로 분류한다.

아종 긴발톱할미새 *Motacilla tschutschensis taivana*
레나강 상류에서 오호츠크해 연안까지, 아무르, 사할린, 일본 홋카이도에서 번식하고, 대만, 중국 동남부, 동남아시아, 필리핀에서 월동한다. 국내에서는 흔하게 통과한다. 머리는 등과 같은 색, 눈썹선은 노란색, 귀깃은 녹색 기운이 있는 흑갈색이다(눈 뒤 아래쪽에 녹황색 반점이 있는 개체도 있다). 1회 겨울깃은 몸윗면이 회색, 몸아랫면은 흰색이 강하다. 보통 귀깃은 진한 색이다.

아종 흰눈썹긴발톱할미새 *M. t. simillima*
캄차카반도, 코르만스키예제도, 쿠릴열도 북부, 오호츠크해 연안에서 번식하고, 중국 동남부, 동남아시아, 필리핀에서 월동한다. *simillima*는 *tschutschensis*에 포함된다. 국내에서는 흔하게 통과한다. 머리는 청회색, 흰 눈썹선은 눈앞에서 눈 뒤까지 길게 이어져 있다. 눈앞과 눈 아래 주변이 흑회색(검은색)이다. 귀깃은 녹황색이 흐리게 섞여 있는 청회색 또는 진한 흑회색이다. 1회 겨울깃은 귀깃이 흐리며, 흰 눈썹선은 긴발톱할미새보다 폭이 약간 좁고 짧은 듯하다.

아종 북방긴발톱할미새 *M. t. macronyx*
몽골 동부, 중국 동북부, 아무르, 우수리, 러시아 동남부에서 번식하고, 중국 동남부와 동남아시아에서 월동한다. 국내에서는 매우 드물게 통과한다. 머리는 눈썹선이 없는 진한 청회색 또는 흑회색, 눈앞과 눈 아랫부분의 진한 청회색 또는 흑회색은 앞이마까지 다다르지 않는다(앞이마와 정수리가 약간 밝은 청회색으로 보인다). *plexa*보다 날개선의 폭이 넓고, 노란색이 더 강하다.

아종 흰눈썹북방긴발톱할미새 *M. t. plexa*
시베리아 북부 오브강 유역에서 동쪽으로 콜리마강까지 번식하고, 동남아시아와 인도에서 월동한다. 과거에 *plexa*는 *thunbergi*에 포함했다. 국내에서는 매우 드물게 통과한다. 흰 눈썹선은 짧고 가늘다. 특히 눈앞이 짧으며 눈 위는 거의 보이지 않고 눈 뒤쪽으로 약간 길다(일부는 흰 눈썹선이 없다). 머리는 청회색이며 눈 주변, 눈앞, 이마는 진한 청회색으로 검게 보인다.

긴발톱할미새 성조. 2013.5.1. 충남 보령 외연도 © 박대용

흰눈썹긴발톱할미새 성조. 2008.5.20. 전남 신안 흑산도

북방긴발톱할미새 성조. 2008.5.20. 전남 신안 흑산도

흰눈썹북방긴발톱할미새 성조. 2013.5.1. 충남 보령 외연도 © 박대용

여름깃보다 색이 엷으며
가슴에 불명확한 얼룩이 있다

흰눈썹긴발톱할미새 겨울깃. 2006.9.3. 충남 보령 오포리

1회 겨울깃. 2017.9.7. 전남 신안 흑산도 © 박창욱

1회 겨울깃. 2006.9.3. 충남 보령 오포리

1회 겨울깃. 2007.10.4. 전남 신안 흑산도

노랑머리할미새 *Motacilla citreola* Citrine Wagtail L18cm

서식 동유럽에서 중앙시베리아까지, 중앙아시아에서 몽골까지, 히말라야, 중국 서북부에서 번식하고, 이란 남부, 인도에서 동쪽으로 인도차이나반도 북부, 중국 남부에서 월동한다. 지리적으로 2 또는 3아종으로 나눈다. 1999년 4월 25일 제주도 하도리에서 수컷 1개체가 확인된 이후 전국에서 확인되었다. 개체수가 증가하고 있다. 주로 3월 중순부터 5월 중순까지 통과한다.

행동 이동시기에 해안가, 해안 근처의 농경지 등지에서 단독 또는 다른 할미새류와 함께 행동한다. 경계심이 강하며 위험을 느끼면 울음소리를 내며 날아오른다. 번식지에서는 해안 근처의 습한 지역 및 풀밭에서 번식하고, 물가에서도 자주 관찰된다.

특징 노랑할미새와 비슷하지만 멱이 노란색이며, 다리는 검은색이다.

수컷 머리에서 아랫배까지 짙은 노란색, 뒷목에서 옆목까지 검은 띠가 있다. 정수리 뒤쪽으로 검은 얼룩이 있는 개체도 있다. 큰날개덮깃과 가운데날개덮깃은 흰색(날개덮깃 안쪽에 검은 무늬 농도는 개체 간 차이가 있다).

암컷 머리가 엷은 회갈색이며 앞이마는 노란색이다. 귀깃은 때 묻은 듯한 노란색이다. 수컷과 달리 뒷목에 검은 띠가 없다.

1회 겨울깃 긴발톱할미새 어린새와 비슷하다. 폭 넓은 눈썹선은 종종 눈앞과 앞이마 부분에 황갈색 기운이 있으며 눈 뒤는 흰색이다. 몸윗면은 전체적으로 회색이며 노란색 기운이 없다. 몸아랫면은 흰색이다(긴발톱할미새 어린새는 아래꼬리덮깃에 노란색 기운이 있다).

1회 여름깃 수컷 성조와 구별이 어렵다. 보통 뒷목, 옆목의 검은 띠는 성조보다 폭이 좁다. 날개덮깃 끝은 폭 넓은 흰색으로 흰색 줄무늬 2열이 선명하다.

성조 수컷. 2016.4.19. 전남 신안 흑산도 © 박창욱

1회 여름깃 수컷. 2013.4.16. 전남 신안 가거도 © 고경남

성조 암컷. 2012.4.23. 제주 한림 © 김준철

1회 여름깃 암컷. 2018.5.7. 전남 신안 흑산도

노랑할미새 *Motacilla cinerea* Grey Wagtail L20cm

서식 극지방을 제외한 유라시아대륙 전역에서 번식하고, 겨울에는 인도, 동남아시아에서 뉴기니로 이동한다. 3아종으로 나눈다. 전국에 걸쳐 흔하게 번식하는 여름철새이며, 흔히 통과하는 나그네새다. 적은 수가 한반도 중부, 남부, 제주도에서 월동한다. 3월 중순부터 도래해, 전국에서 번식하고, 7월 중순부터 남하해 10월 하순까지 통과한다.

행동 강, 계류, 저수지, 논 주변에 서식한다. 항상 꼬리를 위아래로 흔든다. 곤충 성충과 유충, 거미 등을 잡아먹는다. 둥지는 개울가 돌 틈, 인가 주변의 돌 틈 등에 마른 풀잎, 이끼, 나무뿌리 등으로 틀고, 내부에 동물의 털을 깐다. 한배에 알을 4~6개 낳는다. 주로 암컷이 포란하며 포란기간은 약 13일, 육추기간은 13~14일이다.

특징 몸윗면은 회색이다. 날개깃은 전체적으로 검은색이며 셋째날개깃 가장자리가 흰색이다. 다리는 살구색으로 다른 할미새류의 검은색과 차이가 있다.

수컷 여름깃 눈썹선과 턱선은 흰색으로 뚜렷하다. 멱은 검은색, 몸아랫면은 노란색이며 옆구리는 흰색이다.

암컷 수컷과 비슷하지만 멱이 흰색이며 몸아랫면의 노란색이 더 약하다. 드물게 멱이 수컷과 비슷한 검은색 바탕에 흰색 깃이 섞여 있는 개체도 있다.

수컷 겨울깃 암컷과 같이 멱이 흰색으로 변해 암수 구별이 힘들다. 눈썹선은 황갈색 기운이 있으며, 폭이 좁다. 간혹 멱에 불명확한 검은 띠가 남아 있는 경우도 있다.

어린새 암수 모두 멱이 흰색이어서 암수 구별이 불가능하다. 아랫부리 기부는 살구색, 날개덮깃 끝은 폭 넓은 담황색, 가슴옆에 흑갈색 얼룩이 있다.

수컷. 2006.4.12. 전남 신안 홍도

암컷. 2014.6.20. 강원 인제 한계리

암컷. 2006.9.3. 충남 보령 오포리

둥지. 5월. 서울 노원 상곡동 ⓒ 서정화

알락할미새 *Motacilla alba* White Wagtail L20cm

유라시아대륙 전역과 아프리카대륙의 폭 넓은 지역에 분포한다. 앉아 있을 때 꼬리를 위아래로 흔드는 습성이 있다. 곤충을 주식으로 한다. 9 또는 11아종으로 나누며, 국내에서는 7아종이 기록되어 있다. 미성숙한 개체의 성 구별 및 아종 구별은 매우 어렵다.

아종 알락할미새 *Motacilla alba leucopsis*

서식 중국 남동부에서 중국 동북부까지, 아무르, 우수리, 한국, 대만에서 번식하고, 인도 동북부에서 방글라데시, 인도차이나반도, 중국 남부, 대만에서 월동한다. 국내에서는 흔하게 번식하는 여름철새이며, 주로 남부 지역에서 매우 적은 수가 월동한다.

행동 인가 주변, 농경지, 하천, 바닷가 모래밭에서 서식하고 바쁘게 움직이며 곤충류를 잡는다. 백할미새보다 물이 적은 환경에서도 서식한다. 둥지는 돌담, 바위 틈, 물가 벼랑의 움푹 파인 곳에 틀고, 한배에 알을 4~6개 낳는다. 포란기간은 13~14일, 육추기간은 약 13일이다.

특징 **성조 수컷** 머리 위를 포함한 몸윗면은 균일한 검은색, 얼굴은 흰색이며 검은색 눈선이 없다. 날 때 큰날개덮깃과 가운데날개덮깃의 흰색을 제외하고 날개 색은 백할미새보다 어둡게 보인다.

성조 암컷 수컷과 매우 비슷하지만 등은 수컷보다 약간 흐린 검은색이다.

1회 겨울깃 수컷 머리는 검은색 바탕에 회색이 섞여 있다. 몸윗면은 회색이며, 가늘고 검은 깃이 섞여 있다. 작은날개덮깃은 검은색, 가운데날개덮깃과 큰날개덮깃은 흰색, 허리와 위꼬리덮깃은 검은색, 뺨은 연한 노란색이며 불명확한 검은색 깃이 있다(노란색은 월동 중 없어진다).

1회 겨울깃 암컷 머리를 포함해 몸윗면은 균일한 옅은 회색이다(등에 검은 반점이 없다). 뺨은 연한 노란색이며 불명확한 검은색 깃이 흩어져 있다.

1회 여름깃 성조와 비슷하다. 몸 바깥쪽 일부 큰날개덮깃은 흑갈색, 수컷은 몸윗면이 균일한 검은색이며, 암컷은 회흑색 또는 회색 바탕에 검은색 얼룩이 있다

아종 시베리아알락할미새 *Motacilla alba baicalensis*

서식 중앙시베리아, 몽골 북부에서 번식하고, 인도, 네팔, 방글라데시, 미얀마 북부, 태국 북부, 중국 남부에서 월동한다. 국내에서는 매우 드물게 통과하는 나그네새다. 주로 3월 하순에서 4월 중순 사이에 통과한다.

특징 정수리에서 뒷머리까지 검은색, 등은 균일하게 연한 회색, 수컷은 멱과 가슴이 검은색이다(암컷은 검은색 폭이 좁다). 허리가 회색이며, 어깨와 작은날개덮깃에 검은색 반점이 없다

아종 검은턱알락할미새 *Motacilla alba dukhunensis*

서식 우랄산맥에서 타이미르반도까지, 코카서스, 남쪽으로 이란 서북부, 알타이산맥에서 번식하고, 중동에서 남아시아까지 월동한다. 국내에서는 약 2회 관찰기록만 있다. 2015년 3월 25일과 2018년 3월 29일 전남 신안 흑산도에서 1개체가 관찰되었다.

특징 시베리아알락할미새와 유사하지만 멱이 검은색이다. 날개덮깃 안쪽이 약간 어둡다.

아종 흰이마알락할미새 *Motacilla alba personata*

서식 중앙아시아에서 번식하고, 이란, 아프가니스탄, 파키스탄, 인도, 네팔, 방글라데시에서 월동한다. 국내에서는 2009년 4월 7일 전남 신안 홍도에서 처음 관찰된 이후 전북 군산 어청도, 전남 신안 가거도, 강원 원주에서 관찰되었다. 4회의 관찰기록만 있는 미조다.

특징 이마에서 눈 뒤까지 흰색이며 그 외 머리와 목, 가슴은 검은색이다. 몸윗면은 회색이다.

아종 히말라야알락할미새 *Motacilla alba alboides*

서식 중국 서남부, 히말라야에서 번식하고, 인도 북부, 네팔, 중국 남부, 인도차이나반도에서 월동한다. 국내에서는

알락할미새 성조 수컷. 2009.3.8. 전남 신안 흑산도

알락할미새 성조 암컷(?). 2006.3.14. 전남 신안 흑산도

알락할미새 1회 여름깃 암컷(?). 2006.3.18. 전남 신안 홍도

알락할미새 1회 겨울깃 수컷. 2012.9.23. 경기 화성 © 김준철

시베리아알락할미새. 2008.3.28. 전남 신안 흑산도

검은턱알락할미새. 2018.3.29. 전남 신안 흑산도

흰이마알락할미새. 2009.4.7. 전남 신안 홍도 © 원일재

히말라야알락할미새. 2013.10.7. 전남 신안 가거도 © 고경남

10월에 2회의 관찰기록만 있는 미조다.

특징 흰이마알락할미새와 비슷하지만 등이 전체적으로 검은색이다.

아종 **백할미새** ***Motacilla alba lugens***

서식 캄차카반도 남부, 쿠릴열도, 사할린, 아무르강, 우수리 일대, 일본 홋카이도 등지에서 번식하고, 중국 남동부, 대만, 일본, 한국 등지에서 월동한다. 국내에서는 흔하게 월동하는 겨울철새이며, 흔한 나그네새다. 10월 초순부터 도래해 통과하거나 월동하며, 3월 하순까지 통과한다. 최근 울릉도에서 번식이 확인되었다.

행동 모래와 자갈이 있는 냇가, 강가, 바닷가 주변 등 물가를 선호한다.

특징 검은색 눈선이 뚜렷하다. 날 때 날개는 첫째날개깃 끝부분과 작은날개덮깃을 제외하고 흰색이 넓게 보인다. 계절에 따라 깃 색이 변해 성 구별 및 아종 구별이 어렵다.

수컷 여름깃 앞머리가 흰색이며 정수리에서 뒷머리까지 검은색, 등과 꼬리는 검은색이다.

암컷 여름깃 머리는 검은색, 등은 어두운 회흑색 또는 회색이며 다소 검은색이 섞여 있다. 첫째날개덮깃 끝은 검은색, 날개깃의 상당 부분이 흰색이다.

수컷 겨울깃 머리는 검은색, 등은 회색이며 드물게 큰 검은색 반점이 섞여 있다. 가운데날개덮깃과 큰날개덮깃은 흰색이다.

암컷 겨울깃 머리는 검은색이며, 등은 회색이다(일부 개체는 몸윗면에 수컷처럼 검은 반점이 흩어져 있지만 보다 작고 드물게 흩어져 있다). 첫째날개덮깃 끝이 검은색이다.

1회 겨울깃 수컷 얼굴에 노란색 기운이 있다(월동 중에 점차 노란색이 없어져 흰색으로 변한다). 정수리에서 뒷목까지 검은색이다(머리가 검은색 또는 검은색과 회색이 섞여 있는 것처럼 보인다). 등은 회색, 아랫부리 기부가 엷은 노란색이다. 이마의 흰색이 넓다.

1회 겨울깃 암컷 머리는 등과 같은 회색, 이마는 때 묻은 듯한 흰색, 검은색 눈선의 폭이 좁다. 큰날개덮깃과 가운데날개덮깃의 상당 부분이 흰색이다.

1회 여름깃 수컷 몸윗면은 성조 여름깃과 비슷하지만 첫째날개덮깃이 검은색이며 날개깃의 상당 부분이 검은색이다.

1회 여름깃 암컷 머리는 대부분 검은색, 몸윗면은 대부분 회색이며, 일부 작은 검은색 얼룩이 흩어져 있다. 큰날개덮깃은 흰색, 허리와 위꼬리덮깃은 검은색이다.

아종 **검은턱할미새** ***Motacilla alba ocularis***

서식 동시베리아 북부와 동북부, 알래스카 서부에서 번식한다. 국내에서는 비교적 드물게 통과하는 나그네새이며, 매우 드물게 월동한다. 봄철에는 4월 초순부터 4월 하순까지 북상하며, 가을철에는 10월 중순부터 11월 초순 사이에 통과한다.

특징 암수 비슷하며, 겨울깃은 백할미새와 매우 비슷하다. 허리는 회색이다.

수컷 여름깃 검은색 눈선이 뚜렷하다. 머리는 검은색이며, 등과 허리가 회색, 멱과 턱밑이 검은색, 날 때 큰날개덮깃과 가운데날개덮깃의 흰색을 제외하고 날개는 어둡게 보인다.

암컷 여름깃 수컷과 구별하기 어렵다. 큰날개덮깃과 가운데날개덮깃 안쪽으로 검은색을 띠는 경우가 많다.

겨울깃 멱과 턱밑이 흰색으로 백할미새와 혼동된다. 수컷의 머리는 여름깃과 같이 검은색지만 암컷은 검은색과 회색이 섞여 있다.

1회 겨울깃 수컷 머리는 회색 바탕에 검은색이 섞여 있다. 큰날개덮깃과 가운데날개덮깃 안쪽은 검은색이며, 깃 끝은 흰색이다(흰색 날개선 2열이 보인다). 일부 개체는 큰날개덮깃 바깥 우면이 폭 넓은 흰색으로 백할미새와 혼동하기 쉽다. 허리는 회색이다.

1회 겨울깃 암컷 멱과 턱밑이 흰색, 머리는 등과 같은 회색, 검은색 눈선은 가늘며 얼굴 주변이 연한 노란색이다. 큰날개덮깃과 가운데날개덮깃의 상당 부분이 검은색으로 보인다(폭 넓은 흰색 날개선 2열을 형성한다).

백할미새 *Motacilla alba lugens*

성조 수컷 여름깃. 2006.4.5. 전남 신안 홍도

성조 수컷 겨울깃. 2010.1.13. 전남 신안 흑산도

성조 암컷 겨울깃. 2009.1.2. 충남 천수만 © 김신환

1회 겨울깃 수컷. 2005.10.22. 전남 신안 홍도

검은턱할미새 *Motacilla alba ocularis*

성조 수컷 여름깃. 2006.4.5. 전남 신안 홍도

성조 암컷(?). 2006.4.21. 전남 신안 홍도

회 겨울깃 수컷. 2013.1.15. 경기 하남 산곡천 © 박대용

1회 겨울깃 암컷. 2009.12.24. 전남 신안 흑산도

할미새류 닮은 종 비교

알락할미새 성조 수컷. 2006.3.26. 전남 신안 홍도

알락할미새 1회 겨울깃 암컷. 2008.9.26. 전남 신안 가거도

알락할미새 어린새. 2007.6.20. 전남 신안 흑산도

시베리아알락할미새. 2007.4.5. 전남 신안 흑산도

백할미새 성조 수컷 겨울깃. 2009.12.2. 전남 영암

백할미새 1회 겨울깃 암컷. 2009.12.2. 전남 영암

검은턱할미새 1회 여름깃 암컷. 2006.4.4. 전남 신안 홍도

검은턱할미새 1회 겨울깃 암컷. 2009.12.24. 전남 신안 흑산도

검은등할미새 *Motacilla grandis* Japanese Wagtail L21cm

서식 한국과 일본의 산간계류에서 서식하는 텃새다. 국내에서는 전국의 하천에서 번식하는 텃새이지만 한반도 서남부 지역에서는 드물다.

행동 자갈과 바위가 풍부한 평지와 산악지역에 위치한 계곡, 하천, 강에서 육상곤충, 수서곤충, 작은 어류를 잡아먹는다. 분주히 걸어 다니며 땅 위 또는 물속에서 먹이를 구하거나 날아다니는 곤충을 공중에서 잡아먹기도 한다. 한 쌍 또는 적은 수가 서로 거리를 두고 먹이를 찾는다. 비교적 빠른 3월 초에 번식에 들어간다(연 2회 번식한다). 둥지는 하천변 돌무더기 틈, 자갈과 바위가 많은 강가 풀숲에 튼다. 한배에 알을 4~6개 낳는다. 포란기간은 약 13일이며, 육추기간은 약 13일이다. 이동하면서 울음소리를 내고 꼬리를 위아래로 움직인다.

특징 암수 비슷한 색, 몸윗면은 거의 균일한 검은색이다.

수컷 이마, 눈썹선, 턱밑이 흰색이다. 몸윗면은 균일한 검은색, 가슴은 검은색이며 나머지 몸아랫면은 흰색이다. 날 때 보이는 날개깃은 폭 넓은 흰색이다(둘째날개깃도 흰색).

암컷 수컷과 매우 비슷하지만 몸윗면의 색이 약간 엷다. 첫째날개덮깃 끝이 검은색이다. 날 때 보이는 둘째날개깃 끝부분에 검은색이 선명하다.

1회 겨울깃 성조 암컷과 매우 비슷하다. 첫째날개덮깃과 둘째날개깃의 검은색에 차이가 있지만 야외에서 연령, 성 구별은 매우 어렵다.

어린새 머리, 몸윗면, 가슴은 갈색이 섞여 있는 균일한 회색이다. 때 묻은 듯한 흰 눈썹선은 눈 뒤로 이어진다. 가운데날개덮깃은 균일한 흰색, 큰날개덮깃 안쪽은 검은색이며 깃 끝은 폭 넓은 흰색이다.

성조 수컷. 2005.4.8. 경기 여주 © 서정화

성조 암컷. 2013.1.15. 경기 하남 산곡천 © 박대용

암컷. 2013.1.15. 경기 하남 산곡천 © 박대용

어린새. 2014.6.14. 충북 단양 남한강

큰밭종다리 *Anthus richardi* Richard's Pipit L18cm

서식 중앙아시아에서 오호츠크해 연안까지, 러시아 극동, 중국에서 번식하고, 중국 남부와 동남부, 대만, 동남아시아에서 월동한다. 국내에서는 다소 흔하게 통과하는 나그네새다. 봄철에는 4월 중순부터 5월 하순까지, 가을철에는 9월 초순부터 10월 중순 사이에 통과한다.

행동 초지, 매립지, 농경지, 과수원 등지에서 생활한다. 이동시기에 작은 무리를 이루어 행동하는 경우가 많다. 먹이는 땅 위에서 빠른 걸음으로 돌아다니며 찾는다. 놀랐을 때는 울음소리를 내며 날아올라 힘차게 날며, 크게 오르내리는 비행을 한 후 관목 가지 위나 바위 위에 앉고, 종종 전깃줄에 앉기도 한다. 곤충류를 주로 먹는다. 쇠밭종다리보다 키가 크고 놀랐을 때에는 몸을 길게 세운다.

특징 밭종다리 종류 중 가장 크다. 쇠밭종다리와 매우 비슷해 구별이 어렵다.

성조 머리를 포함한 몸윗면은 진한 갈색 또는 황갈색에 흑갈색 줄무늬가 있다. 눈썹선은 엷은 갈색, 부리는 길고 부리 끝이 둥그렇다. 눈앞은 줄무늬가 없이 색이 엷으며, 일부 가운데날개덮깃의 검은색 축반이 뾰족하다(몸 안쪽과 몸 바깥쪽의 가운데날개덮깃은 중앙 부분과 무늬가 달라 쇠밭종다리의 형태와 비슷하다). 가슴과 옆구리는 엷은 황갈색이며 배는 흰색이다. 부척은 길며 등황색, 뒷발톱이 길며, 다소 직선이다. 외측 꼬리깃은 흰색이다.

2007.10.1. 충남 천수만 © 김신환

2013.5.3. 충남 보령 외연도 © 박대용

어린새. 2009.9.18. 전남 신안 흑산도

가운데날개덮깃 형태. 2017.5.11. 전남 신안 흑산도

쇠밭종다리 *Anthus godlewskii* Blyth's Pipit L16.5cm

서식 알타이산맥 동쪽에서 바이칼호 동쪽 지역까지, 몽골, 중국 중북부에서 번식하고, 인도, 스리랑카에서 월동한다. 국내에서는 매우 적은 수가 통과하는 나그네새다. 봄철에는 4월 하순부터 5월 중순까지 북상하며, 가을철에는 9월 하순부터 10월 초순 사이에 통과한다.

행동 초지, 매립지, 농경지, 과수원 등에서 생활한다. 이동시기에 큰밭종다리 무리에 섞이는 경우가 많다. 꼬리를 위아래로 흔들며 지상을 거닐면서 곤충류, 거미류, 풀씨 등을 먹는다.

특징 큰밭종다리와 매우 비슷해 혼동되는 경우가 많다. 큰밭종다리보다 작고, 부리와 다리가 짧다. 머리에서 등은 갈색이며 흑갈색 줄무늬가 큰밭종다리보다 더 뚜렷하다. 눈썹선은 갈색, 부리는 약간 짧고 부리 끝이 직선이다. 일부 가운데날개덮깃의 검은색 축반이 약간 둥그스름한 사각형이다. 몸아랫면은 약간 균일한 담황색이다(큰밭종다리와 달리 배는 완전 흰색이 아니다). 뒷발톱이 길며, 약간 곡선을 이룬다. 외측 꼬리깃이 흰색이다. 울음소리로 큰밭종다리와 구별할 수 있다. 중국 중부와 동부에 분포하는 큰밭종다리 아종 *sinensis*는 크기가 작고 꼬리와 뒷발톱이 짧아 쇠밭종다리와 매우 유사하다.

어린새 큰밭종다리 어린새와 매우 비슷해 구별하기 어렵다. 크기가 작고 일부 가운데날개덮깃의 형태가 다르다.

성조. 2017.5.9. 전남 신안 흑산도

성조. 2017.5.9. 전남 신안 흑산도

어린새. 2009.10.26. 전남 신안 흑산도

가운데날개덮깃 형태. 2017.5.11. 전남 신안 흑산도

할미새과 Motacillidae

풀밭종다리 *Anthus pratensis* Meadow Pipit L14.5cm

서식 유럽 북부에서 서시베리아 북부까지, 아일랜드, 그린란드 남동부에서 번식하고, 겨울에는 아프리카 북부, 소아시아, 그리스, 이라크 등지로 이동한다. 국내에서는 2006년 12월 21일 전남 신안 흑산도에서 처음 확인된 이후 2013년 1월 11일 경기 하남 산곡천에서 1개체, 2013년 11월 23일 울릉도 등지에서 관찰된 미조다.

행동 농경지, 초지, 축축한 늪지에서 생활한다. 갑자기 움직이는 듯한 걸음걸이로 분주히 돌아다니며 곤충 또는 씨앗을 먹는다. 비상 후 땅에 내려앉는 것을 선호하지만 종종 전깃줄, 장대, 나무에 앉기도 한다. 날 때 다른 종과 구별되는 독특한 울음소리를 낸다.

특징 붉은가슴밭종다리 1회 겨울깃과 비슷하다. 머리에서 몸윗면은 약간 진한 올리브 갈색이며 흑갈색 줄무늬가 명확하다. 눈썹선은 불명확하다. 가슴과 옆구리의 줄무늬 폭은 거의 균일하다. 허리는 황갈색이며, 매우 흐린 줄무늬가 있다(어깨와 등보다 색이 훨씬 흐리다). 몸아랫면은 때묻은 듯한 흰색 또는 엷은 황갈색이며, 옆구리 부분이 가장 진하다. 부리가 나무밭종다리보다 약간 가늘다. 뒷발톱은 약간 길며 직선이다. 아래꼬리덮깃은 흰색이며, 종종 가장 긴 깃의 기부와 중앙부는 더러운 회갈색(뚜렷한 검은색 점이 아니다), 다리는 분홍색이다.

닮은종 **붉은가슴밭종다리** 허리에 검은 줄무늬가 뚜렷하다. 가장 긴 아래꼬리덮깃은 갈색을 띠는 검은색 축반 또는 점이 있다.

2006.12.21. 전남 신안 흑산도

2006.12.22. 전남 신안 흑산도

2006.12.29. 전남 신안 흑산도

2012.1.3. 경기 하남 산곡천 © 곽호경

나무밭종다리 *Anthus trivialis* Tree Pipit L15cm

서식 유럽에서 중앙시베리아 고원까지 번식하고, 겨울에 아프리카 동부와 인도로 이동한다. 지리적으로 2아종으로 나눈다. 국내에서는 2000년 5월과 10월에 전남 신안 가거도에서 처음 확인된 이후 인천 옹진 소청도, 충남 보령 외연도, 전북 군산 어청도, 전남 신안 흑산도와 홍도 등지에서 관찰되었다. 매우 희귀하게 육지에서 멀리 떨어진 도서 지역을 통과한다. 봄철에는 4월 중순부터 5월 중순까지 북상하며, 가을철에는 9월 초순부터 10월 중순 사이에 통과한다.

행동 나무가 드물게 자라는 초지, 산림 가장자리 밭에서 생활하며, 놀랐을 때는 나뭇가지로 올라가는 경우가 많고 다소 먼 거리로 비상한다. 땅 위에서는 다소 은밀히 움직이며 약간 움츠리는 자세를 취한다.

특징 힝둥새, 풀밭종다리와 비슷하다. 머리와 몸윗면은 엷은 갈색이며 진한 갈색 줄무늬가 있다. 몸아랫면의 흑갈색 줄무늬가 약간 가늘며 특히 옆구리가 가늘다. 눈썹선은 엷은 갈색으로 불확실하다. 허리에 줄무늬가 없다. 배는 흰색이며 가슴과 옆구리의 누런색과 명확하게 대조를 이룬다. 첫째날개깃이 셋째날개깃과 거의 같은 길이로 첫째날개깃이 겨우 보이거나, 보이지 않는 경우가 많다. 외측 꼬리깃은 힝둥새와 비슷하다.

닮은종 **힝둥새** 몸윗면은 녹갈색 기운이 강하며 세로 줄무늬가 불명확하다. 옆구리의 줄무늬 폭이 가슴보다 약간 좁다.

2005.4.24. 전남 신안 흑산도

2006.5.21. 전남 신안 흑산도

2009.5.2. 전남 신안 홍도 © 김준철

2018.4.18. 전남 신안 흑산도

힝둥새 *Anthus hodgsoni* Olive-backed Pipit L16~17cm

서식 우랄산맥 동쪽에서 오호츠크해 연안까지, 캄차카 남부, 사할린, 쿠릴열도, 중국 동북부, 북한, 히말라야, 중국 중부, 일본에서 번식하고, 인도, 동남아시아, 필리핀, 한국, 일본, 대만 등지에서 월동한다. 국내에서는 매우 흔히 통과하는 나그네새다. 봄철에는 4월 초순부터 5월 중순까지 북상하며, 가을철에는 9월 중순부터 11월 중순 사이에 통과한다. 또한 비교적 흔히 월동하는 겨울철새다.

행동 하천가 풀밭, 농경지, 인가 주변의 숲 가장자리에서 서식하며 땅 위에서 먹이를 찾는다. 주위에서 인기척을 느끼면 나뭇가지로 날아올라 꼬리를 흔드는 행동을 한다.

특징 첫째날개깃이 셋째날개깃 밖으로 약하게 돌출된다. 몸윗면은 녹갈색이며 가는 줄무늬가 있다. 눈 위와 눈 뒤로 짧고 뚜렷한 흰 눈썹선이 있다. 눈썹선 위에 약간 폭 넓은 검은색 머리옆선이 있다. 눈앞에서 윗부리 사이는 넓게 흩어진 담황색, 귀깃 부분에 뚜렷한 흰 반점이 있으며, 그 밑에 검은 반점이 있다. 허리에 줄무늬가 없다. 가슴에는 뚜렷한 검은색 줄무늬가 있으며, 옆구리에는 가슴보다 약간 폭 좁은 줄무늬가 있다.

아종 2아종으로 나눈다. *yunnanensis*는 우랄산맥에서 동쪽으로 캄차카에 이르는 광범위한 지역에서 번식한다. 몸윗면의 줄무늬가 매우 가늘다. 옆구리의 줄무늬는 가슴보다 뚜렷하게 가늘다. *hodgsoni*는 히말라야에서 중국 중부까지, 일본에서 번식한다. 머리를 포함해 몸윗면의 줄무늬가 보다 뚜렷하다. 가슴과 옆구리의 줄무늬 폭이 넓다. 봄과 가을 통과하는 아종은 대부분 *yunnanensis*이며, 아종 *hodgsoni*가 한라산과 지리산 고지대에서 번식한다.

아종 ***yunnanensis***. 2006.10.13. 전남 신안 홍도

아종 ***yunnanensis***. 2006.4.5. 전남 신안 홍도

아종 ***yunnanensis***. 2006.10.8. 전남 신안 홍도

아종 ***hodgsoni***. 2017.6.23. 지리산 촛대봉 © 진경순

흰등밭종다리 *Anthus gustavi* Pechora Pipit L15~16cm

서식 우랄산맥 동쪽의 시베리아 북부, 러시아 극동 북부, 캄차카에서 번식하고, 필리핀, 보르네오, 소순다열도, 몰루카제도에서 월동한다. 국내에는 드물게 통과하는 나그네새다. 봄철에는 4월 하순부터 5월 하순까지 북상하며, 가을철에는 8월 하순부터 10월 초순 사이에 통과한다.

행동 이동시기에 관목이 드물게 자라는 물기가 적은 습지나 풀밭에 앉아 풀씨, 곤충 등을 먹는다. 보통 2~4마리로 적은 무리를 이루어 행동한다. 다른 밭종다리류와 달리 놀라면 갑자기 날지 않고 초지 위를 기어 달아나거나 가까운 나뭇가지에 앉는 습성이 있다.

특징 붉은가슴밭종다리 1회 겨울깃과 비슷하다. 첫째날개깃이 셋째날개깃 뒤로 돌출된다. 아랫부리 기부는 분홍색, 머리에서 등은 회갈색에 흑갈색 줄무늬가 있다. 뚜렷한 날개선이 2열 있다. 등에 흰색 줄무늬가 뚜렷하다. 눈썹선은 불명확하다. 허리에는 뚜렷한 검은색 줄무늬가 있다. 가슴은 옅은 황갈색이며, 배는 흰색. 가슴과 옆구리에 흑갈색 굵은 줄무늬가 있다. 다리는 분홍색이다.

아종 2아종으로 나눈다. *gustavi*는 시베리아 북부에서 캄차카까지 폭 좁은 띠를 이루며 긴 지역에 걸쳐 분포한다. *menzbieri*는 독립된 종 **쇠흰등밭종다리(Menzbir's Pipit, *A. menzbieri*)**로 보기도 한다. 북쪽 번식 집단과 격리된 아무르강 하류유역과 한카호 주변의 좁은 지역에서 적은 수가 번식한다. *gustavi*보다 약간 작으며, 앞이마와 정수리의 검은색 줄무늬가 갈색보다 넓다. 등 깃 가장자리의 밝은 부분 폭이 *gustavi*보다 좁기 때문에 몸윗면이 어둡게 보인다.

2012.5.5. 충남 보령 외연도 © 김준철

아종 **쇠흰등밭종다리** *menzbieri*. 2004.5.6. 전남 신안 홍도

2006.5.11. 전남 신안 홍도

쇠흰등밭종다리(좌), **흰등밭종다리**(우). 2018.9.6. 전남 신안 흑산도

한국밭종다리 *Anthus roseatus* Rosy Pipit L15cm

서식 아프가니스탄 동부에서 히말라야까지, 티베트, 중국 중부와 남부의 고산지대 풀밭에서 번식하고, 인도 북부, 미얀마, 태국 서북부, 베트남 북부에서 월동한다. 국내에서는 육지에서 멀리 떨어진 도서 지역을 매우 희귀하게 통과하는 미조다. 주로 4월 중순부터 5월 하순 사이에 통과한다.

행동 고산지대에서 서식하지만 이동시기와 월동지에서는 호숫가, 강가의 습한 곳을 선호한다. 붉은가슴밭종다리, 밭종다리 무리에 섞여 이동하는 경우도 있다.

특징 힝둥새, 밭종다리와 달리 몸윗면에 굵고 검은 줄무늬가 있다. 부리는 완전히 검은색, 다리는 살구색, 겨드랑이가 레몬빛 같은 노란색이다(붉은가슴밭종다리는 옆구리와 아랫날개덮깃이 옅은 황백색 또는 적갈색).

여름깃 큰날개덮깃 가장자리를 따라 약한 녹색 기운이 있으며, 날개깃 가장자리와 첫째날개덮깃, 작은날개덮깃에 녹황색 기운이 강하다. 앞이마에서 뒷목까지 매우 옅은 녹색 기운이 있는 회갈색이다. 멱, 가슴, 눈썹선은 때 묻은 듯한 분홍빛. 어두운 갈색 귀깃은 분홍색 눈썹선 및 가슴과 큰 대조를 이룬다. 허리, 위꼬리덮깃에 줄무늬가 없다.

겨울깃 붉은가슴밭종다리 1회 겨울깃과 비슷하지만 몸윗면의 깃 가장자리가 회색이다. 허리, 위꼬리덮깃에 줄무늬가 없다. 몸아랫면은 줄무늬가 더 많다.

1회 겨울깃 붉은가슴밭종다리와 비슷하지만 때 묻은 듯한 흰 눈썹선이 넓고 뚜렷하며 눈 뒤쪽이 아래쪽으로 급하게 굽었다. 아랫부리가 거의 검은색, 눈앞이 어둡다.

2007.5.31. 전남 신안 홍도

2017.4.25. 전남 신안 흑산도 © 박창욱

2005.5.12. 전남 신안 홍도

2011.5.16. 전남 신안 흑산도 © 박형욱

붉은가슴밭종다리 *Anthus cervinus* Red-throated Pipit L15.5cm

서식 유라시아의 북극권과 알래스카 서부에서 번식하고, 아프리카 중부, 지중해, 중국 남부, 필리핀, 동남아시아에서 월동한다. 국내에서는 약간 흔하게 통과하는 나그네새다. 봄철에는 4월 초순부터 5월 초순까지, 가을철에는 9월 중순부터 11월 중순까지 관찰된다.

행동 농경지, 초지, 해안가 폐경지에 서식한다. 이동시기에 작은 무리를 이루며 밭종다리 사이에 1~2마리가 섞이기도 한다. 꼬리를 위아래로 끊임없이 움직이며 풀밭에서 곤충류 또는 풀씨를 찾는다.

특징 몸윗면은 황갈색이며 폭 넓은 검은색 줄무늬가 있다. 허리에 검은 줄무늬가 뚜렷하다. 멱과 가슴의 적갈색 농도와 줄무늬는 개체에 따라 차이가 있다. 셋째날개깃이 약간 길어 첫째날개깃이 보이지 않는다. 아랫부리는 등황색, 다리는 붉은 기운이 있는 살구색, 아래꼬리덮깃의 가장 긴 깃에는 갈색을 띠는 검은색 축반 또는 점이 있다.

여름깃 머리, 멱, 가슴은 적등색 또는 적갈색, 아랫가슴은 때 묻은 듯한 흰색이며 옆구리에 약간 가는 흑갈색 줄무늬가 있다. 암컷은 머리와 가슴 색이 수컷보다 엷다.

겨울깃 암수 모두 얼굴, 멱과 윗가슴은 엷은 적갈색이며 배는 때 묻은 듯한 흰색 또는 엷은 황갈색이다. 눈썹선은 엷은 황갈색이지만 분명하지 않은 개체도 있다.

1회 겨울깃 가슴에 적갈색이 없다. 몸아랫면은 엷은 황갈색이다. 풀밭종다리와 비슷하지만 허리에 진한 줄무늬가 있다. 등에 때 묻은 듯한 흰색 줄무늬가 뚜렷하게 있다. 검은색 턱선이 뚜렷하다. 흰등밭종다리와 비슷하지만 셋째날개깃이 길며, 아랫부리 기부가 등황색이다.

여름깃. 2006.4.5. 강원 강릉 ⓒ 백정석

겨울깃. 2017.9.30. 전남 신안 흑산도

1회 겨울깃. 2006.10.13. 전남 신안 홍도

1회 겨울깃. 2004.10.24. 전남 신안 홍도

밭종다리 *Anthus rubescens* Buff-bellied Pipit L16cm

서식 바이칼호 동쪽의 동시베리아에서 러시아 극동까지, 북아메리카, 그린란드 서부에서 번식하고, 중국 동남부, 한국, 일본, 미국 남부, 멕시코에서 월동한다. 한국에서는 흔히 월동하는 겨울철새다. 10월 중순부터 도래해 월동하고 4월 하순까지 관찰된다.

행동 번식기에는 바위가 흩어져 있는 아고산대와 고산대에서 번식하고, 겨울에는 저지대로 이동한다. 꼬리를 위아래로 움직이면서 휴경지, 초지, 해안가, 개울가 등지를 거닐며 곤충류, 식물의 종자를 먹는다. 작은 무리를 이루어 먹이를 찾는 경우가 많다.

특징 머리를 포함한 몸윗면은 회갈색이며 불명확하게 가는 흑갈색 줄무늬가 있다. 눈앞은 색이 엷다. 턱선이 뚜렷하다. 다리는 붉은색을 띠는 살구색이다.

여름깃 몸아랫면은 엷은 분홍빛에 가슴과 옆구리에 흑갈색 줄무늬가 있다(가을, 겨울에는 줄무늬가 진하며 봄에는 줄무늬가 적고 가늘다).

겨울깃 몸윗면은 갈색이며 불명확한 줄무늬가 있다. 몸아랫면은 흰 기운이 강하며 검은 줄무늬가 여름깃보다 더 뚜렷하고 진하다(가슴옆, 옆구리, 아랫배에 황갈색이 비교적 뚜렷한 개체도 있다). 흰색 날개선이 2열 있다. 때 묻은 듯한 흰색 눈썹선은 눈 뒤로 짧게 이어진다.

분류 3아종으로 분류하며, 국내에서 월동하는 아종은 바이칼호에서 동쪽으로 추코트반도까지, 러시아 극동, 캄차카반도 등지에서 번식하는 *japonicus*이다. 북아메리카, 그린란드 서부에서 번식하는 아종 *rubescens*는 다리는 흑갈색, 몸아랫면은 퍼진 듯한 흑갈색 줄무늬가 있다.

여름깃으로 깃털갈이 중. 2006.4.6. 전남 신안 홍도

여름깃으로 깃털갈이 중. 2006.4.7. 전남 신안 홍도

겨울깃. 2006.11.12. 전남 신안 홍도

겨울깃. 2012.1.28. 전남 영암

옅은밭종다리 *Anthus spinoletta* Water Pipit L16cm

서식 유럽 남부와 중부에서 바이칼호까지 국지적으로 번식하고, 유럽 남부와 서부, 아라비아, 서남아시아, 중국 남부에서 월동한다. 국내에서는 경기 하남, 안양, 안산, 충남 천수만, 전남 신안 흑산도, 전북 군산 어청도, 제주 성산포 등지에서 확인되었다. 매우 희귀한 겨울철새다.

행동 밭종다리와 거의 같지만 물이 있는 곳을 좋아한다. 번식기에는 수목한계선 위쪽의 고지대에서 번식하고, 겨울철에는 강가, 호숫가, 저수지 등 습한 담수지역에서 월동하며 드물게 해안가에서도 관찰된다.

특징 야외에서 밭종다리와 혼동하기 쉽지만 색이 보다 옅다. 다리가 흑갈색으로 매우 어둡게 보인다. 턱선이 거의 없다.

여름깃 몸아랫면은 밭종다리보다 옅은 황갈색이며 가슴과 옆구리에 흑갈색 줄무늬가 거의 없거나 매우 가늘다.

겨울깃 여름깃보다 줄무늬가 더 많다(줄무늬는 밭종다리보다 뚜렷하게 가늘고 짧으며 매우 적다). 몸윗면은 밭종다리보다 뚜렷하게 옅은 회갈색이다. 몸아랫면은 황갈색 기운이 거의 없는 때 묻은 듯한 흰색이다. 밭종다리와 달리 가슴과 가슴옆에 가늘고 옅은 흑갈색 줄무늬가 약하게 흩어져 있다. 옆구리의 줄무늬는 가슴보다 명확하게 가늘고 옅다. 귀깃 뒤쪽으로 옅은 회색 기운이 있다. 턱선이 거의 없다.

분류 3아종으로 구분한다. 국내에 기록된 아종은 카자흐스탄에서 바이칼호 일대의 러시아 남부, 몽골 등지에서 번식하는 *blakistoni*이다.

겨울깃. 2004.12.22. 전남 신안 흑산도

겨울깃. 2014.12.5. 서울 중랑천 © 임백호

겨울깃. 2004.12.22. 전남 신안 흑산도

겨울깃. 2012.2.26. 경기 하남 덕풍천 © 진경순

물레새 *Dendronanthus indicus* Forest Wagtail L16~17cm

서식 중국 중부, 동부, 동북부, 러시아 극동, 한국, 사할린 남부, 일본 남서부에서 번식하고, 번식 후 중국 남부, 인도 동북부와 서남부, 스리랑카, 동남아시아 등지로 이동한다. 국내에서는 흔하지 않게 통과하는 나그네새이며 드물게 번식하는 여름철새다. 5월 초순부터 도래해 번식하고, 10월 초까지 관찰된다.

행동 숲속 오솔길 또는 산림 가장자리에서 먹이를 찾는다. 숲속의 작은 나뭇가지에 앉아 꼬리를 좌우로 끊임없이 움직이고, 땅에 내려와 먹이를 찾는다. 이동시기에는 인가 주변의 농경지, 풀밭 등 개방된 곳에서도 확인된다. 둥지는 낙엽활엽수림, 침엽수림 등 다양한 산림에 트는데 보통 수평으로 뻗은 가지에 마른 풀줄기, 이끼류 등을 거미줄로 정교하게 엮어 밥그릇 모양으로 튼다. 내부는 동물의 털과 식물의 뿌리를 깔고 외부는 이끼류를 붙인다. 한배 산란수는 4~5개이고, 암컷 단독으로 12~13일 동안 포란하며, 새끼는 부화 약 12일 후에 둥지를 떠난다.

특징 다른 종과 쉽게 구별된다. 암수 같은 색이며, 머리에서 몸윗면은 올리브 갈색이다. 흰 눈썹선이 뚜렷하다. 가운데날개덮깃과 큰날개덮깃은 검은색이며 끝은 흰색이다(날 때 날개의 줄무늬 2열이 선명하게 보인다). 가슴에는 독특한 검은 반점이 있으며 나머지 부분은 흰색이다.

어린새 성조와 매우 비슷하지만 검은색 가슴 띠가 성조보다 폭이 좁고, 그 아래쪽으로 불명확한 검은 띠가 있다. 매우 이른 시기에 깃털갈이를 해 성조와 구별하기 어렵다.

2006.5.16. 전남 신안 홍도

2006.5.18. 전남 신안 홍도

둥지. 2009.6.6. 전남 신안 도초도 © 고경남

2009.5.24. 충남 보령 외연도 © 최순규

되새 *Fringilla montifringilla* Brambling L15.5~16.5cm

서식 스칸디나비아에서 캄차카까지, 사할린의 아한대에서 번식하고, 북아프리카, 유럽, 소아시아, 중앙아시아, 러시아 극동, 한국, 중국, 일본에서 월동한다. 한국에서는 매우 흔한 겨울철새이며, 매우 흔한 나그네새다. 10월 초순부터 도래해 통과하거나 월동하며, 5월 초순까지 통과한다.

행동 농경지, 하천가 관목, 야산 등지에 서식한다. 보통 무리를 이루어 생활한다. 불규칙하게 수십만 마리의 대규모 집단이 도래하기도 한다. 땅에 떨어진 씨앗, 풀씨 등을 즐겨 먹는다. 큰 무리를 이루어 일정한 장소에서 잠을 잔다.

특징 다른 종과 쉽게 구별된다. 날 때 허리가 폭 넓은 흰색으로 보인다.

수컷 여름깃 머리에서 등까지 검은색이다. 작은날개덮깃, 큰날개덮깃 끝, 멱, 가슴, 가슴옆이 오렌지색이며, 부리는 검은색이다(봄철 북상시기에 여름깃으로 변하는 개체는 부리가 노란색이며 끝은 검은색이다).

수컷 겨울깃 암컷과 비슷하지만 얼굴이 흑갈색이며 가슴의 오렌지색이 더 진하다. 옆목에는 회색 기운이 거의 없다. 부리는 연한 노란색이며 끝이 검다.

암컷 수컷보다 전체적으로 색이 엷다. 머리는 회갈색이며 뒷목까지 이어지는 머리옆선은 흑갈색이다. 옆목은 회색 기운이 강하다.

1회 겨울깃 성조 겨울깃과 매우 비슷하다. 몸 바깥쪽 큰날개덮깃은 연한 흑갈색이며 깃 끝이 흰색이다(성조의 경우 큰날개덮깃은 색이 균일하다). 꼬리가 뾰족하다.

성조 수컷. 2006.4.6. 전남 신안 홍도

1회 겨울깃 수컷. 2009.10.14. 전남 신안 칠발도

1회 겨울깃 암컷. 2009.10.14. 전남 신안 칠발도

무리. 2006.4.17. 전남 신안 흑산도

방울새 *Chloris sinica* Grey-capped Greenfinch L13.5~14.5cm

서식 중국 서부를 제외한 전역, 러시아 극동, 한국, 일본, 베트남 북부와 중부에서는 텃새이며, 캄차카, 사할린, 북해도에서는 여름철새다. 한국에서는 약간 흔하게 번식하는 텃새다.

행동 평지나 산지의 농경지, 인가 주변에서 생활한다. 번식기 이외에는 무리를 이룬다. 나무 위와 땅 위에서 유채씨, 들깨 같은 식물의 종자를 섭취하며 번식기에는 곤충류도 즐겨 먹는다. 둥지는 나뭇가지에 사발 모양으로 작게 튼다. 한배에 알을 4~5개 낳는다. 포란기간은 약 12일이다. 번식기에 전신주나 나무꼭대기에 앉아 "또르르르릉 또르르르릉" 하는 소리를 낸다.

특징 다른 종과 혼동이 없다. 연령 구별이 다소 어렵다.

수컷 머리에서 뒷목까지 회색, 얼굴과 멱에 녹황색 기운이 있다. 몸윗면은 갈색, 첫째날개깃 기부와 둘째날개깃 기부가 노란색, 몸아랫면은 황갈색이다.

암컷 전체적으로 색이 옅고 머리에 갈색 기운이 강하다. 얼굴의 녹황색 기운이 약하다.

어린새 머리를 포함해 전체적으로 흑갈색 줄무늬가 흩어져 있다.

분류 4아종으로 나눈다. 내륙에서 번식하는 아종은 *ussuriensis*이다. 제주방울새(*minor*)는 홋카이도 남부에서 큐슈, 이즈반도, 대마도, 제주도에서 번식한다. 내륙 아종과 비슷해 야외에서 식별이 거의 불가능하다. 울도방울새(*kawarahiba*)는 캄차카, 사할린, 쿠릴열도, 홋카이도 동북부에서 번식하고, 일본, 중국 동남부, 대만에서 월동한다. 방울새보다 부리가 육중하다. 울릉도 집단(*clarki* ?)은 아종 *kawarahiba*에 가깝지만 일치하지 않는 것으로 판단된다. 경북 울릉도 번식 집단은 11월 이전에 한반도 남동부 일대로 이동하는 것으로 추정되지만 월동실태에 대해 알려진 것이 없다.

수컷. 2020.1.26. 인천 연수 미추홀공원 © 김은정

암컷. 2008.11.15. 충남 천수만 © 김신환

어린새. 2014.6.14. 충북 단양

울도방울새 성조 수컷. 2008.5.3. 경북 울릉 저동

검은머리방울새 *Spinus spinus* Eurasian Siskin L12.5cm

서식 유럽 북부에서 흑해 동부까지, 몽골 동북부에서 오호츠크해 연안까지, 우수리, 사할린에서 번식하고, 아프리카 북부, 유럽, 서남아시아, 중국 동부와 동남부, 대만, 한국, 일본에서 월동한다. 국내에서는 흔하게 월동하는 겨울철새다. 10월 하순부터 도래해 월동하고, 4월 중순까지 관찰된다.

행동 비번식기에는 항상 무리지어 행동하며 파도 모양을 그리며 난다. 평지에서 산지의 침엽수림, 하천가 관목에서 무리지어 먹이를 찾는다. 주로 오리나무 열매를 비롯한 씨앗을 좋아하며 달맞이꽃의 죽은 줄기에 앉아 씨앗을 빼 먹기도 한다.

특징 날 때 노란색 날개선 2열이 명확하게 보이며 외측 꼬리깃에 노란 무늬가 선명하다.

수컷 이마, 정수리, 턱이 검은색, 얼굴은 노란색, 뒷목과 등은 녹황색에 흐릿한 검은 줄무늬가 있다. 가슴은 노란색, 배는 흰색이다. 옆구리에 흑갈색 줄무늬가 있다. 부리는 뾰족하고, 청회색과 분홍빛이 섞여 있으며 윗부리 등과 부리 끝은 흑갈색이다.

암컷 전체적으로 수컷보다 색이 옅다. 머리를 포함한 몸 윗면은 녹갈색이며 검은 줄무늬가 흩어져 있다. 몸아랫면은 흰색 바탕에 흑갈색 줄무늬가 강하다.

1회 겨울깃 수컷은 검은색 머리깃 가장자리의 색이 옅다. 암컷은 성조와 구별이 어렵다. 암수 모두 몸 바깥쪽 큰날개덮깃 끝은 흰색이다.

성조 수컷. 2013.1.27. 경기 하남 산곡천

암컷. 2013.1.27. 경기 하남 산곡천

1회 겨울깃 수컷. 2013.1.27. 경기 하남 산곡천

무리. 2011.1.30. 경기 파주 갈현리

홍방울새 *Acanthis flammea* Common Redpoll L13.5cm

서식 북반부의 아한대에서부터 한대의 드넓은 지역에서 번식하고, 유럽에서 동쪽으로 오호츠크해 연안까지, 중국 동북부, 한국, 일본, 캐나다 남부, 미국 북부 등지에서 월동한다. 국내에서는 해에 따라 도래 집단의 규모 차이가 크다. 매우 희귀한 겨울철새이며, 매년 관찰되지는 않는다.

행동 평지에서 산지의 산림에서 작은 무리를 이루어 나무에 앉아 있다가 초지, 농경지, 과수원 등지로 이동해 벼과, 국화과 식물 등의 씨앗을 먹는다. 한 곳에 오랫동안 머물지 않고 이동하면서 먹이를 찾는다. 이동할 때에는 울음소리를 내면서 파도 모양으로 난다.

특징 암수 모두 이마에 붉은 반점이 있다. 몸윗면은 회갈색에 흑갈색 세로 줄무늬가 있다. 큰날개덮깃 끝이 흰색이다. 허리는 흰색 바탕에 갈색 줄무늬가 있다(일부 수컷은 줄무늬가 매우 약해 쇠홍방울새와 혼동된다). 가슴옆과 옆구리에는 폭 넓은 흑갈색 줄무늬가 흩어져 있다. 가장 긴 아래꼬리덮깃의 깃축에는 화살촉 모양 검은 무늬가 뚜렷하다.

수컷 이마에 붉은 반점이 있으며 가슴과 가슴옆은 분홍색이 뚜렷하다. 허리에 엷은 분홍빛을 띠는 경우가 많다.

암컷 이마의 붉은 반점은 수컷보다 폭이 좁으며 가슴에 분홍색이 없다. 전체적으로 갈색 기운이 수컷보다 강하다.

분류 3아종으로 나눈다. 아종 및 연령에 따라 깃 색 및 크기에 차이가 있으며, 쇠홍방울새와 구별하기 어려운 개체가 많다. 한국에 도래하는 아종은 *flammea*이다.

수컷. 2009.3.1. 경기 파주 문산읍 장산리 © 김준철

암컷. 2018.3.1. 전남 신안 흑산도

암컷. 2009.3.1. 경기 파주 문산읍 장산리 © 김준철

암컷. 허리 형태. 2012.11.1. 전남 신안 흑산도 © 국립공원 조류연구센터

쇠홍방울새 *Acanthis hornemanni* Arctic Redpoll L14cm

서식 유라시아대륙 북부, 캐나다 북부, 그린란드 등 북반부의 한대지역에서 번식하는 텃새이며, 일부는 유럽 북부에서 중국 서북부까지, 일래스카, 캐나다, 그린란드, 미국 북부 등지에서 월동한다. 국내에서는 몇 회의 채집 및 관찰기록만 있다.

행동 평지에서 산지의 산림, 풀밭에서 생활한다. 홍방울새 무리 속에 적은 수가 섞여 월동하는 경우가 많다. 월동지에서는 오리나무, 자작나무류 나뭇가지에서 작은 씨앗을 먹으며, 관목, 초본류 또는 땅 위에서 먹이를 찾는 경우도 많다.

특징 홍방울새와 매우 비슷해 구별하기 어렵다. 전체적으로 색이 옅다. 몸윗면의 회갈색은 홍방울새보다 옅다. 허리는 폭 넓은 흰색이며, 줄무늬가 없다(일부 개체는 흐린 줄무늬가 있다). 앞머리에 작은 붉은색 반점이 있다. 가슴 옆과 옆구리의 갈색 줄무늬가 홍방울새보다 뚜렷하게 가늘다. 가장 긴 아래꼬리덮깃의 깃축은 검은 무늬가 없거나 폭 좁은 검은색이다.

수컷 앞가슴에 폭 좁은 분홍색이 있다.

암컷 허리와 가슴에 옅은 분홍빛이 거의 없다.

1회 겨울깃 허리의 흰색 폭이 좁으며, 흐린 줄무늬가 있어 홍방울새와 혼동되기 쉽다.

분류 2아종으로 나누며, 한국에 도래하는 아종은 *exilipes*이다.

1회 겨울깃. 2014.4.6. 영국. Ron Knight © BY-2.0

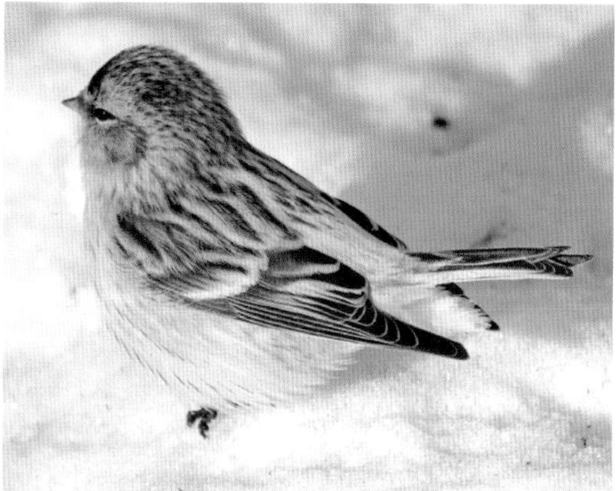
수컷. 2013.2.2. 캐나다 퀘백. Cephas © BY-SA-3.0

수컷. 2013.2.2. 캐나다 퀘백. Cephas © BY-SA-3.0

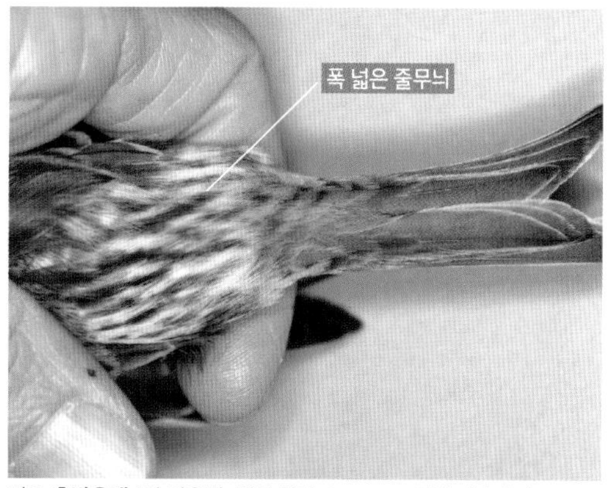

비교_**홍방울새** 1회 겨울깃. 허리 형태. 2012.11.1. 전남 신안 흑산도

되새과 Fringillidae

갈색양진이 *Leucosticte arctoa* Asian Rosy Finch L16cm

서식 몽골, 동시베리아 남부에서 러시아 극동, 레나강에서 남쪽으로 오호츠크해 연안까지, 캄차카에서 번식한다. 겨울에는 사할린, 중국 북동부, 한국, 일본에서 월동한다. 5아종으로 나눈다. 국내에서는 매우 드문 겨울철새다. 11월 초순부터 도래해 월동하며, 3월 하순까지 관찰된다.

행동 주로 산 정상의 암석지대에서 무리지어 생활한다. 바닥에 내려앉아 분주히 움직이며 식물의 종자, 곡류 부스러기 등을 먹으며 바위에서 쉰다. 눈이 많이 내릴 때에는 해안으로 이동하기도 한다.

특징 다른 종과 혼동이 없다.

수컷 머리, 눈앞, 귀깃, 멱은 검은색, 뒷머리, 뒷목, 옆목은 황갈색, 몸윗면은 흑갈색이며 깃 가장자리가 폭 넓은 갈색이다(검은색과 갈색 줄무늬를 이룬다). 날개덮깃의 바깥 우면 가장자리는 분홍색이다. 가슴은 검은색이며 흰색 깃이 약간 있다. 배에는 분홍색과 검은 무늬가 섞여 있다. 노란색 부리가 여름철에는 검은색으로 변한다.

암컷 전체적으로 수컷보다 색이 옅다. 머리의 검은색은 수컷보다 적다. 몸윗면은 갈색 기운이 강하다. 날개깃과 몸아랫면의 분홍색이 수컷보다 뚜렷하게 약하다.

1회 겨울깃 큰날개덮깃에 분홍색이 매우 약하거나 거의 없다. 가슴에 흰 무늬가 성조보다 더 많다. 수컷은 머리, 귀깃, 멱의 검은색이 성조보다 약하다. 암컷은 몸윗면에 갈색이 강하고, 몸아랫면은 옅은 흑갈색이며 옆구리에 옅은 분홍색이 있다.

수컷 성조. 2013.3.3. 지리산 천왕봉

검은색이 성조보다 약하다

일부 큰날개덮깃 황갈색

1회 겨울깃 수컷. 2010.2.13. 전북 덕유산 © 김준철

1회 겨울깃 암컷. 2010.2.13. 전북 덕유산 © 진경순

서식지. 2013.3.3. 지리산 천왕봉

붉은양진이 / 적원자

Carpodacus erythrinus Common Rosefinch L14cm

서식 스칸디나비아에서 캄차카에 이르는 유럽과 아시아의 아한대, 남쪽으로 발칸반도에서 히말라야까지,중국 중부 지역에서 번식하고, 인도, 인도차이나 북부, 중국 남부에서 월동한다. 5아종으로 나눈다. 국내에서는 드물게 통과하는 나그네새이며, 매우 드물게 적은 수가 월동한다. 5월 초순부터 5월 하순까지, 가을에는 9월 초순부터 10월 하순까지 통과한다.

행동 숲 가장자리 관목림, 초지, 농경지에 서식한다. 비교적 경계심이 적다. 월동지에서는 무리 지으며, 나무 위 또는 땅 위에서 뛰면서 종자 및 나무의 새순을 잘라 먹는다.

특징 부리는 굵고 뭉툭하다. 꼬리는 짧으며 M자 형이다.

수컷 머리, 목, 가슴은 붉은색, 몸윗면은 엷은 녹갈색이며 등 중앙과 어깨에 붉은색이 섞여 있다(아종 *grebnitskii*는 붉은색이 다소 약하고, *roseatus*는 붉은색이 폭 넓고 진하다). 큰날개덮깃, 가운데날개덮깃 끝은 연한 붉은색, 허리는 붉은색, 배는 흰색이며 옆구리는 엷은 붉은색이다.

암컷 몸윗면은 연한 녹갈색에 가는 흑갈색 줄무늬가 있다. 큰날개덮깃과 가운데날개덮깃 끝이 흰색이다. 몸아랫면은 때 묻은 듯한 흰색에 폭 좁은 갈색 줄무늬가 흩어져 있다.

어린새 암수 구별이 불가능하다. 성조 암컷과 비슷하다. 몸윗면의 녹갈색이 암컷보다 진하다. 큰날개덮깃과 가운데날개덮깃 끝, 셋째날개깃 끝은 폭 넓은 흰색, 몸아랫면은 흰색 바탕에 폭 넓은 갈색 줄무늬가 있다.

성조 수컷. 2012.4.29. 인천 옹진 문갑도 © 박철우

암컷. 2006.5.1. 인천 옹진 소청도 © 서한수

어린새. 2004.9.16. 전남 신안 홍도

암컷. 2016.12.25. 전남 신안 흑산도 © 박창욱

되새과 Fringillidae

긴꼬리홍양진이

Carpodacus sibiricus Siberian Long-tailed Rosefinch L15~16cm

서식 중앙시베리아 남부, 몽골 북부, 중국 동북부, 우수리, 사할린에서 번식하고, 카자흐스탄 동부, 중국 동북부, 한국, 일본에서 월동한다. 3아종으로 나눈다. 북한에서는 흔히 번식하고, 남한에서는 흔히 월동하는 겨울철새다. 11월 초순부터 도래해 월동하며, 3월 하순까지 관찰된다.

행동 평지나 야산의 초지, 덤불, 관목림 등지에서 서식하며 풀씨, 새순 등을 먹는다. 단독으로도 지내지만 작은 무리를 이루는 경우가 많다.

특징 여름깃은 전체적으로 붉은색이 많아 양진이와 비슷하지만 체형이 마르고 길다. 부리는 매우 짧고 두툼하며 윗부리는 아래로 굽었다. 겨울깃은 여름깃에 비해 황갈색 기운이 많다.

수컷 여름깃 몸윗면과 아랫면에 붉은색이 강하다. 눈앞은 붉은색, 정수리와 귀깃에 검은 무늬가 있다. 몸윗면은 붉은색이며 흑갈색 줄무늬가 있다. 큰날개덮깃과 가운데날개덮깃 끝은 폭 넓은 흰색이다(날개선 2열을 이룬다). 허리는 붉은색, 몸아랫면은 붉은색이다.

수컷 겨울깃 머리에서 뒷목까지 회갈색, 눈앞 주변으로 붉은색, 몸윗면은 황갈색과 붉은색을 띠며 흑갈색 줄무늬가 있다. 허리는 붉은색, 옆구리에 황갈색 기운이 있다.

암컷 수컷과 달리 붉은색이 없으며 전체적으로 황갈색이 강하다. 큰날개덮깃과 가운데날개덮깃 끝은 폭 넓은 흰색, 몸아랫면은 황갈색이며 가슴, 가슴옆, 옆구리에 갈색 줄무늬가 있다. 허리는 옅은 붉은색 기운이 있는 황갈색이다.

수컷 성조. 2011.1.2. 경기 파주 공릉천

암컷. 2011.1.2. 경기 안산 시화호 © 백정석

1회 겨울깃 수컷. 2011.1.2. 경기 안산 시화호 © 백정석

1회 겨울깃 수컷. 2011.1.23. 강원 양양 남대천

양진이 *Carpodacus roseus* Pallas's Rosefinch L16~17cm

서식 예니세이강 상류에서 동쪽으로 오호츠크해 연안까지, 몽골, 사할린 북부에서 번식하고, 겨울에는 중국 동북부와 동부, 러시아 극동, 한국, 일본에서 월동한다. 2아종으로 나눈다. 국내에서는 드물게 월동하는 겨울철새다. 11월 초순부터 도래해 월동하며, 3월 중순까지 통과한다.

행동 평지에서 산지의 산림, 관목림, 풀밭에 서식한다. 작은 무리를 이루며 먹이를 찾는다. 관목, 풀줄기에 앉아 씨앗, 새순 등 주로 식물성을 즐겨 먹으며, 땅 위에서도 먹이를 찾는다.

특징 체형이 통통하고 땅딸막하다. 부리는 짧고 굵다. 꼬리는 비교적 짧다.

수컷 머리는 붉은색이며 이마와 멱에는 은회색 광택이 있다. 등은 붉은색에 검은 줄무늬가 있다. 가슴은 붉은색이며 배 중앙과 아래꼬리덮깃, 가운데날개덮깃과 큰날개덮깃 끝은 흰색, 허리는 붉은색이다.

암컷 몸윗면은 황갈색 바탕에 붉은 기운이 약하게 있으며 흑갈색 줄무늬가 흩어져 있다. 머리, 멱, 가슴, 옆구리는 붉은색이며 흑갈색 줄무늬가 있다. 허리는 붉은색이다.

1회 겨울깃 수컷 성조 암컷과 구별하기 어렵다. 몸윗면은 성조 암컷보다 붉은 기운이 약간 강하다. 머리, 멱, 가슴, 옆구리는 붉은색이며 흑갈색 줄무늬가 있다. 이마와 멱에 흐릿한 은회색이 있다. 허리의 붉은색은 암컷과 거의 같다.

1회 겨울깃 암컷 성조 암컷과 비슷하다. 전체적으로 붉은색이 약하며 황갈색이 진하다.

성조 수컷. 2011.1.1. 경기 포천 국립수목원

성조 암컷과 1회 겨울깃 수컷의
구별은 매우 어렵다

성조 암컷. 2006.2.23. 강원 강릉 ⓒ 최순규

1회 겨울깃 수컷. 2006.2.28. 강원 강릉 ⓒ 최순규

1회 겨울깃 암컷. 2013.1.20. 강원 철원 대마리

바위양진이 *Bucanetes mongolicus* Mongolian Finch L14-15cm

서식 터키 동부에서 이란 북부와 동부까지, 중앙아시아(아프가니스탄, 타지키스탄, 키르기스스탄. 카자흐스탄 남부와 동부), 카슈미르, 중국 서북부와 중북부, 몽골에서 번식한다. 국내에서는 2019년 10월 9일 전남 신안 흑산도 예리에서 관찰된 미조다.

행동 건조한 고지대에서 서식한다. 돌, 자갈, 바위가 흩어져 있는 사막, 반사막, 산악 고원지대 산비탈 지역, 경사진 절벽, 산골짜기에서 생활한다. 땅 위에서 씨앗, 어린 싹, 애벌레 등을 먹는다.

특징 부리는 황갈색 기운이 돌며 짧고 뭉툭하다. 머리와 몸윗면은 회갈색이며, 줄무늬가 흩어져 있다. 둘째날개깃과 큰날개덮깃에 폭 넓은 흰색 무늬가 있다. 꼬리깃은 흑갈색이며, 바깥 우면은 흰색이다.

수컷 눈앞, 눈썹선, 목, 가슴, 옆구리, 허리가 분홍빛을 띤다. 날개깃에 분홍빛이 스며 있다. 비번식기에는 암컷과 색이 매우 유사하다.

암컷 수컷보다 분홍빛이 뚜렷하게 약하다.

2017.6.6. 몽골 홉드 © 곽호경

2017.6.6. 몽골 홉드 © 이용상

2019.10.9. 전남 신안 흑산도 © 진경순

2017.6.6. 몽골 홉드 © 곽호경

솔양진이 *Pinicola enucleator* Pine Grosbeak L19~22cm

서식 스칸디나비아 북부에서 동쪽으로 아나디리까지, 캄차카, 사할린, 쿠릴열도, 알래스카, 캐나다 북부, 로키산맥 아한대지대의 고지대에서 번식하는 텃새이며, 비번식기에는 약간 남쪽으로 이동한다. 8 또는 10아종으로 나눈다. 국내에서는 1959년 11월 함북 웅기에서 암컷 1개체가 채집된 이후 2013년 10월 29일 독도에서 1개체가 관찰된 미조다.

행동 주로 침엽수림에 서식한다. 비번식기에는 평지에서 산지의 산림, 풀밭에 서식한다. 작은 무리를 이루어 마가목 같은 나무의 열매, 침엽수와 벚나무 등의 새순, 씨앗을 먹는다. 먹이가 부족한 해에는 불규칙하게 남쪽으로 이동하기도 한다.

특징 지빠귀류 크기이며, 체형이 통통하다. 검은색 부리는 크고 둥글다. 큰날개덮깃 끝과 가운데날개덮깃 끝이 흰색으로 뚜렷한 날개선을 이룬다. 셋째날개깃 가장자리가 흰색이다.

수컷 머리, 가슴, 등은 붉은색이며, 등에 검은 반점이 있다. 날개와 꼬리는 검은색이다.

암컷 수컷과 달리 붉은 기운이 없으며 전체적으로 녹황색이다.

수컷. 2016.6.5. 일본 홋카이도 대설산

수컷. 2016.6.5. 일본 홋카이도 대설산

솔잣새 *Loxia curvirostra* Red Crossbill L16.5cm

서식 북반부의 아한대와 한대 아고산대의 침엽수림을 중심으로 광범위하게 분포한다. 19아종으로 나눈다. 국내에서는 해에 따라 불규칙하게 도래해 월동하는 드문 겨울철새다. 10월 중순부터 도래해 월동하며, 5월 초순까지 통과한다.

행동 평지와 산지의 침엽수림에서 먹이를 찾는다. 무리를 이루며 잣나무, 소나무 등 침엽수의 종자를 꺼내 먹거나 새순을 따먹는다. 한 곳에 오래 머물지 않고 이동하며 먹이를 찾는다. 먹이가 풍부하면 연중 번식하는 습성이 있다.

특징 다른 종과 쉽게 구별된다. 부리가 크며, 윗부리와 아랫부리가 가위처럼 어긋나 있다. 암수가 쉽게 구별되며, 연령 구별은 어렵다.

수컷 전체적으로 붉은색이며 날개와 꼬리는 붉은색이 약하게 스며 있는 흑갈색이다.

암컷 머리에서 몸윗면은 녹갈색이며 불명확하게 흐릿한 흑갈색 줄무늬가 있다. 허리는 황록색이다. 몸아랫면은 녹황색이며 아랫배는 때 묻은 듯한 흰색이다. 날개깃은 균일한 흑갈색이다. 매우 드물게 날개덮깃과 셋째날개깃 끝에 폭 좁은 흰 줄무늬가 있어 흰죽지솔잣새처럼 보이지만 흰색 폭이 매우 좁다.

어린새 몸윗면은 녹색 기운이 있는 회갈색이며 굵고 검은 줄무늬가 흩어져 있다. 몸아랫면은 엷은 녹황색과 흰 기운이 있으며 굵은 흑갈색 줄무늬가 흩어져 있다.

성조 수컷. 2006.1.25. 전북 군산 성덕리

암컷. 2006.1.25. 전북 군산 성덕리

성조 수컷. 2006.1.25. 전북 군산 성덕리

어린새. 2008.4.19. 인천 옹진 소청도 © 곽호경

무리. 2009.5.3. 강원 강릉 주문진 ⓒ 황재홍

되새과 Fringillidae

흰죽지솔잣새

Loxia leucoptera Two-barred Crossbill / White-winged Crossbill L15cm

서식 유라시아대륙의 아한대, 북아메리카 북부에서 번식한다. 대부분 텃새로 연중 머물며 일부가 번식지 남쪽에서 월동한다. 2아종으로 나눈다. 국내에서는 1969년 2월 15일 경남 양산 통도사 솔밭에서 1쌍이 채집된 기록이 있는 미조이다.

행동 평지에서 산지의 침엽수림에 서식하며 주로 솔잣새 무리에 섞인다. 비번식기에는 무리를 이루어 생활한다. 주로 소나무, 잣나무, 오리나무 등의 종자를 먹는다. 일정한 구역을 이동하면서 먹이를 찾는다.

특징 부리가 크고, 윗부리와 아랫부리가 가위처럼 어긋나 있다. 큰날개덮깃과 가운데날개덮깃에 폭 넓은 흰색 날개선이 있다. 셋째날개깃 끝에 폭 넓은 흰색 반점이 있다(흰 반점이 없는 개체도 있다).

수컷 전체적으로 분홍빛을 띠는 붉은색이다. 날개와 꼬리가 검은색이다.

암컷 몸윗면은 녹갈색이며 가는 흑갈색 반점이 흩어져 있다. 허리는 황록색, 몸아랫면은 엷은 녹황색이다. 폭 넓은 흰색 날개선이 2열 있다.

수컷. 2009.2.21. 미국 메사추세츠. John Harrison ⓒ BY-SA

암컷. 2009.1.1. 미국 로드아일랜드. Dominic Sherony ⓒ BY-SA-2.0

멋쟁이새 *Pyrrhula pyrrhula* Eurasian Bullfinch L15.5~16.5cm

서식 유럽, 시베리아, 러시아 극동, 캄차카, 쿠릴열도, 사할린, 우수리, 아무르, 일본에서 번식하고, 겨울에는 남쪽으로 이동한다. 국내에는 드물게 찾아오는 겨울철새다. 11월 초순부터 도래해 월동하며, 4월 초순까지 관찰된다. 해에 따라 도래하는 개체수에 차이가 심하다.

행동 작은 무리를 이룬다. 겨울에는 평지나 산지의 산림, 농경지 주변의 잡목림에서 먹이를 찾는다. 주로 나무 열매와 겨울눈 또는 새순을 잘라먹는다. 경계심이 없어 비교적 가깝게 접근할 수 있다.

특징 체형은 통통하며, 머리, 눈앞, 턱밑은 광택이 있는 검은색이고, 부리는 검은색으로 짧고 두툼하다. 허리는 흰색, 날개깃과 꼬리깃은 검은색이며 광택이 있다. 외측 꼬리깃(T6) 아랫면에 작은 흰색 반점이 있는 개체와 없는 개체가 있다.

수컷 아종 *rosacea*는 뺨과 멱이 장밋빛이며, 몸윗면은 회색, 큰날개덮깃 끝은 회백색 또는 흰색, 가슴과 배는 뺨보다 약간 흐린 장밋빛이다(장밋빛의 농도는 개체 간 차이가 심하다). 아랫배와 아래꼬리덮깃은 흰색이다.

암컷 머리, 눈앞, 턱밑은 검은색, 몸윗면은 다소 진한 갈색이며 뒷목이 회색, 몸아랫면은 균일한 갈색이다(주변 환경 및 광선에 따라 갈색, 황갈색, 엷은 포도 빛으로 보이기도 한다).

1회 겨울깃 수컷은 성조와 같은 색, 암컷은 작은날개덮깃에 갈색 톤이 강하다. 암수 모두 야외에서 성조와 구별은 거의 불가능하다.

아종 12아종으로 분류하지만 개체변이가 심해 아종 구별이 어렵다. 규칙적으로 찾아오는 아종은 사할린, 러시아 극동, 중국 동북부에서 번식하는 멋쟁이새(*rosacea*)이다.

아종 붉은배멋쟁이새

P. p. cassinii **Kamchatkan Bullfinch L18cm**

특징 캄차카, 오호츠크해 연안에서 번식한다. 매우 희귀한 겨울철새다. *rosacea*보다 뚜렷하게 크다. 몸아랫면에 장밋빛이 강한 멋쟁이새를 본 아종으로 잘못 판단하기 쉽다.

수컷 몸아랫면은 아래꼬리덮깃을 제외하고 균일하게 진한 장밋빛이다(뺨과 몸아랫면의 장밋빛이 균일하다). 큰날개덮깃 끝이 흰색, 외측 꼬리깃 아랫면의 흰 반점이 *rosacea*보다 크다.

암컷 아종 멋쟁이새와 거의 같은 색이다. 큰날개덮깃 끝에 흰 기운이 강하다.

아종 재색멋쟁이새

P. p. griseiventris **Grey-bellied Bullfinch**

특징 쿠릴열도와 홋카이도에서 번식한다. 매우 희귀한 겨울철새다.

수컷 멱과 뺨의 붉은색을 제외하고 몸아랫면은 회색이다. 몸아랫면의 장밋빛이 매우 약한 멋쟁이새를 본 아종으로 오동정하기 쉽다. 큰날개덮깃 끝이 회백색이다.

암컷 아종 멋쟁이새와 색이 거의 같다.

아종 바이칼멋쟁이새

P. p. cineracea **Baikal Bullfinch L18cm**

특징 서남시베리아에서 몽골 북부까지, 트란스바이칼에서 번식한다. 국내에서는 2013년 1월 20일 강원 철원 대마리에서 암컷 1개체가 관찰된 미조다. 멋쟁이새보다 뚜렷하게 크다. 날개, 꼬리 길이가 붉은배멋쟁이새처럼 길다.

수컷 몸에 붉은색이 전혀 없다. 전체적으로 회색이다.

암컷 몸윗면은 회색 기운이 강하고 몸아랫면은 갈색이 약하다.

수컷. 2013.1.27. 강원 속초 영랑동 © 박대용

암컷. 2013.1.12. 강원 철원 대마리

수컷. 2006.3.3. 충북 제천 신당리

붉은배멋쟁이새 Type 수컷. 2007.12.1. 충남 서산 © 김신환

암컷. 2013.1.12. 강원 철원 대마리

아종 **재색멋쟁이** *griseiventris* 수컷. 2016.6.5. 일본 홋카이도 대설산

아종 **바이칼멋쟁이새** *cineracea* 암컷(좌)과 **멋쟁이새** *rosacea* 암컷. 2013.1.20. 강원 철원 대마리

되새과 Fringillidae

밀화부리

Eophona migratoria Chinese Grosbeak / Yellow-billed Grosbeak L19~21cm

서식 몽골, 아무르, 중국 북동부와 중부, 한국에서 번식한다. 겨울에는 중국 남부와 일본 혼슈 이남에서 월동한다. 국내에서는 흔하게 통과하는 나그네새이며, 중북부 지역에서 적은 수가 번식하는 여름철새다. 또한 매우 적은 수가 월동한다. 봄철에는 4월 중순부터 5월 하순까지, 가을철에는 9월 초순부터 11월 초순 사이에 통과한다.

행동 나무 위에서 먹이를 구하며 간혹 땅 위로 내려와 식물의 종자를 먹는다. 둥지는 활엽수의 나뭇가지에 식물의 줄기를 이용해 밥그릇 모양으로 튼다. 산란수는 4~5개이며, 포란기간은 약 11일이다. 암수 함께 새끼를 기르며, 새끼는 부화 12~13일 후에 둥지를 떠난다.

특징 부리는 육중하며 꼬리가 짧은 통통한 체형이다. 큰부리밀화부리와 비슷하다.

수컷 머리는 광택이 있는 검은색이다(눈 뒤 귀깃까지 검은색). 첫째날개깃 끝이 흰색, 몸윗면은 갈색 기운이 강하다. 옆구리는 등색, 허리는 회백색, 꼬리는 검은색이다.

암컷 전체적으로 연한 갈색이다. 첫째날개깃 끝은 수컷과 달리 폭 좁은 흰색이다. 허리는 회색, 꼬리는 허리보다 약간 진한 회색이며 끝부분의 1/3이 검은색이다.

1회 겨울깃 암컷과 비슷하다. 수컷의 머리는 회갈색이지만 뒷머리, 눈 뒤, 뺨에 검은색 깃이 섞여 있다. 첫째날개깃 끝의 흰색은 성조보다 좁다. 날개덮깃 끝은 폭 좁은 흰색 또는 담황색이다. 수컷의 꼬리는 검은색이 강하며 암컷은 회색이 강하다.

성조 수컷. 2009.5.17. 전남 신안 흑산도

성조 암컷. 2004.11.13. 전남 신안 홍도

1회 여름깃 수컷. 2003.5.13. 전남 신안 흑산도

1회 여름깃 암컷. 2003.5.16. 전남 신안 흑산도

큰부리밀화부리

Eophona personata Japanese Grosbeak L22~23cm

서식 아무르, 중국 동북부, 사할린, 일본에서 번식하고 중국 남부에서 월동한다. 국내에서는 작은 무리를 이루어 드물게 통과하는 나그네새다. 일부는 제주도를 비롯한 남부지방에서 적은 수가 월동하며, 경기도에서도 적은 수가 월동한다. 봄철에는 4월 초순부터 5월 하순까지 북상하며, 가을철에는 10월 초순부터 10월 하순 사이에 통과한다.

행동 평지와 산지의 산림에서 생활한다. 무리를 이루어 농경지 주변의 나무, 전깃줄에 앉아 쉬거나, 밭, 풀밭에 내려와 식물의 종자를 먹는다. 물결 모양으로 난다.

특징 암수 같은 색이며, 밀화부리와 비슷하다.

성조 머리와 얼굴 앞쪽이 광택이 있는 검은색, 몸윗면은 회색 기운이 강하다. 허리는 회색, 첫째날개깃 중앙에 흰 반점이 있다. 부리는 노란색, 부리 기부는 옅은 푸른색이며 겨울에는 흰색이다.

어린새 전체적으로 갈색 기운이 강하다. 머리는 갈색이며 얼굴과 부리 주변이 검은색이다. 날개깃 끝이 흑갈색이다.

아종 2아종으로 나눈다. 아종 간 구별이 매우 어렵다. *personata*는 일본 전역에서 번식하고, 겨울철에 번식지에 머물거나 남쪽으로 이동한다. 드물게 대만, 제주도에서 관찰된다. *magnirostris*는 중국 동북부, 러시아 극동에서 번식하고, 중국 남부에서 월동한다.

실태 세계자연보전연맹 적색자료목록에 준위협종(NT)으로 분류된 국제보호조다.

성조. 2007.5.19. 전남 신안 흑산도

성조. 2013.2.27. 제주 한라수목원 © 곽호경

성조. 2008.12.25. 경기 포천 국립수목원 © 김준철

1회 겨울깃. 2008.12.25. 경기 포천 국립수목원 © 김준철

콩새 *Coccothraustes coccothraustes* Hawfinch L15~16cm

서식 유럽 중부와 남부, 카스피해 서쪽에서 러시아 남부를 경유해 캄차카 남부까지, 아무르, 중국 동북부, 사할린, 쿠릴열도, 한반도 북부, 일본에서 번식하고, 아프리카 북부, 중동, 중앙아시아, 중국 동부, 한국, 일본에서 월동한다. 6아종으로 나눈다. 국내에서는 흔한 겨울철새다. 10월 중순부터 도래해 월동하며, 4월 초순(드물게 5월 초순)까지 통과한다.

행동 작은 무리를 지어 월동하며 경계심이 강하다. 도시 공원, 마을의 고목, 농경지 주변의 야산에 날아들어 나무 위와 땅 위에서 식물의 종자를 먹는다. 놀랐을 때 땅 위에서 갑자기 날아오르며 이동할 때 파도 모양으로 난다.

특징 머리와 부리가 크고 꼬리가 짧은 땅딸막한 체형이다. 날 때 첫째날개깃에 폭 넓은 흰색 무늬가 보이며, 꼬리 끝이 폭 넓은 흰색이다.

수컷 여름깃 부리는 청회색, 머리는 진한 갈색이다. 둘째날개깃 바깥 우면은 보랏빛 광택이 있는 검은색이다. 눈앞이 검은색이다.

암컷 여름깃 전체적으로 수컷 여름깃보다 색이 옅다. 머리는 옅은 갈색, 눈앞은 흑갈색이다. 둘째날개깃 바깥 우면은 옅은 청회색이다.

수컷 겨울깃 수컷 여름깃과 매우 비슷하지만 부리가 옅은 살구색이다. 머리는 진한 갈색이다. 몸아랫면은 여름깃보다 옅은 갈색이다.

암컷 겨울깃 암컷 여름깃과 비슷하지만 부리가 옅은 살구색이다.

수컷 겨울깃. 2009.2.25. 전남 무안 남악리

암컷 겨울깃. 2009.2.25. 전남 무안 남악리

수컷 여름깃. 2009.4.18. 경기 부천 © 백정석

암컷 여름깃. 2008.4.18. 인천 옹진 소청도 © 곽호경

흰머리멧새 *Emberiza leucocephalos* Pine Bunting L17cm

서식 서시베리아에서 오호츠크해 연안까지, 몽골 북부, 중국 북서부, 사할린에서 번식하고, 이란 남서부에서 중앙아시아 남부, 아프가니스탄, 중국 중부와 북부에서 월동한다. 국내에는 적은 수가 통과하는 나그네새이며, 극히 적은 수가 불규칙하게 월동하는 겨울철새다. 10월 중순부터 도래해 통과하거나 월동하며, 4월 초순까지 관찰된다.

행동 농경지 주변의 잡목과 덤불숲에서 작은 무리를 이루어 생활하며 땅 위에서 풀씨를 먹는다.

특징 멧새보다 크다. 허리는 적갈색이다.

수컷 여름깃 정수리가 흰색, 머리옆선은 검은색이며 이마까지 다다른다. 귀깃은 흰색이며 가장자리가 검은색, 멱은 적갈색이며 가슴에 흰색 띠가 있다. 가슴, 가슴옆, 옆구리는 적갈색이며 흰색이 스며 있다.

암컷 여름깃 정수리는 폭 좁은 흰색, 머리옆쪽으로 흑갈색 줄무늬가 흩어져 있다. 귀깃은 때 묻은 듯한 흰색이며 가장자리가 갈색이다. 멱은 흰색이며 가슴과 만나는 부분에 흑갈색 반점이 흩어져 있다.

수컷 겨울깃 머리는 회색 바탕에 흑갈색 줄무늬가 있다. 멱은 적갈색이며 깃 끝은 흰색이다. 귀깃에 흰 반점이 있다. 가슴, 가슴옆, 옆구리에 갈색 줄무늬가 흩어져 있다.

암컷 겨울깃 멱은 흰색 바탕에 흑갈색 줄무늬가 흩어져 있다. 귀깃은 엷은 갈색이며 흰 반점이 있다. 가슴, 가슴옆, 옆구리에 흑갈색 또는 갈색 줄무늬가 흩어져 있다.

1회 겨울깃 수컷. 2006.11.9. 전남 신안 흑산도

1회 겨울깃 암컷. 2005.10.25. 전남 신안 홍도

암컷. 2018.10.24. 전남 신안 흑산도 © 박창욱

수컷 여름깃. 2011.6.16. 몽골 젱히르 © 곽호경

멧새 *Emberiza cioides* Meadow Bunting L15.5~17cm

서식 천산산맥, 알타이산맥에서 몽골까지, 우수리, 사할린 남부, 중국 북부와 동부, 한국, 일본에서 번식한다. 대부분 지역에서 텃새이지만 일부는 번식 후 남하한다. 국내에서는 과거와 달리 번식 개체수가 감소해 드물게 번식하는 텃새이며, 다소 흔한 겨울철새이다.

행동 야산 가장자리, 농경지, 촌락 주변의 관목, 풀이 무성한 하천 제방 등 개방된 환경에 서식한다. 번식기에는 곤충을 주식으로 하며 비번식기에는 풀씨를 먹는다. 돌 틈, 풀뿌리, 낮은 소나무 가지에 밥그릇 모양 둥지를 짓고 식물 뿌리를 깐다. 한배 산란수는 4~5개이고, 포란기간은 11~12일이며, 새끼는 11~12일간 둥지에 머문다.

특징 암수 비슷하다. 다양한 깃 패턴을 보인다. 수컷의 가슴색은 계절에 따라 큰 차이를 보이며, 암컷은 귀깃, 눈앞, 턱선의 색과 농도에서 개체 차이가 있다.

수컷 여름깃 몸윗면에는 검은 줄무늬가 흩어져 있다. 앞가슴은 적갈색이 진하다. 배는 엷은 밤색이다. 아종 *ciopsis*와 달리 윗가슴에 흑갈색 반점이 거의 없다.

암컷 여름깃 수컷 겨울깃과 비슷하다. 수컷보다 색이 엷다. 눈앞, 귀깃, 턱선이 수컷보다 흐리다. 몸아랫면도 흐리다. 정수리에 가는 흑갈색 줄무늬가 흩어져 있다.

수컷 겨울깃 암컷 여름깃과 비슷하다. 가슴의 적갈색은 여름깃보다 색이 연하다. 머리는 적갈색이며 머리중앙선은 회백색, 눈앞과 턱선은 검은색이다.

암컷 겨울깃 눈앞과 턱선은 흑갈색 또는 엷은 갈색이며, 가슴은 수컷보다 색이 엷다.

아종 5아종으로 나눈다. 북방멧새(*weigoldi*)는 중국 동북부, 러시아 극동, 북한에서 번식 후 겨울철새로 도래한다. 제주도에 서식하는 제주멧새(*ciopsis*)는 내륙에 분포하는 *castaneiceps*와 일본에서 번식하는 *ciopsis*의 중간적 특성을 띤다. 귀깃은 검은색에 가까운 진한 흑갈색이며 가슴에 흑갈색 반점이 있다.

닮은종 **바위멧새(Godlewski's Bunting, *E. godlewskii*)** 2010년 4월 15일 인천 옹진 소청도에서 1개체가 관찰된 미조다. 수컷의 몸윗면은 갈색이며 흑갈색 줄무늬가 흩어져 있다. 정수리, 눈썹선, 귀깃은 회색이며 머리옆선은 밤색이다. 눈 뒤 눈선과 귀깃 가장자리는 밤색, 턱밑에서 가슴까지 균일한 회색이다. 암컷은 몸윗면이 모래 빛 갈색, 정수리는 연황색이며 머리옆에 가는 갈색 줄무늬가 흩어져 있다. 눈 뒤 눈선과 귀깃 가장자리의 밤색은 수컷보다 폭이 좁다. 턱밑에서 가슴까지 흰색이다.

수컷 여름깃. 2006.7.3. 충남 보령 관산리

암컷 여름깃. 2006.7.3. 충남 보령 관산리

수컷 여름깃. 2013.4.18. 경북 영주 금광리

암컷 여름깃. 2013.4.18. 경북 영주 금광리

수컷 겨울깃. 2010.1.12. 전남 신안 흑산도

암컷 겨울깃. 2010.1.12. 전남 신안 흑산도

수컷 겨울깃. 2010.1.23. 충남 천수만 © 김신환

제주멧새 수컷 여름깃. 2010.7.19. 제주 © OGURA Takeshi

바위멧새 수컷. 2010.4.15. 인천 옹진 소청도 © Nial Moores

바위멧새 수컷. 2010.6.8. 몽골 욜링암 © 고경남

회색머리멧새 *Emberiza hortulana* Ortolan Bunting L17cm

서식 유럽, 지중해 연안, 동쪽으로 러시아 서남부까지, 카자흐스탄 북부, 몽골 서부에서 번식하고, 겨울에는 아프리카 중북부에서 월동한다. 국내에서는 2000년 5월 2일 전남 신안 가거도에서 수컷 1개체, 2000년 11월 9일 가거도에서 1개체, 2008년 5월 21일 충남 보령 외연도에서 1개체의 관찰기록이 있는 미조다.

행동 경작지, 초지, 관목에 서식한다. 먹이는 나무 위와 땅 위에서 찾는다.

특징 Grey-necked Bunting와 비슷하지만 몸윗면의 줄무늬가 넓다. 눈테는 황백색이다.

수컷 머리와 가슴은 녹회색, 멱과 뺨선은 옅은 노란색이다. 몸윗면은 회색 기운이 있는 갈색이며 진한 흑갈색 줄무늬가 있다. 가슴과 배의 경계가 명확하다. 부리는 분홍색이다.

암컷 수컷보다 색이 흐리다. 머리와 뒷목에 가는 흑갈색 줄무늬가 있다. 뺨밑선과 가슴에 흑갈색 줄무늬가 있다. 옆구리에 가는 갈색 줄무늬가 있다.

1회 겨울깃 성조 암컷과 비슷하지만 가슴과 옆구리의 줄무늬가 더 뚜렷하다. 몸아랫면의 밤색이 옅다.

닮은종 **Grey-necked Bunting (*E. buchanani*)** 몸윗면의 흑갈색 줄무늬가 가늘다. 눈테는 흰색이다. 뺨선은 흰 기운이 강하다. 수컷은 머리가 회색, 어깨는 적갈색, 가슴에서 배까지 균일하게 분홍빛 도는 밤색이다. 암컷은 몸윗면과 아랫면의 줄무늬가 회색머리멧새보다 뚜렷하게 가늘다. 멱에 노란색이 거의 없다.

수컷. 2013.6.25. 몽골 차강누르 © 고경남

암컷. 2013.6.25. 몽골 차강누르 © 고경남

수컷. 2013.6.25. 몽골 차강누르 © 고경남

암컷. 2013.6.25. 몽골 차강누르 © 고경남

흰배멧새 *Emberiza tristrami* Tristram's Bunting L14.5~15.5cm

서식 북한, 중국 동북부와 러시아 극동의 제한된 지역인 우수리강 하류, 아무르 강변과 시호테알린산맥에서 번식하고, 중국 남동부, 인도차이나반도 북부에서 월동한다. 국내에서는 흔한 나그네새이며 극소수가 설악산과 지리산 고지대에서 번식한다. 봄철에는 4월 중순부터 5월 중순까지 북상하며, 가을철에는 9월 중순부터 11월 중순 또는 하순 사이에 통과한다.

행동 단독 또는 다른 멧새류 무리에 섞여 관목이 우거진 하천가, 숲 가장자리의 잡목림에 서식한다. 번식기에는 하층식생이 무성한 숲에 서식한다. 땅 위 또는 낮은 나뭇가지에 앉는 경우가 많다. 둥지는 마른 풀줄기를 이용해 덤불 아래에 튼다.

특징 수컷은 다른 종과 쉽게 구별되지만 암컷은 다른 멧새류와 혼동된다. 암수 색이 다르지만 일부 개체는 암수 구별이 매우 어렵다. 허리는 적갈색이다.

수컷 여름깃 머리는 검은색에 머리중앙선, 눈썹선, 뺨선이 흰색이다. 턱밑과 멱은 검은색이다.

암컷 여름깃 전체적으로 수컷보다 색이 엷다. 턱밑과 멱이 흰색에 가깝다(일부 개체는 턱밑과 멱에 폭 좁은 흑갈색 또는 검은색 깃이 있어 수컷처럼 보인다). 머리의 검은색이 수컷보다 약하다. 뺨은 회갈색에 검은 무늬가 섞여 있다. 허리는 적갈색이다.

수컷 겨울깃 여름깃과 매우 비슷하지만 머리옆선, 눈앞, 귀깃이 흑갈색, 멱은 검은색이며 깃 끝은 색이 연하다(1회 겨울깃 수컷은 흑갈색과 갈색이 섞여 있어 암컷처럼 보인다).

암컷 겨울깃 암컷 여름깃과 비슷하지만 머리중앙선, 눈썹선, 뺨밑선, 멱이 담황색이다.

수컷. 2006.5.2. 전남 신안 홍도

암컷. 2008.5.9. 전남 신안 홍도

수컷. 2009.10.11. 경기 부천 © 백정석

암컷. 2007.10.15. 전남 신안 흑산도

붉은뺨멧새 *Emberiza fucata* Chestnut-eared Bunting L16cm

서식 히말라야 서북부, 중국 중부, 동부, 동북부, 바이칼에서 오호츠크해 연안까지, 사할린, 한국, 일본에서 번식하고, 인도 북부, 중국 남부, 인도차이나반도 북부에서 월동한다. 3아종으로 나눈다. 국내에서는 드문 여름철새이며, 드문 나그네새다. 또한 매우 드물게 월동한다. 4월 중순부터 도래해 통과하거나 번식하며, 10월 하순까지 통과한다.

행동 평지나 산지의 초지, 농경지, 구릉, 야산에 서식한다. 여름에는 곤충류를 먹고, 비번식기에는 씨앗을 먹는다. 여름철에 관목, 풀줄기 꼭대기에 앉아 지저귄다. 둥지는 초지의 낮은 나뭇가지에 식물의 줄기, 뿌리 등을 이용해 밥그릇 모양으로 튼다. 5월부터 산란하며, 한배 산란수는 4~5개다. 포란기간은 약 14일이며, 새끼는 부화 약 10일 후에 둥지를 떠난다.

특징 다른 종과 쉽게 구별된다. 비번식기에 암수 구별은 어렵다.

수컷 여름깃 머리에서 뒷목까지 회색이며 검은 줄무늬가 있다. 뺨은 적갈색, 뺨선, 멱, 가슴은 흰색이며 가슴에 검은 줄무늬가 선명하고, 아랫가슴에 적갈색 띠가 있다.

암컷 여름깃 머리의 회색이 수컷보다 엷다. 윗가슴의 적갈색 띠가 매우 엷다. 가슴에 순백색 무늬가 없으며 흑갈색 줄무늬가 흩어져 있다.

수컷 겨울깃 성조 여름깃과 비슷하지만 색이 더 흐리다. 머리의 회색은 불분명해져 흐린 황갈색 또는 녹갈색으로 변하며 검은 줄무늬가 있다. 아랫가슴의 적갈색 띠는 거의 불분명해진다.

암컷 겨울깃 여름깃과 비슷하다. 머리 색은 더 불분명해져 엷은 황갈색에 줄무늬가 있다. 멱과 가슴은 담황색이며 가슴에 흑갈색 줄무늬가 흩어져 있다.

성조 수컷. 2009.6.21. 강원 강릉 © 황재홍

암컷. 2008.5.28. 인천 옹진 소청도

1회 겨울깃 수컷. 2011.2.20. 인천 강화 교동도

1회 겨울깃 암컷. 2008.11.8. 충남 천수만

쇠붉은뺨멧새 *Emberiza pusilla* Little Bunting L13.5cm

서식 스칸디나비아 북부에서 캄차카반도까지 유라시아 대륙 북부에서 번식하고, 겨울철에는 네팔 동부, 인도 북동부에서 인도차이나반도 북부, 중국 남부, 대만에서 월동한다. 국내에서는 다소 흔하게 통과하는 나그네새이며, 극소수가 월동하는 겨울철새다. 봄철에는 4월 초순부터 5월 하순까지 북상하며, 가을철에는 9월 초순부터 11월 하순 사이에 통과한다.

행동 단독 또는 작은 무리를 이루어 평지의 초지, 농경지 주변의 잡목림 등 다소 개방된 환경에 서식한다. 땅 위에서 풀씨를 먹거나 작은 나뭇가지에서 곤충을 잡는다.

특징 소형 멧새류다. 암수 구별이 거의 불가능하다.

수컷 여름깃 머리중앙선, 얼굴, 귀깃이 적갈색이다. 머리옆선, 귀깃 가장자리, 턱선이 검은색이며, 몸윗면은 옅은 갈색에 흑갈색 줄무늬가 있다. 가슴, 가슴옆, 옆구리에는 흑갈색 줄무늬가 있다.

암컷 여름깃 수컷과 매우 비슷해 구별이 어렵다. 머리의 적갈색이 수컷보다 흐리다.

수컷 겨울깃 수컷 여름깃과 비슷하지만 머리깃 가장자리 색이 연하게 변한다. 머리옆선은 검은 줄무늬가 있는 색바랜 담황색이다.

암컷 겨울깃 암컷 여름깃 또는 1회 겨울깃 수컷과 비슷해 구별이 매우 힘들다.

2007.5.2. 전남 신안 홍도

2006.4.5. 전남 신안 홍도

2009.11.10. 전남 신안 홍도

2006.11.7. 전남 신안 홍도

노랑눈썹멧새 *Emberiza chrysophrys* Yellow-browed Bunting L15.5cm

서식 예니세이강 중류와 바이칼호에서 동쪽으로 알단강 일대의 시베리아 중부와 중동부에서 번식하고, 중국 동부와 남부에서 월동한다. 국내에서는 비교적 드물게 통과하는 나그네새다. 봄철에는 4월 중순부터 5월 중순까지, 가을철에는 9월 중순부터 11월 초까지 통과한다.

행동 이동시기에 다른 멧새과 조류와 혼성해 산림 가장자리 덤불, 초지, 관목 아래에서 풀씨 등 식물성 먹이를 찾는다.

특징 눈 위쪽으로 노란색 눈썹선이 있다. 암수 비슷해 비번식기에 성 구별이 어렵다.

수컷 여름깃 머리중앙선이 흰색이며 머리는 검은색이다. 눈썹선은 노란색이며 눈 뒤쪽으로 끝부분이 흰색이다. 눈앞, 귀깃은 검은색이며 귀깃 끝부분에 작고 흰 점이 있다. 뺨밑선과 멱이 흰색이다.

암컷 여름깃 수컷과 비슷하지만 눈앞, 귀깃이 흐린 갈색, 머리옆선이 흑갈색이지만 수컷처럼 검은색이기도 한다. 머리중앙선의 일부가 담황색이며, 뺨선이 수컷처럼 어둡지 않다.

수컷 겨울깃 머리중앙선은 모래 빛 갈색이며 머리는 검은색에 깃 가장자리가 갈색이다. 귀깃은 갈색이며 가장자리가 검은색, 눈앞은 옅은 갈색이다. 뺨밑선과 멱은 담황색을 띠는 흰색이다.

암컷 겨울깃 수컷 겨울깃과 매우 비슷해 구별이 힘들다.

1회 겨울깃 암수 구별이 매우 어렵다.

수컷. 2007.5.3. 전남 신안 흑산도

암컷. 2007.5.2. 전남 신안 흑산도

1회 겨울깃. 2002.10.21. 전남 신안 홍도

1회 겨울깃. 2007.10.4. 전남 신안 홍도

쑥새 *Emberiza rustica* Rustic Bunting L14.5~15.5cm

서식 스칸디나비아반도에서 캄차카반도까지 유라시아의 고위도지역, 남쪽으로 알타이에서 오호츠크해 연안, 사할린 북부에서 번식하고, 중국 동부, 한국, 일본에서 월동한다. 국내에서는 흔하게 월동하는 겨울철새다. 10월 중순부터 통과하거나 월동하며, 4월 중순까지 통과한다.

행동 농경지 주변의 야산, 초지, 관목이 무성한 하천변에서 무리지어 생활한다. 땅 위에서 풀씨를 먹으며 놀랐을 때에는 일제히 주변의 나무 위로 올라가 경계한다.

특징 짧은 머리깃이 있어 뒷머리가 돌출되었다. 허리가 밤색이며 깃 가장자리 색이 옅어 비늘무늬를 이룬다.

수컷 여름깃 머리는 검은색이며 눈썹선은 흰색으로 눈 뒤로 길게 이어진다. 눈앞과 귀깃이 검은색이다.

암컷 여름깃 수컷보다 옅다. 머리의 검은색이 수컷보다 뚜렷하게 옅다. 귀깃은 흑갈색이며 중앙부는 색이 옅고, 눈앞은 때 묻은 듯한 갈색이다(귀깃 중앙부와 같은 색).

수컷 겨울깃 눈썹선, 뺨밑선, 멱이 흰색 또는 옅은 황백색이다. 머리와 뺨에 검은 기운이 강하다. 옆구리의 밤색 줄무늬 깃축에 검은 줄무늬가 전혀 없다.

암컷 겨울깃 머리는 수컷보다 검은색이 적으며 흑갈색 줄무늬가 선명하다. 옆구리에 밤색 줄무늬가 흩어져 있으며 깃축에 가늘고 검은 줄무늬가 있다.

실태 지속적인 개체수 감소에 따라 최근 IUCN 적색목록에 취약종(VU)으로 분류되었다.

수컷 겨울깃. 2006.12.5. 전남 신안 홍도

암컷 겨울깃. 2011.1.9. 경기 파주 갈현리

수컷 여름깃. 2011.4.14. 충남 천수만 © 김신환

무리. 2011.1.2. 경기 파주 금릉

멧새과 Emberizidae

노랑턱멧새 *Emberiza elegans* Yellow-throated Bunting L14.5~16cm

서식 중국 중부와 북동부, 우수리, 러시아 극동, 한국에서 번식하고, 중국 남동부, 대만, 일본에서 월동한다. 2아종으로 나눈다. 국내에서는 전국 각지에 폭넓게 서식하는 대표적인 텃새이며, 흔하게 통과하는 나그네새다. 이동 무리는 3월 초순부터 4월 하순까지 북상하며, 가을철에는 9월 초순부터 11월 하순 사이에 남하한다.

행동 하천가, 산림 가장자리 덤불숲, 농경지 등 다양한 환경에서 생활한다. 번식기에는 곤충을 먹으며 비번식기에는 풀씨를 즐겨 먹는다. 비번식기에는 무리지어 생활하며 번식기가 되면 산림 가장자리로 잠적한다. 5~7월에 걸쳐 번식하며 둥지는 1m 안팎의 낮은 덤불 밑이나 나무 밑 땅에 튼다. 한배 산란수는 5~6개이며 암수가 교대로 12~13일 동안 포란한다.

특징 암컷은 노랑눈썹멧새와 비슷하지만 머리깃이 돌출되었고, 허리가 회갈색이다.

수컷 여름깃 정수리는 검은색이며 뒷머리가 노란색이다. 눈앞과 귀깃은 검은색, 멱은 노란색이다. 가슴에 크고 검은 반점이 있다. 허리와 위꼬리덮깃은 회갈색이며 줄무늬가 없다.

암컷 여름깃 정수리와 귀깃이 갈색이다. 눈썹선은 담황색, 가슴에 역삼각형 흑갈색 반점이 있다(흑갈색 반점이 희미하거나 갈색 줄무늬만 있는 개체도 있다).

수컷 겨울깃 정수리와 귀깃은 검은색에 깃 가장자리가 갈색이다. 가슴의 검은 반점 가장자리가 부분적으로 색이 연하다. 성조와 1회 겨울깃 수컷의 구별은 매우 어렵다.

수컷. 2006.3.17. 전남 신안 홍도

암컷. 2013.4.14. 전남 구례 황전리

수컷. 2006.3.19. 전남 신안 홍도

암컷. 2006.4.11. 전남 신안 홍도

닮은 종 비교

노랑눈썹멧새 암컷. 2007.5.2. 전남 신안 흑산도

노랑턱멧새 암컷. 2006.3.18. 전남 신안 홍도

검은머리촉새 1회 여름깃 수컷. 2006.5.2. 전남 신안 홍도

검은머리촉새 1회 여름깃 암컷. 2006.5.2. 전남 신안 홍도

검은머리촉새 암컷 겨울깃. 2006.10.29. 전남 신안 흑산도

꼬까참새 암컷. 2009.5.23. 인천 옹진 소청도

꼬까참새 1회 여름깃 수컷. 2018.5.8. 전남 신안 흑산도

꼬까참새 1회 겨울깃 암컷. 2005.10.25. 전남 신안 홍도

멧새과 Emberizidae

검은머리촉새 *Emberiza aureola* Yellow-breasted Bunting L15~16cm

서식 핀란드 중부에서 동쪽으로 캄차카까지, 오호츠크해 연안, 사할린, 쿠릴열도, 우수리, 중국 북동부에서 번식하고, 네팔, 방글라데시, 인도 북동부, 인도차이나반도, 중국 남부에서 월동한다. 2아종으로 나눈다. 국내에서는 드문 나그네새다. 봄철에는 5월 초순부터 5월 하순 사이, 가을철에는 10월 초순부터 10월 하순까지 관찰된다.

행동 농경지, 하천가, 인가 주변의 잡목림에서 무리를 이루어 풀씨 등 식물성을 먹는다.

특징 암컷은 꼬까참새와 혼동되지만 보다 크다.

수컷 여름깃 몸윗면은 진한 밤색이며 이마, 얼굴, 멱 윗부분은 검은색이다. 가운데날개덮깃과 작은날개덮깃이 흰색, 몸아랫면은 노란색이며 가슴에 밤색 띠가 있다.

암컷 여름깃 몸윗면은 엷은 갈색에 흑갈색 줄무늬가 흩어져 있다. 귀깃은 흐린 갈색이며 가장자리가 흑갈색, 허리는 등과 색이 비슷하며 줄무늬가 있다. 몸아랫면은 노란색이며 옆구리에 흑갈색 줄무늬가 있다.

수컷 겨울깃 가운데날개덮깃과 일부 작은날개덮깃이 흰색, 몸윗면의 깃 가장자리는 폭이 넓고 색이 엷으며, 턱밑과 멱은 노란색, 가슴에 엷은 밤색 띠가 있다.

1회 겨울깃 수컷 가운데날개덮깃과 일부 작은날개덮깃이 검은색이 섞인 흰색이다. 날개덮깃 색은 개체 간 변이가 심해, 일부 개체는 암컷과 비슷하다. 가슴 띠가 성조보다 좁고 불명확하다.

1회 여름깃 수컷 몸 윗면은 밤색이 약하다. 가운데날개덮깃의 흰색 날개선은 폭이 좁다.

실태 중간 기착지에서 불법 포획으로 인해 개체수가 심각하게 감소했다. 세계자연보전연맹 적색자료목록에 위급(CR)으로 분류되어 있다. 멸종위기 야생생물 II급이다.

성조 수컷. 2006.5.2. 전남 신안 홍도

성조 암컷. 2006.5.2. 전남 신안 홍도

성조 수컷 겨울깃. 2018.10.28. 전남 신안 흑산도

1회 겨울깃 수컷. 2018.10.18. 전남 신안 흑산도

꼬까참새 *Emberiza rutila* Chestnut Bunting L14~15cm

서식 예니세이강에서 동쪽으로 오호츠크해 연안, 남쪽으로 바이칼호 동쪽에서 러시아 극동까지 번식하고, 겨울에는 중국 남부, 미얀마 중부, 인도차이나 동부에서 월동한다. 국내 내륙에서는 드물고 도서지방으로 흔히 통과하는 나그네새다. 봄철에는 5월 초순부터 하순 사이에 통과하고, 가을철에는 9월 중순부터 11월 중순까지 관찰된다.

행동 농경지 주변의 관목림, 초지, 하천가 등 개방된 환경에서 생활하며 무리를 이루어 이동한다. 땅 위에서 풀씨를 먹으며 놀라면 주변의 나뭇가지로 날아올라간다.

특징 암컷은 다른 종과 혼동되지만 허리는 줄무늬가 없는 적갈색이다.

수컷 여름깃 머리, 가슴, 날개덮깃을 포함한 몸윗면이 적갈색, 몸아랫면은 노란색이다.

암컷 여름깃 몸윗면은 연한 갈색에 검은 줄무늬가 있다. 정수리와 귀깃에 엷은 적갈색 기운이 있다. 허리는 적갈색, 멱은 엷은 담황색, 몸아랫면은 수컷보다 엷은 노란색이며 가슴과 옆구리에 줄무늬가 있다.

1회 겨울깃 수컷 성조 암컷과 비슷하지만 가슴이 흐릿한 밤색이다. 작은날개덮깃은 적갈색이다.

1회 겨울깃 암컷 성조 암컷과 구별이 어렵다. 허리는 줄무늬가 없는 적갈색이다.

1회 여름깃 수컷 성조 수컷과 비슷하지만 등과 어깨에 흑갈색 줄무늬가 있다.

실태 개체수가 감소하고 있다. 1970년대까지 통과시기에 수백에서 수천 개체의 무리를 쉽게 볼 수 있는 가장 흔한 멧새류였지만 오늘날 촉새보다도 드물게 통과한다.

성조 수컷. 2011.5.12. 충남 천수만 © 김신환

암컷. 2009.5.23. 인천 옹진 소청도

1회 겨울깃 수컷. 2017.10.15. 전남 신안 흑산도

1회 겨울깃 암컷. 2005.10.9. 전남 신안 홍도

멧새과 Emberizidae

검은머리멧새 *Emberiza melanocephala* Black-headed Bunting L17cm

서식 지중해 동쪽에서 이란까지, 파키스탄 일부 지역에서 번식하고, 인도 중부와 서부에서 월동한다. 국내에서는 2000년 11월 4일 전남 신안 가거도에서 관찰된 이후 충남 보령 외연도, 전남 신안 홍도, 전북 군산 어청도 등지에서 관찰기록이 있는 미조다. 주로 4월 중순부터 5월 초순 사이, 9월 초순부터 11월 초순 사이에 관찰되었다.

행동 경작지, 관목 숲, 도로변 초지 등 개방된 환경에 서식한다.

특징 대형 멧새류에 속한다. 부리가 길다. 암컷은 붉은머리멧새와 비슷하다. 미성숙 개체는 붉은머리멧새와 구별이 거의 불가능하다.

수컷 머리와 얼굴이 검은색, 등과 허리가 적갈색, 옆목과 몸아랫면은 노란색이다.

암컷 몸윗면은 엷은 회갈색이며 어깨와 등에 적갈색 기운이 있다. 뺨과 멱의 색 차이가 크다. 큰날개덮깃과 가운데 날개덮깃 끝이 흰색, 허리는 흐린 적갈색이다(노란색 기운이 거의 없다). 몸아랫면은 균일한 노란색이다(개체 간 차이가 있다).

1회 겨울깃 붉은머리멧새와 매우 비슷해 야외에서 구별이 거의 불가능하다. 몸윗면은 회갈색이며 어두운 갈색 줄무늬가 있다. 머리의 줄무늬가 붉은머리멧새보다 많다. 허리는 회갈색 또는 엷은 적갈색 기운이 있다. 가슴과 옆구리에 엷은 줄무늬가 있다. 셋째날개깃과 날개덮깃 가장자리가 폭 넓은 흰색 또는 담황색, 첫째날개깃은 가장 긴 셋째날개깃 뒤로 5장이 돌출된다(드물게 6장).

수컷. 2008.4.25. 충남 보령 외연도 ⓒ 이우만

수컷. 2017.4.18. 전남 신안 흑산도

붉은머리멧새와 구별이 매우 어렵다

1회 겨울깃. 2005.9.9. 전남 신안 흑산도

검은머리멧새 또는 **붉은머리멧새**. 1회 겨울깃. 2006.11.7. 전남 신안 홍도

붉은머리멧새 *Emberiza bruniceps* Red-headed Bunting L17cm

서식 중앙아시아에서 번식하고, 인도에서 월동한다. 국내에서는 1982년 9월 22일 경기 남양주에서 수컷 1개체가 채집된 이후 전남 신안 가거도와 홍도, 전북 군산 어청도 등지에서 관찰된 미조다.

행동 경작지, 관목 숲, 도로변 초지 등 개방된 환경에 서식한다. 행동, 습성, 울음소리가 검은머리멧새와 비슷하다.

특징 대형 멧새류다. 검은머리멧새보다 약간 작고 부리가 작다. 수컷은 다른 종과 혼동이 적다. 미성숙한 개체는 검은머리멧새와 구별이 매우 어렵다.

수컷 머리, 멱, 가슴이 적갈색이다. 몸윗면은 녹황색이며 가는 흑갈색 줄무늬가 있다. 배, 아래꼬리덮깃, 허리는 노란색이다.

암컷 검은머리멧새 암컷과 비슷하다. 머리의 줄무늬가 검은머리멧새보다 약하다. 몸윗면은 엷은 녹황색이며 흑갈색 줄무늬가 있다. 뺨과 멱의 색 차이가 크지 않다. 큰날개덮깃과 가운데날개덮깃 끝이 황갈색이다. 허리가 녹황색, 몸아랫면은 엷은 노란색이다.

1회 겨울깃 검은머리멧새와 비슷해 야외 구별이 매우 어렵다. 몸윗면은 회갈색이며 어두운 갈색 줄무늬가 있다. 머리는 검은 줄무늬가 있는 모래 빛 갈색이다(검은머리멧새보다 줄무늬가 약하다). 허리는 등과 같은 색이며 녹황색 기운이 있다. 가슴은 배보다 약간 어두워 담황색 기운이 있다. 가슴과 옆구리에 엷은 줄무늬가 있다. 큰날개덮깃과 가운데날개덮깃 끝이 담황색이다. 첫째날개깃은 가장 긴 셋째날개깃 뒤로 4장 또는 5장이 돌출된다.

수컷. 2007.5.15. 전남 신안 홍도 ⓒ 이우만

수컷. 2007.5.14. 전남 신안 홍도 ⓒ 김성현

1회 겨울깃 개체는 종 구별이 매우 어렵다

붉은머리멧새 또는 **검은머리멧새**. 1회 겨울깃.
2006.1.17. 전남 신안 홍도

붉은머리멧새 또는 **검은머리멧새**. 1회 겨울깃.
2006.1.17. 전남 신안 홍도

촉새 *Emberiza spodocephala* Black-faced Bunting L14.5~16cm

서식 알타이산맥 서부에서 오호츠크해 연안까지, 몽골, 중국 북동부, 북한, 중국 남서부에서 번식하고, 대만, 중국 남부, 인도차이나 북부, 네팔에서 월동한다. 국내에서는 흔하게 통과하는 나그네새이며, 중·남부에서 적은 수가 월동한다. 봄철에는 4월 초순부터 5월 하순까지, 가을철에는 10월 초순부터 11월 하순까지 통과한다.

행동 산림 가장자리 덤불, 개울가 관목, 밭에서 단독 또는 작은 무리를 이루어 잡초 씨와 곡식의 낟알을 먹는다.

특징 개체변이가 매우 심하다. 암수 구별 및 아종 식별이 어렵다.

수컷 여름깃 머리에서 가슴까지 균일한 회색 또는 녹회색이며, 눈앞과 턱이 검다(뺨밑선과 멱이 녹황색 개체도 있다). 몸윗면은 갈색이며 검은 줄무늬가 있다. 몸아랫면은 흐린 노란색 또는 흰색이다. 봄철 미성숙한 개체는 머리에 가는 갈색 줄무늬가 있다.

암컷 여름깃 머리는 갈색 바탕에 검은 줄무늬가 있다(머리중앙선은 회색). 눈앞은 담황색, 눈썹선, 뺨밑선, 멱은 색이 연하다. 몸아랫면은 흐린 노란색 또는 흰색이며 멱과 가슴에 흑갈색 줄무늬가 있다. 허리는 회갈색이며 줄무늬가 없다.

수컷 겨울깃 여름깃과 비슷하지만 정수리와 귀깃 일부에 밤색 줄무늬가 있다. 가슴깃 가장자리 색이 약간 연하며, 흐릿한 눈썹선과 뺨밑선이 있는 개체도 있다.

1회 겨울깃 수컷 성조 암컷과 비슷하지만 눈앞은 흑갈색, 머리깃은 녹회색 바탕에 갈색 줄무늬가 있다. 옆목에 회색 기운이 있다. 멱과 가슴은 녹회색 바탕에 검은 반점이 흩어져 있다.

1회 겨울깃 암컷 성조 암컷과 비슷하지만 머리와 가슴에 회색 기운이 거의 없다.

아종 2아종으로 나눈다. 국내를 흔하게 통과하는 아종은 *spodocephala*이다.

노랑배촉새(*extremiorientis*)는 중국 동북부와 우수리 일대에서 번식한다. 규칙적으로 통과하는 것으로 판단된다. 머리와 가슴은 녹회색, 몸아랫면은 *spodocephala*보다 더 진한 노란색이다. 중국 중부에 분포하는 *sordida*의 한 유형으로 분류하는 견해도 있다.

닮은종 **섬촉새(Masked Bunting, *E. personata*)**는 일본, 사할린, 쿠릴열도 남부에서 번식한다. 남부 지역으로 적은 수가 통과하는 나그네새이며, 남해 도서에서 적은 수가 월동한다. 수컷은 머리가 엷은 녹회색, 멱과 가슴이 선명한 노란색이다. 눈 위 뒤로 가는 노란색 줄무늬가 있으며 뺨밑선이 노란색이다. 암컷은 몸아랫면이 수컷보다 약간 엷은 노란색이며 검은 줄무늬가 촉새보다 진하다. 수컷과 마찬가지로 눈 위 뒤로 가는 노란색 줄무늬가 있으며 뺨밑선이 노란색이다. 과거 촉새 아종으로 분류했었다.

수컷. 2006.4.5. 전남 신안 홍도

암컷. 2007.4.16. 전남 신안 흑산도

성조 수컷 겨울깃. 2005.10.16. 전남 신안 흑산도

1회 겨울깃 수컷. 2005.10.23. 전남 신안 홍도

암컷. 2005.10.11. 충남 천수만 © 김신환

수컷 개체 비교. 2007.4.26. 전남 신안 흑산도

수컷. 2006.4.29. 전남 신안 홍도

수컷. 2006.4.21. 전남 신안 홍도

섬촉새 수컷. 2022.1.22. 전남 신안 흑산도 © 김양모

섬촉새 암컷. 2022.1.25. 전남 신안 흑산도 © 김양모

무당새 *Emberiza sulphurata* Yellow Bunting L14cm

서식 일본 중부에서만 번식하고, 일본 서남부를 거쳐 대만, 필리핀, 중국 남부에서 월동한다. 국내에서는 남해와 서해 도서 지역을 드물게 통과하는 나그네새다. 주로 4월 중순에서 5월 중순 사이에 통과한다.

행동 평지에서 산지의 조릿대, 관목이 자라는 밝은 숲을 선호한다. 번식기 이후에는 단독 또는 작은 무리를 이루며 곤충류, 거미, 씨앗을 먹는다.

특징 다른 비슷한 종과 달리 흰색 눈테가 뚜렷하다.

수컷 이미에서 뒷머리까지 회색을 띠는 녹색이며, 흰색 눈테가 있다. 눈앞과 턱밑이 검은색이다. 몸윗면은 어두운 녹회색에 흑갈색 줄무늬가 있다. 큰날개덮깃과 가운데날개덮깃 끝이 흰색이다(날개에 날개선 2열이 뚜렷하게 보인다). 멱은 진한 노란색이며 몸아랫면은 노란색이고, 옆구리에 갈색 줄무늬가 있다. 부리는 균일한 회흑색, 허리와 위꼬리덮깃은 녹회색이다.

암컷 머리의 녹색 기운이 약하며 몸아랫면의 노란색 기운이 수컷보다 약하다. 눈앞이 회색이며 턱밑에 검은색이 없다. 가슴옆에 갈색 기운이 있다.

수컷 겨울깃 여름깃과 비슷하지만 눈앞이 회색이다. 턱밑은 멱과 같은 색, 흐릿한 턱선이 있다. 정수리, 귀깃, 옆목, 뒷목에 갈색 기운이 있다.

실태 세계자연보전연맹 적색자료목록에 취약종(VU)으로 분류된 국제보호조다. 멸종위기 야생생물 II급이다.

수컷. 2006.5.1. 전남 신안 홍도

수컷. 2006.5.17. 전남 신안 홍도

암컷. 2006.5.17. 전남 신안 흑산도

암컷. 2012.4.22. 제주 © 진경순

검은멧새 *Emberiza variabilis* Grey Bunting L16.5~18cm

서식 캄차카 남부, 쿠릴열도, 사할린, 일본 혼슈 이북에서 번식하고, 비번식기에는 한국 남부, 일본 혼슈 이남에서 월동한다. 2아종으로 나눈다. 국내에서는 주로 제주도를 비롯한 남해안의 도서지방에서 매우 드물게 월동하는 겨울철새다. 11월 초순부터 도래해 월동하며, 4월 하순까지 통과한다.

행동 단독 또는 작은 무리를 이루어 월동한다. 대나무 숲, 작은 나무가 무성한 다소 어두운 숲에서 생활하며 땅 위에서 먹이를 찾는다. 경계심이 강하다.

특징 수컷은 다른 종과 쉽게 구별된다. 암컷은 촉새 등 다른 멧새과와 혼동된다.

수컷 전체적으로 회흑색이며 등에 검은 줄무늬가 있다. 날개는 회갈색, 아랫부리와 다리는 살구색, 아래꼬리덮깃은 회흑색이며 깃 가장자리가 흰색이다.

암컷 머리중앙선이 담황색이며 머리옆선은 적갈색으로 뒷목까지 이어진다. 눈썹선, 귀깃, 눈앞이 담황색, 허리와 위꼬리덮깃은 적갈색, 뺨밑선과 멱은 엷은 회색 기운이 있는 흰색, 몸아랫면은 담황색 기운이 있는 흰색이며 흑갈색 줄무늬가 뚜렷하다. 아랫배는 흰색에 가깝다. 아래꼬리덮깃은 흰색이며 깃 가장자리가 담황색이다.

1회 겨울깃 수컷 성조와 비슷하지만 등, 날개깃, 꼬리깃에 갈색 또는 적갈색이 명확하다. 머리는 적갈색 기운이 있는 회색, 눈썹선, 귀깃, 옆목에 흐린 적갈색 기운이 있는 회색이다. 가슴, 옆구리, 배는 때 묻은 듯한 황갈색 바탕에 회색 기운이 있다. 허리와 위꼬리덮깃은 회흑색이며 깃 가장자리가 폭 넓은 적갈색, 아래꼬리덮깃은 흰색에 가깝다.

1회 여름깃 수컷 성조와 비슷하다. 머리가 거의 균일한 회색이며 갈색이 약간 있다. 허리에 적갈색이 약간 남아 있다.

1회 여름깃 수컷. 2013.1.13. 제주 한라수목원 © 김준철

1회 여름깃 수컷. 2013.2.23. 전남 신안 가거도 © 고경남

암컷. 2013.2.23. 제주 한라수목원 © 고경남

암컷. 2011.1.23. 부산 남구 이기대 © 심규식

북방검은머리쑥새

Emberiza pallasi Pallas's Reed Bunting L14.5~15cm

서식 번식지는 크게 두 곳으로 나눈다. 북쪽 번식지는 우랄산맥 동쪽에서 추코트반도까지, 남쪽은 카자흐스탄 동쪽에서 몽골까지와 바이칼호 일대에서 번식한다. 중국 동부, 한국, 일본에서 월동한다. 4아종으로 나눈다. 국내에서는 흔하게 월동하는 겨울철새이며 다소 흔하게 통과하는 나그네새다. 10월 중순부터 도래하며, 4월 하순까지 관찰된다.

행동 여러 마리가 간격을 두고 죽은 갈대 줄기에 비스듬히 매달려 먹이를 찾는다. 놀라면 빠르게 날아 갈대숲으로 사라진다. 먹이는 각종 잡초 씨앗, 곤충류 등이다.

특징 부리가 작고 뾰족하다. 윗부리 색은 어두우며 아랫부리는 분홍색, 작은날개덮깃은 청회색(성조) 또는 회갈색(암컷, 1회 겨울깃 개체), 허리는 회백색이다.

수컷 여름깃 흰색 뺨밑선을 제외하고 머리는 검은색이다.

수컷 겨울깃 머리는 흐린 갈색에 검은색 깃이 스며 있다. 눈 뒤 뺨은 갈색 바탕에 검은색 깃이 약간 있다. 멱에 불명확한 검은 반점이 있다. 옆구리에 가는 줄무늬가 있다. 1회 겨울깃 수컷은 머리와 멱의 검은색이 더 약해 암컷처럼 보인다.

암컷 머리는 갈색에 가는 흑갈색 줄무늬가 있다. 눈 뒤와 귀깃은 검은 기운이 없는 갈색이다. 멱은 흰색이며, 턱선은 검은색이다. 작은날개덮깃은 청회색 기운이 있는 회갈색, 허리와 위꼬리덮깃은 흐린 황갈색에 흐린 갈색 줄무늬가 있다.

닮은종 **검은머리쑥새** 부리가 두툼하다. 윗부리와 아랫부리의 색 차이가 크지 않다. 작은날개덮깃은 적갈색이다.

뾰족하다
작은날개덮깃 청회색

수컷 여름깃. 2007.3.22. 충남 천수만 © 김신환

암컷. 2007.3.3. 충남 천수만 © 김신환

1회 겨울깃 수컷. 2009.11.21. 전남 신안 흑산도

암컷. 2008.10.31. 전남 신안 흑산도

검은머리쑥새 *Emberiza schoeniclus* Common Reed Bunting L16cm

서식 유럽 전역에서 동쪽으로 오호츠크해 연안까지, 아무르, 캄차카, 사할린, 쿠릴열도, 홋카이도에서 번식하고, 아프리카 북부, 서남아시아, 중국 남부, 한국, 일본에서 월동한다. 국내에서는 드문 나그네새이며 흔한 겨울철새다. 10월 중순부터 도래해 통과하거나 월동하며, 4월 초순까지 통과한다.

행동 갈대밭, 습지, 풀밭에 서식한다. 갈대 줄기에서 줄기로 이동하면서 부리로 줄기를 벗겨 애벌레를 잡거나 갈대 씨앗을 먹는다.

특징 부리가 북방검은머리쑥새보다 두툼하고 크며, 윗부리와 아랫부리의 색 차이가 크지 않다. 작은날개덮깃은 적갈색, 허리와 위꼬리덮깃은 회갈색이다.

수컷 여름깃 흰색 뺨밑선을 제외하고 머리가 검은색이다.

수컷 겨울깃 머리는 약간 엷은 적갈색에 검은색 깃이 스며있다. 눈썹선은 담황색이다(검은색 깃이 스며 있다). 눈앞은 갈색, 귀깃과 멱에 검은색 깃이 남아 있다. 1회 겨울깃 수컷은 머리와 귀깃의 검은색이 더 약하고, 턱선은 검은색이며 멱은 흰색 바탕에 불명확한 검은색 깃이 있어 암컷처럼 보인다.

암컷 몸윗면은 수컷 여름깃보다 적갈색이 적다. 정수리는 어두운 갈색이며 적갈색이 섞여 있다. 귀깃은 균일한 갈색, 목덜미는 회갈색, 멱은 흰색이며 턱선이 검은색이다.

아종 18아종 이상으로 나눈다. 아종에 따라 크기 차이가 있으며 부리 크기도 지역에 따라 다르다. 한국을 찾는 아종은 중간 크기이며 부리가 큰 *pyrrhulina*이고, 시베리아 북동부, 캄차카, 만주, 홋카이도 등지에서 번식한다.

수컷 여름깃. 2013.3.12. 경기 화성 © 최순규

암컷. 2007.2.17. 충남 천수만 © 김신환

1회 겨울깃 수컷. 2012.12.16. 경기 안산 시화호 © 김준철

암컷. 2007.2.17. 충남 천수만 © 김신환

북방검은머리쑥새와 검은머리쑥새 비교

북방검은머리쑥새 1회 여름깃 수컷. 2008.3.21. 충남 천수만 © 김신환

북방검은머리쑥새 암컷. 2007.4.1. 전남 신안 흑산도

북방검은머리쑥새 1회 겨울깃 수컷. 2009.11.21. 전남 신안 흑산도

북방검은머리쑥새 암컷. 2015.11.14. 경기 안산 시화호

검은머리쑥새 1회 여름깃 수컷. 2008.3.5. 충남 천수만 © 김신환

검은머리쑥새 암컷. 2011.2.22. 경기 안산 © 진경순

검은머리쑥새 1회 겨울깃 수컷. 2006.11.1. 전남 신안 홍도

검은머리쑥새 암컷. 2015.11.22. 경기 안산 시화호

쇠검은머리쑥새 *Emberiza yessoensis* Japanese Reed Bunting L14.5cm

서식 중국 북동부, 우수리, 사할린 남부, 일본 혼슈 이북에서 번식하고, 한국, 중국 남동부, 일본에서 월동한다. 2아종으로 나눈다. 국내에서는 드문 나그네새이며 드문 겨울철새다. 10월 하순부터 도래해 통과하거나 월동하며, 5월 초순까지 통과한다. 또한 2015년 5월 이후 경기 안산 시화호 습지에서 적은 수가 번식하는 게 확인되었다.

행동 습지, 갈대밭, 풀밭에 서식한다. 비번식기에는 다른 검은머리쑥새류 무리에 섞여 행동하며 주로 갈대 줄기에 앉아 씨앗을 먹는다.

특징 부리가 작고 뾰족하다. 작은날개덮깃은 회색, 허리와 위꼬리덮깃이 분홍색, 암컷은 북방검은머리쑥새와 비슷하지만 머리가 확실히 어둡게 보인다.

수컷 여름깃 머리 전체가 검은색이다. 몸윗면은 적갈색이며 검은 줄무늬가 진하다. 허리는 줄무늬가 없는 적갈색이다. 가슴과 옆구리는 흐린 갈색이다.

수컷 겨울깃 머리에 검은색이 남아 있으며 흐린 회갈색 줄무늬가 있다. 귀깃과 멱에 검은색이 있으며 뺨밑선이 약간 밝게 보인다. 1회 겨울깃 수컷은 성조와 비슷하지만 머리의 검은색이 약하며, 검은색 턱선이 암컷보다 폭 좁다.

암컷 수컷 겨울깃과 비슷하다. 정수리는 검은색과 갈색 줄무늬가 흩어져 있어 어둡게 보인다. 귀깃은 바탕이 검으며, 깃 끝은 색이 옅다. 턱선이 검은색으로 뚜렷하다. 멱은 흐린 담황색이다. 가슴옆과 옆구리에 갈색 줄무늬가 흩어져 있다.

실태 세계자연보전연맹 적색자료목록에 위기 근접종(NT)으로 분류된 국제보호조다. 멸종위기 야생생물 II급이다.

수컷 여름깃. 2016.5.29. 경기 안산 시화호 © 박대용

성조 암컷 여름깃. 2015.8.16. 경기 안산 시화호

1회 겨울깃 수컷. 2016.1.1. 경기 화성 호곡리

암컷. 2016.1.1. 경기 화성 호곡리

긴발톱멧새 *Calcarius lapponicus* Lapland Longspur L15.5cm

서식 유라시아와 북아메리카의 아한대 툰드라에서 번식하고, 겨울에는 영국 동부, 덴마크, 우크라이나 동부에서 중국 동부, 한반도, 일본 등 유라시아 중위도지역과 북아메리카 중부에서 월동한다. 5아종으로 나눈다. 국내에는 11월 초순부터 도래하며, 3월 하순까지 통과한다.

행동 해안가 초지, 평지의 초지, 매립지, 논 등지에서 무리를 이루어 행동하며 한 곳에 장시간 머물지 않는다. 무리지어 비행하다가 땅 위에 내려와 활발히 움직이면서 식물의 종자를 먹는다. 날 때에는 날개를 빠르게 펄럭이며 파도 모양을 그린다.

특징 체형이 통통하며 첫째날개깃이 길게 돌출된다. 꼬리가 짧다. 뒷발톱이 길다.

수컷 여름깃 머리, 귀깃, 멱, 가슴이 검은색이다. 눈앞의 눈썹선은 매우 흐리며 폭이 좁은 반면에 눈 뒤쪽은 폭 넓은 흰색 또는 옅은 담황색, 뒷목이 적갈색이다.

암컷 여름깃 수컷 겨울깃과 비슷하지만 가슴은 흰색이며 불명확한 검은 반점이 있다. 뒷목은 적갈색이며 검은 반점이 있다.

수컷 겨울깃 여름깃의 검은색이 사라지며, 머리에 흑갈색 줄무늬가 있다. 뒷목은 옅은 적갈색이다. 가슴에 검은색 반점이 있다. 큰날개덮깃이 적갈색이다. 날개에 폭 좁은 날개선이 2개 있다.

암컷 겨울깃 수컷 겨울깃에 비해 전체적으로 색이 옅다. 뒷목은 담황색이며 흐린 흑갈색 줄무늬가 있다. 가슴옆과 옆구리는 흐린 담황색 또는 흰색이며 흑갈색 줄무늬가 있다.

수컷 겨울깃. 2017.11.23. 전남 신안 흑산도

암컷 겨울깃. 2017.11.24. 전남 신안 흑산도

넓은 농경지에서 큰 무리를 이루어 생활한다

무리. 2013.1.19. 경기 안산 시화호 ⓒ 백정석

흰멧새 *Plectrophenax nivalis* Snow Bunting L16cm

서식 유라시아와 북아메리카 북극권의 산지 자갈밭, 해안가의 암석이 많은 곳에서 번식하고, 겨울에는 영국 북부에서 사할린의 유라시아 중위도지역, 북아메리카 중부에서 월동한다. 국내에는 겨울철에 매우 희귀하게 찾아오는 미조다.

행동 해안가 자갈밭, 농경지, 매립지에서 씨앗과 곤충을 먹는다. 무리를 이루어 행동하며 한 마리가 날면 모두 따라 날아오른다(한국에서는 대부분 1개체가 관찰되었다).

특징 다른 종과 쉽게 구별된다. 날개깃이 길고 부리가 상대적으로 짧다.

수컷 여름깃 등, 첫째날개깃, 꼬리깃이 검은색이며 나머지 부분은 흰색이다. 부리와 다리가 검은색이다.

수컷 겨울깃 머리는 흐릿한 황갈색이며 이마와 정수리는 진한 황갈색과 흑갈색 무늬가 있다. 윗등은 검은색이며 깃끝은 폭 넓은 흰색이다. 허리와 위꼬리덮깃이 흰색이다. 귀깃과 가슴옆이 황갈색, 부리는 등황색이다. 첫째날개덮깃은 흰색이다.

암컷 겨울깃 수컷 겨울깃과 비슷하지만 몸윗면에 황갈색 기운이 강하다. 첫째날개덮깃은 흰색 바탕에 검은 무늬가 있다.

1회 겨울깃 수컷 첫째날개덮깃의 끝은 검은색이며 그 안쪽은 흰색이다.

1회 겨울깃 암컷 전체적으로 갈색 기운이 강하다. 첫째날개덮깃은 검은색이다.

아종 4아종으로 나눈다. 한국에 찾아오는 아종은 러시아에서 아나디리까지 분포하는 *vlasowae*이며, 다른 아종에 비해 등, 허리, 위꼬리덮깃이 더 흰색이다.

성조 수컷. 2020.3.2. 강원 태백 매봉산 © 박철우

1회 겨울깃 암컷. 2020.2.22. 충남 서산 봉락리

흰정수리북미멧새

Zonotrichia leucophrys White-crowned Sparrow L17cm

서식 알래스카를 포함해 북미대륙 북부에서 번식하고, 미국과 멕시코 북부에서 월동한다. 국내에서는 2003년 2월 3일 부산 을숙도 남단에서 관찰된 미조다.

행동 관목림, 숲 가장자리, 해안가 초지 등지에서 생활한다. 땅 위에서 분주히 움직이며 풀씨, 풀잎, 싹, 곤충 등을 먹으며, 흥분했을 때 머리깃을 세운다.

특징 암수 색깔이 같다. 부리는 상대적으로 짧고 꼬리가 길다. 흰색 날개선 2열이 선명하다. 날 때 보이는 외측 꼬리깃에 흰색이 전혀 없다.

성조 머리중앙선은 흰색이며 그 옆쪽으로 검은색 머리옆선이 이마에서 뒤쪽으로 길게 이어진다. 눈썹선은 흰색이다. 눈 뒤쪽으로 검은색 눈선이 있다. 윗등은 갈색과 때 묻은 듯한 흰색 줄무늬가 교차한다. 귀깃, 멱, 가슴은 청회색, 옆구리는 갈색, 날 때 보이는 외측 꼬리깃에 흰색이 전혀 없다. 부리는 엷은 분홍색을 띠는 주황색이다.

1회 겨울깃 몸윗면은 성조와 거의 비슷하지만 정수리에 흰색이 없다. 머리옆선은 어두운 갈색, 눈썹선과 머리중앙선은 회갈색, 가슴부분은 회색이며, 옆구리는 갈색이다.

아종 5아종으로 나누며, 아종 간 부리와 눈앞 색이 약간씩 다르지만 구별이 어렵다. 국내에 기록된 아종은 캐나다 서부와 서북부에서 번식하는 *gambelii*이다.

성조. 2010.11.10. 네바다. Lip Kee Yap

1회 겨울깃. 2010.11.10.네바다. Lip Kee Yap

성조. 2015.2.14. 미국 캘리포니아 맨체스터

1회 겨울깃. 2014.12.25. 미국 캘리포니아 페어필드

노랑정수리북미멧새

Zonotrichia atricapilla Golden-crowned Sparrow L15~18cm

서식 알래스카, 캐나다 서부에서 번식하고 미국 서부와 멕시코 북서부에서 월동한다. 국내에서는 2010년 4월 11일 충남 보령 외연도에서 1개체, 2020년 5월 2일 전남 신안 흑산도에서 1개체가 관찰된 미조다.

행동 초지, 숲 가장자리 관목, 덤불이 밀생한 환경을 선호한다. 분주히 움직이며 땅에서 먹이를 찾는다. 씨앗, 싹, 열매, 곤충 등을 먹는다.

특징 성조는 다른 종과 쉽게 구별된다. 부리는 상대적으로 짧고 꼬리가 길다. 흰색 날개선 2열이 선명하다. 날 때 보이는 외측 꼬리깃에 흰색이 전혀 없다.

성조 여름깃 머리중앙선은 이마에서 정수리까지 노란색이며, 그 뒤쪽으로 흰색이다. 머리옆선은 폭 넓은 검은색이며 이마에서 뒷목까지 길게 이어진다. 몸윗면은 갈색이며, 윗등은 갈색과 검은 줄무늬가 교차한다. 귀깃과 멱은 회색, 몸아랫면은 때 묻은 듯한 회색이며 옆구리에 갈색 기운이 강하다.

성조 겨울깃 머리옆선의 검은색은 폭이 좁으며 깃 끝은 색이 엷어 전체적으로 흑갈색으로 보인다.

1회 겨울깃 성조 겨울깃과 비슷하다. 머리에 가는 흑갈색 줄무늬가 있으며 이마에 폭 좁은 노란색이 있다. 검은색 머리옆선이 전혀 없으며 희미한 흑갈색 눈선이 있다.

성조. 2010.4.17. 충남 보령 외연도 © 백정석

성조. 2020.5.2. 전남 신안 흑산도 © 고정임

2020.5.2. 전남 신안 흑산도 © 고정임

2015.1.20. 미국 캘리포니아 © 최창용

초원멧새 *Passerculus sandwichensis* Savannah Sparrow L14~16cm

서식 북아메리카 북부와 중부, 멕시코 북서부와 중부, 과테말라 남서부에서 번식하고, 북방의 개체는 겨울에 남쪽으로 이동한다. 국내에서는 1998년 2월 18일 부산 낙동강 하구에서 1개체, 2000년 11월 1일 전남 신안 가거도에서 1개체, 2019년 10월 9일 전남 신안 흑산도에서 1개체, 2019년 11월 15일 인천 옹진 백령도에서 관찰된 미조다.

행동 농경지, 해안가 초지, 길 옆, 하천가에서 생활한다. 땅 위에서 걷거나 뛰면서 먹이를 찾는다.

특징 암수 색깔이 같다. 꼬리가 상대적으로 짧은 편이다. 노랑눈썹멧새와 혼동될 수 있다.

성조 몸윗면은 옅은 갈색에 흑갈색 줄무늬가 있으며 등에 폭 넓은 흑갈색 줄무늬가 있다. 머리중앙선은 폭 좁은 흰색이며, 머리에 흑갈색 줄무늬가 있다. 눈앞의 눈썹선은 노란색이며, 눈 뒤는 흰색이다. 뺨은 옅은 갈색이며 귀깃 가장자리가 흑갈색이다. 부리가 살구색이며 윗부리 등은 검은색이다. 몸아랫면은 흰색이며 가슴, 가슴옆, 옆구리에 흑갈색 줄무늬가 흩어져 있다. 꼬리는 짧으며 외측 꼬리깃은 색이 옅다(흰색이 거의 없다).

아종 17아종 이상으로 나눈다. 국내에 기록된 아종은 알래스카, 캐나다 서부, 미국 서부에서 번식하는 *anthinus* 이다.

닮은종 **노랑눈썹멧새** 암컷은 머리옆선에 폭 넓은 흑갈색 줄무늬가 있다. 가슴옆, 옆구리는 옅은 갈색이며 흑갈색 줄무늬가 있다.

성조. 2019.10.12. 전남 신안 흑산도 © 진경순

성조. 2014.10.17. 미국 캘리포니아 윌로우즈 © 최창용

부록 1

본문 누락 종

국내에 공식적으로 기록되었으며 서식 근거가 있지만 사진자료가 부족하거나 확보하지 못한 종을 언급했다. 물론 이 중에는 북극흰갈매기, 목테갈매기 등 오래된 관찰기록만 있으며 사진, 표본자료가 없는 등 근거가 빈약한 종도 포함된다.

흰머리기러기 *Anser canagicus* Emperor Goose L66~89cm

서식 알래스카 서북부와 러시아 추코트반도 동북부에서 번식하고, 알류산열도, 코만도르스키예 제도, 캄차카반도에서 월동한다. 국내에서는 1995년 12월 28일 강원 철원 고석정 인근에서 1개체, 2021년 2월 2일 전북 김제에서 1개체가 관찰된 미조다.

행동 툰드라 해안지대, 석호, 호수에서 번식하고, 바위 해안, 연안 습지, 농경지에서 월동하며 해초 등 초본류를 먹는다.

특징 다른 종과 쉽게 구별된다. 이마에서 뒷목까지 흰색이다(여름철에는 얼굴에 녹슨 듯한 등색 기운이 있다). 턱밑에서 앞목까지 검은색이다. 몸 윗면과 아랫면은 청회색이며 깃 가장자리는 검은색과 흰 무늬가 있어 비늘 모양을 이룬다. 부리는 짧고 분홍색이다. 다리는 오렌지색, 날 때 꼬리는 흰색으로 보인다.

어린새 머리와 몸의 색이 같다. 전체적으로 청회색이며 비늘무늬가 강하다. 부리는 청회색, 다리는 녹색을 띤 갈색이다.

검은등알바트로스

Phoebastria immutabilis Laysan Albatross L79-81cm

서식 하와이제도 북서부(레이산섬, 미드웨이환초 등), 일본 조도, 오가사와라제도, 멕시코 서부의 과달루페섬, 로카스알리요스섬, 클라리온섬, 산베네딕토섬 등지에서 번식한다. 비번식기에는 일본 오가사와라제도, 쿠릴열도, 캄차카반도, 알류샨열도, 알래스카만, 동태평양의 멕시코 연안 등 북태평양에 넓게 분포한다. 국내에서는 2017년 8월 12일 부산 강서구 성북동 해안가에서 탈진한 성조 1개체 기록이 있다.

행동 번식기 외에는 주로 대양을 활공하면서 떠돌거나, 수면에서 먹이활동을 한다. 먹이를 구하고자 장거리를 이동하기도 한다. 주로 어류를 먹지만 고래, 물범 등의 사체를 먹기도 한다. 원양어선이 물고기를 잡으려고 긴 낚싯줄에 달린 수많은 낚싯바늘에 생선을 미끼로 달아 바다에 던지면 미끼를 먹으려고 물었다가 낚여 죽는 일이 많다.

특징 몸윗면은 어두운 흑갈색이다(날개 윗면은 흰색이 없는 균일한 흑갈색이다). 머리, 목, 허리, 몸아랫면은 흰색이다. 눈 주변과 아랫부분은 검은색이다. 부리는 분홍색이며, 끝부분이 회색이다. 날개아랫면에는 흰색과 검은색 무늬가 섞여 있으며(개체 간 변이가 크다), 날개깃 가장자리를 따라 검은색을 띤다. 다리는 엷은 분홍색을 띠는 회색이다.

사대양슴새 *Puffinus griseus* Sooty Shearwater L40~50cm

서식 뉴질랜드, 태즈메이니아 근해의 도서, 칠레 남부 도서에서 번식하고, 비번식기에 북태평양, 북대서양으로 북상한다. 2002년 6월 6일 부산 앞바다에서 2개체 관찰기록이 있으며, 2014년 8월 10일 경북 포항 구룡포 해상에서 이 종으로 추정되는 1개체가 관찰되었다.

행동 먼 바다에서 생활한다. 3월 하순부터 5월 초순에 번식지를 떠나기 시작해 6월에 일본 근해 북태평양까지 북상하고, 7월에 알류샨열도 남쪽 해상에서 생활한 후, 8월부터 캘리포니아 연안을 따라 남하해 9월 하순에 다시 번식지 인근 해상으로 되돌아온다. 수면 위로 빠르게 날다가 어류, 오징어, 새우를 잡아먹는다. 빠른 날갯짓을 한 후 활강하는 행동을 반복한다. 쇠부리슴새와 달리 배에서 버리는 생선 같은 냄새에 반응하지 않는다.

특징 전체적으로 흑갈색이며 쇠부리슴새와 매우 비슷하지만 보다 크고 날개아랫면은 회백색으로 광택이 돈다. 검은색 부리는 쇠부리슴새보다 길며 이마와 부리 기부의 경사가 완만하다. 멱은 몸아랫면보다 색이 약간 엷지만 쇠부리슴새보다는 어둡다. 날개아랫면의 첫째날개덮깃과 둘째날개의 가운데날개덮깃 일부가 회백색이다(회백색 무늬가 첫째날개덮깃에서는 넓고 가운데날개덮깃에서는 좁다). 작은날개덮깃은 검은색이어서 날개아랫면 앞쪽에 길고 어두운 쐐기무늬가 생긴다. 날개아랫면의 첫째날개깃과 둘째날개깃 색이 어둡다. 머리와 몸의 색깔은 같은 정도로 어둡다. 날 때 발가락이 꼬리 뒤로 튀어나오지 않거나 약하게 튀어나온다.

실태 세계자연보전연맹 적색자료목록에 준위협종(NT)으로 분류된 국제보호조다.

검은머리흰따오기

Threskiornis melanocephalus Black-headed Ibis L65~76cm

서식 파키스탄 동남부, 인도, 스리랑카, 네팔, 방글라데시, 동남아시아에서 번식하는 텃새이며, 중국 남부, 동남아시아, 필리핀, 인도네시아에서 월동한다. 중국 동북부 헤이룽장성 자룽습지 일대에서 번식하는 여름철새라는 기록이 있지만 확실하지 않다. 국내에서는 1982년 제주도에서 월동한 기록이 있으며, 2002년 3월 15일과 2004년 9월 28일에 인천 송도매립지에서 각각 1개체가 확인된 미조다.

행동 해안 습지, 호수, 석호, 얕은 강에 서식한다. 얕은 습지, 논, 풀밭에서 지면을 찍으며 먹이를 찾거나, 부리를 물속에 넣고 좌우로 저으며 우렁이, 물고기, 개구리 등을 먹는다.

특징 부리, 머리, 목, 다리를 제외하고 전체적으로 흰색이다. 부리는 길며 아래로 굽었다. 머리에서 뒷목까지 검은색 피부가 노출되었다. 날 때 아랫날개덮깃을 따라 붉은색 피부가 노출된다.

여름깃 등과 가슴에 희미한 노란색 기운이 스며 있으며, 어깨깃 일부와 길게 돌출되는 셋째날개깃은 회색이다. 아랫목에 짧게 늘어진 깃털이 흩어져 있다.

어린새 머리와 뒷목 부분에 회흑색 깃이 있다. 앞목과 옆목에 흰색 깃이 있다. 날 때 보이는 외측 첫째날개깃 끝부분이 폭 좁은 검은색이다.

실태 세계자연보전연맹 적색자료목록에 준위협종(NT)으로 분류된 국제보호조다. 생존 개체수는 15,000~30,000으로 추정된다.

작은뱀수리 *Circaetus gallicus* Short-toed Snake Eagle L62-69cm

서식 아프리카 서북부, 유럽 서남부, 지중해 연안, 북쪽으로 핀란드, 동쪽으로 이란, 카자흐스탄, 몽골 서부와 북부, 중국 중북부, 남아시아, 소순다열도에서 번식하고, 서쪽 번식 집단은 사하라 남쪽 아프리카 사헬지대에서 월동한다. 국내에서는 2017년 5월 7일 인천 옹진 백령도에서 미성숙한 1개체 관찰기록만 있는 미조다.

행동 개방된 산림, 반사막 지역, 평지, 관목 지역, 구릉지대 등 다양한 환경에서 서식한다. 뱀, 도마뱀, 양서류, 설치류, 소형 포유류 등을 잡아먹는다. 미끄러지듯이 날거나 범상하며 먹이를 찾고, 정지비행하며 먹이에 접근한다.

특징 말똥가리와 비슷하지만 더 크고 날개가 길다. 앉아 있을 때 머리가 올빼미처럼 커 보인다. 홍채는 노란색이다. 부리가 다소 짧다. 날개아랫면에 줄무늬가 흩어져 있다. 말똥가리와 달리 날개아랫면 익각에 반점이 없다. 첫째날개깃 끝이 말똥가리보다 밝다. 꼬리에는 보통 줄무늬 3개가 뚜렷하다. 앉아 있을 때 날개가 꼬리 끝까지 다다른다. 개체변이가 심하다. 머리는 몸윗면과 같은 갈색을 띠는 개체도 있지만 색이 매우 밝은 개체도 있다. 목과 가슴이 흑갈색을 띠는 개체와 색이 밝은 개체가 있다. 배는 흰색 바탕에 흑갈색 줄무늬가 흩어져 있다.

대륙말똥가리 *Buteo buteo* Common Buzzard L48~58cm

서식 유럽에서부터 중앙아시아 등지까지 번식하고, 동부 및 남부 아프리카, 남아시아에서 월동한다. 지리적으로 6아종으로 분류한다.

행동 산림 가장자리, 농경지, 강 하구, 하천에서 서식한다. 전신주, 나무 위에 앉아 먹이인 작은 들쥐를 기다리거나, 범상하면서 먹이를 탐색한다.

특징 말똥가리와 유사하다. 흑색형, 중간형, 담색형이 있지만 변이가 심하다. 중간형은 전체적으로 흑갈색을 띠고, 몸아랫면은 흰색 바탕에 흑갈색 또는 검은색 무늬가 있다. 날 때 보이는 날개깃 끝부분의 검은색 띠는 말똥가리보다 더 폭 넓다. 어린새는 말똥가리와 구별이 어렵다.

분류 과거 유라시아 대륙에 폭넓게 분포하는 종을 Common Buzzard (*B. buteo*)로 분류하고, 지리적으로 11아종으로 나누었다. 이후 서로 독립된 여러 종으로 나누었다. 유럽에서 중앙아시아에 분포하는 종을 대륙말똥가리(Common Buzzard, *B. buteo*)로 보며, 러시아 레나강에서 오호츠크해 연안, 러시아 극동, 중국 동북부, 사할린, 일본에서 번식하고, 중국 동부와 남부, 한국, 일본, 인도차이나반도 등지에서 월동하는 종을 말똥가리(Eastern Buzzard, *B. japonicus*), 히말라야산맥 지역에 서식하는 Himalayan Buzzard (*B. burmanicus*) 등 5종으로 분류한다. 대륙말똥가리 기아종 *buteo*는 2016년 12월 10일 전남 해남 고천암호 주변 농경지에서 성조 1개체가 처음 관찰된 기록만 있고, 대륙말똥가리 아종 붉은꼬리말똥가리 *vulpinus*는 인천 강화 교동도, 충남 서산 천수만 등지에서 여러 차례 월동한 기록이 있다.

흰제비갈매기 *Gygis alba* White Tern / Atoll Tern L28~33cm

서식 인도양에서 대서양, 태평양까지 아열대 및 열대 지역에 광범위하게 분포하는 텃새이다. 지리적으로 4아종으로 나눈다. 국내에서는 2014년 8월 4일 충북 영동 계산리에서 탈진한 1개체 구조기록만 있는 미조다.

행동 번식기 외에는 바다의 모래, 암석, 초목이 있는 환초 해안에서 서식한다. 바다에 뛰어들어 소형 어류를 주로 잡아먹으며 오징어류, 갑각류를 먹기도 한다. 둥지를 틀지 않고 나뭇가지, 바위 틈, 인공 구조물 등 움푹한 곳에 알을 낳는다.

특징 다른 종과 혼동할 일이 없다. 눈 주변은 폭 넓은 검은색이다. 전체적으로 흰색을 띤다. 몸이 가냘프고 날개가 길다. 꼬리는 짧고 가운데가 오목하게 들어간다. 부리 기부는 청회색이며 나머지는 검은색이고, 뾰족하다. 다리는 매우 짧다.

어린새 성조와 비슷하지만 등과 날개덮깃 끝에 갈색 무늬가 있다.

꼬마갈매기 *Hydrocoloeus minutus* Little Gull L24~28cm

서식 유럽 동부, 서시베리아, 바이칼호 동부, 북미 오대호 일대의 내륙 호수에서 번식하며, 지중해, 대서양, 흑해, 카스피해, 중국 동부 해안, 미국 동부 해안 등지에서 월동한다. 2006년 1월 21일 경북 포항에서 어린새 1개체의 관찰기록이 있는 미조다.

행동 제비갈매기류처럼 경쾌하게 비상한다. 수면에서 작은 먹이를 잡아먹는다. 겨울에는 주로 바다에서 생활하며, 모래 해변, 갯벌 해안에서도 확인된다.

특징 가장 작은 갈매기류다. 부리는 검은색이며, 매우 가늘다.

여름깃 첫째날개깃 끝이 흰색, 날 때 보이는 날개아랫면의 어두운 부분이 날개깃 끝의 흰색과 뚜렷하게 구분된다.

겨울깃 정수리는 약간 폭 넓은 회흑색이며, 귀깃에 검은 반점이 있다. 날개 끝은 흰색이며, 날 때 보이는 날개아랫면의 끝부분을 따라 폭 넓은 흰색이다.

어린새 정수리, 귀깃, 윗등에 폭 넓은 검은색 무늬가 있다. 몸윗면은 검은색이며, 깃 끝은 폭 넓은 흰색, 몸 바깥쪽 첫째날개깃과 날개덮깃 일부가 검은색이다(M자 형태의 검은 무늬가 선명). 날 때 둘째날개깃 끝부분에 약간 어두운 띠가 보인다. 꼬리 끝이 검은색이다.

1회 겨울깃 세가락갈매기 1회 겨울깃과 비슷하지만 둘째날개깃 끝과 몸 안쪽 첫째날개깃에 흐린 줄무늬가 있다.

2회 겨울깃 성조 겨울깃과 비슷하지만 날 때 첫째날개깃 끝에 폭 좁은 검은 무늬가 보인다. 날 때 보이는 날개아랫면의 깃 가장자리를 따라 흐릿한 검은색이다.

북극흰갈매기 *Pagophila eburnea* Ivory Gull L40~47cm

서식 유라시아대륙과 북미의 북극권에서 번식하고, 비번식기에도 약간 남쪽으로 이동하지만 유빙지역 남쪽으로는 거의 이동하지 않는다. 국내에서는 이례적으로 1995년 10월 23일 울릉도 저동항에서 1개체가 관찰된 미조다.

행동 먼 바다에서 먹이를 찾으며, 해안 절벽, 유빙에서 쉰다. 어류, 새우, 갑각류 등을 먹는다. 겨울철에 매우 드물게 항구, 해안가로 이동하기도 한다.

특징 괭이갈매기보다 약간 작다. 몸 전체가 흰색이다. 부리는 청회색이며 끝부분이 노란색이다. 다리는 짧고 검은색이다. 홍채는 검은색이다.

1회 겨울깃 부리 끝은 노란색이며 부리 기부는 검은색이다. 눈앞이 검은색이다. 몸은 전체적으로 흰색이며 날개깃 가장자리와 날개덮깃, 꼬리 끝에 검은 반점이 흩어져 있다.

실태 세계자연보전연맹 적색자료목록에 준위협종(NT)으로 분류된 국제보호조다. 기후 변화, 오염, 사냥 등에 의해 일부 번식지역에서 개체수가 빠르게 감소하고 있다.

목테갈매기 *Xema sabini* Sabine's Gull L30~36cm

서식 알래스카, 북미대륙 북부, 그린란드, 시베리아 북부 등 북극을 둘러싼 지역에서 번식하고, 차가운 훔볼트 해류가 형성되는 페루와 에콰도르, 그리고 차가운 벵겔라 해류가 형성되는 아프리카 서남부 해역에서 월동한다. 국내에서는 이례적으로 1970년 8월 30일 경북 포항에서 1개체의 관찰기록이 있는 미조다.

행동 먼 바다에서 생활한다. 수면 위로 매우 빠르게 날며 먹이를 찾는다. 보통 작은 어류, 새우, 수서곤충, 동물의 사체 등을 먹는다.

특징 소형 갈매기다. 첫째날개깃이 검은색이며 끝에 흰 반점이 있다. 날개덮깃, 셋째날개깃, 등은 청회색이며, 몸 안쪽 첫째날개깃과 둘째날개깃은 흰색이다. 부리는 검은색이며 끝이 노란색이다. 가운데꼬리가 약간 들어갔다.

여름깃 머리가 회흑색이며 흰색 목과의 경계선에 검은 줄무늬가 있다.

겨울깃 머리가 흰색으로 바뀌며 뒷머리는 회흑색 무늬가 있다.

어린새 정수리, 뒷목, 몸윗면은 전체적으로 갈색이며 눈앞, 턱밑, 멱, 몸아랫면은 흰색, 첫째날개깃은 검은색, 깃 끝은 흰색이다. 날개덮깃과 셋째날개깃은 갈색에 검은 반점이 있으며 깃 가장자리가 흰색으로 비늘무늬가 보인다. 둘째날개깃은 흰색으로 첫째날개깃과 명확한 대조를 이룬다. 꼬리 끝은 검은색이다.

1회 겨울깃 머리와 등은 성조와 같은 색이지만 날개덮깃은 엷은 회갈색이다. 첫째날개깃 끝에 작은 흰색 반점이 있다.

긴꼬리도둑갈매기

Stercorarius longicaudus Long-tailed Skua / Long-tailed Jaeger L35~53cm

서식 유라시아대륙과 북미대륙의 북극권에서 번식한다. 비번식기에는 남극 인근, 남아메리카와 남아프리카 남부 먼 바다에서 생활한다. 2아종으로 나눈다. 국내에서는 2002년 5월 14일 전남 신안 비금면 해상에서 처음 관찰된 이후 제주도, 전남 신안 흑산도와 가거도 인근 해상에서 몇 회의 관찰기록이 있다. 주로 4월 중순에서 6월 중순 사이에 관찰되었다.

행동 먼 바다에서 생활한다. 먹이를 약탈하기보다는 스스로 잡는 경우가 많은 듯하다.

특징 도둑갈매기 중 가장 작다. 북극도둑갈매기와 비슷하지만 몸윗면의 색이 더 흐리다. 마른 체형이며 꼬리가 길다. 부리는 짧지만 굵다. 몸아랫면은 흰색이며 아랫배 부분은 색이 어둡다(북극도둑갈매기와 달리 흰색과 검은색의 경계가 불명확하다). 날 때 보이는 날개는 몸윗면보다 색이 어둡다. 몸 바깥쪽 첫째날개깃 2~3장의 깃축이 흰색일 뿐이다(북극도둑갈매기보다 흰색이 훨씬 좁다). 날 때 보이는 날개아랫면의 첫째날개깃 기부에 흰 무늬가 거의 없다.

어린새 깃 색에 변이가 심하다. 북극도둑갈매기와 비슷하지만 회색 기운이 강하다. 중앙꼬리깃이 약간 길다. 몸윗면의 깃 가장자리는 색이 연하다. 담색형은 머리가 연황색을 띠는 흰색이며, 몸아랫면은 흰 기운이 강하다. 암색형은 전체적으로 균일한 어두운 회갈색이다. 연령에 관계없이 몸 바깥쪽 첫째날개깃 2~3장의 깃축만 흰색이다. 날 때 보이는 첫째날개깃의 흰 반점이 매우 작다. 아래꼬리덮깃에 줄무늬가 뚜렷하다.

뿔바다오리 *Aethia cristatella* Crested Auklet L24cm

서식 러시아 추코트반도, 베링해, 알류샨열도, 오호츠크해, 남쪽으로 쿠릴열도 중부에서 번식하고, 북태평양 북부 해상에서 월동한다. 국내에서는 2015년 11월 8일 경북 포항 구룡포 해상에서 이 종으로 판단되는 관찰기록과 2016년 1월 13일 부산 서구 암남동 바닷가에서 탈진한 1개체를 구조한 기록이 있는 미조다.

행동 해상에서 무리를 이루어 먹이를 찾는다. 잠수해 플랑크톤, 작은 연체동물, 작은 어류 등을 잡아먹는다. 이동할 때 빠른 날갯짓으로 수면 위를 낮게 난다. 수심이 깊은 곳에서 먹이를 찾지만 간혹 해안선 근처로 이동하기도 한다.

특징 바다쇠오리 만한 크기이며, 전체적으로 흑갈색이다. 앞머리에 앞쪽으로 튀어나온 검은 수염 같은 뿔깃이 있다. 흰색 눈 뒤쪽으로 흰색 줄무늬가 있다. 아래꼬리덮깃은 색이 어둡다. 여름깃 부리는 주황색이며, 크고 뭉툭하게 부풀어 오른다. 부리 기부의 구각이 위로 부풀어 오른다.

겨울깃 부리가 작으며, 어두운 주황색이다. 앞머리의 튀어나온 뿔깃과 눈 뒤의 흰색 줄무늬가 짧다.

어린새 앞머리의 뿔깃이 매우 짧다. 눈뒤에 짧고 불명확한 흰색 깃이 1개 있다.

닮은종 **흰수염작은바다오리(Whiskered Auklet, *Aethia pygmaea*)** 크기가 작고, 부리가 가늘다. 아랫배 쪽과 아래꼬리덮깃이 흰색이다. 앞머리에 앞쪽을 향하는 가는 뿔깃이 있다. 여름깃은 눈 앞쪽 위아래로 향하는 흰색 뿔깃이 있다. 겨울깃은 눈 뒤쪽과 아래쪽으로 가늘고 흰 줄무늬가 2개 있다. 어린새는 이마에 튀어나온 뿔깃이 없다.

댕기바다오리 / 붉은부리바다오리

Fratercula cirrhata Tufted Puffin L35~41cm

서식 러시아 극동, 쿠릴열도, 캄차카, 추코트반도, 알류샨 열도, 알래스카 서부와 남부, 캘리포니아 북부 도서지역에서 번식하고, 번식지 인근 북태평양에서 월동한다. 국내에서는 1933년 8월 2일 함북 경흥 두만강 유역에서 채집된 이후 오랫동안 기록이 없다가 2011년 12월 7일 부산 가덕도 신항만에서 구조되었으며, 매우 이례적으로 2014년 6월 27일 전북 고창에서 1개체가 구조된 기록이 있다.

행동 풀이 무성하고 부드러운 흙이 풍부한 무인도 해안 절벽 인근 지면에 굴을 파고 둥지를 튼다. 큰 무리를 이루어 집단 번식한다. 먼 바다에서 생활하며 잠수해 어류, 오징어, 무척추동물 등을 잡아먹는다.

특징 바다오리류 중 대형이다. 전체적으로 검은색을 띤다. 머리가 크고 부리가 육중하다.

여름깃 얼굴은 흰색이며 몸깃은 전체적으로 검은색을 띤다. 뒷머리에 엷은 노란색 깃이 길게 돌출되었다. 부리는 기부를 제외하고 붉은색을 띠는 주황색이다. 다리는 붉은색을 띤다.

겨울깃 얼굴의 흰색이 사라져 전체적으로 검은색으로 보인다. 눈 위 뒤쪽으로 엷은 노란색 눈썹선이 있다. 부리 기부는 흑갈색이며 나머지는 주황색이다.

어린새 전체적으로 흑갈색을 띤다(몸아랫면이 몸윗면보다 더 밝다). 눈 뒤쪽으로 누런 눈썹선이 있다. 부리는 엷은 오렌지색을 띠며 성조보다 높이가 낮다.

회색등때까치 *Lanius tephronotus* Grey-backed Shrike L21~23cm

서식 인도 서북부, 네팔, 부탄, 티베트, 중국 중부와 남부에서 번식하는 텃새이며, 일부는 방글라데시, 미얀마, 태국, 라오스, 베트남 북부에서 월동한다. 지리적으로 2아종으로 나눈다. 국내에서는 2021년 5월 8일 인천 옹진 백령도에서 1개가 관찰된 미조다.

행동 번식기에는 고지대에서 서식한다. 비번식기에는 고지대에서 내려와 저지대 숲 가장자리, 농경지, 평야 등지로 이동한다. 일부는 번식지를 벗어나 남쪽 지역으로 이동한다. 전깃줄, 관목 같은 노출된 곳에 앉으며, 단독으로 생활한다. 대부분 곤충을 잡아먹으며, 설치류, 개구리, 조류 새끼도 먹는다.

특징 긴꼬리때까치보다 작다. 암수 색이 같으며, 날개에 흰 반점이 없다. 정수리를 포함해 몸윗면은 균일한 어두운 회색이다. 긴꼬리때까치처럼 검은 눈선이 뚜렷하지만 몸윗면에 주황색이 없다. 허리와 위꼬리덮깃은 주황색이다. 꼬리는 밤색이다. 몸아랫면은 흰색이며, 가슴옆은 주황색이다.

흰머리검은직박구리

Hypsipetes leucocephalus Black Bulbul L23.5-26.5cm

서식 히말라야 산기슭, 방글라데시, 티베트 동남부, 중국 남부(윈난성)에서 동남부, 하이난섬, 대만, 미얀마, 라오스, 베트남, 태국에서 서식한다. 북쪽에서 번식한 집단은 비번식기에 남쪽으로 이동한다. 국내에서는 2019년 5월 28일과 29일 인천 옹진 백령도에서 처음 관찰된 이후 2020년 3월 9일 인천에서 1개체, 2022년 6월 4일 부산 태종대에서 1개체가 관찰된 미조다.

행동 활엽수림, 혼효림, 경작지, 정원에서 서식한다. 종종 무리를 형성한다. 씨앗, 곤충, 열매 등을 먹는다.

특징 몸 색깔은 회색에서 검은색까지 아종에 따라 다양하다. 암수 색은 같다. 꼬리가 길다. 부리, 다리는 진홍색이다. 중국 동남부에 분포하는 아종 *leucocephalus*는 머리, 목, 가슴이 흰색이다.

히말라야산솔새

Phylloscopus claudiae Claudia's Leaf Warbler L11-12cm

서식 중국 쓰촨성 중부에서 동쪽으로 후베이성, 북쪽으로 간쑤성 남부, 산시성 남부와 샨시성 남부, 허베이성에 분포한다. 인도 동북부, 미얀마, 중국 남부, 태국 서북부와 동북부, 베트남 북부에서 월동한다. 국내에서는 2009년 4월 14일 인천 옹진 소청도에서 처음 관찰되었으며, 이후 백령도에서 관찰된 미조다.

행동 높은 나무 또는 덤불숲 같은 낮은 곳에서 거미, 곤충, 애벌레를 잡아먹는다. 비번식기에는 저지대의 상록활엽수림, 관목림, 산림 가장자리에서 다른 종과 섞여 먹이를 찾는다.

특징 산솔새와 생김새가 유사하다. 머리 중앙선에는 엷은 노란색 기운이 돌며 폭이 넓다. 노란색 기운이 도는 폭넓은 날개선이 2개 있다. 눈썹선은 엷은 노란색 기운이 도는 흰색이다. 몸아랫면은 흰색이며, 가슴에 노란색 기운이 돈다. 부리는 산솔새보다 약간 가늘고 짧다. 산솔새와 달리 아래꼬리덮깃은 매우 연한 노란색이다.

분류 Blyth's Leaf Warbler (*P. reguloides*)의 여러 아종을 독립된 3종 Blyth's Leaf Warbler (*P. reguloides*), Claudia's Warbler (*P. claudiae*), Hartert's Warbler (*P. goodsoni*)로 나눈다.

회색머리노랑솔새 종류

Phylloscopus omeiensis Martens's Warbler L11-12cm

서식 윈난성 북부, 중국 쓰촨성, 산시성, 후베이성, 구이저우성 등 중국 중부지역 고지대에서 번식하고, 인도차이나반도에서 월동한다. 국내에서는 2021년 5월 8일 옹진 백령도에서 1개체가 처음 관찰된 미조다.

행동 번식기에는 해발 1,450~2,200m 고지대 산림에서 서식하며, 비번식기에는 약간 낮은 저지대로 이동한다. 무성한 덤불, 낮은 나무 등 하층식생에서 주로 곤충을 잡아먹는다.

특징 몸윗면은 녹색을 띠며, 머리중앙선은 회색이다. 머리옆선은 검은색, 눈테는 노란색, 몸아랫면은 노란색이다. Alström's Warbler, Bianchi's Warbler 등과 생김새가 매우 유사하다. 윗부리는 검은색이며, 아랫부리는 옅은 주황색이다. 큰날개덮깃 끝에 불명확한 날개선이 있다. 외측 꼬리깃 일부가 흰색이다.

분류 과거 Golden-spectacled Warbler (*Phylloscopus burkii*)는 아시아에 폭넓게 분포하는 단일 종으로 보았다. 이후 히말라야, 중국, 미얀마, 베트남 등 폭 넓은 지역의 고지대에서 번식하는 여러 종으로 분류한다. 동일 지역이라도 해발고도를 달리하며 수직적으로 서로 다른 종이 번식하기도 하는 복잡한 분류군이다. Golden-spectacled Warbler (*P. burkii*), Grey-crowned Warbler (*P. tephrocephalus*), Bianchi's Warbler (*P. valentini*), Alström's Warbler (*P. soror*), Martens's Warbler (*P. omeiensis*), Whistler's Warbler (*P. whistleri*)는 음성, 형태, 유전적으로 서로 다른 독립 종으로 분류하지만 생김새가 매우 유사하다. 머리 중앙선, 머리옆선, 몸바깥쪽 꼬리깃의 흰색 패턴에서 약간의 차이가 있지만 야외에서 지저귐과 형태적 특징을 종합적으로 분석해야 겨우 종 구별이 가능할 정도다.

회색머리노랑솔새

Phylloscopus tephrocephalus Grey-crowned Warbler L10-11cm

서식 인도 동북부, 미얀마 서부와 북부, 중국 중동부(윈난성, 쓰촨성, 산시성, 후베이성), 베트남 북부 등 고지대에서 번식하고, 인도차이나반도 북부에서 월동한다. 국내에서는 2021년 5월 21일 인천 옹진 소청도에서 1개체가 처음 관찰된 미조다.

행동 번식기에는 해발 1,200~2,500m 고지대 산림에서 서식하며, 비번식기에는 약간 낮은 저지대로 이동한다. 산림 가장자리, 무성한 덤불 또는 낮은 나무 등 하층식생에서 곤충을 잡아먹는다.

특징 Martens's Warbler와 생김새가 매우 유사하다. 몸윗면은 녹색을 띠며, 머리중앙선은 회색이다. 검은색 머리옆선 아래쪽으로 회색이 뚜렷하다. 노란색 눈테는 눈 뒤쪽에서 짧게 끊어진다. 몸아랫면은 노란색이다. 큰날개덮깃 끝에 불명확한 날개선이 있다. 외측 꼬리깃 일부가 흰색이다.

분류 Martens's Warbler 참조.

대륙점지빠귀 *Turdus viscivorus* Mistle Thrush L26~29cm

서식 서유럽에서 동쪽으로 중앙 시베리아, 소아시아, 히말라야 서쪽 지역 등지에서 번식하고, 북쪽과 동쪽 번식 집단은 비번식기에는 유럽, 북아프리카에서 동쪽으로 파키스탄 등 번식지 남쪽으로 이동한다. 지리적으로 3아종으로 나눈다. 국내에서는 2020년 11월 21일 인천 옹진 소청도에서 1개체가 관찰된 미조다.

행동 개방된 숲속, 농경지, 공원, 관목이 있는 개활지 등지에서 서식한다. 곤충, 씨앗, 겨우살이 등 나무열매를 먹는다. 땅에 앉아 있을 때 몸을 치켜세운다. 간혹 물결 모양으로 난다.

특징 암수 같은 색이다. 몸윗면은 전체적으로 옅은 회갈색을 띤다. 큰점지빠귀보다 더 크고 꼬리가 길다. 허리와 위꼬리덮깃은 등보다 옅은 색이다. 몸아랫면에 때 묻은 듯한 흰색이며, 둥글고 검은 반점이 흩어져 있다. 윗가슴 옆쪽에 불명확한 갈색 무늬가 있다. 날 때 보이는 아랫날개덮깃은 흰색이며(큰점지빠귀는 담황색), 외측 꼬리깃 가장자리가 흰색으로 보인다. 귀깃과 귀깃 가장자리에 흑갈색 무늬가 있다.

흰목딱새 *Phoenicurus schisticeps* White-throated Redstart L15-16cm

서식 중국 중부, 티베트에서 서식하는 텃새이다. 겨울철에 일부 개체는 인도 동북부, 미얀마 북부에서 월동한다. 국내에서는 2019년 4월 28일 제주 마라도에서 1개체가 관찰된 기록이 있지만 딱새 오동정으로 판단된다.

행동 경계심이 강하다. 침엽수, 관목이 자생하는 고지대에서 생활한다. 딱새처럼 간혹 꼬리를 까닥인다. 번식기에는 2,700~4,500m 아고산대의 관목, 암석지대에서 서식하고, 겨울철에는 개방되고 관목이 무성한 1,400~4,000m 중간 고도로 이동해 생활한다.

특징 목에 흰색 반점이 뚜렷하다. 셋째날개깃, 몸 안쪽의 큰날개덮깃, 가운데날개덮깃이 흰색이다. 아랫등, 허리, 꼬리 기부는 적갈색이다.

수컷 머리는 어두운 청회색. 얼굴은 검은색. 가슴과 배는 적갈색이다.

암컷 전체적으로 어두운 갈색이다. 목에 흰색 반점이 뚜렷하다. 날개에 긴 흰색 무늬가 뚜렷하다.

푸른머리되새 *Fringilla coelebs* Common Chaffinch L14~16cm

서식 아프리카 북부, 유럽, 지중해 연안 도서, 동쪽으로 소아시아, 이란, 서시베리아에 서식하는 텃새이며, 일부 북쪽에서 서식하는 집단은 아프리카 북부, 서남아시아로 이동한다. 국내에서는 2016년 11월 10일 전남 신안 흑산도에서 암컷 1개체가 처음 기록된 미조다.

행동 개방된 산림, 정원, 공원 등 매우 다양한 환경에서 서식한다. 겨울철에는 보통 무리지어 행동하며 땅 위에서 먹이를 찾는다.

특징 집참새 크기이지만 보다 체형이 가냘프며, 꼬리가 길다. 날 때 흰색 날개선 2개가 뚜렷하게 보이며, 외측 꼬리깃이 흰색이다.

수컷 정수리와 뒷목은 청회색(겨울철에는 갈색 기운이 스며 있다). 이마는 폭 좁은 검은색. 등은 갈색이다. 뺨과 몸아랫면은 분홍빛이다.

암컷 몸윗면은 회갈색. 허리는 녹색 기운이 돈다. 흰색 날개선 2개가 뚜렷하다. 가슴과 가슴옆은 담황색이며, 그 외 몸아랫면은 전체적으로 회색이다.

노랑멧새 / 금빛머리멧새

Emberiza citrinella Yellowhammer L15.5~17cm

서식 영국에서 동쪽으로 시베리아 중부, 바이칼호 일대, 몽골에 분포한다. 대부분이 텃새이며, 일부가 겨울철 남하해 지중해 연안, 이란, 카자흐스탄 일대에서 월동한다. 3아종으로 나눈다. 국내에서는 2000년 10월 18일 전남 신안 가거도에서 1개체, 2002년 10월 7일 가거도에서 1개체, 2014년 3월 16일 경기 파주 운산읍 마정리에서 1개체가 관찰된 미조다.

행동 평지, 야산 주변의 농경지, 잡목림에 서식한다. 바닥에서 뛰면서 먹이를 찾는다.

특징 수컷은 다른 종과 혼동이 없다. 꼬리가 길다. 흰머리멧새와 같은 크기다.

수컷 머리는 노란색에 흑갈색 줄무늬가 있다. 등은 엷은 갈색에 흑갈색 줄무늬가 있다. 몸아랫면에 노란색 기운이 있으며 가슴과 옆구리에 갈색 줄무늬가 있다. 허리는 밤색이다.

암컷 머리와 몸아랫면의 노란색 기운이 약하며 가슴에 줄무늬가 더 많다. 귀깃은 노란색 기운이 있는 흑갈색이다. 흰머리멧새와 달리 배에 흰색이 거의 없다.

1회 겨울깃 몸윗면과 아랫면의 흑갈색 줄무늬는 성조 암컷과 비슷하지만 얼굴, 멱, 가슴에는 노란색 기운이 매우 약하며 회색 기운이 있는 엷은 담황색이다.

실태 노랑멧새와 흰머리멧새 2종의 지리적 분포가 서로 중복되는 서시베리아 동남부와 알타이 서북부에서는 2종간 잡종이 비교적 흔하며, 형태적으로 다양한 패턴을 보여 종 구별이 어려운 경우가 있다. 2종의 분포지역으로 볼 때 국내에도 교잡종이 도래할 가능성이 있다.

흰머리기러기. 2021.2.3. 전북 김제 내광리 ⓒ 이용상

대륙말똥가리. 2017.1.18. 전남 해남 ⓒ 강승구

대륙말똥가리. 2017.1.18. 전남 해남 ⓒ 강승구

댕기바다오리. 2014.6.27. 전북 고창 부안

Grey-backed Shrike. 2020.2.19. 태국 ⓒ 이용상

대륙점지빠귀. 2017.3.22. 파키스탄. Imran Shah 🅭 BY-SA-2.0

푸른머리되새 암컷. 2016.11.10. 전남 신안 흑산도

노랑멧새. 2003.3.16. 독일. Andreas Trepte 🅭 BY-SA-2.5

연노랑허리솔새 *Phylloscopus yunnanensis* Chinese Leaf Warbler

서식 중국 중부(칭하이성 동북부, 쓰촨성 북부, 간쑤성, 산시성)와 동북부(허베이성에서 랴오닝성 남부)에서 번식하고, 미얀마 중부, 태국 서북부와 동북부, 라오스 북부, 통킹 동부에서 월동한다. 국내에서는 2004년 10월 16일 인천 옹진 소청도, 2020년 5월 1일 백령도, 2021년 10월 22일 소청도에서 관찰된 미조다.

행동 매우 활발하게 움직인다. 종종 나뭇잎 사이에서 정지비행해 먹이를 잡는다.

특징 노랑허리솔새와 매우 비슷해 혼동할 수 있다. 허리에 약간 엷은 노란 반점이 있으며, 뚜렷한 날개선이 2줄 있다(큰날개덮깃 끝은 뚜렷한 흰색이며, 가운데날개덮깃 끝은 매우 흐리다). 노랑허리솔새와 달리 날개선 뒤쪽 둘째날개깃 기부에 어두운 반점이 없다. 머리중앙선은 색이 흐리며 정수리 앞부분이 매우 약하다(간혹 뒷머리 부분을 제외하고 거의 없는 듯이 보일 수 있다). 눈선은 약간 흐리며 뺨 뒤쪽에서 위로 굽지 않는다. 눈썹선은 노랑허리솔새보다 노란색이 약하다. 노랑허리솔새와 달리 귀깃에 흐릿한 둥근 점이 없다. 멱과 몸아랫면은 흰색이다. 가슴에 매우 엷은 회색 얼룩이 있으며, 뚜렷하지 않은 노란색 기운이 있다. 배 중앙부에 엷은 노란색이 있다.

닮은종 **노랑허리솔새** 날개선(둘째날개깃 기부) 뒤쪽에 검은 반점이 뚜렷하다. 노란색 머리중앙선이 뚜렷하다. 눈썹선은 노란색이 강하다.

2021.10.22. 인천 옹진 소청도 © 국가철새연구센터

2021.10.22. 인천 옹진 소청도 © 국가철새연구센터

2021.10.22. 인천 옹진 소청도 © 국가철새연구센터

2021.10.22. 인천 옹진 소청도 © 국가철새연구센터

부록 2

북한 서식 종

남한에서는 서식하지 않으며, 북한에 텃새로 서식하거나 겨울철새로 도래하는 8종을 수록했다. 이중 멧닭은 남한에서도 1차례 관찰기록이 있지만 신빙성에 의문이 있어 북한 서식 종으로 분류했다.

멧닭 *Lyrurus tetrix* Black Grouse ♂49~58cm, ♀40~45cm

서식 유럽 북서부에서 시베리아, 아무르, 오호츠크해 연안까지 분포한다. 남한에는 서식하지 않으며 북한의 백두산과 같은 고산지대에서 번식한다. 개체수는 많지 않아 삼지연군과 주변의 높은 산에 한정되어 분포한다.

행동 산림 가장자리, 나무가 드문 곳과 습지대의 잡초가 많은 곳, 겨울에는 양지쪽의 눈이 적고 잡목, 잡초가 있어 바람이 적은 메마른 땅에서 무리지어 서식한다. 번식기에 여러 마리의 수컷이 일정한 장소에 모여들고, 울음소리를 내며 춤을 추어 암컷에게 구애하는 행동을 한다. 딸기나무 등 잡목 밑에 마른 풀줄기와 풀잎으로 둥지를 틀고, 6월 초순에 알을 5~8개 낳는다. 새끼는 무리지어 생활한다. 산딸기 같은 열매와 씨앗을 먹는다. 번식기에는 쌍을 형성하지만 가을과 겨울에는 5~6마리 또는 20~30마리씩 무리를 이룬다.

특징 들꿩보다 크다. 머리와 부리가 작다. 다리에 부드러운 털이 있다.

수컷 눈 위에 붉은색 피부가 노출되며 몸은 대체로 윤기 있는 흑청색이다. 날개에는 흰색 띠가 있고, 외측 꼬리깃은 밖으로 말려 구부러졌다.

암컷 전체적으로 갈색, 회갈색 줄무늬가 조밀하게 흩어져 있어 들꿩과 같이 위장색을 띤다. 날 때 날개에 흰색 줄무늬 1열이 선명하게 보인다. 꼬리는 갈색에 흑갈색 줄무늬가 조밀하다. 들꿩과 달리 배에 흰색이 거의 없다.

수컷. 2006.4.18. 독일. Vnp

암컷. 1964.4.21. 백두산 삼지연. 경희대학교 자연사박물관 소장 표본

흰이마검둥오리 *Melanitta perspicillata* Surf Scoter L45-56cm

서식 알래스카, 캐나다 북부와 동부에서 번식하고, 겨울철에는 알류샨열도, 미국 동부와 서부 해상에서 월동한다. 국내에서는 2016년 11월 27일 함북 나선 선봉군 해안가에서 수컷 1개체, 2022년 2월 4일 제주 서귀포 신양포구에서 암컷 1개체가 관찰된 미조다.

행동 수심 얕은 바다, 해안선에서 멀지 않은 앞바다, 강 하구에서 무리지어 생활하며, 잠수해서 연체동물, 갑각류, 수서곤충, 해초류, 어류 등을 주로 먹는다.

특징 부리와 머리깃이 독특해 다른 종과 쉽게 구별된다. 날 때 보이는 날개는 전체적으로 검은색이다.

수컷 전체적으로 검은색을 띤다. 머리는 검은색이며 앞이마에 폭 넓은 흰색 무늬가 있다. 뒷목에 긴 흰색 무늬가 있다. 눈은 흰색이다. 부리는 주황색이며 혹처럼 볼록하게 튀어나온다. 윗부리 기부가 흰색이며 그 안쪽으로 둥글고 검은 무늬가 있다.

암컷 전체적으로 어두운 흑갈색을 띤다. 정수리는 검은색이다. 얼굴에 작은 흰색 반점이 2개 있다(뺨과 귀깃에 흰색 무늬가 있다). 뒷목에 흰색 무늬가 있다.

붉은뺨가마우지 *Phalacrocorax urile* Red-faced Cormorant L79~89cm

서식 알래스카 남부에서 알류샨열도의 베링해 연안까지, 코르만스키예제도, 캄차카 동남부, 쿠릴열도, 홋카이도 동부의 태평양 연안에 분포한다. 남한에서는 아직 기록이 없으며, 북한의 납도와 덕도에서 번식하는 것으로 알려져 있지만 근거가 빈약하다.

행동 해안 절벽, 무인도의 암벽에서 집단으로 번식한다(일부 번식지에서는 쇠가마우지와 혼성해 집단 번식하는 것으로 알려져 있다). 번식 후에도 번식지에서 멀지 않은 곳에서 월동한다. 해안과 가까운 바다에서 잠수해 어류를 잡아먹는다.

특징 전체가 광택이 있는 검은색으로 보인다. 몸이 쇠가마우지보다 더 크다. 부리가 쇠가마우지보다 약간 굵으며, 검은 기운이 있는 엷은 노란색이다. 얼굴의 붉은색 나출부가 더 넓으며, 이마에서 눈 뒤까지 이어진다. 정수리와 뒷머리에 돌출된 깃이 있다.

겨울깃 눈앞은 폭 좁은 붉은색, 정수리와 뒷머리에 돌출된 깃이 사라진다. 부리가 다소 굵게 보이는 쇠가마우지와 혼동하기 쉽다. 부리는 검은 기운이 있는 엷은 노란색이다.

어린새 겨울깃과 비슷하지만 갈색 기운이 강하다. 눈테는 노란색 기운이 있다. 쇠가마우지와 달리 눈 앞쪽으로 매우 밝다.

닮은종 **쇠가마우지** 몸이 더 작으며 체형이 가늘다. 부리가 더 가늘고 검은색이다. 번식기에 얼굴 앞에 작은 붉은색 나출부가 있다.

흰수염작은바다오리 *Aethia pygmaea* Whiskered Auklet L17~20cm

서식 오호츠크해 동북부, 쿠릴열도, 코르만스키예제도, 알류산열도에서 번식한다. 이동성이 약해 번식지 주변에서 월동한다. 북한의 금야, 원산에서 월동한다고 알려져 있으며 남한에서는 월동기록이 없다.

행동 먼 바다에서 생활하며 무리를 이룬다. 잠수해 동물성 플랑크톤, 크릴새우, 소형 어류 등을 먹는다.

특징 소형 종이다(작은바다오리보다 크고 바다쇠오리보다는 작다). 전체적으로 검은색이다. 부리는 붉은색이며 매우 짧다. 앞이마에 긴 검은색 깃이 있으며, 얼굴에 가늘고 흰 깃이 있다. 날 때 날개 위아래가 모두 검은색으로 보인다.

여름깃 전체적으로 흑갈색이며 홍채는 노란색이다. 이마에 앞쪽으로 향하는 실 같은 긴 검은색 깃이 있다. 눈앞 위아래로 향하는 가늘고 긴 실 같은 깃이 있으며, 뒤쪽으로 긴 흰색 깃이 있다. 부리는 약간 두툼하고 짧으며 붉은색이다.

겨울깃 이마의 검은색 깃이 짧아지며, 얼굴의 흰색 깃도 짧아진다.

닮은종 **뿔바다오리(Crested Auklet, *Aethia cristatella*)** 앞머리에 앞쪽으로 튀어나온 검은 수염 같은 뿔깃이 있다. 흰색 눈 뒤쪽으로 흰색 줄무늬가 있다. 아래꼬리덮깃은 색이 어둡다. 겨울깃은 부리가 어두운 주황색이다. 앞머리의 튀어나온 뿔깃과 눈 뒤의 흰색 줄무늬가 짧다. 국내에서는 2016년 1월 13일 부산 서구 암남동 바닷가에서 탈진한 1개체를 구조한 기록이 있는 미조다.

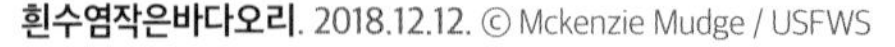
흰수염작은바다오리. 2018.12.12. © Mckenzie Mudge / USFWS

뿔바다오리. 2016.6.27. 러시아 마가단 타란섬 © 김신환

긴꼬리올빼미 *Surnia ulula* Northern Hawk Owl L38~42cm

서식 스칸디나비아반도에서 동쪽으로 시베리아, 캄차카, 사할린, 중국 북부 등 유라시아대륙 북부와 알래스카에서 래브라도반도까지 북미대륙 북부에 서식한다. 북한은 백두산 일대에서 드물게 번식하는 것으로 알려져 있으나 남한에서는 아직 서식기록이 없다.

행동 주로 아한대지대의 개방된 침엽수림대, 소택지, 숲 속의 빈 공간 등지에서 서식한다. 설치류, 소형 포유류, 소형 조류 등 다양한 먹이를 먹는다. 들쥐의 서식과 밀접한 관계가 있어 들쥐 수가 적은 해에는 남쪽으로 이동한다. 날갯짓이 빠르고 직선으로 날기 때문에 새매와 비슷하다. 돌출된 나무 위에 앉는다. 주행성이지만 번식기의 지저귐은 밤에 들을 수 있다. 둥지는 나무 구멍을 이용한다.

특징 전체적으로 진한 갈색이다. 귀깃이 없다. 얼굴 가장자리는 검은색으로 양 눈 옆으로 검은 띠를 이룬다. 날개덮깃과 등에 흰색 점이 흩어져 있으며 몸아랫면은 갈색 가로 줄무늬가 조밀하다. 다른 올빼미에 비해 꼬리가 길고 날개는 다소 둥글지 않다.

아종 3아종으로 나눈다. 북한에 서식하는 아종 *ulula*는 유라시아대륙 북부 지역에 분포하는 아종으로 북미대륙에 분포하는 아종 *caparoch*보다 전체적으로 흰 기운이 강하다.

성조. 2013.1.4. 스웨덴. Dan Frendin ⓒⓒ BY-SA-2.0

어린새. 2007.7.11. 러시아 캄차카 ⓒ 서정화

세가락딱다구리

Picoides tridactylus Eurasian Three-toed Woodpecker L22~24cm

서식 스칸디나비아반도에서 오호츠크해 연안까지, 캄차카, 중국 동북부, 사할린에 서식한다. 북한에서는 백두산 등 함북 일대의 고산지대에서 적은 수가 번식하며, 남한에서는 관찰기록이 없다.

행동 주로 침엽수림에서 서식하고 낮은 나뭇가지에서 곤충 애벌레, 거미 등을 잡아먹으며, 나무 열매도 먹는다. 매우 조용하게 움직이며 경계심이 강하다.

특징 오색딱다구리 크기다. 눈 뒤의 흰색 눈선이 뒷목까지 이어진다. 날개는 검은색이며 흰 반점이 흩어져 있다. 몸아랫면은 흰색이며 옆구리에는 검은 줄무늬가 있다. 발가락이 3개다.

수컷 머리는 폭 넓은 노란색이다. 뒷머리는 검은색이며 뒷목은 흰색이다. 등에서 허리까지 흰색이다.

암컷 머리는 검은색이며 작은 흰색 반점이 흩어져 있다.

아종 8아종으로 나눈다. 지리적 분포에 따라 점진적으로 변이가 있어 아종 구별이 어렵다. 한반도 북동부에 분포하는 아종을 *kurodai* 또는 *alpinus*에 포함시키기도 한다. 기아종 *tridactylus*보다 몸윗면은 흰색이 적고, 몸아랫면은 색이 더 어둡다.

수컷. 2011.6.17. 몽골 테를지 © 고경남

암컷. 2011.6.17. 몽골 테를지 © 고경남

쇠오색딱다구리 *Dryobates minor* Lesser Spotted Woodpecker L16cm

서식 유럽에서 오호츠크해 연안까지, 캄차카, 중국 동북부, 북한, 사할린, 일본 홋카이도에 서식한다. 함북 일대의 고산지대에서 번식하며, 남한에서는 관찰기록이 없다.

행동 단독으로 생활하는 경우가 많다. 오색딱다구리와 비슷한 환경에 서식한다. 주로 썩은 나무줄기에서 곤충 애벌레, 거미를 잡아먹는다.

특징 몸윗면은 검은색이며, 등과 날개에 흰색 줄무늬가 흩어져 있다. 수컷은 머리꼭대기가 붉은색이며, 암컷은 붉은색이 없다. 먼 거리에서 큰오색딱다구리와 매우 비슷하게 보이지만 크기가 매우 작고 아래꼬리덮깃에 붉은색이 없다. 날 때 보이는 허리가 검은색이다. 얼굴, 옆목, 귀깃이 때 묻은 듯한 흰색이다. 검은색 뺨선은 윗가슴까지 이어진다. 몸아랫면은 때 묻은 듯한 흰색이며 가는 흑갈색 줄무늬가 흩어져 있다.

분류 13아종으로 나눈다. 아종 *amurensis*는 중국 동북부, 북한, 시베리아 동남부, 사할린, 홋카이도에서 번식한다.

닮은종 **아물쇠딱다구리** 크기가 더 크다. 수컷은 정수리에 폭 넓은 붉은 반점이 없다. 날 때 보이는 허리가 흰색이다.

아종 ***kamtschatkensis*** 수컷. 2007.7.5. 러시아 캄차카 © 서정화

암컷. 2007.7.5. 러시아 캄차카 © 서정화

점박이멧새

Emberiza jankowskii Jankowski's Bunting / Rufous-backed Bunting L16cm

서식 내몽골 동북쪽에 위치한 자라이터 기, 커얼친 우익전기, 커얼친 우익중기, 짜루터 기, 아루커얼친 기, 중국 지린성 북서부 진뢰현 등이 현재 알려진 번식지로 극히 일부 지역에 산발적으로 분포한다. 과거 내몽골, 러시아 극동, 중국 북동부의 한정된 장소에서만 서식했고, 현재 매우 희귀하며 과거의 분포지역에서 거의 사라졌다. 북한에서는 양강 삼지연군, 함북 은덕군 일대에서 관찰 및 채집된 오래된 기록만 있다.

행동 지피식물이 적고, 작은 관목이 자라는 모래 언덕을 선호하며 종종 개방된 풀밭에서도 서식한다. 겨울에는 번식지에서 멀리 떨어지지 않은 곳으로 이동한다.

특징 멧새와 비슷하지만 귀깃이 회색이며, 어깨에 폭 넓은 줄무늬가 있다. 흰색 날개선 2열이 뚜렷하다.

수컷 여름깃 가슴이 거의 흰색에 가깝다. 배에 흑갈색 반점이 선명하다.

암컷 여름깃 수컷과 비슷하지만 색이 더 흐리다. 눈앞 색이 엷으며 배의 반점이 적거나 거의 없다. 앞가슴에 흐린 줄무늬 또는 반점이 있다. 배 중앙은 흐린 회색이다.

성조 겨울깃 여름깃보다 색이 연하다. 배의 반점이 불분명해지는 경향이 있다. 멧새와 매우 비슷하지만 귀깃이 회색이다.

실태 세계자연보전연맹 적색자료목록에 위기종(EN)으로 분류된 국제보호조다. 농지와 목초지 조성, 가축 방목, 임업을 위한 서식지 전환 등 서식지 손실과 파편화로 인해 개체수가 매우 빠르게 감소하고 있다. 전체 생존 집단은 350~1,500개체 미만으로 추정된다.

닮은종 **멧새** 멱과 가슴의 색 차이가 뚜렷하다. 날개선이 때 묻은 듯한 흰색, 귀깃은 갈색이다.

수컷. 2016.5.28. 내몽골 자치구 커얼친 우익중기 © 곽호경

암컷. 2016.5.28. 내몽골 자치구 커얼친 우익중기 © 곽호경

참고문헌

- 강영선. 1962. 한국동물도감 조류. 문교부.
- 강정훈, 빙기창, 김성현, 한성우, 임신재, 오동세, 백운기. 2008. 한국 미기록종 푸른눈테해오라기(*Gorsachius melanolophus*)의 첫 관찰. 한국조류학회지 15(1): 95-97.
- 강창완, 강희만, 김완병, 김은미, 박찬열, 지대준. 2009. 제주도조류도감.
- 국립공원관리공단. 2001. 설악산국립공원 조류생태 모니터링 보고서. 국립공원관리공단.
- 국립공원연구원 철새연구센터. 2005-2009. 조류 조사·연구 결과보고서. 국립공원관리공단.
- 국립공원연구원 철새연구센터. 2009. 휘파람새과 분류 매뉴얼. 국립공원관리공단.
- 권영수, 유정칠. 2005. 경상북도 독도에서 확인된 뿔쇠오리(*Synthliboramphus wumizusume*)의 번식기록. 한국조류학회지 12(1): 83-86.
- 권영수, 유정칠. 2007. 한국뜸부기(*Porzana paykullii*)의 관찰기록 연구. 한국조류학회지 14(2): 135-140.
- 권입분. 2000. 서산 부남호 주변에서 서식하는 종다리(*Alauda arvensis*)의 번식생태 및 행동에 관한 연구. 공주대 대학원 석사학위논문.
- 김경준, 현세범, 전길표. 2005. 우리나라 조류의 미기록 2종에 대하여. 과학원통보 1: 32-33.
- 김계진. 김만섭, 김리태, 김광남, 김덕산, 림추연, 박우일, 한근홍. 2002. 우리나라 위기 및 희귀동물. 과학원마브민족위원회. 평양.
- 김동원, 유정칠. 2004. 국내 미기록종 Siberian Chiffchaff *Phylloscopus collybita tristis* (검은다리솔새)의 관찰 보고. 한국조류학회지 11(2): 91-93.
- 김석민, 임위규, 곽충근. 2009. 한국 미기록종 호사북방오리(*Somateria spectabilis*) 첫 관찰보고. 한국야생조류협회지 5(2): 114-121.
- 김성현, 김경희, 박종길, 채희영. 2007. 한국 미기록종 연노랑솔새(*Phylloscopus trochilus*)의 첫 관찰. 한국조류학회지 14(1): 63-65.
- 김성현, 김은정, 김성진, 채희영. 2007. 한국 미기록종 집참새(*Passer domesticus*)의 첫 관찰. 한국조류학회지 14(1): 61-62.
- 김성현, 이두표. 2006. 한국 미기록종 귤빛지빠귀(*Zoothera citrina*)의 첫 관찰. 한국조류학회지 13(1): 59-61.
- 김성호. 2008. 큰오색딱다구리의 육아일기. 웅진 지식하우스.
- 김성호. 2010. 동고비와 함께한 80일. 지성사.
- 김수일. 1979. 한국산 황조롱이의 系統分類學的 硏究. 건국대학교대학원 석사학위논문.
- 김수일. 2005. 나는 더불어 사는 세상을 꿈꾼다. 지영사.
- 김연수. 2006. 참매의 국내 첫 번식 기록. 한국야생조류협회지 3(1): 35-38.
- 김완병, 오홍식, 김원택. 2007. 제주도에서 번식하는 흑로 *Egretta sacra*의 산란수, 알크기, 번식주기. 한국환경생태학회지 21(1): 93-100.
- 김완병, 김은미, 강창완, 안민찬. 2004. 한국에서 포획된 큰군함조 *Fregata minor*의 첫 기록. 한국조류학회지 11: 53-54.
- 김완병, 김은미, 강창완, 지남준. 2005. 한국에서 물꿩(*Hydrophasianus chirurgus*)의 첫 번식 보고. 한국조류학회지 12(2): 87-89.
- 김완병, 오홍식, 김은미, 김병수, 김원택. 2005. 제주도에서의 흑로(*Egretta sacra*)의 번식지와 영소 습성. 한국조류학회지 12(2): 49-59.
- 김은미, 강창완, 김화정, 강영호, 지소연, 박찬열. 2009. 한국 미기록종 푸른날개팔색조(*Pitta moluccensis*)의 국내 첫관찰 기록. 한국조류학회 추계학술발표대회.

- 김은미, 김화정, 최창용, 강창완, 강희만, 박찬열. 2009. 마라도에 번식하는 섬개개비의 번식지 특성. 한국환경생태학회지. 23(6) : 528-534
- 김은미, 오장근, 강창완. 2007. 한반도 남부지역에서 힝둥새(*Anthus hodgsoni*)에 대한 첫 번식 기록. 한국조류학회지 14(2): 157-159.
- 김은미, 최창용. 2007. 붉은부리찌르레기(*Sturnus sericeus*)의 첫 번식에 관한 기록. 한국조류학회지 14(2): 153-156.
- 김인규, 신동만, 이두표. 2001. 한국에서 흰배뜸부기(*Amaurornis phoenicurus*)의 첫 번식 기록. 한국조류학회지 8(1): 55-57.
- 김인규, 이한수, 강태한, 조해진, 이준우. 2007. 한국에서 Horned Lark (Shore Lark) (*Eremophila alpestris*)의 첫 관찰. 한국조류학회지 14(2): 151-152.
- 김인철, 차인환. 2008. 순천만에 월동하는 흑두루미의 현황과 서식지 이용. 2007-2008 두루미 모니터링 결과 보고회 및 향후 두루미보전을 위한 워크샵: 61-68.
- 김정수, 이두표, 구태회. 1997. 해오라기 *Nycticorax nycticorax* 월동현황 및 생태. 한국조류학회지 4(1): 7-16.
- 김정수, 구태회, 오흥식. 2000. 한국에서 노랑머리할미새 *Motacilla citreola*의 첫 관찰. 한국조류학회지 7(2): 101-102.
- 김정훈. 2007. 한국의 간월호에서 서식하는 쇠제비갈매기 *Sterna albifrons*의 번식생태에 관한 연구. 경희대학교 대학원 박사학위논문.
- 김태구, 최유성, 강승구, 허위행. 2012. 쇠바위종다리(가칭) *Prunella rubida*의 관찰 보고. 한국조류학회지 19(4): 273-276.
- 김현우, 안용락, 최석관, 손호선. 2011. 한국 미기록종 긴꼬리도둑갈매기(가칭) *Stercorarius longicaudus*의 국내 관찰보고. 한국조류학회지 18(3): 259-262.
- 김화연, 전시진. 2009. 한국 미기록종 긴꼬리제비갈매기(*Sterna dougallii*)첫 관찰 보고. 한국야생조류협회지 6(1): 18-25.
- 김화정. 2006. 구굴도 해조류(뿔쇠오리, 바다제비, 슴새) 번식지 모니터링 보고서. 문화재청 2006년 천연기념물 모니터링 5-24.
- 남태경. 1950. 한국조류 명휘. 서울.
- 리금철, 리성대. 1996. 북한천연기념물편람. 농업출판사.
- 박영욱, 구철남. 2006. 수염오목눈이 관찰 기록기. 한국야생조류협회지 3(1): 11-12.
- 박종길, 서정화. 2008a. 한국의 야생조류 길잡이. 물새. 신구문화사.
- 박종길, 서정화. 2008b. 한국의 야생조류 길잡이. 산새. 신구문화사.
- 박종길, 원일재, 채희영. 2007. 꺅도요류의 도래현황과 외형적 특징에 관한 연구. 한국조류학회지 14(2): 77-89.
- 박종길, 임근석, 채희영. 2003. 한국에서 긴다리사막딱새 *Onenanthe isabellina*의 첫관찰. 한국조류학회지 10(1): 65-66.
- 박종길, 채희영, 홍길표, 김성현, 원일재, 김경희, 김성진. 2006. 한국 미기록종 꼬까울새 *Erithacus rubecula* 의 첫관찰 보고. 한국조류학회지 13(2): 63-65.
- 박종길, 채희영. 2001. 설악산국립공원에서 솔새사촌의 번식 확인. 한국조류학회지 8(2): 127-129.
- 박종길, 채희영. 2007. 한국 미기록종 붉은등때까치(*Lanius collurio*)와 바위산제비(*Ptyonoprogne rupestris*)에 관한 보고. 2007. 한국조류학회지 14(2): 145-150.
- 박종길, 채희영. 2008. 한국 미기록종 북방쇠개개비(*Acrocephalus agricola*)와 목점박이비둘기(*Streptopelia chinensis*)에 관한 보고. 한국조류학회지 15(1): 85-90.
- 박종길, 최창용, 채희영. 2007. 한국에 도래하는 큰재개구마리의 형태학적 분류. 한국조류학회지 14(2): 91-99.
- 박종길, 홍길표, 채희영. 2008. 한국에 도래하는 황금새(*Ficedula narcissina*)의 형태적 특징과 이동 양상에 관한 연구. 한국조류학회지 15(1): 1-15.
- 박종길. 2004. 국내 미기록종 얼룩무늬납부리새, 흰머리바위딱새, 가면올빼미 첫 확인 보고. 한국야생조류협회지 1(1): 49-51.
- 박진영. 2010. 새의 노래, 새의 눈물. 필통 속 자연과 생태.

- 박진영, 김상욱. 1994. 한국에서 *Limnodromus semipalmatus, Gelochelidon nilotica, Tringa melanoleuca*의 첫 관찰. 한국조류학회지 1(1): 127-128.
- 박진영, 박종길. 2006. 한국미기록 바다오리과(Aalcidae) 1종에 관한 보고. 한국조류학회지 13(1): 63-65.
- 박진영, 박헌우, 강승구, 김성현, 박종길. 2008. 말똥가리 아종(subspecies)에 대한 고찰. 한국야생조류협회지 5(2): 122.
- 박진영, 원병오. 1993. 주남저수지에 도래하는 큰기러리와 쇠기러기의 월동생태. 경희대학교 한국조류연구소 보고서 4: 1-24.
- 박진영, 이정연. 1994. 한국미기록 갈매기과 3종에 관한 보고. 한국조류연구소 보고서 7: 55-57.
- 박진영, 이정연. 2006. 한국미기록 비둘기과(Columbidae) 1종에 관한 보고. 한국조류학회지 13(1): 67-68.
- 박진영, 정옥식, 이경규, 이정원, 유병호. 2006. 한국기미록종 꼬마갈매기(*Larus minutus*)와 큰부리바다오리(*Uria lomvia*)에 관한 보고. 한국조류학회 2006년 춘계 학술발표대회.
- 박진영, 정옥식, 이진원. 1995. 한국에서 물꿩(*Hydrophasianus chirurgus*)과 긴꼬리때까치(*Lanius schach*)의 첫 관찰. 한국조류학회지 2: 77-79.
- 박진영, 정옥식. 1999. 한국미기록 도요과 1종에 관한 보고. 한국조류연구소 보고서 7(1): 59-60.
- 박진영. 2002. 한국의 조류 현황과 분포에 관한 연구. 경희대학교 박사학위 논문.
- 박진영. 2004. 한국의 금눈쇠올빼미 분포와 도래시기에 대한 고찰. 한국야생조류협회지 1(1): 37-3.
- 박행신, 김완병. 1995. 한국에서 밤색날개뻐꾸기(*Clamator coromamdus*), 반점찌르레기(*Sturnus vulgaris*) 그리고 검은해오라기(*Loxbrychus flavaricollis*)의 첫 기록. 한국조류학회지 2(1): 75-76.
- 박행신. 1998. 제주의 새. 제주대학교 출판부.
- 박헌우. 2004. 인천 송도신도시에서 검은머리흰따오기 관찰. 한국야생조류협회지 1(1): 47-48.
- 송인식, 박병우, 심규식, 오태석, 조성식. 2009. 흰배뜸부기(*Amaurornis phoenicurus*)번식에 관한 기록. 한국야생조류협회지 5(2): 101-113.
- 어흥담. 1988. 조선새류목록. 과학원동물학연구소.
- 오장근, 박행신, 오흥식. 1996. 흑비둘기(*Columba janthina janthina* Temminck)의 번식생태에 관한 연구. 한국조류학회지 1: 115-126.
- 우용태, 이종남. 1996. 한국미기록 조류(종 또는 아종)의 조사 보고. 한국조류학회지 3: 59-61.
- 우용태. 1981. 때까치의 먹이꼬지와 分棲에 관한 調査硏究. 동아대학교 석사학위 논문.
- 우용태. 2009. 새 이름의 유래와 잘못된 이름 바로잡기. 경성대학교 조류관.
- 원병오, **M.J.E., Gore.** 1971. 한국의 조류. 왕립아세아학회, 서울지부.
- 원병오. 1969. 한국조류분포목록. 임업시험장.
- 원병오. 1981. 한국동식물도감 제25권 동물편(조류생태). 문교부.
- 원병오. 1984. 한국의 새 천연기념물. 범양사. 서울.
- 원병오. 1993. 한국의 조류. 교학사. 서울.
- 원일재, 박종길, 홍길표, 최창용, 빙기창, 채희영. 2009. 한국 미기록 아종 흰턱해변종다리(*Eremophila alpestris brandti*), 흰이마알락할미새(*Motacilla alba personata*)의 첫 관찰보고. 한국조류학회지 16(2): 147-150.
- 원홍구. 1963. 조선조류지 1. 과학원출판사. 평양.
- 원홍구. 1964. 조선조류지 2. 과학원출판사. 평양.
- 원홍구. 1965. 조선조류지 3. 과학원출판사. 평양.
- 윤무부. 1987. 최신한국조류명집. 아카데미서적.
- 윤무부. 1992. 한국의 새. 교학사.
- 윤미선. 1998. 대호지에서의 뿔논병아리 *Podiceps cristatus* 번식 및 월동생태에 관한 연구. 공주대학교 대학원 석사논문.

- 이기섭, Nial Moores, 김동원, 박진영. 2005. 한국미기록종 큰검은머리갈매기(*Larus ichthyaetus*)의 국내 관찰기록. 한국조류학회지 12(1): 41-43.
- 이기섭. 1989. 칠발도 바다제비의 번식생태. 경희대학교대학원 석사학위논문.
- 이기섭. 2005. 한국 미기록종 줄기러기(*Anser indicus*)의 첫 관찰 보고. 한국조류학회지 12(1): 39-40.
- 이기섭. 2006. 강화갯벌 및 저어새 번식지 모니터링 보고서. 문화재청 2006년 천연기념물 모니터링 73-124.
- 이기섭. 2008. 저어새 번식지 실태와 가락지를 통한 이동 분포 연구. 2008 저어새 번식지, 서식지 보전과 관광자원화를 위한 국제 심포지움 자료집 34-41.
- 이기섭. 2009. 2007-2008년 겨울철 한국의 두루미류 도래 경향. 한국야생조류협회지 5(2): 71-81.
- 이도한. 2000. 한국에서 긴부리도요 *Limnodromus scolopaceus*의 첫 관찰. 한국조류학회지 7(1): 51-53.
- 이도한. 2009. 산림환경에 따른 번식조류군집 특성 연구-지리산국립공원을 대상으로-. 충남대학교 대학원, 박사학위논문,
- 이두표. 2000. 국흘도, 칠발도, 칠산도 자연환경조사보고서, 전라남도.
- 이우신, 구태회, 박진영, 타니구찌 타카시(谷口高司). 2000. 한국의 새. LG상록재단. 서울.
- 이인섭, 홍순복. 2009. 낙동강하구에서 쇠제비갈매기의 번식 상황의 변화. 생명과학회지. 19(11): 1611-1616.
- 이정우, 박종길, 최창용. 2009. 국내 미기록 아종인 노랑배박새(*Parus major kapustini*)에 관한 보고. 한국조류학회지 16(1): 73-76.
- 이정우. 1990. 자연공원과 야생조-양비둘기. 한국자연공원협회.
- 이정우. 2000. 남북을 오가는 희귀철새 꼬까직박구리. 새와 사람 7: 14-17.
- 이종남, 허위행, 우용태. 1999. 개개비사촌(*Cisticola juncidis*)의 분포와 생태에 관한 연구. 한국조류연구소보고서 7(1): 47-52.
- 이한수, 백운기, 김성만. 1999. 한국 미기록종 흰배슴새 *Pterodroma hypoleuca*의 채집기록. 한국조류학회지 6(2): 133-134.
- 전시진, 김향희, 김화연, 이종남. 2008. 한국 미기록종 Chinese Roseate Tern (*Sterna dougallii bangsi*)의 첫 보고. 한국조류학회 2008년 추계 학술발표대회.
- 조삼래, 원병오. 1990. 한국의 흑두루미 *Grus monacha* Temminck의 월동생태에 관한 연구. 경희대학교 한국조류연구소 연구보고 3: 1-21.
- 조삼래, 이진희, 백충렬. 2008. 우리나라 내륙지역에서 집단 관찰된 섬참새 *Passer rutilans*에 대한 보고. 한국조류학회 2008년 추계학술발표대회.
- 진선덕, 빙기창, 박진영, 이두표. 2006. 한국 미기록종 검은두견이(*Surniculus lugubris*)의 첫 관찰 보고. 한국조류학회지 13(2): 145-146.
- 진선덕, 한정란, 유재평, 백인환, 김성현, 박치영, 허위행, 김화정, 김진한, 백운기. 2010. 한국미기록종 흰매(*Falco rusticolus*)의 첫 관찰. 한국조류학회지 17(3): 285-287.
- 채희영, 박종길, 최창용, 빙기창. 2009. 한국의 맹금류. 드림미디어.
- 최창용, 남현영. 2008. 검은꼬리사막딱새(*Oenanthe deserti*)의 국내 최초 기록. 한국조류학회지 15(1): 91-93.
- 최창용, 박종길. 2007. 북한에서 채집된 붉은쇠갈매기(*Sterna dougallii*)의 기록에 대한 재검토. 한국조류학회지 14(2): 141-143.
- 최창용, 남현영, 박종길, 채희영. 2011. 국내에 도래하는 쇠솔새(*Phylloscopus borealis*)의 성 판별. 한국조류학회지 18(3): 203-211.
- 최창용. 2004. 국내 미기록종인 점무늬가슴쥐발귀(*Bradypterus thoracicus davidi*)의 최초 기록. 한국조류학회지 11(2): 95-99.
- 한국두루미네트워크. 2008a. 세계 두루미의 날 기념 한강하구 재두루미 보전대책 마련을 위한 워크샵. 한국두루미네트워크/한강하구전략회의.

- 한국두루미네트워크. 2008b. 2007-2008년 두루미 모니터링 결과 보고회 및 향후 두루미보전을 위한 워크숍. 한국두루미네트워크/(사)녹색습지교육원.
- 한국조류학회. 2009. 한국 조류 목록. 한국조류학회.
- 한상희, 남동하, 구태회. 쇠백로 *Egretta garzetta*와 해오라기 *Nycticorax nycticorax*의 繁殖生態 比較. 한국조류학회지 8(1): 35-45.
- 한현진. 2009. 제비 *Hirundo rustica*의 영소지 선택과 번식 생태. 경희대학교 석사학위 논문.
- 허위행, 박종길, 김화정, 김진한, 한현진, 서문홍. 2008. 한국에 서식하는 박새(*Parus major minor*)의 분류학적 재검토. 국립생물자원관.
- 환경부. 1997-2012. 전국 겨울철새 동시센서스. 환경부.

- A.O.U. 1998. Check-list of North American Birds (*7th ed*). American Ornithologists' Union, Washington, D.C.
- Alström, P. and K. Mild. 2003. Pipits and Wagtails of Europe, Asia and North America. Christopher Helm, London.
- Alström, P., P.C. Rasmussen, U. Olsson and P. Sundberg. 2008. Species delimitation based on multiple criteria: the Spotted Bush Warbler *Bradypterus thoracicus* complex (Aves: Megaluridae). *Zoological Journal of the Linnean Society* 154(2): 291-307.
- Alström, P., T. Saitoh, D. Williams, I. Nishiumi, Y. Shigeta, K. Ueda, M. Irestedt, M. Björklund, and U. Olson. 2011. The Arctic Warbler *Phylloscopus borealis* – three anciently separated cryptic species revealed. Ibis 153(2): 395–410.
- Austin, O.L. 1948. The Birds of Korea. *Bulletin of the Museum of Comparative Zoology at Harvard College* 101(1): 1-301.
- Baker, K. 1997. Warblers of Europe, Asia and North Africa. Christopher Helm, London.
- Banks, R.C., C. Cicero, J.L. Dunn, A.W. Kratter, P.C. Rasmussen, J.V. Remsen, J.D. Rising and D.F. Stotz. 2004. Forth-fifth supplements to the American Ornithologists' Union Check-list of North American Birds. *Auk* 121: 985–995.
- BirdLife International. 2001. Threatened birds of Asia: the BirdLife International Red Data Book. Cambride, UK. BirdLife International.
- Brazil, M. 1991. The Birds of Japan. Christopher Helm, London.
- Brazil, M. 2009. Birds of East Asia: China, Taiwan, Korea, Japan, and Russia. Princeton University Press, Princeton.
- British Ornithologists' Union Records Committee. 1997. Twenty-third report. *Ibis* 139(1): 197-201.
- Brooke, R.K. 1970. Taxonomic and evolutionary notes on the subfamilies, tribes, genera and subgenera of the Swifts (Aves: *Apodidae*). *Durban Museum Novitates* 9: 13-24.
- Byers, C., U. Olsson and J. Curson. 1995. Bunting and Sparrows. Pica press, Sussex.
- Chantler, P. and G. Driessens. 2000. Swifts: A Guide to the Swifts and Treeswifts of the World. second edition. Pica Press, Sussex.
- Choi, C.Y., J.G. Park, Y.S. Lee, M.S. Min, G.C. Bing, G.P. Hong, H.Y. Nam and H. Lee. 2009. First Record of the Himalayan Swiftlet *Aerodramus brevirostris* (Aves: Apodiformes) from Korea. *Korean Journal of Systematic Zoology*. 25(3): 269-273.
- Clement, P. and R. Hathway. 2000. Thrushes. Christopher Helm, London.

- Clements, J.F. 2007. The Clements Checklist of the Birds of the World (*6th ed*). Christopher Helm, London.
- Cramp, S. and C.M. Perrins. 1994. Handbook of the Birds of Europe, the Middle East and North Africa; The Birds of the Western Palearctic: Volume 8. Crows to Finches. Oxford University Press, Oxford.
- Curson, J., D. Quinn and D. Beadle. 1994. New world Warblers. Christopher Helm, London.
- Deignan, H.G. 1941. Remarks on the Kentish Plovers of the extreme Orient, with separation of a new subspecies. *J. Washington Acad. Sci.* 31: 105–107.
- del Hoyo, J., A. Elliott and J. Sargatal (eds.) 1992-2002. Handbook of the Birds of the World, Vol. 1-7. Lynx Editions, Barcelona.
- del Hoyo, J., A. Elliott. and D.A. Christie (eds.) 2003-2006. Handbook of the Birds of the World, Vol. 8-11. Lynx Editions, Barcelona.
- del Hoyo, J. and N.J. Collar. 2014. HBW and BirdLife International Illustrated Checklist of the Birds of the World. Volume 1: Non-passerines. Lynx Edicions, Barcelona.
- Dickinson, E.C. (ed) 2003. The Howard and Moore Complete Checklist of the Birds of the World (*3rd ed*). Christopher Helm, London.
- Dickinson, E.C., S. Eck. and C.M. Milensky. 2002. Systematic notes on Asian birds. 31. Eastern races of the barn swallow *Hirundo rustica* Linnaeus, 1758. *Zoologische Verhandelingen* 340: 201-203.
- Dickinson, E.C. and J.V. Remsen Jr. (Eds). 2013. The Howard and Moore Complete Checklist of the Birds of the World, Volume 1: Non-Passerines. Aves Press, Eastbourne, U.K.
- Dickinson, E.C. and L. Christidis. (Eds). 2014. The Howard and Moore Complete Checklist of the Birds of the World, Volume 2: Passerines. Aves Press, Eastbourne, U.K.
- Drovetski, S.V., R.M. Zink, I.V. Fadeev, E.V. Nesterov, E.A. Koblik, Y.A. Red'kin and S. Rohwer. 2004. Mitochondrial phylogeny of *Locustella* and related genera. *Journal of Avian Biology* 35: 105-110.
- Dunn, J.L. and J. Alderfer. 2006. National Geographic Field Guide to the Birds of North America. (*5th ed.*) National Geographic. Washington, D. C.
- Ellis, D.H., N. Woffinden, P.L. Whitlock, and P. Tsengeg. 1999. Pronounced variation in tarsal and foot feathering in the Upland Buzzard (*Buteo hemilasius*) in Mongolia. *Journal of Raptor Research* 33: 323-325.
- Feare, C. and A. Craig. 1998. Starlings and Mynas. Christopher Helm, London.
- Fennell, C.M. 1959. *Erolia temminckii* and *Anthus spinoletta blakistoni* in Korea. *Condor* 61(3): 227-228.
- Fennell, C.M. and B. King. 1963. Recent records of birds in Korea. *Condor* 65(3): 241-242.
- Fennell, C.M. and B. King. 1964. New occurrences and recent distributional records of Korean birds. *Condor* 66(3): 239-246.
- Ferguson-Lees, J., D. Christie, P. Burton, K. Franklin, D. Mead, and P. Burton 2001. Raptors of the world. Christopher Helm, London.
- Gibbs, D., E. Branes and J. Cox. 2001. Pigeon and Doves: A Guide to the Pigeons and Doves of the Worlds. Pica Press, Sussex.
- Gill, F.B. and M. Wright. 2006. Birds of the World: recommended English names. Princeton University Press, New Jersey.
- Gill, F., D. Donsker and P. Rasmussen. 2020. IOC World Bird List (v10.2).
- Harrap, S. and D. Quinn. 1996. Tits, Nathatches and Treecreepers. Christopher Helm, London.

- Harris, T. and K. Franklin. 2000. Shrikes & Bush-Shrikes. Christopher Helm, London.
- Hayman, P., J. Marchant and T. Prater. 1986. Shorebirds, An Identification Guide to the Waders of the World. Christopher Helm, London.
- Helbig, A.J. and I. Seibold. 1999. Molecular phylogeny of Palearctic-African *Acrocephalus* and *Hippolais* warblers (Aves: Sylviidae) *Mol. Phyl. Evol.* 11(2): 246-260.
- Irwin, D.E., P. Alström, U. Olsson. and Z.M. Benowitz-Fredericks. 2001. Cryptic species in the genus *Phylloscopus* (Old World leaf warblers). *Ibis* 143(2): 233–247.
- Jenni, L. and R. Winkler. 1994. Moult and Ageing of European Passerines. Academic Press, London.
- Johnson, K.P. and M.D. Sorenson. 1999. Phylogeny and biogeography of dabbling ducks (genus *Anas*): a comparison of molecular and morphological evidence. *Auk* 116(3): 792-805.
- Kennerely, P. and D., Person 2010. Reed and Bush warblers. Helm Identification Guides. London.
- Kennerley, P.R., D.N. Bakewell and P.D. Round. 2008. Rediscovery of a long-lost *Charadrius* plover from South-East Asia. *Forktail* 24: 63-79.
- King, B.F. 2002B. Species limits in the Brown Boobook *Ninox scutula* complex. *Bull. Brit. Ornithol. Club* 122(4): 250-257.
- Knox, A.G., J.M. Collinson, A.J. Helbig, D.T. Parkin, G. Sangster and L. Svensson. 2008. Taxonomic recommendations for British birds: *Fifth report. Ibis* 150: 833-835.
- Knox, A.G., M. Collinson, A.J. Helbig, D.T. Parkin and G. Sangster. 2002. Taxonomic recommendations for British birds. *Ibis* 144: 707-710.
- König, C., F. Weick, and J.H. Becking. 1999. Owls: A guide to the owls of the world. Yale University Press, London.
- Kuroda, N. 1917. One New Genus and Three New Species of Birds from Korea and Tsushima. *Tori* 1(5): 1-6.
- Kuroda, N. and T. Mori. 1920. Descriptions of five new forms of birds from Dagelet and Quelpart Islands. *Tori* 2(10): 277-283.
- Leader, P.J. 2006. Sympatric breeding of two Spot-billed Duck *Anas poecilorhyncha* taxa in southern China. *Bulletin of the British Ornithologists' Club* 126:248-252.
- Lee, K.G., and J.C. Yoo. 2002. Breeding population of Shearwaters (*Calonectris leucomelas*) and the effect of Norway Rat (*Rattus norvegicus*) predation on Sasudo Island. *Yamashina. Inst. Orinithol*. 33: 142-147.
- Lefranc, N. and T. Worfolk. 1997. Shrikes: A Guide to the Shrikes of the World. Yale University Press, London.
- Leisler,B., P. Heidrich, K. Schulze-Hagen and M. Wink. 1997. Taxonomy and phylogeny of reed warblers (genus *Acrocephalus*) based on mtDNA sequences and morphology. *J. Ornithol.* 138(4): 469-496.
- Mackinnon, J. and K. Phillipps. 2000. A Field Guide to the Birds of China. Oxford University Press. Oxford, New York.
- MacLean, S. F. and R. T. Holmes. 1971. Bill Lengths, Wintering Areas, and Taxonomy of North American Dunlins, *Calidris alpina. Auk* 88: 893-901.
- Marge, S. 1997. Identification of Hume's Warbler. *Brit. Birds* 90: 571-575.
- Madge, S. and H. Burn. 1994. Crows and Jays. Princeton University Press, New Jersey.
- Moores, N. and C. Moores. 2004. A presumed Steppe Grey Shrike (*Lanius pallidirostris*) on Socheong island, S Korea. *Biol. Letters* 41: 163–166.

- Moores, N., D. Rogers, R.H. Kim, C. Hassell, K. Gosbell, S.A. Kim and M.N. Park. 2008. The 2006-2008 Saemangeum Shorebird Monitoring Program Report. Birds Korea, Busan.
- Morioka, H. 2000. Taxonomic notes on Passerine species. 291-325pp. In: Ornithological Society of Japan. Check-list of Japanese Birds, *6th* ed.
- Morioka, H. and Y. Shigeta. 1993. Generic allocation of the Japanese Marsh Warbler *Megalurus pryeri* (Aves: Sylviidae). *Bull. Nat. Sci. Mus.* 19(1): 37-43.
- Mullarney, K., L. Svensson, D. Zetterström and J. Grant. 1999. Collins Bird Guide. Harper Collins, London.
- Nakamura, S. 2000. Nest Site Comparisons between The Carrion Crow *Corvus corone* and Jungle Crow *Corvus macrorthynchos* in Takatsuki City. *Jpn. J. Ornithol.* 49: 39-50.
- Nazarov, Y.N. and Y.V. Shibaev. 1983. On the biology and taxonomic status of Pleske's Grasshopper warbler *Locustella pleskei* Tacz., new for the USSR. *Trudy Zool Inst. Akad Nauk SSSR*, 116: 72-78.
- Ogilvie-Grant, W.R. 1906. A new species of Nuthatch from Corea. *Bull. Brit. Orn. Cl.*, 16: 87.
- Olsen, K.M. and H. Larsson. 2003. Gulls of Europe, Asia and North America. Christopher Helm, London.
- Olsen, K.M. and H. Larsson. 1997. Skuas and Jaegers: A Guide to the Skuas and Jaegers of the World. Pica Press, Sussex.
- Olsson, U., P. Alström, P.G.P. Ericson and P. Sundberg. 2005. Non-monophyletic taxa and cryptic species-Evidence from a molecular phylogeny of leaf warblers (*Phylloscopus*, Aves). *Mol. Phyl. Evol*. 36: 261-276.
- Päckert, M., J. Martens, S. Eck, A.A. Nazarenko, O.P. Valchuk, B. Petri and M. Veith. 2005. *Parus major* – a misclassified ring species. *Biol. J. Linnean Soc*. 86 (2): 153-174.
- Pae, S.H., K. Frances, J.B. Lee, P.O. Won and J.C. Yoo. 1996. Current Status of Wintering Cranes in Korea. *Kor. Inst. Orni*. 5(1): 13-20.
- Park, J.Y. and S.W. Kim. 1994. First records of Asiatic Dowitcher, Greater Yellowlegs and Gull-billed Tern in Korea. *Kor. J. Orni*. 1: 127-128.
- Piatt, J.F. and P.J. Gould. 1994. Postbreeding dispersal and drift-net mortality of endangered Japanese Murrelets. *Auk* 111(4): 953–961.
- Price, J.J., K.P. Johnson and D.H. Clayton. 2004. The evolution of echolocation in swiftlets. *Journal of Avian Biology* 35: 135-143.
- Pyle, P. 2008. Identification Guide to North American Birds. Part II: Anatidae to Alcidae. Slate Creek Press, CA.
- Rasmussen, P.C. and J.C. Anderton. 2005. Birds of South Asia. The ripley guide. Vols 1 and 2. Smithsonian institution and Lynx Edicions, Washington, D. C. and Barcelona.
- Red'kin, Y. and M. Konovalova. 2006. Systematic notes on Asian birds. 63. The eastern Asiatic races of *Sitta europaea* Linnaeus, 1758. *Zool. Med. Leiden* 80-5(15): 241-261.
- Robson, C. 2000. A Field Guide to the Birds of South-East Asia. New Holland, London.
- Round, P.D. and V. Loskot. 1995. A reappraisal of the taxonomy of the Spotted Bush-Warbler, *Bradypterus thoracicus. Forktail* 10: 159-172.
- Ruokonen, M., K. Litvin and T. Aarvak. 2008. Taxonomy of the Bean goose - Pink-footed goose. *Molecular Phylogenetics and Evolution* 48(2): 554-562.
- Saitoh, T., Y. Shigeta and K. Ueda. 2008. Morphological differences among populations of the Arctic Warbler with some intraspecific taxonomic notes. *Ornithol. Sci*. 7: 135-142.

- Sangster G. and G.J. Oreel 1996. Progress in taxonomy of Taiga and Tundra Bean Geese. *Dutch Birding* 18: 310-316.
- Sangster, G., A.G. Knox, A.J. Helbig and D.T. Parkin. 2002. Taxonomic recommendations for European birds. *Ibis* 144: 153-159.
- Sangster, G., J.M. Collinson, A.J. Helbig, A.G. Knox and D.T. Parkin. 2005. Taxonomic recommendations for British birds: third report. *Ibis* 147: 821-826.
- Sangster, G., J.M. Collinson, A.J. Helbig, A.G. Knox, D.T. Parkin and L. Svensson. 2007. Taxonomic recommendations for British birds: fourth report. *Ibis* 149: 853-857.
- Sangster, G., J.M. Collinson, A.J. Helbig, A.G. Knox, D.T. Parkin and T. Prater. 2001. The taxonomic status of Green-winged Teal *Anas carolinensis. Brit. Birds* 94(6): 218-226.
- Shirihai, H. and S. Madge. 1993. Identification of Hume's Yellow-browed Warbler. Birding World 6: 439–443.
- Short, L.L. 1982. Woodpeckers of the World. DMNH. New York.
- Sibley, C.G. and B.L. Monroe. 1990. Distribution and taxonomy of birds of the world. Yale University, London.
- Stepanyan, L.S. 1972. A new species of the genus *Locustella* from the east Palaearctic. *Zool. Zh.* 51: 1896-1897.
- Stepanyan, L.S. 2003. Conspectus of the ornithological fauna of the USSR and adjacent territories(within the borders of the USSR as a historical region). Academkniga, Moscow.
- Svensson, L. 1992. Identification Guide to European Passerines. Fourth, rivised and enlarged edition. Published by the author, Stockholm.
- Svensson, L., M. Collinson, A.G. Knox, D.T. Parkin and G. Sangster. 2005. Species Limits in the Red-breasted Flycatcher, *British Birds* 98: 538-541.
- Taylor, B. and B. van Perlo. 1998. Rails: A Guide to the Rails, Crakes, Gallinules and Coots of the World. Pica Press, Sussex.
- Tomek, T. 1999. The birds of North Korea. Non-passeriformes. Acta zoologica cracoviensia, 42(1): 217pp.
- Tomek, T. 2002. The birds of North Korea. Passeriformes. Acta zoologica cracoviensia, 45(1): 235pp.
- Töpfer, T. 2006. Systematic notes on Asian birds. 60. Remarks on the systematic position of *Ficedula elisae* (Weigold, 1922). *Zool. Med. Leiden* 80-5 (12): 203-212.
- Turner, A. and C. Rose. 1989. A Handbook to the Swallows and Martins of the World. Christopher Helm, London.
- Urquhart, E. 2002. Stonechats: A Guide to the genus *Saxicola*. Christopher Helm, London.
- Vaurie, C. 1959. The birds of the Palearctic fauna. Volume 1: Passeriformes. H. F. and G. Witherby Ltd, London.
- Vaurie, C. 1965. The Birds of the Palaearctic Fauna. Volume 2: Non-Passeriformes. H. F. and G. Witherby Ltd, London.
- Vaurie, C. and D. Snow 1957. Systematic notes on Palearctic birds. No. 27, Paridae: the genera *Parus* and *Sylviparus. Amer. Mus. novitates* 1852: 1-43.
- Veprintsev, B.N., V.V. Leonovich and V.A. Nechav. 1990. On species status of the Sakhalin Leaf Warbler *Phylloscopus borealoides Portenko. Ornitologiya* 24: 34-42.
- Wennerberg, L., N. M. A. Holmgren, P.-E. Jönsson and T. Von Schantz. 1999. Genetic and morphological variation in Dunlin *Calidris alpina* breeding in the Palearctic tundra. *Ibis* 141: 391-398.
- Wetlands International. 2006. Waterbird Population Estimates, (*4th ed.*) Wetlands International, Wageningen, The Netherlands.

- Won, P.O. 1996. Checklist of the birds of Korea. *Bull. Kor. Inst. Orni*. 5(1): 39-58.
- Wang H.T, Y.L. Jiang and W. Gao. 2010. Jankowski's Bunting (*Emberiza jankowskii*): current status and conservation. *Chinese Birds* 1(4): 251-258.
- Yamashina, Y. 1932. On the Specimens of Korea Birds collected by Mr. Hyojiro Orii. *Tori* 7(33/34): 213-252.
- Yamashina, Y. 1939. Note on the specimens of Manchurian Birds chiefly made by Mr. Hyojiro Orii in 1935. *Tori 10*(49): 446-544.
- Zhang, Y.Y., N. Wang, J. Zhang and G.M. Zheng. 2006. Acoustic difference of narcissus flycatcher complex. *Acta Zool. Sinica* 52(4): 648-654.
- Zheng, G., J. Song, Z. Zhang, Y. Zhang and D. Guo. 2000. A New Species of Flycatcher (*Ficedula*) from China (Aves: Passeriformes: Muscicpaidae). *Journal of Beijing National Univ.* (Nat. Sc.). 36(3): 405-409.
- Zöckler, C., T.H. Hla, N. Clark, E. Syroechkovski, N. Yaksushev, S. Daemgphayon and R. Robinson. 2010. Hunting in Myanmar is probably the main cause of the decline of the Spoon-billed Sandpiper *Calidris pygmeus. Wader Study Group Bulletin*. 117(1): 1–8.
- Zöckler, C., E.E. Syroechkovski, and P.W. Atkinson. 2010. Rapid and continued population decline in the Spoon-billed Sandpiper *Eurynorhynchus pygmeus* indicates imminent extinction unless conservation action is taken. Bird Conservation International 2010. 20: 95-111. Cambridge University Press.

- 高野伸二. 1989. フィールドガイド 日本の野鳥. 増補版. 日本野鳥の會, 東京.
- 大畑孝二. 1990. 折居彪二郎によるウトナイの鳥類ほか觀察記錄. *Strix* 9: 239-254.
- 飯塚啓, 下郡山誠一, 鷹司信輔, 黑田長禮. 1914. 朝鮮産鳥類目錄(A Hand-List of the Birds of the Corea). 動物學雜誌 26(306): 157-180.
- 山階芳麿. 1927. 二種の朝鮮産鳥類に就いて. 鳥5(24): 373-374.
- 山階芳麿. 1929. 朝鮮にて 始めて 採集せられる 數種の 鳥類に就いて. 鳥6(28): 168-171.
- 山階芳麿. 1930. 朝鮮より新に報告せらるる鳥類十二種. 鳥6(29): 251-260.
- 山階芳麿. 1931. コモンシギとアメリカヅラシギ. 鳥7(31): 72-73.
- 山階芳麿. 1931. 日本産 鳥類目錄に追加六種. 鳥7(31): 1-5.
- 山階芳麿. 1933-1934. 日本の鳥類と其生態「第一巻」舊北區の部. 東京.
- 山階芳麿. 1941. 日本の鳥類と其生態「第二巻」舊北區の部. 東京.
- 山階芳麿. 1948. 採集者折居彪二郎の業績. 鳥 12: 47-53.
- 山階鳥類研究所. 1982. 鳥類標識マニュアル(第10判). 山階鳥類研究所.
- 山階鳥類研究所. 1990. 鳥類標識マニュアル(第10版). 山階鳥類研究所, 我孫子.
- 山形則男, 吉野俊幸, 桐原政志. 2000. 日本の鳥550 水辺の鳥. 文一綜合出版, 東京.
- 山形則男, 吉野俊幸, 五百澤日丸. 2000. 日本の鳥550 山野の鳥. 文一綜合出版, 東京.
- 森岡照明, 叶內拓哉, 川田 隆, 山形則男. 1995. 圖鑑 日本のワシタカ類. 文一綜合出版, 東京.
- 森爲三. 1916. 朝鮮産 脊椎動物 目錄. 서울.
- 森爲三. 1920. ハジロクロハラアジサシ. 鳥2(9): 252-253.
- 森爲三. 1929. 日本鳥類目錄に新追加二種及び朝鮮より新記錄の三種に就て. 鳥6(27): 100-108.
- 森爲三. 1933. テウセンクロライテウ *Lyrurus tetrix koreensis* Mori 咸鏡南道ニ分布ス. 朝鮮博物學會雜誌 15: 97-98.

- 森爲三. 1938. ナベコウ(*Ciconia nigra*)の 繁殖地 と 習性の一端. 鳥10(47): 127-129.
- 小林桂助. 1994. 原色日本鳥類圖鑑. 新訂增補版(第7刷). 保育社, 大阪.
- 小園茂. 1997. 韓國南部で アメリカヒレアシシギを見ました. **Birder** 11(5): 46-47.
- 氏原巨雄, 氏原道昭. 2000. カモメ識別ハンドブック. 文一綜合出版, 東京.
- 元洪九. 1932. 余の採集したる朝鮮産鳥類目錄. 水原高等農林學校 創立25週年 記念論文集. 27-48.
- 元洪九. 1932. 朝鮮において初めて捕獲したるコキンメフクロウについて. 鳥7(33/34): 278-280.
- 元洪九. 1932. 朝鮮産鳥類目録に追加する二種の鳥類に就きて. 水原高等農林學校 創立25週年 記念論文集. 49-52.
- 元洪九. 1934. 朝鮮鳥類目録に新たに追加すべき二種の鳥類. 動物学雑誌 46(543): 17.
- 元洪九. 1941. シベリアムクドリ ***Sturnus sturnia*** (Pallas)の 新蕃殖地に於ける蕃殖狀況觀察. 鳥11(51/52): 90-99.
- 柚木修. 2002. 小學館の 圖鑑 NEO5 鳥. 小學館, 東京.
- 籾山徳太郎. 1917. こほりがもノ新産地. 鳥4: 44.
- 籾山徳太郎. 1927. 朝鮮産鳥類四新亞種. 朝鮮博物學會雜誌 4: 1-6.
- 日高敏隆(監修). 1996-1997. 日本動物大百科 第3-4卷 鳥類 I - II . 平凡社, 東京.
- 日本鳥學會. 2000. 日本鳥類目錄. 改訂第6版. 日本鳥學會.
- 鄭光美, 丁平, 馬志軍, 邓文洪, 盧欣, 張正旺, 張雁云. 2005. 中國 鳥類 分類與 分布名綠. 科學出版社. 北京.
- 眞木廣造, 大西敏一. 2000. 日本の鳥*590*. 平凡社, 東京.
- 下郡山誠一. 1917. 李王家博物館所藏 朝鮮産 鳥類 目錄. 李王職.
- 叶內拓哉, 安部直哉, 上田秀雄. 1998. 山溪ハンディ圖鑑7 日本の野鳥. 山と溪谷社, 東京.
- 黑田長禮, 森爲三. 1918. 濟州道 採集の主なる 鳥類に就て. 鳥2(7): 73-88.
- 黑田長禮. 1917. 鮮滿鳥類一班. 日本鳥學會 臨時刊行物 7: 1-82.
- 黑田長禮. 1917. 朝鮮及ビ對馬産鳥類ソ一新屬三新種ニ就テ. 鳥1(5): 1-3.
- 黑田長禮. 1920. カンムリツクシガモの雌雄に就て. 鳥2(9): 14.
- 黑田長禮. 1923. 朝鮮 黃海道 西島 燈臺の鳥類. 鳥3(15): 309-314.

국명

ㄱ

ㄴ

ㄷ

ㅅ

ㅇ

ㅈ

ㅊ

ㅋ

ㅌ

ㅍ

ㅎ

학명

일부 종은 분류학적 견해에 따라 새로운 속(genus)으로 분류되기도 함. 따라서 명법의 경우 종소명을 앞에 표기하고 쉼표 뒤에 속명을 표기했음(예: *Uria aalge*라는 종을 찾으려면 *aalge* 먼저 검색한 후 *Uria*를 찾음). 명법의 경우 아종명을 가장 앞에 표기하고 쉼표 뒤에 속명, 종소명 순으로 표기함.

A

B

C

D

E

F

G

H

I

J

K

L

M

N

O

P

Q

R

S

T

U

V

W

X

Y

Z

영명

속명에 해당하는 영명을 앞에 표기하고 쉼표 뒤에 그 종의 특성을 나타내는 영명을 표기함(예: Siberian Accentor라는 종을 찾으려면 Accentor 먼저 검색한 후 Siberian을 찾음). 같은 속으로 분류되는 나머지 종들은 들여쓰기 한 후 각 종의 특성을 나타내는 영명만을 표기함.

A

B

C

D

E

F

G

H

I

J

K

L

M

N

O

P

Q

R

S

Y

사진 제공 등 도감 제작에 참여한 분들

각 종을 이해하는 데 도움이 되도록 성별 및 연령별로 사진을 넣었습니다. 따라서 각 종의 생태에 대한 정보는 많이 담지 못했습니다. 사진은 저자가 직접 찍은 것과 70여 명의 조류 애호가로부터 도움을 받았으며 일부 국내에서 확보 불가능한 종은 인터넷 자료를 활용했습니다. 사진을 제공해 주신 분들은 다음과 같습니다(가나다순). 특별히 다양한 사진을 제공해 주신 분들은 약력을 간략히 소개합니다.

강기철, 강승구, 고경남, 고정임, 곽호경, 김동원, 김석민, 김성현, 김수만, 김수일, 김시환, 김신환, 김양모, 김영준, 김영환, 김은정, 김준철, 김화연, 박건석, 박대용, 박영진, 박주현, 박중록, 박창욱, 박철우, 박철주, 박헌우, 박형욱, 박흥식, 백정석, 변종관, 빙기창, 서정화, 서한수, 심규식, 안광연, 양경호, 양수영, 양현숙, 오동필, 원일재, 이광구, 이대종, 이동희, 이상일, 이영선, 이용상, 이우만, 이임수, 이해순, 임방연, 임백호, 장성래, 조성식, 주용기, 진경순, 진선덕, 채승훈, 최순규, 최종수, 최창용, 한종현, 황재홍, 허위행, Francis Yap, Iozawa Himaru, Michelle & Peter Wong, Nial Moores, Norio Fukai, Ogura Takeshi, Phil Round, Shigeta Yoshi, Suman Paul, Terry Townshend, Toh Yew Wai, William Chan, Yu Yat-tung.

강승구

1975년도 전남 해남 출생. 경성대학교에서 조류학으로 박사 학위를 받았다. 현재 국립생태원 멸종위기종복원센터에서 근무하며, 맹금류의 이동, 번식 및 깃갈이 관련 연구를 진행하고 있다.

고경남

1965년도 전남 신안 출생. 공무원으로 활동하고 있다. 천연기념물 조사업무를 계기로 1996년부터 조류와 인연을 맺게 되었으며, 신안군에 거주하며 조류 생태사진을 촬영하고 있다.

곽호경

1960년도 경기 여주 출생. 경기 의왕시청 녹지직공무원. 한국야생조류협회 초대, 제2대, 제5대 회장을 맡고 있다. 1995년 의왕시 자연학습공원을 계획, 시공하며 조류와 깊은 인연을 맺게 되었다. 조류생태 및 분류에 관심이 많다.

김석민

1971년도 전북 전주 출생. 초등학교 교사. 새를 보는 일을 가장 좋아하며, 조류 동정과 버더들을 위한 조류 교육에 관심 갖고 활동한다.

김성현

1979년도 경남 거제 출생. 조선대학교에서 조류학으로 박사 학위를 받았다. 현재 국립호남권생물자원관에서 근무하며 맹금류를 비롯한 철새의 이동, 분포 등에 대해 연구하고 있다.

김수일

건국대학교에서 석사학위를 받은 뒤, 미국 위스콘신대학교 매디슨캠퍼스에서 동물생태학과 환경생태학으로 석사·박사 학위를 받았다. 1995년 한국교원대학교 생물교육과 교수로 몸담은 이래, 황새, 따오기, 저어새 등 멸종위기 조류 연구와 탐사에 전념했다.

김신환

서산에서 김신환동물병원을 운영하며, 서산-태안환경운동연합의 (전)공동의장으로 천수만의 황새, 흑두루미의 서식지를 지키기 위해 활동하고 있다.

김준철

1967년생. 경기 성남에서 가정의학과 개원의로 활동. 2006년도 경기 하남 검단산 산행 중 만난 곤줄박이가 계기가 되어 새와 인연을 맺게 되었다. 연령에 따른 깃 변화, 이동과 번식생태를 공부하고 있다.

김화연

한국야생조류협회 회원. 10여 년간 낙동강 하구를 주 무대로 탐조와 함께 도요새를 조사해 온 부산환경운동연합 소모임 '하구모임'에서 활동했다.

박건석

1968년 인천 강화 출생. 대학에서 조경을 전공했으나, 강화에서 농사짓다가 최근 충남 서산으로 이주해 천수만에서 농사를 짓고 있다. 조류 서식환경 보호에 관심이 많으며, 특히 두루미 및 저어새에 남다른 애정이 있다.

박대용

1949년 서울 출생. 생태사진가. 우리나라에 자생하는 야생화와 조류들을 보호 및 관찰하며 오랜 기간 영상자료들을 기록하고 있다.

박주현

2005년 탐조 및 개인별 조류도감사이트 버드디비(Birddb.com) 개설. 2013년 현재 박주현, 양현숙 공동 운영 중에 있다.

박중록

1959년 부산 출생. 부산 대명여고 교사. '환경과생명을지키는전국교사모임'을 통해 이 땅의 습지와 새의 소중함에 대해 눈뜨게 되었다. '습지와새들의친구'와 '한국습지NGO네트워크'의 자원활동가이며, 낙동강하구와 내성천의 조류를 조사하고 있다.

박철우

1972년도 충북 제천 출생. 중학교 교사. 조류를 포함한 생태 전반에 관심이 많으며, 이를 사진으로 기록해 생태교육 및 생명교육에 활용하고자 노력하고 있다. 원주에 거주하며 지역 생태 모니터링 및 환경운동에 참여 중이다.

박헌우

1967년 경북 김천 출생. 춘천교육대학교 교수로 재직. 한국교원대학교 김수일 교수 연구실에서 조류학을 공부했고, 조류 생태연구, 생태계보전과 환경 분야에 관심 갖고 있다.

박형욱

한국야생조류협회 이사. 자연다큐멘터리 전문 제작사 와일드넷에서 PD로 일하며, 'Wings of the Wind', '하늘의 제왕 독수리 추락하다' 등의 프로그램을 제작했다.

백정석

1963년 전북 진안 출생. 전자정보통신관련 근무. 2008년 봄 경기 부천의 어느 계곡 물웅덩이에 모인 작은 새들을 보며 조류사진을 찍게 되었다. 이제는 주말이면 새를 찾아 떠나는 것이 일상이 되었다.

변종관

생태사진가. 건설회사 근무. 참매를 비롯해 충북 충주에 번식하는 맹금들을 수년 간 꾸준하게 모니터링하고 있으며, 우리나라의 조류들을 영상으로 기록하고 있다.

빙기창

1979년 전북 익산 출생. 국립공원 철새연구센터에서 근무했다. 생물학을 전공하면서 조류를 접하게 되었고, 가장 좋아하는 새는 제비물떼새로 사진을 보고 매력에 빠지게 되었다. 건물 충돌사 등 조류 사고에 대한 관심이 많다.

서정화

한남대학교 생물학과 졸업. 어릴 때부터 새를 찾아 전국을 누비며 생활했다. 한국생태사진가협회 홍보이사와 푸른교육공동체 운영위원을 맡고 있으며, 자연생태사진을 전문적으로 촬영하고 있다.

서한수

1972년 전북 무주 출생. 자연다큐멘터리 촬영가로 활동하다 천수만 철새도래지로 내려가 탐조 펜션을 운영하면서 정원을 가꾸고 있다. 현재 새들이 먹는 열매와 그 나무의 생태에 관심을 두고 있다.

심규식

어릴 때부터 새를 좋아한 인연으로 탐조에 중독되어 한국야생조류협회 평생회원으로 가입했고 협회의 3대 회장을 역임했다.

양현숙

2005년 탐조 및 개인별 조류도감사이트 버드디비(Birddb.com) 개설. 2013년 현재 박주현, 양현숙 공동운영 중이다.

오동필

(사)한국물새네트워크 이사, 한국 도요물떼새 네트워크 이사. 도요물떼새를 관찰한지 10년이 넘었으며, 갯벌과 물새는 또 다른 삶의 이유가 되었다. 새만금 보존을 위해 '새만금 시민생태조사단'의 물새팀에서 활동하며, 물새 모니터링을 하고 있다.

원일재

1979년도 충남 출생. 공주대 박사과정에 있다. 조삼래 교수의 영향으로 조류와 인연을 맺게 되었다. 직장생활하며 틈틈이 탐조하고 있다.

이광구

1963년 충남 출생. 개인사업을 하다가 현재는 직장인이다. '한국조류보호협회'회원으로 밀렵감시 및 구조를 계기로 조류와 인연을 맺게 되었으며, 2000년 이후로 충남 서산시에 거주하며 조류생태사진을 촬영하고 있다. 조류생태에 관심이 많다.

이대종

1966년 전북 고창 출생. 농업. 마을 앞 저수지의 가창오리 무리에 이끌려 새와 인연을 맺기 시작해 2009년 고창의 호사도요 번식과정을 기록했으며, 지금도 주로 고창의 새들을 모니터링 하고 있다.

이상일

1957년도 경기 포천 출생. 주유소를 경영하고 있다. 10년 전 백로서식지를 발견하고 조류에 관심을 갖게 되었다. 이후 많은 철새들이 주변 하천을 통과하는 것을 알게 되어 한국야생조류협회에 가입하면서 조류와 인연을 맺었다. 국내는 물론 국외 지역을 탐조하며 조류생태를 공부하고 있으며, 분류에 관심이 많다.

이우만

1973년 인천 출생. 생태 일러스트레이터로 활동하고 있다. 생태 서적에 일러스트를 그리게 된 계기로 2006년부터 조류와 인연을 맺게 되었으며, 서울에 거주하며 조류 생태사진과 그림 작업을 병행하고 있다. 아이들을 위한 생태그림책을 만드는 일에 관심이 많다.

이용상

1958년 경기 평택 출생. 1981년 서울교육대학교 졸업. 숲해설가 과정을 밟는 중에 새에 대한 궁금증이 커지면서 2008년부터 탐조하기 시작했다.

진경순(芝人)

국립공원연구원 조류연구센터에서 조류 가락지부착조사, 철새 모니터링, 표본제작을 담당하고 있다. 또한 새에 관심이 있는 일반인들이 새를 쉽게 배울 수 있도록 세밀화 분류 매뉴얼을 제작하고 있다. 과거 '자연은 최고의 스승이며 영원한 배움터' 지침서로 30년 간 미술교육 및 생활미술가로 활동했다.

진선덕

1980년 서울 출생. 호남대학교 생물학과에서 조류생태학으로 석사를 마치고 충남대학교 동물자원학과에서 박사학위를 받았다. 국립중앙과학관 자연사연구팀의 생물다양성 정보·네트워크와 유전자원 수집 및 분석업무를 담당하고 있다.

채승훈

1960년 전북 군산 출생. 자영업. 금강에 있는 새 DB를 만들고 싶어서 1999년부터 조류와 인연을 맺게 되었으며, 금강하구 지역에 거주하며 조류 생태사진을 촬영하고 있다. 조류 생태에 관심이 많다.

최순규

한국야생조류협회 평생회원. 대학에서 동물학을 전공하고 지난 13년간 aveskorea.com을 운영하고 있으며, 개발행위에 따른 척추동물의 영향에 대해 연구하고 있다.

최종수

대학에서 새와 인연을 맺은 후 20년 넘게 생태사진을 찍고 있다. 한국조류보호협회 창원지회장으로 활동하며, 경남도청 공보관실에서 근무하고 있다.

최창용

서울대학교 자연과학대학에서 해양학 전공, 동대학원에서 야생동물생태학에 관한 연구로 박사학위를 받았다. 현재 서울대학교 농림생물자원학부 교수로 근무하고 있다.

한종현

1960년 대전 출생. 서일고등학교 근무. 우리나라 텃새와 철새들의 중간기착지를 대표하는 서해안에 위치한 천수만의 환경보전에 오랜 기간 힘쓰고 있다.

황재홍

1961년 출생. 강원도 강릉에 거주하며 공무원으로 근무했다. 2008년 강릉 남대천에서 물수리 사냥 모습에 매료되어 조류사진을 시작했다. 도요물떼새에 많은 관심을 가지고 관찰했다.

허위행

한국의 자연과 새를 포함한 야생동물을 좋아해 이를 전공했고, 현재는 국립생물자원관에서 근무하고 있다.

Nial Moores

유년시절부터 탐조에 매료되었고 디지 스코핑을 한 지가 십여 년째다. 1990년 이후 동아시아의 조류와 서식지 보전을 위한 조사 활동에 전념하고 있다. 부산에 사무소를 두고 한국과 황해생태권역의 조류와 서식지 보전에 기여하고 있는 선분화된 국내 NGO '새와생명의터(www.birdskorea.or.kr)' 대표를 2004년부터 역임하고 있다.

Ogura Takeshi

1973년 일본 시즈오카현 출생. 가고시마대학 법문학부 졸업. 2009년부터 국립공원 철새연구센터 연구원으로 가락지부착조사를 담당했다. 학창시절 토카라(吐噶喇) 열도에서 번식하는 류큐울새와 Ijima's leaf warbler 등 섬 고유종에 관심을 갖고 이후 철새조사를 실시하고 있다.